中国贵州省生物研究所植物标本馆馆藏兰科植物标本研究

黔科合人才平台（2016）5666 号资助
黔科合人才团队（2015）4012 号资助

孙 超　谢 华　王 莹等　编著

科 学 出 版 社
北 京

内 容 简 介

本书主要介绍了贵州省生物研究所植物标本馆现有的716份馆藏兰科植物标本，隶属53属157余种及亚种、变种和变型，重点记述每种植物的形态特征、生长环境、地理分布和馆藏信息，每种植物都配有标本影印图，便于图文对照。为方便广大读者使用和检索，还提供了别名，以及中文名和拉丁名索引。

本书图文并茂，可为贵州省药用植物及珍贵观赏植物的多样性研究、保护和持续利用提供科学依据，可供植物学、园艺学的研究人员、高等院校相关专业师生，以及广大兰科植物爱好者参考。

图书在版编目（CIP）数据

中国贵州省生物研究所植物标本馆馆藏兰科植物标本研究 / 孙超等编著．—北京：科学出版社，2019.3

ISBN 978-7-03-060816-1

Ⅰ.①中… Ⅱ.①孙… Ⅲ.①兰科-标本-研究-贵州 Ⅳ.①Q949.71

中国版本图书馆CIP数据核字（2019）第045993号

责任编辑：罗 静 王 好 / 责任校对：严 娜

责任印制：肖 兴 / 封面设计：铭轩堂

科 学 出 版 社 出版

北京东黄城根北街16号

邮政编码：100717

http://www.sciencep.com

北京汇瑞嘉合文化发展有限公司印刷

科学出版社发行 各地新华书店经销

*

2019年3月第 一 版 开本：889×1194 1/16

2019年3月第一次印刷 印张：31 1/4

字数：600 000

定价：498.00元

（如有印装质量问题，我社负责调换）

本书编写人员

（按姓名拼音排序）

陈　翔　　贵州省生物研究所 副研究员

陈谦海　　贵州省生物研究所 研究员

韩　喻　　贵州省生物研究所 助理研究员

贺红早　　贵州省生物研究所 研究员

黄　筑　　贵州省生物研究所 工程师

黄冬福　　贵州省蚕业研究所 助理研究员

李　青　　贵州省生物研究所 助理研究员

林昌虎　　贵州医科大学 研究员

孙　超　　贵州省中国科学院天然产物化学重点实验室 研究员

王　莹　　贵州省生物研究所 副研究员

谢　华　　贵州省生物研究所 高级工程师

袁　果　　贵州省生物研究所 高级工程师

张珍明　　贵州省生物研究所 高级工程师

自　序

我于 1992 年从吉林农业大学药用植物专业毕业，同年参加工作，被分配到贵州省植物园。我的第一份工作是药用植物资源圃的管理员，面对众多的药用植物，我一时间无所适从，即便是很常见的药用植物，也因南北差异造成的植物变异有些不能分辨。我想要是随时能查看标本就好了，可以通过标本来认植物，而植物标本馆归属于贵州科学院生物研究所，以当时的条件，看标本是一件奢侈的事，于是便产生了出版标本影集、图集的想法。

1998～1999 年，国家科技体制改革，号召科技人员到企业去从事技术成果转化，我也响应号召到一家大型药企从事药材基地建设工作。工作中，我发现很多生产人员对药材缺乏概念，不认识药材，没有条件认识药材，并且觉得也不需要认识，但如果生产人员不认识药材则对药品生产有极大影响。通过标本来认识药用植物、了解药材，是经济、快捷、有效的方法。药厂作为生产单位，当时不具备条件搞科研，而实际工作中，又需要解决认识药材、药用植物的现实问题；也就是在那时，我萌生了计划整理一本图文并茂兼具实用的药用植物分类和用途的专业图书的念头。

2000 年，我获得日本国际协力事业团（Japan International Cooperation Agency）学员资格，赴日进修，访问了许多大学、研究所，无论到哪里，都可以看到各式各样载体的生物标本，如模型、相片、手绘图等。这些标本实物直观、制作精美，通过标本学习植物知识既形象又生动，是一件愉快的事。

2003～2005 年，我获中国政府奖学金资助，作为访问学者，在法国国家科研中心（French National Scientific Research Center）设在巴黎高等师范大学（Ecole Normale Supérieure de Paris）的 8642 实验室，进修药物化学与天然产物化学。周末和节假日，在塞纳河边的旧书摊常会发现许多精美的植物标本手绘图，逼真的线条和原始的色彩深深地吸引我；在参观坐落于巴黎植物园的巴黎国家自然历史博物馆时，里面陈列的各种动物标本让人震撼。于是，我坚定信念：有条件时，一定要编写一本植物分类图集。

2010年，我到贵州省生物研究所工作。我所的植物标本馆，具有建馆早、规模大、标本资料积累多、资源信息丰富的特点，标本馆有标本20余万号。我非常重视标本馆的工作，但当时事务较多，只能利用工作空闲和零碎时间，到标本馆去看标本，实现了刚参加工作时的愿望；也就是在此时，我的想法和谢华老师的才华碰出了火花，我们共同决定要发掘植物标本馆的价值。

2011年，我赴美考察华盛顿的美国国家自然历史博物馆，参观了他们的植物标本室，大量的馆藏植物标本和精细化管理更是让我坚定编写一本植物分类图集的想法。

今天，我终于实现了昨日的愿望，选择兰科植物，是因为兰科植物是一种姿态优美、芳香馥郁（王者之香）的珍贵花卉。而兰科植物大部分又都是很好的中草药，对某些疾病有一定疗效。

本书是在对贵州省兰科植物资源普查及研究工作的基础上，以有资源优势和开发前景的兰科植物为对象整理而成的。本书重点记述每种植物的形态特征、生长环境、地理分布和馆藏信息，每种植物都配有标本影印图。全书图文并茂，可为贵州省药用植物及珍贵观赏植物多样性的研究、保护和持续利用提供科学依据，可供植物学、园艺学的研究人员、高等院校相关专业师生，以及广大兰科植物爱好者参考。

孙　超

2019年2月

前 言

植物标本馆是收藏及保护植物标本资料的部门。植物标本资料是进行植物学和生物多样性研究的基础，对植物分类、植物区系、植物地理、生态环境及生物资源等相关方面的研究和教学有重要的作用。标本馆馆藏标本的数量和时间跨度是评价其价值的重要指标，一座历史悠久的标本馆，就是一个微型自然历史博物馆。

贵州省生物研究所植物标本馆（HGAS），其前身为1959年建立的中国科学院西南分院贵阳工作站植物标本室，1963年转归刚建园的贵州省植物园，1980年转归新建的贵州科学院中心标本室，1982年转归贵州省生物研究所至今，隶属于贵州科学院。

贵州省生物研究所植物标本馆，具有建馆早、规模大、标本资料积累多、资源信息丰富的特点。该馆现为贵州省植物标本收藏规模最大的标本馆，馆藏标本近20万份，模式标本约500份。该馆在国内300多家植物标本馆中排名第18位，并于1988年被收载入《国际植物标本馆索引》（*Index Herbariorum*），1993年被收载入《中国植物标本馆索引》（第一版）。该馆现有716份馆藏兰科植物标本，隶属于53属157余种及亚种、变种和变型，目前馆藏标本保存质量良好。

兰科Orchidaceae植物为单子叶植物纲百合亚纲兰目。分布极广，除两极和沙漠外均有，但85%集中分布于热带和亚热带，少数种类也见于温带地区。草本，花两侧对称，形成唇瓣，雄蕊和雌蕊结合成合蕊柱，雄蕊1或2，花粉结合成花粉块，子房下位，种子微小，按生态习性主要分为地生兰、气生兰、腐生兰三大类。

据不完全统计，全世界有约700属20 000余种，广布于全球热带和亚热带地区。我国有171属1250余种及许多亚种、变种和变型。贵州产74属246种1亚种8变种4变型（陈谦海，2004；郎楷永，1999；陈心启，1999；吉占合，1999）。

兰科植物多为珍贵的观赏植物，是一种姿态优美、芳香馥郁（王者之香）的珍贵花卉。兰科植物种类极多，且不同种类的兰花其药用功能也有所差异。例如，竹叶兰全草均可入药，具有清热解毒、祛风湿和消炎利尿之功效；又如白及，其假鳞茎入药，能消肿、止血、补肺，生肌止痛、润肋行力；再如流苏虾脊兰，能清热解毒，强筋壮骨。此外，像三棱虾脊兰、绿花勺兰、石斛、天麻等大部分的兰科植物，都是传统中国医学上的名贵药材。

本书收录了贵州省生物研究所植物标本馆馆藏的 716 份兰科植物，记述了每种植物的生长环境、地理分布[①]、馆藏信息及标本照片。在标本整理过程中，我们发现了《贵州植物志》尚未收入的芬香石豆兰 *Bulbophyllum galeandra*（第 003634 号标本）、白鹤参 *Platanthera latilabris*（第 004158 号标本）、黄花大苞兰 *Sunipia andersonii*（第 004271、004272、004273 号标本）3 个种，为贵州省兰科资源分布增加了新纪录。

作为研究贵州省兰科植物的一本专著，希望它对兰科植物研究、教学及开发利用具有参考价值，对于热爱兰科植物的各界人士也具有一定的实用价值，能成为促进相关研究的重要文献。

本书涉及范围广、时间跨度大，加之作者水平有限，不足之处在所难免，敬请各位读者、学者、专家批评指正。

孙 超　谢 华

2019 年 3 月

① 地理分布中所列地级市仅指市辖区范围，不包括地级市所辖县（县级市、自治县）。

目　录

一

兰科 Orchidaceae

地生、附生或腐生草本，稀为攀缘藤本。地生及腐生种类常具根状茎或块茎，附生种类常具肉质假鳞茎及肥厚而有根被的气生根。叶基生或茎生，扁平，有时两侧压扁或圆柱形，常肥厚。总状花序或圆锥花序，少有头状花序或单花；花两性，两侧对称；花被片 6 枚，排成 2 轮，花瓣状，外轮 3 枚称萼片，离生或多少合生，内轮侧生 2 枚称花瓣，中央 1 枚称唇瓣；唇瓣常明显不同于花瓣，有艳丽色彩，上面通常有胼胝体、褶片或腺毛等附属物，基部常有距或囊；雄蕊、花柱、柱头三者融合成柱状体称蕊柱，其顶端有药床和 1 个花药，前方有 1 个柱头穴，柱头穴上方有蕊喙，基部有时具蕊柱足；蕊柱足连同着生于其上的 2 枚侧生萼片的基部形成萼囊；子房下位，通常 1 室，侧膜胎座，极少 3 室而为中轴胎座，具极多数胚珠。果实通常为蒴果，较少呈荚果状，具极多数种子。种子细小，无胚乳，种皮两端常延长成翅状。

1 脆兰属

1.1 多花脆兰 *Acampe rigida* (Buch.-Ham. ex J. E. Smith) P. F. Hunt

【别　　名】香蕉兰、黑山蔗。

【形态特征】大型附生植物。花序腋生或与叶对生，长 10～30cm，具多数花；花序柄长 5～8cm；花苞片肉质，宽三角形；花梗连子房长约 1cm；花黄色带紫褐色横纹，不甚展开，有香气；萼片相似，长圆形，长约 10mm，宽约 5mm；花瓣较萼片略小；唇瓣白色，厚肉质，3 裂；侧裂片近方形；中裂片卵状舌形，边缘稍波状并有缺刻；距圆锥形，长约 3mm；蕊柱粗短，长约 2.5mm。花期 8～9 月。

【生长环境】附生于海拔 200～1600m 的林中树干上或林下岩石上。

【地理分布】贵州产罗甸；广东、香港、海南、广西、云南有分布。中南半岛、热带喜马拉雅至热带非洲广泛分布。

【馆藏信息】第五标本馆，第 003561、003562、003563 号标本。

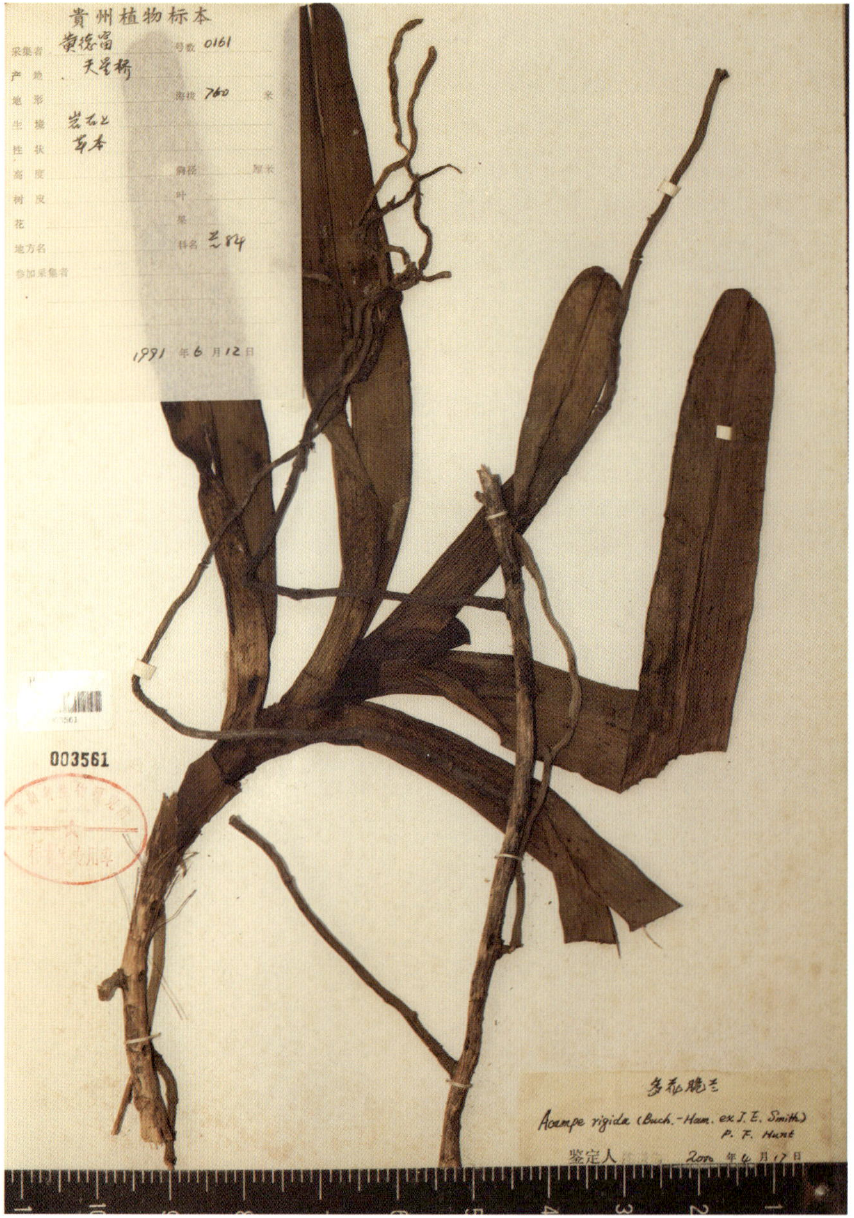

贵州植物标本
003562
多花脆兰
Acampe rigida (Buch.-Ham. ex J. E. Smith) P. F. Hunt
鉴定人
多花脆兰
(Acampe multiflora (Lindl.) Lindl.)
鉴定人
Arachnis clarkei (Rchb.f.) J.J.Sm.
鉴定人 1987年8月7日

贵州植物标本
003563
多花脆兰
Acampe rigida (Buch.-Ham. ex J. E. Smith) P. F. Hunt
鉴定人

2 指甲兰属

2.1 多花指甲兰 *Aerides rosea* Lodd. ex Lindl. et Paxt.

【形态特征】茎粗壮，长 5～20cm，连同叶鞘粗达 2.5cm。叶肉质，狭长圆形或带状，先端钝且不等侧 2 裂。花序叶腋生，常 1～3 个，不分枝，比叶长；花序轴较长，为花序全长的 1/2～3/5，密生许多花；花瓣与中萼片相似而等大；唇瓣 3 裂；侧裂片小，直立，耳状，下部边缘密生细乳突，前边深紫色；上面密布紫红色斑点，边缘稍具不整齐的锯齿。蒴果近卵形。花期 7 月，果期 8 月至次年 5 月。

【生长环境】生于海拔 320～1530m 的山地林缘或山坡疏生的常绿阔叶林中的树干上。

【地理分布】贵州产安龙；广西西南部（靖西）、云南东南部至南部（屏边、麻栗坡、勐海、勐腊、景洪）。分布于不丹、印度东北部、缅甸、老挝、越南。

【馆藏信息】第五标本馆，第 003564 号标本。

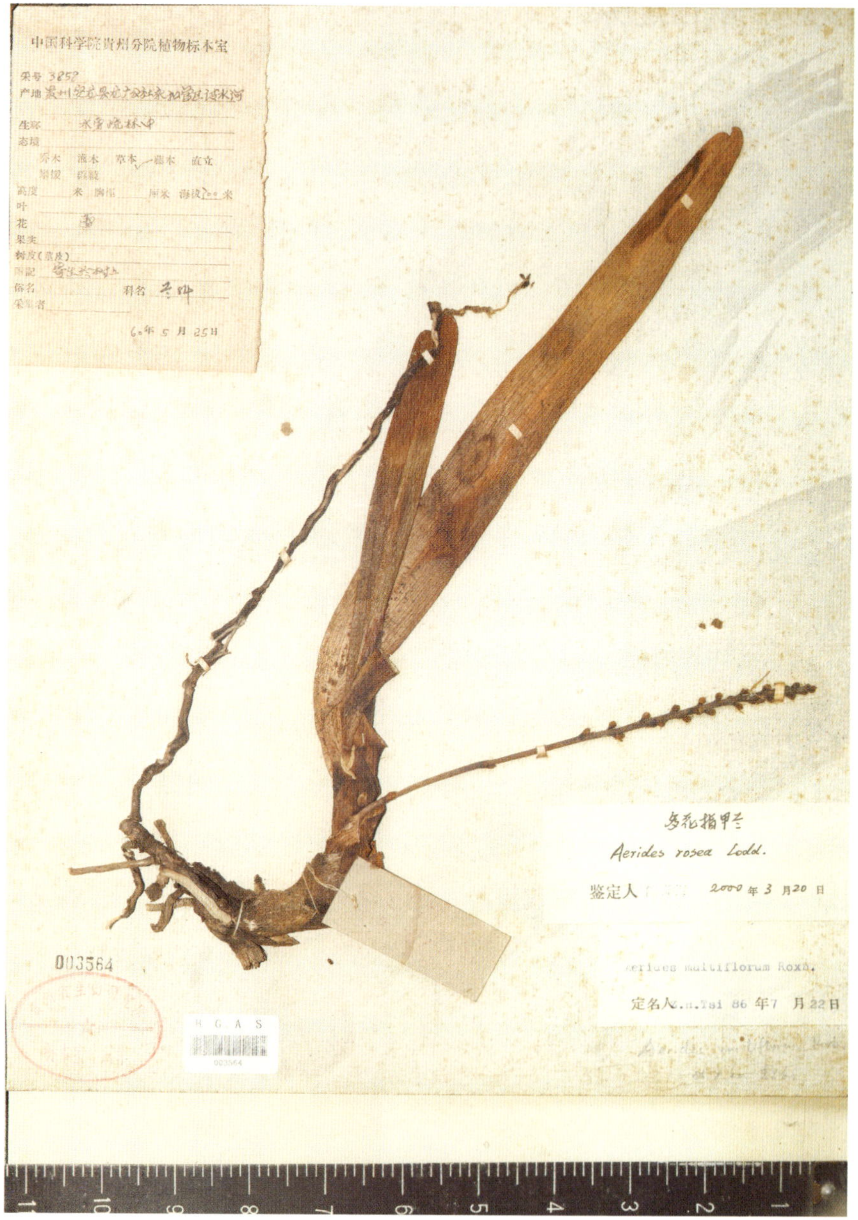

3 无柱兰属

3.1 峨眉无柱兰 *Amitostigma faberi* (Rolfe) Schltr.

【形态特征】植株高 18cm，具肉质块茎。茎纤细，光滑，基部有 2 枚筒状鞘，近中部有 1 枚叶。叶线状披针形，长 6～9cm，宽 4～6mm，基部收狭抱茎。总状花序具数朵花；花苞片卵状披针形，远短于子房；子房稍扭转，连花梗长约 10mm；花小，淡紫色，多偏向一侧排列；中萼片长约 3mm，与侧萼片各具 1 条脉；花瓣斜卵形，具 1 条脉；唇瓣较萼片大，宽卵圆形，3 裂，中裂片先端深 2 裂，唇瓣形似 4 裂，上面被柔毛；距圆筒形，长约 5mm；蕊柱粗短。花期 6～7 月。

【生长环境】生于海拔（600～）2300～4300m 的山坡林下、灌丛草坡、高山草地或河谷岩石缝中。

【地理分布】贵州江口梵净山；四川、云南丽江。

【馆藏信息】第五标本馆，第 003565 号标本。

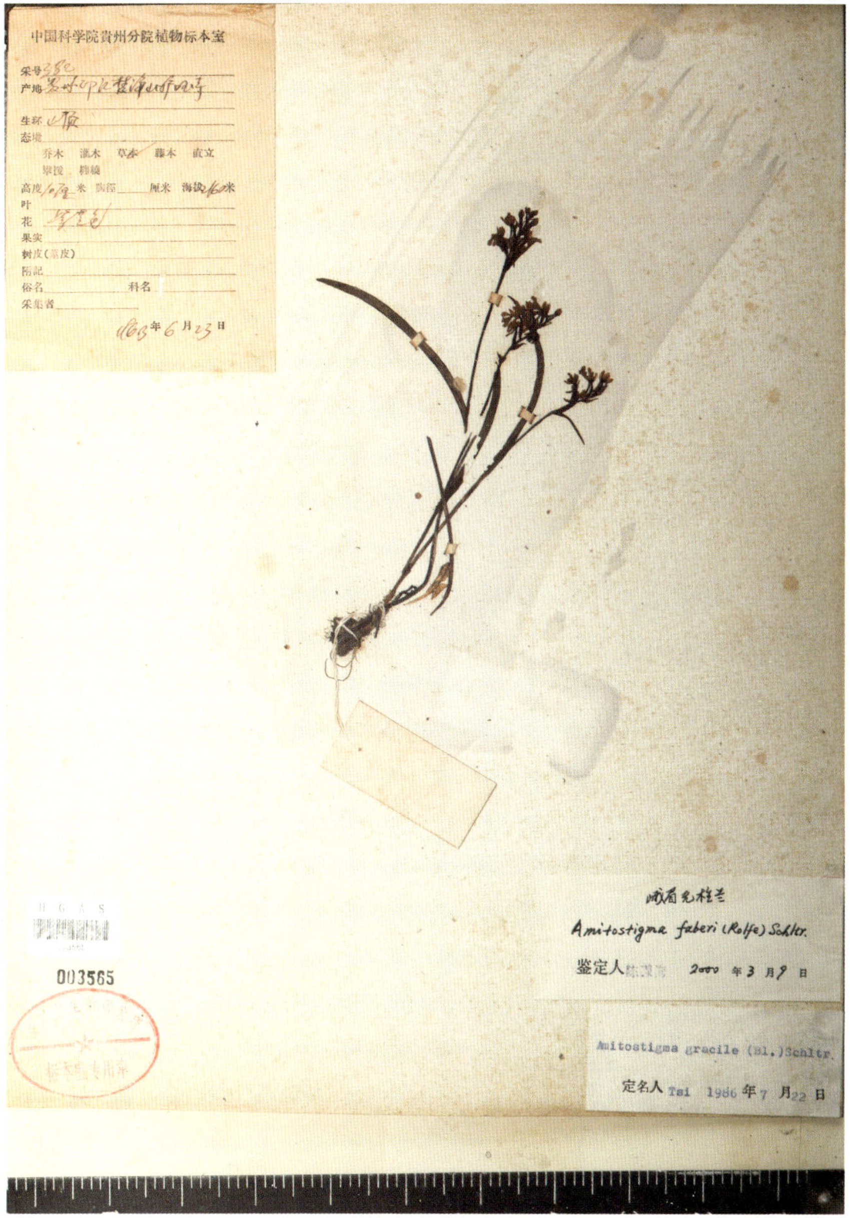

3.2 无柱兰 *Amitostigma gracile* (Bl.) Schltr.

【别　　名】合欢山兰、小雏兰、细葶无柱兰、独叶一枝花。

【形态特征】植株高 13cm，具椭圆形肉质块茎。茎纤细，光滑，基部有 2 枚筒状鞘，下部具 1 枚叶，上部有 2 枚苞片状小叶。叶大，长圆形，长约 7cm，宽 2cm，基部收狭抱茎。总状花序具 5～20 余朵花，偏向一侧排列；花苞片小，远较子房短；子房稍扭转，连花梗长 6～10mm；花小，紫红色；中萼片卵形，长约 3mm；侧萼片与中萼片近等长，均具 1 条脉；花瓣卵形，长约 3mm，具 1 条脉；唇瓣较萼片和花瓣大，倒卵形，3 裂；中裂片倒卵状楔形，先端圆形或截形；距圆筒状，长约 3mm；蕊柱极短。花期 5～6 月。

【生长环境】生于海拔 800m 的林下岩石上。

【地理分布】贵州产雷公山、榕江；东北至西南（云南、西藏除外）均有分布。朝鲜半岛和日本也有。

【馆藏信息】第五标本馆，第 003566、003567、003568 号标本。

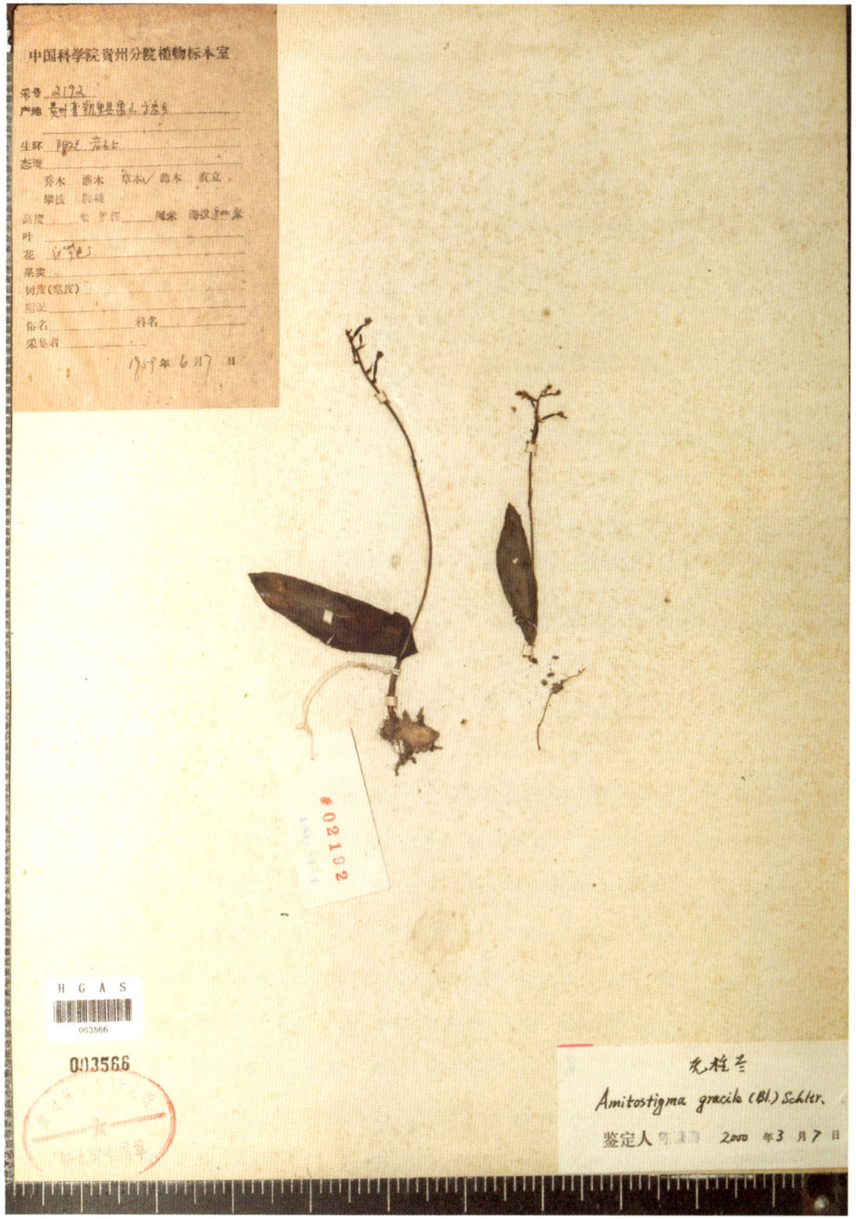

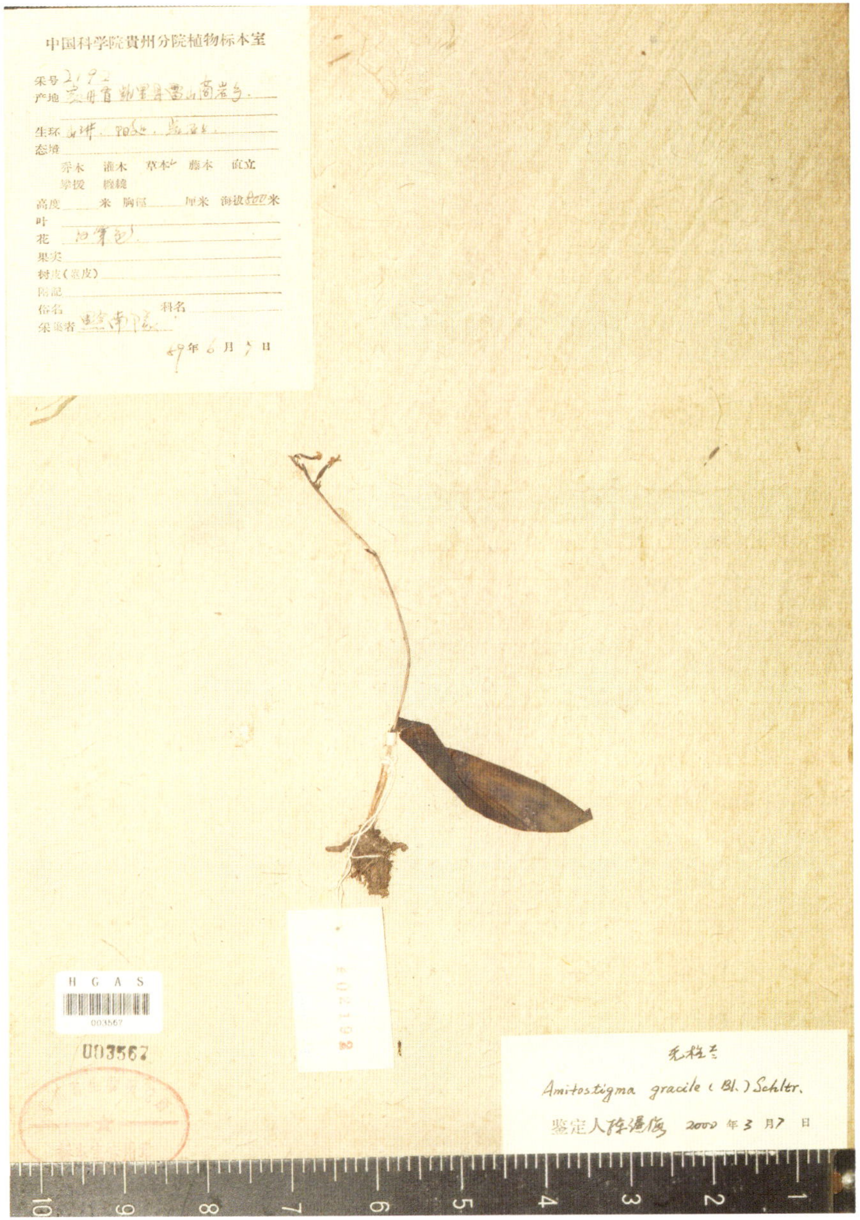
中国科学院貴州分院植物标本室
无柱兰
Amitostigma gracile (Bl.) Schltr.
鉴定人
003567

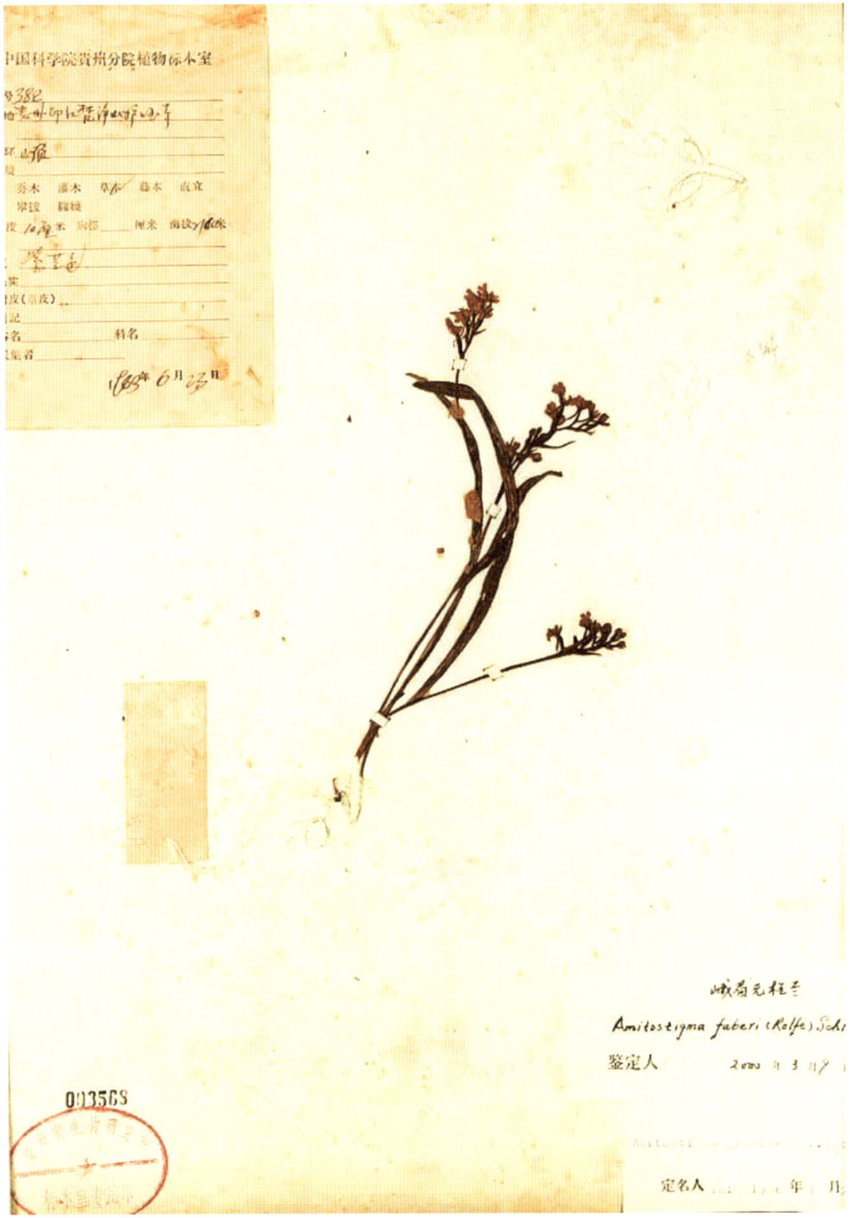
中国科学院貴州分院植物标本室
峨眉无柱兰
Amitostigma faberi (Rolfe) Schl
鉴定人
003563

4 开唇兰属

4.1 金线兰 *Anoectochilus roxburghii* (Wall.) Lindl.

【别　　名】金丝线、金耳环、鸟人参、金线虎头蕉、金线入骨消、金线莲、金钱草、金线石松、金石蚕、少年红、小叶金耳环、麻叶菜、花叶开唇兰。

【形态特征】地生草本，具肉质、匍匐根状茎。茎直立，圆柱形，具3～4枚叶。叶卵形或卵圆形，长1.5～3.5cm，宽1～3cm，上面暗紫色，有金红色绢丝光泽的网脉，背面淡紫红色，先端急尖，基部圆形；叶柄长5～10mm，基部扩大成鞘抱茎。总状花序具2～5朵花，被柔毛；花序柄具2～3枚鞘状苞片；花苞片淡红色；花白色或淡红色，不倒置；萼片背面被柔毛；中萼片卵形，舟状，长约6mm，与花瓣黏合呈兜状；侧萼片长圆形，偏斜，长约7mm；花瓣近镰状；唇瓣长约12mm，呈“Y”字形，前部扩大并2裂，裂片近长圆形，长约6mm，全缘，中部收狭具爪，两侧有多条流苏状裂条，基部具圆锥状距；距长约5mm，上举，末端2浅裂，内面有2枚胼胝体；蕊柱短，长约2.5mm；柱头2枚。花期9～11月。

【生长环境】生于海拔750～1200m的阔叶林下阴湿处。

【地理分布】贵州产梵净山、龙里、望谟、安龙；华南至西南、喜马拉雅均有分布。中南半岛至日本也有。

【馆藏信息】第五标本馆，第003574号标本。

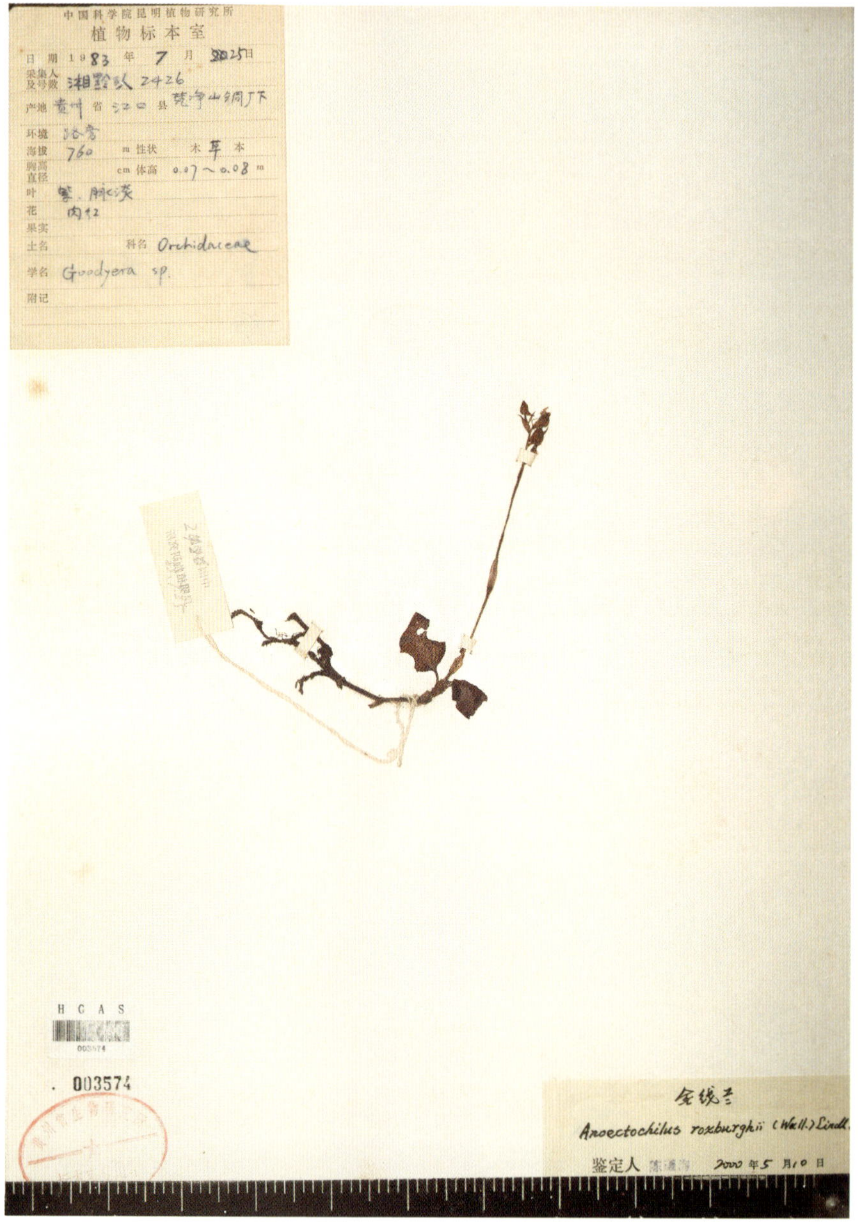

4.2 西南齿唇兰 *Anoectochilus elwesii* (Clarke ex Hook. f.) King et Pantl.

【别　　名】锺氏金线莲、锺氏齿唇兰、西南开唇兰。

【形态特征】地生草本，高 15～25cm，具肉质、匍匐根状茎。茎直立，圆柱形，粗约 3mm，无毛，具 6～7 枚叶。叶卵形或卵状披针形，上面深绿色，或有时带红色的脉，背面淡绿色或淡红色，长 2～5cm，宽 1～3cm，先端急尖，基部圆钝；叶柄长 1～2cm，基部扩大成鞘并抱茎。总状花序具 2～4 朵花，被短柔毛；鞘状苞片 1～3 枚；花苞片卵形，长约 5mm，被短柔毛，比子房短；子房扭转，被短柔毛；花大，绿色或白色，倒置；萼片先端带紫红色，被短柔毛；中萼片卵形、舟状，与花瓣黏合呈兜状；侧萼片卵形，偏斜，较中萼片长，长约 1cm；花瓣白色，斜半卵形；唇瓣白色，呈“丫”字形，长达 1.5cm，基部凹陷呈囊状球形，末端浅 2 裂，囊内中央有 1 纵褶片，两侧各有 1 胼胝体，中部收狭具爪，它的两侧具流苏状齿，前部扩大并 2 裂，裂片近长方形，长约 1cm，宽约 5mm；蕊柱粗短，长约 4mm；蕊喙叉状 2 裂；柱头 2 枚。花期 7～8 月。

【生长环境】生于海拔 880～1500m 的山谷阔叶林下或沟边湿地。

【地理分布】贵州产梵净山、榕江、安龙；台湾、广西、四川、云南、喜马拉雅东部有分布。缅甸、泰国、越南也有。

【馆藏信息】第五标本馆，第 003569、003570、003571、003572 号标本。

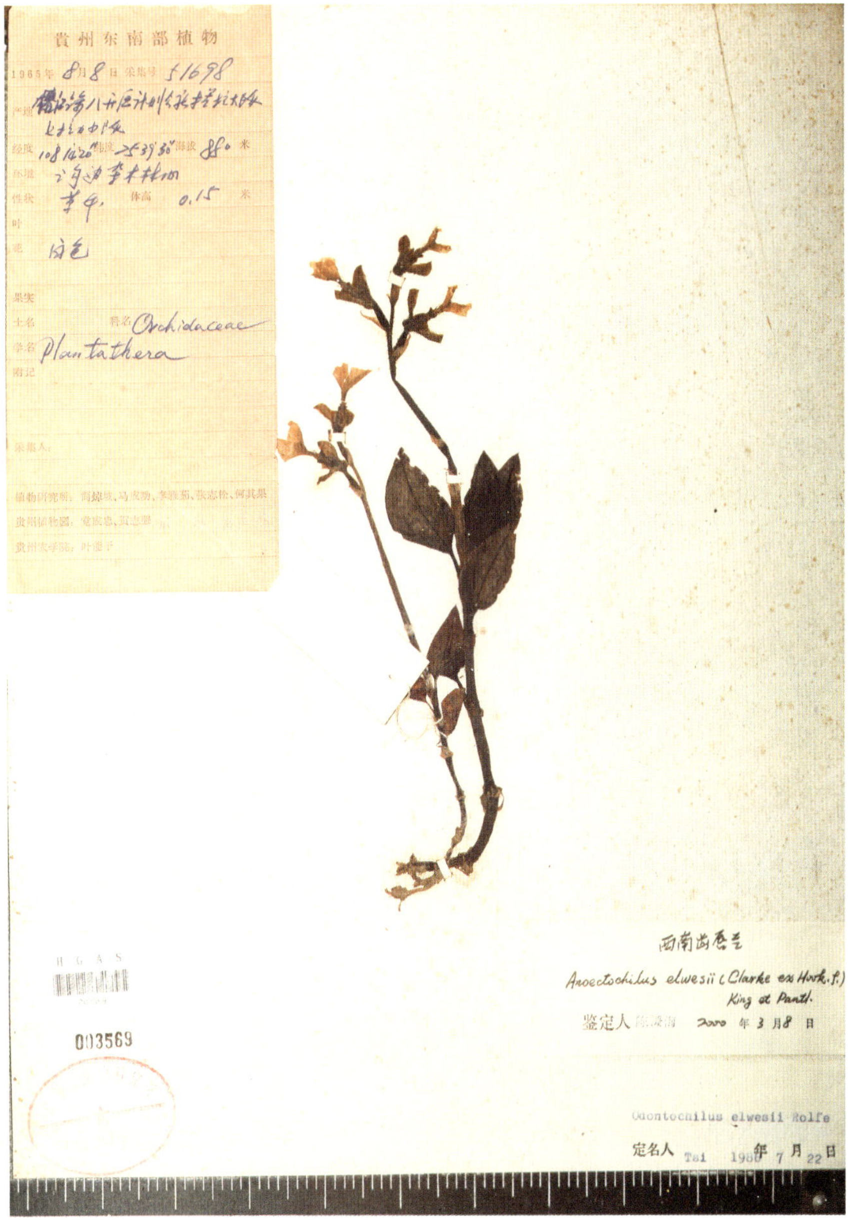

H G A S
003570
003570
PLANTS OF GUIZHOU, CHINA
Orchidaceae
Anoectochilus elwesii (Clarke ex Hook. f.) King et Pantl
Jiangkou Xian, Heiwan River at Tongkuangchang, SE side of the Fanjing Shan mountain range, river flood plain and adjacent mixed-deciduous broad-leaved evergreen forest on steep slopes.
Elevation ca. 900 m
Growing in moist soil at margin of forest, flowers white.
Sino-American Guizhou Botanical Expedition no. 406
27 August 1986
Participants: B. Bartholomew, D. E. Boufford, Q. H. Chen

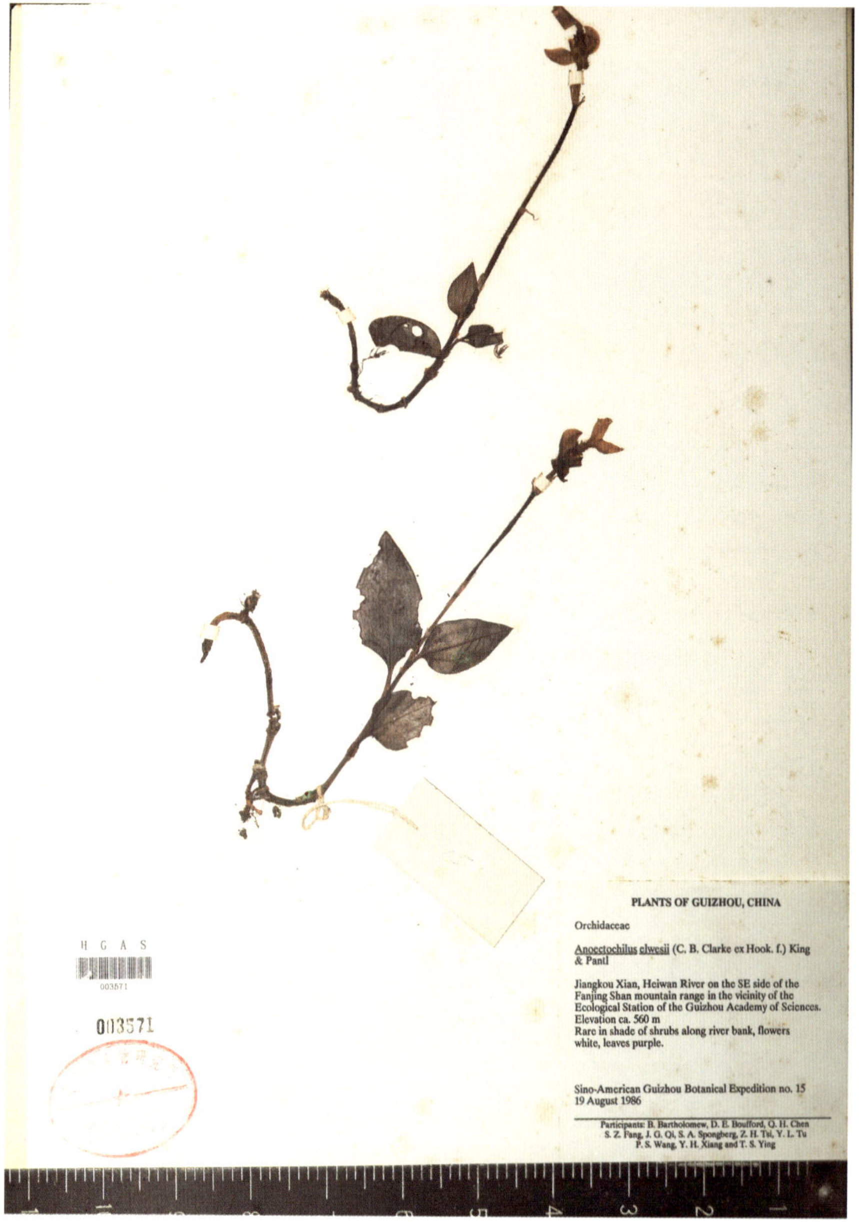
H G A S
003571
003571
PLANTS OF GUIZHOU, CHINA
Orchidaceae
Anoectochilus elwesii (C. B. Clarke ex Hook. f.) King & Pantl
Jiangkou Xian, Heiwan River on the SE side of the Fanjing Shan mountain range in the vicinity of the Ecological Station of the Guizhou Academy of Sciences.
Elevation ca. 560 m
Rare in shade of shrubs along river bank, flowers white, leaves purple.
Sino-American Guizhou Botanical Expedition no. 15
19 August 1986
Participants: B. Bartholomew, D. E. Boufford, Q. H. Chen S. Z. Fang, J. G. Qi, S. A. Spongberg, Z. H. Tsi, Y. L. Tu P. S. Wang, Y. H. Xiang and T. S. Ying

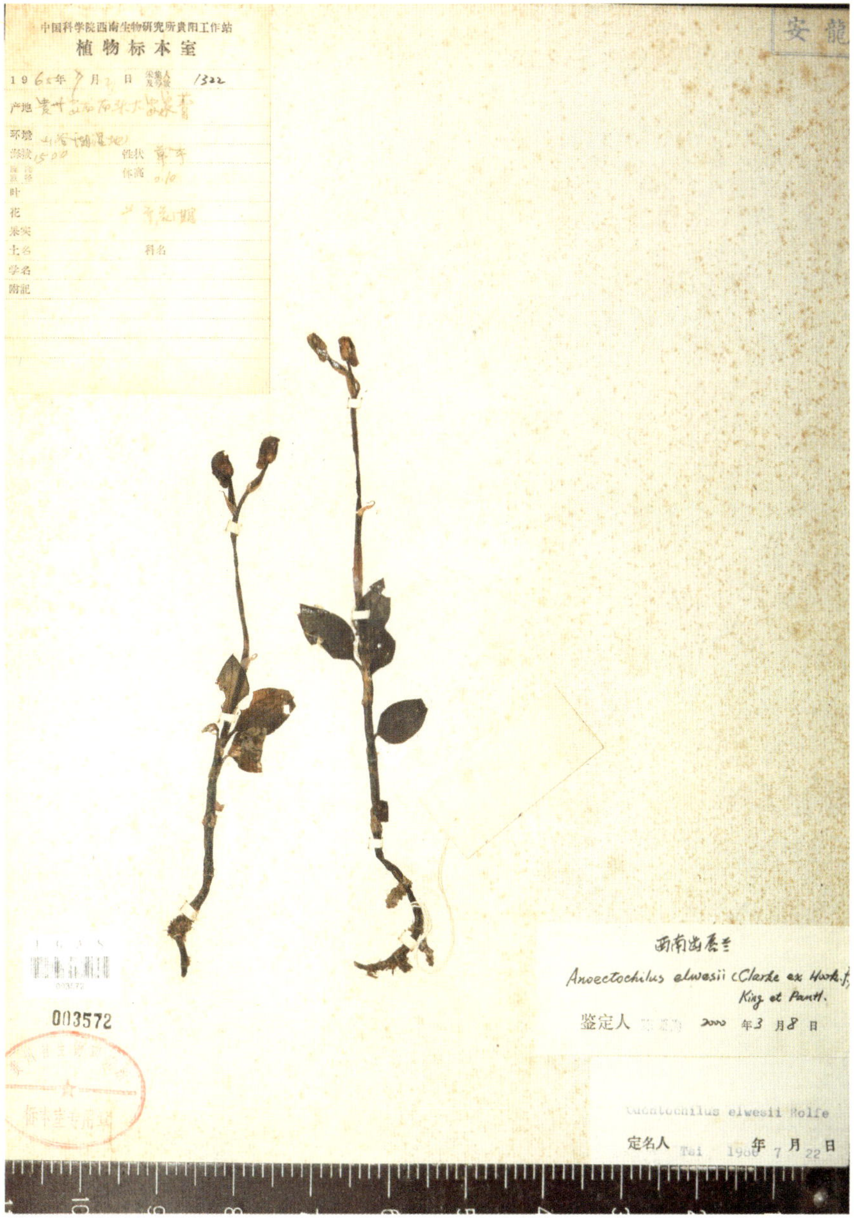
中国科学院西南生物研究所贵阳工作站
植物标本室
产地
环境
海拔
性状
株高
叶
花
果实
土名
科名
学名
附记
003572
西南齿唇兰
Anoectochilus elwesii (Clarke ex Hook.f.) King et Pantl.
鉴定人 2000 年3 月8 日
定名人 年 月 日

4.3 艳丽齿唇兰 *Anoectochilus moulmeinensis* (Par. et Rchb. f.) Seidenf.

【别　　名】艳丽开唇兰。

【形态特征】地生草本，高 20～30cm，具肉质、匍匐根状茎。茎直立，具 4～6 枚叶。叶狭椭圆形，长 4～7cm，宽 2～3.2cm，先端渐尖，基部楔形，上面绿色，沿中肋有 1 条白色的宽条纹，背面灰绿色；叶柄长 1～2.5cm，下部扩大成鞘抱茎。总状花序具数朵花，被短柔毛；鞘状苞片 2～3 枚，淡红色；花苞片卵状披针形，淡红色；子房扭转，无毛；花倒置，淡红色；中萼片凹陷呈舟状，与花瓣黏合呈兜状；侧萼片比中萼片稍大，长约 8mm，宽约 5mm；花瓣宽半卵形，长约 6.5mm，宽约 3.5mm；唇瓣白色，“T”形，前部扩大并 2 裂，裂片近 180° 叉开，中部收狭成短爪，基部凹陷成囊，囊内有 1 枚隔膜状褶片和近基部有 2 枚具短柄的胼胝体；蕊柱短，长约 3mm；柱头 2 枚。花期 8～10 月。

【生长环境】生于海拔 550～900m 的林下阴湿处。

【地理分布】贵州产梵净山、榕江；广西、四川、云南、西藏有分布。缅甸、泰国也有。

【馆藏信息】第五标本馆，第 003573、003575、003801、003802 号标本。

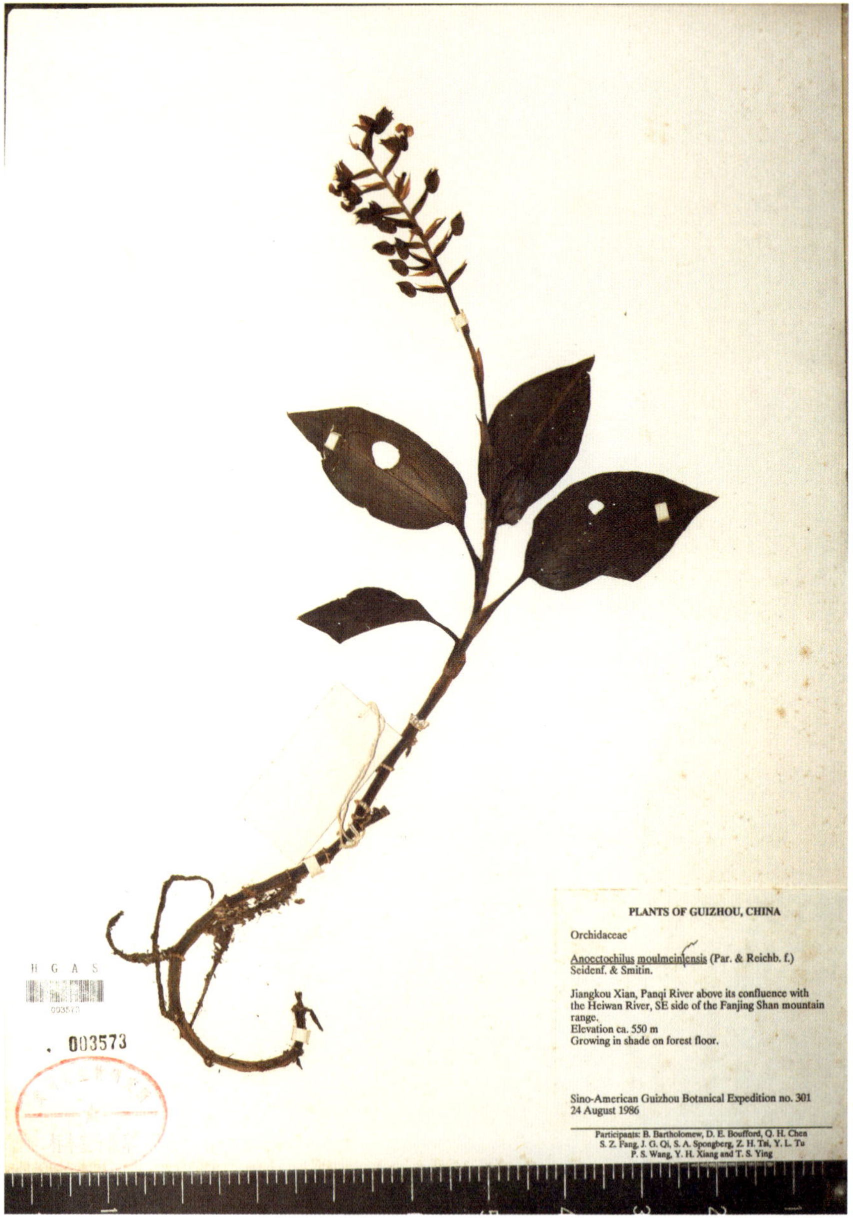

HGAS
003575
钳唇兰
Erythrodes chinensis(Rolfe)Schltr.
定名人
黄德富
Huang De-fu

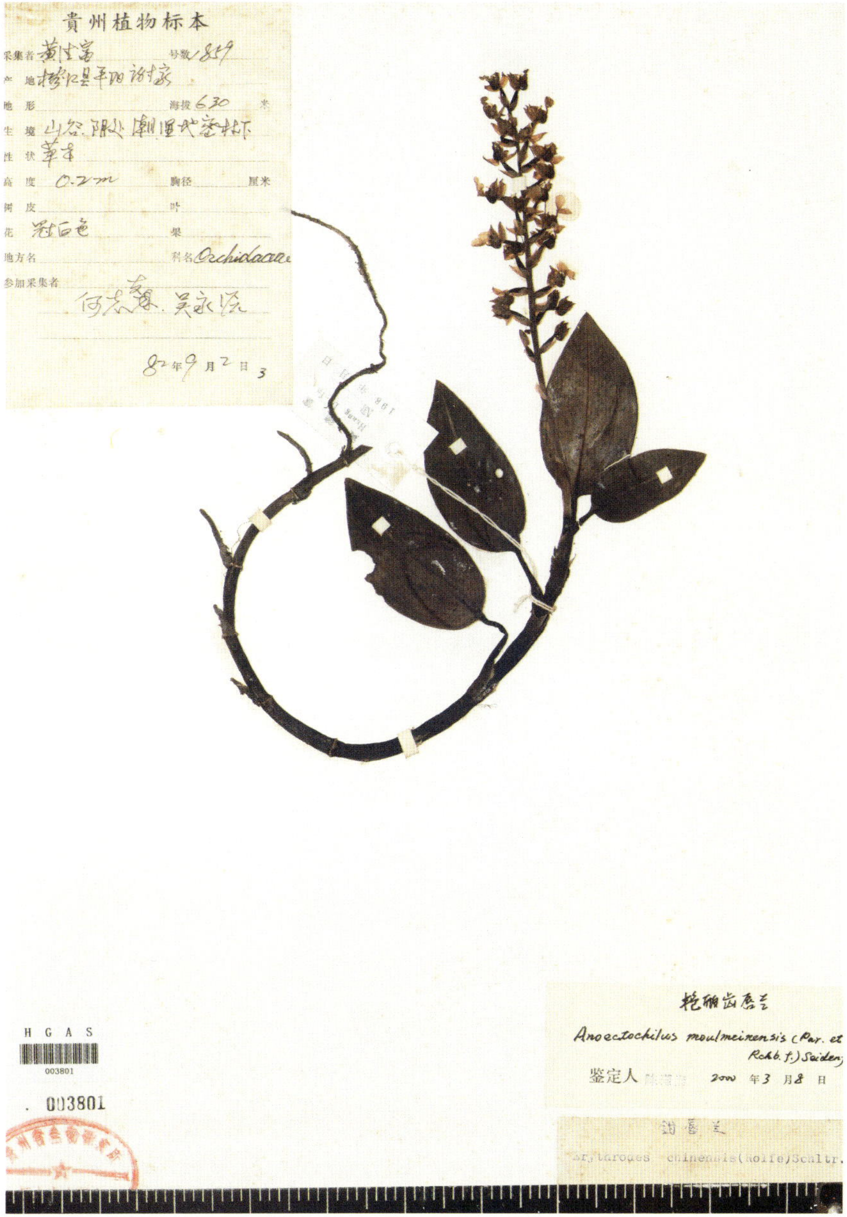
贵州植物标本
HGAS
003801
艳丽齿唇兰
Anoectochilus moulmeinensis (Par. et Rchb. f.) Seidenf.
鉴定人
钳唇兰
Erythrodes chinensis(Rolfe)Schltr.

576
H G A S
003802
003802
PLANTS OF GUIZHOU, CHINA
Orchidaceae
Anoectochilus moulmeiniensis (Par. & Reichb. f.) Seidenf. & Smitin.
Jiangkou Xian, valley of the Heiwan River on the SE side of the Fanjing Shan mountain range, between Tongkuanchang and the Ecological Station of the Guizhou Academy of Sciences.
Elevation ca. 560-900 m
Growing in shade on forest floor, flowers pinkish white.
Sino-American Guizhou Botanical Expedition no. 576
30 August 1986
Participants: B. Bartholomew, D. E. Boufford, Q. H. Chen S. Z. Fang, J. G. Qi, S. A. Spongberg, Z. H. Tsi, Y. L. Tu P. S. Wang, Y. H. Xiang and T. S. Ying

5 竹叶兰属

5.1 竹叶兰 *Arundina graminifolia* (D. Don) Hochr.

【别　　名】土白芨、山荸荠。

【形态特征】地生草本，高 30～70cm。根状茎在连接茎基部处膨大呈卵球形。茎直立，常数个丛生，细竹竿状，具多枚叶。叶线状披针形，坚纸质，长 10～20cm，宽 8～17mm，先端渐尖，基部具抱茎的圆筒状鞘。花序长 7～9cm，总状，具数朵花，但每次开 1 朵；花苞片宽卵状三角形，长 3～4mm；花梗连子房长 12～30mm；花紫红色；萼片狭椭圆形或狭椭圆状披针形，长 2.5～4cm，宽 7～9mm；花瓣椭圆形或卵状椭圆形，与萼片近等长；唇瓣卵状长圆形，长 2.5～4cm，3 裂；侧裂片围抱蕊柱；中裂片近方形，长 1～1.4cm，先端微凹或 2 浅裂；唇盘上有 3 条褶片；蕊柱长 2～2.5cm。花期 7～10 月。

【生长环境】生于海拔 450～1300m 的山坡草地或路旁。

【地理分布】贵州产都匀、榕江、独山、荔波、龙里、罗甸、望谟、兴仁、贞丰、兴义；浙江、江西、湖南、福建、台湾、广东、海南、广西、四川、云南、西藏、喜马拉雅东部有分布。中南半岛、印度尼西亚至琉球群岛也有。

【馆藏信息】第五标本馆，第 003577、003578、003579、003580、003581、003582、003583、003584、003585、003586、003587、003588、003589、003590 号标本。

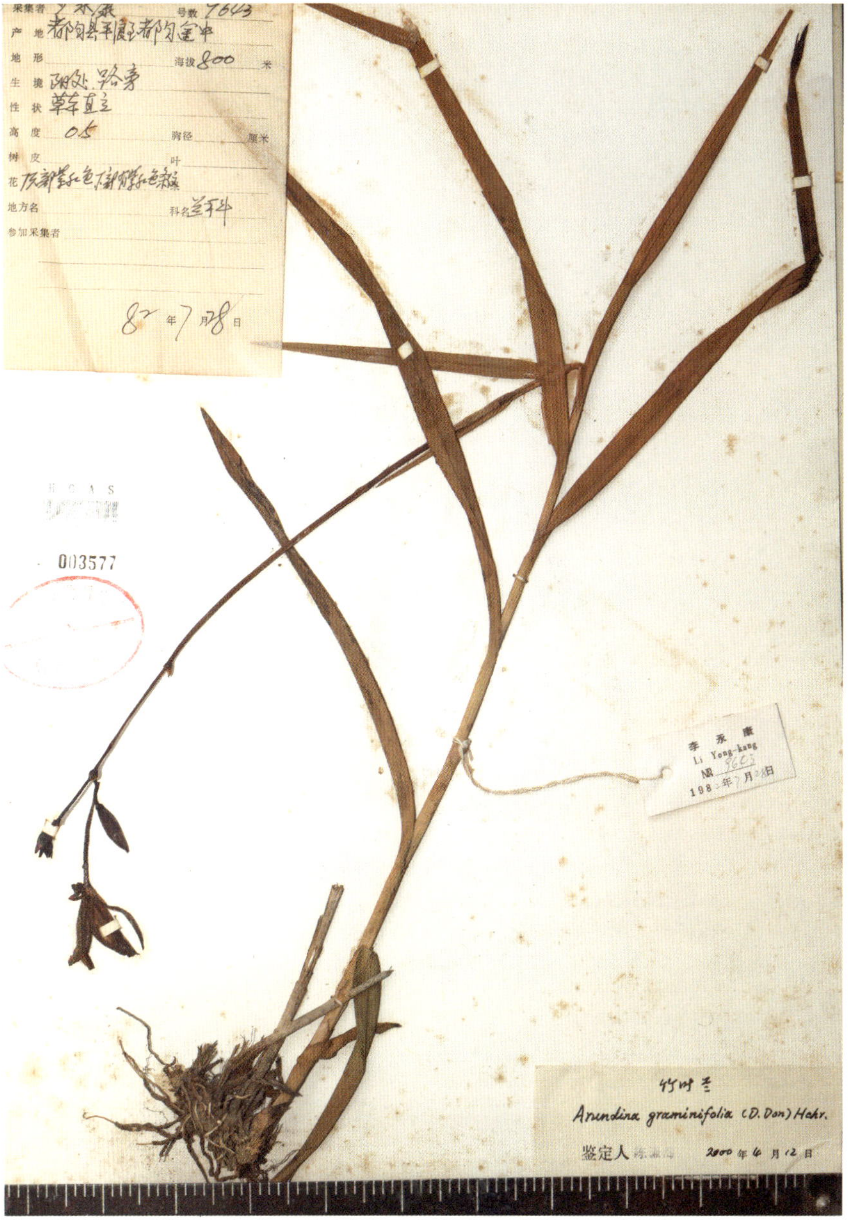

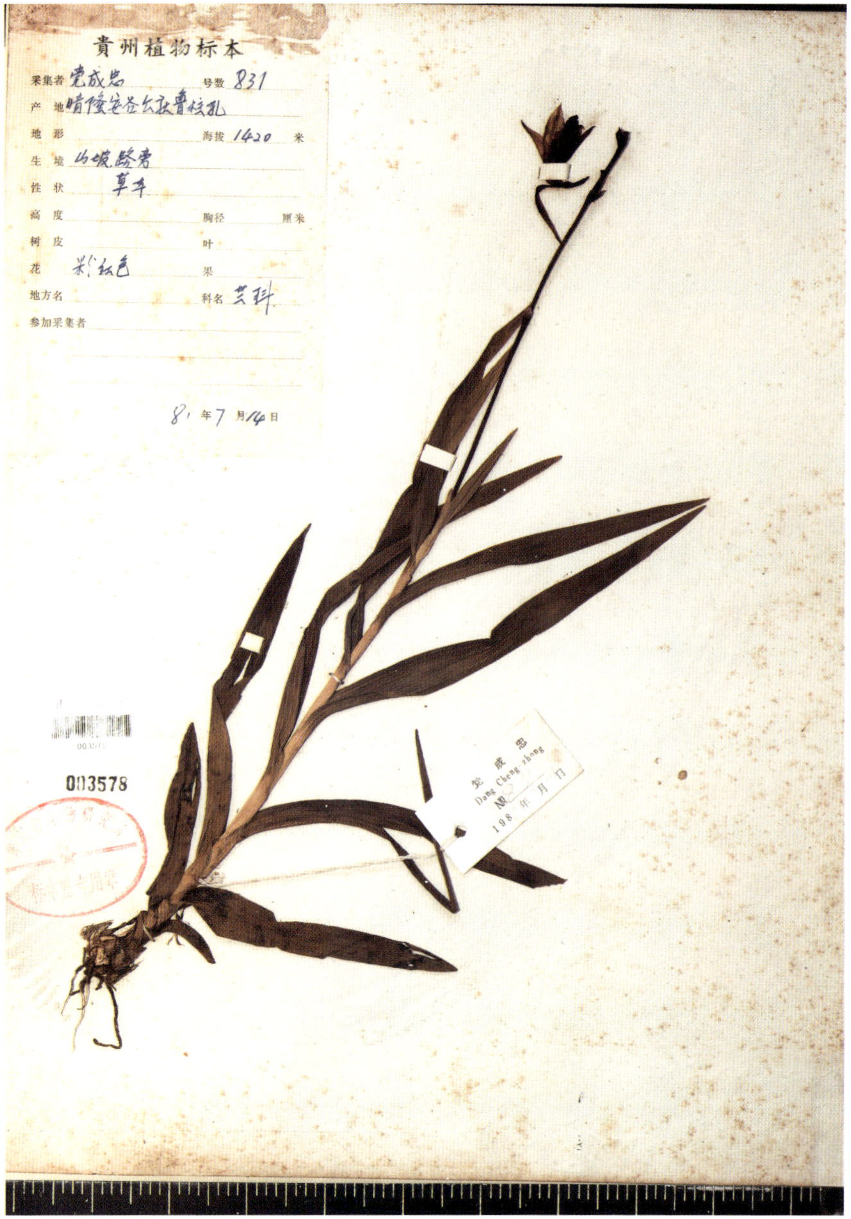

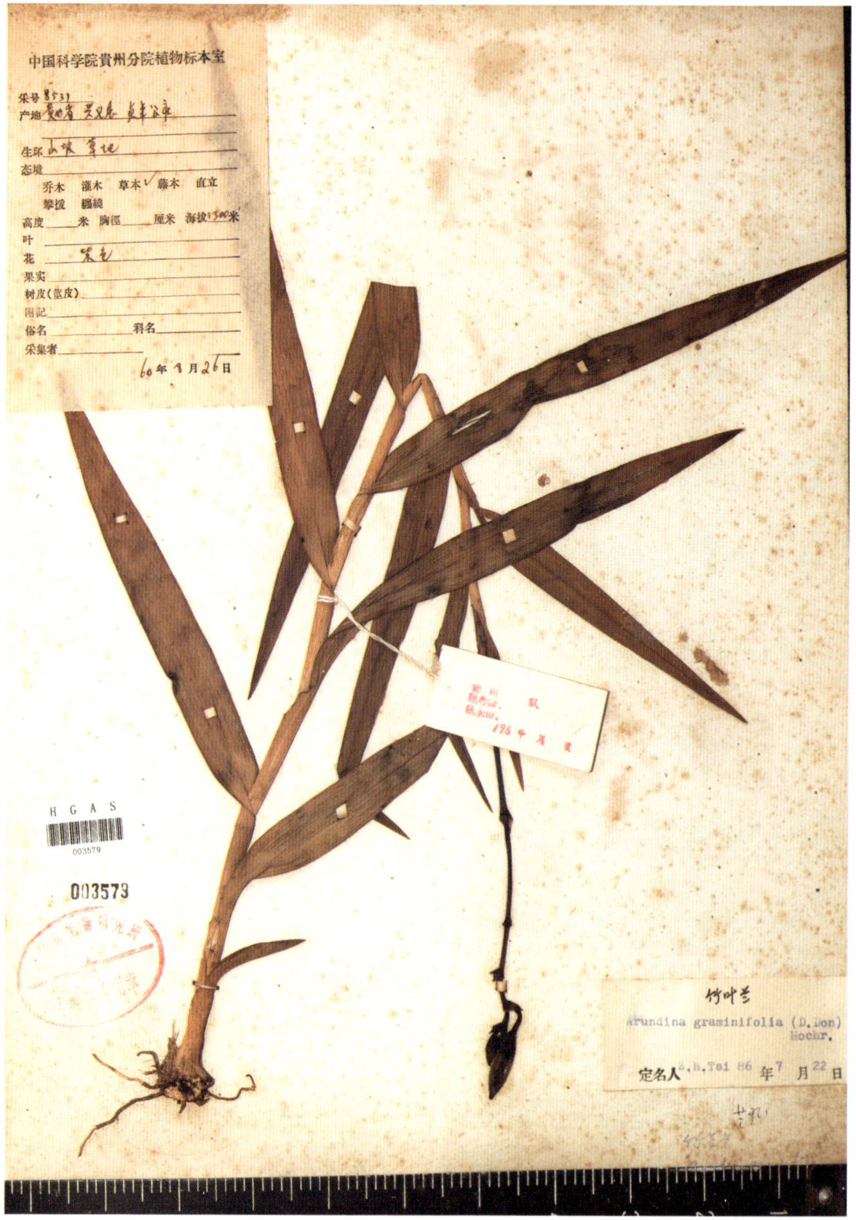

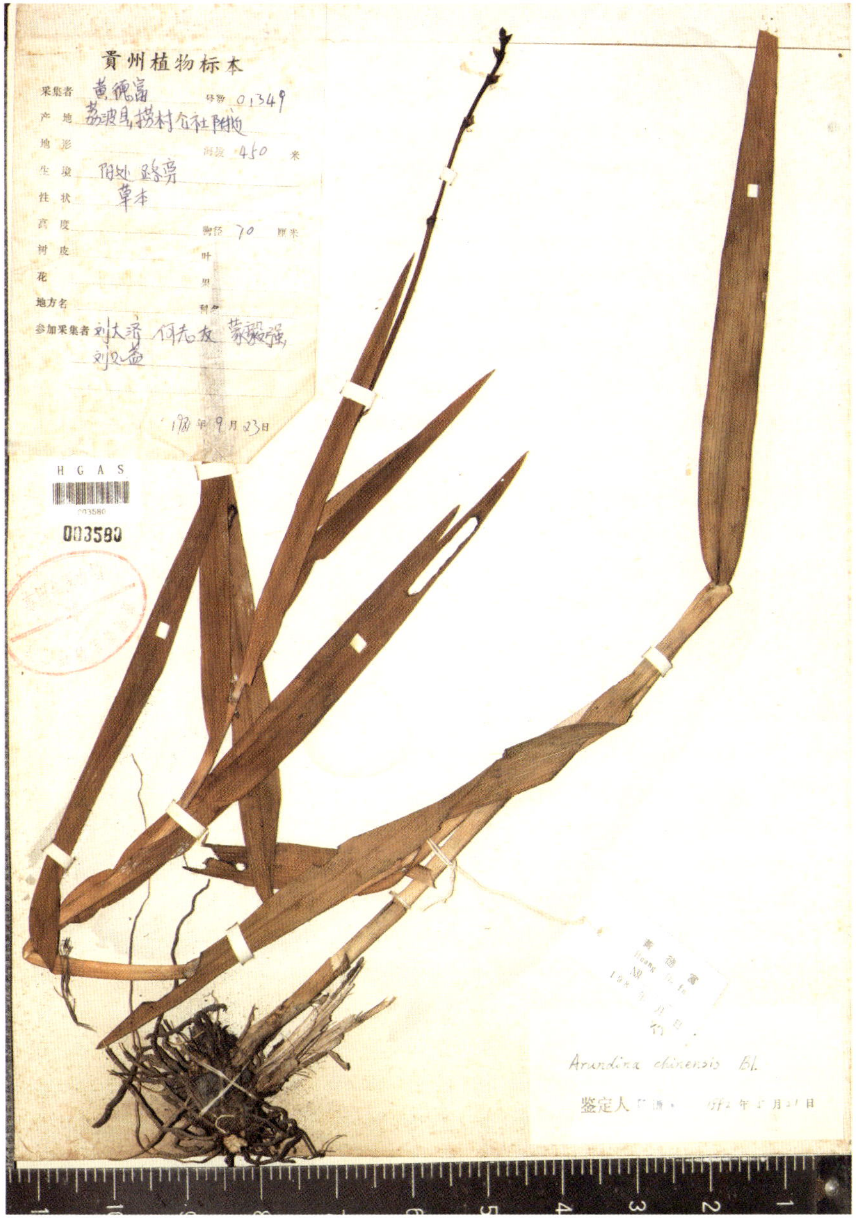
貴州植物标本
H G A S
003580
Arundina chinensis Bl.
鉴定人

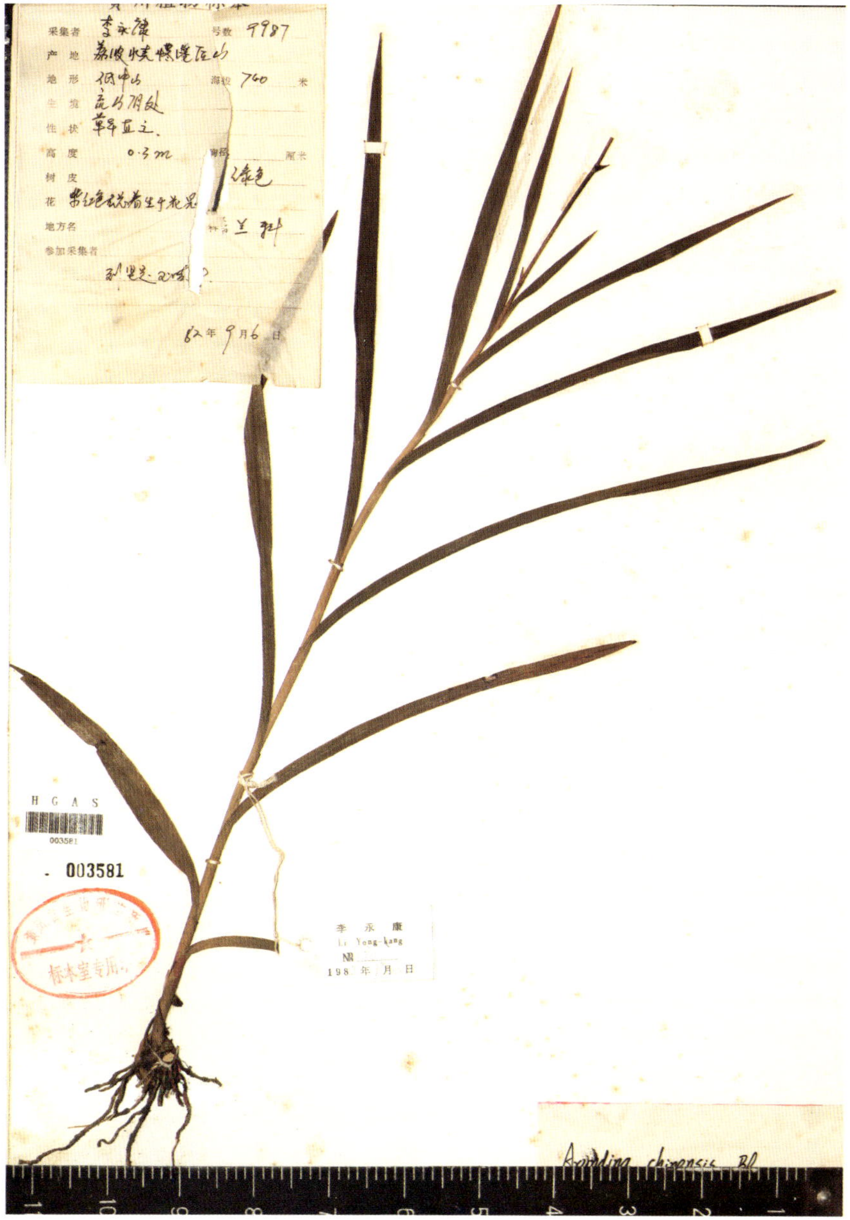
H G A S
003581
李永康
Li Yong-kang
Arundina chinensis Bl.

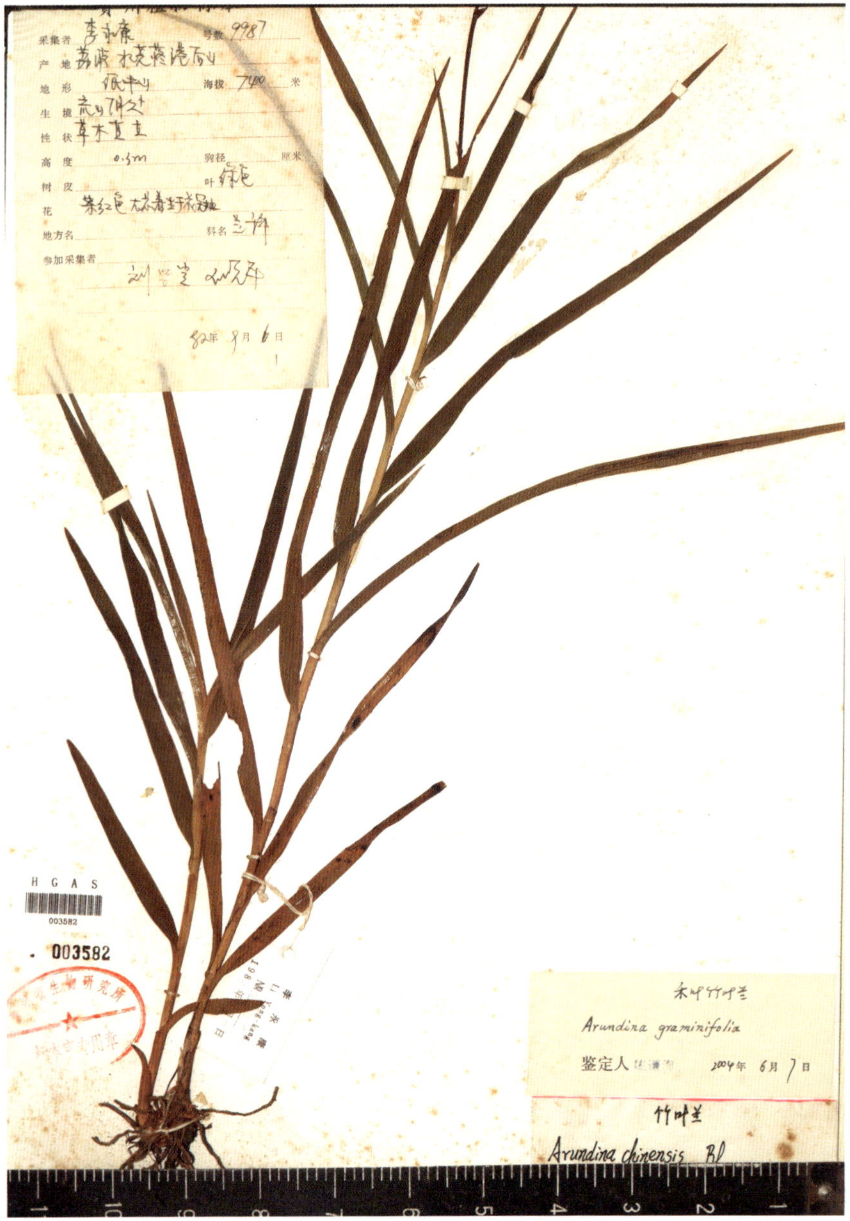
HGAS
003582
003582
禾叶竹叶兰
Arundina graminifolia
鉴定人
2004年 6月 7日
竹叶兰
Arundina chinensis Bl

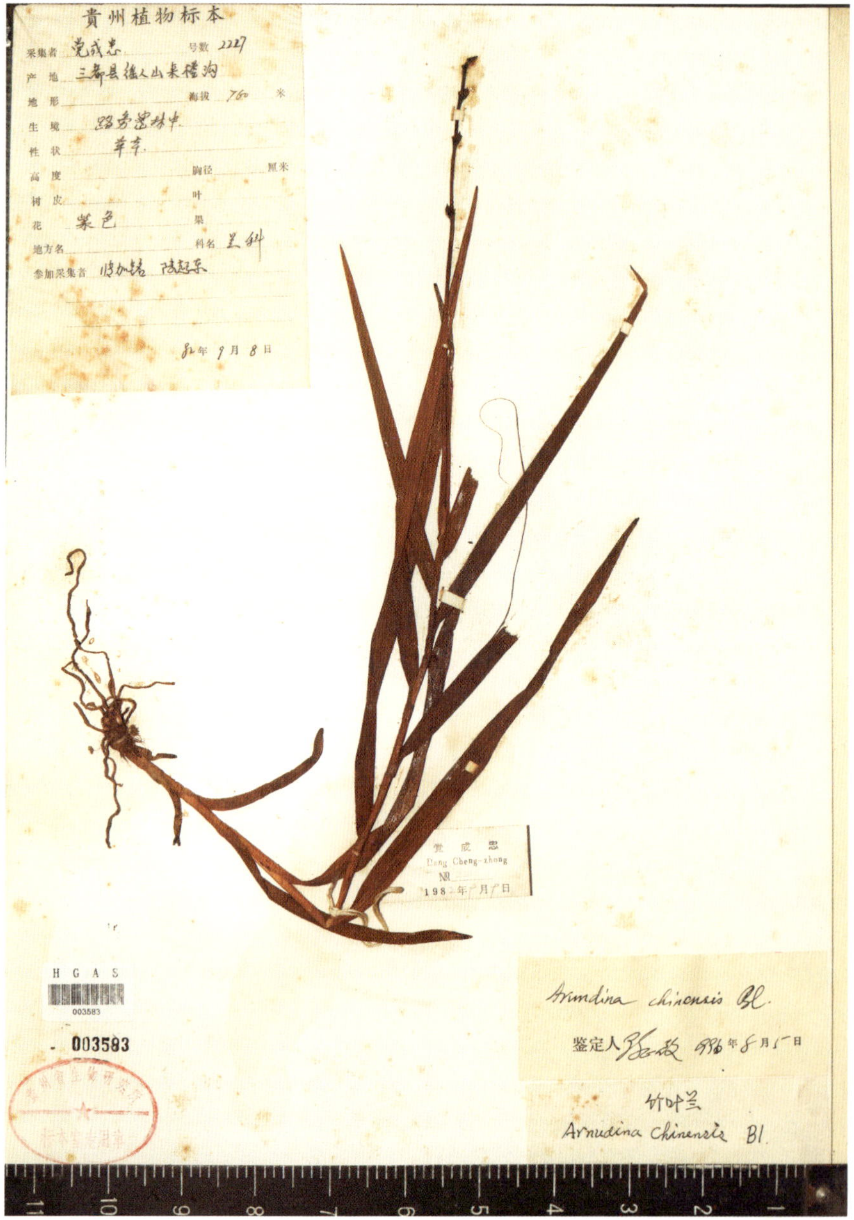
贵州植物标本
采集者
号数 2227
产地
地形
海拔 760 米
生境
性状
高度
胸径
厘米
树皮
叶
花 紫色
果
地方名
科名 兰科
参加采集者
HGAS
003583
003583
鉴定人
年 8 月 15 日
竹叶兰
Arnudina Chinenzis Bl.

采集者 党成忠 号数 2227
82年 9月 8日
HGAS
003584
Arundina chinensis Bl.
鉴定人 1982年5月20日
竹叶兰
Arnudina chinensis Bl.

贵州植物标本
采集者 号数 1001
81年 7月
HGAS
003585
Arundina chinensis Bl.
鉴定人 1982年5月20日

贵州植物标本
采集者
号数
产地
地形
海拔
米
生境
性状
高度
胸径
厘米
树皮
叶
花
果
地方名
科名
参加采集者
中国科学院西南生物研究所
贵阳工作站
植物标本室
花
果
袋
年 月 日
003586
Arundina chinensis Bl.
鉴定人
年
月
日

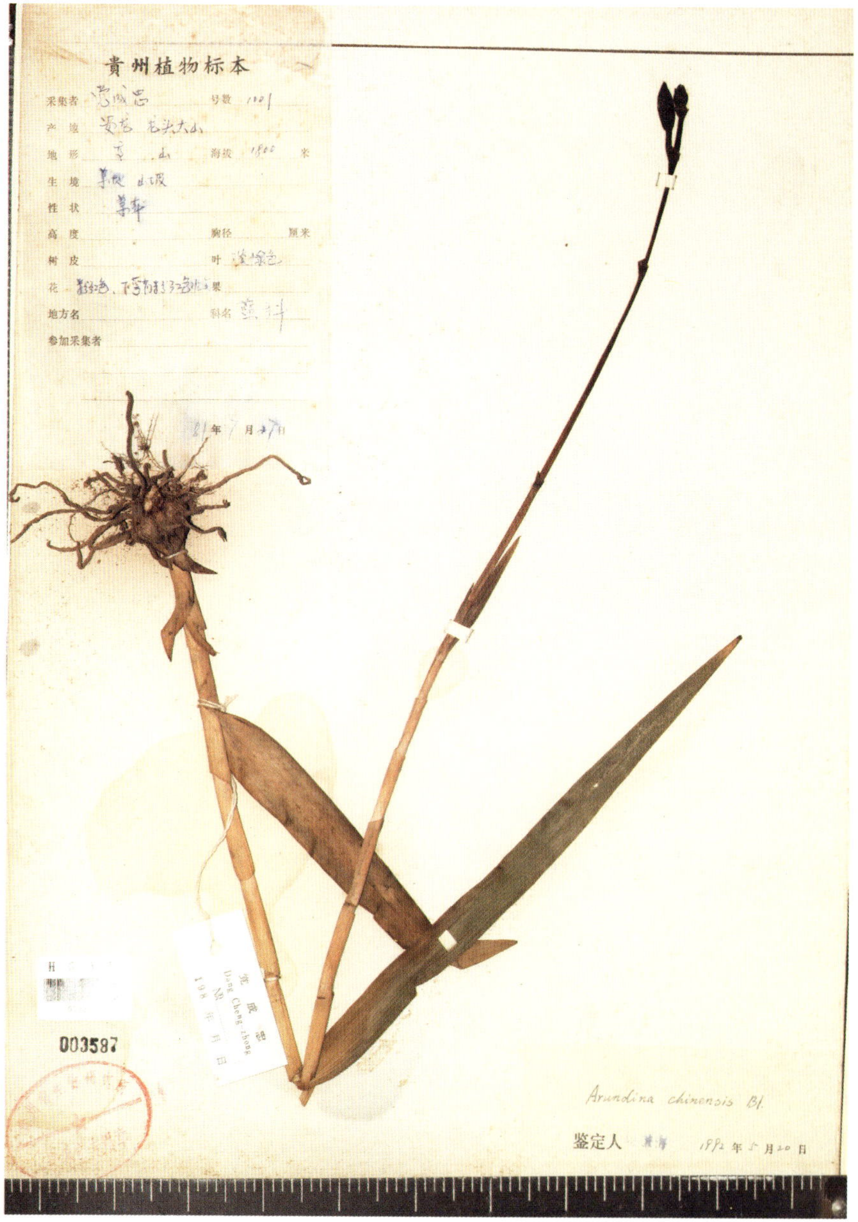
贵州植物标本
采集者
号数
产地
地形
海拔
米
生境
性状
高度
胸径
厘米
树皮
叶
花
果
地方名
科名
参加采集者
003587
Arundina chinensis Bl.
鉴定人
年
月
日

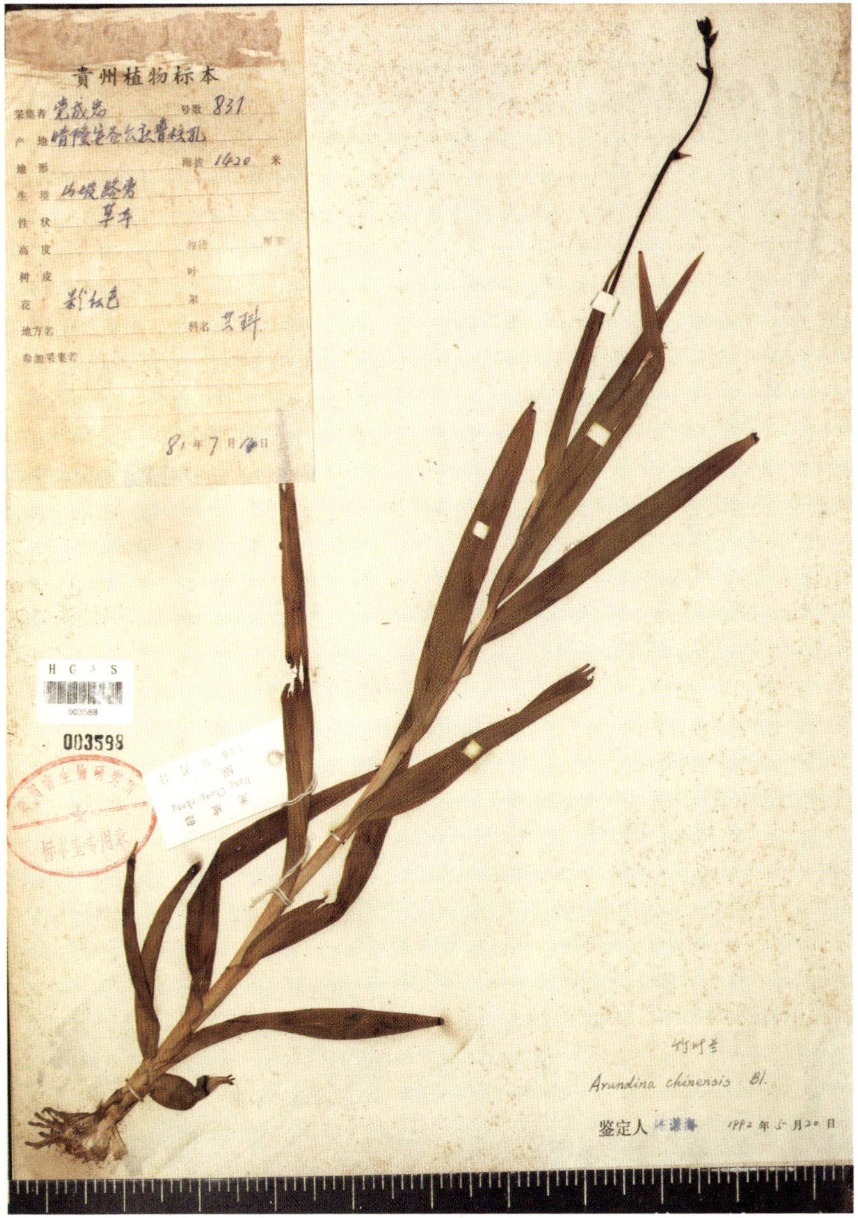
竹叶兰
Arundina chinensis Bl.

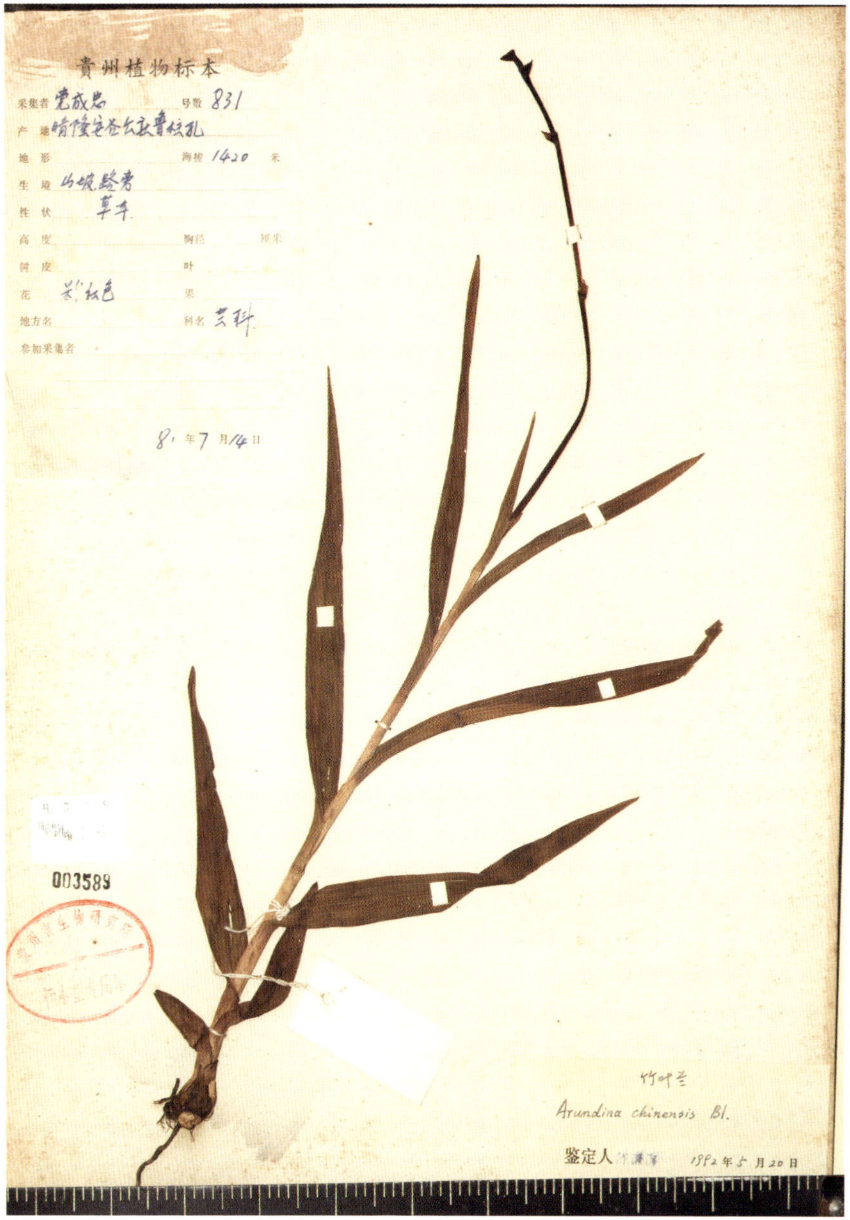
竹叶兰
Arundina chinensis Bl.

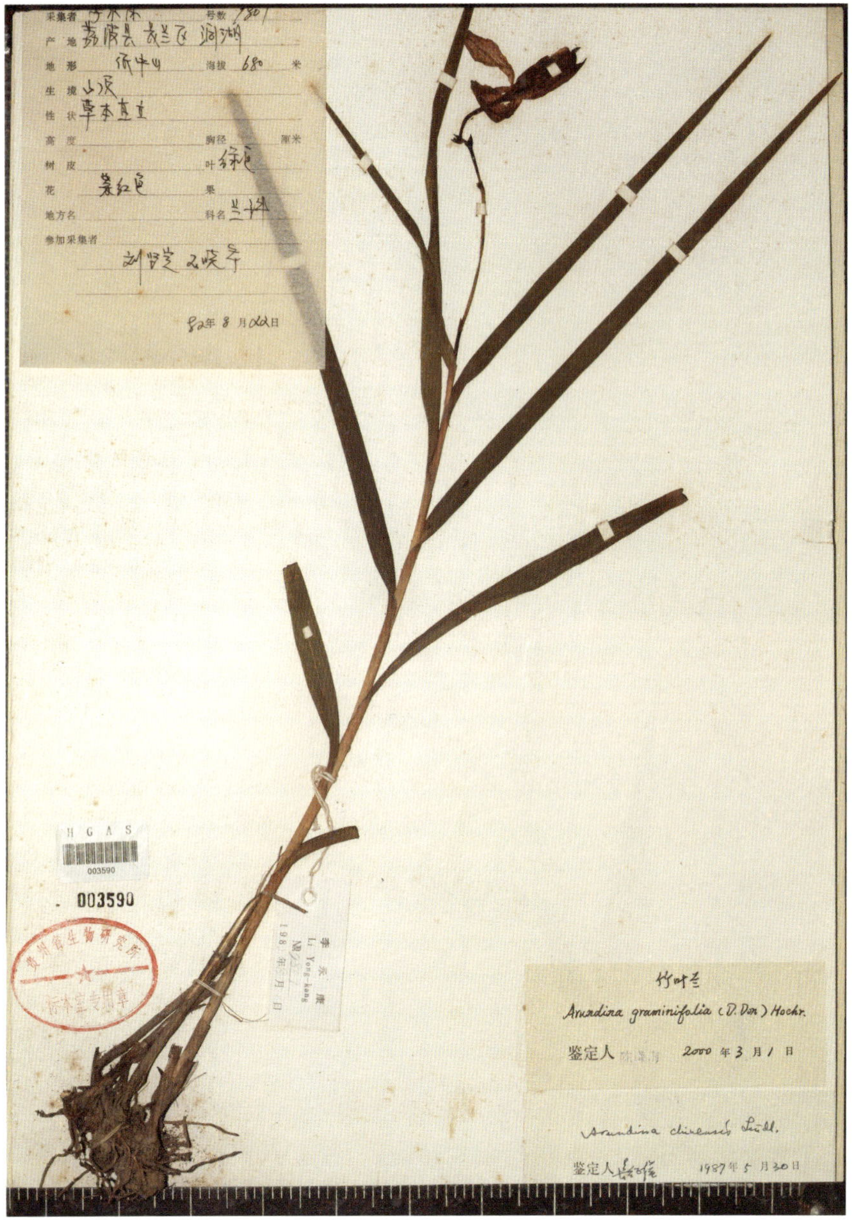
产地 荔波县
海拔 680 米
性状 草本直立
叶 绿色
花 紫红色
科名 兰科
82年 8 月22日
H G A S
003590
竹叶兰
Arundina graminifolia (D. Don) Hochr.
鉴定人
2000 年 3 月 1 日
Arundina chinensis
鉴定人
1987 年 5 月 30 日

6 白及属

6.1 白及 *Bletilla striata* (Thunberg) H. G. Reichenbach

【别　　名】连及草、甘根、白给、箬兰、朱兰、紫兰、紫蕙、百笠。

【形态特征】地生草本。假鳞茎扁球形，上面具荸荠似的环带，富有黏性。茎粗壮，具4～6枚叶。叶狭长圆形或披针形，长9～31cm，宽1.5～3.5cm，先端渐尖，基部收狭成鞘并抱茎。花序具3～7朵花；花序轴多少呈“之”字状曲折；花苞片长圆状披针形，长2～2.5cm，开花时凋落；花大，紫红色或淡紫色；萼片和花瓣近等长，狭长圆形，长2～2.5cm；唇瓣稍短于萼片和花瓣，倒卵状椭圆形，长约2cm；唇盘上具5条纵褶片；蕊柱长1.8cm。花期4～5月。

【生长环境】生于海拔400～1800m的山地林下、灌木丛下、草坡或路旁。

【地理分布】贵州全省；陕西、甘肃、江苏、安徽、浙江、江西、湖北、湖南、福建、广东、广西、四川有分布。朝鲜半岛和日本也有。

【馆藏信息】第五标本馆，第003612、003613、003614、003615、003616、003617、003618、003619、003620、003621、003622、003623、003624、003625、003626、003627、003628号标本。

中国科學院貴州分院植物標本室
紫红色
003613
H G A S
Bletilla striata (Thunb.) Rchb. f.
定名人
年 月 日

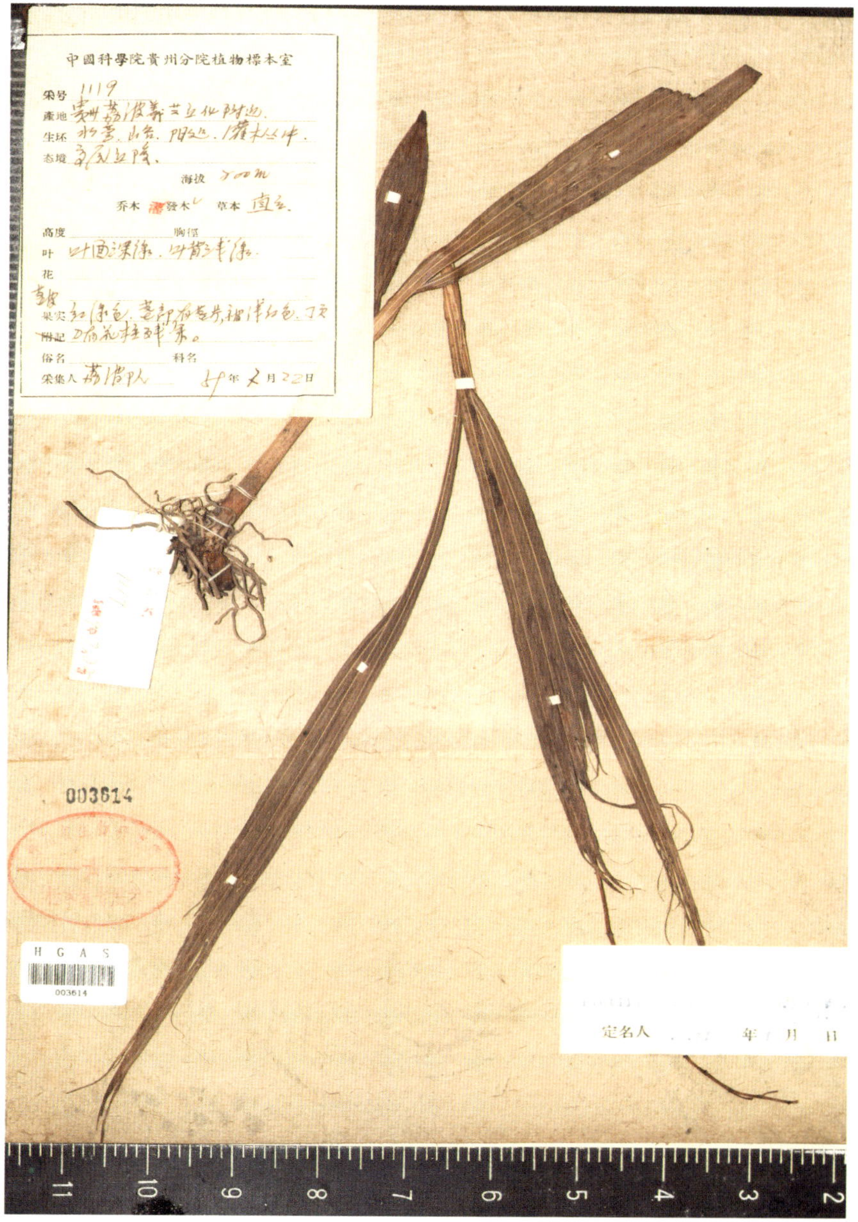
中國科學院貴州分院植物標本室
采号 1119
003614
H G A S
003614
定名人
年 月 日

中國科學院貴州分院植物標本室
003615
Bletilla striata (Thunb.)Rchb. f.
定名人

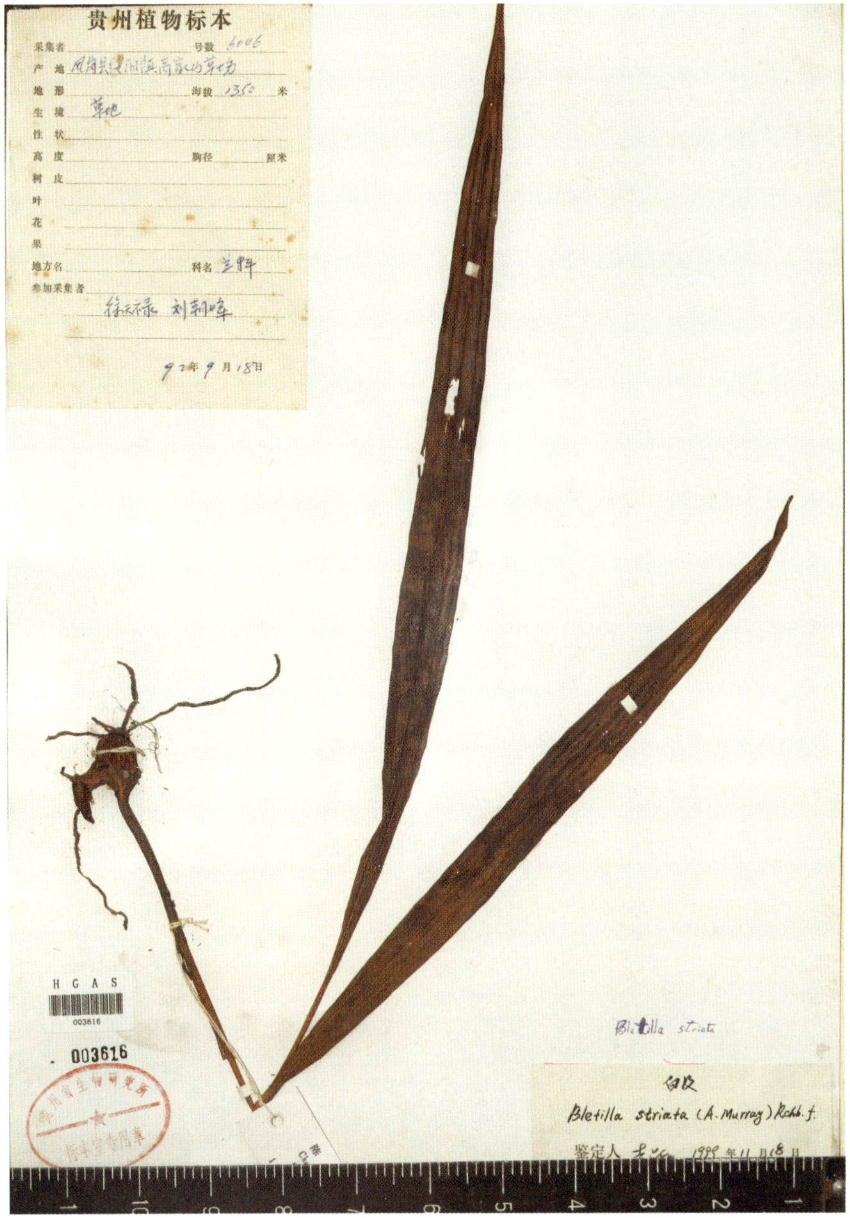
贵州植物标本
HGAS
003616
白及
Bletilla striata (A. Murray) Rchb. f.
鉴定人

黄德富
Huang De-fu
HGAS
003619
003619
白芨
Bletilla striata (Thunb. ex A. Murray) Rchb. f.

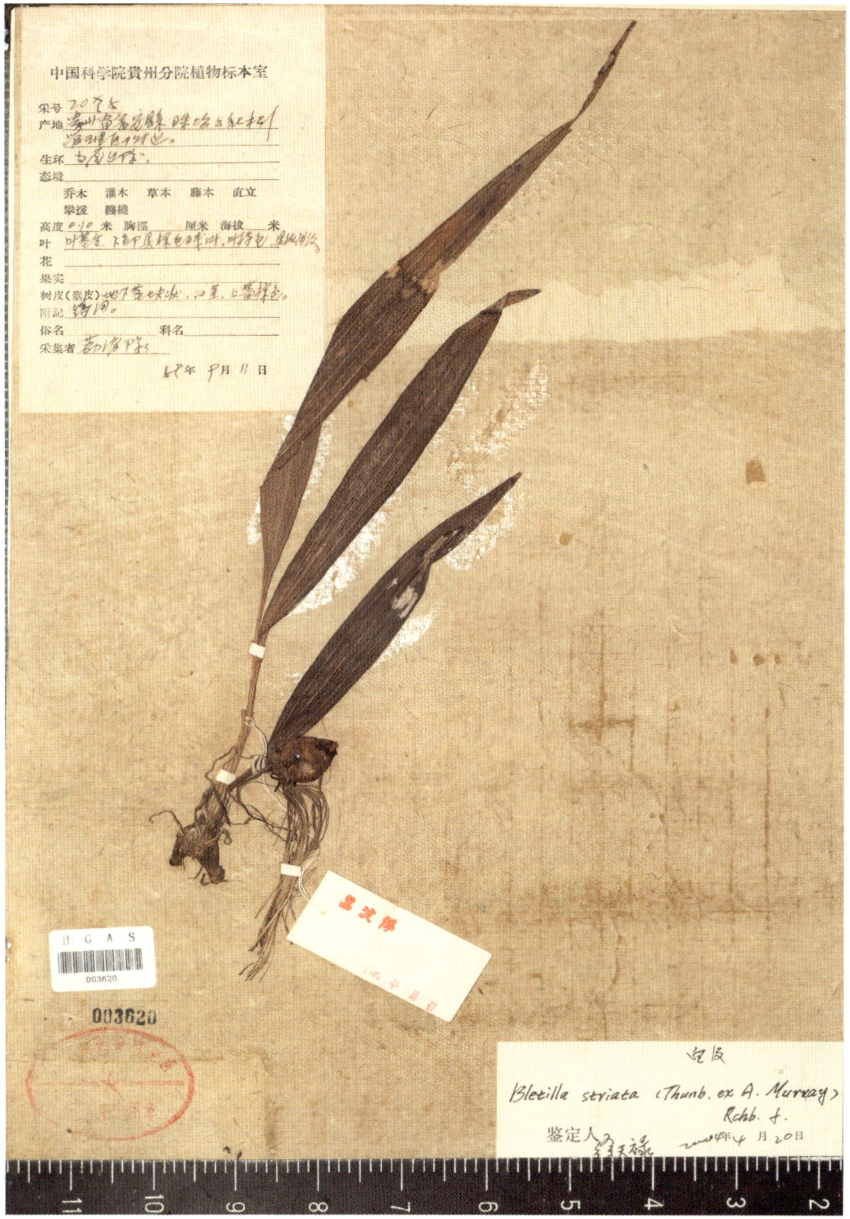
中国科学院貴州分院植物标本室
HGAS
003620
003620
白芨
Bletilla striata (Thunb. ex A. Murray) Rchb. f.
鉴定人

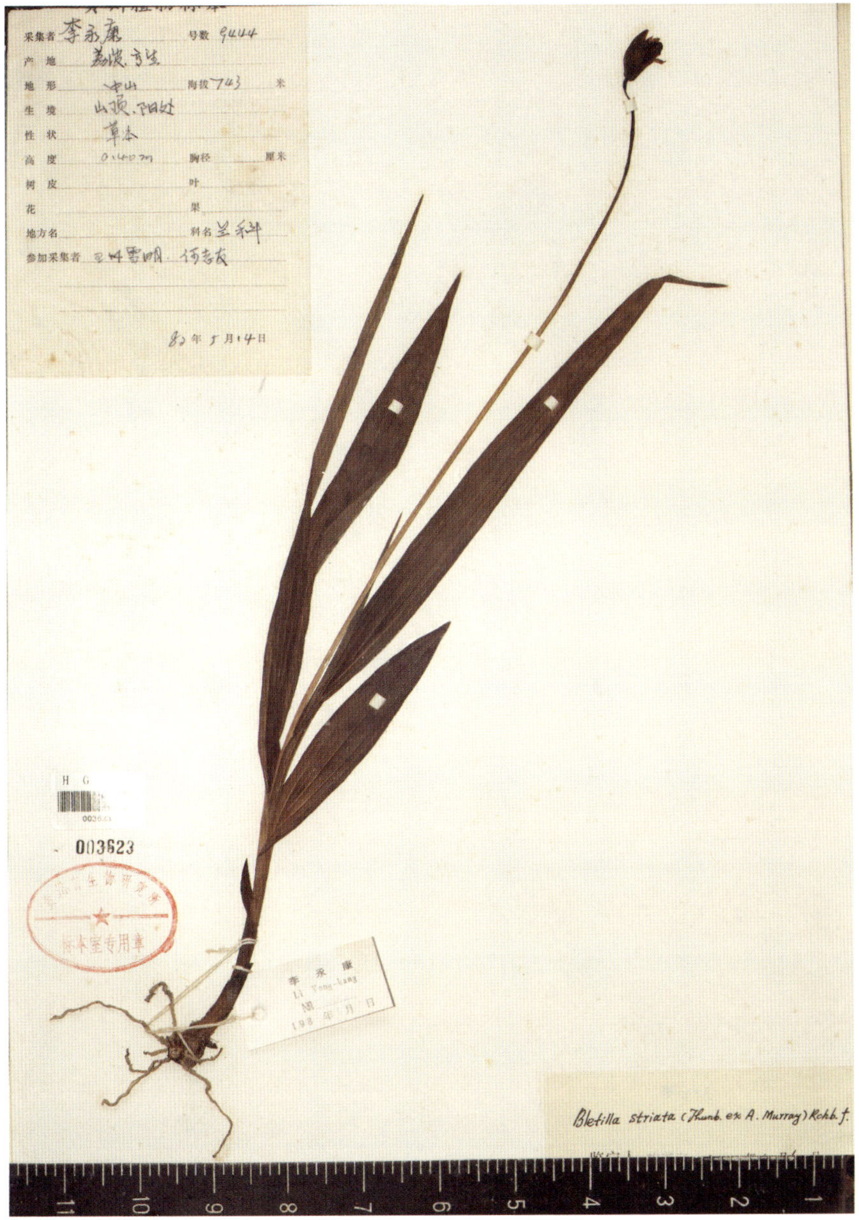

贵州植物标本
HGAS
003625
Bletilla striata (Thunb. ex A. Murray) Rchb. f.

HGAS
003626
Bletilla striata (Thunb. ex A. Murray) Rchb. f.

贵州植物标本
HGAS
003627
白及
Bletilla striata (Thunb. ex A. Murray) Rchb. f.
鉴定人
年3月30日

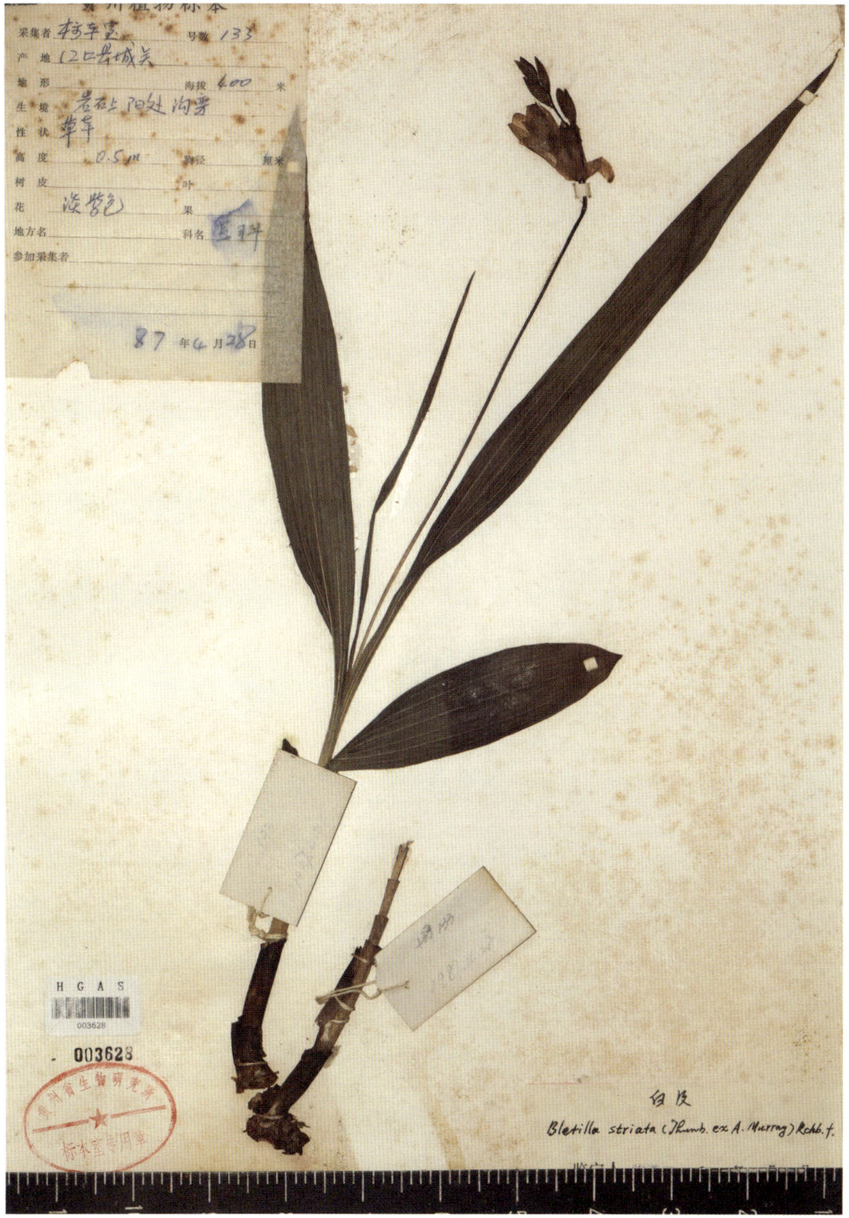
HGAS
003628
白及
Bletilla striata (Thunb. ex A. Murray) Rchb. f.

6.2 黄花白及 *Bletilla ochracea* Schltr.

【别　　名】猫儿姜。

【形态特征】假鳞茎扁斜卵形，较大，上面具荸荠似的环带。茎较粗壮，具 4 枚叶。叶长圆状披针形，长 8～35cm，宽 1.5～2.5cm。花序具 3～8 朵花；花苞片长圆状披针形，长 1.8～2cm；花黄色；萼片和花瓣相似，长圆形，长 18～23mm；唇瓣椭圆形，淡黄色，长 15～20mm，中部以上 3 裂；唇盘上具 5 条纵脊状褶片；蕊柱长 15～18mm。花期 4～6 月。

【生长环境】生于海拔 900～1500m 的山地林下、草丛中湿处或沟旁。

【地理分布】贵州东部；陕西、甘肃、河南、湖北、湖南、广西、四川、云南有分布。

【馆藏信息】第五标本馆，第 003600、003601、003602、003603、003604、003605、003606、003607、003608、003609、003610、003611 号标本。

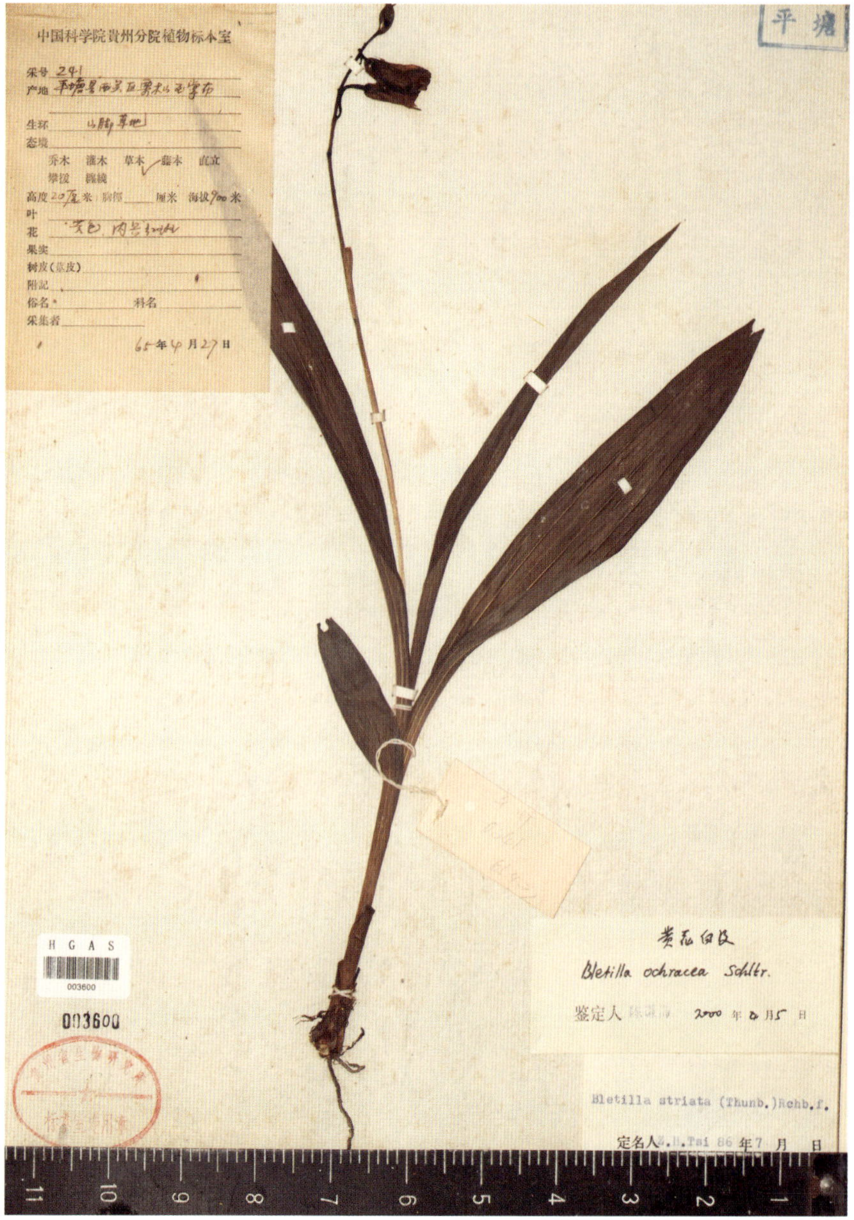

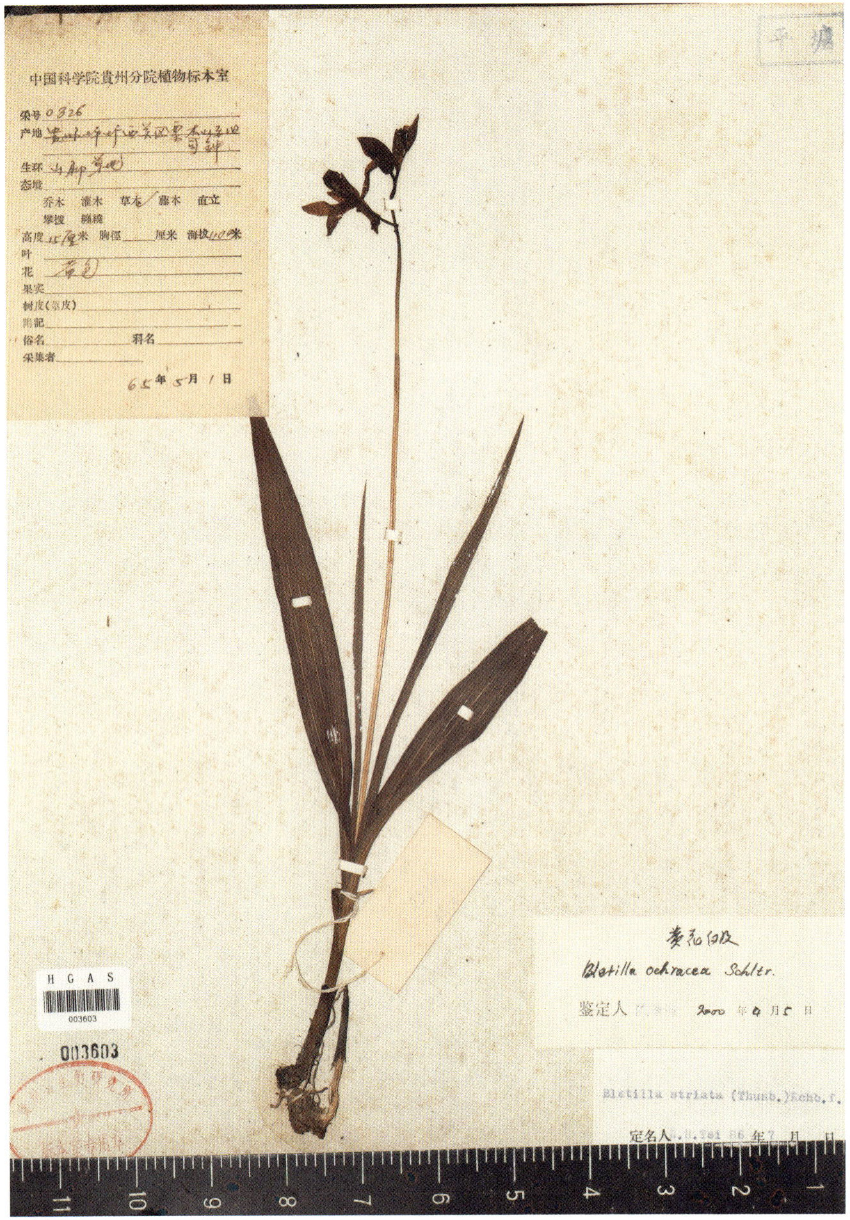

Bletilla ochracea Schltr.
鉴定人
HGAS
003605

Bletilla ochracea Schltr.
鉴定人
HGAS
003606

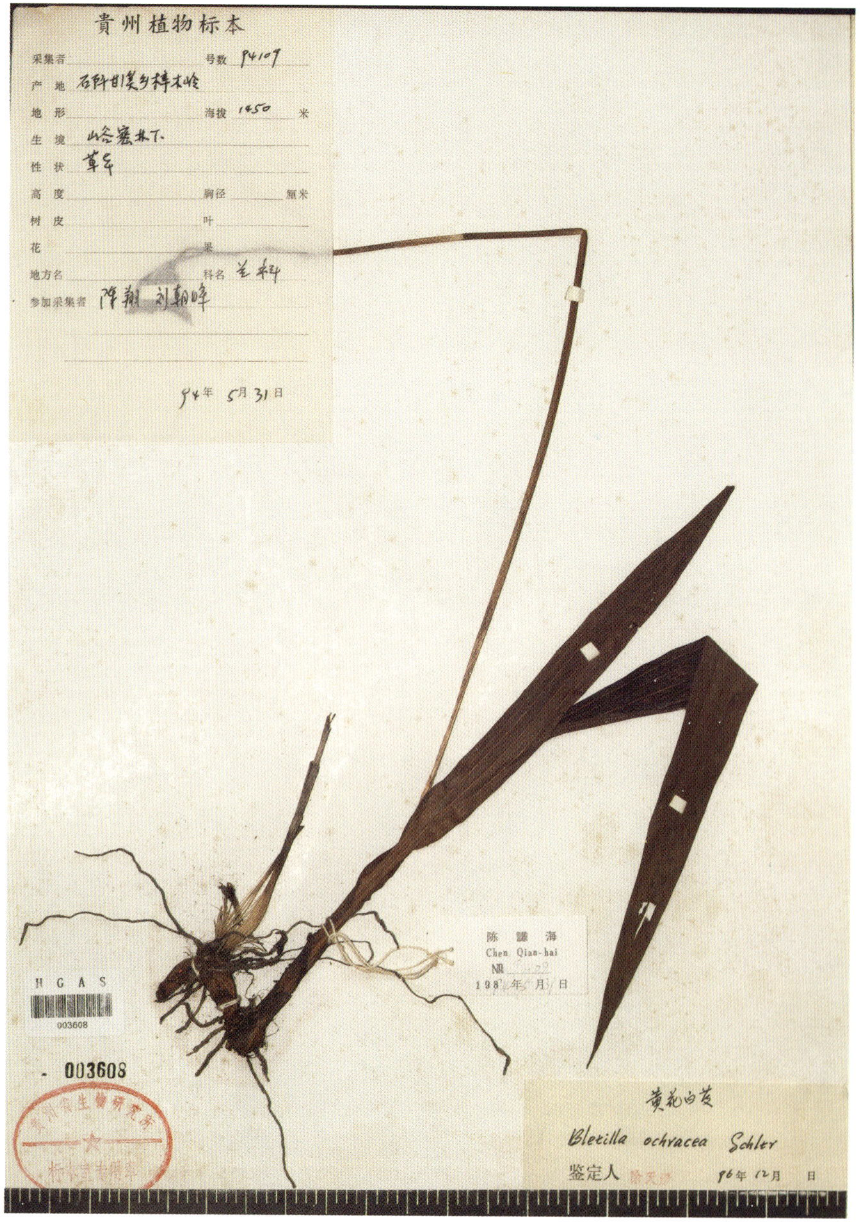

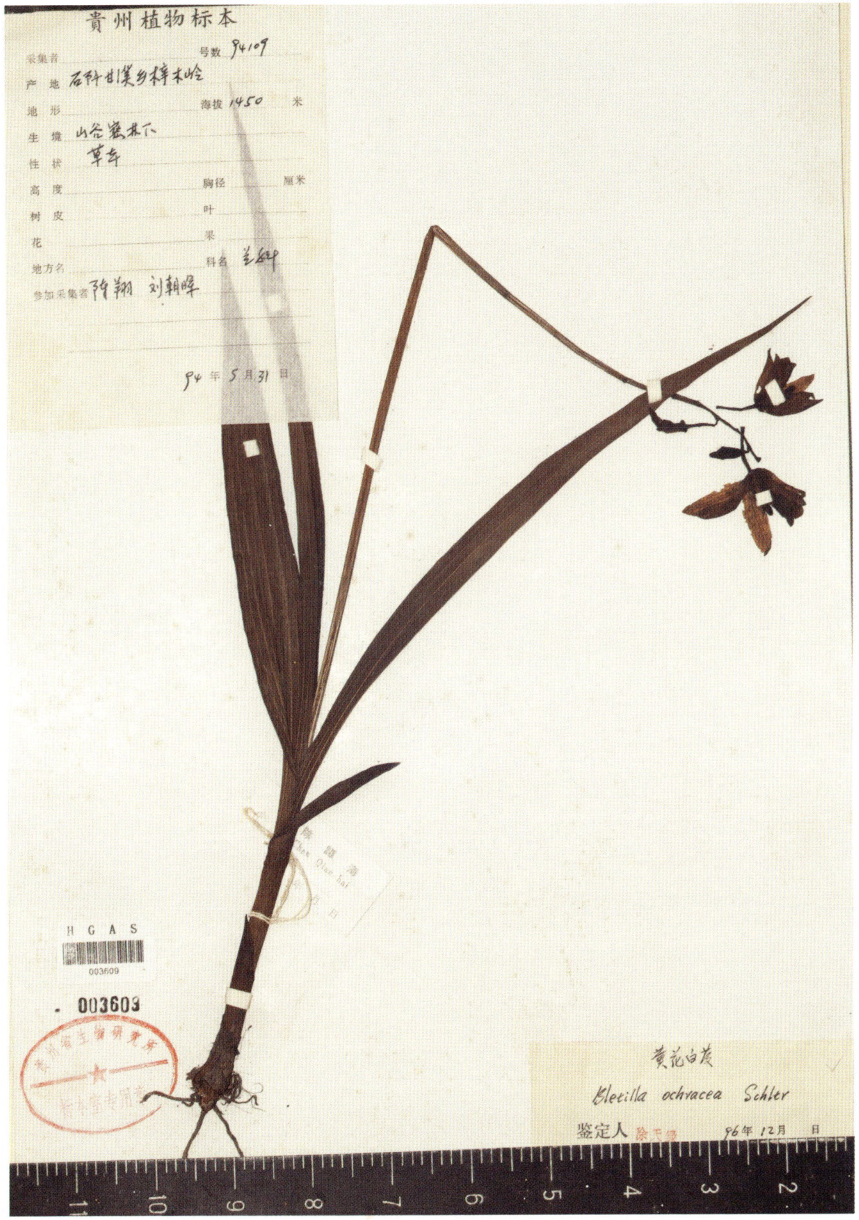

采集者 中美联合调查队 号数 733
产地
地形 海拔 650 米
生境 草坡
性状 草本
高度 胸径 厘米
树皮 叶
花 果
地方名 白芨 科名 兰科
参加采集者 Bletilla
1986 年 月 日
003611
Bletilla ochracea Schltr.
鉴定人
2004年 7月 5日

6.3 小白及 *Bletilla formosana* (Hayata) Schltr.

【别　　名】台湾白及。

【形态特征】假鳞茎扁卵球形。茎较细，具 3～5 枚叶。叶线状披针形，狭披针形或狭长圆形，长 6～20cm，宽 5～15mm。花序具 2～4 朵花；花苞片较短小；花较小，淡紫色或绿白色；唇瓣椭圆形，唇盘上具 5 条纵褶片。其他特征与白及 *B. striata* 相似。花期 5 月。

【生长环境】生于海拔 910～1300m 的山地林下、路旁或草地。

【地理分布】贵州全省；陕西、甘肃、四川、云南、西藏、江西、台湾、广西有分布。日本也有。

【馆藏信息】第五标本馆，第 003591、003592、003593、003594、003595、003596、003597、003598、003599、003869 号标本。

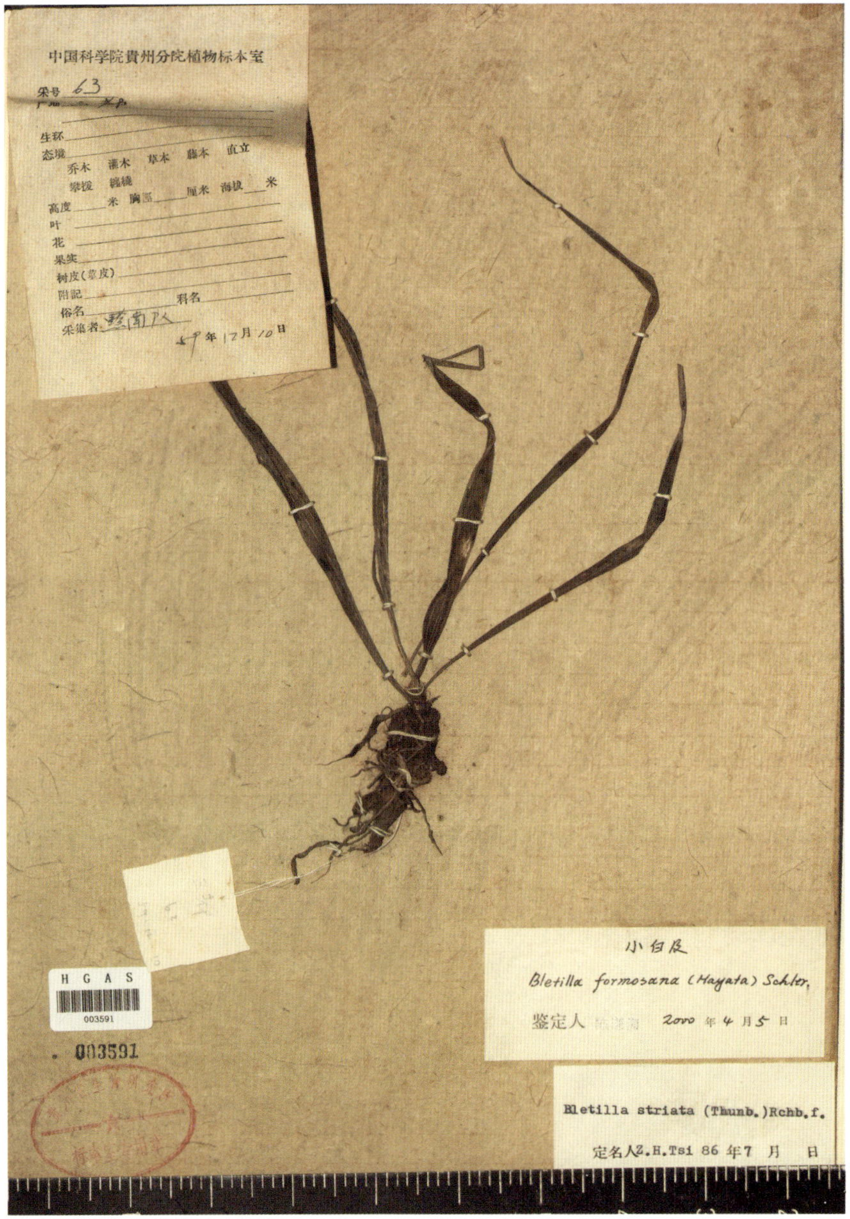

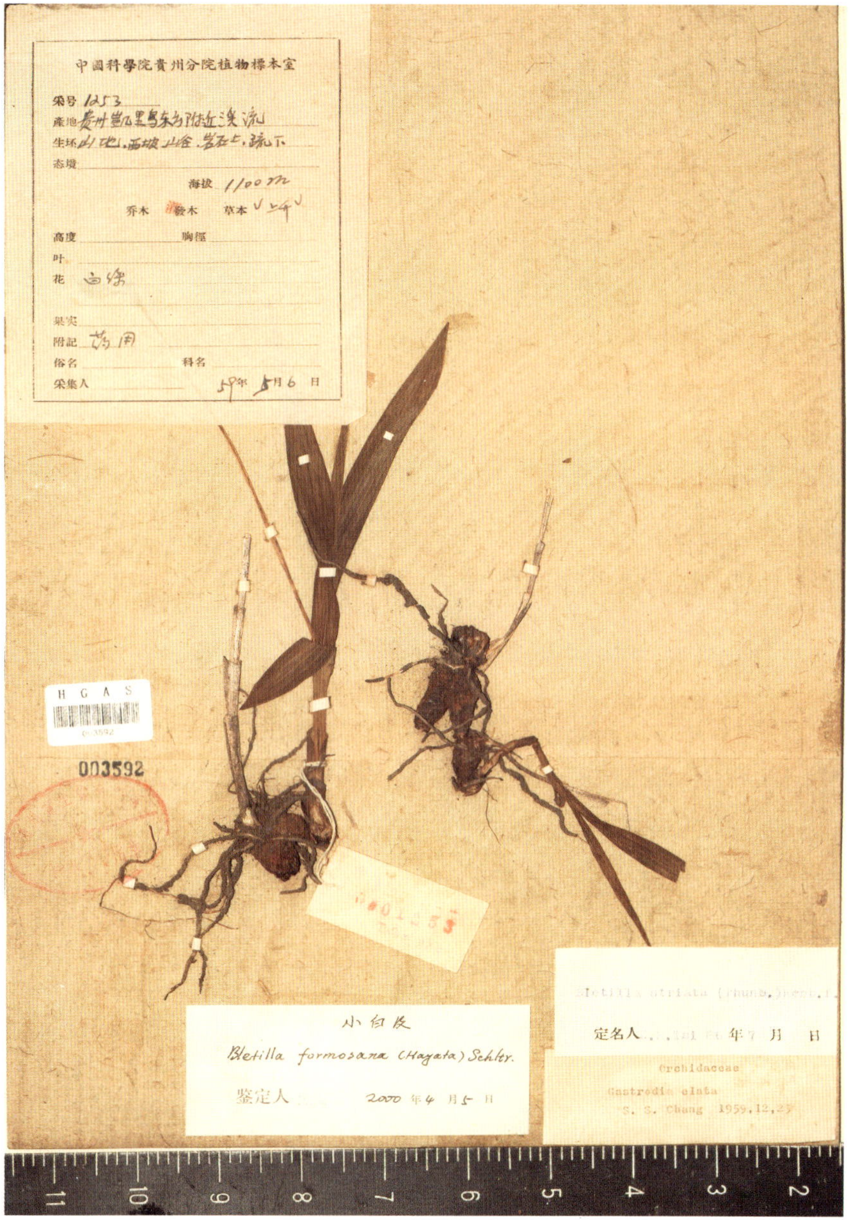

贵州植物标本
Orchidaceae
1989年8月30日
003594
小白及
Bletilla formosana (Hayata) Schltr.

Orchidaceae
003595
小白及
Bletilla formosana (Hayata) Schltr.
Liparis sp.

植物标本室
花
果
袋
小白及
Bletilla formosana (Hayata) Schltr.
鉴定人
2000 年 2 月 22 日
Bletilla yunnanensis Schltr.
003596
H G A S

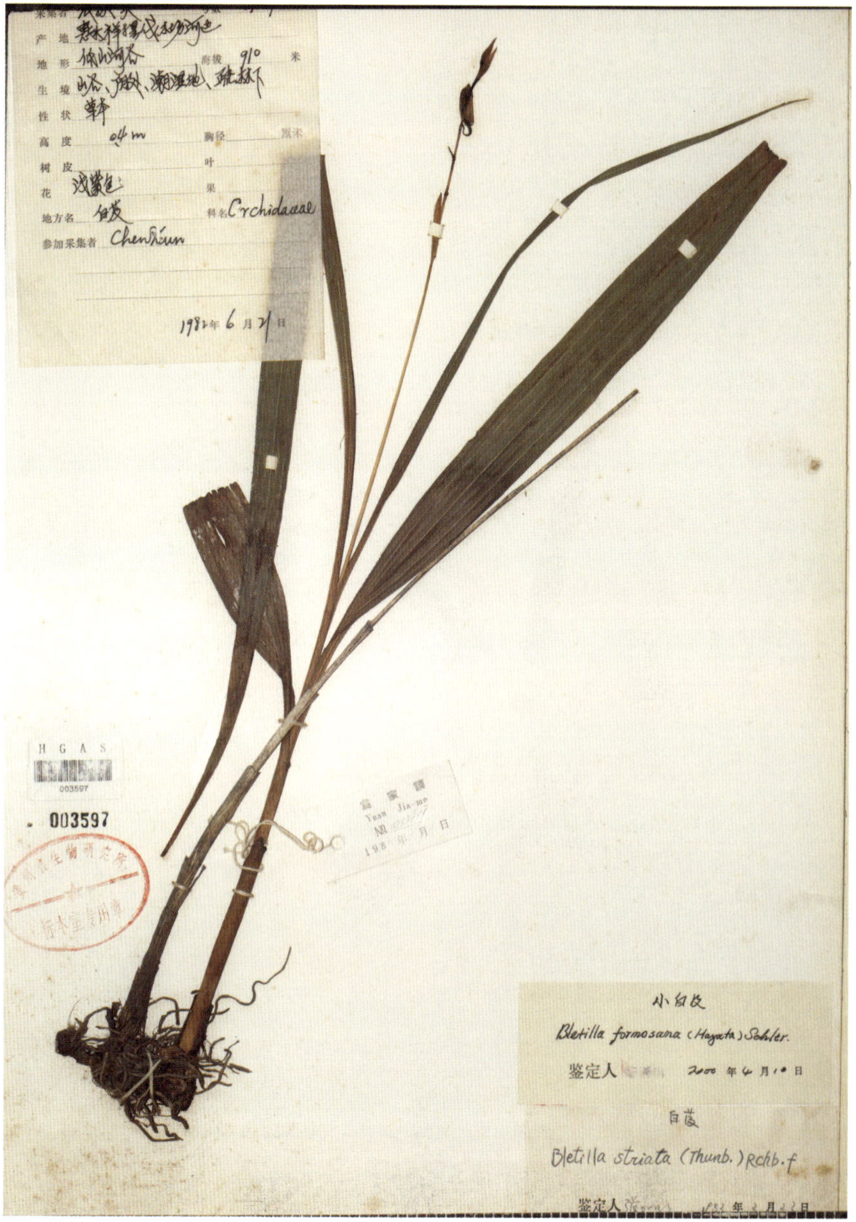
Orchidaceae
1982 年 6 月 21 日
003597
H G A S
小白及
Bletilla formosana (Hayata) Schltr.
鉴定人
2000 年 4 月 10 日
白芨
Bletilla striata (Thunb.) Rchb. f

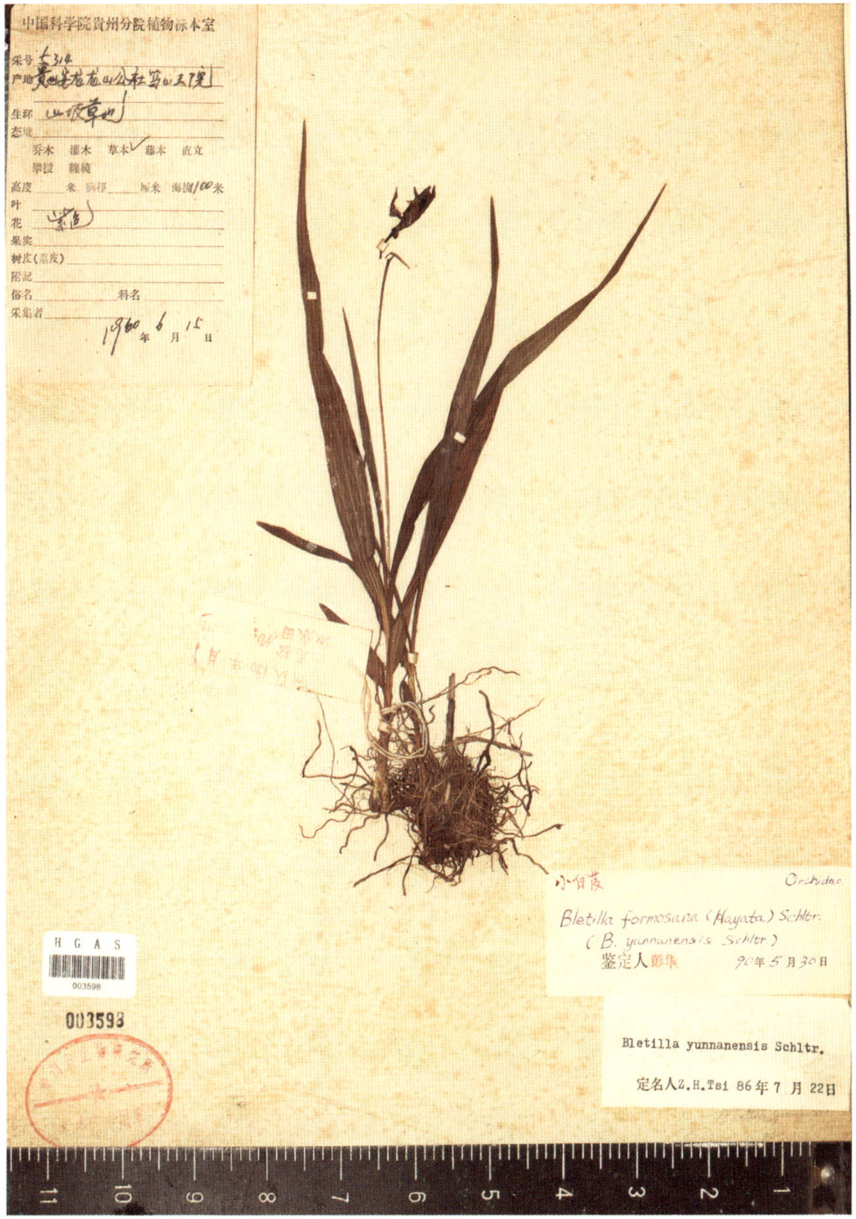

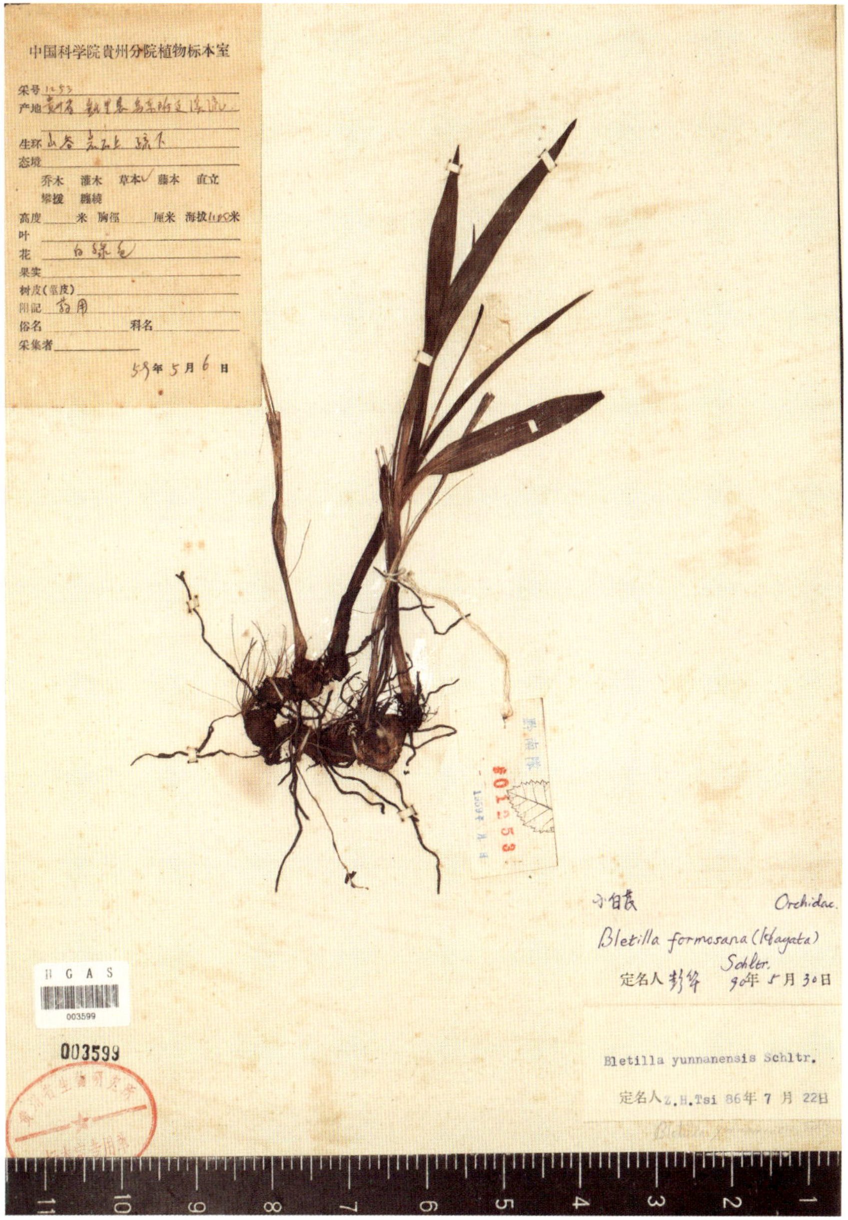

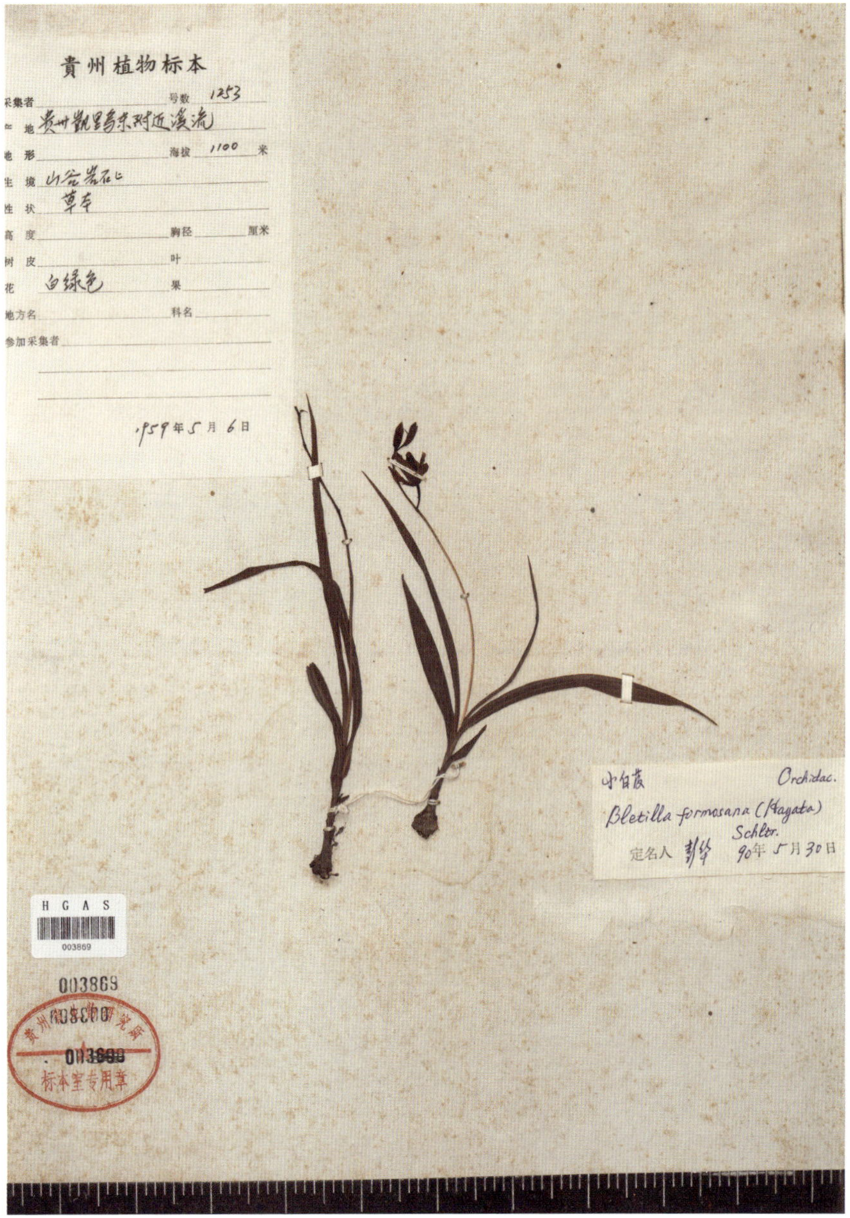
貴州植物标本
采集者
号数 1253
地 贵州凯里乡东附近溪流
地 形
海拔 1100 米
生 境 山谷岩石上
性 状 草本
高 度
胸径
厘米
树 皮
叶
花 白绿色
果
地方名
科名
参加采集者
1959年5月6日
小白芨
Orchidac.
Bletilla formosana (Hayata) Schltr.
定名人
90年5月30日
H G A S
003869
003869
标本室专用章

7 苞叶兰属

7.1 短距苞叶兰 *Brachycorythis galeandra* (Rchb. f.) Summerh.

【别　　名】拟粉蝶兰。

【形态特征】地生草本，高 18～28cm，具长圆形的块茎。茎基部有 2～3 枚筒状鞘，向上有 5～6 枚叶。叶椭圆形或卵形，长 2.5～5cm，宽 1.2～2cm，先端急尖。总状花序具 4～10 朵花；花苞片叶状；子房扭转，连花梗长约 1.3cm；花较小，粉红色或淡紫色；中萼片披针形，长 8mm；侧萼片较宽，长约 8mm；花瓣卵形，稍偏斜，长 6mm，宽 2mm；唇瓣近圆形倒卵状，先端微缺，基部具短距；距锥状，长 3～4mm，末端钝，不裂。花期 6～7 月。

【生长环境】生于海拔 450～1200m 的山地草坡、路旁。

【地理分布】贵州产黎平、榕江、安龙、兴义；台湾、湖南、广东、香港、广西、四川有分布。印度、缅甸、泰国、越南也有。

【馆藏信息】第五标本馆，第 003629、003630、003631、003632、003633 号标本。

标本記录卡
贵州植物标本
Brachycorythis galeandra (Rchb.f.) Summerh.
鉴定人
H G A S
003630
Orchidaceae
定名人

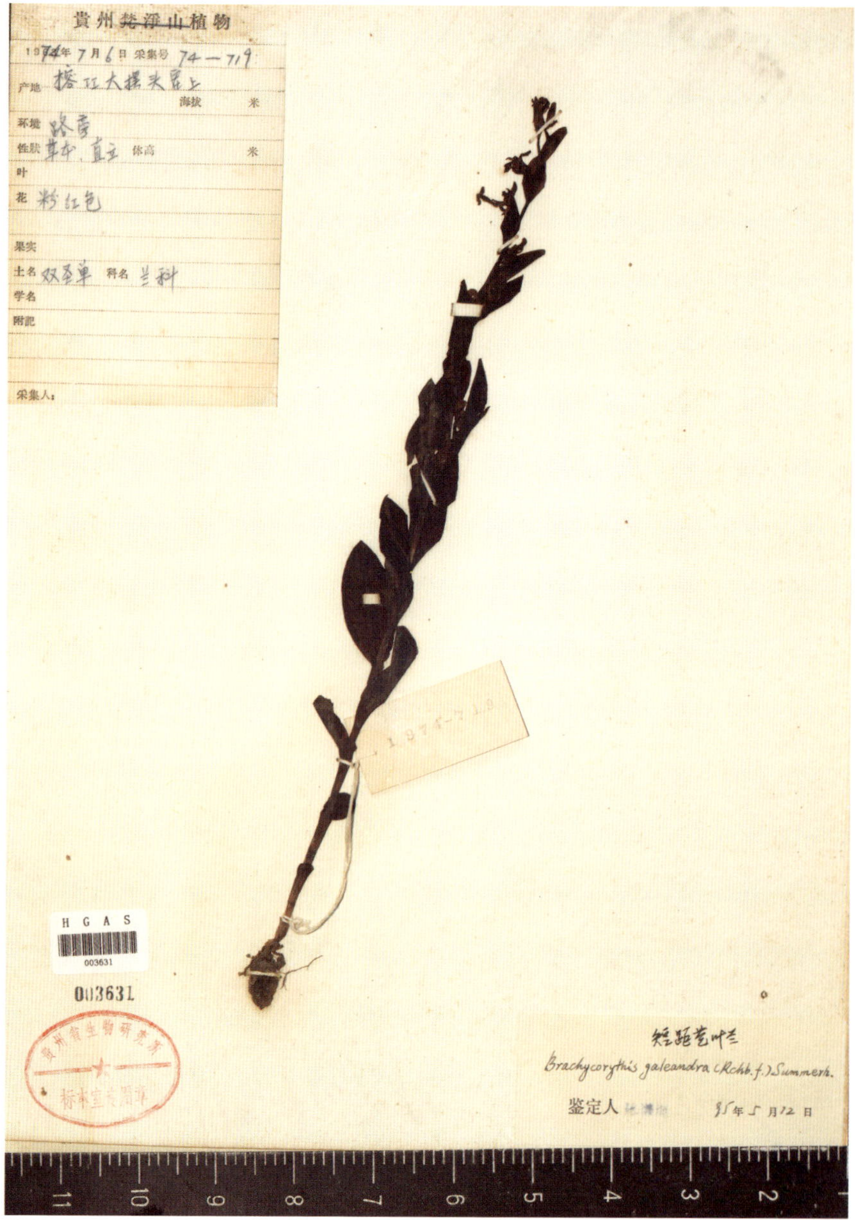
贵州梵净山植物
采集号 74—719
海拔
体高
花 粉红色
土名 双参草 科名 兰科
学名
附記
采集人:
H G A S
003631
短距苞叶兰
Brachycorythis galeandra (Rchb.f.) Summerh.
鉴定人

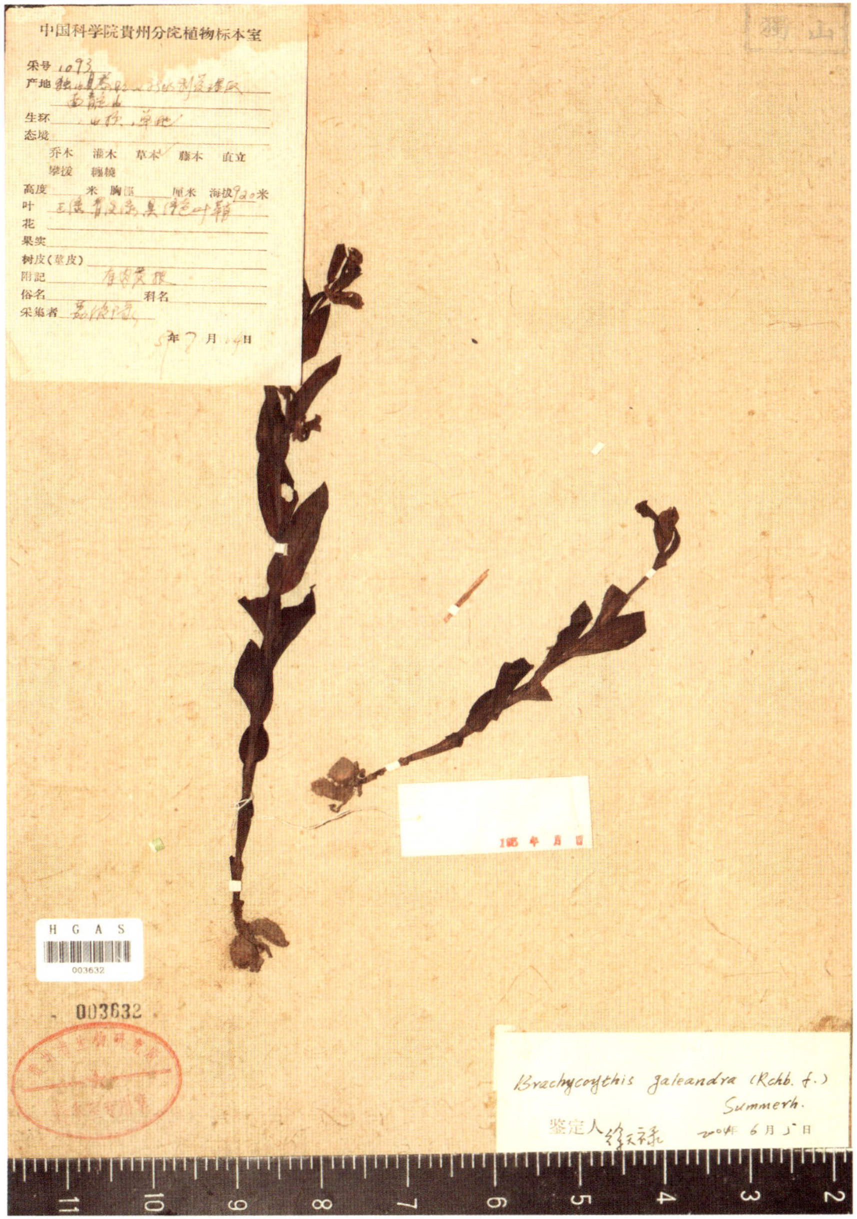

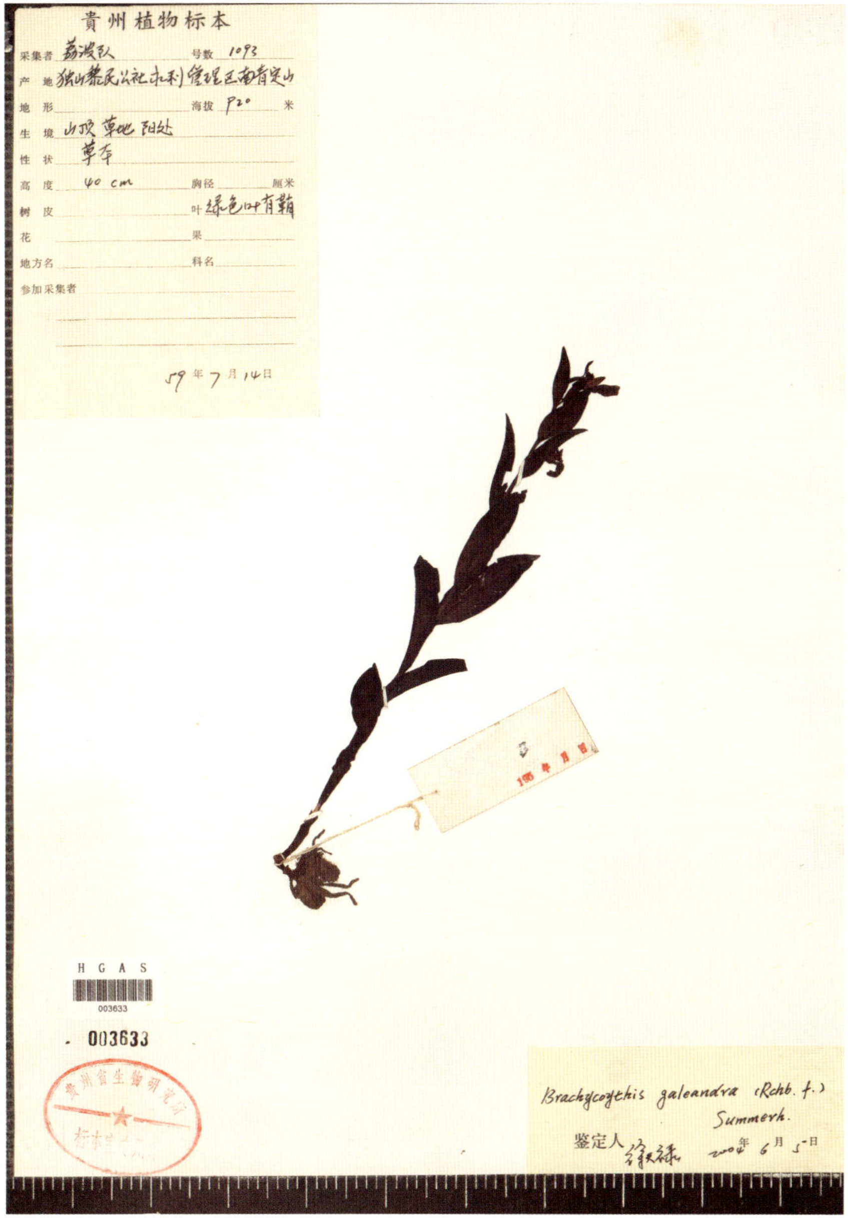

8 石豆兰属

8.1 芬香石豆兰 *Bulbophyllum galeandra* (Hance) Schltr.

【别　　名】石枣子。

【形态特征】根状茎粗 2～3mm，被覆瓦状鳞片状鞘，每 3～9cm 生 1 个假鳞茎。假鳞茎直立或稍弧曲上举，圆柱形，顶生 1 枚叶。叶革质，长圆形。花葶出自假鳞茎基部，1～3 个，圆柱形，直立，顶生 1 朵花；花多少点垂，淡黄色带紫色；花瓣三角形，长约 6mm，中部宽 3mm，先端急尖，具 3 条脉，边缘全缘；唇瓣近卵形，中部以下对折，基部具凹槽。花期通常 2～5 月。

【生长环境】生于海拔 1300m 的山地林中树干上。

【地理分布】贵州产江口梵净山；福建、广东、海南、广西、云南有分布。越南也有。

【馆藏信息】第五标本馆，第 003634 号标本。

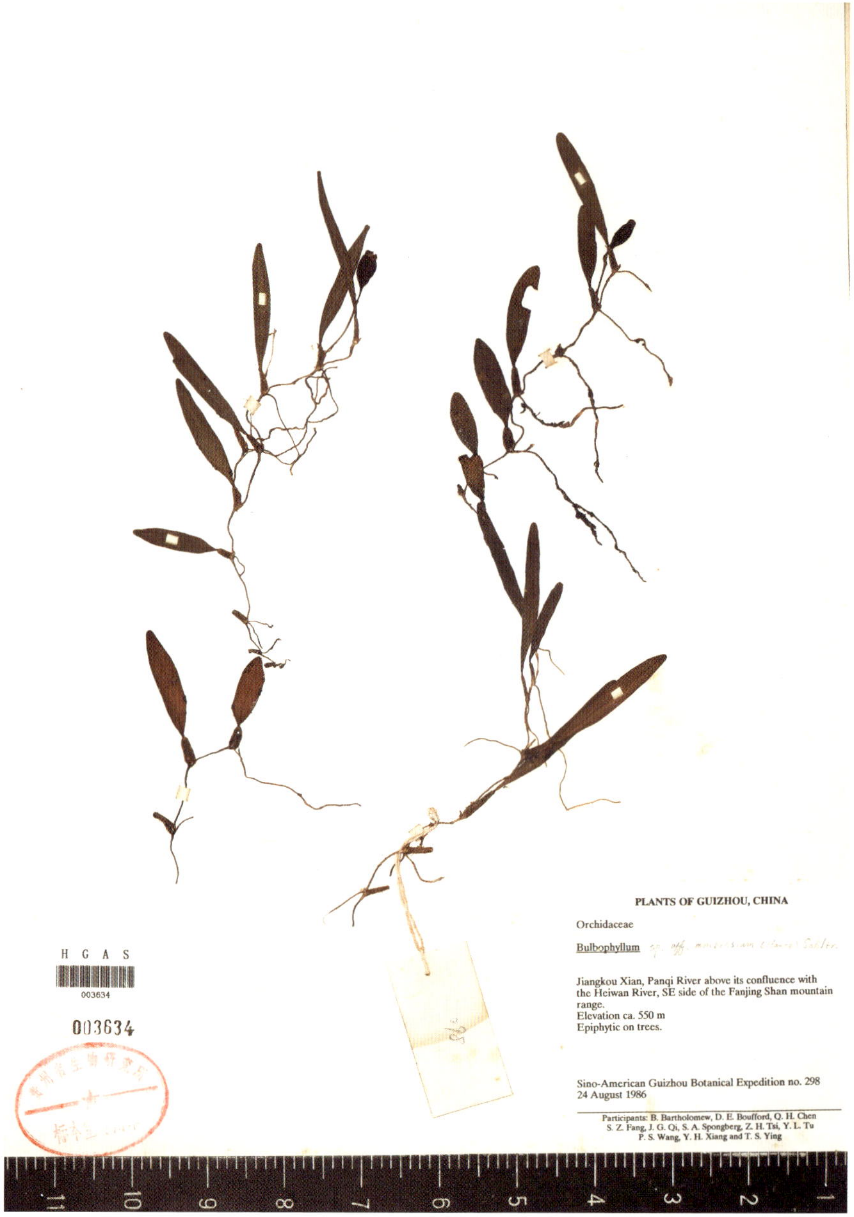

8.2 广东石豆兰 *Bulbophyllum kwangtungense* Schltr.

【别　　名】乌能都（广西融水苗族语）、单叶岩珠、岩枣、扣子兰、肥石枣。

【形态特征】附生草本。根状茎粗约 2mm。假鳞茎在根状茎上疏生，圆柱形，长约 2cm，粗约 5mm，顶生 1 枚叶。叶革质，长圆形，长 3～4.5cm，宽 0.7～1.3cm，先端圆钝并凹入，基部收狭；具极短柄。花葶 1 个，纤细，长 6～8cm；总状花序呈伞状，具数朵花，有 3～5 枚鞘；花苞片狭披针形，稍短或长于花梗连子房之长；花淡色；萼片狭披针形，长约 1cm，先端长渐尖，具 3 条脉；萼囊不明显；花瓣狭卵状披针形，长 4mm；唇瓣狭披针形，长 1.5mm，上面有 2～3 条细龙骨脊至前部汇合成 1 条粗脊；蕊柱长 0.5mm；蕊柱齿牙齿状。花期 6～7 月。

【生长环境】生于海拔 570～800m 的山地林下岩石上。

【地理分布】贵州产榕江、平塘、荔波、黄平；浙江、福建、江西、湖北、湖南、广东、香港、云南有分布。

【馆藏信息】第五标本馆，第 003645、003646、003647、003648、003649、003650、003651 号标本。

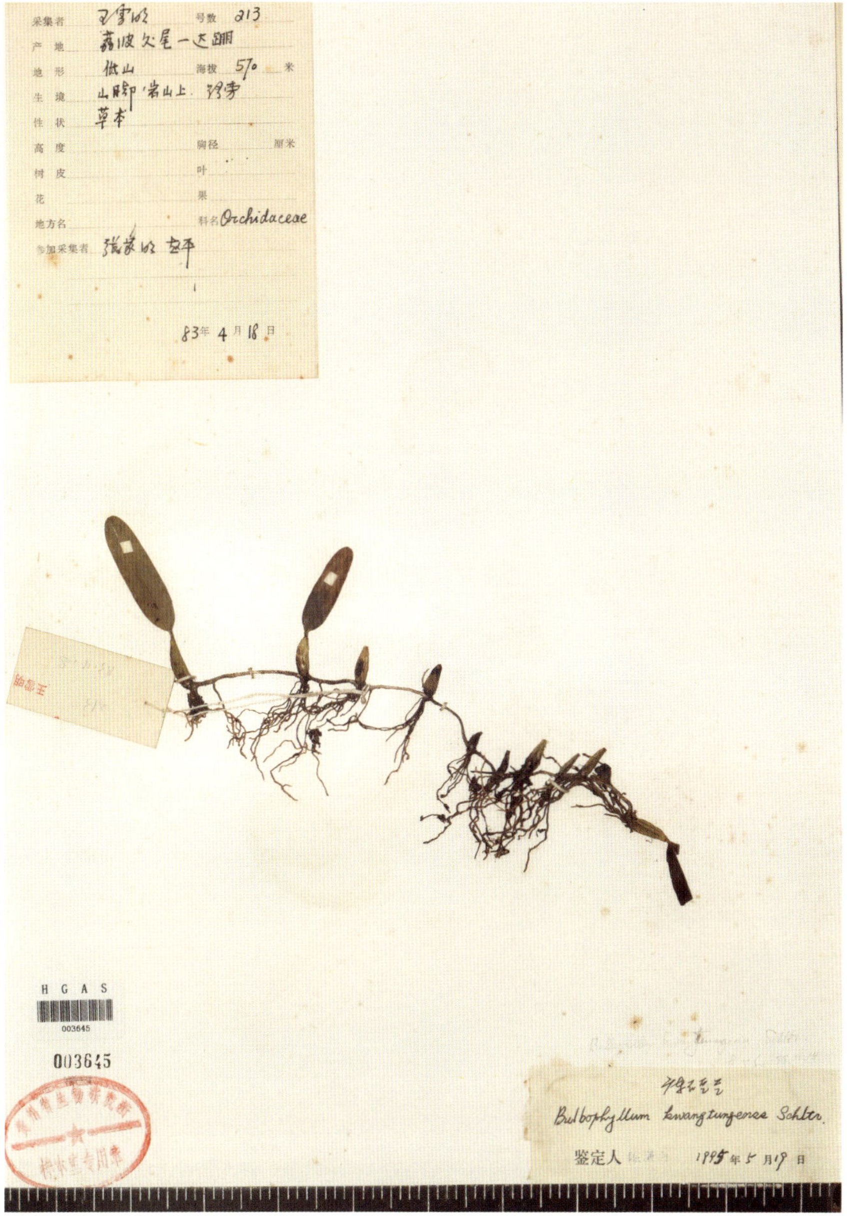

贵州植物标本
采集者
号数 213
产地
地形
海拔 570 米
生境
性状 草本
高度
胸径
厘米
树皮
叶
花
果
地方名
科名 Orchidaceae
参加采集者
83年4月18日
H G A S
003646
广东石豆兰
Bulbophyllum kwangtungense Schltr.
鉴定人
85年5月19日

中国科学院贵州分院植物标本室
采号 3414
产地
生环
态境
乔木 灌木 草本 藤本 直立
攀援 缠绕
高度 米 胸径 厘米 海拔 米
叶
花
果实
树皮(茎皮)
附记
俗名
科名 兰科
采集者
H G A S
003647
Bulbophyllum kwangtunense Schltr.
定名人 Z.H.Tsi 86年7月22日

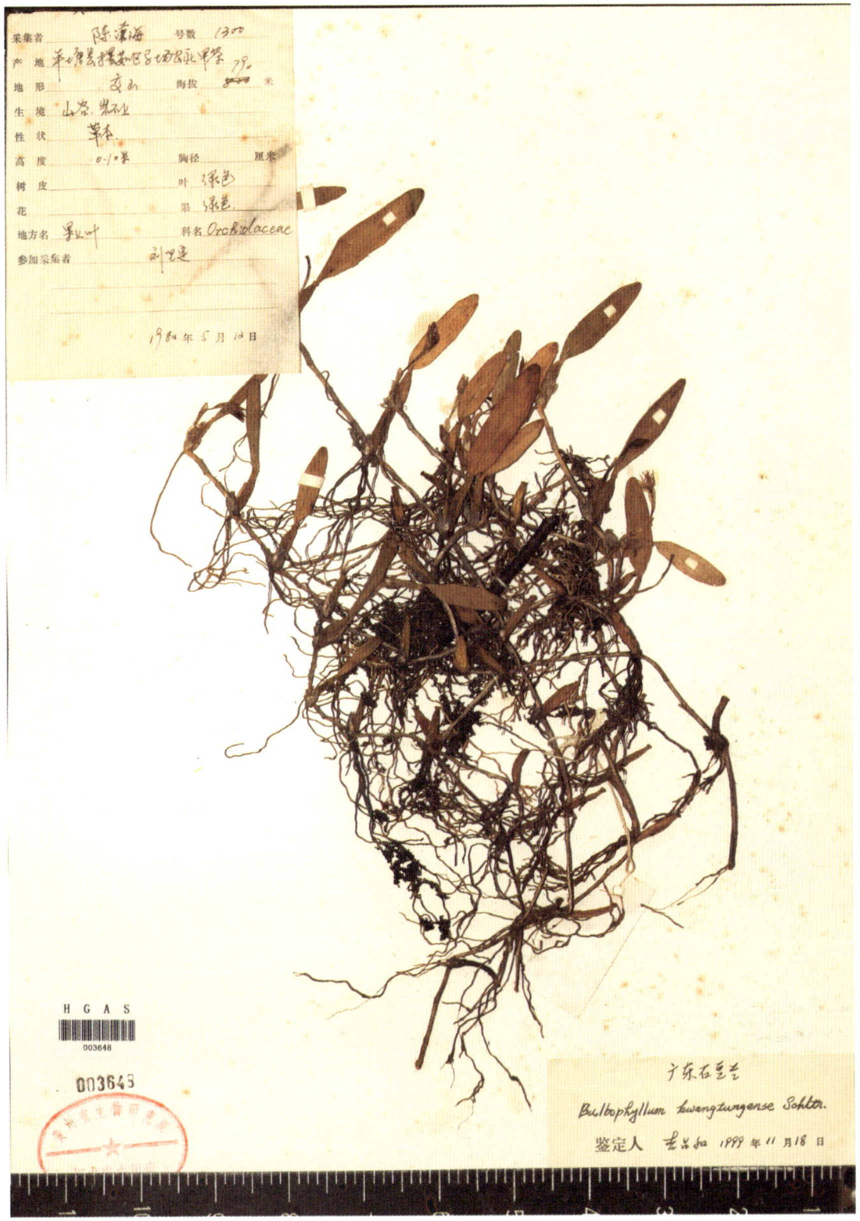
广东石豆兰
Bulbophyllum kwangtungense Schltr.
鉴定人
1999 年 11 月 18 日
HGAS
003648

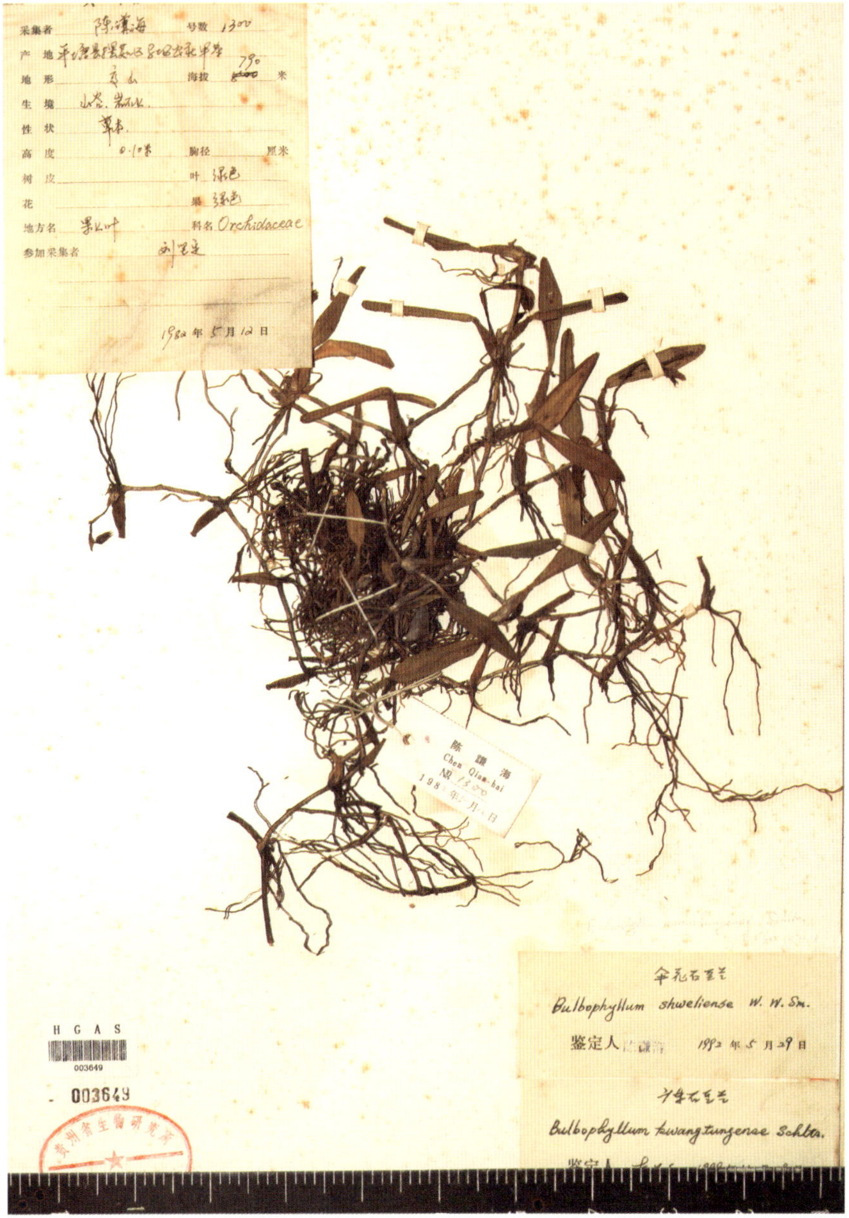
伞花石豆兰
Bulbophyllum shweliense W. W. Sm.
鉴定人
广东石豆兰
Bulbophyllum kwangtungense Schltr.
HGAS
003649
Orchidaceae

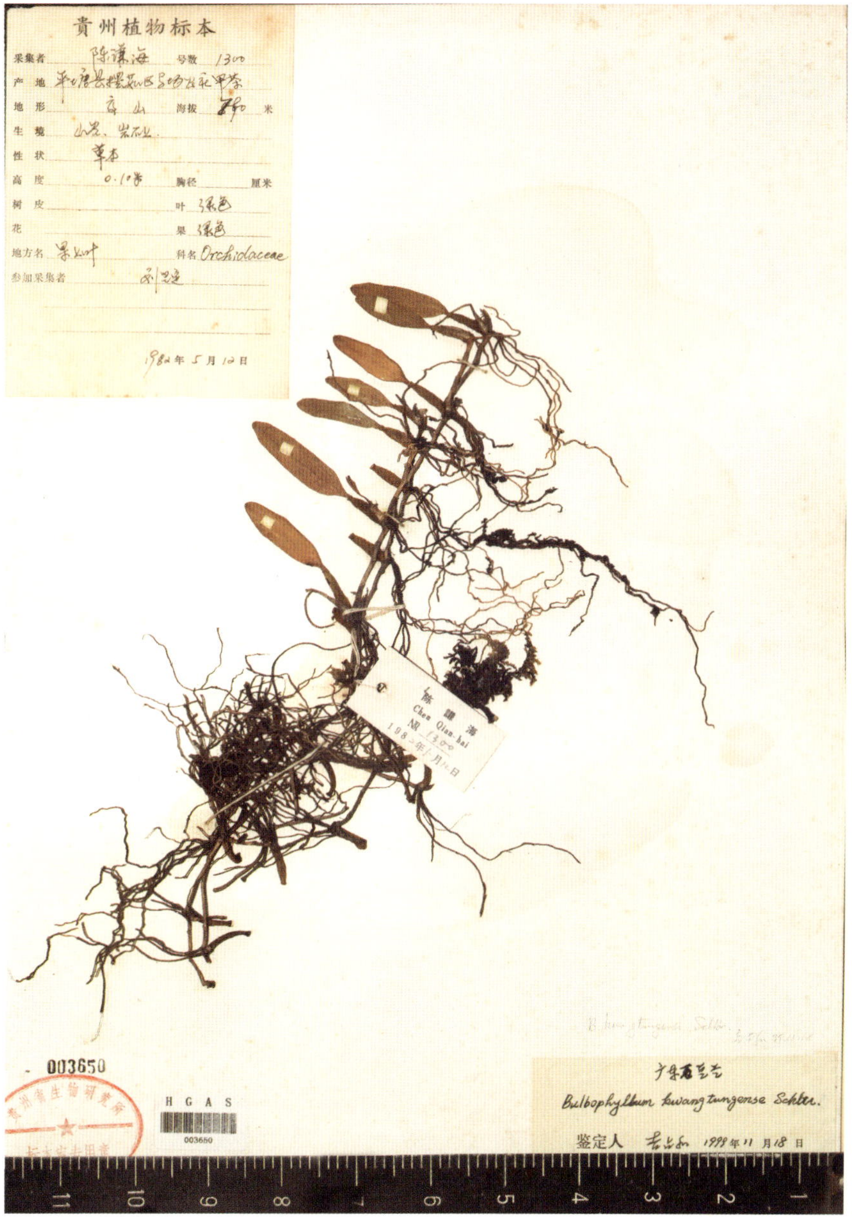
贵州植物标本
Bulbophyllum kwangtungense Schltr.
003650
HGAS

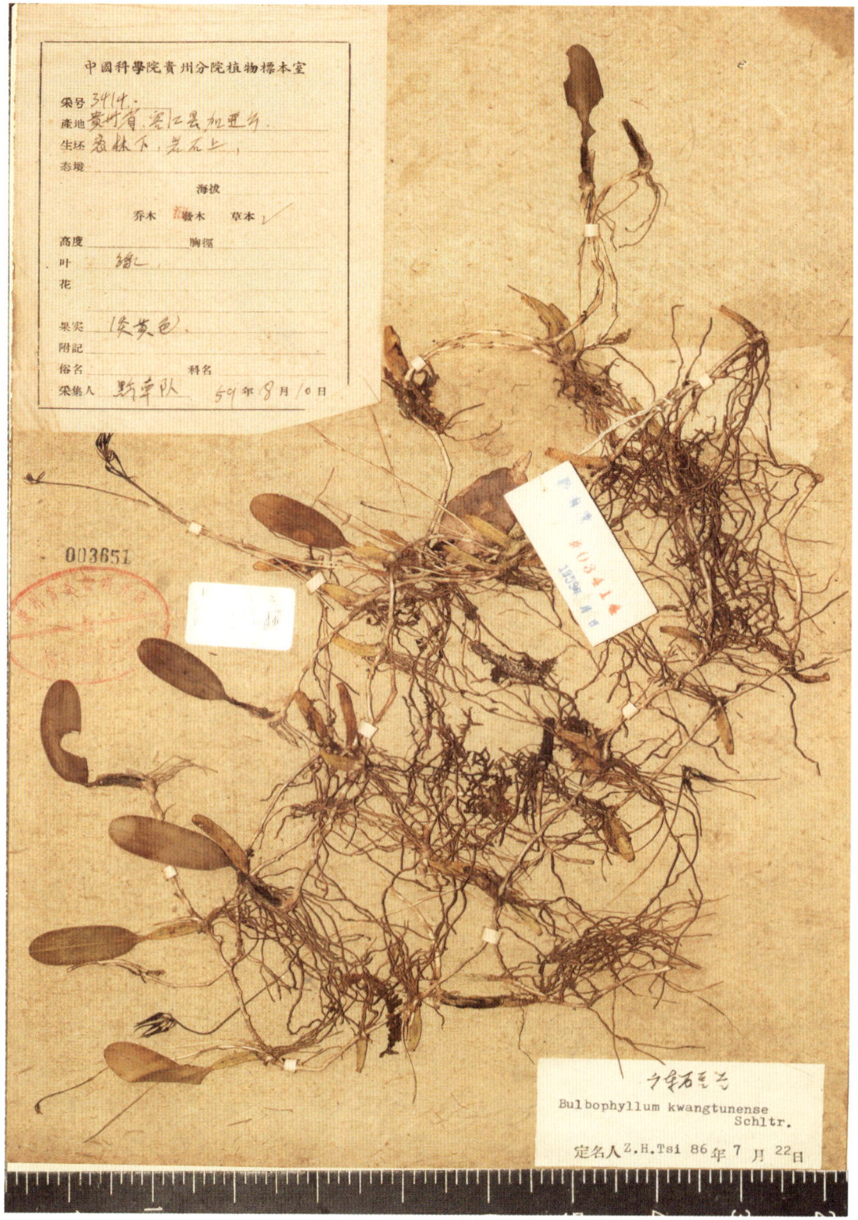
中國科學院貴州分院植物標本室
003657
Bulbophyllum kwangtunense
Schltr.

8.3 密花石豆兰 *Bulbophyllum odoratissimum* (J. E. Smith) Lindl.

【别　　名】石豆子、万年桃、香石豆兰、小果上叶。

【形态特征】附生草本。根状茎粗 3mm，分支，被筒状膜质鞘。假鳞茎在根状茎上疏生，近圆柱形，长 2.5～5cm，粗 3～6mm，顶生 1 枚叶。叶革质，长圆形，长 5～12cm，宽 1～2.3cm，先端钝并凹入，基部收狭；近无柄。花葶 1～2 个，自假鳞茎基部发出，长或短于叶；总状花序短缩呈伞状，密生 10 余朵花，常点垂；花柄具 3～4 枚膜质鞘；鞘筒状，长约 8mm，鞘口张开；花苞片膜质，卵状披针形，约等长于鞘，渐尖，具 3 条脉，白色；花稍有香气，萼片和花瓣白色，后转为白黄色；萼片卵状披针形，具 3 条脉；中萼片长 3～7mm；侧萼片较长，长 4～14mm；花瓣近卵形，长 1～2mm，先端钝，具 1 条脉；唇瓣橘红色，肉质，舌形，先端钝，基部具短爪并与蕊柱足连接，边缘有腺毛或细乳突，上面有 2 条细乳突的龙骨脊；蕊柱粗短，长 1mm；蕊柱齿牙状。花期 5～7 月。

【生长环境】生于海拔 800～1300m 的山地林下岩石上。

【地理分布】贵州产锦屏、贵阳、水城、安龙、兴义；福建、广东、香港、四川、广西、云南、西藏有分布。印度至中南半岛也有。

【馆藏信息】第五标本馆，第 003652 号标本。

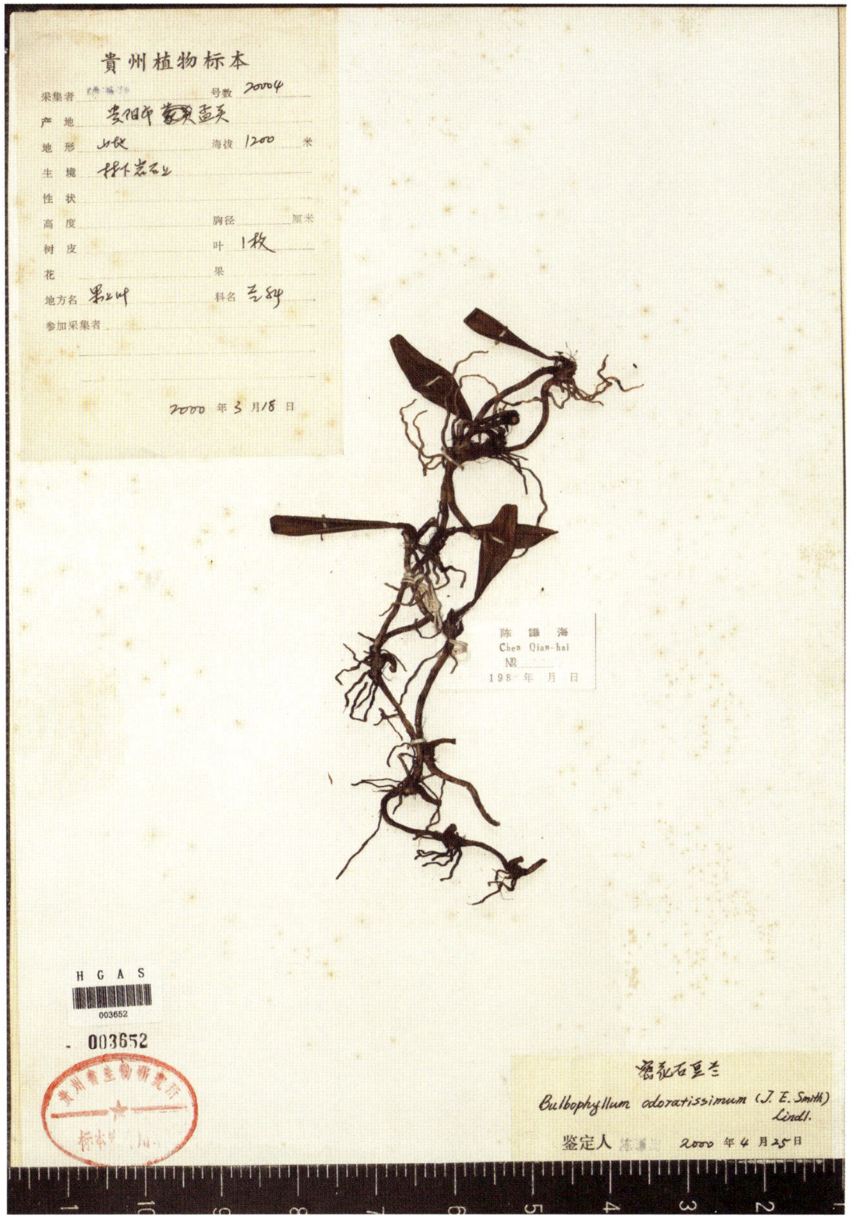

8.4 梳帽卷瓣兰 *Bulbophyllum andersonii* (Hook. f.) J. J. Smith

【别　　名】橙红卷瓣兰、果上叶。

【形态特征】附生草本。根状茎粗 3～5mm，被膜质鞘。假鳞茎在根状茎上疏生，彼此相距 3～10cm，狭卵形，长 2～4cm，粗 5～10mm，顶生 1 枚叶，基部被鞘腐烂后残存的纤维，干后灰褐色。叶革质，狭长圆形，长 6～15cm 或更长，宽 1.3～2cm，先端钝而微凹，基部收狭；叶柄长 1～1.5cm。花葶自假鳞茎基部抽出，长达 19cm；伞形花序具数朵花，有 2～3 枚筒状鞘；花苞片披针形，长约 5mm；花梗连子房长约 1cm；花白色，有紫色斑点；中萼片卵状长圆形，长 6mm，具 5 条脉，近先端边缘具细齿，先端具长 3mm 的芒；侧萼片长圆状披针形，长 15～18mm，全缘，具 5 条脉；花瓣长圆形，长约 3mm，先端芒状，具 3 条粗脉，两面密布细乳突，边缘有不整齐的齿；唇瓣紫色，卵状三角形，基部凹并与蕊柱足末端相连形成活动关节；唇盘具 1 条白色纵带；蕊柱短，绿黄色。花期 5～6 月。

【生长环境】生于海拔 770～1800m 的山地林中岩石上。

【地理分布】贵州产荔波、独山、平塘、惠水、兴义、安龙；广西、四川、云南有分布。印度、缅甸、越南也有。

【馆藏信息】第五标本馆，第 003635、003636、003637、003638、003639、003640 号标本。

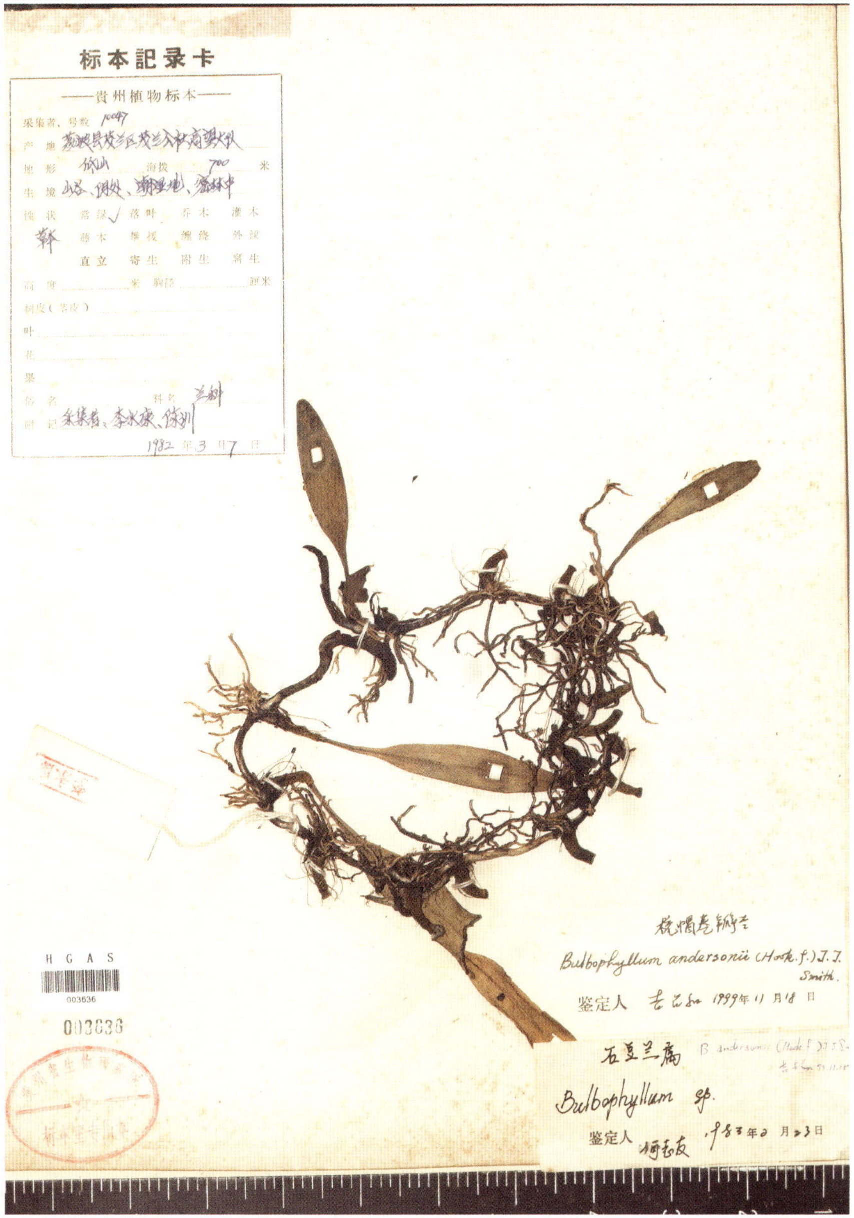
标本記录卡
——貴州植物标本——
HGAS
003636
Bulbophyllum andersonii (Hook. f.) J. J. Smith.
鉴定人
石豆兰属
Bulbophyllum sp.
鉴定人

标本記录卡
——貴州植物标本——
HGAS
003637
Bulbophyllum andersonii (Hook. f.) J. J. Smith
鉴定人

贵州植物标本
采集者 黄德富 号数 1774
产地 荔波佳荣
地形 中山 海拔 700 米
生境 山顶岩石上
性状 草本 附生
高度 胸径 厘米
树皮 叶
花 果
地方名 科名 Orchidaceae
参加采集者 何志友、王雪明
82年5月29日
中国科学院西南生物研究所
贵阳工作站
植物标本室
花
果
袋
年 月 日
H G A S
003638
003633
梳帽卷瓣兰

产地 荔波佳荣
地形 低山 海拔 760 米
生境 岩石上
性状 草本
高度 胸径 厘米
树皮 叶 厚革质
花 果
地方名 科名 兰科
参加采集者 王雪明 何志友 Orchidaceae
年 月 日
H G A S
003639
003633
梳帽卷瓣兰
Bulbophyllum andersonii (Hook.f.) J. J. Smith
鉴定人 1999年11月18日

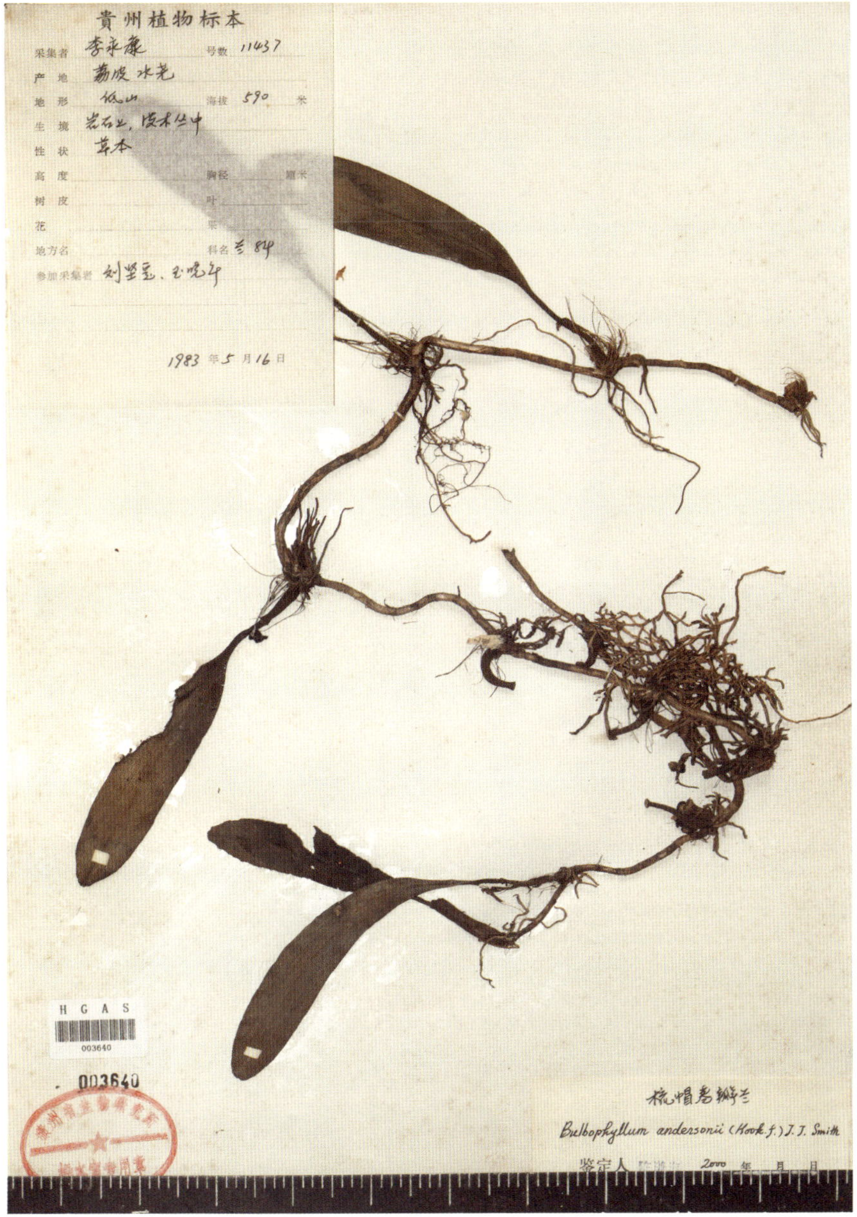
貴州植物标本
采集者 李永康 号数 11437
产地 荔波 水尧
地形 低山 海拔 590 米
生境 岩石上，灌木丛中
性状 草本
高度 胸径 厘米
树皮 叶
花 果
地方名 科名 兰 84
参加采集者
1983 年 5 月 16 日
梳帽卷瓣兰
Bulbophyllum andersonii (Hook.f.) J. J. Smith
鉴定人 2000 年 月 日

8.5 直唇卷瓣兰 *Bulbophyllum delitescens* Hance

【形态特征】附生草本。根状茎粗约4mm，疏生假鳞茎。假鳞茎卵形或近圆柱形，长达3.5cm，粗1cm，顶生1枚叶，基部残存有硬而直的纤维，干后褐黄色。叶革质，长圆形或椭圆形，长15～20cm，宽1.5～3.5cm，先端钝并有凹缺，基部楔形；叶柄长2～2.5cm。花葶自假鳞茎基部的根状茎节上生出，长达20cm，常不高出叶外；伞形花序具4朵花；花序柄疏生3枚筒状鞘；花苞片长5mm；花梗连子房长2～2.5cm；花紫色；中萼片卵形，舟状，长约1cm，先端凹缺处有1条长约5mm的芒，边缘全缘；侧萼片狭披针形，长约4cm，宽3mm，基部上方扭转而两侧萼片的上下侧边缘彼此黏合，先端长渐尖；花瓣镰状披针形，长约7mm，先端凹缺处具1条长约3mm的短芒，具3条脉，边缘全缘；唇瓣肉质，舌状，先端钝，基部与蕊柱足末端连接；蕊柱长3mm。花期4～5月。

【生长环境】生于海拔570～770m的林中树干上。

【地理分布】贵州产荔波；福建、海南、香港、广东、云南、西藏有分布。印度、越南也有。

【馆藏信息】第五标本馆，第003641、003642、003643、003644号标本。

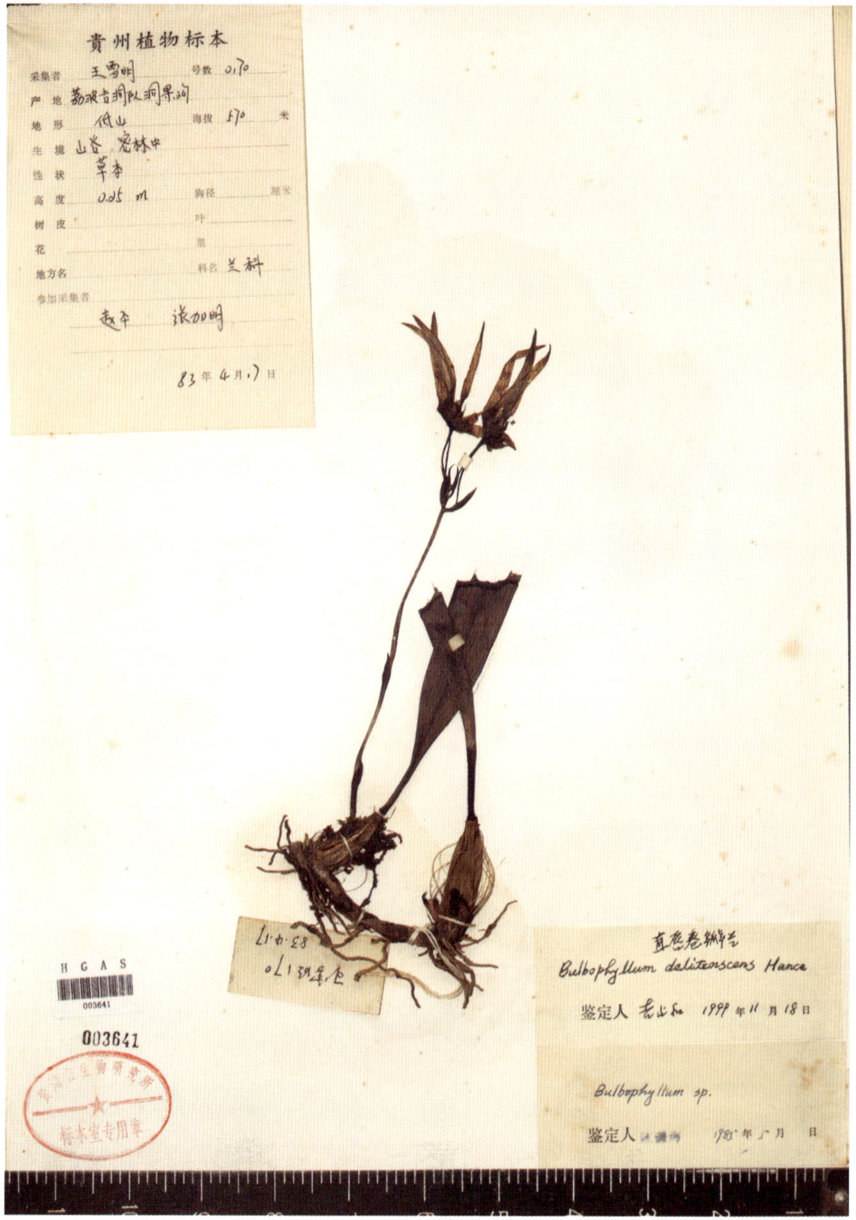

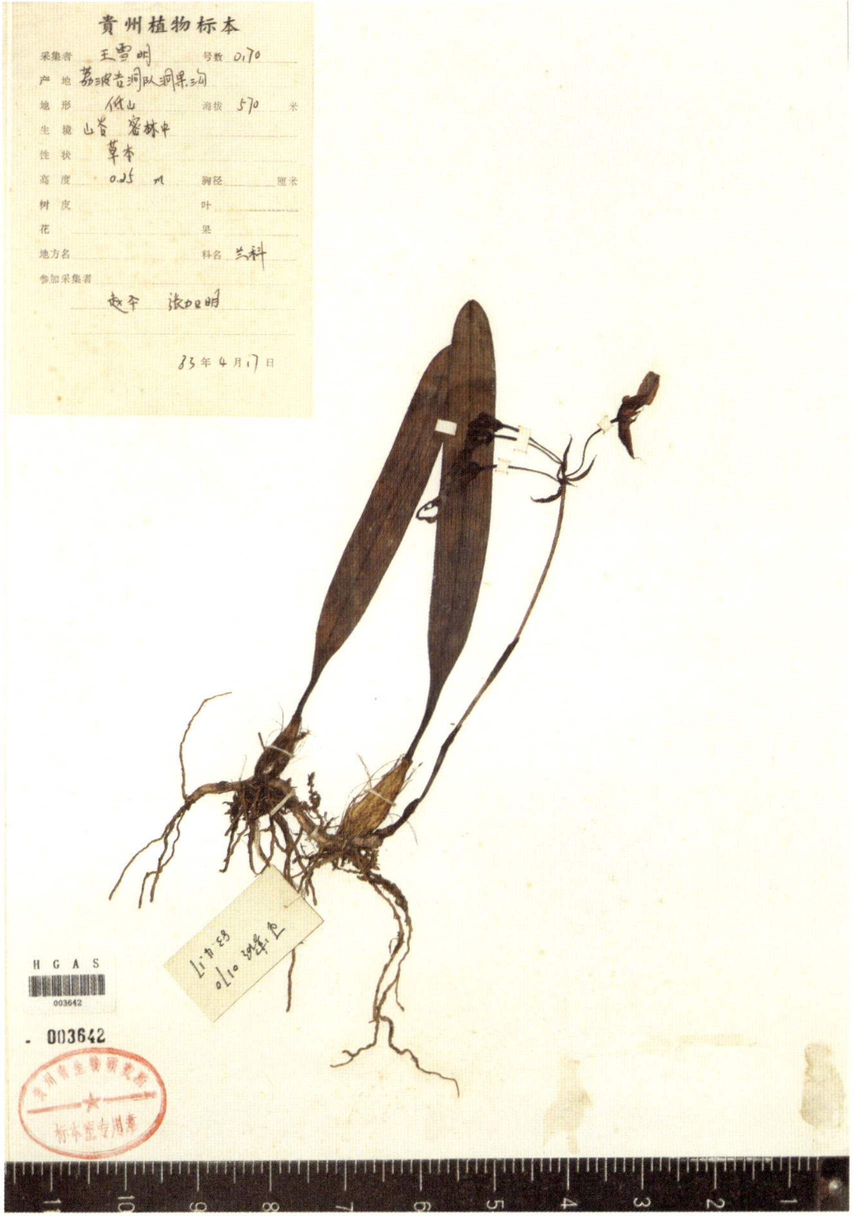
贵州植物标本
HGAS
003642

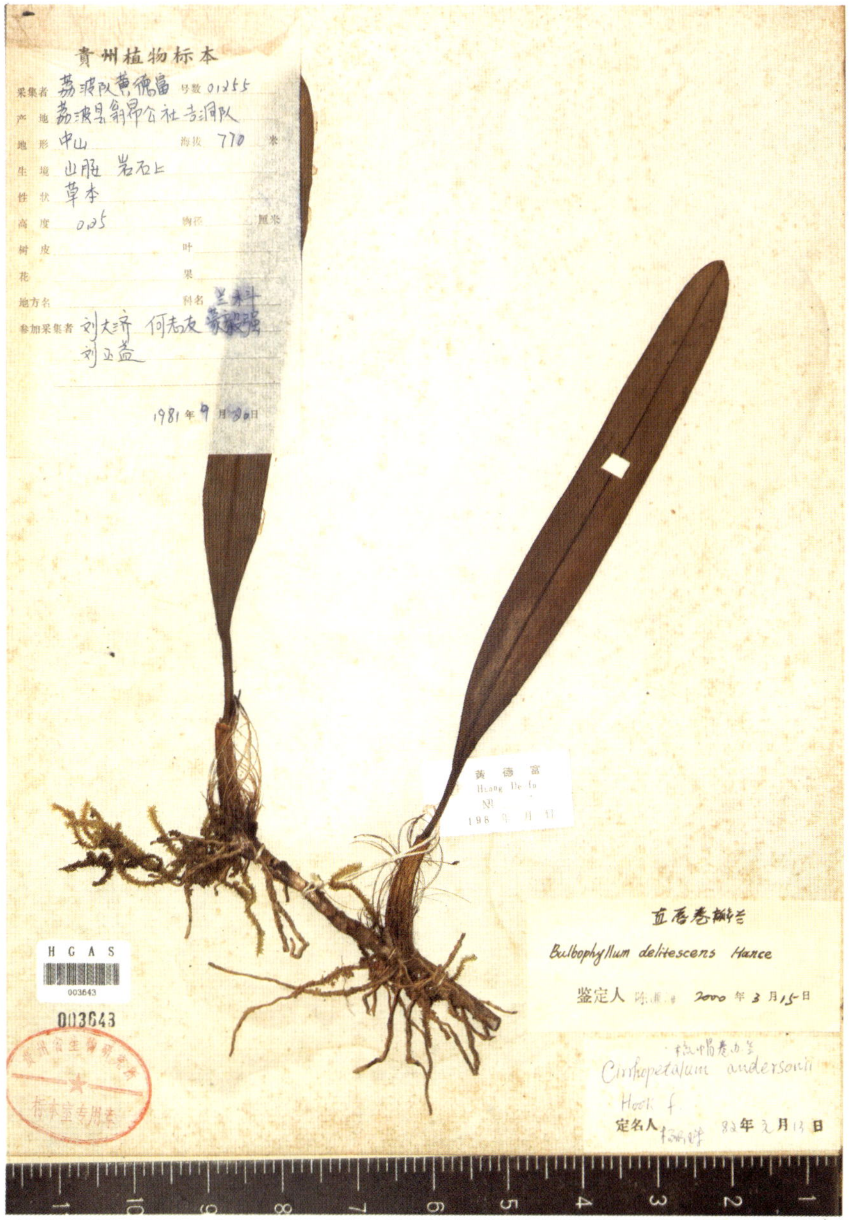
贵州植物标本
HGAS
003643
Bulbophyllum delitescens Hance
鉴定人
2000年3月15日
Cirrhopetalum andersonii Hook. f.
定名人

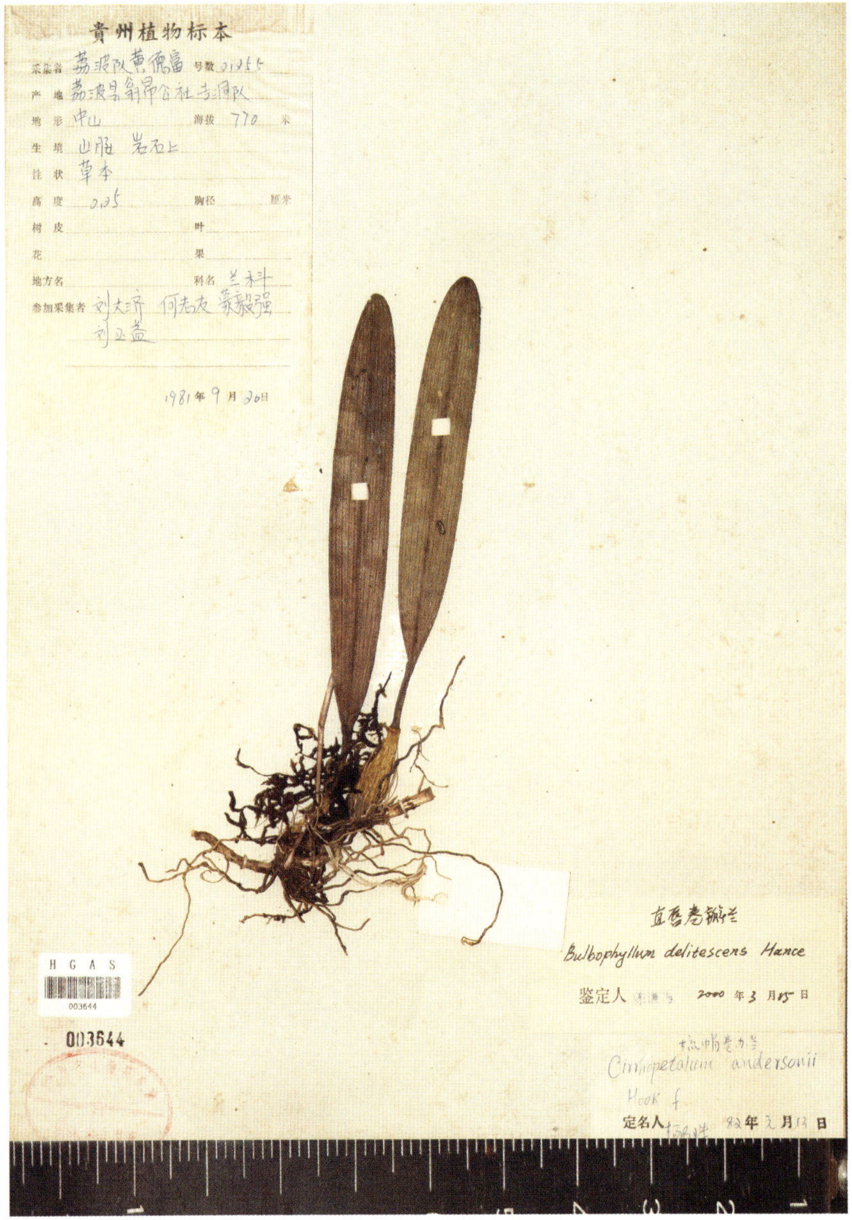
贵州植物标本
采集者 荔波队黄德富 号数 21255
产地 荔波县翁昂公社
地形 中山 海拔 770 米
生境 山脏 岩石上
性状 草本
高度 0.25 胸径 厘米
树皮 叶
花 果
地方名 科名 兰科
参加采集者 刘大济 何志友 蒙毅强
刘正益
1981年9月20日
H G A S
003644
003644
直唇卷瓣兰
Bulbophyllum delitescens Hance
鉴定人 2000 年 3 月 15 日
Cirrhopetalum andersonii
Hook f
定名人 年 月 日

9 虾脊兰属

9.1 反瓣虾脊兰 *Calanthe reflexa* (Kuntze) Maxim.

【形态特征】假鳞茎粗短或有时不明显。假鳞茎长 2～3cm，具 4～5 枚叶。叶椭圆形，长 15～20cm，宽 3～6.5cm，先端锐尖，基部收狭为长 2～4cm 的柄，两面无毛，花时全体展开。花葶高出叶层之外，被短毛；总状花序长 6～14cm，疏生多花；花苞片狭披针形；花梗和子房长约 2cm；花粉红色，开放后萼片和花瓣反折；中萼片卵状披针形，具 5 条脉，与侧萼片背面均被毛；花瓣线形，具 1～3 条脉，无毛；唇瓣 3 裂，无距；侧裂片长圆状镰刀形；中裂片近椭圆形或倒卵楔形，先端锐尖，边缘具不整齐的齿；蕊柱长约 6mm，无毛；蕊喙 3 裂；裂片狭镰刀状。花期 5～6 月。

【生长环境】生于海拔 600～1500m 的林下湿处。

【地理分布】贵州产梵净山、施秉、镇远、雷山、榕江、望谟、安龙、铜仁；安徽、浙江、江西、台湾、湖北、湖南、广东、广西、四川、云南有分布。日本和朝鲜半岛南部也有。

【馆藏信息】第五标本馆，第003711、003712、003713、003714号标本。

貴州植物标本
采集者 黔南队
号数 3175
产地 榕江 月亮山
海拔 1200 米
生境 林下
性状 草本
花 淡紫色
1959 年 8 月 3 日
H G A S
003712
定名人
年 7 月

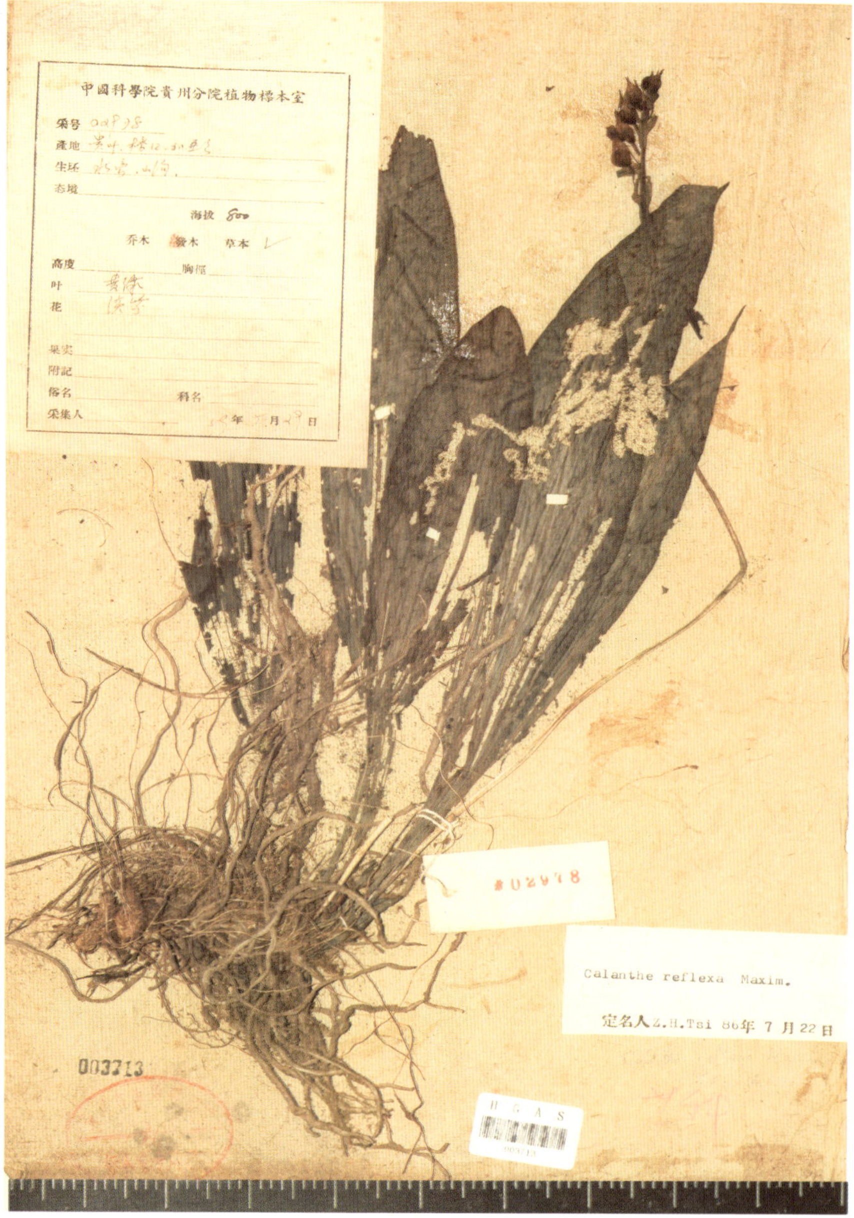
中國科學院貴州分院植物標本室
采号
產地
生环
海拔 800
乔木 灌木 草本
高度 胸徑
叶
花
果实
附記
俗名 科名
采集人 年 月 日
#02978
Calanthe reflexa Maxim.
定名人 Z.H.Tsi 86年 7 月 22 日
003713
H G A S

植物
中国科学院昆明植物研究所
植物标本室
日期 1983 年 7 月 25 日
采集人及号数
产地 省 县
环境
海拔 m 性状
胸高直径 cm 体高 m
叶
花
果实
土名 科名 Orchidaceae
学名 Calanthe reflexa
附记
003714
反瓣虾脊兰
Calanthe reflexa (Kuntze) Maxim.

9.2 钩距虾脊兰 *Calanthe graciliflora* Hayata

【别　　名】一莞棕。

【形态特征】假鳞茎近卵球形，具3～4枚叶。假鳞茎长5cm以上。叶在花后完全展开，椭圆形或椭圆状披针形，长达30cm，宽5～10cm，先端急尖，基部收狭为长柄，两面无毛。花葶长，高出叶层之外，密被短毛；总状花序疏生多数花；花苞片宿存，卵状披针形；花梗连子房长15～20mm，密被短毛；萼片和花瓣背面褐色，内面淡黄色；萼片相似，近椭圆形，长10～15mm，宽5～6mm；侧萼片稍狭；花瓣倒卵状披针形，长9～13mm，宽3～4mm；唇瓣白色，3裂；侧裂片卵状楔形，长4mm，基部约1/3与蕊柱翅外侧边合生；中裂片倒卵形或近方形，长约4mm，先端近截形；唇盘上有4个斑点和3条龙骨状脊突；距圆筒形，长10～13mm，常钩状弯曲，被短毛；蕊柱长约4mm。花期3～4月。

【生长环境】生于海拔1000～1500m的山地林下或灌木丛中潮湿处。

【地理分布】贵州产梵净山、雷公山、金沙、兴仁；安徽、浙江、江西、台湾、湖北、湖南、广东、香港、四川、云南有分布。

【馆藏信息】第五标本馆，第003674、003675、003676、003677、003678、003679、003680、003681、003682、003683、003684、003685、003686、003687、003688、003689、003690、003691、003692号标本。

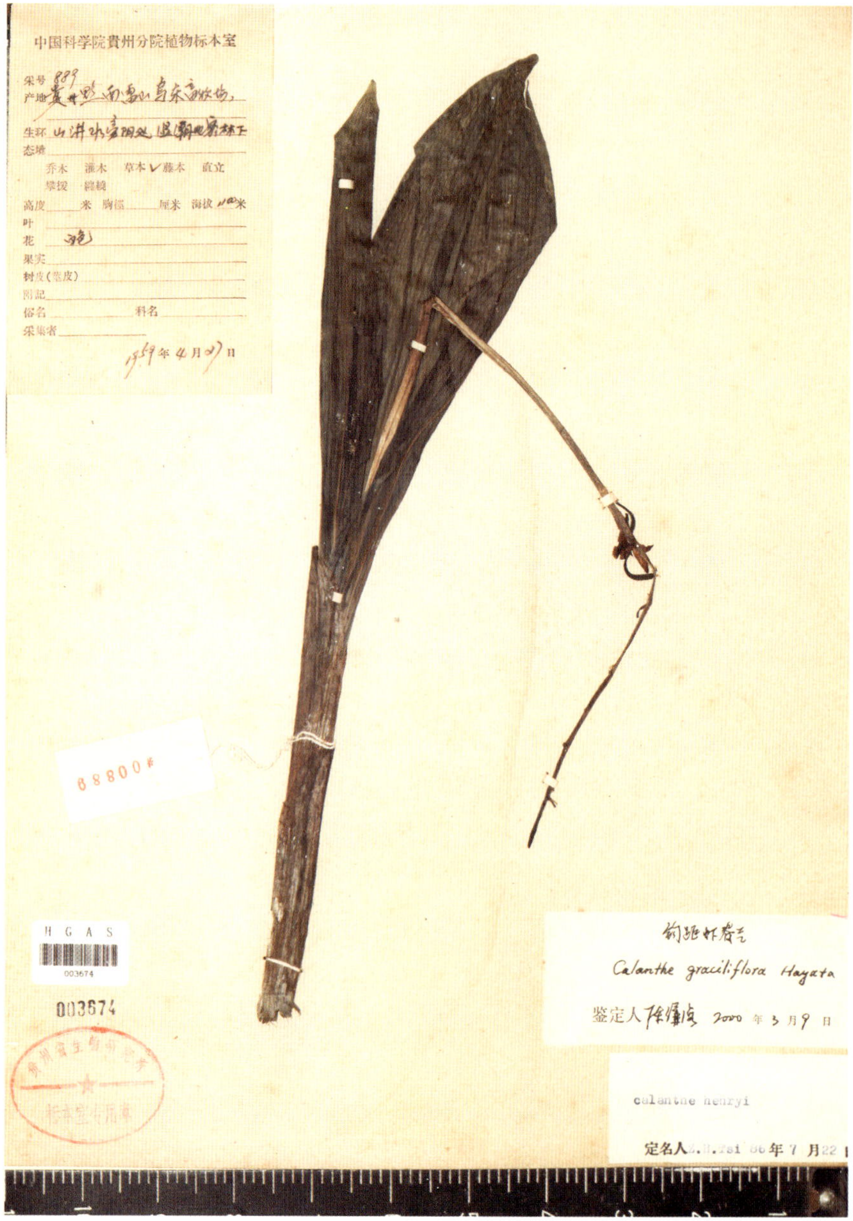

贵州植物标本
采集者
号数 889
海拔 1100 米
花 白色
1959 年 4 月 27 日
003675
Calanthe graciliflora Hayata
鉴定人 2000 年 3 月 9 日
Calanthe discolor Lindl
Orchidaceae

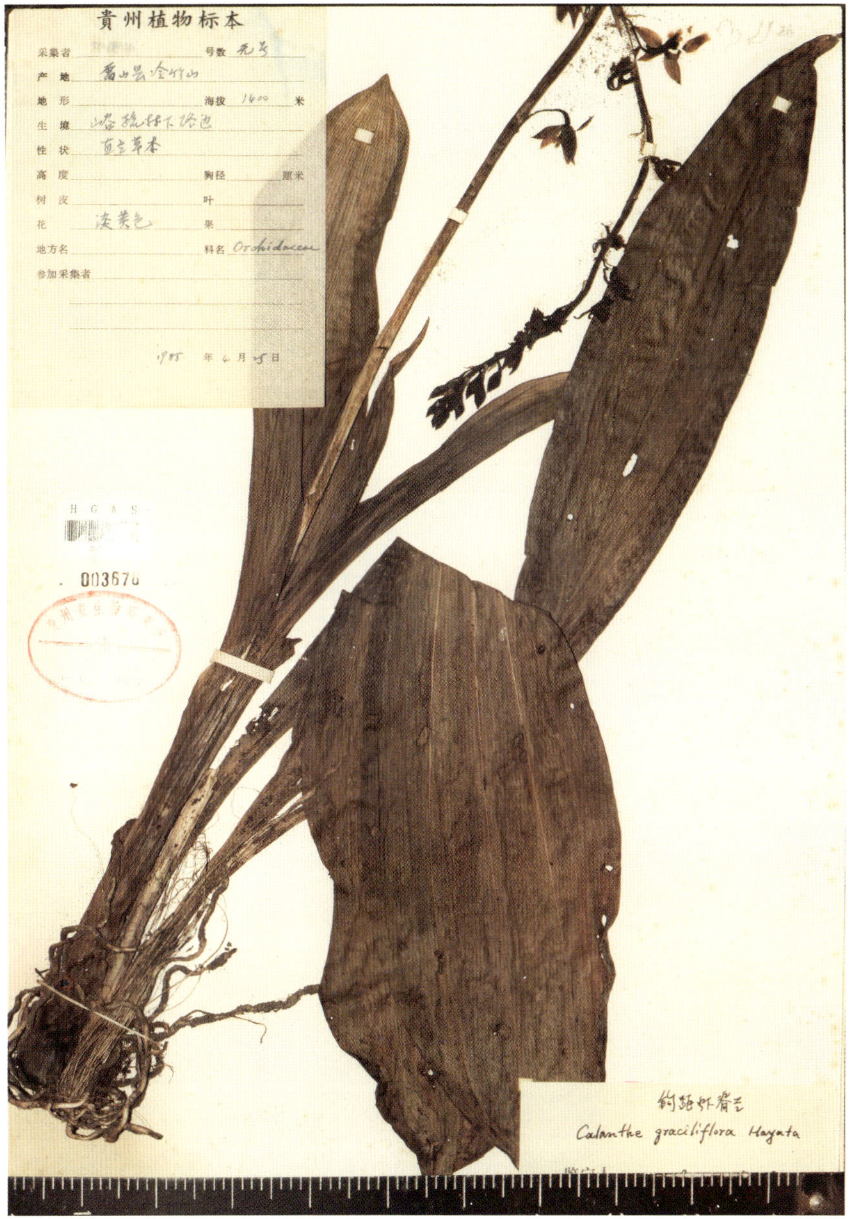
贵州植物标本
采集者
海拔 1600 米
花 淡黄色
科名 Orchidaceae
003676
Calanthe graciliflora Hayata

贵州植物标本
采集者
号数 无号
产地 雷山县冷竹山
地形
海拔 1600 米
生境 山谷疏林下路边
性状
高度 直立草本
胸径 厘米
树皮
叶
花 淡黄色
果
地方名
科名 Orchidaceae
参加采集者
1985 年 4 月 25 日
003677
钩距虾脊兰
Calanthe graciliflora Hayata
鉴定人 2000 年 3 月 9 日

贵州植物标本
采集者
号数 无号
产地 雷山县冷竹山
地形
海拔 1600 米
生境 山谷路边疏林下
性状 直立草本
高度
胸径 厘米
树皮
叶
花 淡黄色
果
地方名
科名 Orchidaceae
参加采集者
1985 年 4 月 25 日
003678
钩距虾脊兰
(Calanthe hamata Hand.-Mazz.)=
Calanthe graciliflora Hayata
鉴定人

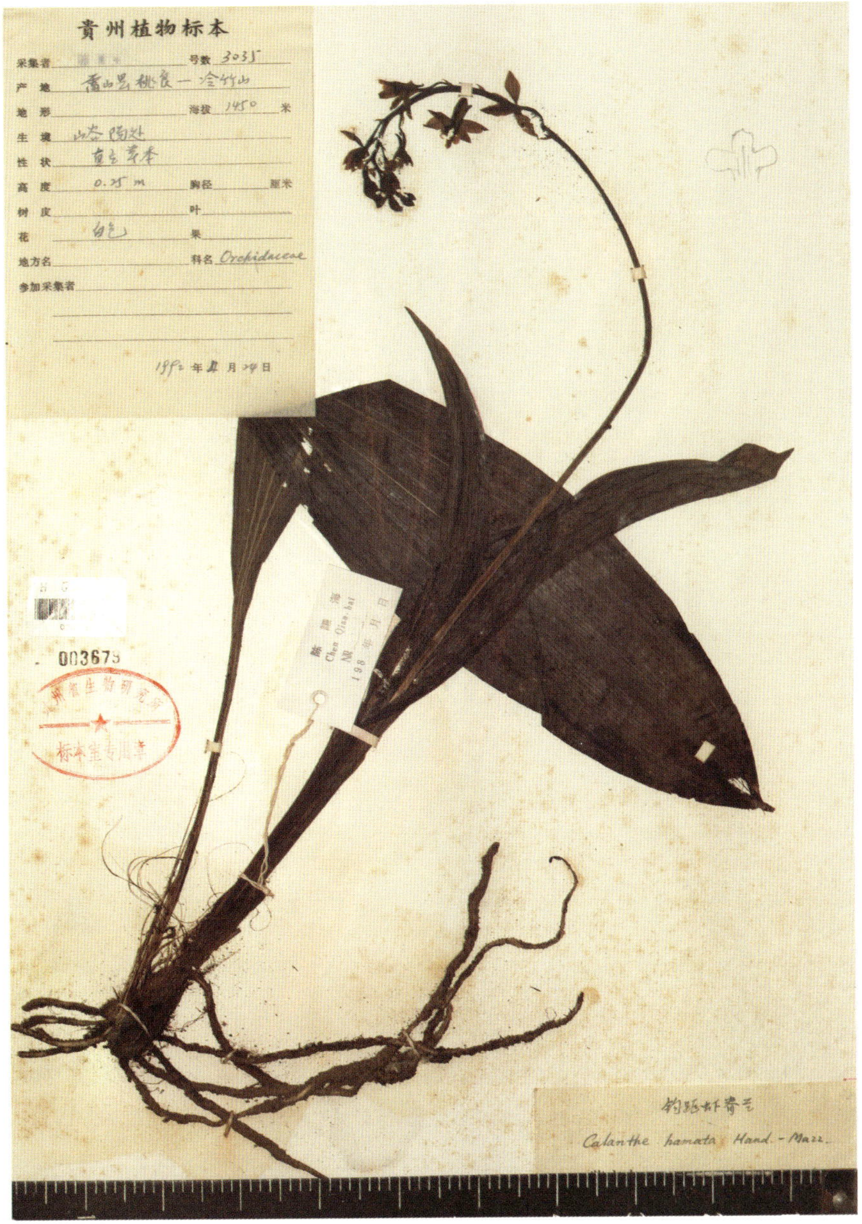
貴州植物标本
采集者
号数 3035
产地 雷山县桃良一冷竹山
地形
海拔 1450 米
生境 山谷阴处
性状 直立草本
高度 0.35 m
胸径 厘米
树皮
叶
花 白色
果
地方名
科名 Orchidaceae
参加采集者
年 月 日
003675
钩距虾脊兰
Calanthe hamata Hand.-Mazz.

貴州植物标本
采集者 陈谦海
号数 3507
产地 雷山县雷公山
地形
海拔 1500 米
生境 山谷
性状 灌木丛中
高度 草本
胸径 厘米
树皮
叶
花 萼片黄色,花唇瓣白色
果
地方名
科名 Orchidaceae
参加采集者
钩距虾脊兰
Calanthe hamata Hand.-Mazz.
1985年5月12日
003690
钩距虾脊兰
Calanthe graciliflora Hayata
鉴定人 2000年3月14日
Calanthe hamata Hand.-Mazz.

贵州植物标本
003681
钩距虾脊兰
Calanthe graciliflora Hayata
鉴定人
2000 年 3 月 14 日
Calanthe hamata Hand.-Mazz.

Orchidaceae
003682
钩距虾脊兰
Calanthe graciliflora Hayata
鉴定人
2000 年 3 月 9 日
calanthe henryi

003693
PLANTS OF GUIZHOU, CHINA
Orchidaceae
Calanthe graciliflora Hayata
Jiangkou Xian, Panqi River above its confluence with the Heiwan River, SE side of the Fanjing Shan mountain range.
Elevation ca. 550 m
Growing in shade on forest floor.
Sino-American Guizhou Botanical Expedition no. 299
24 August 1986
Participants: B. Bartholomew, D. E. Boufford, Q. H. Chen S. Z. Fang, J. G. Qi, S. A. Spongberg, Z. H. Tsi, Y. L. Tu

003694
PLANTS OF GUIZHOU, CHINA
Orchidaceae
Calanthe graciliflora Hayata
Songtao Xian, vicinity of Lengjiaba in the vicinity of the confluence of the Xiaohe and Dahe rivers, NE side of the Fanjing Shan mountain range.
Elevation 820-1120 m
Growing in thicket in moist soil.
Sino-American Guizhou Botanical Expedition no. 2010
5-9 October 1986
Participants: B. Bartholomew, D. E. Boufford, Q. H. Chen S. Z. Fang, J. G. Qi, S. A. Spongberg, Z. H. Tsi, Y. L. Tu P. S. Wang, Y. H. Xiang and T. S. Ying

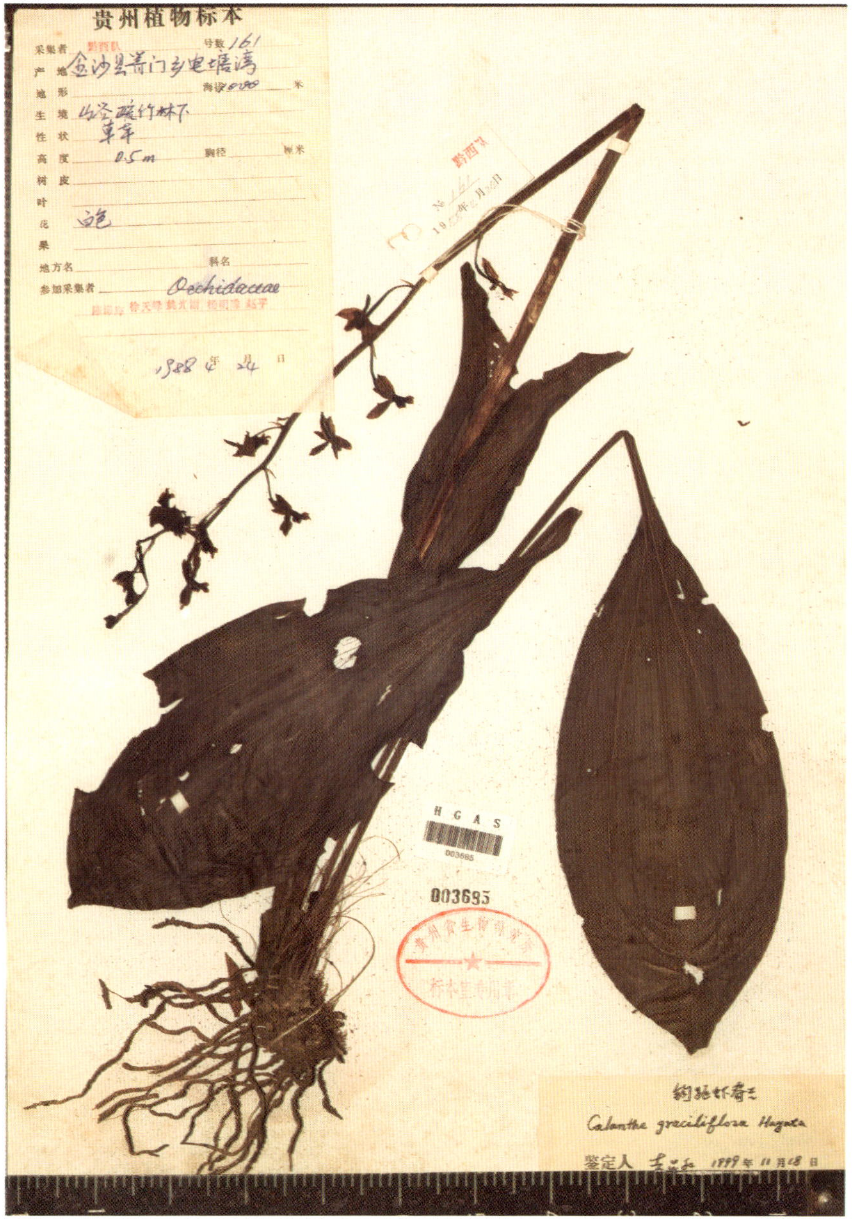
贵州植物标本
HGAS
003695
钩距虾脊兰
Calanthe graciliflora Hayata
鉴定人

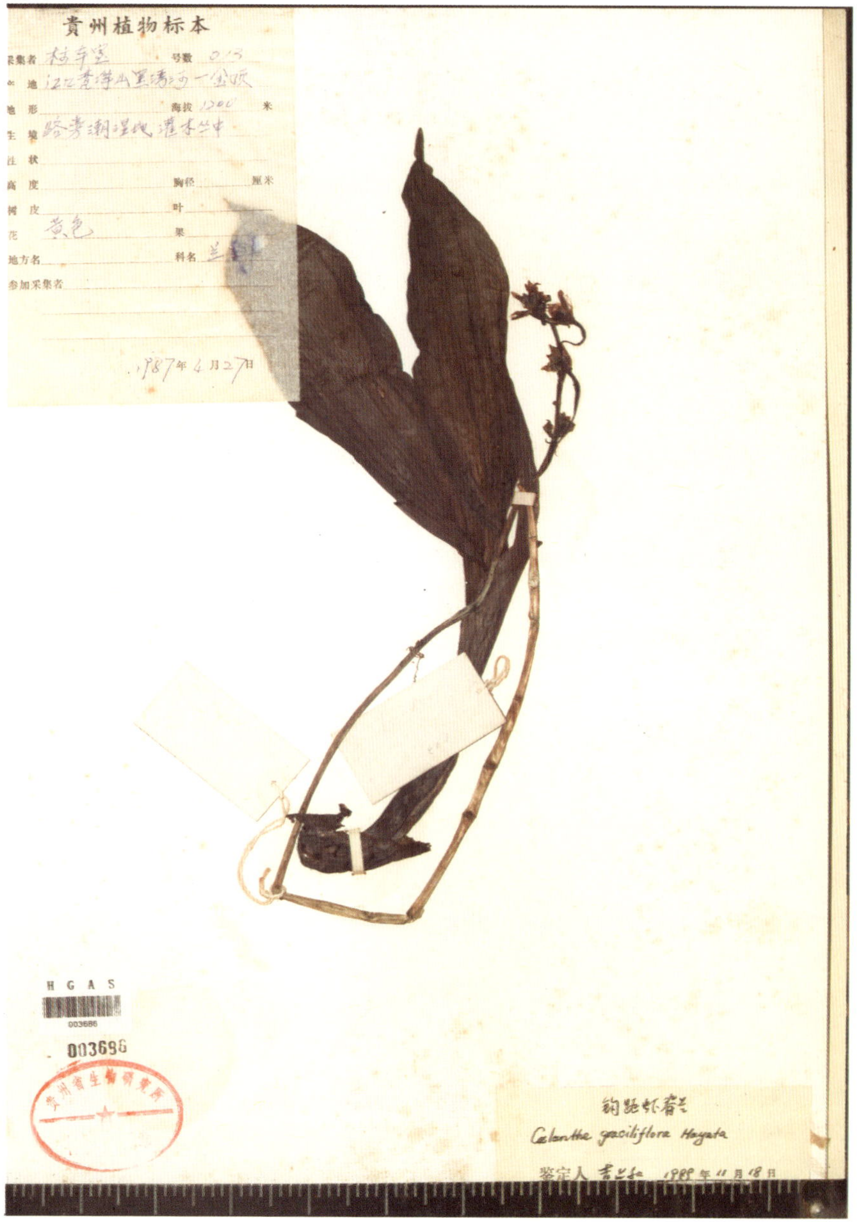
贵州植物标本
HGAS
003686
钩距虾脊兰
Calanthe graciliflora Hayata
鉴定人

贵州植物标本
Orchidaceae
003687
钩距虾脊兰
Calanthe graciliflora Hayata
鉴定人

贵州植物标本
金沙县箐门乡龙头山
Orchidaceae
贵阳工作站
植物标本室
花
果
袋
钩距虾脊兰
Calanthe graciliflora Hayata
鉴定人

HGAS
003689
钩距虾脊兰
Calanthe graciliflora Hayata
鉴定人 2000 年 3 月 10 日

贵州梵淨山凤凰山植物
003690
钩距虾脊兰
Calanthe graciliflora Hayata
鉴定人 2000 年 3 月 9 日

贵州东南部植物
Orchidaceae
003691
Calanthe graciliflora Hayata
鉴定人 2000 年 3 月 15 日
Calanthe hamata Hand.- Mazz.
定名人
HGAS

贵州东南部植物
Orchidaceae
003692
钩距虾脊兰
Calanthe graciliflora Hayata
鉴定人 2000 年 3 月 15 日
Calanthe hamata Hand.- Mazz.
定名人Z.H.Tsi 86 年 7 月22 日

9.3 弧距虾脊兰 *Calanthe arcuata* Rolfe

【形态特征】假鳞茎短，圆锥形，具 3～4 枚叶。叶椭圆状披针形或披针形，长 20～25cm，宽 1～3cm，边缘波状，两面无毛，基部收狭成鞘状柄，叶片在花期已全部展开。花葶自叶丛中抽出，高出叶层外；总状花序长约 10cm，被短毛，疏生约 10 朵花；花苞片宿存，狭披针形；花梗连子房长约 2cm，呈弧形弯曲，被短毛；萼片和花瓣背面黄绿色，腹面红褐色；萼片狭披针形，长约 2cm，具 5 条脉；花瓣线形，具 3 条脉；唇瓣白色，带紫色斑点，基部与整个蕊柱翅合生，3 裂；侧裂片斜卵状三角形；中裂片椭圆状菱形，先端具芒尖，边缘波状，无毛或疏生短毛；唇盘上具 3～5 条脊突；距圆筒形，长约 5mm，末端钝，无毛或有毛；蕊柱粗短，长 5mm。花期 7 月。

【生长环境】生于海拔 1500～1800m 的山坡林下。

【地理分布】贵州产道真、正安、桐梓；陕西、甘肃、四川、湖北、湖南、台湾、云南有分布。

【馆藏信息】第五标本馆，第 003656 号标本。

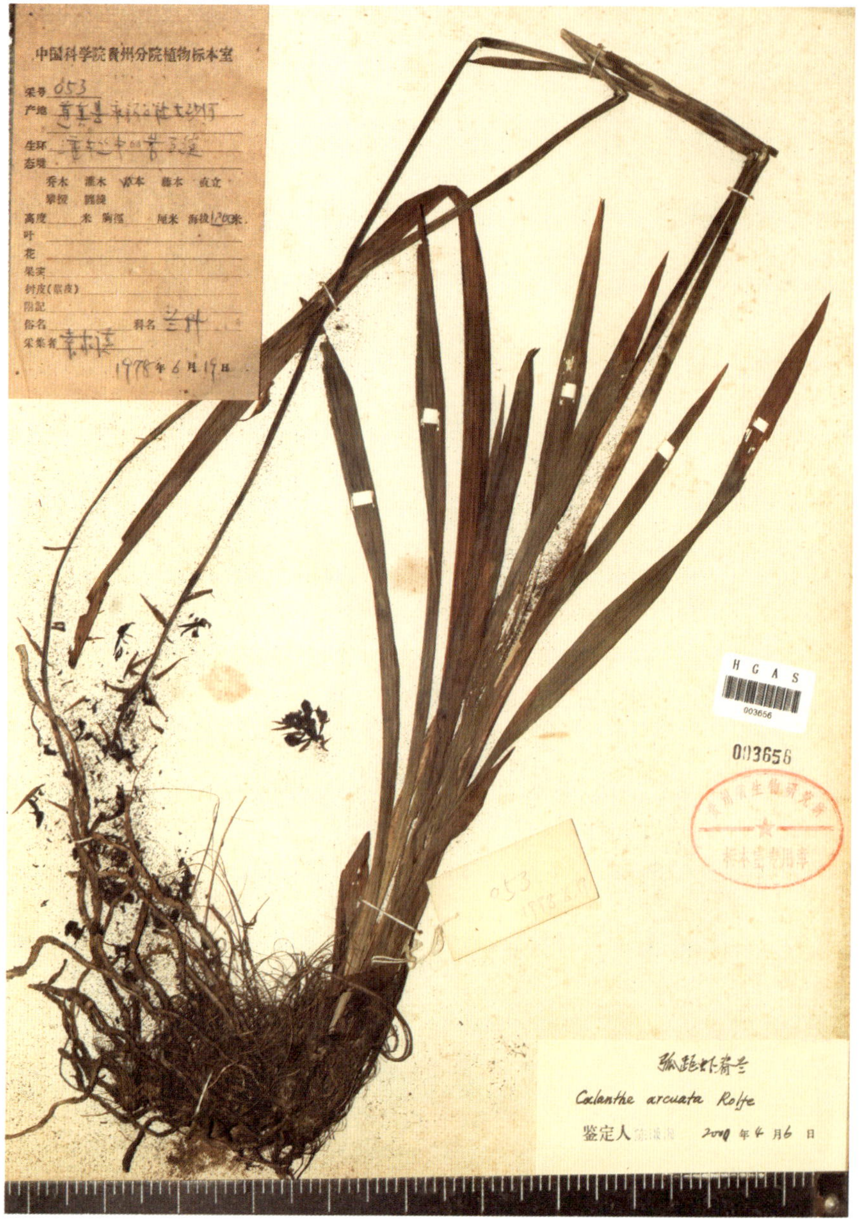

9.4 剑叶虾脊兰 *Calanthe davidii* Franch.

【形态特征】植株聚生，无明显的假鳞茎和根状茎。假鳞茎长达 10cm，具数枚鞘和 4～6 枚叶。叶在花期已全部展开，剑形或带形，长 23～65cm，宽 1.3～4cm，有时更宽，具 3 条主脉，两面无毛；叶柄不明显或具长的叶柄。花葶出自叶腋，粗壮，远长过叶层外，密被细毛；花序柄有数枚筒状鞘；总状花序生多数小花；花苞片狭披针形，长 1～1.2cm，宿存，近等长于花梗连子房，背面被短毛；花黄绿色或白色，有时带紫色；萼片和花瓣反折；萼片相似，近椭圆形，长 6～9mm，宽 3～4mm，背面有毛或无毛，具 5 条脉；花瓣倒披针形，与萼片等长，但较窄，具 3 条脉；唇瓣宽三角形，基部与整个蕊柱翅合生，3 裂；侧裂片卵状或长圆形；中裂片先端 2 裂；小裂片较侧裂片窄小；唇盘具 3 条鸡冠状褶片；距圆筒形，镰状弯曲，长 5～12mm，被毛；蕊柱粗短，长约 3mm。花期 6～7 月，果期 10 月。

【生长环境】生于海拔 900～2250m 的山地林下。

【地理分布】贵州产威宁、遵义、金沙、务川、湄潭、道真、梵净山、黎平、黄平、都匀、贵阳、龙里、平坝、安顺、清镇、望谟、安龙、兴义；陕西、甘肃、台湾、湖北、湖南、四川、云南、西藏有分布。

【馆藏信息】第五标本馆，第 003658、003659、003660、003661 号标本。

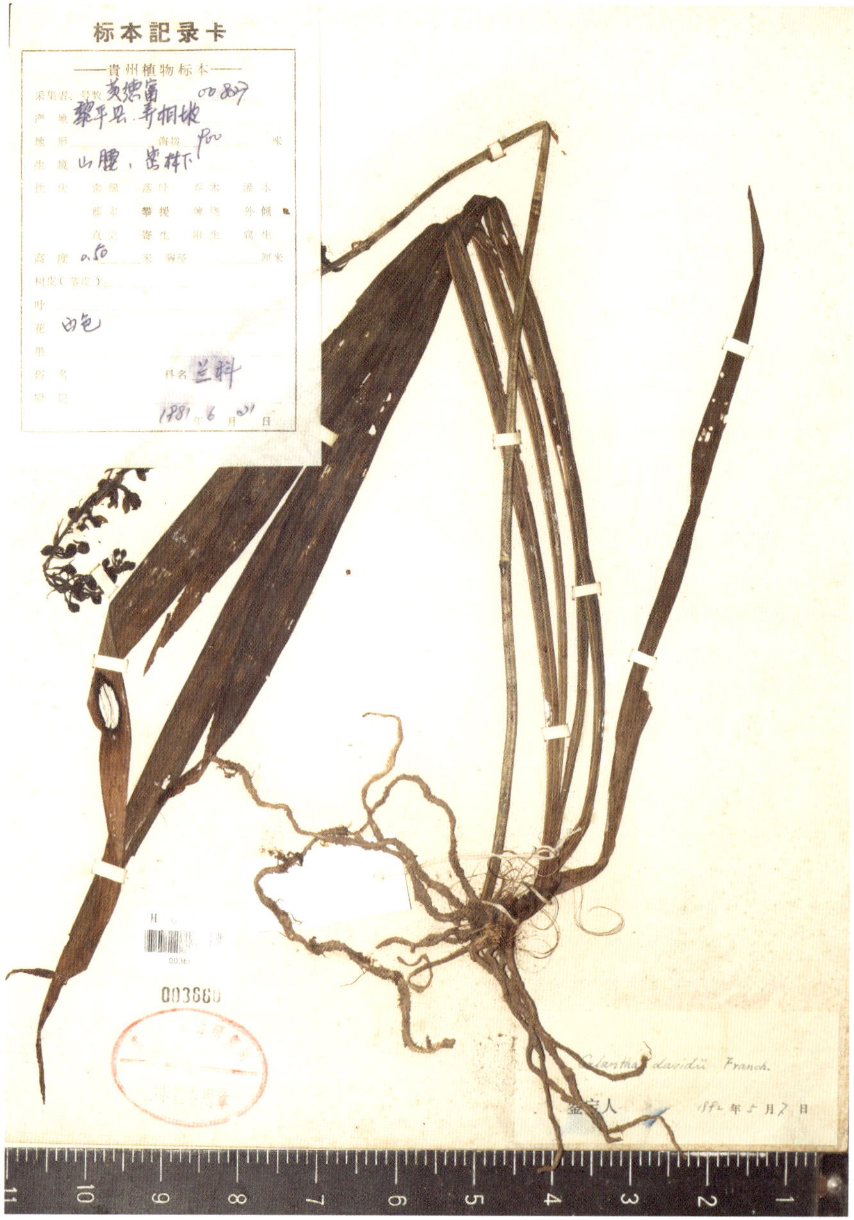

003661
剑叶虾脊兰
Calanthe davidii Franch.
鉴定人
1999 年 月 18 日

9.5 乐昌虾脊兰 *Calanthe lechangensis* Z. H. Tsi et T. Tang

【形态特征】假鳞茎圆锥形，具1枚叶。假鳞茎长15～20cm。叶在花后展开，宽椭圆形，长25～30cm，宽8～9cm，先端锐尖，基部收狭为柄，边缘稍波状；叶柄细长，长9～15cm。花葶从叶腋发出，不超出叶层外，被短柔毛；总状花序长13～14cm，疏生9～13朵花；花苞片宿存，卵状披针形，长5mm，先端呈芒尖；花梗连子房长1.2cm，密被短柔毛；花淡红色，质地薄，开张；萼片等长，具5条脉，背面被短柔毛；中萼片卵状披针形，长15～18mm，宽6～7mm；侧萼片斜长圆形，先端钩曲成为芒状；花瓣长圆状披针形，短于萼片，背面被短柔毛；唇瓣全卵状圆形，基部具爪，与整个蕊柱翅合生，3裂；侧裂片很小，牙齿状，长1～3mm；中裂片宽卵状楔形，长1cm，近顶端处宽1cm，先端微凹并具短尖，基部具爪，边缘多少波状；唇盘后部具3条隆起褶片；距圆筒形，伸直，长约9mm，被毛；蕊柱长6mm；蕊柱翅三角形。花期4～5月。

【生长环境】生于海拔550m的石灰岩山地林下阴湿外。

【地理分布】贵州产荔波；广东北部有分布。

【馆藏信息】第五标本馆，第003699、003700号标本。

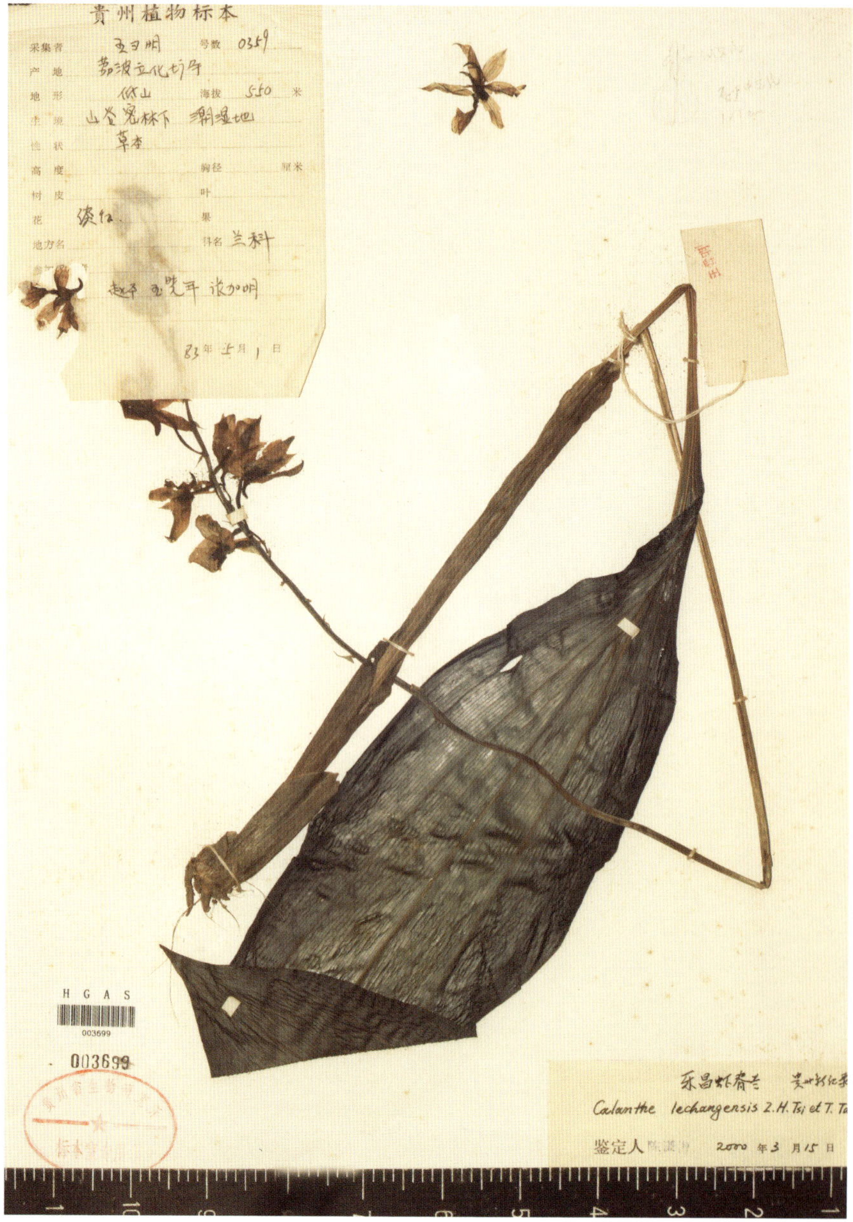

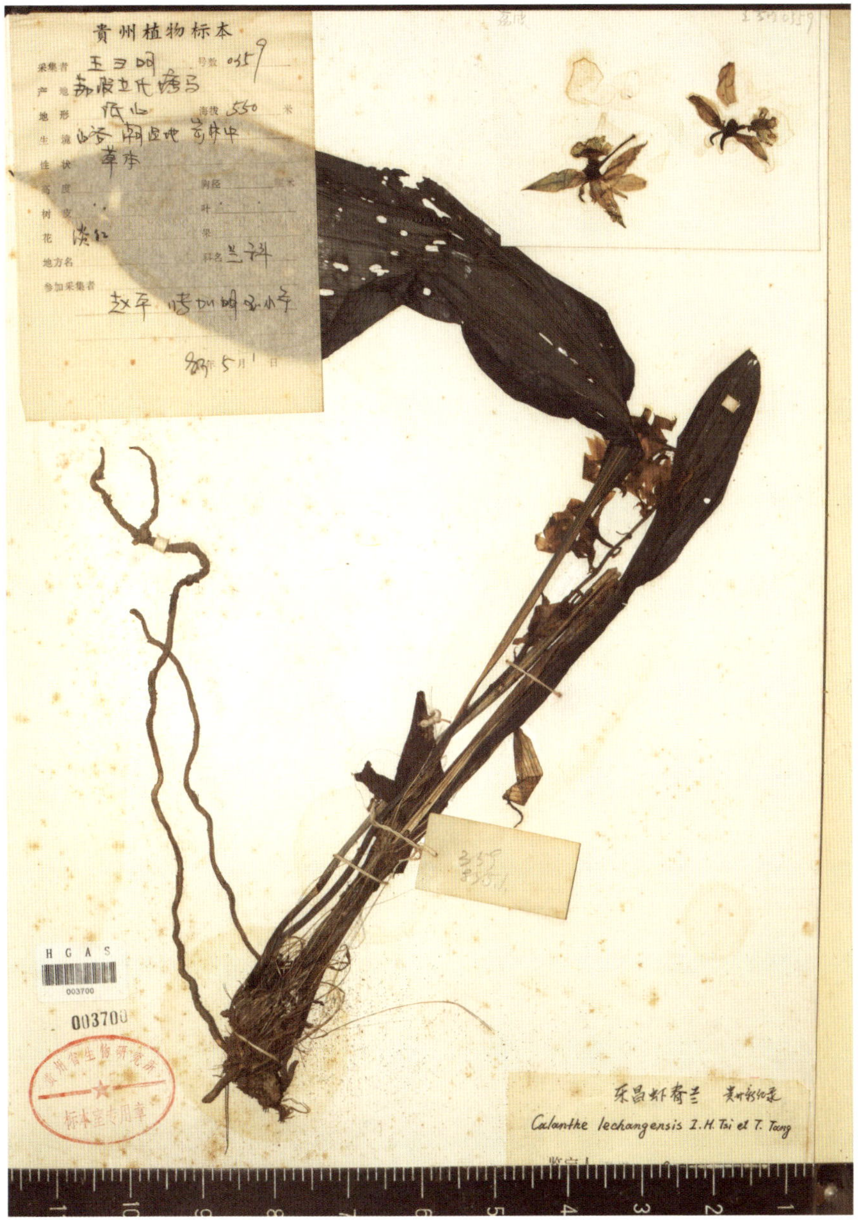
贵州植物标本
HGAS
003700
乐昌虾脊兰
Calanthe lechangensis Z.H.Tsi et T.Tang

9.6 镰萼虾脊兰 *Calanthe puberula* Lindl.

【形态特征】假鳞茎长圆锥形，长2cm，基部粗约1.5cm，包藏于叶鞘内，具4～5枚叶。叶椭圆形或椭圆状长圆形，长15～22cm，宽4.5～7cm，具5条主脉，背面疏被毛。花葶发自茎上端叶腋，高出叶层外，长25～10cm；总状花序长5～14cm，疏生数朵至10余朵花；花苞片草质、宿存；花梗和子房长于花苞片，密被短毛；花淡紫色带白色至粉红色，直径2～3cm；萼片卵状披针形，长5cm或稍长于此，高约5mm，先端略呈尾状，具5条脉，背面被短毛；花瓣线形，与萼片约等长，宽约2mm，具1～3条脉，无毛；唇瓣3裂，侧裂片阔镰刀状；中裂片菱状椭圆形，前部边缘具啮蚀状齿，先端锐尖；无距；蕊柱翅上部边缘各具1枚齿。花期7～8月。

【生长环境】生于海拔1400～2500m的山坡林下。

【地理分布】贵州产盘州、安龙；云南、西藏有分布。印度、越南也有。

【馆藏信息】第五标本馆，第003710号标本。

9.7 流苏虾脊兰 *Calanthe alpina* Hook. f. ex Lindl.

【别　　名】羽唇根节兰、高山虾脊兰。

【形态特征】植株高达 50cm。假鳞茎短小，狭圆锥状，粗约 7mm。叶 3 枚，在花期全部展开，椭圆形或倒卵状椭圆形，两面无毛。花葶从叶间抽出，通常 1 个，偶尔 2 个，直立，高出叶层外，被稀疏的短毛；总状花序长 3～12cm，疏生 3～10 余朵花；花被全体无毛；萼片和花瓣白色带绿色先端或浅紫堇色，先端急尖或渐尖而呈芒状，无毛；花瓣狭长圆形至卵状披针形，唇瓣浅白色，后部黄色，前部具紫红色条纹。蒴果倒卵状椭圆形，长 2cm，粗约 1.5cm。花期 6～9 月，果期 11 月。

【生长环境】生于海拔 1500～3500m 的山地林下和草坡上。

【地理分布】贵州产水城。印度和日本有分布。

【馆藏信息】第五标本馆，第 003655 号标本。

9.8 密花虾脊兰 *Calanthe densiflora* Lindl.

【别　　名】密花根节兰、竹叶根节兰。

【形态特征】植株具长而粗的根状茎，彼此相距 5～6cm。假鳞茎细长，长 10～16cm，具 3 枚折扇状叶。叶狭椭圆状披针形，长 30～42cm，宽 6～9cm，具 5～7 条两面隆起的主脉，无毛；叶柄长 6～12cm，具关节。花莛从假鳞茎的基部侧面抽出，长约 20cm，疏生 3～5 枚筒状鞘；总状花序球状，具许多放射状排列的花；花苞片早落；花淡黄色，干后变黑色；萼片长 1.2～1.4cm，具 3～5 条脉；花瓣与萼片等长，具 3 条脉；唇瓣 3 裂，中裂片的基部上方具 2 枚三角形褶片；距圆筒形，长约 15mm；蕊柱细长，长 12mm；蕊喙宽卵状三角形，不裂。花期 10～11 月。

【生长环境】生于海拔 480m 的山谷沟旁。

【地理分布】贵州产赤水（金沙沟）；云南、四川、广西、西藏、广东、台湾、喜马拉雅东部有分布。越南也有。

【馆藏信息】第五标本馆，第 003662、003663、003664、003665、003666 号标本。

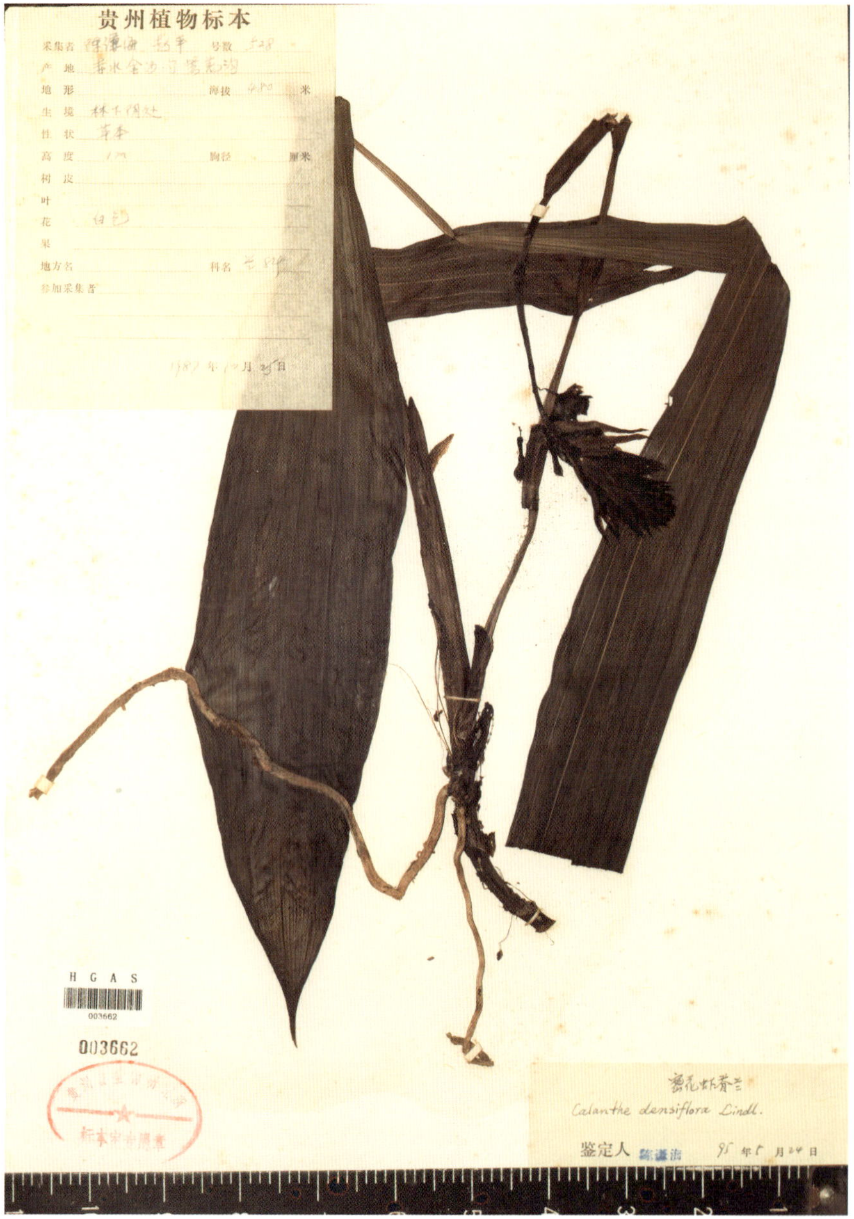

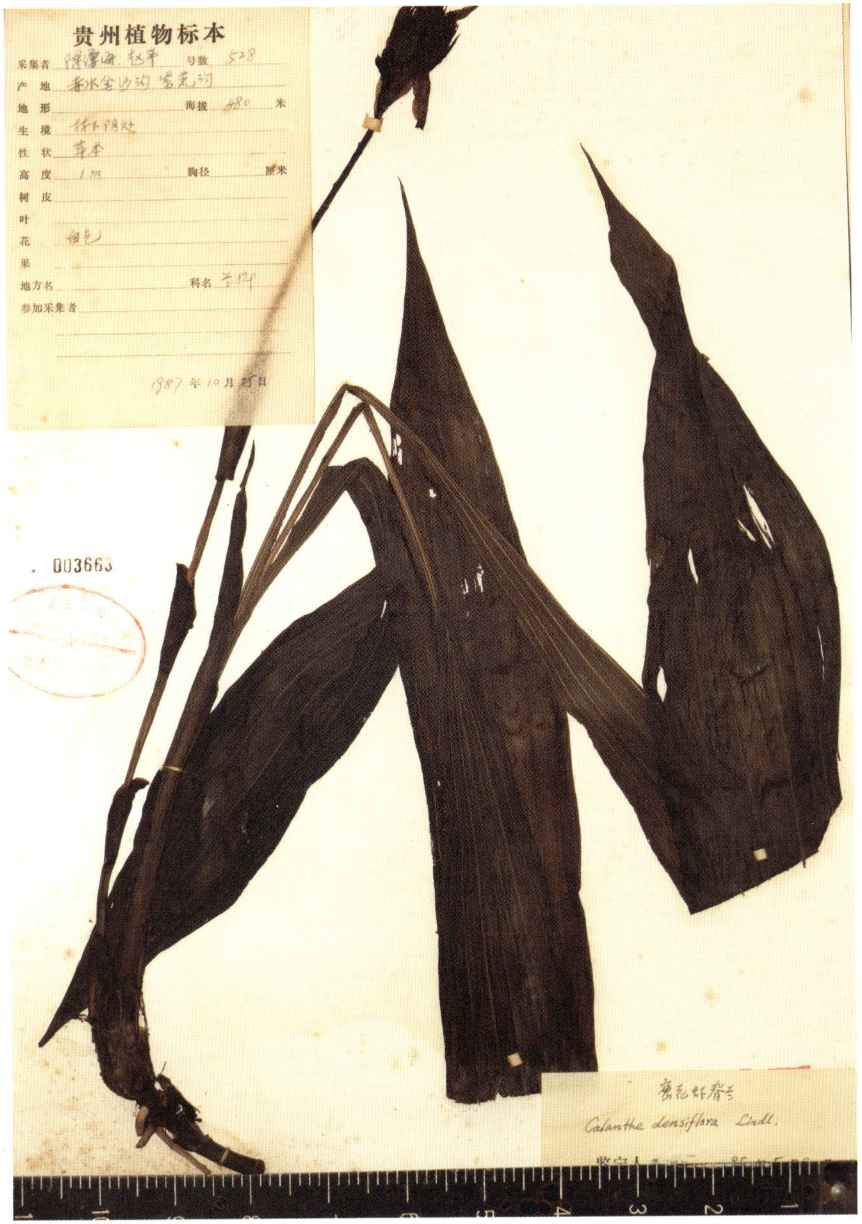
贵州植物标本
003663
Calanthe densiflora Lindl.

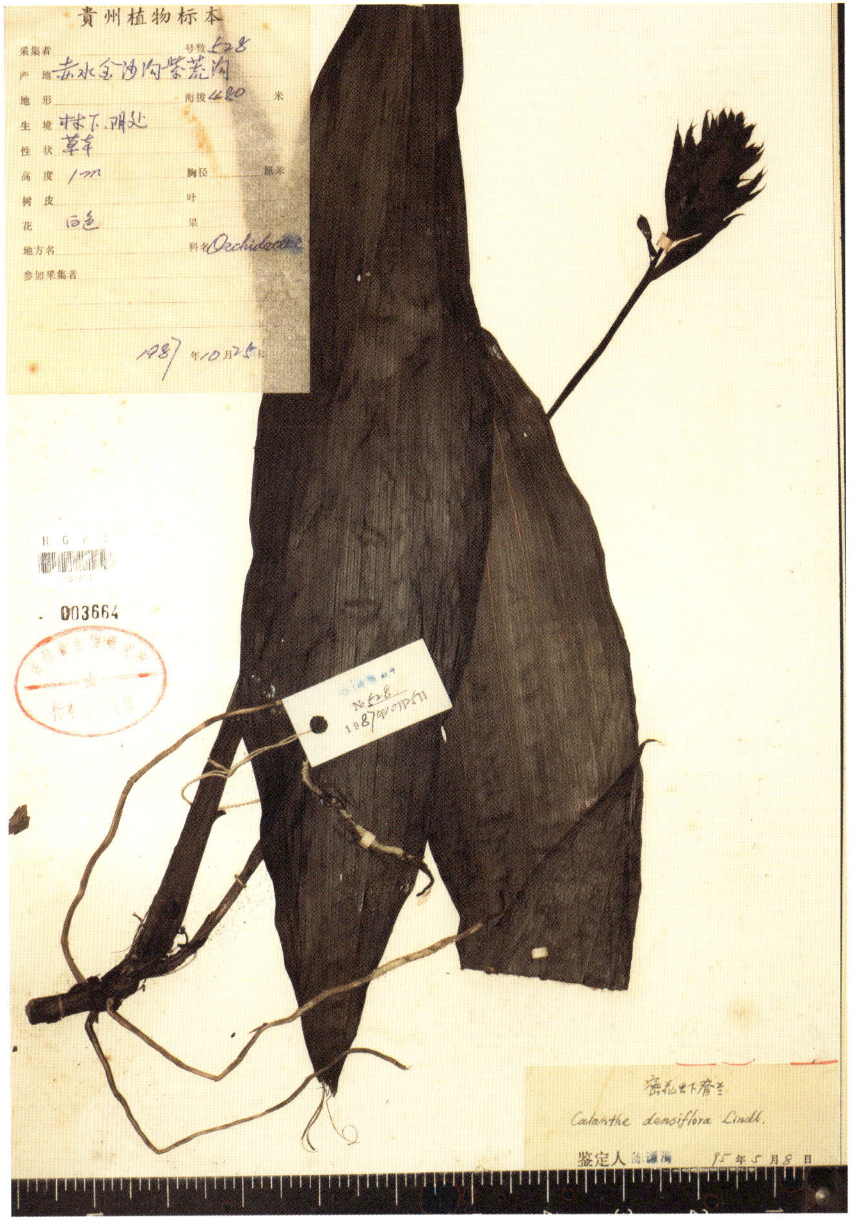
贵州植物标本
003664
Orchidaceae
Calanthe densiflora Lindl.

9.9 三褶虾脊兰 *Calanthe triplicata* (Willem.) Ames

【别　　名】石上蕉。

【形态特征】假鳞茎卵状长圆形，具3～4枚叶。叶在花期全部展开，椭圆形或椭圆状披针形，长30cm，宽达10cm，先端急尖，边缘波状；具长叶柄。花葶从叶丛中抽出，远高出叶层外，被短毛；总状花序密生多数花；花苞片宿存，卵状披针形，长1～2cm，短于花梗连子房之长；花白色，少有紫红色；萼片和花瓣常反折，干后变黑色；萼片具5条脉，背面被短毛，中萼片椭圆形，长9～12mm；侧萼片比中萼片稍大；花瓣倒卵状披针形，比萼片短，具3条脉，背面被短毛；唇瓣基部与整个蕊柱翅合生，比萼片长，基部有小瘤状物，3深裂；侧裂片卵状椭圆形；中裂片深2裂，小裂片等长于侧裂片；距白色，圆筒形，伸直，长12～15mm，被短毛；蕊柱长约5mm。花期4～5月。

【生长环境】生于海拔1000～1300m的山地林下。

【地理分布】贵州产梵净山、雷公山、榕江、金沙、贵阳、贵定、惠水、罗甸、望谟、安龙、兴仁；福建、台湾、广东、香港、海南、广西、云南有分布。广布热带亚洲、澳大利亚和非洲马达加斯加。

【馆藏信息】第五标本馆，第003715、003716、003717、003718、003719、003720、003721、003722号标本。

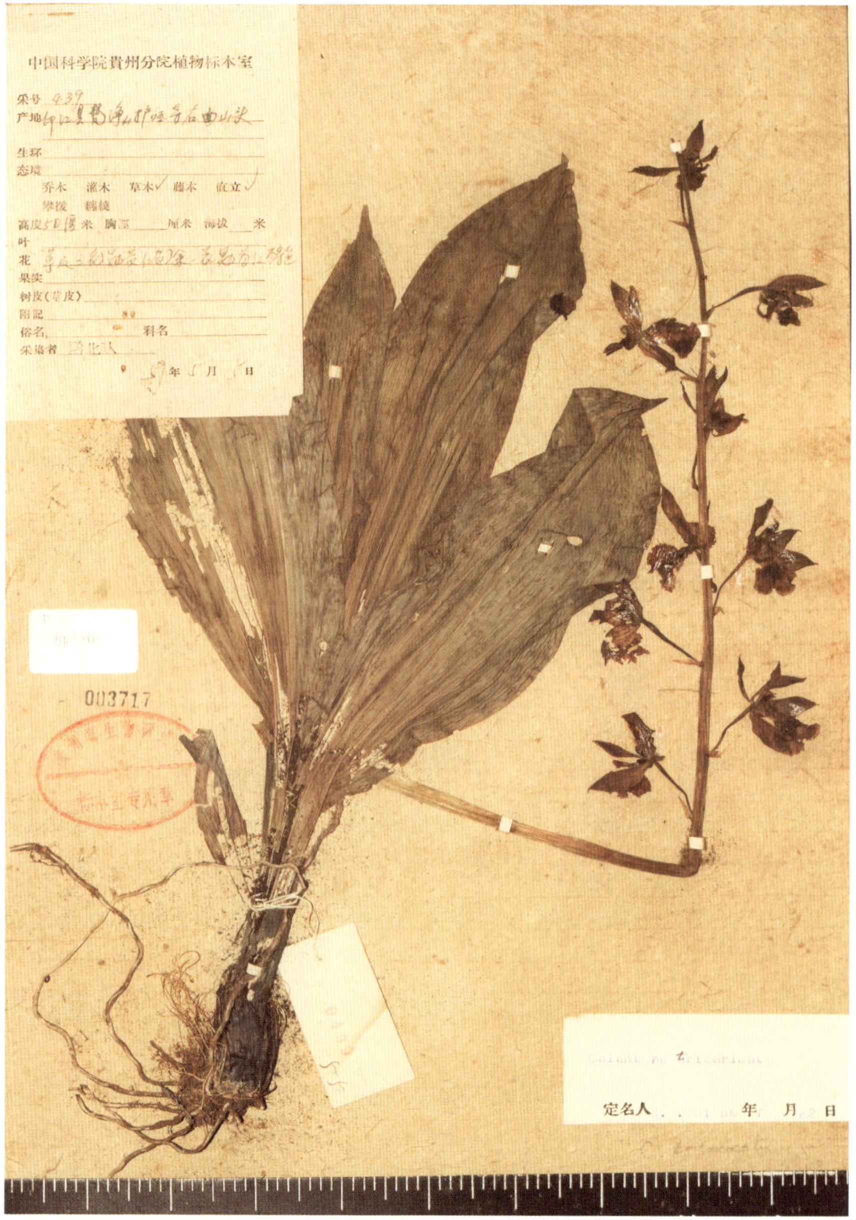

H G A S
003718
定名人 年 月 日

H G A S
003719
定名人

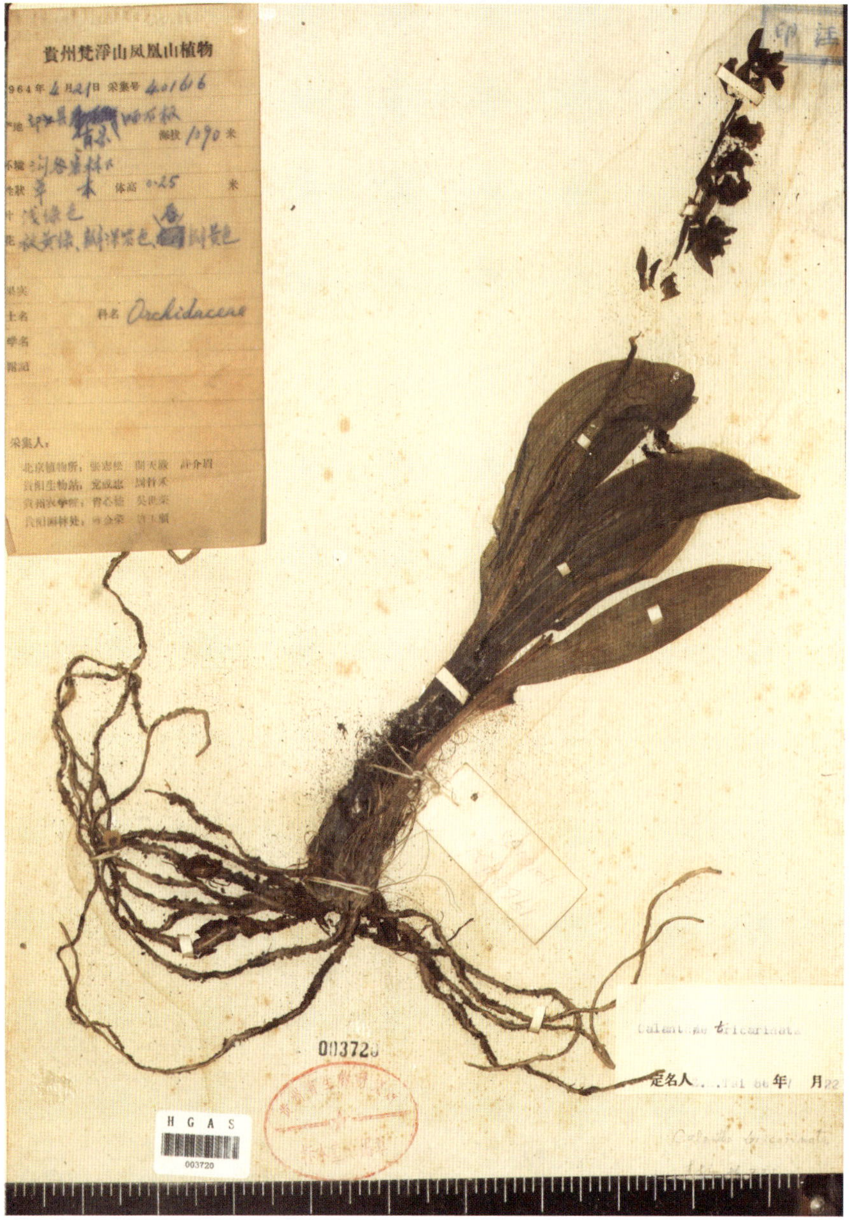

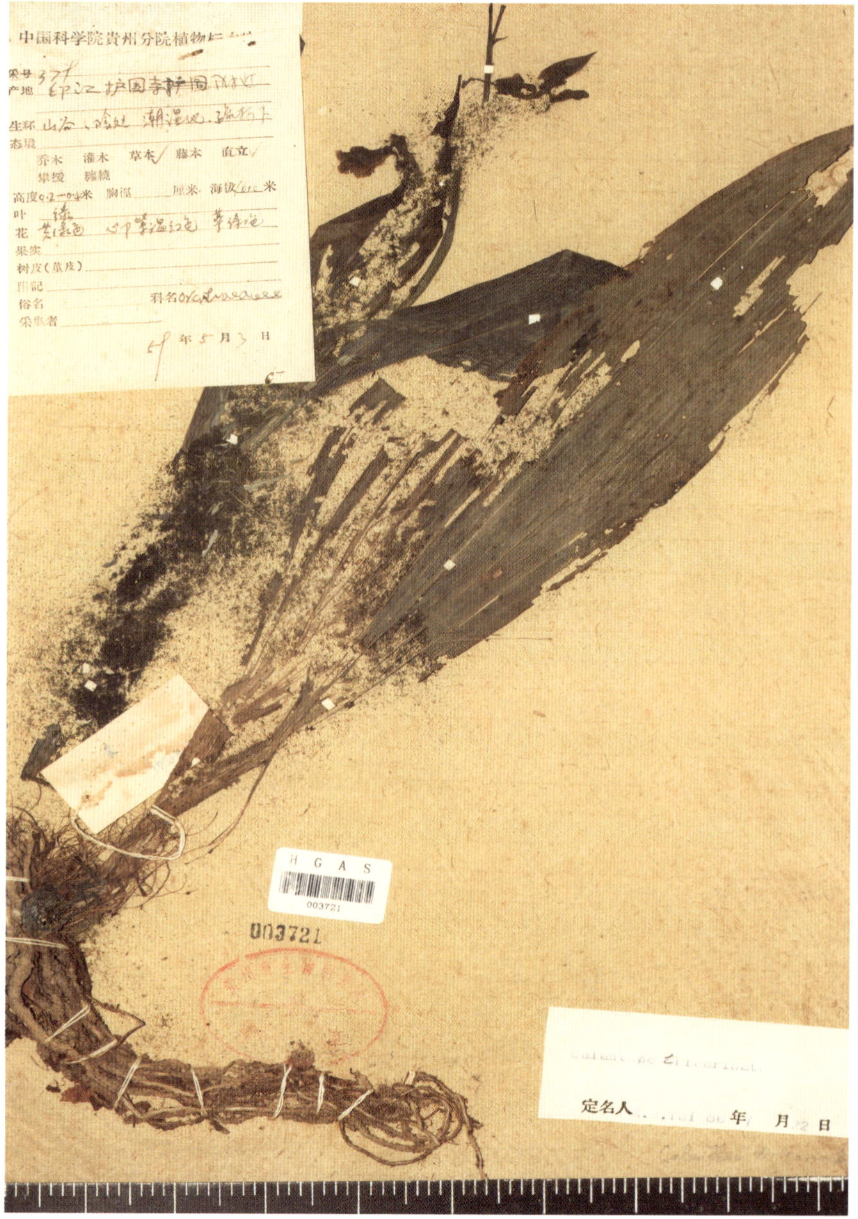

贵州省植物研究所标本室
贵州植物
中国科学院西南生物研究所
贵阳工作站
植物标本室
花
果
袋
年 月 日
003722
HGAS
003722
三棱虾脊兰
Calanthe tricarinata Lindl.
鉴定人
2000 年 3 月 13 日

9.10 疏花虾脊兰 *Calanthe henryi* Rolfe

【形态特征】假鳞茎圆锥形，具2～3枚叶。假鳞茎长约6cm。叶在花后全部展开，椭圆形或倒卵状披针形，长18～24cm，宽6～8cm，先端急尖，基部收狭为柄，边缘稍波状，具3条主脉，背面密被短毛。花葶从叶丛间抽出，远高出叶层外，密被短毛；总状花序疏生少数花；花苞片宿存，披针形，长4～7mm；花梗连子房长20mm，密被短毛；花淡黄绿色；萼片相似且等长，长15mm，宽5mm，具4～5条脉，背面有短毛；花瓣近椭圆形，短于萼片；唇瓣3裂；侧裂片长圆形，长6mm，基部大部分与蕊柱翅合生；中裂片近长圆形，长6mm，先端截形；唇盘上具3条龙骨状脊突，中央1条延伸至中裂片先端；距圆筒形，纤细，长11～15mm，被短毛。花期4～5月。

【生长环境】生于海拔650～1400m的山坡林下。

【地理分布】贵州产梵净山、黎平；湖北、四川有分布。

【馆藏信息】第五标本馆，第003693、003694、003695、003696、003697、003698号标本。

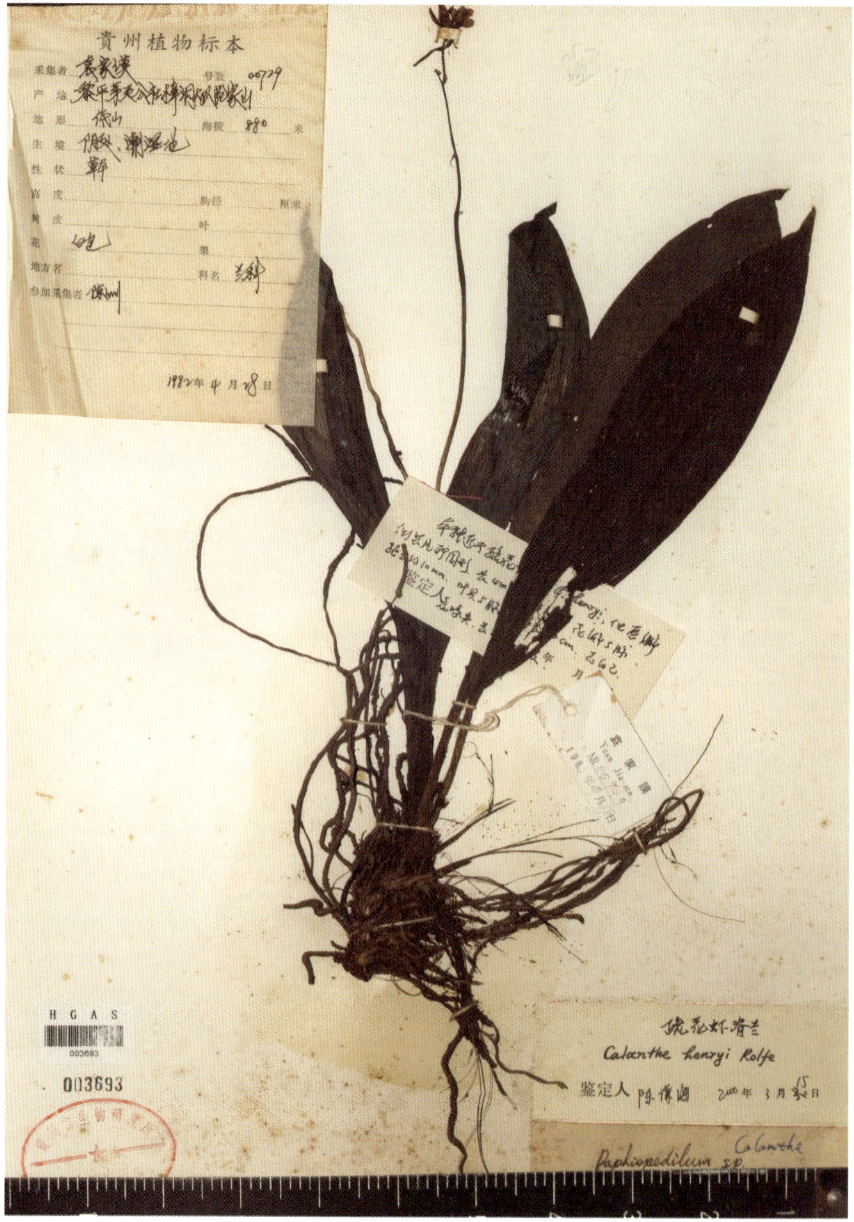

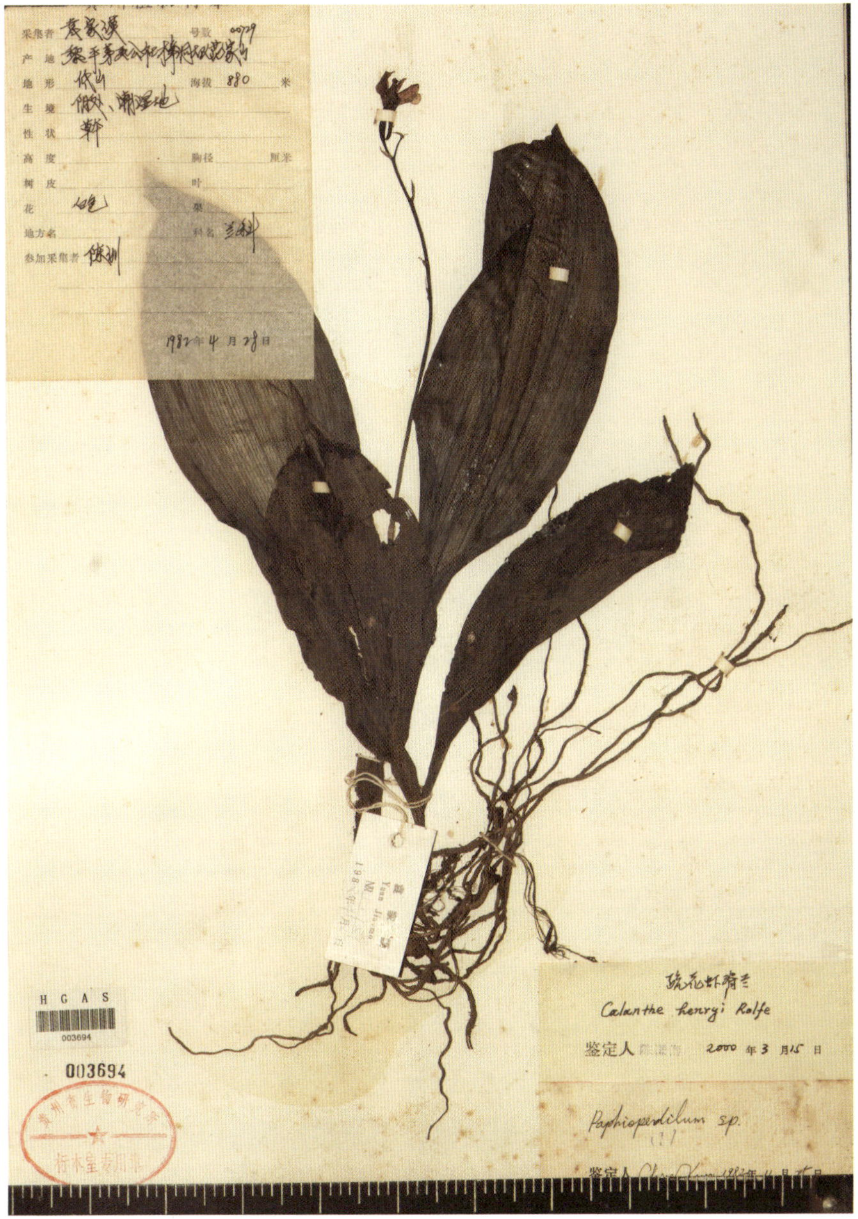

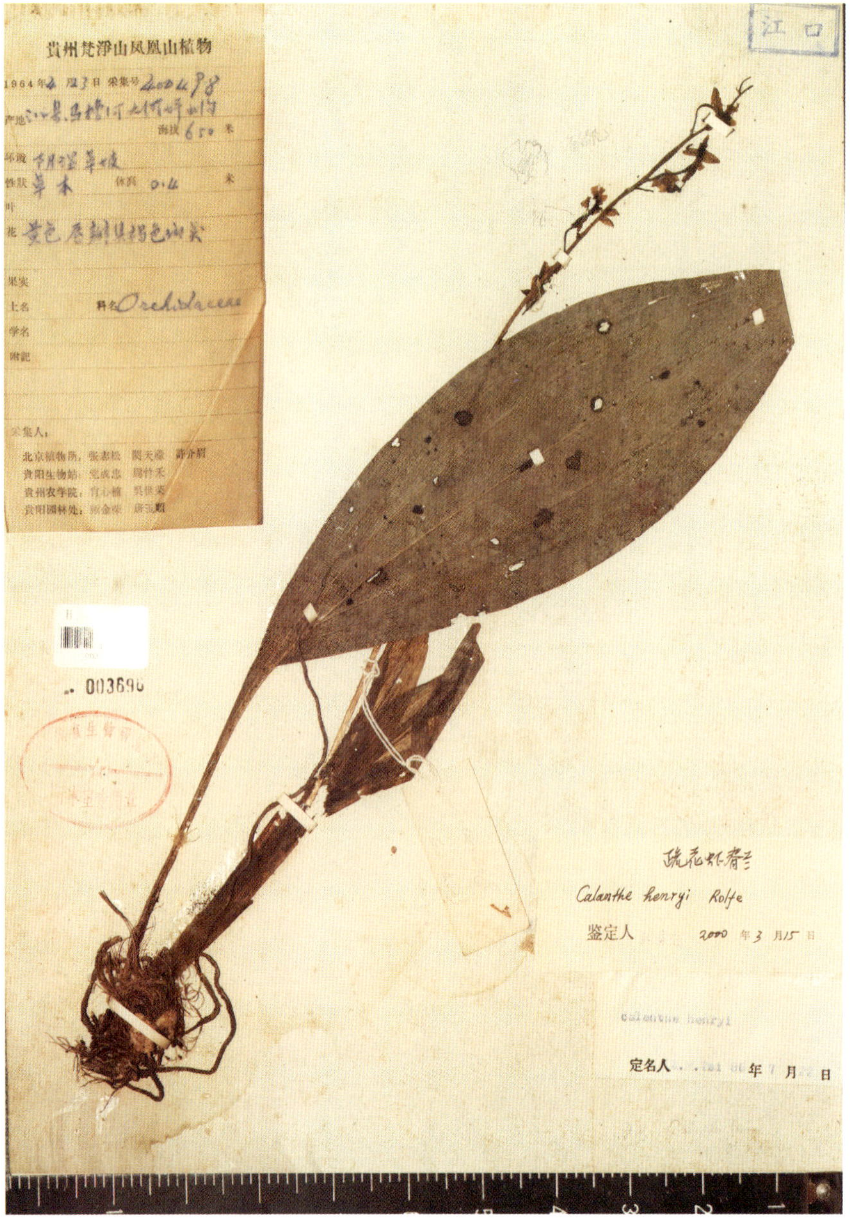
贵州梵淨山凤凰山植物
003696
疏花虾脊兰
Calanthe henryi Rolfe
鉴定人
calanthe henryi
定名人

中国科学院贵州分院植物标本室
003697
疏花虾脊兰
Calanthe henryi Rolfe
鉴定人
calanthe henryi
定名人Z.H.Tsi 86年 7 月22 日

中国科学院貴州分院植物标本室
采号 56
产地 三都县
生环
态境
乔木 灌木 草本 藤本 直立
攀援 纏繞
高度 米 胸径 厘米 海拔 米
叶
花
果实
树皮(草皮)
附記
俗名
科名 蘭科
采集者
60年 1月 10日
HGAS
003698
鉴定
定

9.11 细花虾脊兰 *Calanthe mannii* Hook. f.

【形态特征】植株高 40～50cm，具粗短的假鳞茎和 3～5 枚叶。花葶先于叶抽出，花后叶渐展开；叶倒卵状长圆形，长 15～30cm，宽 3～4.3cm，先端急尖，基部渐狭成柄，背面被短毛。花葶密被短毛；总状花序密生多达 40 余朵花；花苞片宿存；花梗连子房长 6mm，被短毛；花小；萼片和花瓣暗褐紫色；中萼片卵状长圆形，长 7～9mm，具 3～5 条脉，背面被短毛；侧萼片稍斜，与中萼片近等长，具 3 条脉，背面被毛；花瓣与中萼片相似，稍短；唇瓣黄色，短于花瓣，3 裂，基部合生于蕊柱翅上；侧裂片斜卵圆形；中裂片近肾形，长 2mm，宽 3mm，先端微凹具短尖；唇盘上有 3 条褶片；距短钝，长 1～3mm；蕊柱白色，长约 3mm。花期 4～5 月。

【生长环境】生于海拔 1200～1600m 的山坡林下。

【地理分布】贵州产贵阳、开阳、龙里、惠水、安顺、清镇、平坝、镇宁、关岭；江西、湖北、广东、广西、四川、云南、西藏、喜马拉雅东部有分布。

【馆藏信息】第五标本馆，第 003701、003702、003703、003704、003705、003706 号标本。

003702
Calanthe mannii Hook. f.
鉴定人
1999 年 11 月 18 日

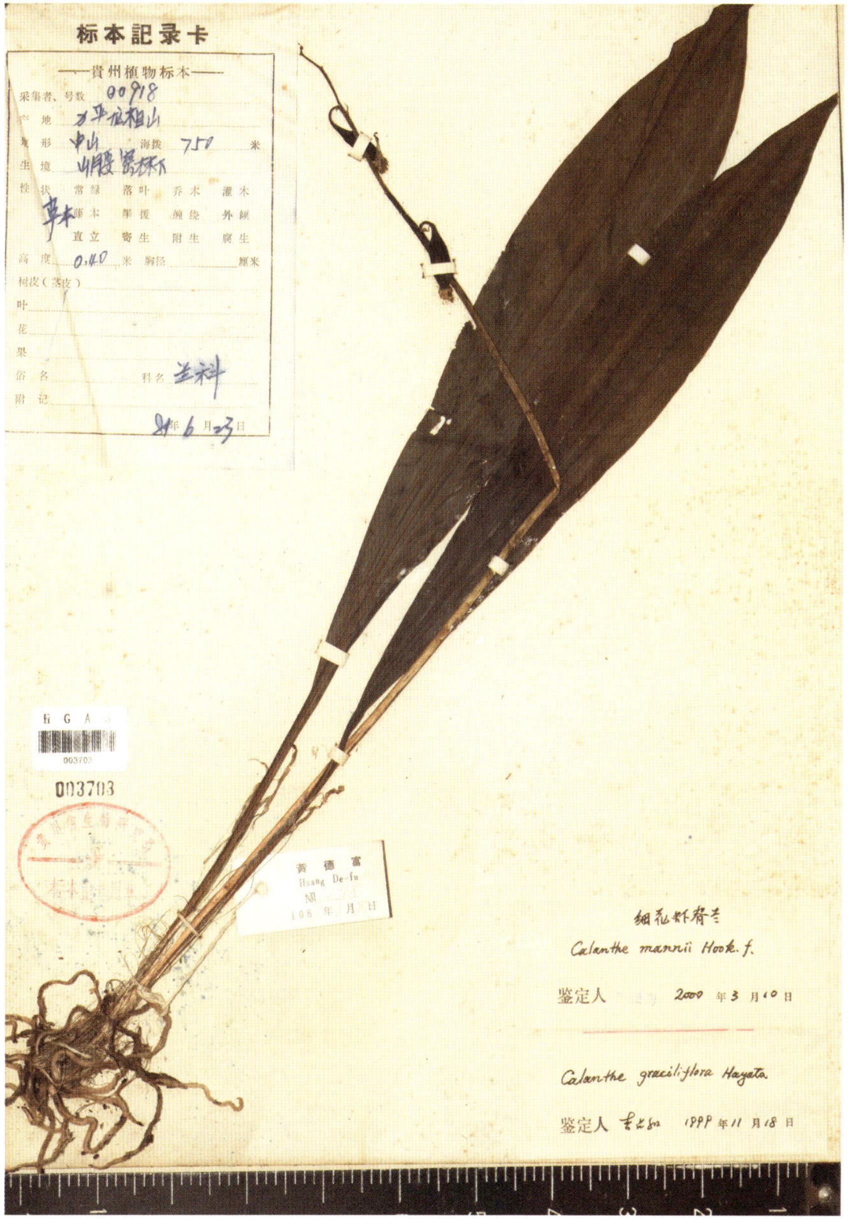
标本記录卡
贵州植物标本
003703
细花虾脊兰
Calanthe mannii Hook. f.
鉴定人
2000 年 3 月 10 日
Calanthe graciliflora Hayata
鉴定人
1999 年 11 月 18 日

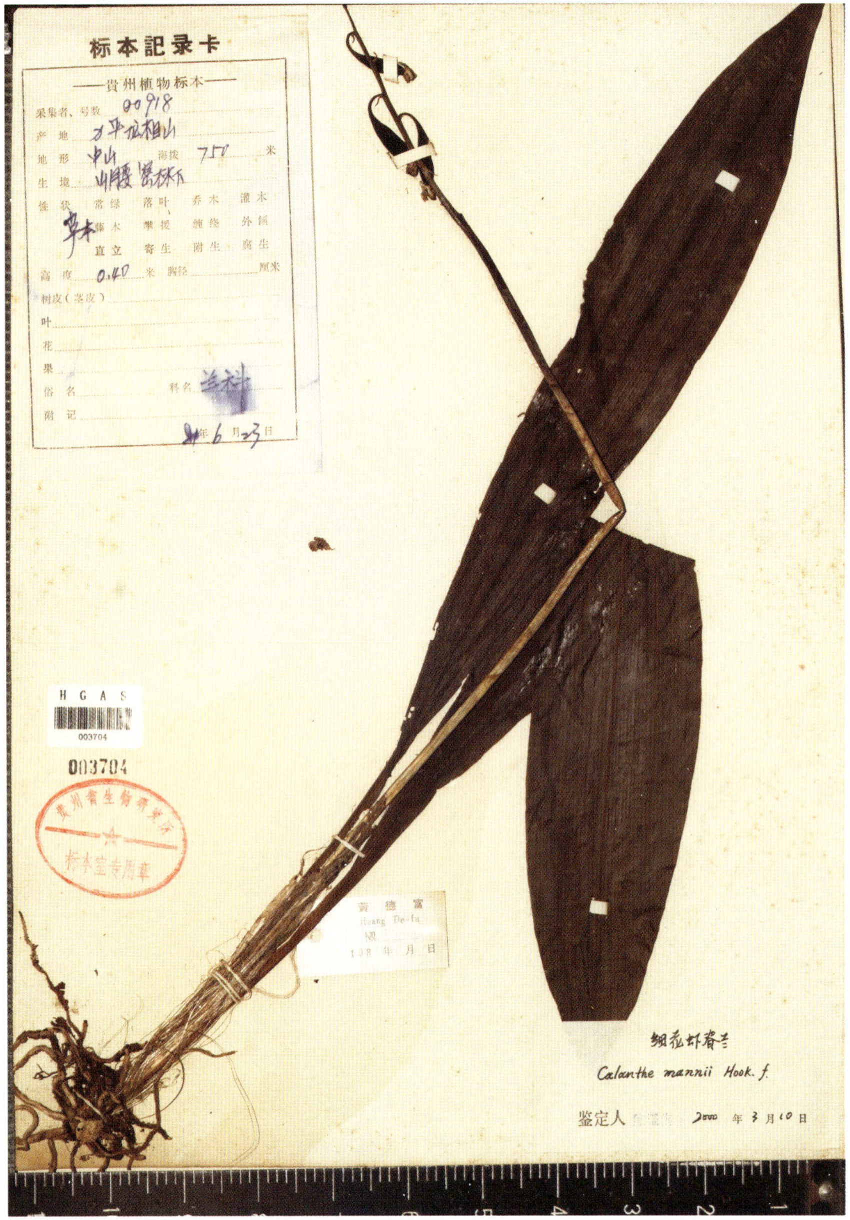

贵州植物标本
采集者
号数 200014
产地 贵阳市金关
地形
海拔 1150 米
生境 山坡林下阴湿处
性状 草本
高度
胸径 厘米
树皮
叶
花
果
地方名
科名 兰 84
参加采集者
2000 年 4 月 10 日
HGAS
003706
003706
细花虾脊兰
Calanthe mannii Hook. f.
鉴定人
2000 年 4 月 15 日

9.12 虾脊兰 *Calanthe discolor* Lindl.

【别　　名】海老根、地虾脊兰、九子连环草。

【形态特征】假鳞茎近圆锥形，长6～8cm，具3枚叶。叶在花后展开，椭圆状长圆形或倒卵状长圆形，长15～25cm，宽4～8cm，先端急尖，基部收狭为柄，背面密被短毛；叶柄长5～9cm。花葶长达30cm，密被短毛；总状花序长6～8cm，疏生10余朵花；花苞片宿存，卵状披针形，短于花梗连子房的长度；萼片和花瓣紫褐色；萼片相似，椭圆形，长9～12mm，宽5～7mm，具5条脉；花瓣近长圆形，与萼片等长，具3条脉；唇瓣白色，近扇形，基部与整个蕊柱翅合生，等长于萼片，3深裂；侧裂片镰状倒卵形，基部有一半与蕊柱翅合生；中裂片倒卵状楔形，先端凹缺，边缘稍有齿；唇盘上有3条褶片；距圆筒形，伸直，长5～10mm；蕊柱长4mm。花期4～5月。

【生长环境】生于海拔550～1400m的山地林下。

【地理分布】贵州产务川、遵义、金沙、盘州、三都、贵阳、贵定、平坝、清镇、安顺、榕江、荔波；浙江、江苏、福建、广东、湖北有分布。日本也有。

【馆藏信息】第五标本馆，第003667、003668、003669、003670、003671、003672、003673号标本。

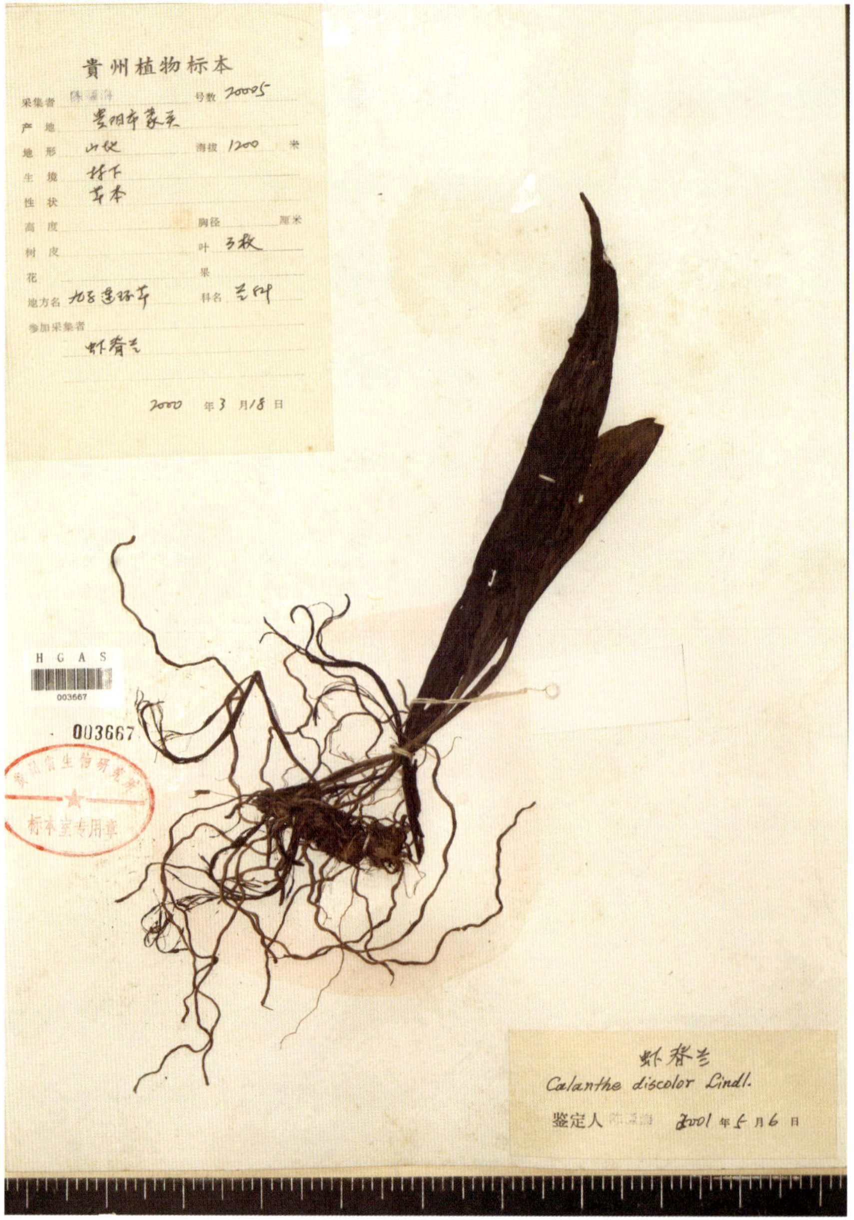

贵州植物标本
HGAS
003668
Calanthe discolor Lindl.
鉴定人

贵州植物标本
HGAS
003669
虾脊兰
Calanthe discolor Lindl.
鉴定人

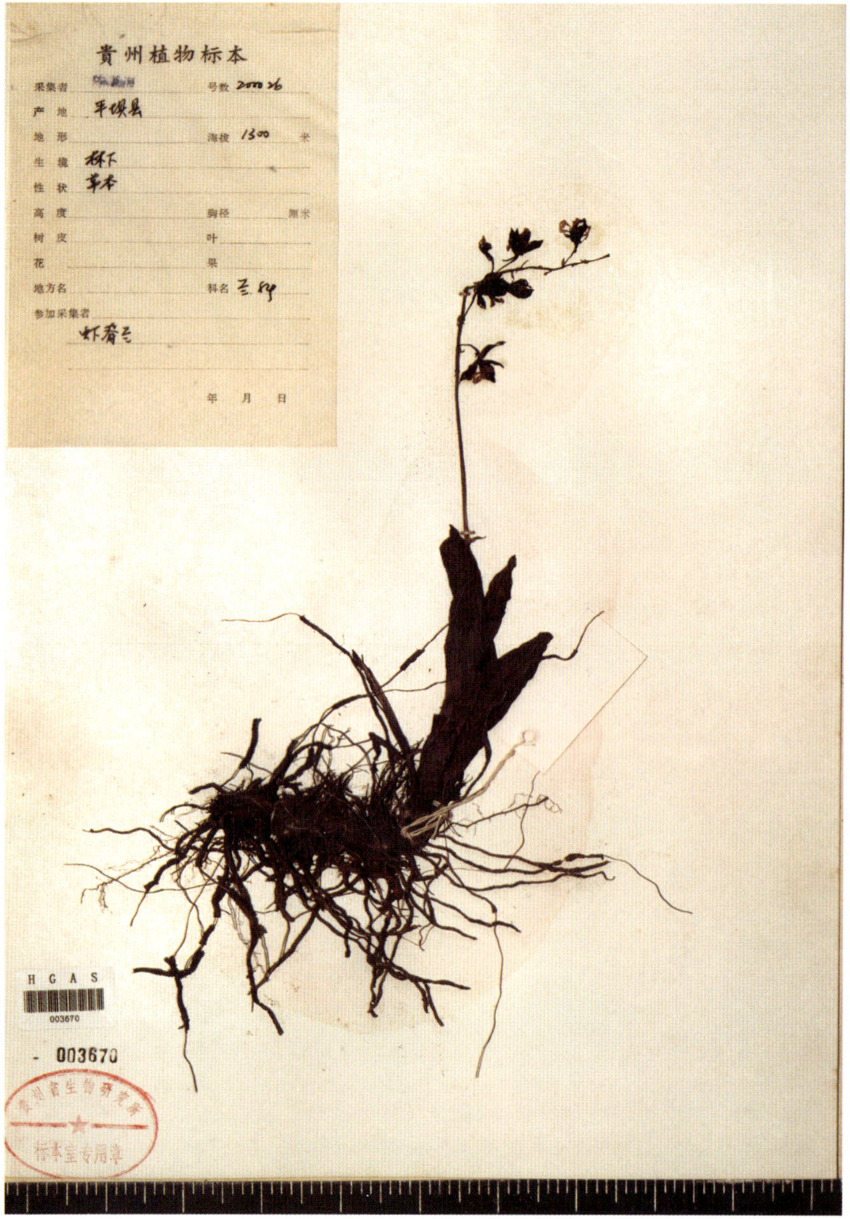
貴州植物标本
采集者
号数 200026
产地 平坝县
地形
海拔 1300 米
生境 林下
性状 草本
高度
胸径 厘米
树皮
叶
花
果
地方名
科名 兰科
参加采集者
虾脊兰
年 月 日
H G A S
003670
003670

貴州植物标本
采集者
号数 200013
产地 贵阳市花溪
地形
海拔 1200 米
生境 山坡林下
性状 草本
高度
胸径 厘米
树皮
叶
花
果
地方名
科名 兰科
参加采集者
2000 年 4 月 10 日
H G A S
003671
003671
虾脊兰紫唇变种
Calanthe discolor Lindl. var. purpurea
var. nov.
鉴定人
2000 年 4 月 15 日

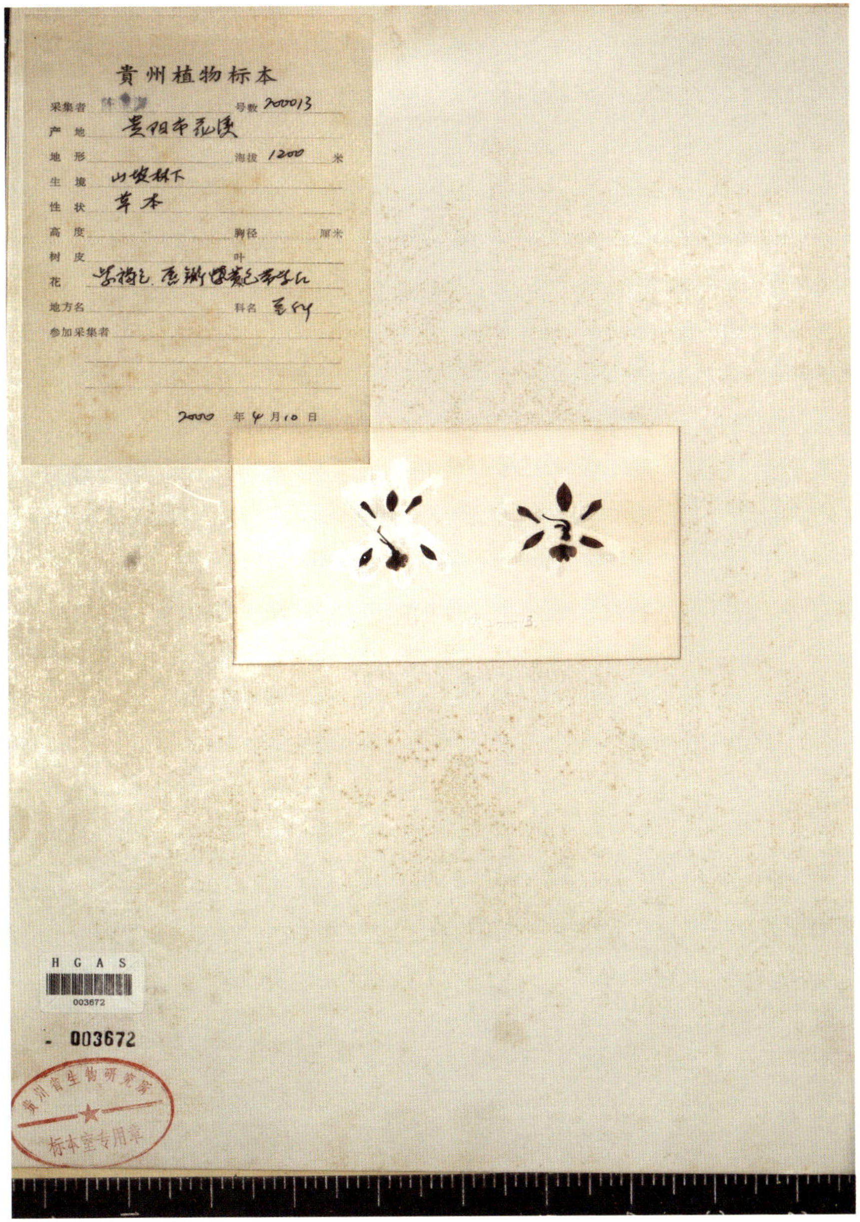
贵州植物标本
采集者
号数 200013
产地 贵阳市花溪
地形
海拔 1200 米
生境 山坡林下
性状 草本
高度
胸径
厘米
树皮
叶
花
地方名
科名
参加采集者
2000 年 4 月 10 日
H G A S
003672
- 003672
标本室专用章

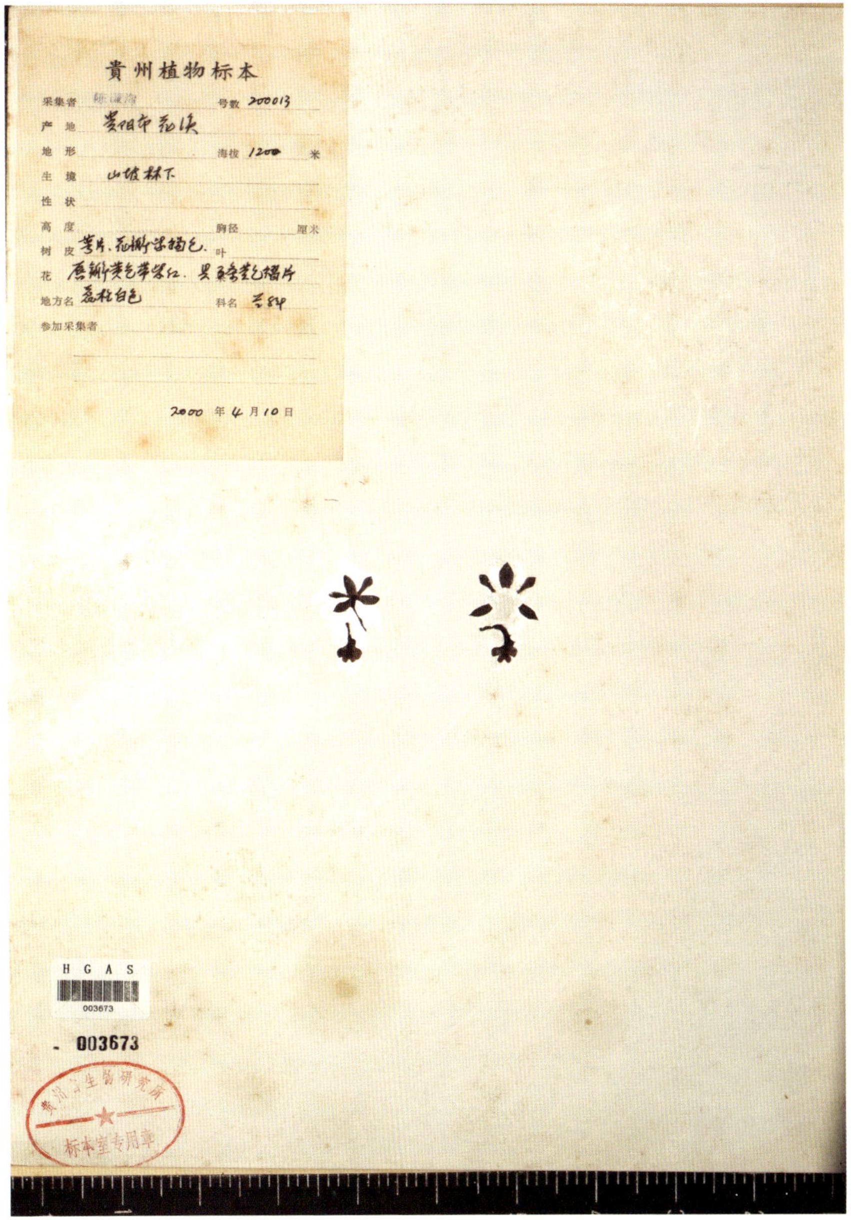
贵州植物标本
采集者
号数 200013
产地 贵阳市花溪
地形
海拔 1200 米
生境 山坡林下
性状
高度
胸径
厘米
树皮
叶
花
地方名
科名
参加采集者
2000 年 4 月 10 日
H G A S
003673
- 003673
标本室专用章

9.13 香花虾脊兰 *Calanthe odora* Griff.

【形态特征】植株矮小。假鳞茎近圆锥形，具2~3枚叶。假鳞茎长约5cm。叶在花后展开，椭圆形或椭圆状披针形，长10~14cm，宽2.5~4cm，先端渐尖，基部收狭为柄，两面无毛。花葶从去年生无叶的假鳞茎上抽出，高出叶层外，被短毛；总状花序短，具少数至多数花；花苞片宿存，卵状披针形，背面被短毛，短于花梗连子房之长；花白色；萼片相似，卵状椭圆形，长约10mm，宽约5mm，背面被短毛，具5条脉；花瓣近匙形，与萼片等长，具3条脉；唇瓣基部与整个蕊柱翅合生，3深裂，基部有多数瘤状物；侧裂片近长圆形；中裂片深2裂，小裂片与侧裂片约等大，裂口具短尖；距圆筒形，伸直，长7~8mm，被毛；蕊柱长3mm，被短毛。花期5~6月。

【生长环境】生于海拔920~1200m的山地林下。

【地理分布】贵州产铜仁、天柱、三都、台江、都匀、独山、平塘、罗甸、望谟、册亨、安龙、兴义；广西、云南、喜马拉雅东部有分布。中南半岛也有。

【馆藏信息】第五标本馆，第003707、003708、003709号标本。

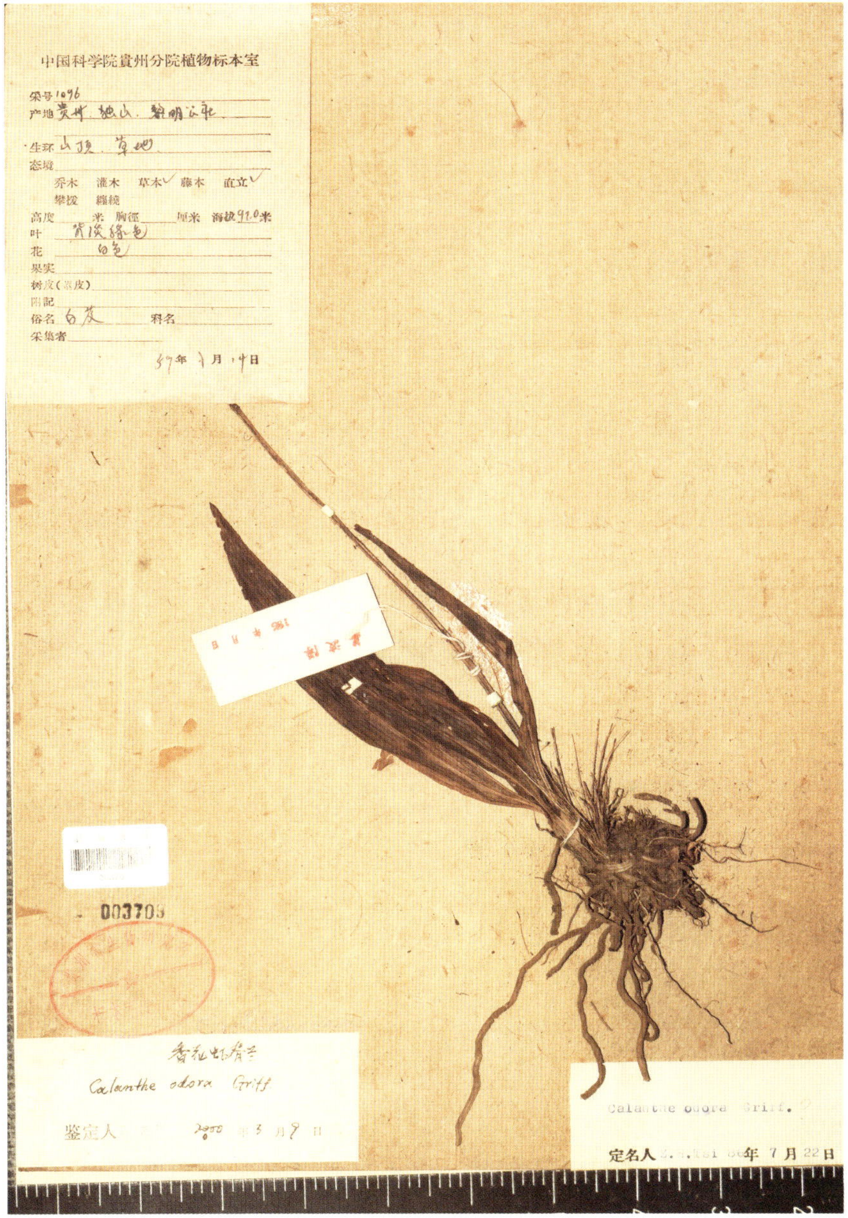

9.14 银带虾脊兰 *Calanthe argenteo-striata* C. Z. Tang et S. J. Cheng

【形态特征】假鳞茎近圆锥形，具 3～5 枚叶。叶在花期展开，上面深绿色，有 5～6 条银灰色条带，椭圆形或卵状披针形，长 18～23cm，宽 6～8cm，先端急尖，基部收狭为柄；柄长 4～10cm。花葶从叶丛中抽出，远超出叶面，密被短毛；总状花序具 10 余朵花；花苞片宽卵形，长约 1.5cm；花梗连子房长约 3cm；花黄绿色；萼片近等大，具 5 条脉；中萼片椭圆形，长 9mm；侧萼片宽卵状椭圆形；花瓣近匙形，比萼片小，具 3 条脉；唇瓣白色，与整个蕊柱翅合生，长于萼片，基部有小瘤状物，3 裂；侧裂片近斧头状；中裂片深 2 裂，小裂片等大于侧裂片；距细圆筒形，长 1.5～1.8cm，疏被毛；蕊柱白色，长约 5mm。花期 4～5 月。

【生长环境】生于海拔 750～1200m 的山地林下。

【地理分布】贵州产平塘、荔波、罗甸、望谟、安龙、兴义；广东、广西、云南有分布。

【馆藏信息】第五标本馆，第 003657 号标本。

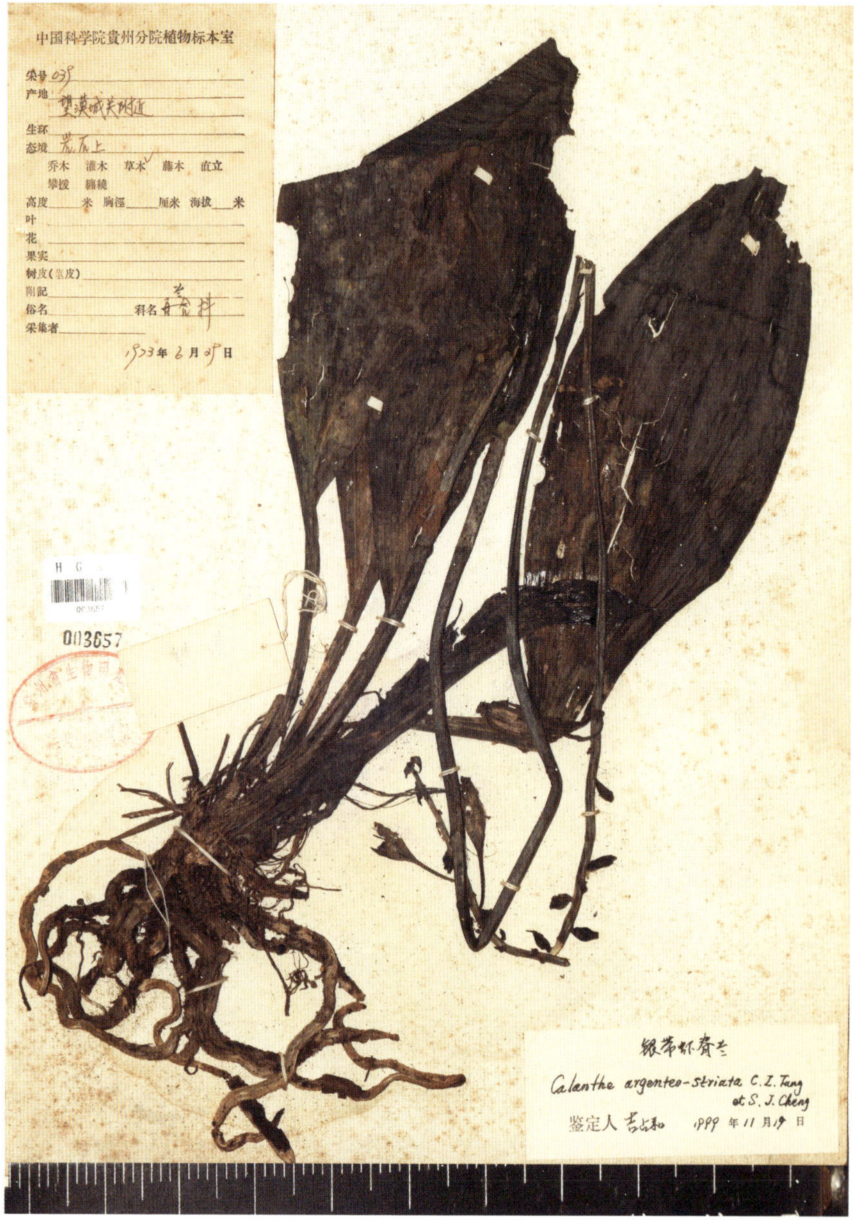

9.15 泽泻虾脊兰 *Calanthe alismaefolia* Lindl.

【别　　名】细点根节兰。

【形态特征】假鳞茎细圆柱形，具3～5枚叶。无明显的假鳞茎。叶在花期已全部展开，椭圆形或卵状椭圆形，似泽泻叶，长11～18cm，宽4～6cm，先端急尖，基部楔形或近圆形并收狭为长柄；叶柄比叶片长或短。花葶1～2个，从叶腋抽出，纤细，约与叶等长，密被短毛，有1～2枚鞘和苞片状叶；总状花序长3～4cm，具3～10余朵花；花苞片宿存，宽卵状披针形，边缘波状，短于花梗连子房之长；花白色，有时带淡紫色；萼片相似，近倒卵形，长1cm，具5条脉，背面被糙伏毛；花瓣近菱形，较萼片短，具3条脉；唇瓣基部与整个蕊柱翅合生，比萼片大，3深裂；侧裂片狭长圆形，长约8mm；中裂片扇形，较侧裂片大，先端近截形，深2裂；唇盘后部具数个瘤状物并被长毛；距圆筒形，伸直，纤细，长约1cm，无毛；蕊柱长约3mm。花期6～7月。

【生长环境】生于海拔450～1400m的山地林下湿地。

【地理分布】贵州产务川、正安、遵义、仁怀、金沙、贵阳、开阳、贵定、雷公山、榕江；台湾、湖北、四川、云南、西藏有分布。印度、越南至日本也有。

【馆藏信息】第五标本馆，第003653、003654、003870号标本。

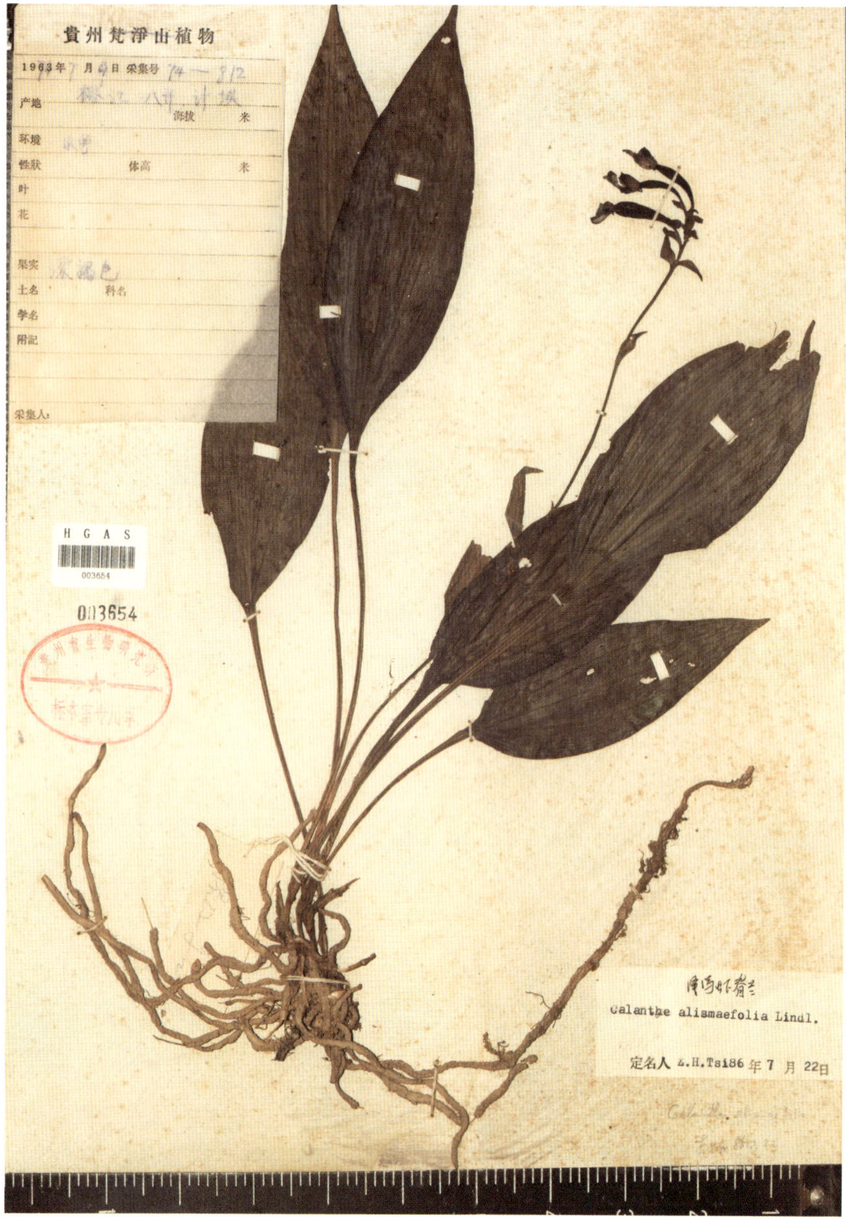
貴州梵淨山植物
HGAS
003654
003654
Calanthe alismaefolia Lindl.

贵州植物标本
号数 20026
海拔 1300 米
生境 林下
HGAS
003870
003870
泽泻虾脊兰
Calanthe alismaefolia Lindl.
2003年5月6日

10 头蕊兰属

10.1 银兰 *Cephalanthera erecta* (Thunb. ex A. Murray) Bl.

【别　　名】白花草。

【形态特征】地生草本，高 15～25cm。茎直立，下部具 2～3 枚鞘，中部以上具 3～4 枚叶。叶椭圆形至卵状披针形，长 4～6cm，宽 1～1.5cm，先端急尖，基部抱茎。总状花序具 4～10 朵花；花苞片针形至狭三角形，长 1～3mm，最下面 1 枚常为叶状，长超过花梗连子房的长度；花白色；萼片长圆状椭圆形，长 7～10mm，宽约 3.5mm，先端急尖或钝；花瓣与萼片相似，稍短；唇瓣长 5～6mm，3 裂，基部具距；侧裂片三角状卵形；中裂片宽卵形，长约 3mm，上面有 3 条纵褶片；距圆锥形，长约 3mm，伸出侧萼片基部之外；蕊柱长约 3.5mm。花期 4～5 月。

【生长环境】生于海拔 1000～1200m 的山坡灌木丛中或路旁。

【地理分布】贵州产台江、雷公山、都匀、龙里、贵定、贵阳、惠水、平坝、安顺、安龙、兴义；陕西、甘肃、浙江、江西、台湾、湖北、湖南、广东、广西、四川有分布。朝鲜半岛和日本也有。

【馆藏信息】第五标本馆，第003786、003787、003788、003789号标本。

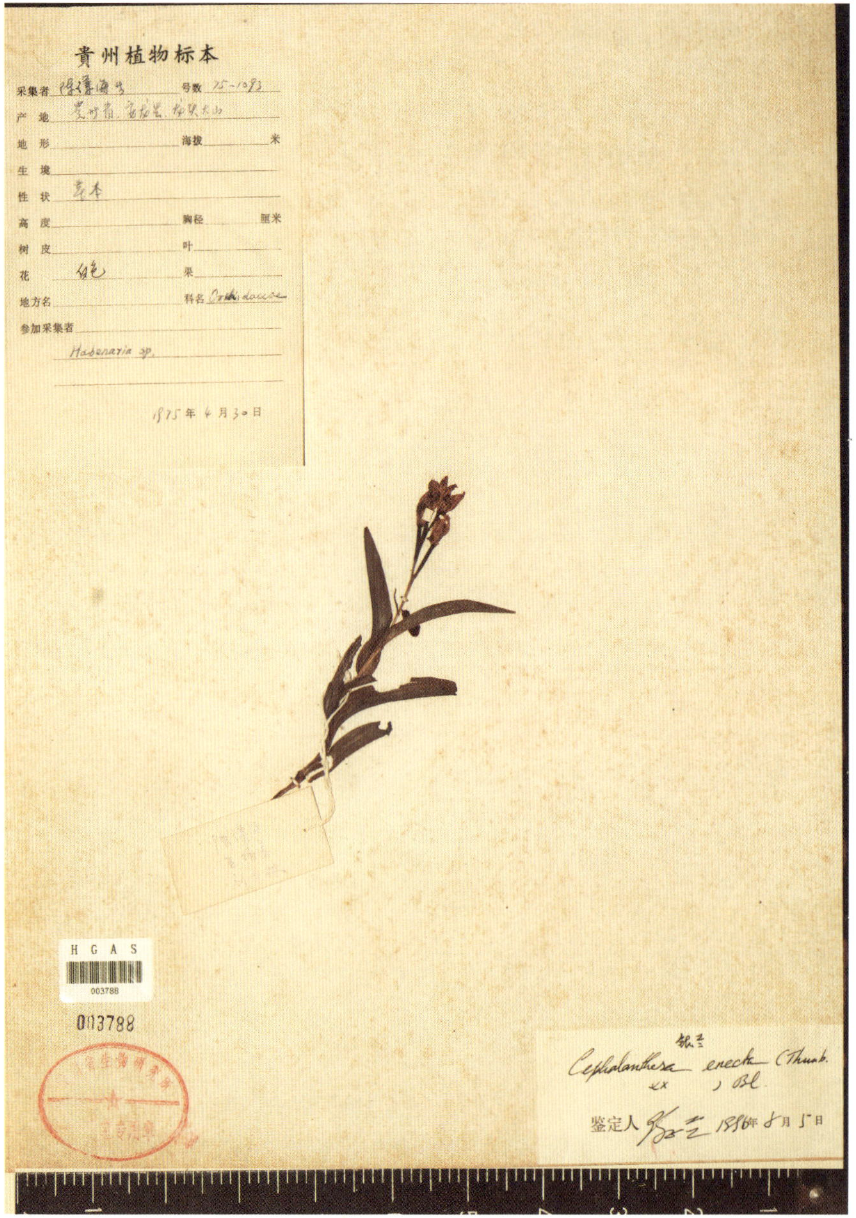

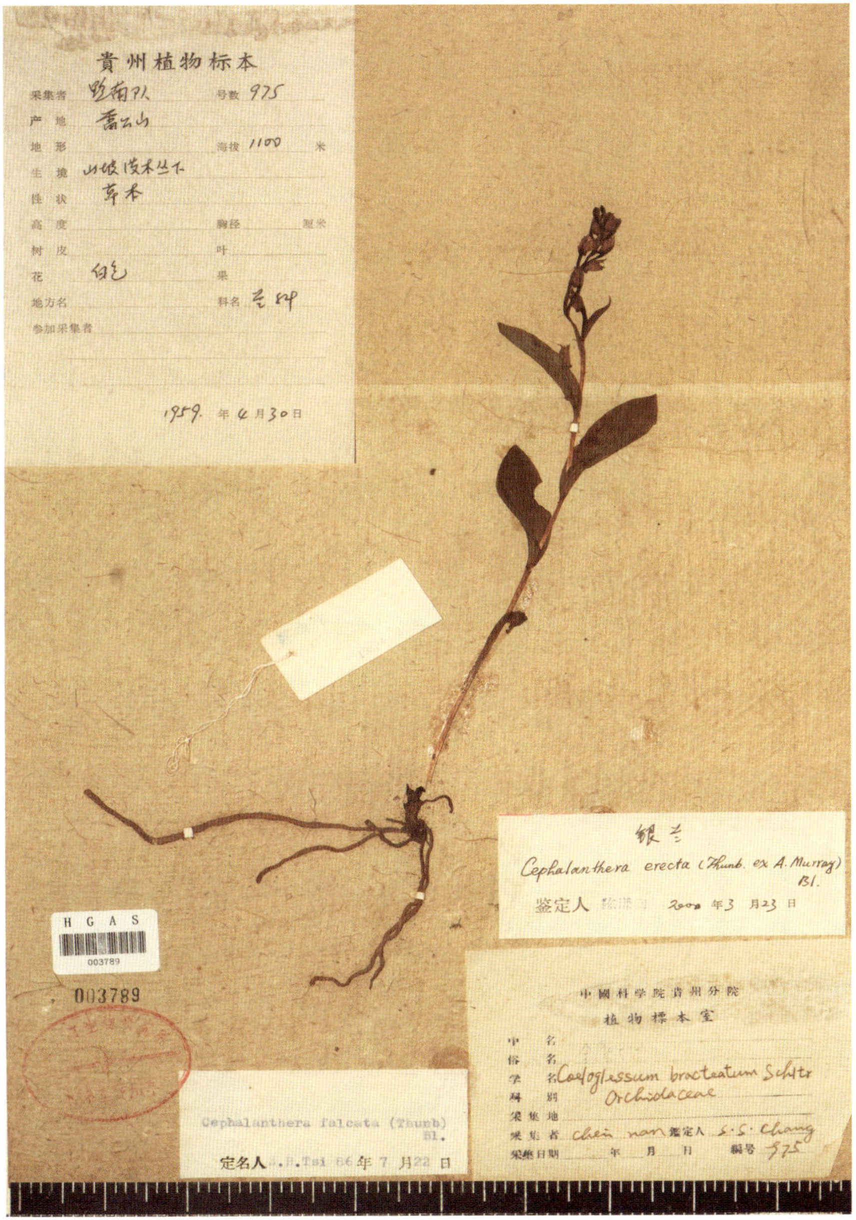
貴州植物标本
采集者
号数 975
产地
地形
海拔 1100 米
生境
性状 草本
高度
胸径 厘米
树皮
叶
花
果
地方名
科名
参加采集者
1959 年 4 月 30 日
HGAS
003789
003789
银兰
Cephalanthera erecta (Thunb. ex A. Murray) Bl.
鉴定人 2000 年 3 月 23 日
中國科学院貴州分院
植物標本室
中名
俗名
学名 Coeloglossum bracteatum Schltr
科别 Orchidaceae
采集地
采集者 chen nan 鑑定人 S. S. Chang
采集日期 年 月 日 編号 975
Cephalanthera falcata (Thunb) Bl.
定名人 年 7 月 22 日

10.2 金兰 *Cephalanthera falcata* (Thunb. ex A. Murray) Bl.

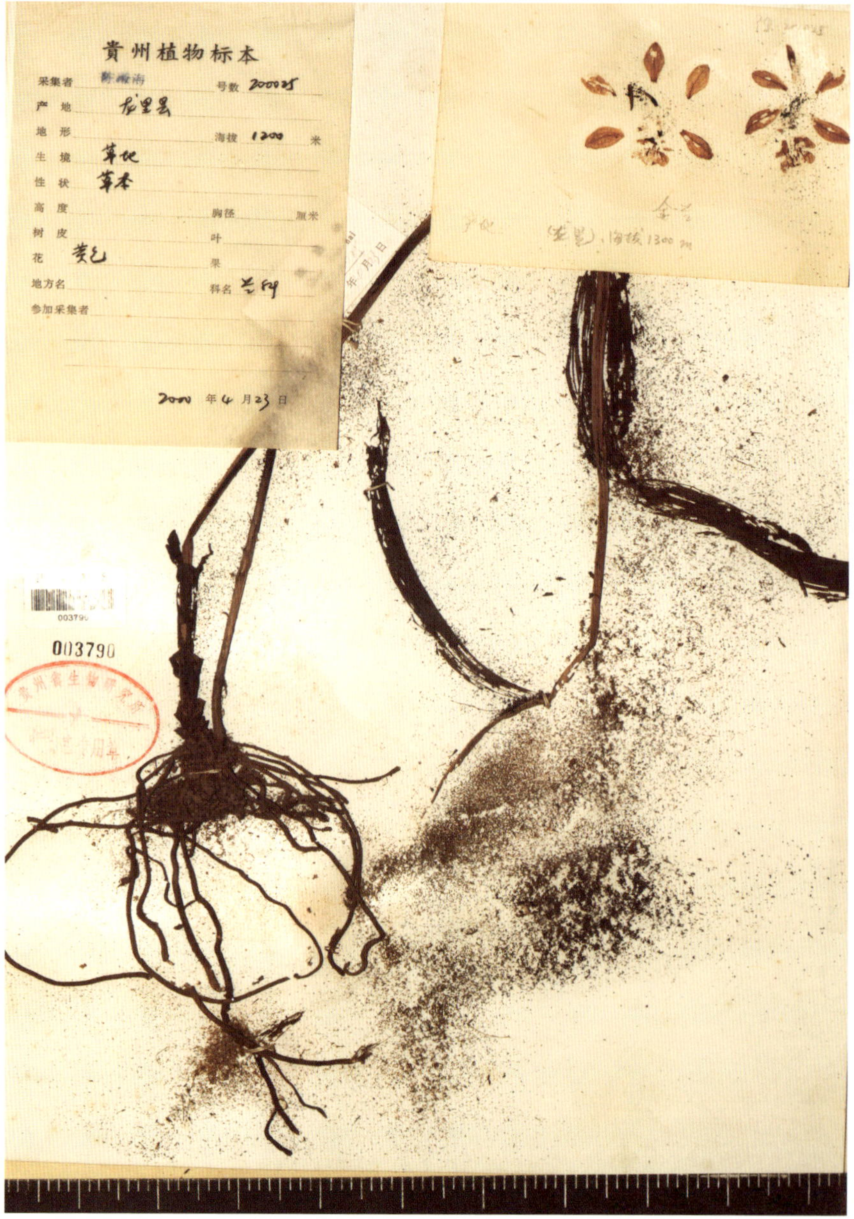

【别　　名】黄花兰。

【形态特征】地生草本，高 25～50cm。茎直立，下部有数枚鞘，通常具 6 枚叶。叶椭圆形或椭圆状披针形，长 5～11cm，宽 2～3cm，先端渐尖，基部抱茎。总状花序具 5～10 朵花；花苞片长 1～2mm，最下面 1 枚非叶状；花黄色，稍张开；萼片菱状椭圆形，长 1～1.5cm，宽 3.5～4.5mm，先端钝或急尖；花瓣与萼片相似，稍短于萼片；唇瓣长 7～9mm，3 裂，基部有距；侧裂片三角形，多少围抱蕊柱；中裂片近扁圆形，长约 5mm，宽 8～10mm，上面有 5～7 条纵褶片，前端密布乳突；距圆锥形，长约 3mm，伸出侧萼片基部之外；蕊柱长 5～7mm。花期 4～5 月。

【生长环境】生于海拔 880～1800m 的山坡林下或沟旁。

【地理分布】贵州产梵净山、凤冈、石阡、瓮安、雷公山、黎平、贵定、贵阳；江苏、安徽、浙江、江西、湖北、湖南、广东、广西、四川有分布。朝鲜半岛和日本也有。

【馆藏信息】第五标本馆，第 003790、003791、003792、003793、003794、003795、003796、003797、003798、003799、003885、003887、003888、03889 号标本。

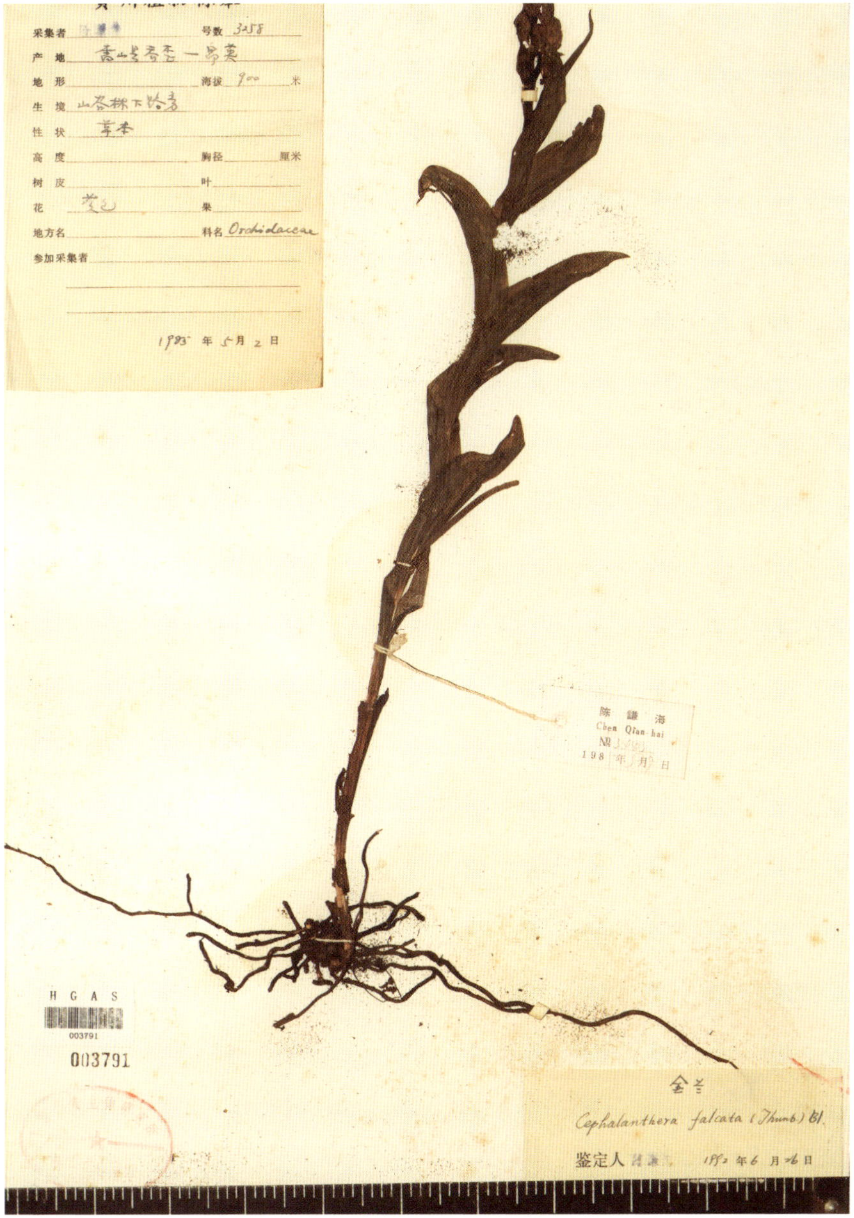

003791
陈谦海
Chen Qian-hai
金兰
Cephalanthera falcata (Thunb.) Bl.
鉴定人

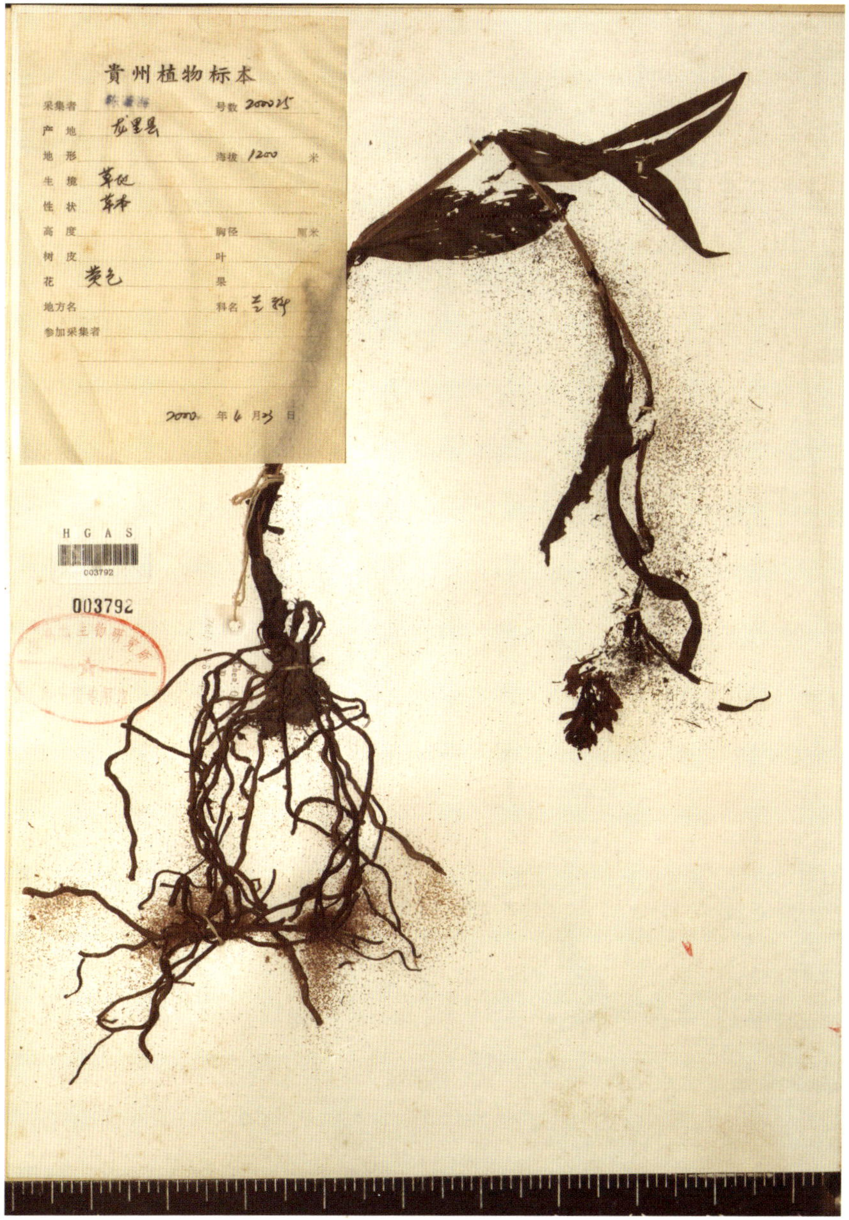

贵州植物标本
H G A S
003792

贵州植物标本
Orchidaceae
1985年5月2日
003793
HGAS
Cephalanthera falcata (Thunb.) Bl.
鉴定人
1992年6月26日

Orchidaceae
1985年5月2日
HGAS
003794
金兰
Cephalanthera falcata (Thunb.) Bl.
鉴定人
1992年6月26日

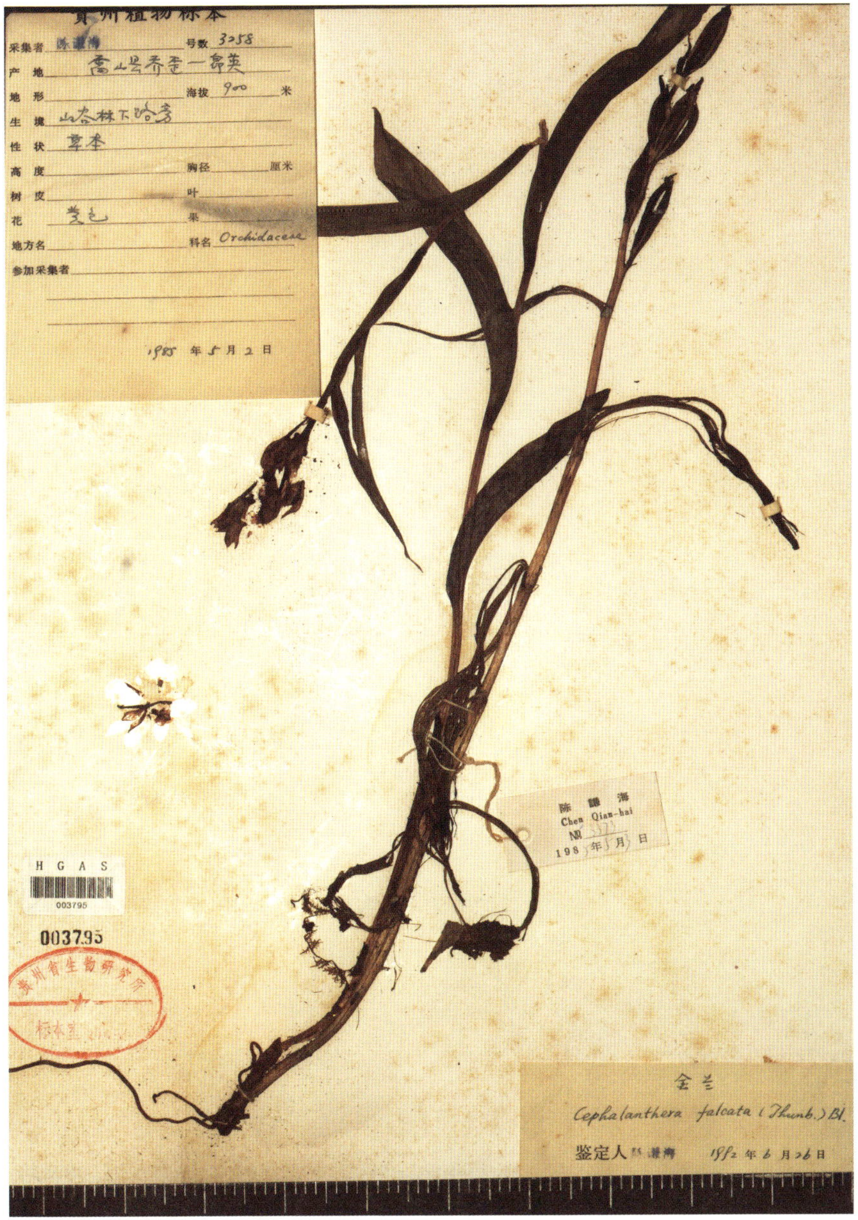
贵州植物标本
陈谦海
Chen Qian-hai
HGAS
003795
金兰
Cephalanthera falcata (Thunb.) Bl.
鉴定人

贵州东南部植物
Orchidaceae
HGAS
003796
Cephalanthera falcata (Thunb) Bl.
定名人

中国科学院贵州分院植物标本室
采号1034
59年4月28日
HGAS
003797
Cephalanthera falcata (Thunb) Bl.
定名人
86年7月22日

1964年5月16日 采集号 400759
印江县三王殿北坡
海拔1800米
科名 Orchidaceae
HGAS
003798
Cephalanthera falcata (Thunb) Bl.
定名人 S.H.Tsi 86年7月22日

貴州植物标本
HGAS
003799
鉴定人
Habenaria sp.

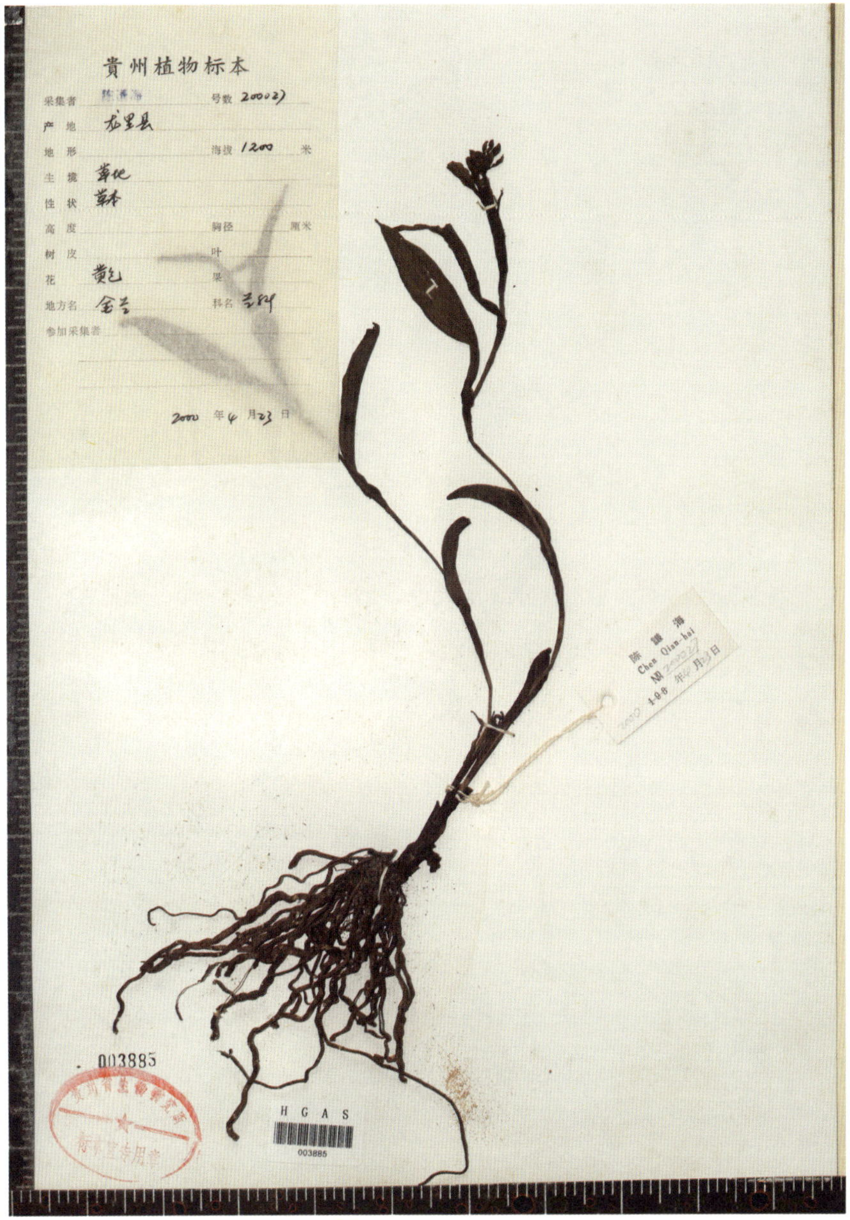
貴州植物标本
HGAS
003885

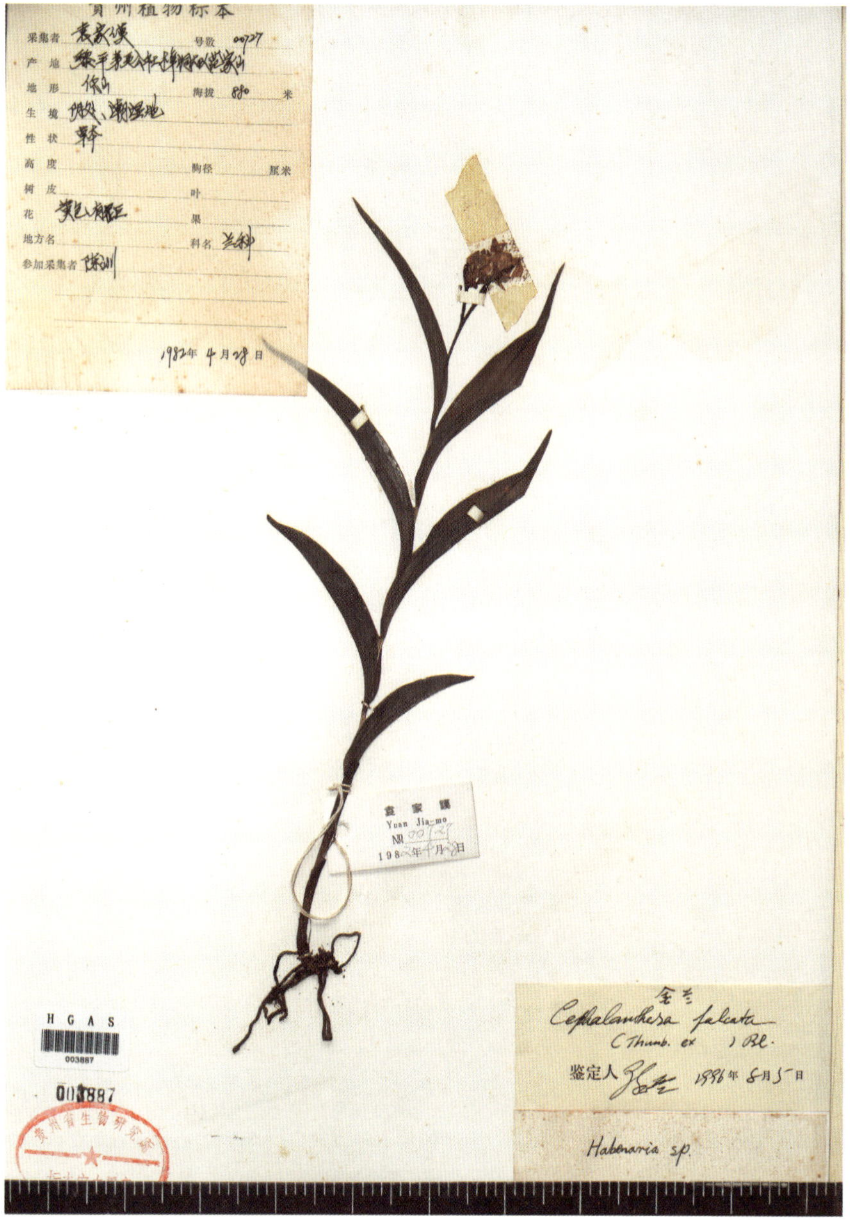
贵州植物标本
采集者
号数
产地
地形
海拔 880 米
生境
性状
高度
胸径 厘米
树皮
叶
花
果
地方名
科名 兰科
参加采集者
1982年4月28日
HGAS
003887
Cephalanthera falcata
(Thunb. ex) Bl.
鉴定人 1986年8月5日
Habenaria sp.

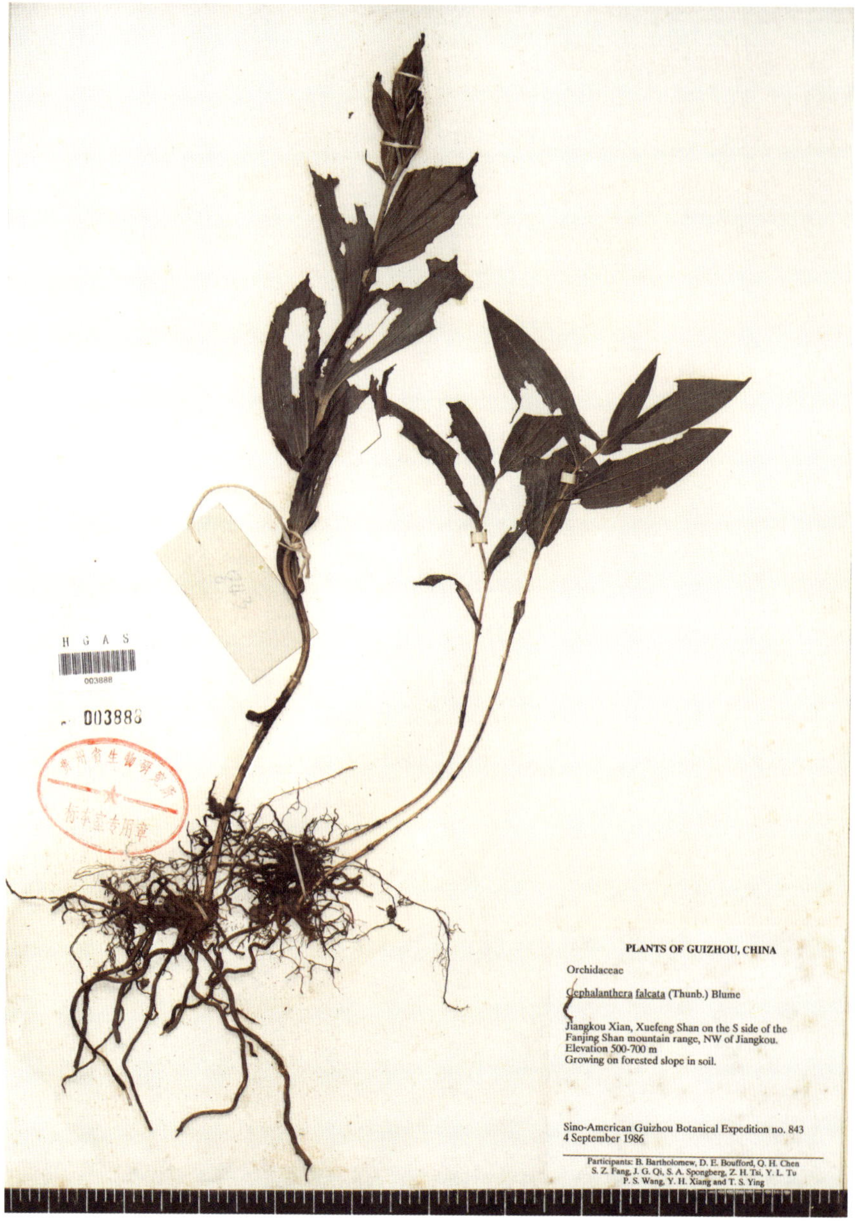
HGAS
003888
PLANTS OF GUIZHOU, CHINA
Orchidaceae
Cephalanthera falcata (Thunb.) Blume
Jiangkou Xian, Xuefeng Shan on the S side of the Fanjing Shan mountain range, NW of Jiangkou.
Elevation 500-700 m
Growing on forested slope in soil.
Sino-American Guizhou Botanical Expedition no. 843
4 September 1986
Participants: B. Bartholomew, D. E. Boufford, Q. H. Chen S. Z. Fang, J. G. Qi, S. A. Spongberg, Z. H. Tsi, Y. L. Tu P. S. Wang, Y. H. Xiang and T. S. Ying

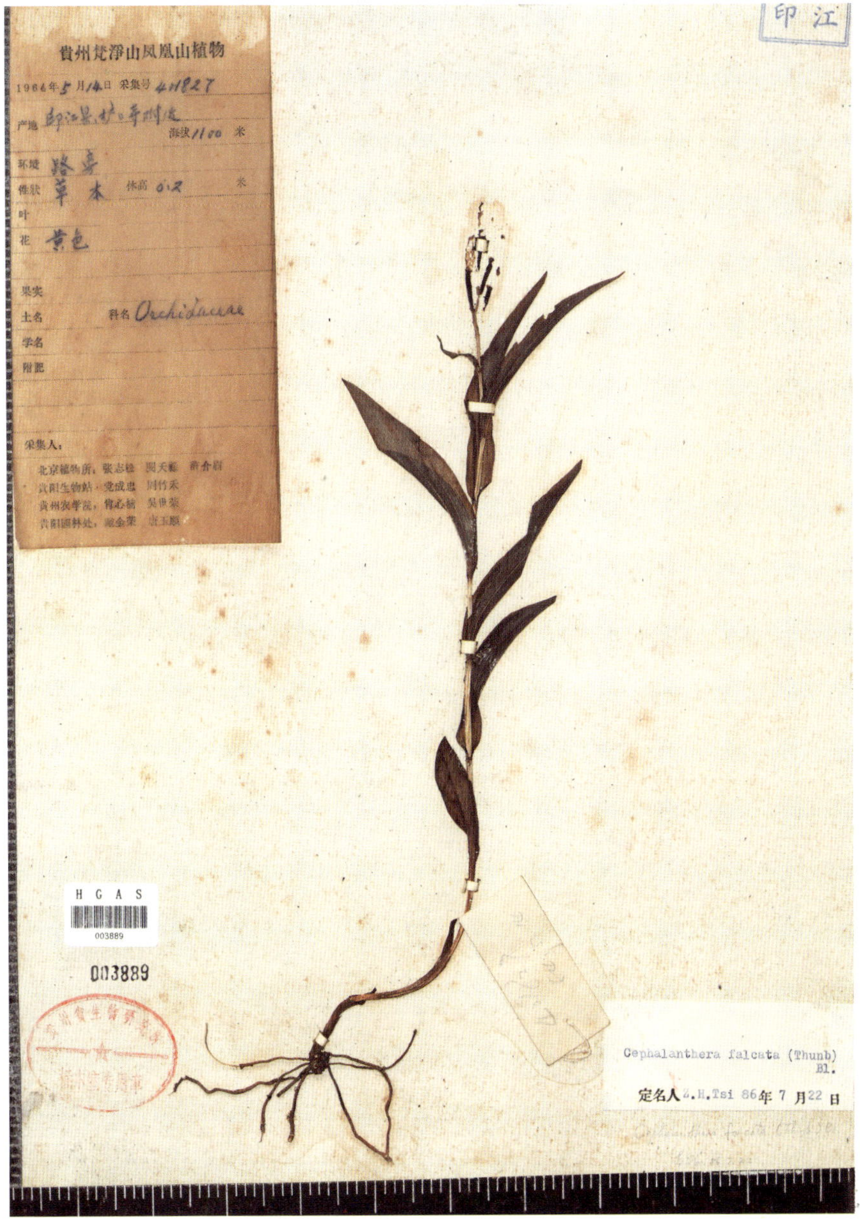
印江
貴州梵淨山凤凰山植物
1964年5月14日 采集号 411827
产地
海拔1100 米
环境 路旁
性状 草本 体高 0.2 米
叶
花 黄色
果实
土名
科名 Orchidaceae
学名
附記
采集人：
北京植物所：张志松 闵天禄 许介眉
贵阳生物站：党成忠 周竹禾
贵州农学院：傅心楷 吴世荣
贵阳园林处：赵金荣 唐玉顺
H G A S
003889
003889
Cephalanthera falcata (Thunb) Bl.
定名人 Z.H.Tsi 86年 7 月22 日

10.3 头蕊兰 *Cephalanthera longifolia* (L.) Fritsch

【别　　名】长叶头蕊兰。

【形态特征】地生草本，高 20～40cm。茎直立，下部具数枚鞘，有 4～7 枚叶。叶长圆状披针形或披针形，长 4～12cm，宽 0.5～2.5cm，先端渐尖，基部抱茎。总状花序具数朵至 10 余朵花；花苞片线状披针形至狭三角形，长 2～6mm，最下面的 1～2 枚叶状，长 5～11cm；花白色，稍张开；萼片菱状狭椭圆形，长 1.2～1.5cm，宽 4～5mm，先端急尖；花瓣倒卵形，长约 8mm，宽约 4mm，先端急尖；唇瓣长约 6mm，3 裂，茎部具囊；侧裂片卵状三角形，多少围抱蕊柱；中裂片三角状心形，长约 3mm，宽约 6mm，上面有 3～4 条纵褶片，前端密生乳突；囊短而钝，包藏于侧萼片基部之内；蕊柱长约 5mm。花期 5 月。

【生长环境】生于海拔 1000～1300m 的林下或灌丛中。

【地理分布】贵州产剑河、雷公山、三都、贵阳、惠水、长顺、安顺；陕西、甘肃、山西、河南、湖北、四川、云南、西藏、喜马拉雅有分布。欧洲、北非、中亚也有。

【馆藏信息】第五标本馆，第 003882、003883、003884 号标本。

HGAS
003883
Cephalanthera longifolia (L.) Fritsch ?
Habenaria linguella Lindl.

贵州植物标本
HGAS
003884
Cephalanthera longifolia (L.) Fritsch
Cephalanthera falcata (Thunb) Bl.

10.4 大花头蕊兰 *Cephalanthera damasonium* (Miller) Druce

【形态特征】地生草本，高达30cm。茎直立，基部有2～3枚鞘，具4～7枚叶。叶椭圆形或长圆形，向上渐变小而成披针形，长3～6.5cm，中下部叶宽2～2.5cm，上部叶宽1～1.5cm，先端急尖或渐尖，基部收狭，抱茎。总状花序具6～8朵花；花苞片叶状，向上渐变小，长于花梗连子房的长度；花白色，较大，半张开；萼片相似，长圆形，长约2.2cm，宽7～9mm，先端钝，凹陷稍呈舟状；花瓣椭圆形，比萼片短，长约1.8cm，宽约8mm，先端钝；唇瓣长9～11mm，3裂；侧裂片卵状三角形，多少围抱蕊柱；中裂片近扁圆形，长4～5mm，宽达10mm，上面具5条黄褐色纵褶片，前端密布乳突；唇瓣基部浅囊状，包藏于侧萼片基部之内，囊内面具黄褐色乳突；蕊柱白色，长9～11mm。花期4～5月。

【生长环境】生于海拔1600m的林下。

【地理分布】贵州产贵阳（高坡）；云南北部和西北部有分布。欧洲、中亚、印度、不丹、缅甸也有。

【馆藏信息】第五标本馆，第003880、003881、003886号标本。

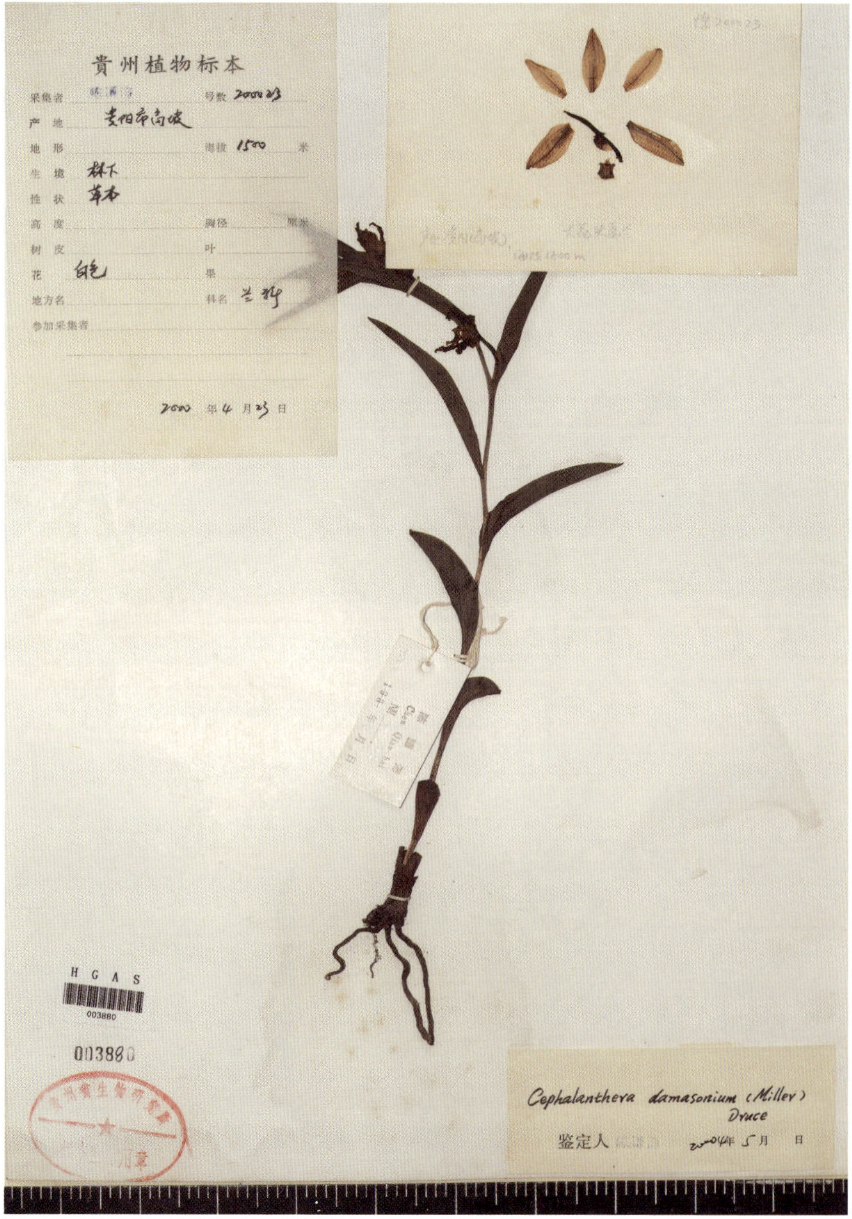

贵州植物标本
采集者
号数 200024
产地 贵阳高坡
地形
海拔 1600 米
生境 林下
性状 草本
高度
胸径 厘米
树皮
叶
花 白色
地方名
科名 兰科
参加采集者
2000 年 4 月 23 日
H G A S
003881
003881
Cephalanthera damasonium (Miller) Druce
鉴定人
2004 年 5 月 日

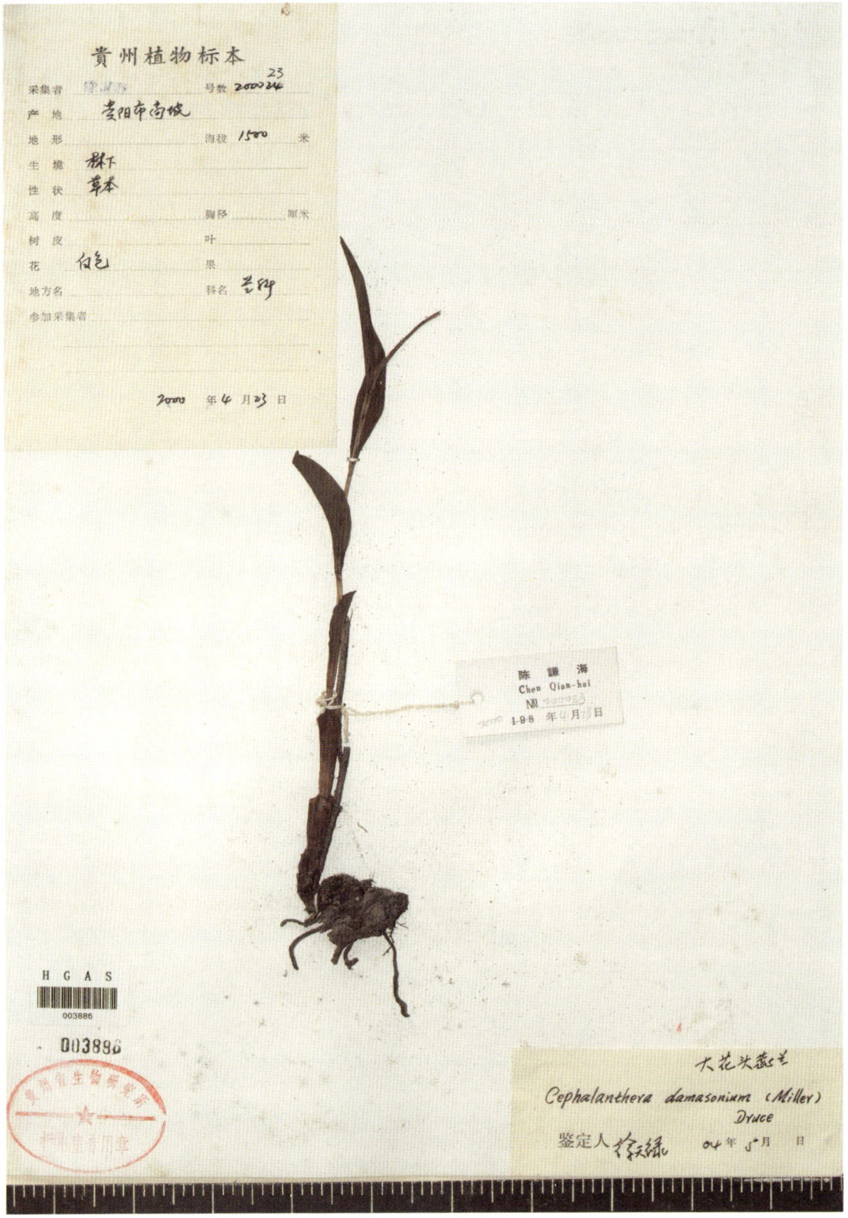
贵州植物标本
采集者
号数 200024
产地 贵阳市高坡
地形
海拔 1500 米
生境 林下
性状 草本
高度
胸径 厘米
树皮
叶
花 白色
果
地方名
科名 兰科
参加采集者
2000 年 4 月 23 日
陈 謙 海
Chen Qian-hai
H G A S
003886
003886
大花头蕊兰
Cephalanthera damasonium (Miller) Druce
鉴定人
04 年 5 月 日

11 隔距兰属

11.1 长叶隔距兰 *Cleisostoma fuerstenbergianum* Kraenzl.

【形态特征】附生草本。茎细圆柱形，直径 4～5mm，分支或不分支，节间长 3～4cm，疏生多数偏向一侧的叶。叶肉质，细圆柱形，长达 25cm，直径 2～3mm，先端钝，基部具关节和抱茎的长鞘。花序侧生，斜立，比叶短，一般不分支；花序基部被 2 枚膜质筒状鞘，鞘长约 4mm；花序轴长达 20cm，疏生许多花；花苞片小，长 2mm；花梗连子房长约 1cm；萼片或花瓣黄色带紫褐色条纹，反折；中萼片卵状椭圆形，舟状，长约 5mm，具 3 条脉；侧萼片近长圆形，基部贴生于蕊柱足，具 3 条脉；花瓣狭长圆形，比萼片短，具 3 条脉；唇瓣白色，3 裂；侧裂片三角形，直立；中裂片箭头状三角形，上面有 1 条纵向脊突；距近球形，粗 2～3mm；蕊柱长约 3mm；蕊柱足长 2mm。花期 5～6 月。

【生长环境】生于海拔 500～1300m 的山地灌木丛中的岩石上。

【地理分布】贵州产罗甸、册亨、兴义；云南有分布。老挝、泰国、柬埔寨、越南也有。

【馆藏信息】第五标本馆，第 003890 号标本。

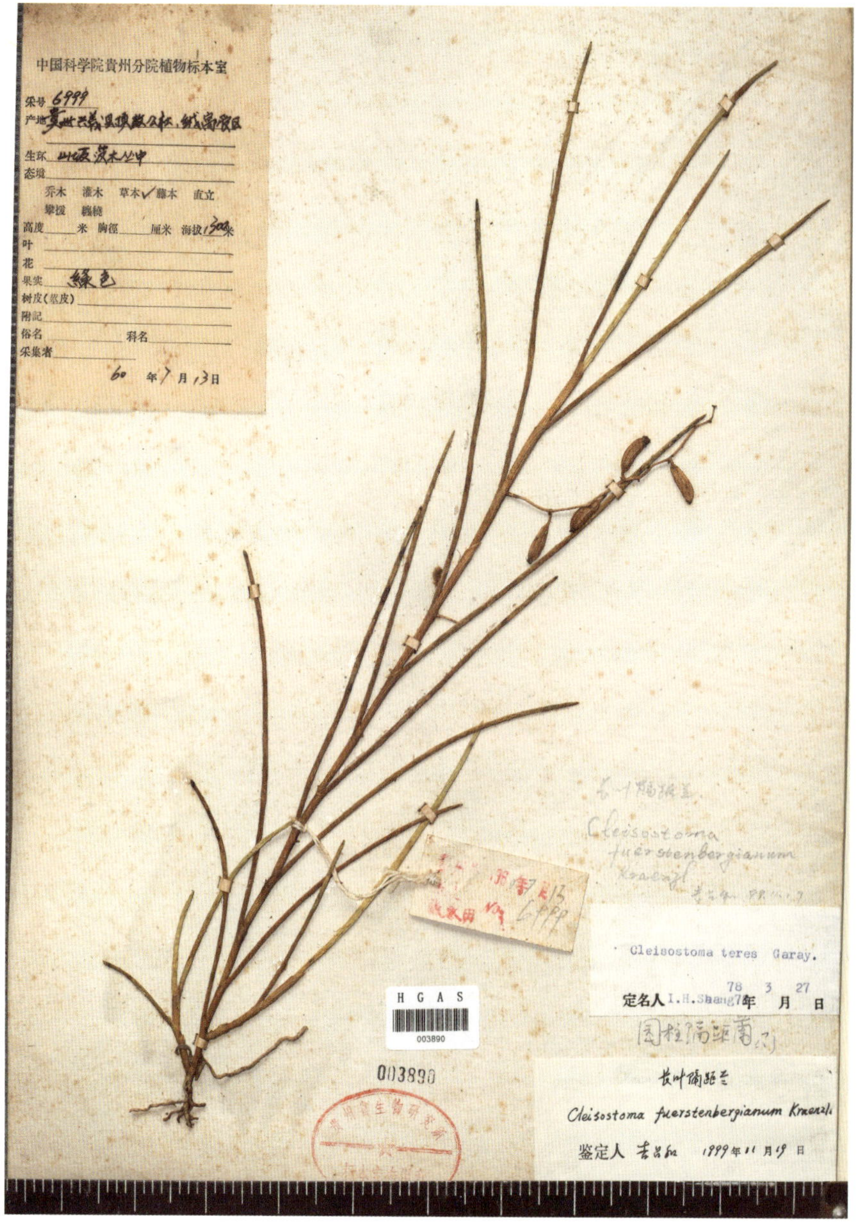

11.2 红花隔距兰 *Cleisostoma williamsonii* (Rchb. f.) Garay

【形态特征】附生草本，常悬垂。茎细圆柱形，长达70cm，直径3～4mm，分支或不分支，具多数节及多数叶，节间长1～2.5cm。叶圆柱形，稍弧曲，长8～10cm，直径2～3mm，先端稍钝，基部具1个关节和抱茎的叶鞘。花序侧生，斜出，比叶长，基部具2～3枚短鞘；花序轴纤细；总状花序密生许多花；花苞片小，卵状披针形，长约2mm，先端急尖成钻状；花梗连子房纤细，长5mm；花小，粉红色；中萼片卵状椭圆形，舟状，长2.2mm，先端圆；侧萼片斜卵状椭圆形，长2.5mm，均具3条脉；花瓣长圆形，长2.2mm，具1条脉；唇瓣深紫红色，3裂；侧裂片舌状长圆形；中裂片狭卵状三角形，上面有1条脊突；距球形，两侧稍压扁，直径约2mm；蕊柱长2mm。花期5～6月。

【生长环境】生于海拔500m的山地灌木丛中树枝或岩石上。

【地理分布】贵州产罗甸、册亨；广东、海南、广西、云南有分布。印度、中南半岛至印度尼西亚也有。

【馆藏信息】第五标本馆，第003892号标本。

11.3 尖喙隔距兰 *Cleisostoma rostrarum* (Lindl.) Garay

【形态特征】附生草本。茎粗长，长能超过 40cm，直径约 5mm，有时上部分支，具多节，节间长 2～3cm。叶 2 列，扁平，革质，狭披针形，长 11～13cm，宽 10～13mm，近先端骤然缢缩收窄，基部稍收狭，具 1 个关节并扩大成鞘抱茎。花序出自茎上部，对生于叶，比叶短，不分支；总状花序疏生多花；花苞片很小，卵状三角形，长约 1mm；花梗连子房长约 5mm；萼片和花瓣黄绿色，带紫红色条纹，均具 3 条脉；中萼片近椭圆形，舟状，长约 5mm；侧萼片斜倒卵形，等长于中萼片；花瓣近长圆形，长约 4mm；唇瓣紫红色，3 裂；距近漏斗状，等长于萼片；蕊柱长 2mm，具短的蕊柱足。花期 7～8 月。

【生长环境】生于海拔 450～500m 的石灰岩山地林中岩石上。

【地理分布】贵州产罗甸、望谟；香港、海南、广西、云南有分布。

【馆藏信息】第五标本馆，第 003891 号标本。

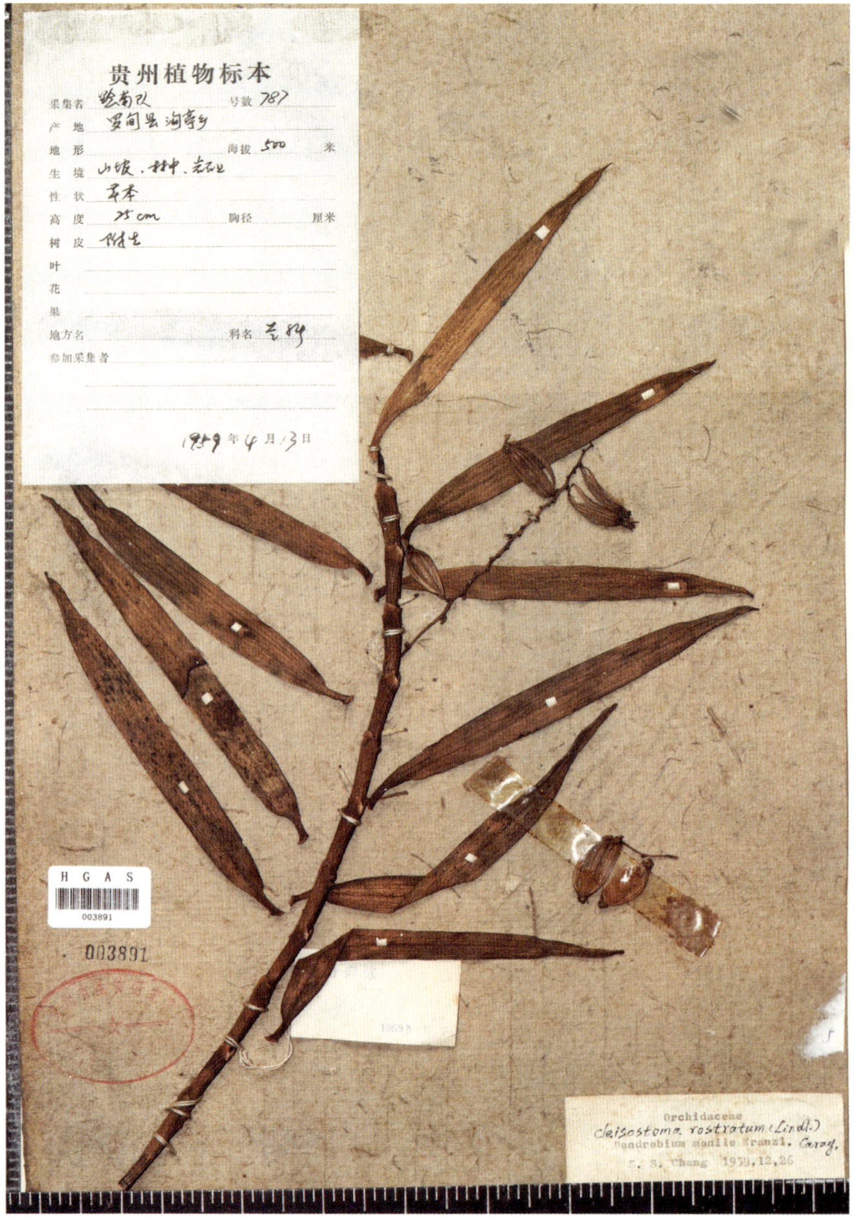

12　贝母兰属

12.1　眼斑贝母兰 *Coelogyne corymbosa* Lindl.

【形态特征】附生草本。假鳞茎密集聚生，卵状长圆形，长 2.5～3.5cm，直径 6～9mm，干后棕褐色并强烈皱缩，顶端生 2 枚叶，基部具数枚鞘；鞘纸质，长 1.5～2.5cm。叶近革质，长圆状倒披针形，长 4.5～15cm，宽 1～3cm，先端渐尖，基部渐狭成柄，上面可见浮凸的横脉；叶柄长 1～2cm。花葶连同幼嫩假鳞茎和叶，从旁边老假鳞茎基部的根状茎上发出，长 7～15cm；总状花序具 2～3 朵花；花苞片早落；花白色或稍带黄绿色，唇瓣上有彩色眼斑；萼片长圆形，长约 2cm；花瓣与萼片等长；唇瓣近卵形，长约 2cm，宽约 1.5cm，3 裂；侧裂片半圆形；中裂片卵形，长约 6mm；唇盘上有 2～3 条纵脊；蕊柱长约 2cm，两侧边缘具翅。花期 5～7 月。

【生长环境】生于海拔 500m 的山地湿润岩石上。

【地理分布】贵州产荔波；云南、西藏有分布。尼泊尔、不丹、印度和缅甸也有。

【馆藏信息】第五标本馆，第 003893、003894 号标本。

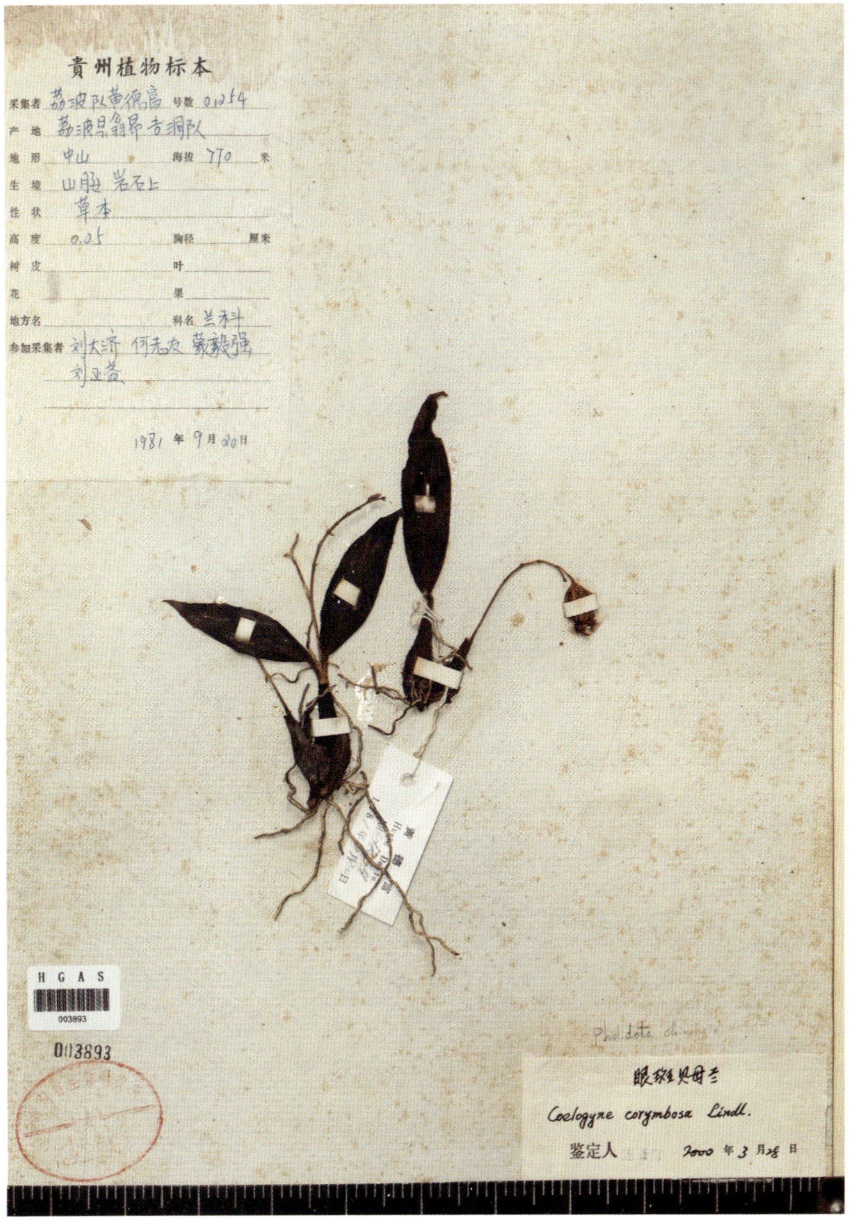

贵州植物标本
采集者 陈谦海 号数 2090
产地 荔波县立化
地形 海拔 500 米
生境 山谷岩石上
性状 草本
高度 胸径 厘米
树皮
叶
花
果
地方名 科名 Orchidaceae
参加采集者 王雪明．洪钢．
1986 年 4 月 22 日
H G A S
003894
003894
眼斑贝母兰
Coelogyne corymbosa Lindl.
鉴定人 陈谦海 2000 年 3 月 28 日

12.2 栗鳞贝母兰 *Coelogyne flaccida* Lindl.

【别　　名】东羊奶、果上叶。

【形态特征】附生草本。根状茎粗壮，直径 5～8mm，密被革质鞘；鞘具紫褐色斑块。假鳞茎在根状茎上相距 1～1.5cm，狭卵状长圆形，长 3～5cm，直径 1～1.5cm，干后亮黄褐色，顶生 2 枚叶，基部具数枚竹箨状鞘；鞘背面具紫褐色斑块。叶革质，长圆状披针形或椭圆状披针形，长 11～27cm，宽 2.5～3.7cm，先端渐尖，基部收狭成柄；柄长 5～11cm。花葶长 17～28cm；总状花序长 4～12cm，疏生数朵至 10 余朵花；花苞片倒卵状椭圆形，长约 2.5cm，早落；花梗连子房长 1.7～2cm；花浅黄色，唇瓣上有黄色或浅褐色斑；中萼片狭长圆形，长 2.1～2.4cm，宽 6～7mm；侧萼片稍狭；花瓣线状披针形，稍短于萼片；唇瓣近卵形，长 1.5～2cm，宽约 1.5cm，3 裂；侧裂片半卵形；中裂片长圆形，长 6～7mm，边缘多少皱波状；唇盘上有 3 条纵褶片；褶片皱波状缺刻；蕊柱长 1.3cm，两侧具翅。花期 3 月。

【生长环境】生于海拔 900～1000m 的林下阴湿处岩石上。

【地理分布】贵州产独山、平塘、罗甸、兴义；广西、云南有分布。印度、尼泊尔、缅甸、老挝也有。

【馆藏信息】第五标本馆，第 003896、003897、003898 号标本。

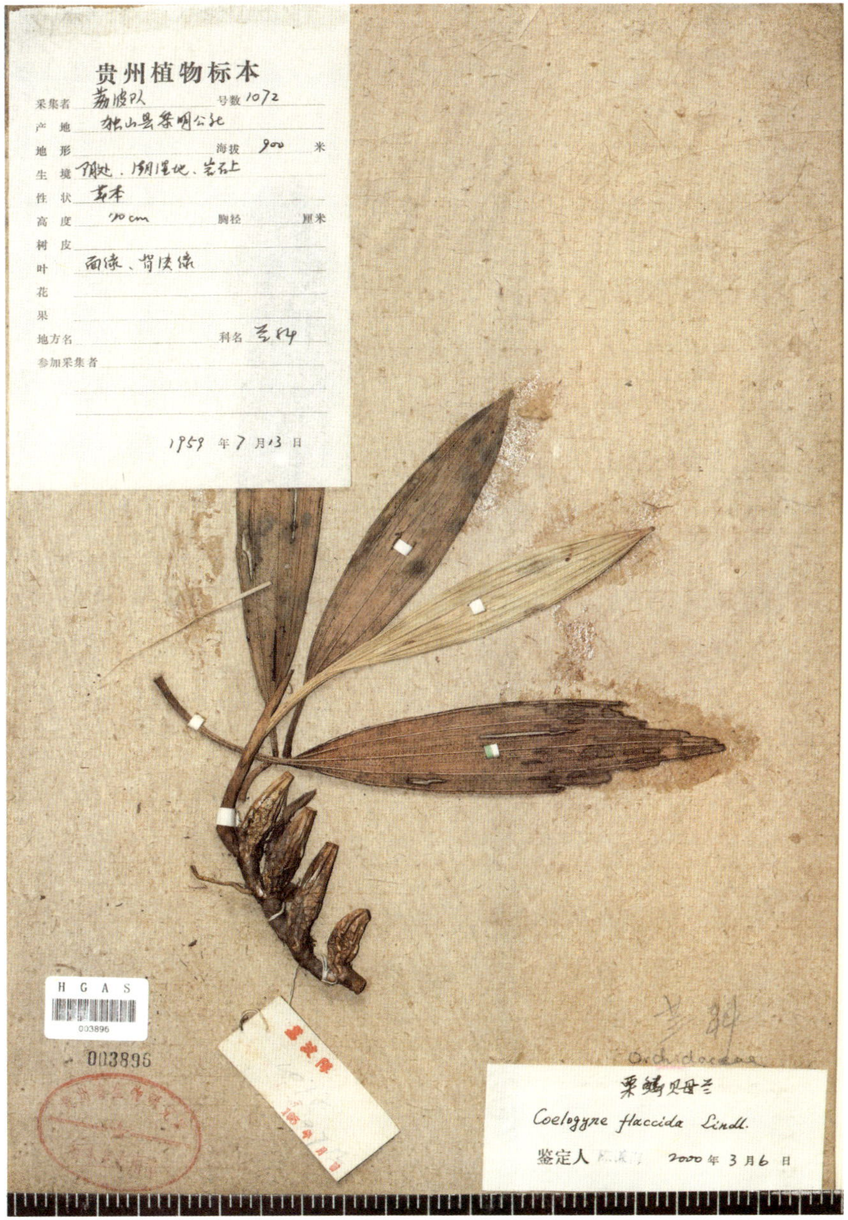

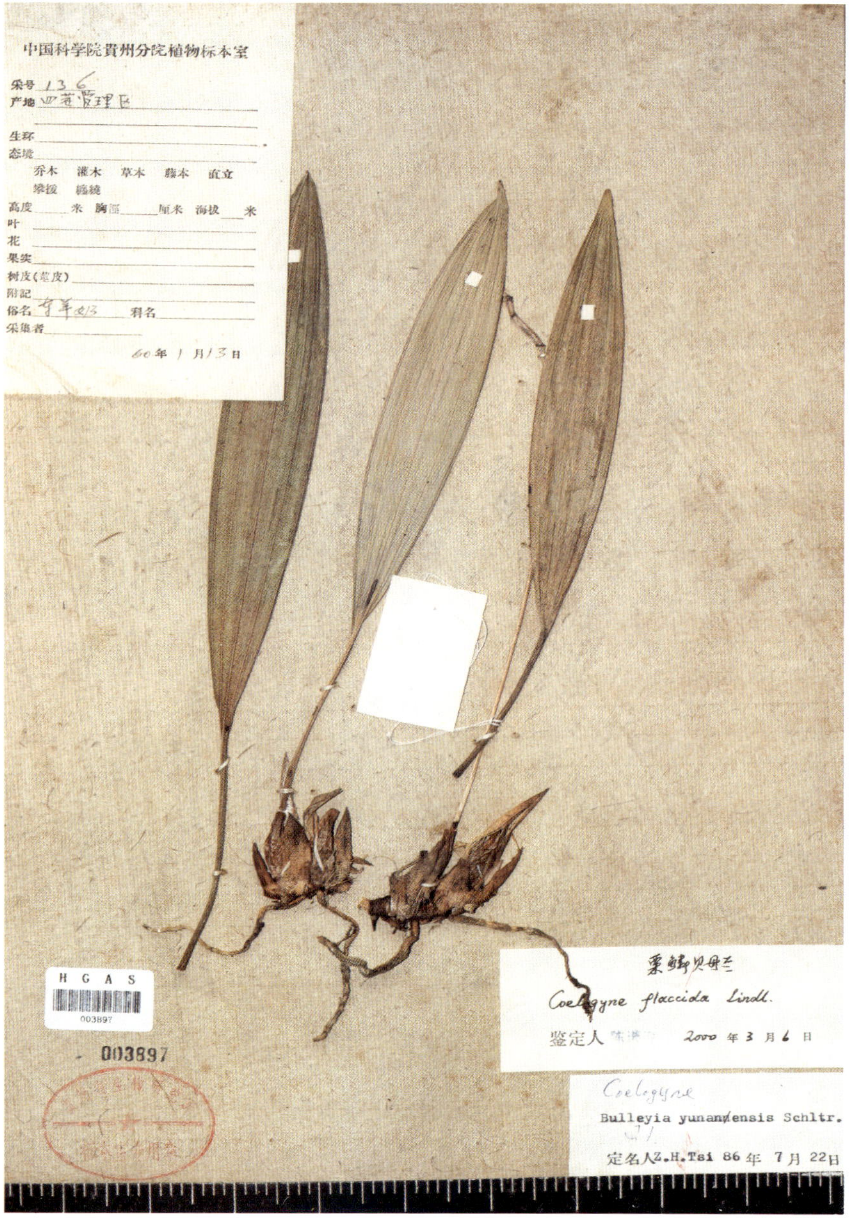
中国科学院贵州分院植物标本室
HGAS
003897
栗鳞贝母兰
Coelogyne flaccida Lindl.
鉴定人 2000 年 3 月 6 日
Bulleyia yunanensis Schltr.
定名人Z.H.Tsi 86 年 7月 22日

中国科学院西南生物研究所贵阳工作站
植物标本室
栗鳞贝母兰
Coelogyne flaccida Lindl.
鉴定人 2000 年 3 月 6 日
Bulleyia yunanensis Schltr.
定名人Z.H.Tsi 86 年 7月 22日
003898
HGAS
003898

12.3 流苏贝母兰 *Coelogyne fimbriata* Lindl.

【形态特征】附生草本。根状茎粗，直径 2.5～3mm。假鳞茎狭卵形至近圆柱形，长 2～3cm，直径 5～8mm，干后无光泽，顶生 2 枚叶，基部具 2～3 枚鞘；鞘卵形，长 1～2cm，老时脱落。叶长圆形或长圆状披针形，纸质，长 7～12cm，宽 1.2～2.8cm，先端渐尖，基部渐狭成柄，背面多少被有乳突状细短毛；叶柄长 1～2cm。花葶自已长成的假鳞茎顶端发出，长 7～10cm；总状花序具先后开放的 2 朵花；花苞片早落；花淡黄色，有时近白色，仅唇瓣上有红色斑纹；萼片长圆状披针形，长 1.6～2cm；花瓣狭线形，与萼片等长；唇瓣卵形，长 1.5～1.8cm，3 裂；侧裂片近卵形，顶端多少具流苏；中裂片近椭圆形，边缘具流苏；唇盘上有 2 条纵褶片，有时中裂片外侧还有 2 条短褶片，唇盘基部也有 1 条短褶片；褶片上均有波状圆齿；蕊柱长 1～1.2cm，两侧具翅。蒴果倒卵形，长 2cm，直径约 1cm。花期 8～10 月；果期次年 4～7 月。

【生长环境】生于海拔 720～1100m 的林中或林缘的树干上。

【地理分布】贵州产荔波、安龙、兴义；江西、广东、海南、广西、云南、西藏有分布。印度东北部至中南半岛也有。

【馆藏信息】第五标本馆，第 003895 号标本。

13 吻兰属

13.1 台湾吻兰 *Collabium formosanum* Hayata

【别　　名】金唇兰、台湾柯丽白兰。

【形态特征】地生草本。假鳞茎圆柱形，长 2.5～3cm，疏生于根状茎上，被膜质鞘。叶厚纸质，卵状长圆形，长 9～10cm，宽 3.5cm，先端渐尖，基部近圆形，边缘稍波状，具多条弧形脉。花葶长 22cm，基部被膜质鞘；总状花序疏生 3 朵花；花苞片披针形，长约 5mm；花梗连子房长 6～8mm；花粉红色；中萼片狭长圆状披针形，长 8～9mm，宽 2mm；侧萼片镰状倒披针形，稍短于中萼片；花瓣与侧萼片相似；唇瓣近圆形，基部具长爪，3 裂；侧裂片上缘具不规则的齿；中裂片倒卵形，先端近圆形并稍凹入，边缘有不规则的齿；唇盘两侧裂片之间有 2 条褶片，并下延到唇瓣的爪上；距圆筒状，长约 3mm；蕊柱长约 5mm。花期 6～8 月。

【生长环境】生于海拔 1740m 的山坡岩石上湿处。

【地理分布】贵州产安龙、梵净山；台湾、湖北、湖南、广东、广西、云南有分布。越南也有。

【馆藏信息】第五标本馆，第 003899 号标本。

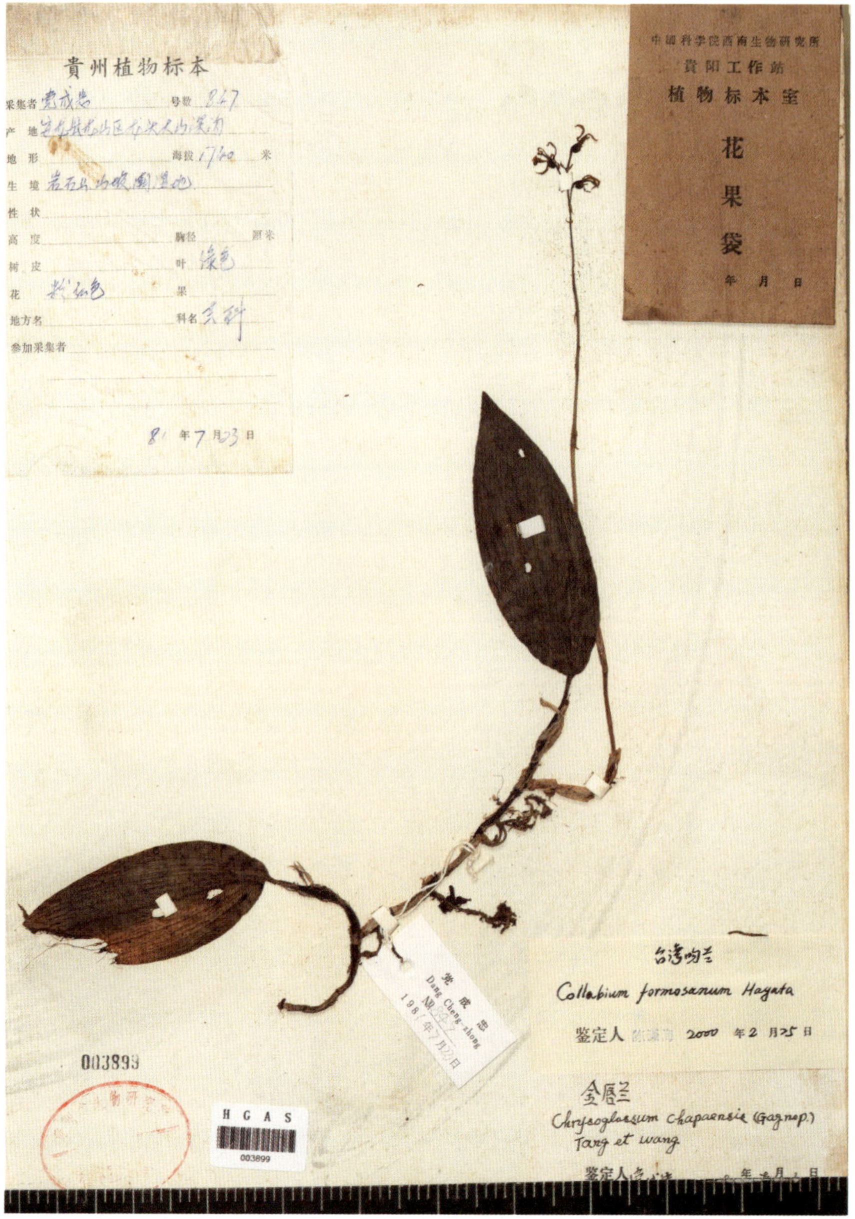

14 珊瑚兰属

14.1 珊瑚兰 *Corallorhiza trifida* Chat.

【形态特征】腐生草本，高 30cm，具肉质、多分支、珊瑚状的根状茎。茎直立，无绿叶，具 3 枚圆筒状、抱茎的鞘；鞘长 4～5cm。总状花序长 4.5cm，具 8 朵花；花苞片很小；花梗连子房长 3～5mm；花淡黄色；萼片长圆形，长 4～6mm；侧萼片基部合生成萼囊；花瓣长圆形，较萼片稍短；唇瓣长圆形，3 裂；唇盘上有 2 条纵褶片；蕊柱短。花期 5 月。

【生长环境】生于海拔 1000～2010m 的林下湿地。

【地理分布】贵州产桐梓、荔波；吉林、内蒙古、河北、甘肃、青海、新疆、四川有分布。北美洲、欧洲和亚洲北部也有。

【馆藏信息】第五标本馆，第 003900 号标本。

15 杜鹃兰属

15.1 杜鹃兰 *Cremastra appendiculata* (D. Don) Makino

【别　　名】山慈姑。

【形态特征】地生草本。假鳞茎近球形，直径 1～3cm，数个相密接，顶生 1 枚叶。叶狭椭圆形，长 20～35cm，宽 5～8cm；叶柄长 7～15cm。花葶自假鳞茎上部一侧抽出，有 10 余朵花，花常偏向花序一侧，不完全开放，有香气，淡褐黄色有紫红色斑点，长 2～3cm；萼片倒披针形；花瓣狭披针形；唇瓣线形，前部 3 裂；中裂片基部有 1 个附属物；蕊柱细长，长 2～2.5cm。蒴果椭圆形，长约 3cm。花期 5～6 月，果期 10～11 月。

【生长环境】生于海拔 800～1280m 的林下或沟边湿地。

【地理分布】贵州产石阡、雷山、贵定、普定、安龙；秦岭以南各省区有分布。日本、尼泊尔、印度和泰国也有。

【馆藏信息】第五标本馆，第003901、003902、003903、003904、003905、003906、003907 号标本。

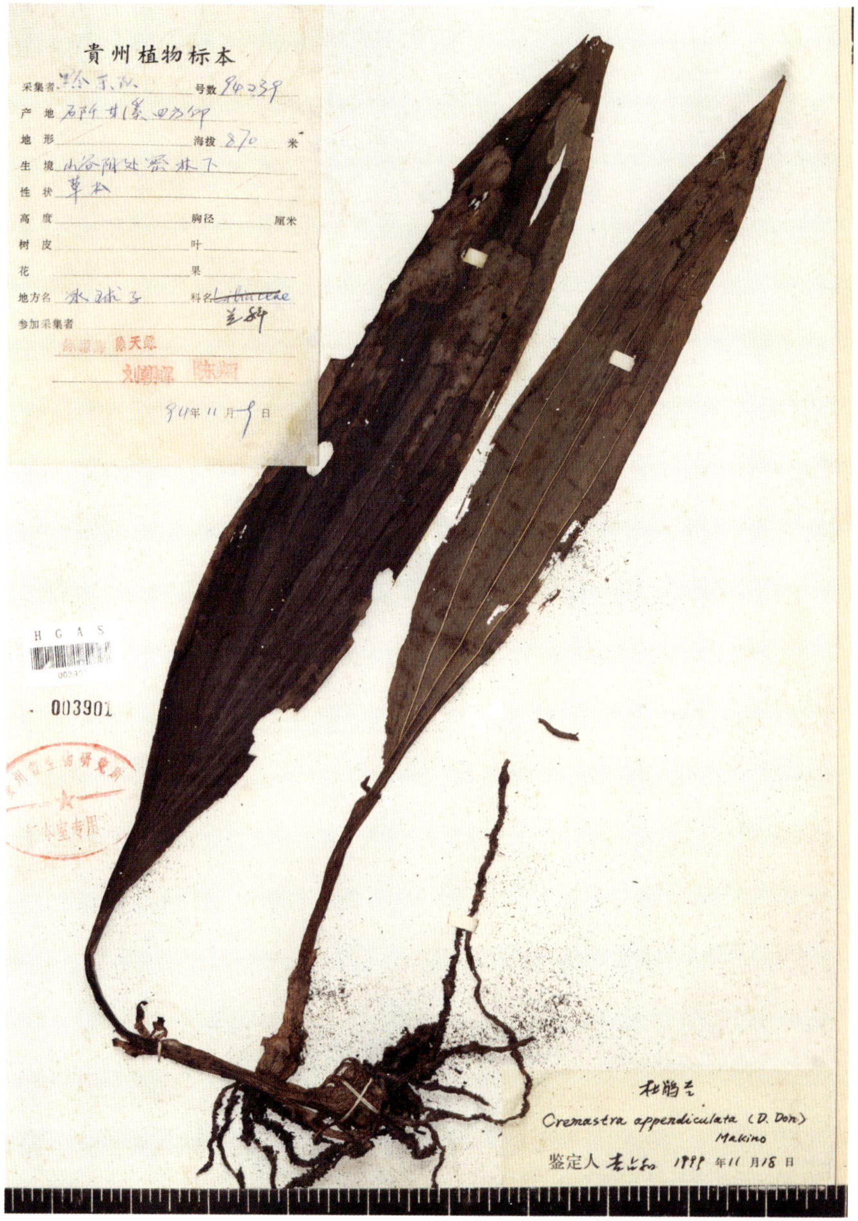

中國科學院貴州分院植物標本室
HGAS
003902
Cremastra appendiculata (D.Don) Makino
鉴定人 2000 年 3 月 6 日
Cremastra appendiculata (D.Don) Makino
定名人Z.H.Tsi 86年10 月13 日

中国科学院贵州分院植物标本室
003903
Cremastra appendiculata (D.Don) Makino
鉴定人 2000 年 3 月 6 日
Cremastra appendiculata (D.Don) Makino
定名人Z.H.Tsi 86年10 月13 日

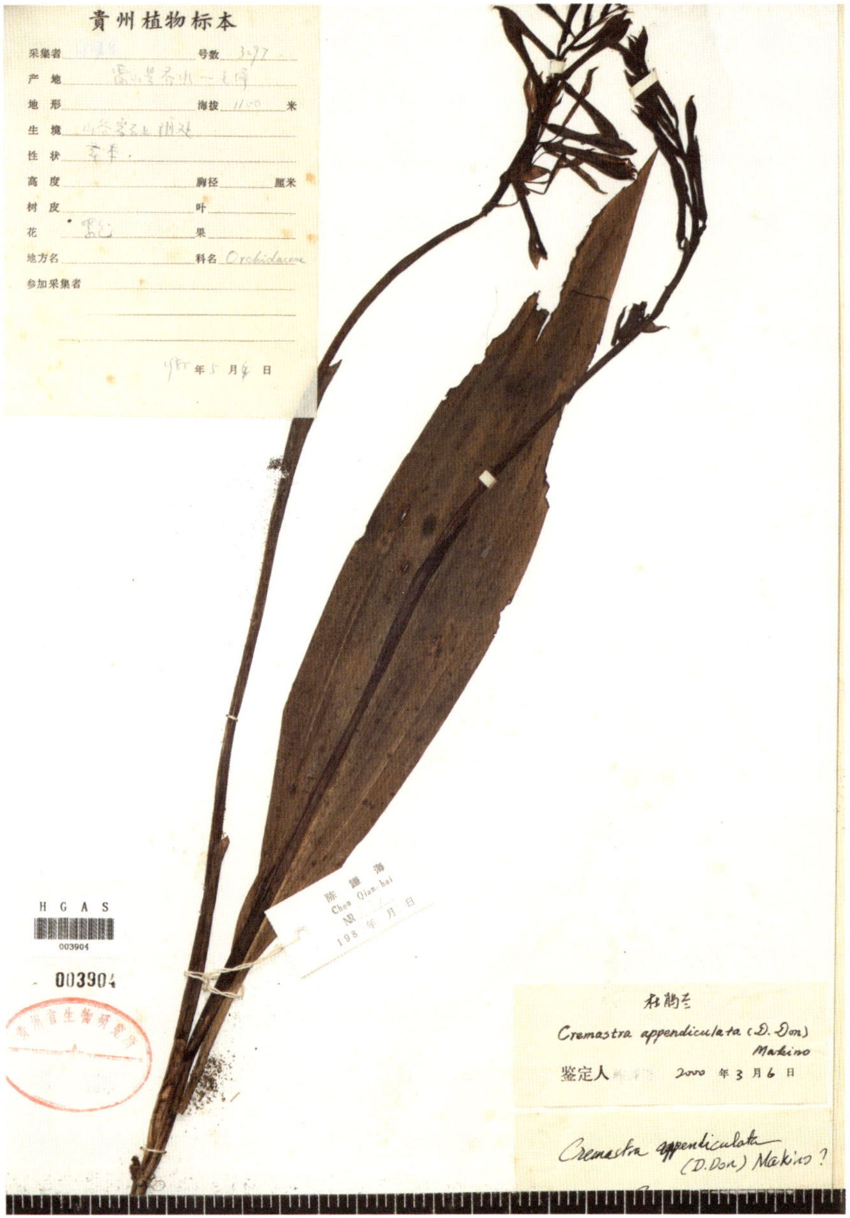
贵州植物标本
HGAS
003904
杜鹃兰
Cremastra appendiculata (D. Don) Makino
鉴定人
2000 年 3 月 6 日
Cremastra appendiculata (D. Don) Makino ?

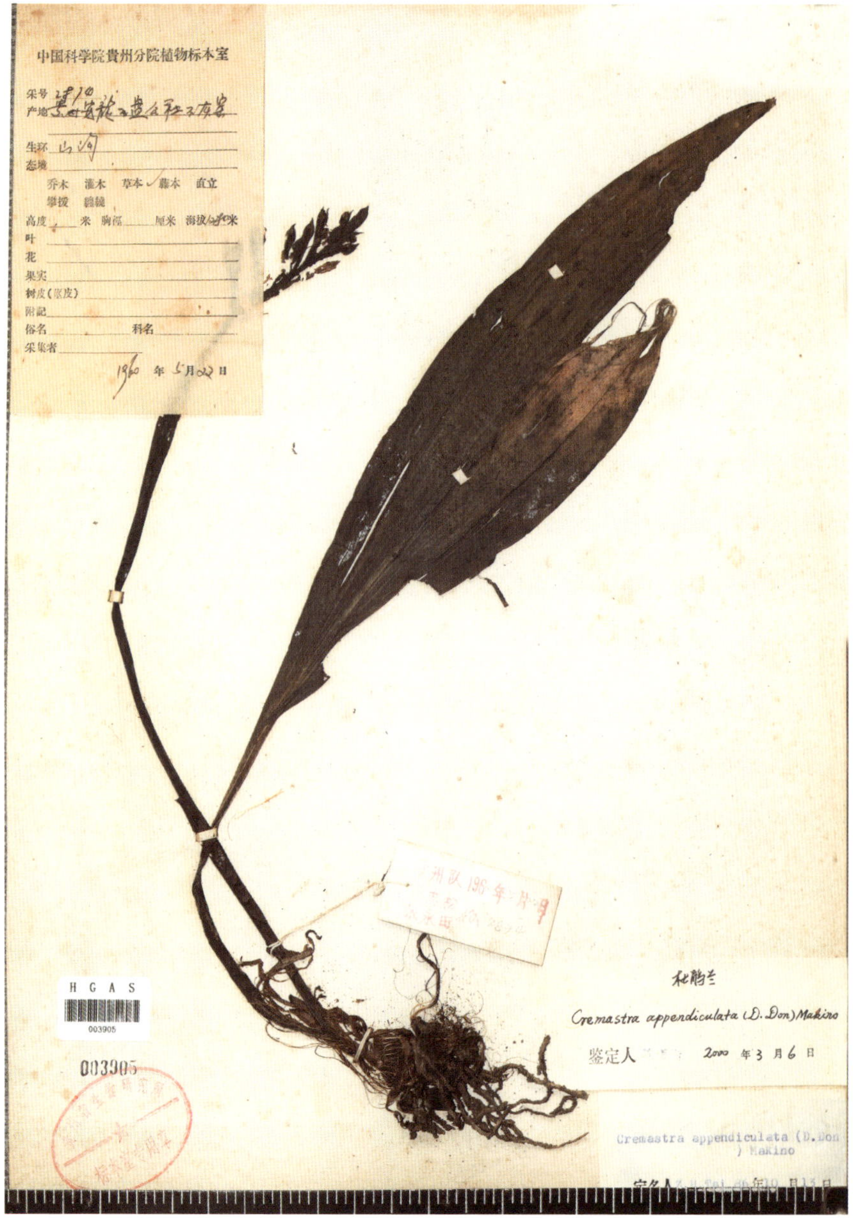
中国科学院贵州分院植物标本室
HGAS
003905
杜鹃兰
Cremastra appendiculata (D. Don) Makino
鉴定人
2000 年 3 月 6 日
Cremastra appendiculata (D. Don) Makino

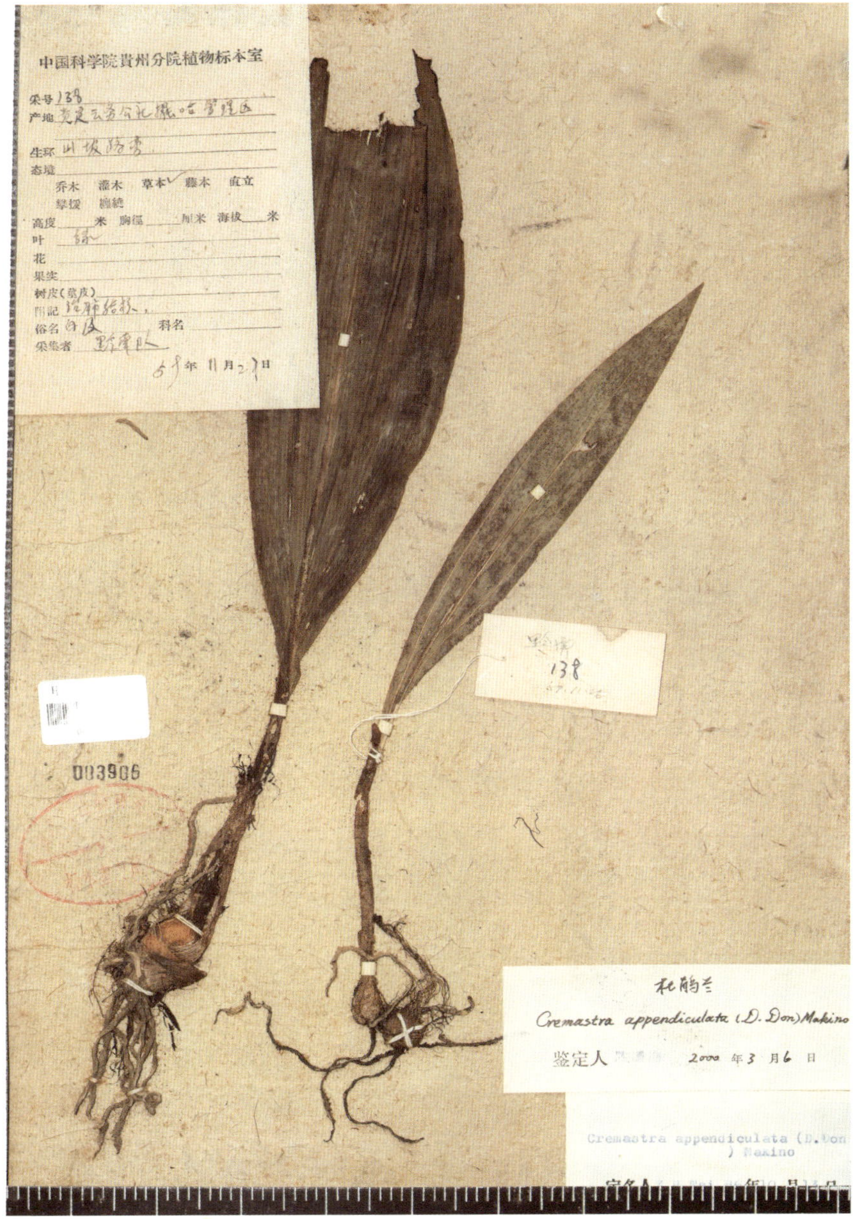
中国科学院贵州分院植物标本室
杜鹃兰
Cremastra appendiculata (D. Don) Makino
鉴定人 2000 年 3 月 6 日
003906
Cremastra appendiculata (D.Don) Makino

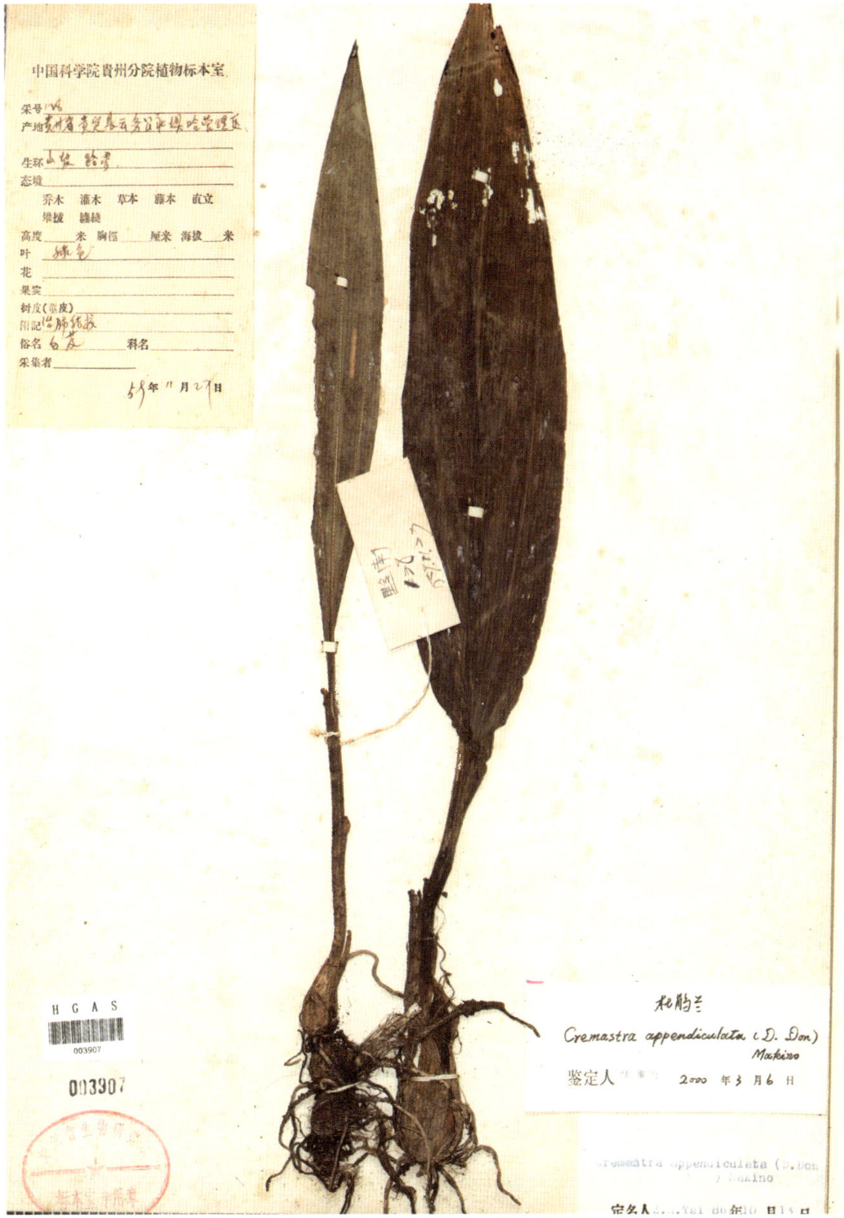
中国科学院贵州分院植物标本室
杜鹃兰
Cremastra appendiculata (D. Don) Makino
鉴定人 2000 年 3 月 6 日
HGAS
003907
Cremastra appendiculata (D.Don) Makino

15.2 贵州杜鹃兰 *Cremastra guizhouensis* Q. H. Chen et S. C. Chen

【形态特征】地生草本，高 60～70cm。根状茎长约 3cm，直径 2.5～4mm。假鳞茎伸长，近圆柱状，长 10～14cm，直径 1.3～1.5cm，有 4～5 节，具撕裂成纤维的残存鞘。叶 1～2 枚，生于假鳞茎顶端，纸质，长圆状椭圆形或狭椭圆状披针形，长 18～31cm，宽 3.5～9cm，先端长渐尖，基部楔形并收狭成叶柄；叶柄长 6～8cm。花葶从假鳞茎近顶端的节上发出，长达 54cm，无毛；总状花序长 18cm，具 20～28 朵花；花苞片宿存，线状披针形，长 10～15mm，宽 1～2mm；花梗连子房长 7～10mm；花通常偏向花序一侧，多少下垂，不完全开放，狭钟形，黄色；萼片倒披针形，中部以下收狭，长 2.8～3cm，上部 3～5mm，先端急尖或渐尖；侧萼片稍斜歪；花瓣倒披针形或狭披针形，长 2.5～2.8cm，上部宽 2～3.5mm，先端渐尖，中部以下收狭；唇瓣与花瓣等长，线形，上部扩大并 3 裂；侧裂片近线状，长 4～5mm，宽 1～1.5mm；中裂片倒卵形，边缘多少波状，长 6～8mm，宽 3～5mm，靠近中央具 1 枚平滑的胼胝体；蕊柱长 2.5～2.8cm，先端略扩大。花期 5～6 月。

【生长环境】生于海拔 1320m 的山地林缘。

【地理分布】贵州产册亨。模式标本采自册亨。

【馆藏信息】第五标本馆，第 003908、003909 号标本。

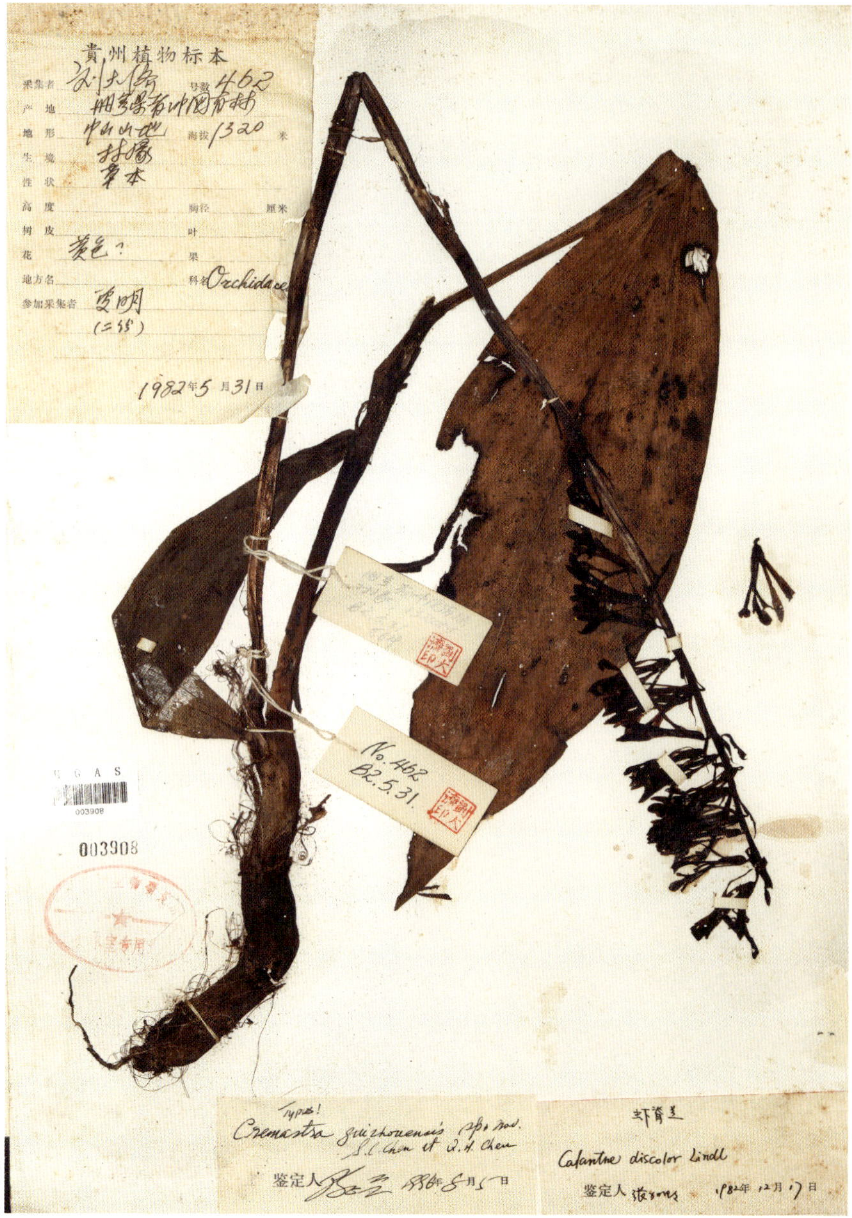

贵州植物标本
Orchidaceae
1982年5月31日
003909
Cremastra guizhouensis S.C. Chen
鉴定人
Calanthe discolor Lindl

16 兰属

大花附生种类，如虎头兰、黄蝉兰、独占春等，也受到很大的重视。主要以大花种类为亲本，杂交培育出来的大花蕙兰品种系列，有很高的观赏价值，是花卉市场上最受欢迎的品种之一。

16.1 硬叶兰 *Cymbidium bicolor* Lindl. subsp. *obtusum* Du Puy et Cribb

【别　　名】剑兰、硬叶吊兰。

【形态特征】附生草本。假鳞茎狭卵球形，稍压扁，直径2～3cm，包藏于叶基内。叶（4～）5～7枚，带形，厚革质，长22～80cm，宽1～1.8cm，先端为不等的2圆裂或2尖裂，有时微缺，下部具关节，基部的鞘有宽约1mm的黑色膜质边缘。花葶自假鳞茎基部发出，长17～28cm，下垂或下弯；花序通常具10～20朵花；花苞片长1.5～4mm；花梗连子房长1～1.5cm；花直径3～4cm，稍有香气；萼片与花瓣淡黄色至奶油黄色，中央具1条栗褐色纵带，色带宽3～4mm；唇瓣白色至奶油黄色，具栗褐色斑；萼片狭长圆形，长1.5～2cm，宽4～6.5mm；花瓣较萼片短，近等宽；唇瓣宽卵形，长1.3～1.5cm，3裂，基部多少囊状，上面有小乳突或微柔毛；侧裂片短于蕊柱；中裂片外弯；唇盘上有2条纵褶片；蕊柱长约1cm；花粉团2个。蒴果近椭圆形，长4～6cm。花期3～5月。

【生长环境】生于海拔600～1250m的林下岩石上或林中树干上。

【地理分布】贵州产从江、荔波、罗甸、紫云、镇宁、安龙；海南、广东、广西、云南、喜马拉雅东部有分布。中南半岛也有。

【馆藏信息】第五标本馆，第003725、003726、003727、003728号标本。

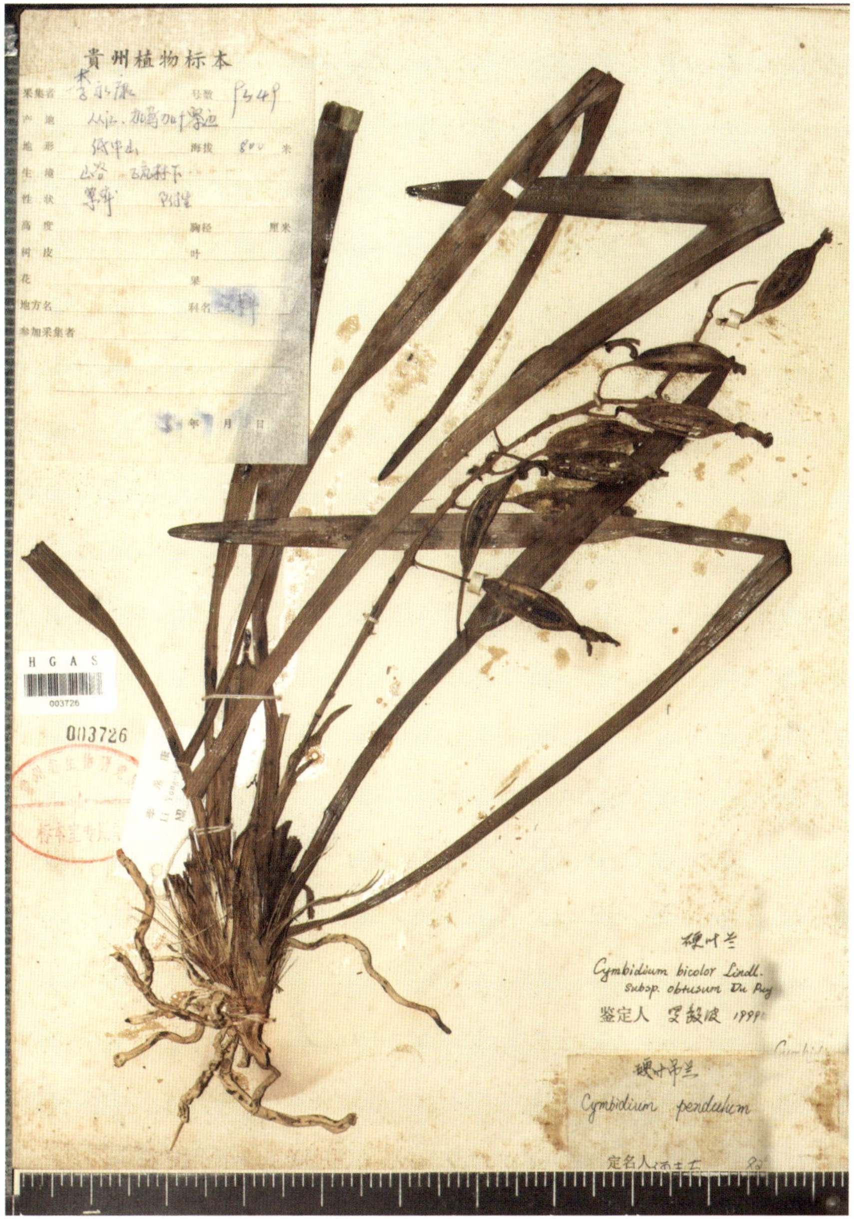
貴州植物标本
HGAS
003726
硬叶兰
Cymbidium bicolor Lindl.
subsp. obtusum Du Puy
鉴定人
Cymbidium pendulum
定名人

貴州植物标本
HGAS
003727
李永康
Li Yong-kang
硬叶兰
Cymbidium bicolor Lindl.
subsp. obtusum Du Puy
鉴定人
Cymbidium pendulum
定名人

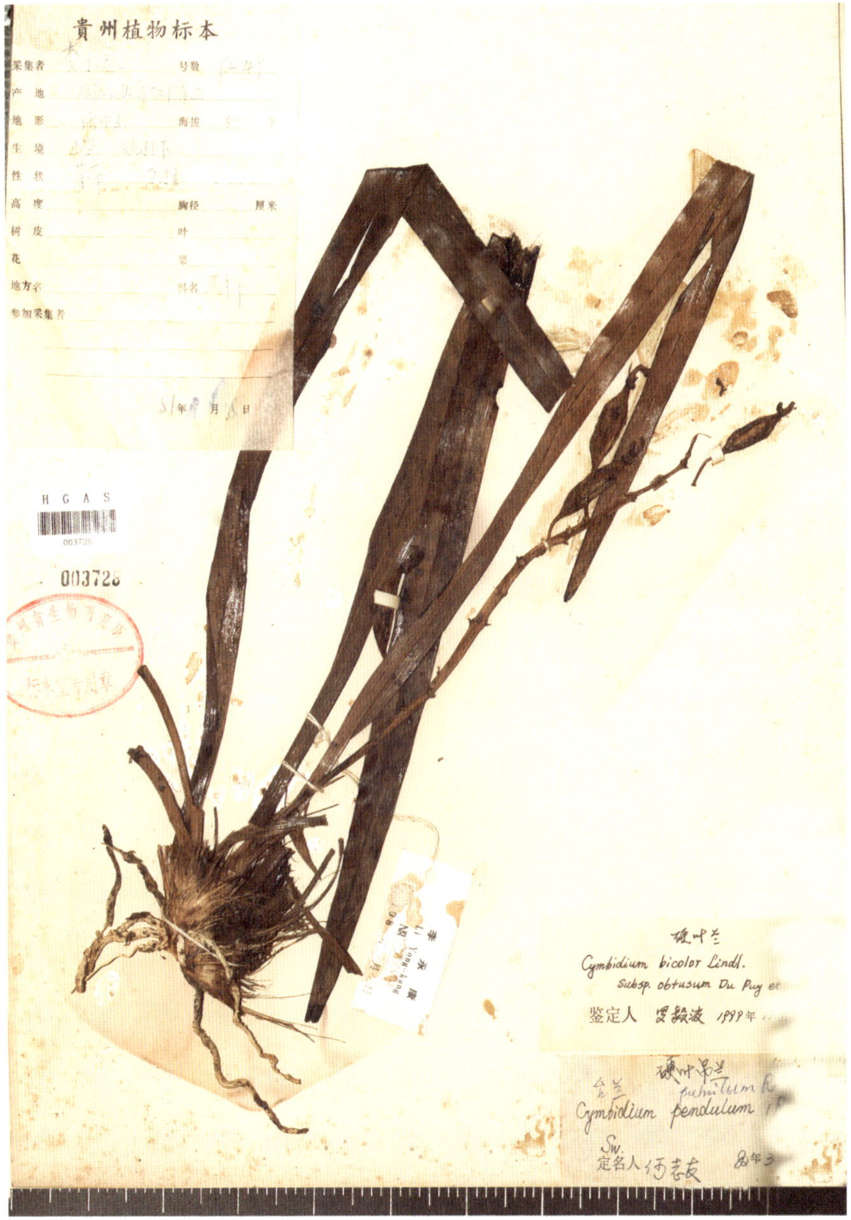
贵州植物标本
采集者
号数
产地
地形
海拔
生境
性状
高度
胸径
厘米
树皮
叶
花
果
地方名
科名
参加采集者
HGAS
003728
硬叶兰
Cymbidium bicolor Lindl.
subsp. obtusum Du Puy et
鉴定人 罗毅波 1999年
Cymbidium pendulum
Sw.
定名人 何志友

16.2 纹瓣兰 *Cymbidium aloifolium* (L.) Sw.

【别　　名】山刺果。

【形态特征】附生草本。假鳞茎卵球形，直径 2.5～4cm，包藏于叶基内。叶 4～5 枚，带形，厚革质，坚挺，长 40～90cm，宽 1.5～4cm，先端不等的 2 圆裂或 2 钝裂，下部具关节。花葶自假鳞茎基部发出，长 20～60cm，下垂；花序具 20～35 朵花；花苞片长 2～5mm；花梗连子房长 1.5～2cm；花直径 3.5～4cm，稍有香气；萼片与花瓣淡黄色或奶油黄色，中央有 1 条栗褐色宽带和若干条纹；唇瓣白色或奶油黄色，具密的栗褐色条纹；萼片狭长圆形，长 1.5～2cm，宽 4～6mm；花瓣稍短于萼片而近等宽；唇瓣近卵形，长 1.3～2cm，3 裂，基部多少囊状，上面有小乳突和微柔毛；侧裂片超出蕊柱之上；中裂片外弯；唇盘上有 2 条纵褶片；蕊柱长 1～1.2cm；花粉团 2 个。蒴果近长圆形，长 4～7cm。花期 4～5 月。

【生长环境】生于海拔 700～1200m 的林下岩石上或岩壁上。

【地理分布】贵州产镇宁、安龙、兴义；广东、广西、云南有分布。斯里兰卡、尼泊尔至印度尼西亚也有。

【馆藏信息】第五标本馆，第 003723、003724 号标本。

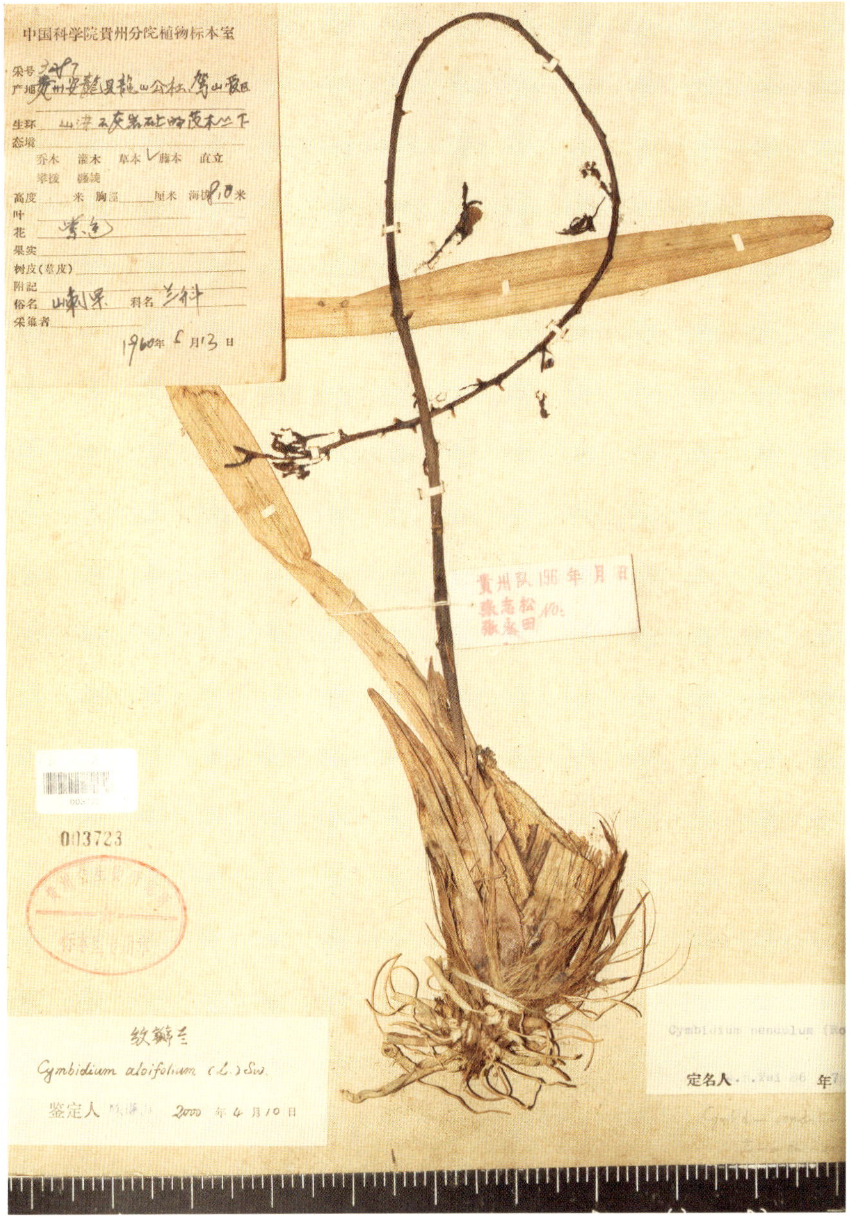

贵州植物标本
大牙村
760
附生树上
Orchidaceae
HGAS
003724
Cymbidium aloifolium

16.3 莎叶兰 *Cymbidium cyperifolium* Wall. ex Lindl.

【别　　名】套叶兰。

【形态特征】地生或半附生草本。根具根毛。假鳞茎不显著，长1～2cm，包藏于叶鞘内。叶4～12枚，带形，常整齐排成2列而多少呈扇形，长40～80cm，宽8～13mm，先端急尖，下部具关节，基部2列套叠的鞘，有宽2～3mm的膜质边缘。花葶自假鳞茎基部发出，直立，长20～40cm；花序具3～7朵花；花苞片近披针形，长1.4～4cm，通常明显超过花梗连子房的长度；花直径4～5cm，无香气或有时有香气；萼片与花瓣通常黄绿色或近绿色或草绿色；唇瓣色淡，有紫色斑；萼片狭椭圆形，长1.8～3.5cm，宽4～7mm；花瓣狭卵形，长2～3cm，约与萼片等宽；唇瓣卵形，不明显3裂；侧裂片上有细乳突和细毛；中裂片强裂反卷，前部具小乳突；唇盘上具2条纵褶片；蕊柱长1.1～1.5cm，两侧有狭翅；花粉团4个，成2对。蒴果狭椭圆形，长5～6cm。花期11月至次年2月。

【生长环境】生于海拔800～1300m的山地林下多石处。

【地理分布】贵州产独山、平塘、黔西、金沙、毕节、六盘水、册亨、安龙、兴义；海南、广东、广西、云南、喜马拉雅东部有分布。中南半岛至菲律宾也有。

【馆藏信息】第五标本馆，第003729、003730、003731、003732、003733号标本。

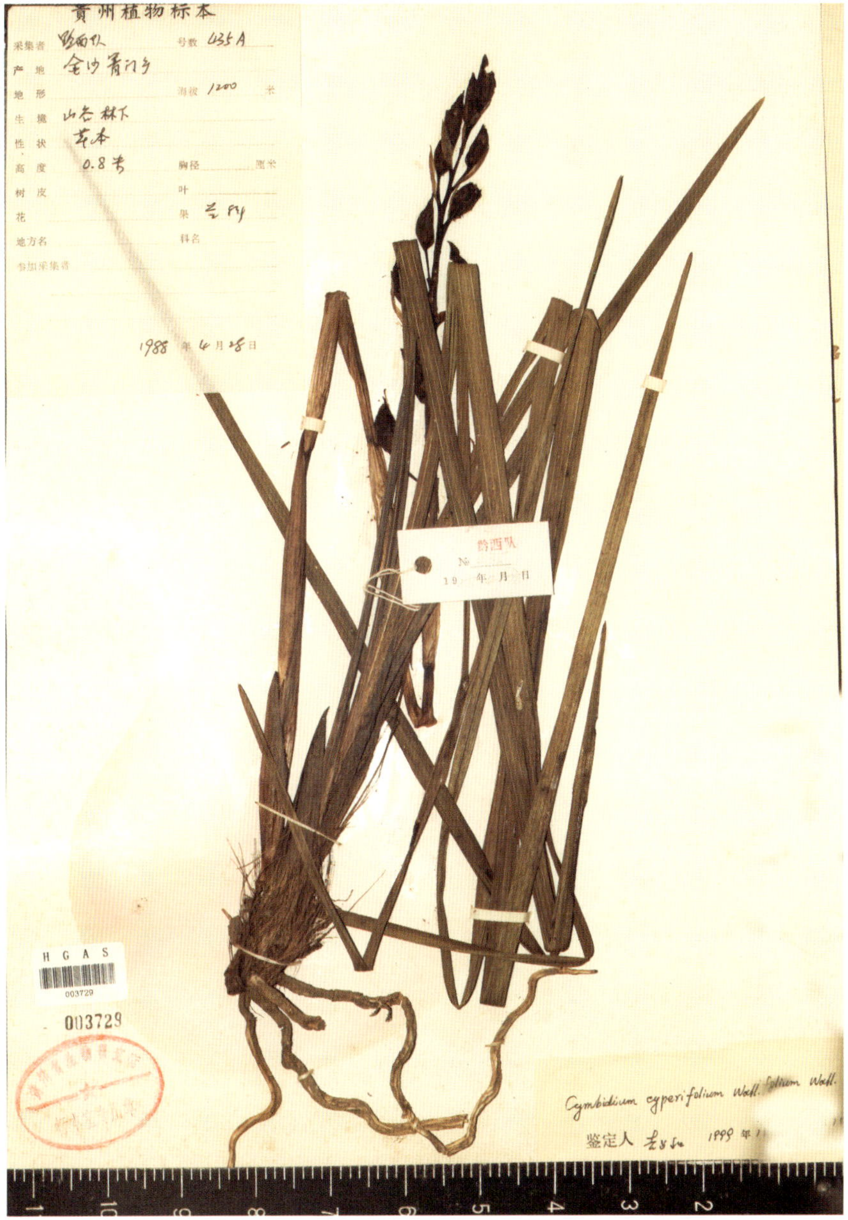

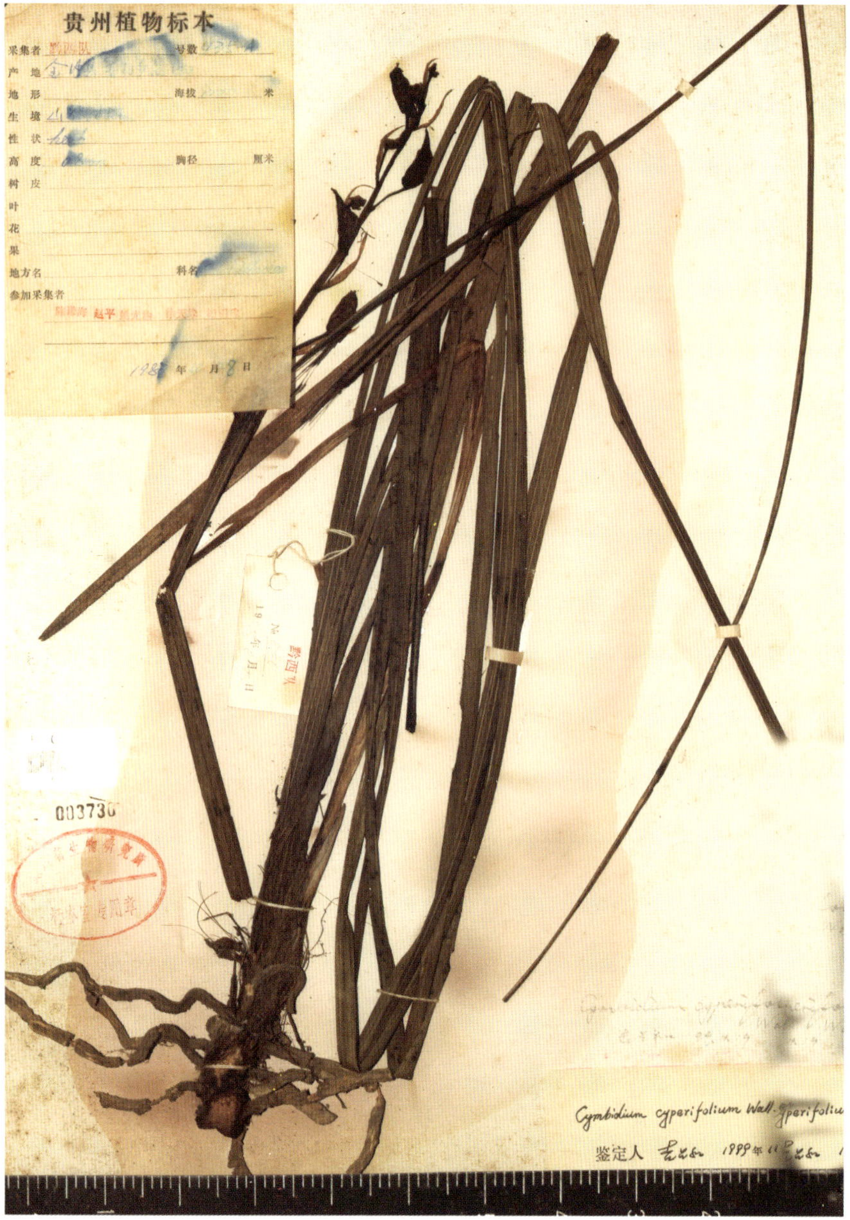
贵州植物标本
采集者
号数
产地
地形
海拔
米
生境
性状
高度
胸径
厘米
树皮
叶
花
果
地方名
科名
参加采集者
1988 年 月 8 日
003730
Cymbidium cyperifolium Wall.
鉴定人

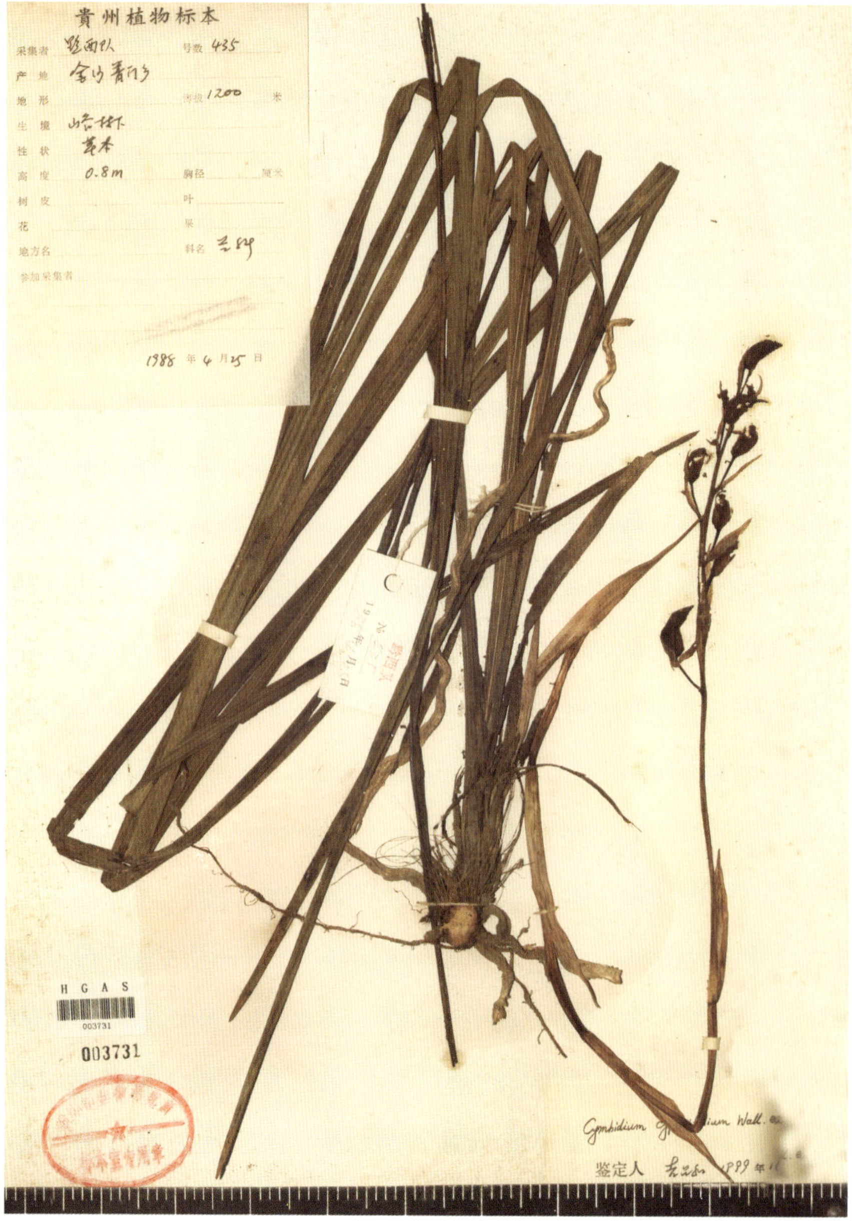
贵州植物标本
采集者
号数 435
产地
地形
海拔 1200
米
生境
性状
高度 0.8m
胸径
厘米
树皮
叶
花
果
地方名
科名
参加采集者
1988 年 4 月25 日
HGAS
003731
003731
Cymbidium … *ium* Wall.
鉴定人

16.4 建兰 *Cymbidium ensifolium* (L.) Sw.

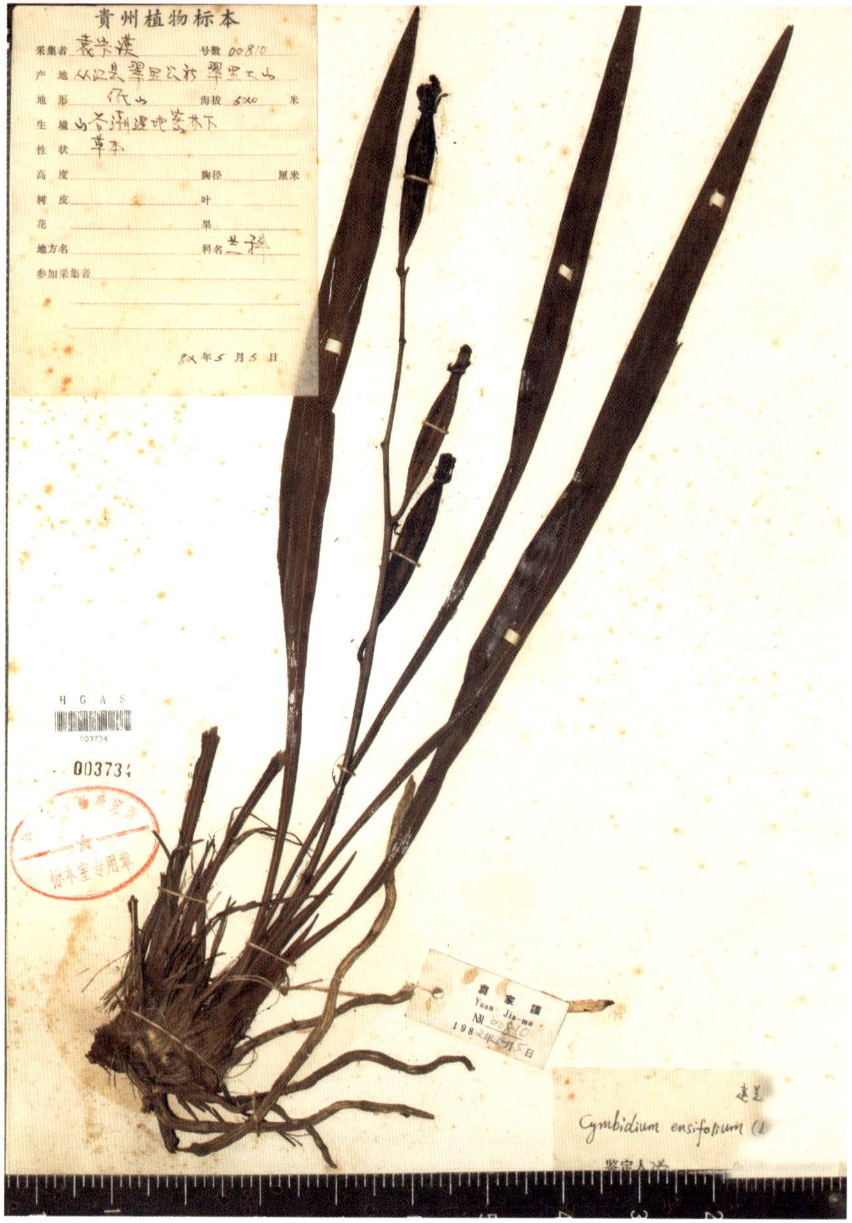

【别　　名】四季兰、秋兰、秋蕙、夏兰、雄兰、玉花兰。

【形态特征】地生草本。假鳞茎卵球形，直径约 1cm，包藏于叶基内。叶 2～6 枚，带形，稍有光泽，长 30～60cm，宽 1～2cm，前部边缘有时有细齿，下部有关节。花葶出自假鳞茎基部，通常短于叶，长 20～30cm 或更长，直立；总状花序，具 3～9 朵花，有时更多；花苞片除最下部的 1 枚较长，其余均长 4～8mm；花梗与子房长 2～3cm；花常有香气，色泽变化较大，通常为浅黄绿色而具紫色斑；萼片狭椭圆形，长 2～3cm；花瓣较萼片短；唇瓣近卵形，略 3 裂；侧裂片多少围抱蕊柱，上面有小乳突；中裂片边缘波状，亦具小乳突；唇盘上有 2 条纵褶片；蕊柱长 1～1.4cm，两侧具狭翅；花粉团 4 个，成 2 对，宽卵形。蒴果狭椭圆形，长 5～6cm，宽约 2cm。花期 6～9 月。

【生长环境】生于海拔 700～1900m 的林下、林缘、灌木丛中。

【地理分布】贵州产从江、剑河、台江、施秉、黄平、三都、贵阳、安顺、望谟、册亨、金沙、大方、兴义、安龙；长江以南各省区有分布。东南亚和南亚各国至日本也有广泛分布。

【馆藏信息】第五标本馆，第 003734、003735 号标本。

采集者 袁芳滨 号数
产 地
地 形 海拔 米
生 境
性 状 草本
高 度 胸径 厘米
树 皮 叶
花 果
地方名 科名 兰科
参加采集者
年 5 月 5 日
Cymbidium ensifolium
鉴定人

16.5 春兰 *Cymbidium goeringii* (Rchb. f.) Rchb. f.

【别　　名】朵朵香、双飞燕、草兰、草素、山花、兰花。

【形态特征】地生草本。具假鳞茎，有4～7枚叶。叶带形，长20～40cm，宽5～9mm，边缘无或有细锯齿。花葶从假鳞茎基部外侧叶腋中抽出，直立，长3～15cm，具4～5枚鞘；花序通常具单朵花，很少有2朵花；花苞片长卵状披针形，长4～5cm；花梗连子房长3～4cm；花直径4～6cm，通常绿黄色、绿白色或黄白色，有紫褐色或红褐色脉纹，有香气；萼片长3～4cm，宽6～10mm，通常狭长圆形；花瓣卵状椭圆形，比萼片短而稍宽；唇瓣近卵形，不明显3裂，比花瓣短，有或无紫红色斑纹，侧裂片直立，中裂片外弯，各有1个皱褶状物；唇盘上有2条纵褶片；蕊柱长1.2～1.8cm，两侧有较宽的翅；花粉团4个，成2对。蒴果狭椭圆形，长6～8cm，宽2～3cm。花期1～3月。

【生长环境】生于海拔500～2200m的山坡林下或林缘。

【地理分布】贵州全省；分布于秦岭以南至云南各省区。日本和朝鲜半岛南部也有。

【馆藏信息】第五标本馆，第003766、003767、003768号标本。

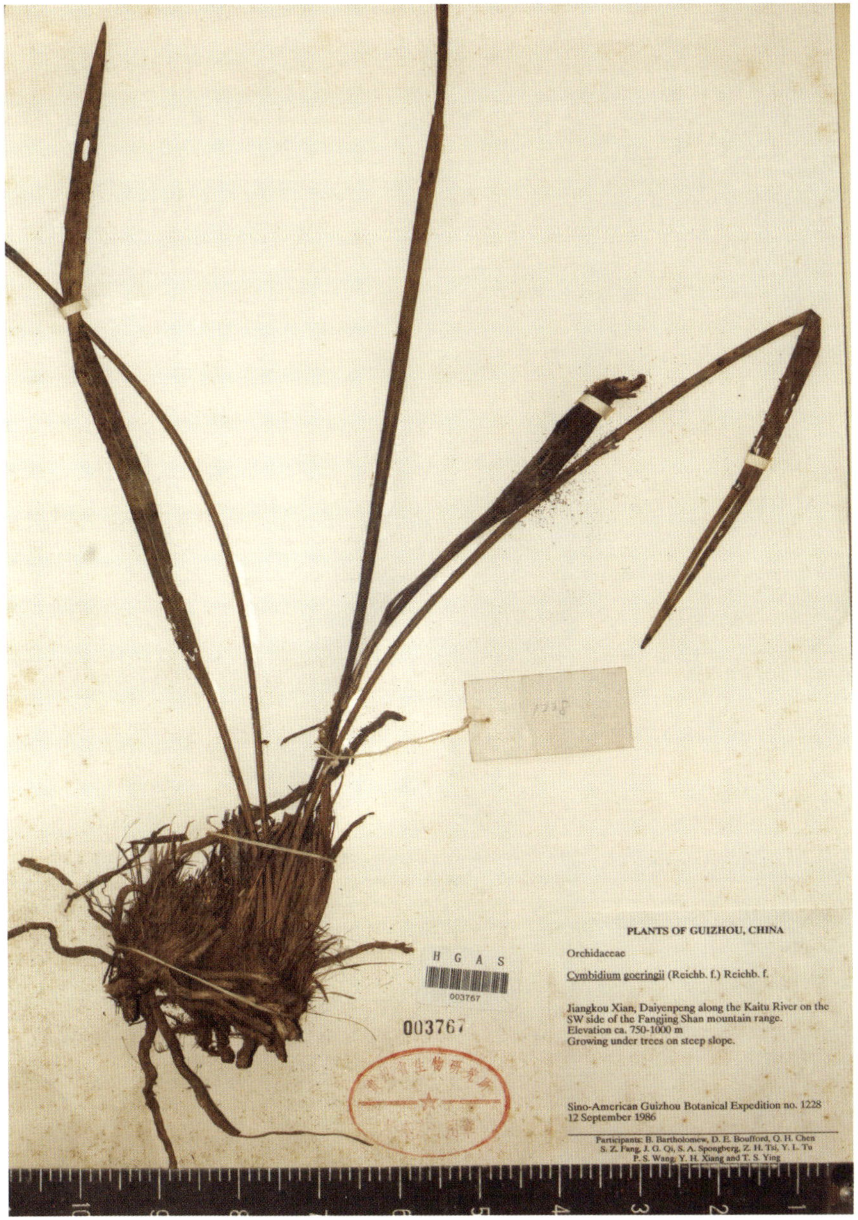
HGAS
003767
PLANTS OF GUIZHOU, CHINA
Orchidaceae
Cymbidium goeringii (Reichb. f.) Reichb. f.
Jiangkou Xian, Daiyenpeng along the Kaitu River on the SW side of the Fangjing Shan mountain range.
Elevation ca. 750-1000 m
Growing under trees on steep slope.
Sino-American Guizhou Botanical Expedition no. 1228
12 September 1986
Participants: B. Bartholomew, D. E. Boufford, Q. H. Chen S. Z. Fang, J. G. Qi, S. A. Spongberg, Z. H. Tsi, Y. L. Tu P. S. Wang, Y. H. Xiang and T. S. Ying

貴州植物标本
采集者
号数 200012
产地 贵阳市乌当
地形
海拔 1200 米
生境 山坡林下
性状 草本
高度
胸径 厘米
树皮
叶
花
地方名
科名 兰科
参加采集者
2000 年 3 月 25 日
HGAS
003768
春兰
Cymbidium goeringii (Rchb. f.) Rchb. f.
鉴定人
2000 年 4 月 15 日

16.6 兔耳兰 *Cymbidium lancifolium* Hook.

【别　　名】无齿兔耳兰。

【形态特征】半附生草本。假鳞茎狭梭形或扁的圆柱形，长 2～7（～15）cm，宽 5～10mm，具节，顶端聚生 2～4 枚叶。叶倒披针形至近长圆形，长 7～20cm，宽 2～6cm，上部边缘有时有细齿，基部收狭成明显的柄。花葶从假鳞茎下部节上发出，直立，长 10～30cm，具 2～6 朵花或更多花；花苞片披针形，长约 1cm；花梗和子房长 2～2.5cm；花直径 4～5cm，通常白色至淡绿色，花瓣上有紫栗色中脉，唇瓣上有紫栗色斑，通常无香气；萼片倒披针状长圆形，长 2.2～3cm，宽 5～7mm；花瓣近长圆形，长 1.5～2.3cm，宽 5～7mm；唇瓣近卵状长圆形，长 1.5～2cm，稍 3 裂或近不裂，中裂片反卷；唇盘上有 2 条纵褶片；蕊柱长约 1.5cm。花期 8～12 月。

【生长环境】生于海拔 600～2000m 的竹林下、疏林下、林缘、溪谷旁石隙或树上。

【地理分布】贵州全省；我国南部各省区、喜马拉雅有分布。东南亚、巴布亚新几内亚及日本南部均有。

【馆藏信息】第五标本馆，第 003777、003778 号标本。

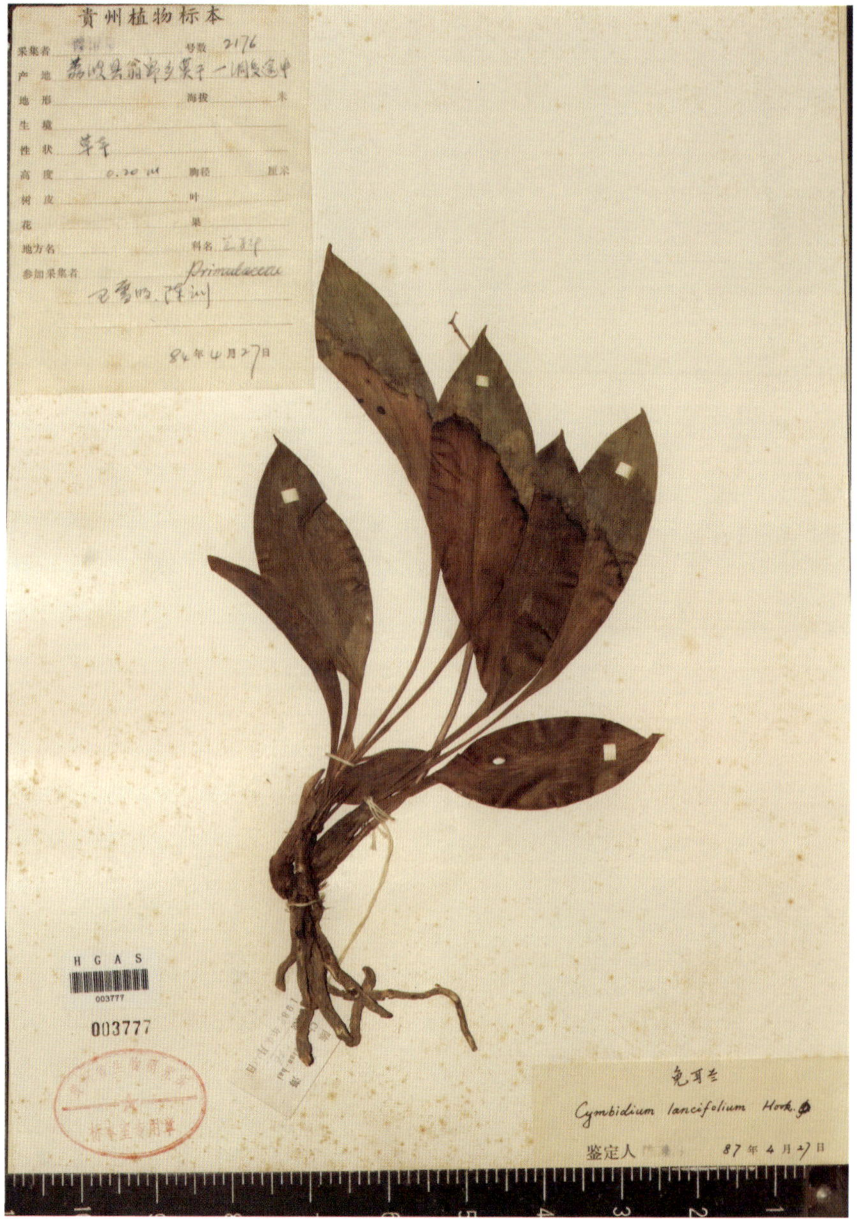

貴州植物标本
采集者
号数 20001
产地 安顺市
地形 山坡
海拔 1000 米
生境 岩石缝中. 林下
性状 草本
高度
胸径 厘米
树皮 具根状茎.
叶 1枚
花
果
地方名
科名 兰科
参加采集者
2000 年 3 月 18 日
HGAS
003778
- 003778
兔耳兰
Cymbidium lancifolium Hook.
鉴定人 2001 年 5 月 6 日

16.7 多花兰 *Cymbidium floribundum* Lindl.

【别　　名】附生兰。

【形态特征】附生草本。假鳞茎卵球形，直径2～3cm，稍压扁，包藏于叶基内。叶5～7枚，坚纸质，带形，长20～50cm，宽8～18mm，先端钝尖，基部具关节，中脉与侧脉在背面明显凸起。花葶近直立或稍外弯，长15cm～20cm以上；花序密生多至50朵花；花苞片长约5mm；花无香气；萼片与花瓣红褐色，偶见绿黄色或紫褐色，唇瓣具紫红色斑纹，褶片黄色；萼片狭长圆形，长16～18mm，宽4～7mm；花瓣比萼片短；唇瓣近卵形，长16～18mm，3裂；中裂片与侧裂片上具小乳突；唇盘上具2条纵褶片；蕊柱长约13cm。花期4～6月。

【生长环境】生于海拔500～1500m的山地林下或灌丛下岩石上。

【地理分布】贵州产梵净山、雷公山、黎平、榕江、从江、三都、独山、荔波、平塘、罗甸、惠水、贵阳、安顺、紫云、关岭、望谟、贞丰、安龙、兴仁；浙江、江西、湖南、湖北、福建、台湾、广东、广西、四川、云南有分布。

【馆藏信息】第五标本馆，第003741、003742、003743、003744、003745、003746、003747、003748、003749、003750、003751、003752、003753、003754、003755、003756、003757、003758、003759、003760、003761、003762、003763、003764、003765号标本。

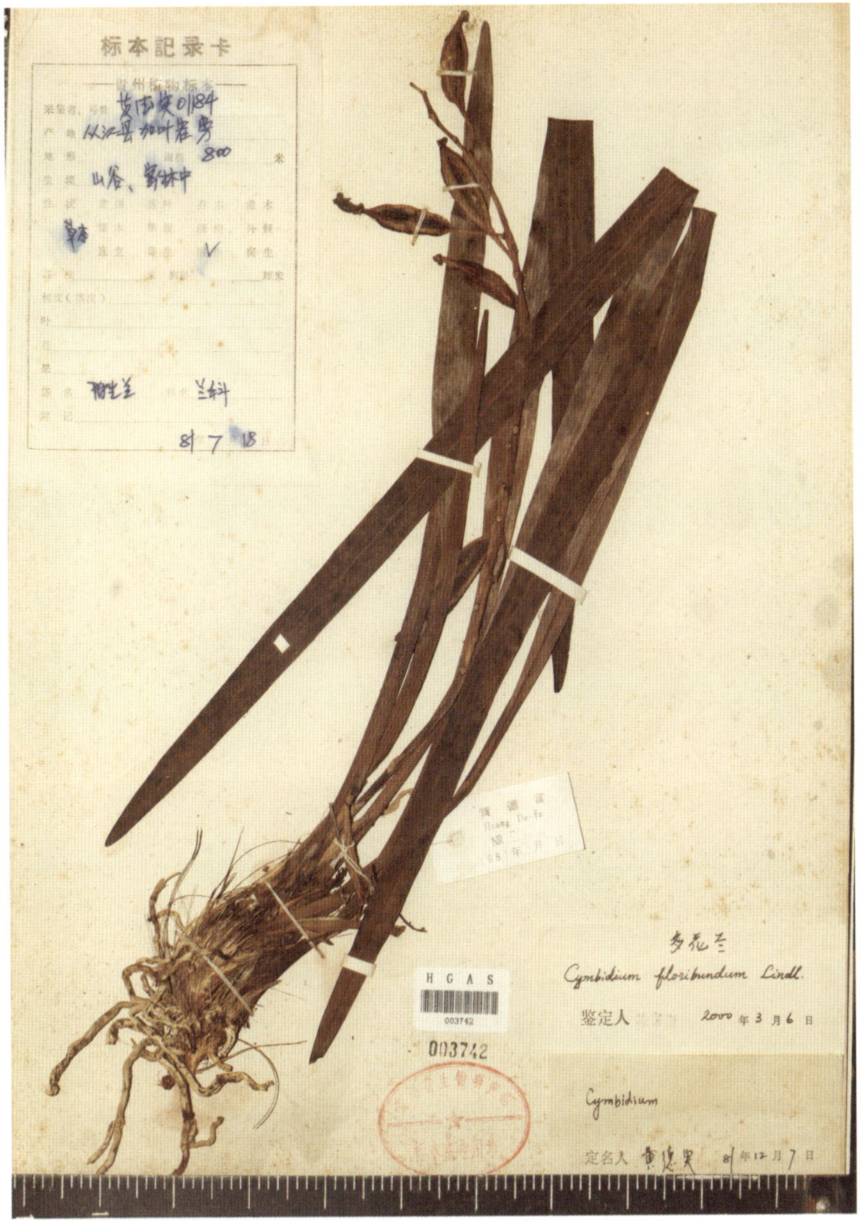

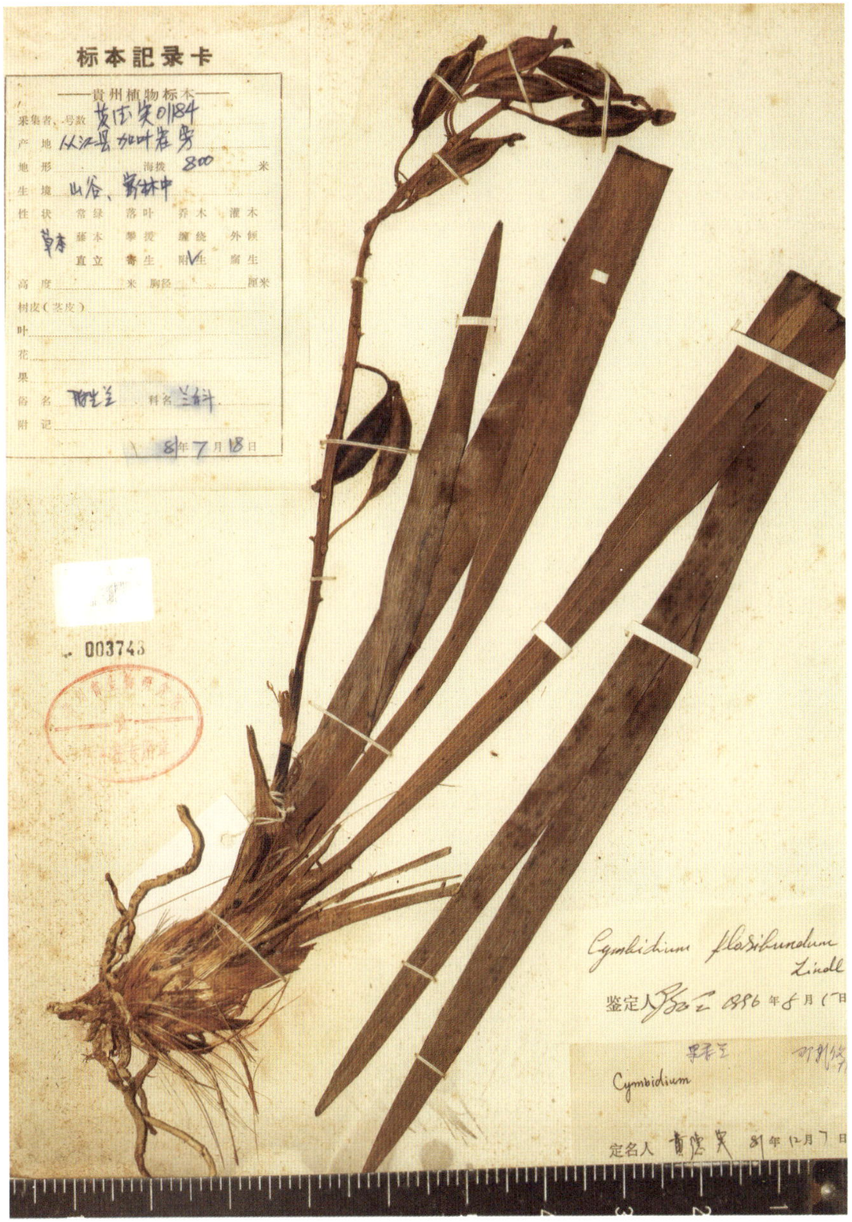

中国科学院贵州分院植物标本室
HGAS
003744

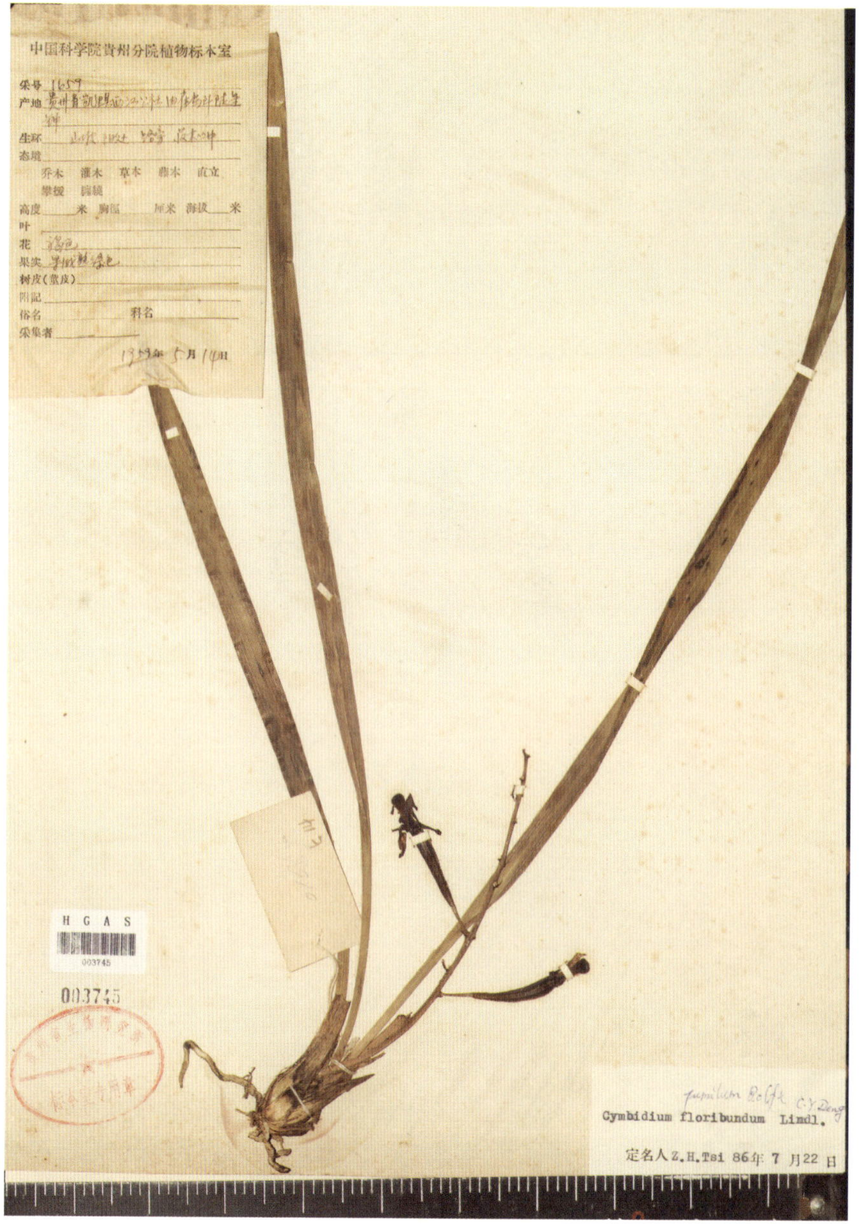
中国科学院贵州分院植物标本室
HGAS
003745
Cymbidium floribundum Lindl.
定名人 Z.H.Tsi 86年 7 月22 日

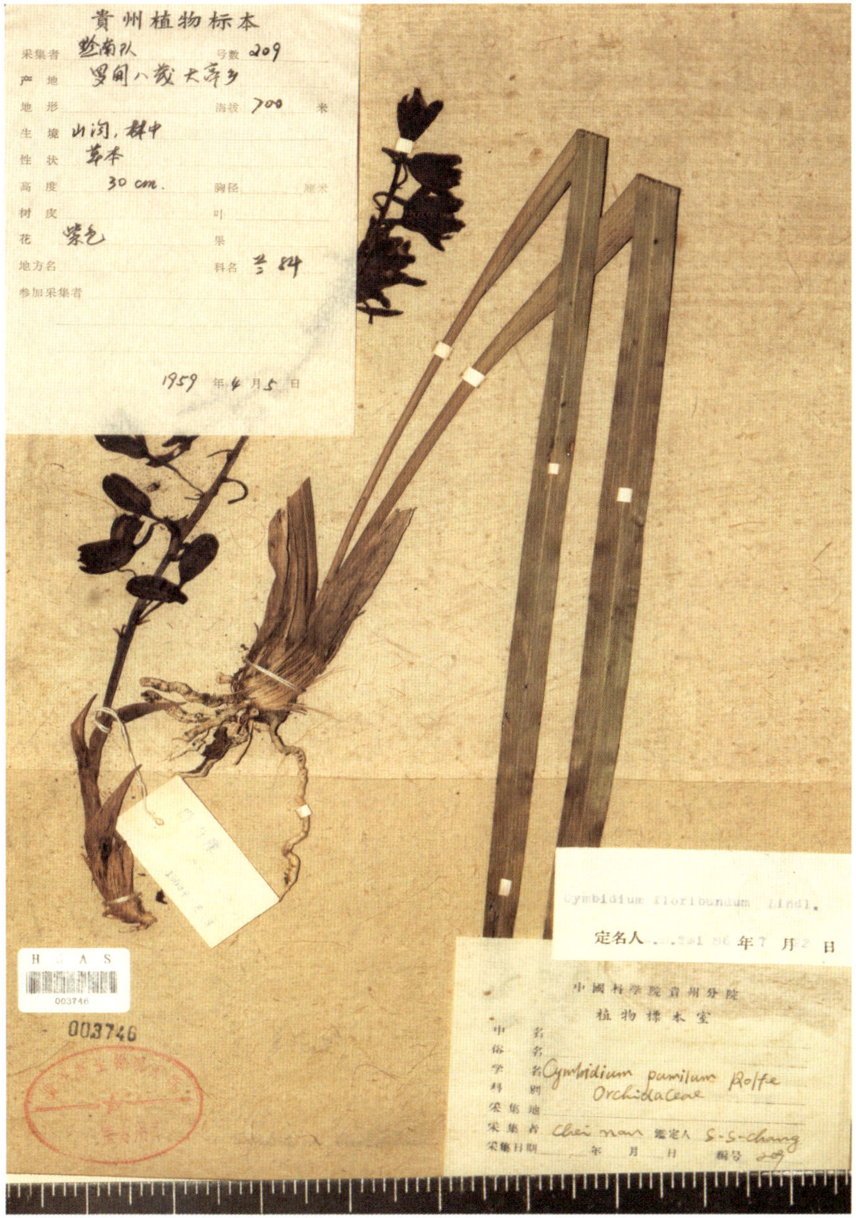
貴州植物标本
采集者 黔南队 号数 209
产地
地形 海拔 700 米
生境 山沟，林中
性状 草本
高度 30 cm. 胸径 厘米
树皮 叶
花 紫色 果
地方名 科名 兰科
参加采集者
1959 年 4 月 5 日
Cymbidium floribundum Lindl.
定名人 年 月 日
H A S
003746
中國科學院貴州分院
植物標本室
中名
俗名
学名 Cymbidium pumilum Rolfe
科别 Orchidaceae
采集地
采集者 鑑定人
采集日期 年 月 日 編号 209

H G A S
003747
003747
PLANTS OF GUIZHOU, CHINA
Orchidaceae
Cymbidium floribundum Lindley
Jiangkou Xian, Daiyenpeng along the Kaitu River on the SW side of the Fangjing Shan mountain range.
Elevation ca. 750-1000 m
Growing on rocks on forested slope.
Sino-American Guizhou Botanical Expedition no. 1229
12 September 1986
Participants: B. Bartholomew, D. E. Boufford, Q. H. Chen
S. Z. Fang, J. G. Qi, S. A. Spongberg, Z. H. Tsi, Y. L. Tu
P. S. Wang, Y. H. Xiang and T. S. Ying

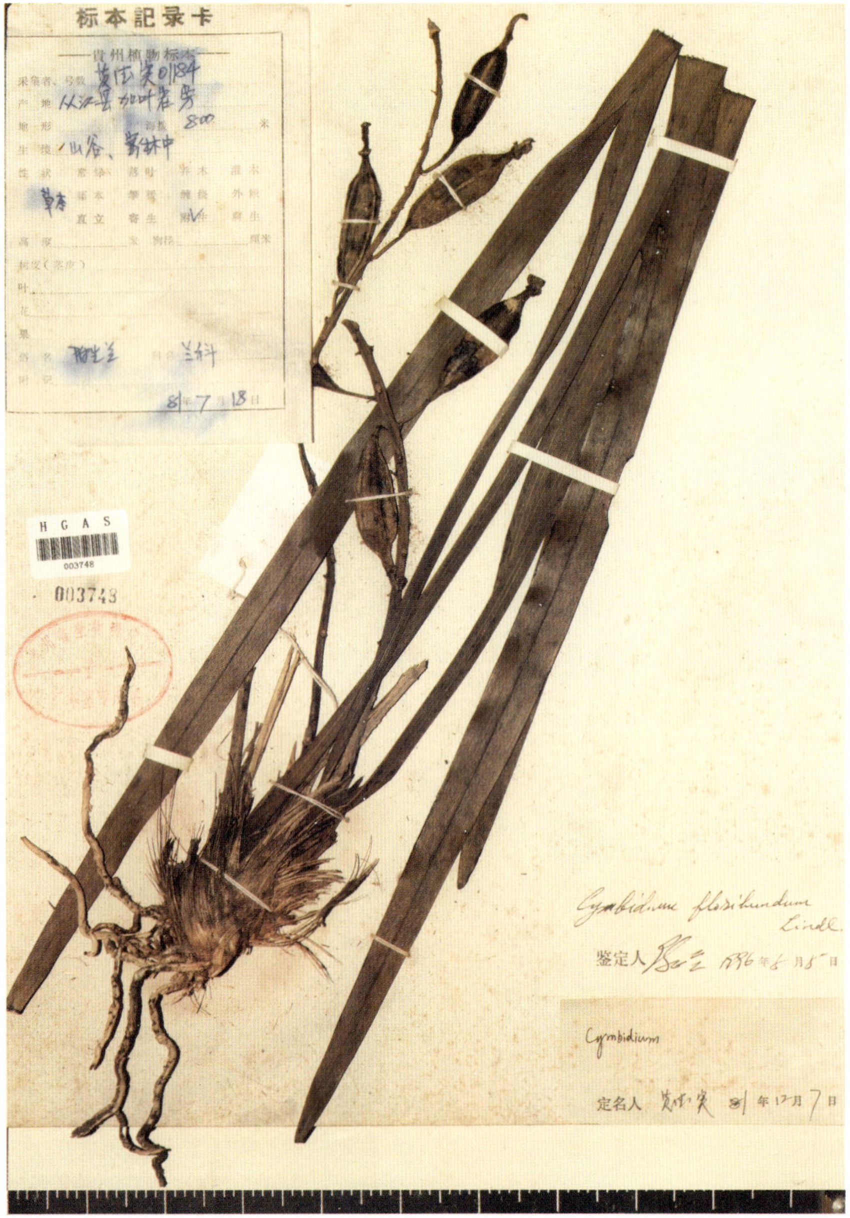
标本記录卡
HGAS
003748
003743
Cymbidium floribundum Lindl.
Cymbidium

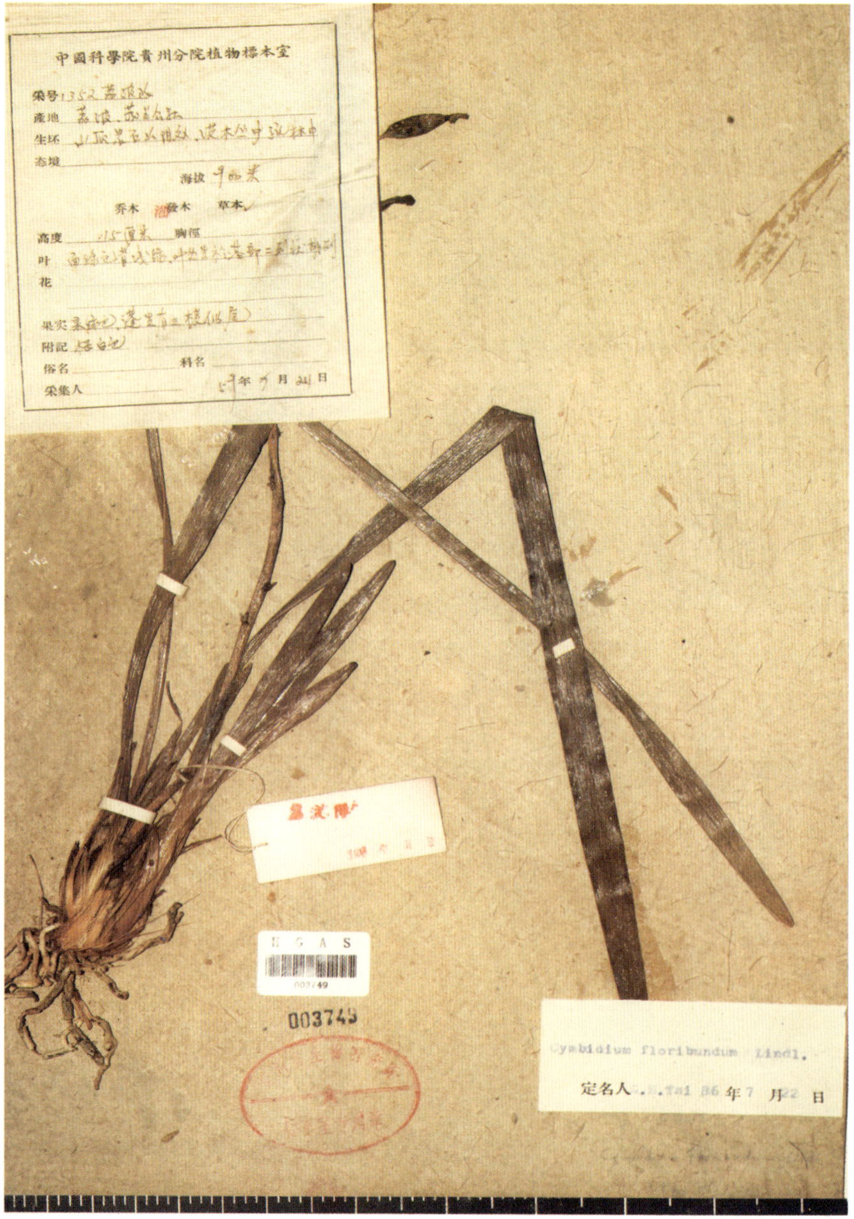
中國科學院貴州分院植物標本室
HGAS
003749
003749
Cymbidium floribundum Lindl.

贵州梵淨山凤凰山植物
Orchidaceae
H G A S
003750
Cymbidium floribundum Lindl.
定名人

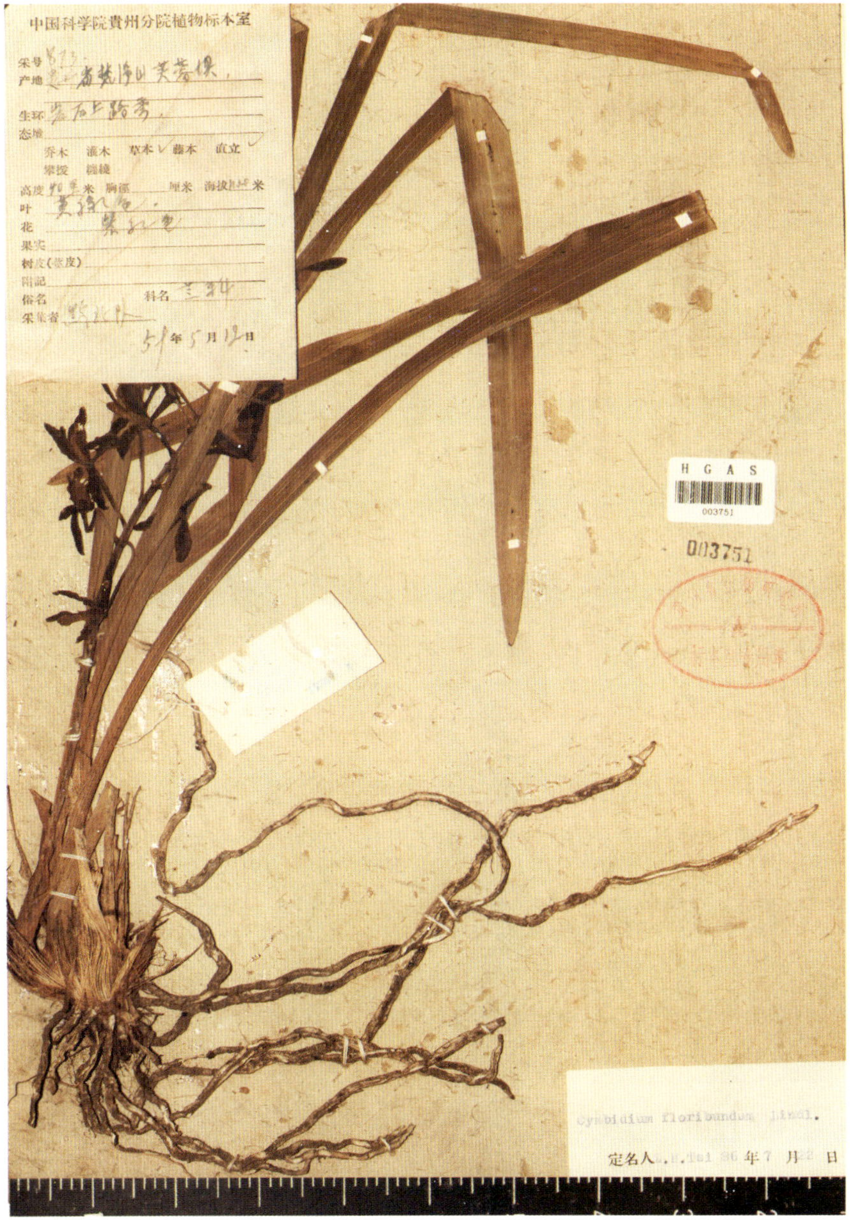
中国科学院贵州分院植物标本室
H G A S
003751
Cymbidium floribundum Lindl.
定名人

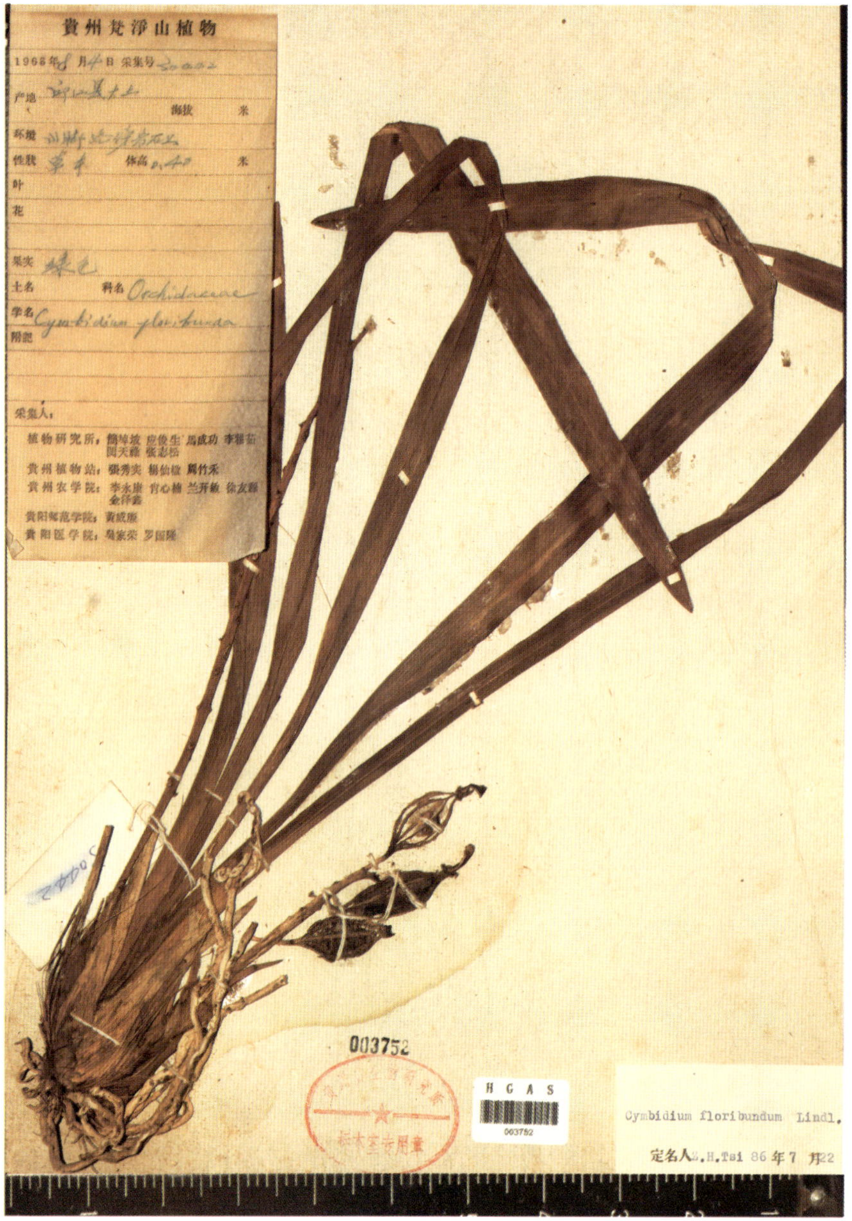
贵州梵淨山植物
Cymbidium floribundum Lindl.
003752

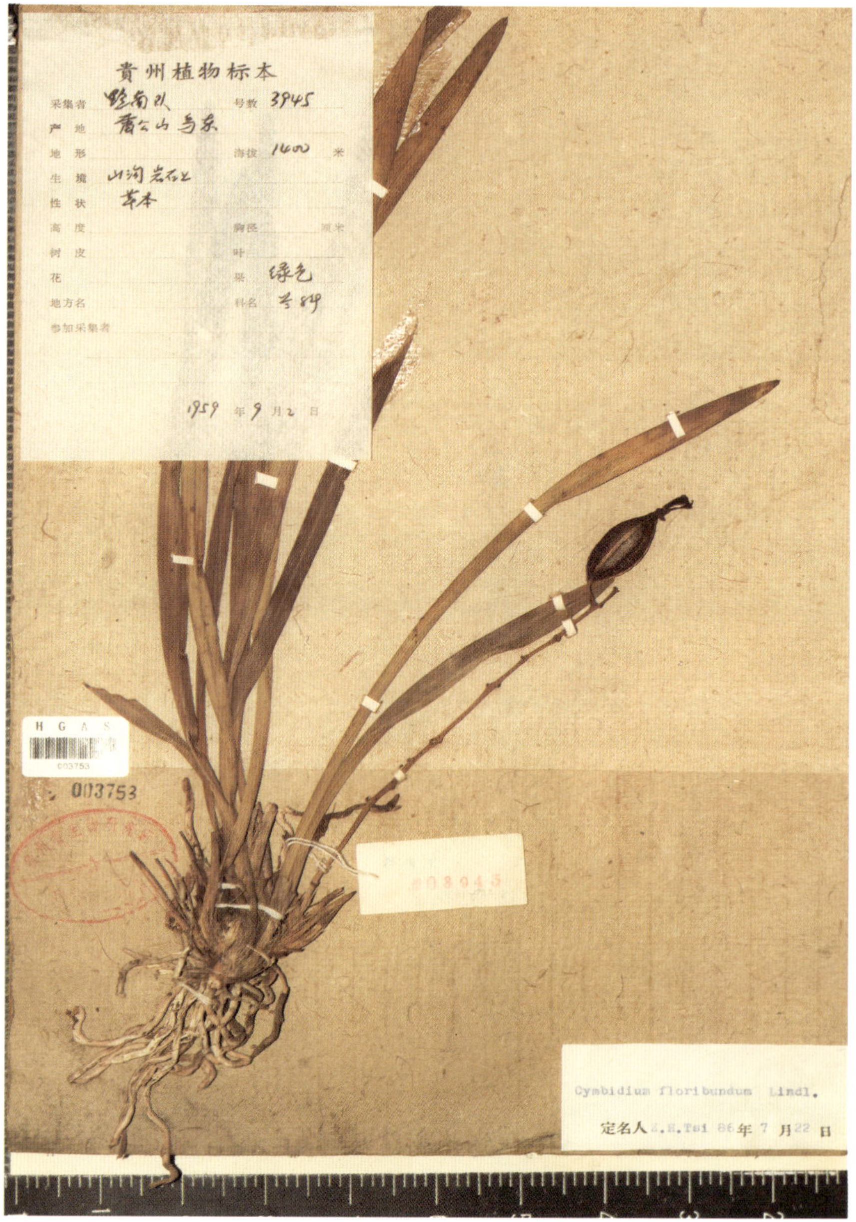
贵州植物标本
003753
Cymbidium floribundum Lindl.

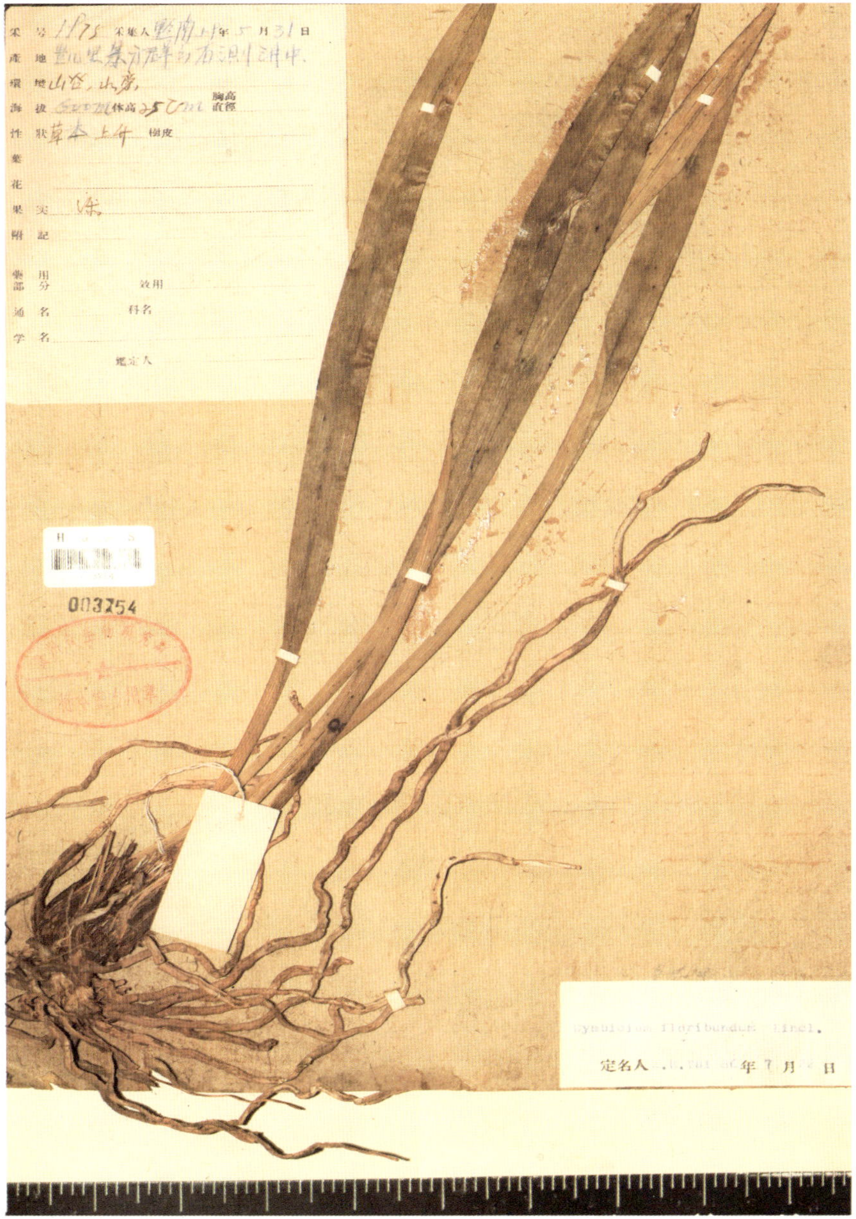
H G A S
003754
定名人

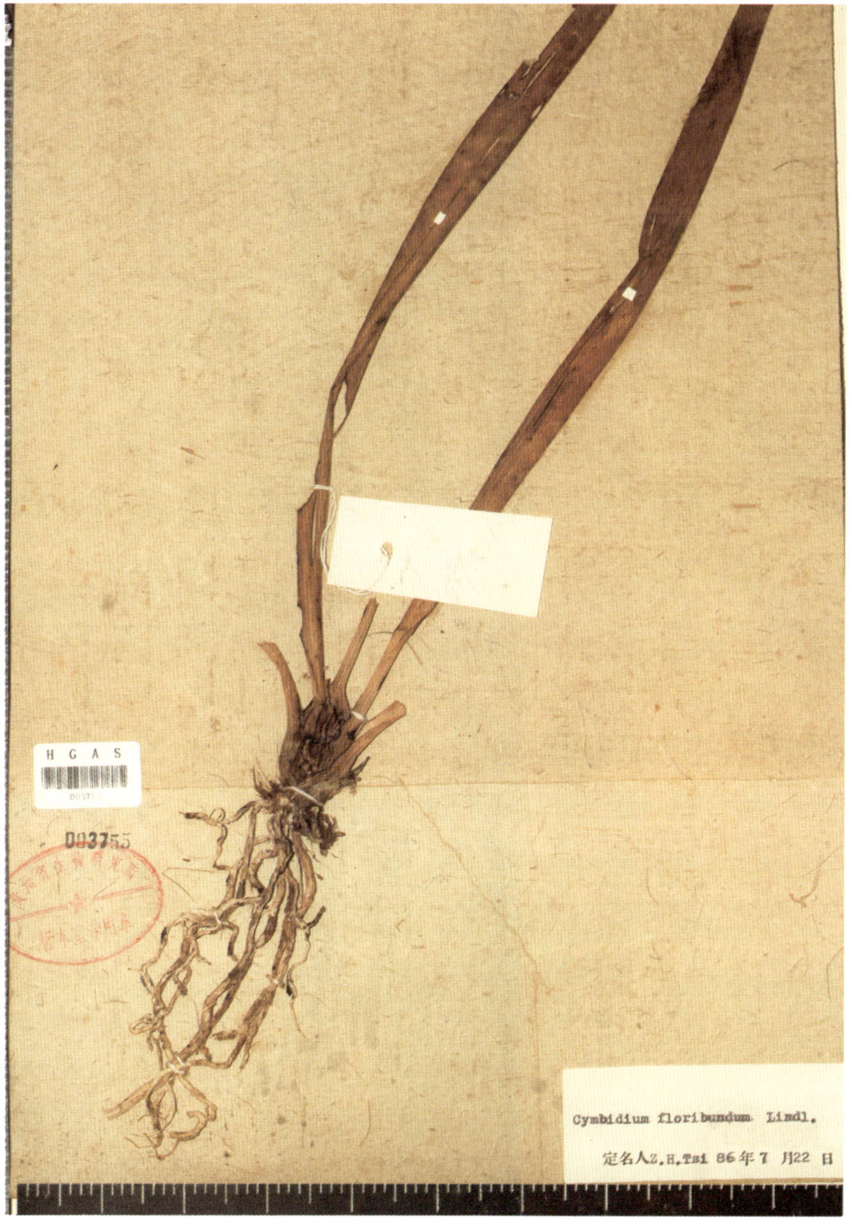
H G A S
003755
Cymbidium floribundum Lindl.
定名人Z.H.Tsi 86年7 月22 日

中国科学院贵州分院植物标本室
003756
Cymbidium floribundum Lindl.
定名人 Z.H.Tsi 86年 7 月22 日

贵州东南部植物
003757
HGAS
003757
Cymbidium floribundum Lindl.

貴州植物标本
H G A S
003758
多花兰
Cymbidium floribundum Lindl.
鉴定人
2000 年 4 月 12 日

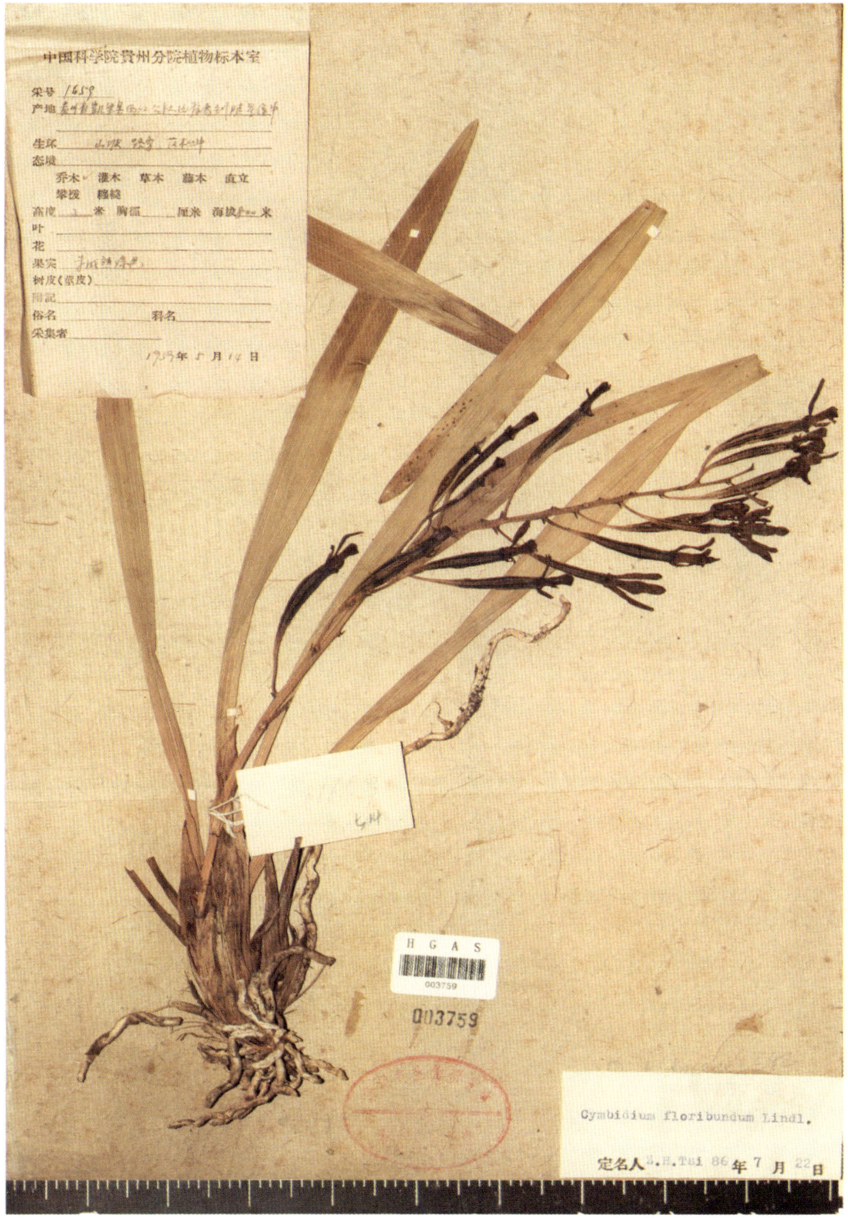
中国科学院貴州分院植物标本室
H G A S
003759
Cymbidium floribundum Lindl.
定名人 S.H.Tsi 86 年 7 月 22 日

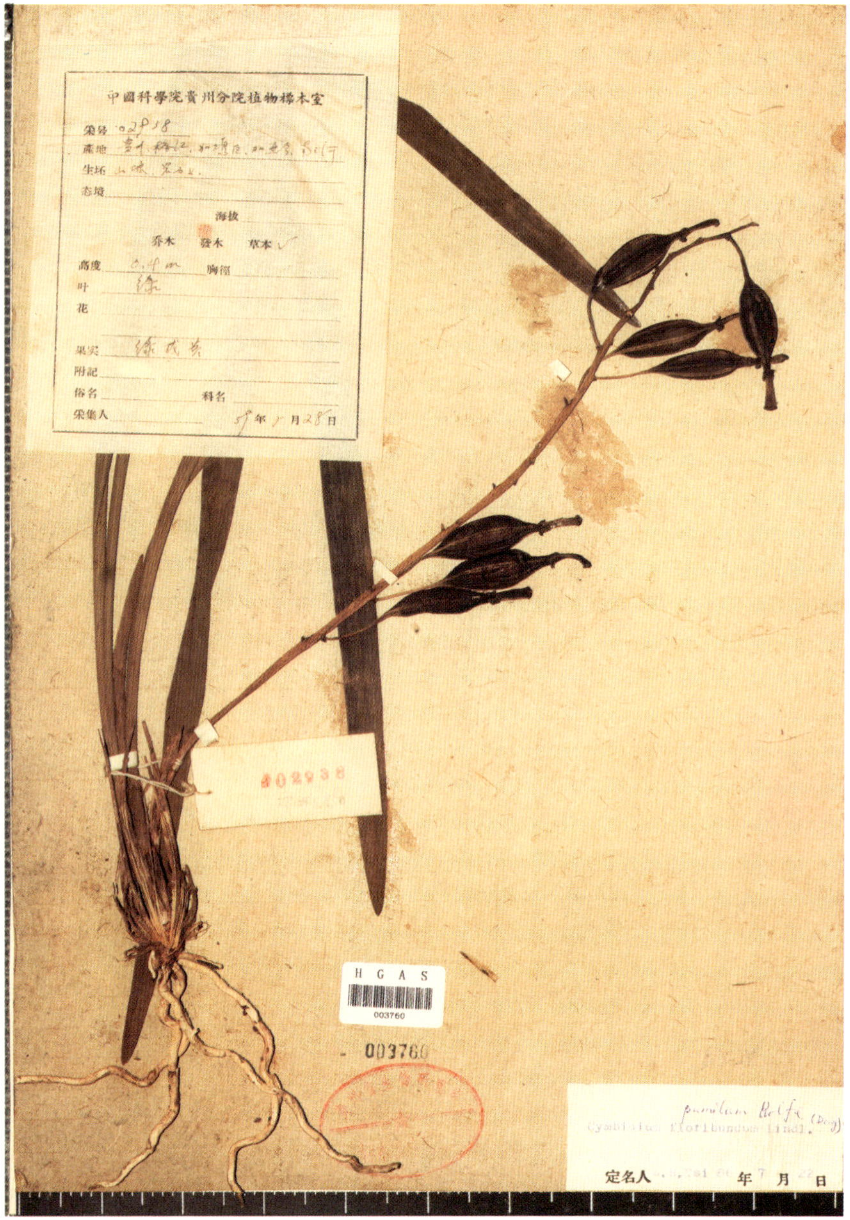

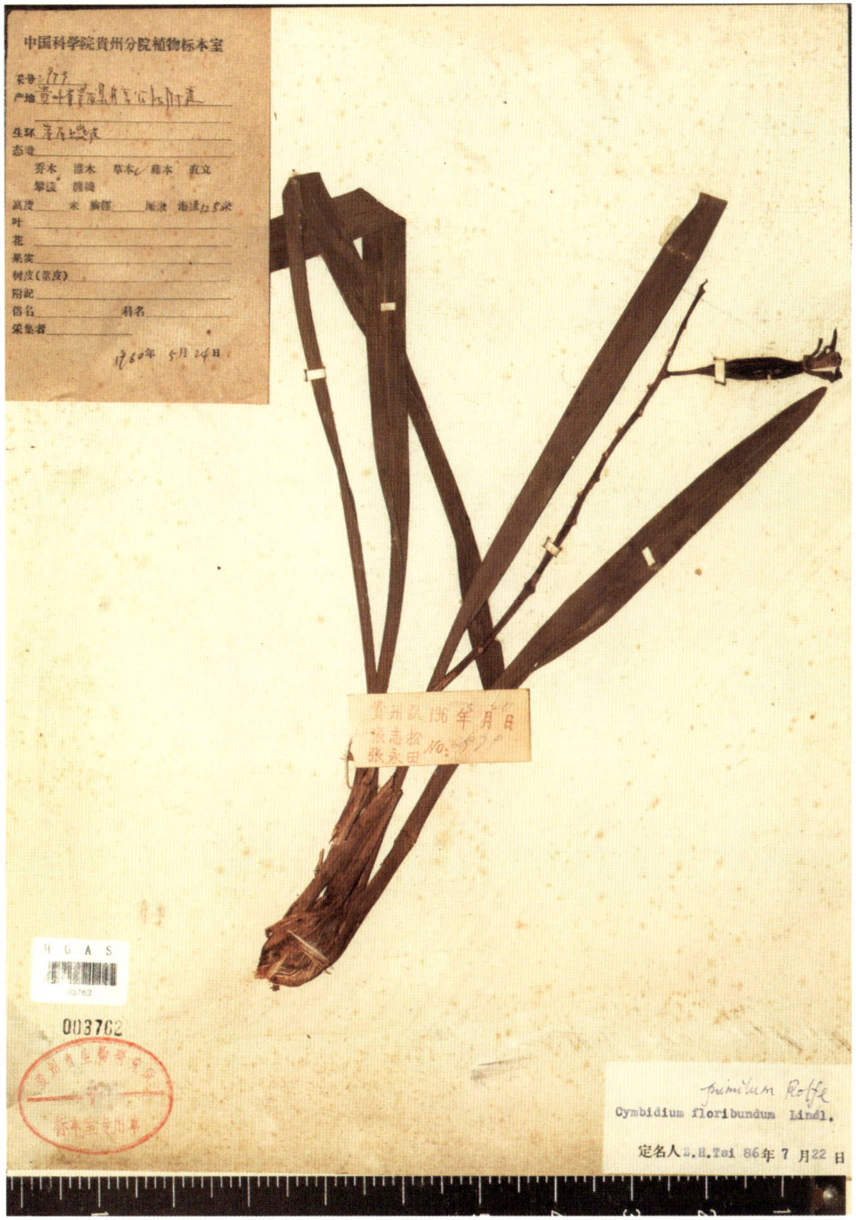
中国科学院贵州分院植物标本室
H G A S
003762
Cymbidium floribundum Lindl.
定名人 S.H.Tsi 86年 7 月22 日

貴州梵淨山植物
H G A S
003763
Cymbidium floribundum Lindl.
定名人 S.H.Tsi 86 年 7 月 22 日

植物标本室
003764
H G A S
003764
Cymbidium floribundum Lindl.
定名人

H G A S
003765
003765
Cymbidium floribundum Lindl.
定名人

16.8 蕙兰 *Cymbidium faberi* Rolfe

【别　　名】中国兰、九子兰、夏兰、九华兰、九节兰、一茎九花、土百部长叶兰。

【形态特征】地生草本。假鳞茎不明显。叶 5～8 枚，带形，直立性强，长 30～80cm，宽 4～12mm，基部常对折而呈“V”形，叶脉透亮，边缘常有粗锯齿。花葶从叶丛基部最外面的叶腋抽出，近直立，长 35～50cm，具多枚长鞘；总状花序具 5～11 朵花或更多，花疏松排列；花苞片线状披针形，最下面的 1 枚较长，长约 3.5cm，中上部的长 1～2cm，短于花梗连子房；花直径 5～6cm，大多淡黄绿色，唇瓣有紫红色斑，一般有香气；萼片披针状长圆形或狭倒卵形，长 2.5～3.5cm，宽 6～8mm；花瓣与萼片相似，比萼片稍短略宽；唇瓣长卵形，长 2～2.5cm，3 裂；侧裂片上面有小乳突或细毛；中裂片强烈反卷，具发亮的乳突，边缘常皱波状；唇盘上有 2 条纵褶片；蕊柱长 1.2～1.6cm，两侧有狭翅；花粉团 4 个，成 2 对。蒴果狭椭圆形，长 5～6cm。花期 3～5 月。

【生长环境】生于海拔 800～1500m 的山地多石湿润处。

【地理分布】贵州全省；秦岭以南至西南各省区有分布。尼泊尔和印度也有。

【馆藏信息】第五标本馆，第 003736、003737、003738、003739、003740 号标本。

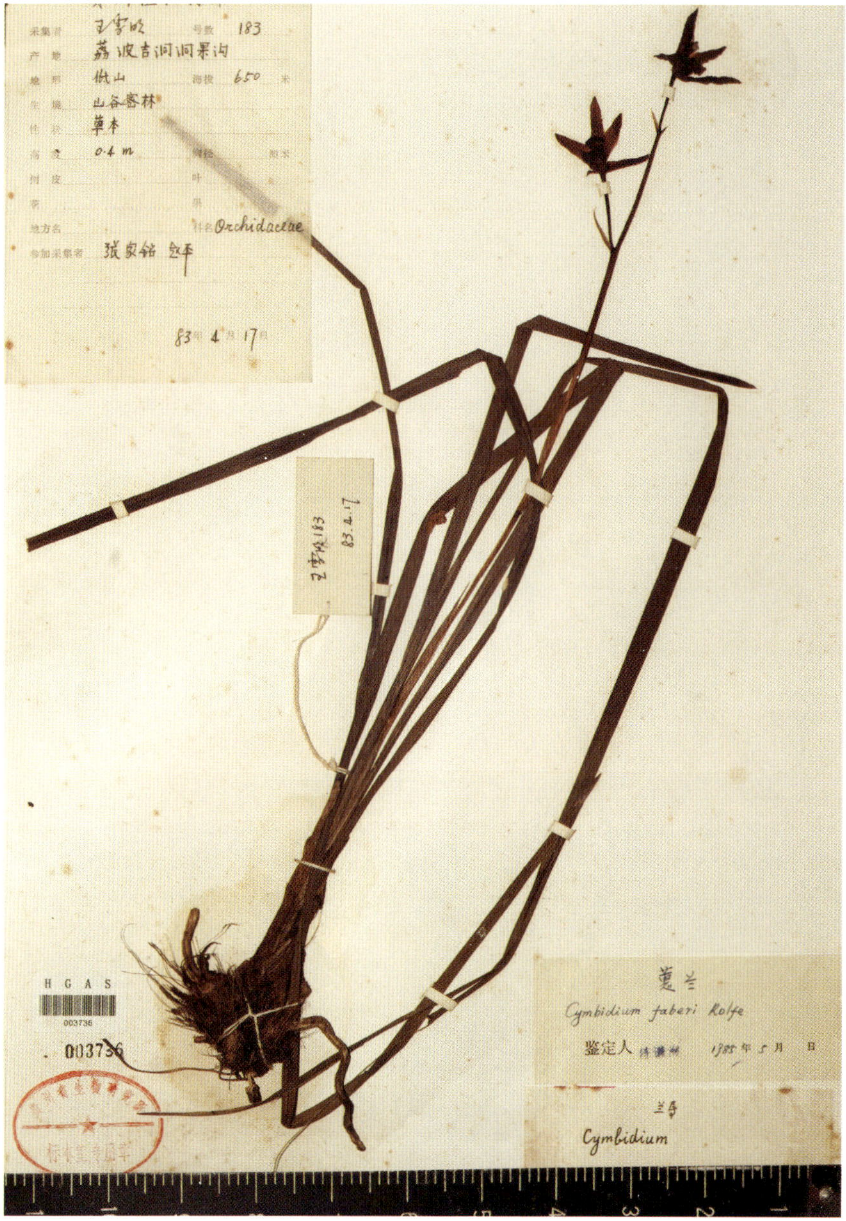

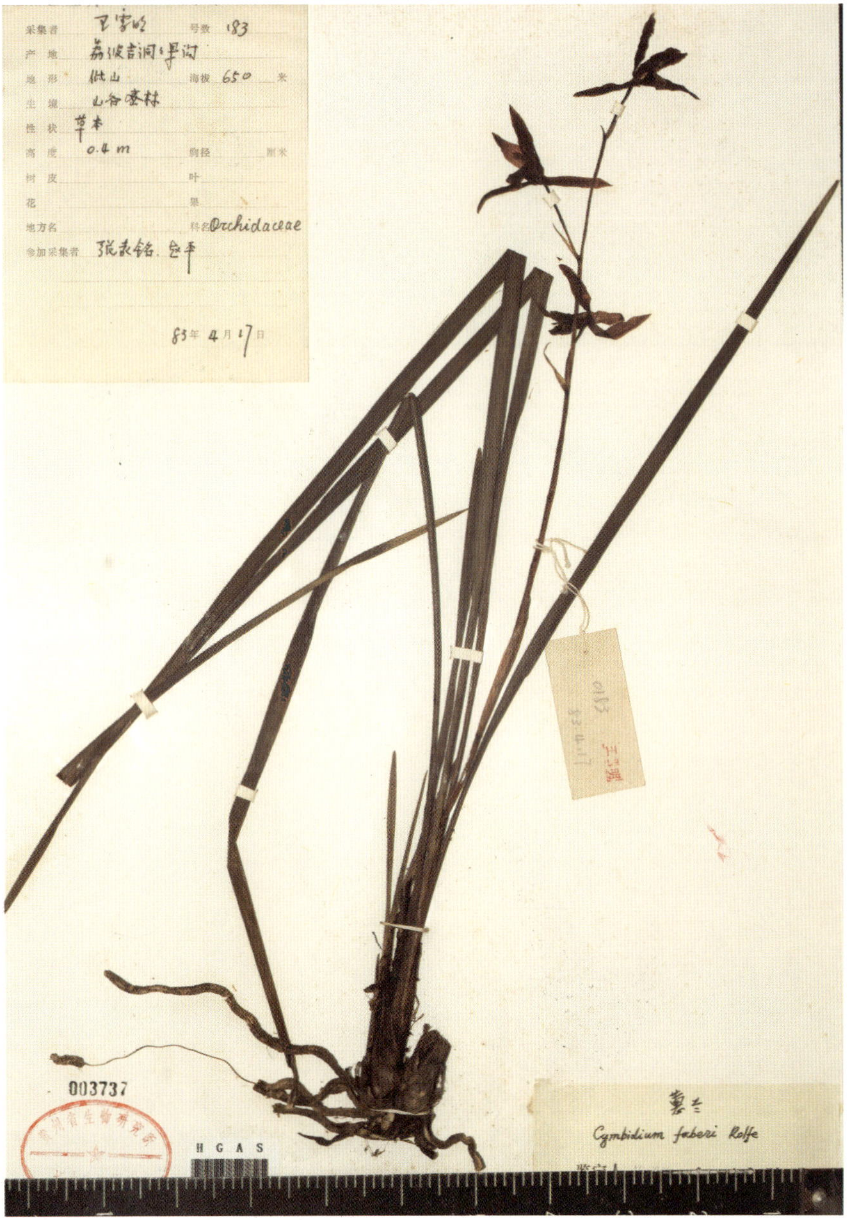

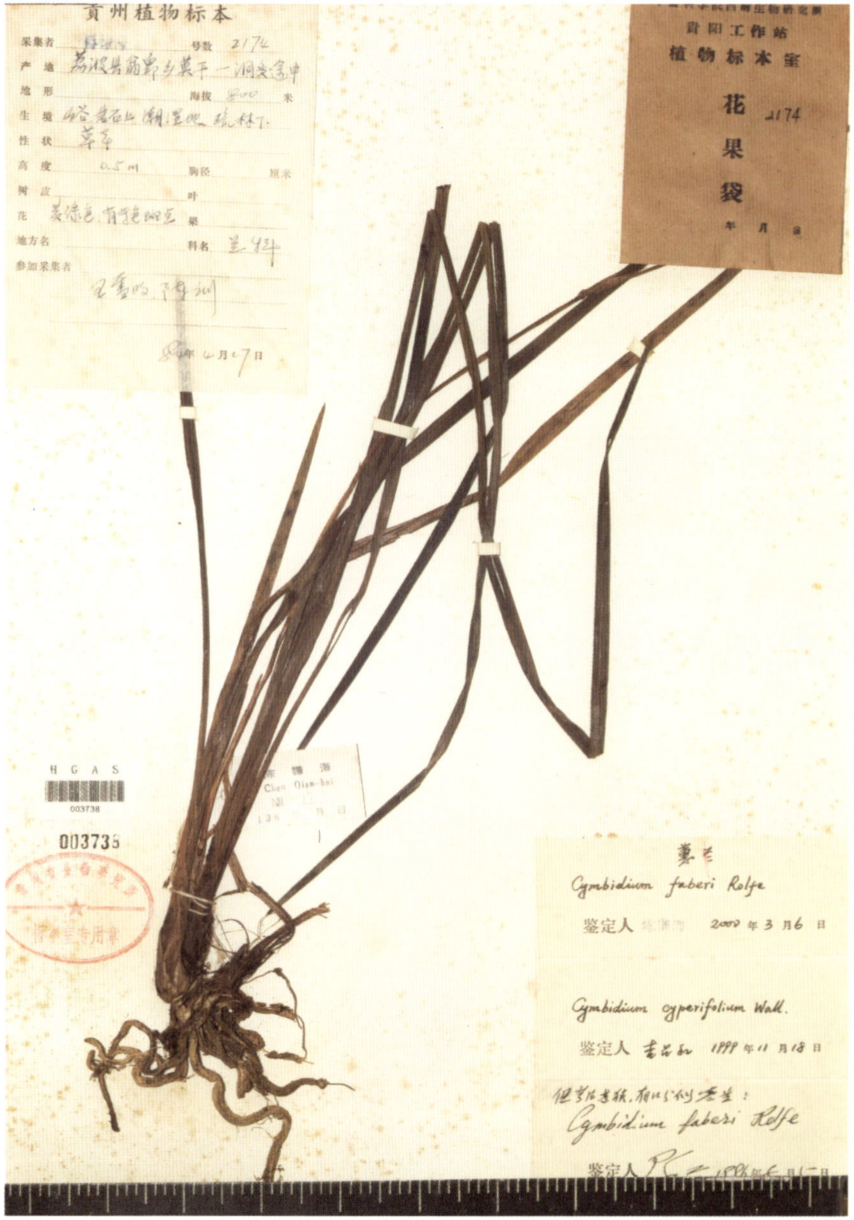

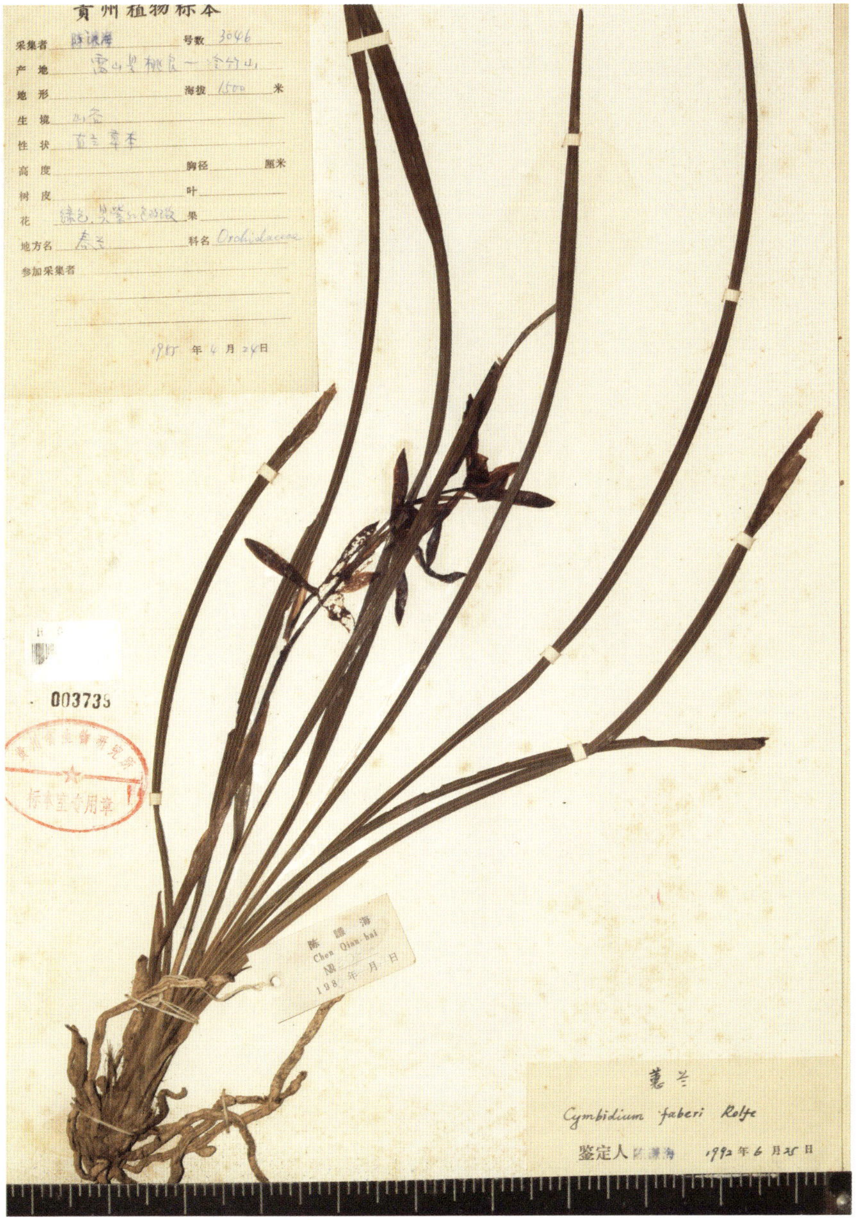
貴州植物标本
003735
Cymbidium faberi Rolfe
鉴定人
1992年6月25日

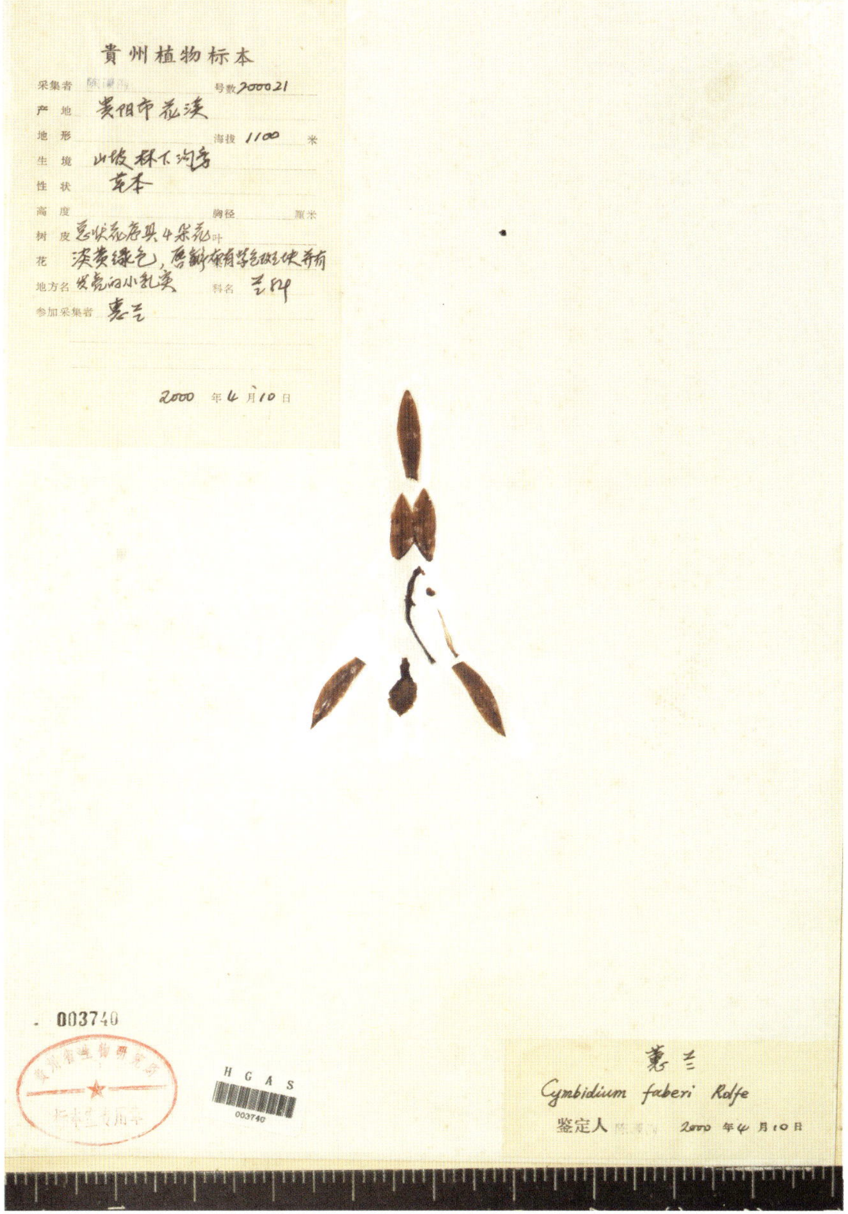
貴州植物标本
号数 200021
贵阳市花溪
海拔 1100 米
2000 年 4 月 10 日
003740
H G A S
003740
蕙兰
Cymbidium faberi Rolfe
鉴定人
2000 年 4 月 10 日

16.9 寒兰 *Cymbidium kanran* Makino

【别　　名】冬兰。

【形态特征】地生草本。假鳞茎狭卵球形，长 2～4cm，宽 1～1.5cm，包藏于叶基之内。叶 3～5（～7）枚，带形，暗绿色，略有光泽，长 35～70cm，宽 1～2cm，前端边缘常有细齿，下部具关节，基部明显收狭，直立性强。花葶从假鳞茎基部发出，长 25～60cm，直立；总状花序疏生 5～12 朵花；花苞片狭披针形，除最下部 1 枚长可达 4cm 外，中、上部的约与花梗连同子房等长；花直径 5～6.5cm，一般为淡黄绿色而具淡黄色或其他色泽的唇瓣，也有白色或紫红色的，常有浓烈香气；萼片线状披针形，长 3～5cm，宽 3～5mm；花瓣比萼片稍宽略短；唇瓣近卵形，稍 3 裂，侧裂片与中裂片上均有乳突状短毛，中裂片反卷；唇盘有 2 条纵褶片；蕊柱长 1.2～1.7cm；花粉团 4 个。花期 10～12 月。

【生长环境】生于海拔 700～2300m 的山谷林下、溪沟旁湿润多石处。

【地理分布】贵州产梵净山、道真、正安、凤冈、石阡、施秉、剑河、雷公山、三都、荔波、遵义、金沙、贵阳、册亨、望谟、晴隆、兴义；我国南方各省区有分布。朝鲜半岛南端至日本南部也有。

【馆藏信息】第五标本馆，第 003769、003770、003771、003772、003773、003774、003775、003776 号标本。

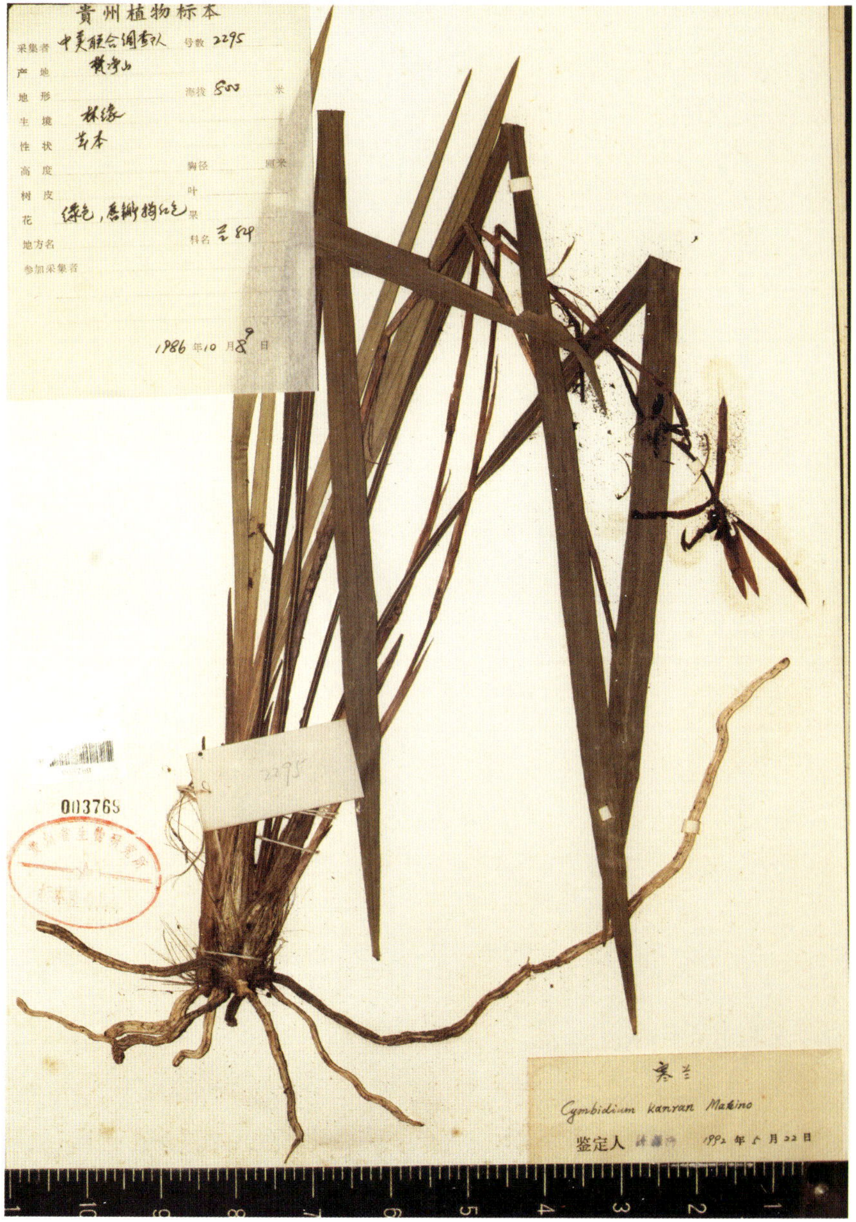

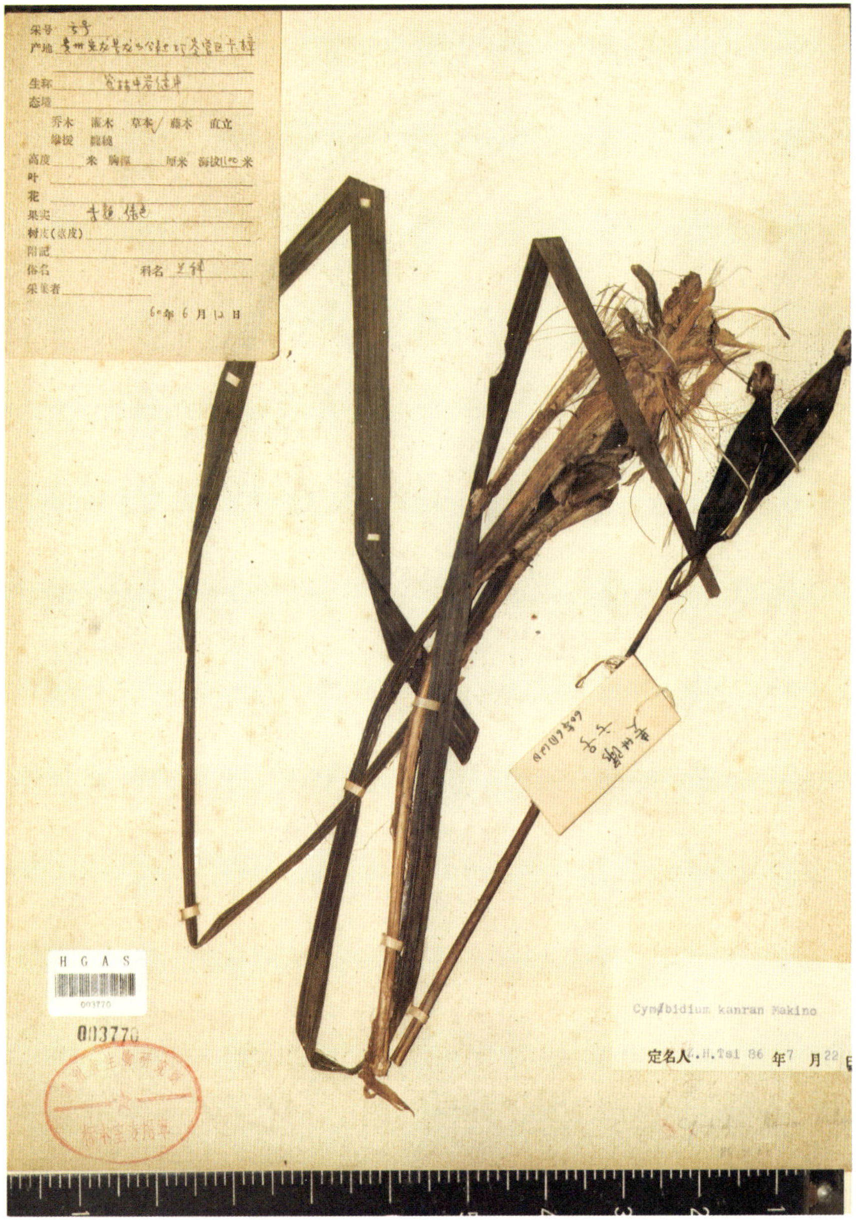
H G A S
003770
Cymbidium kanran Makino
定名人
年7 月22

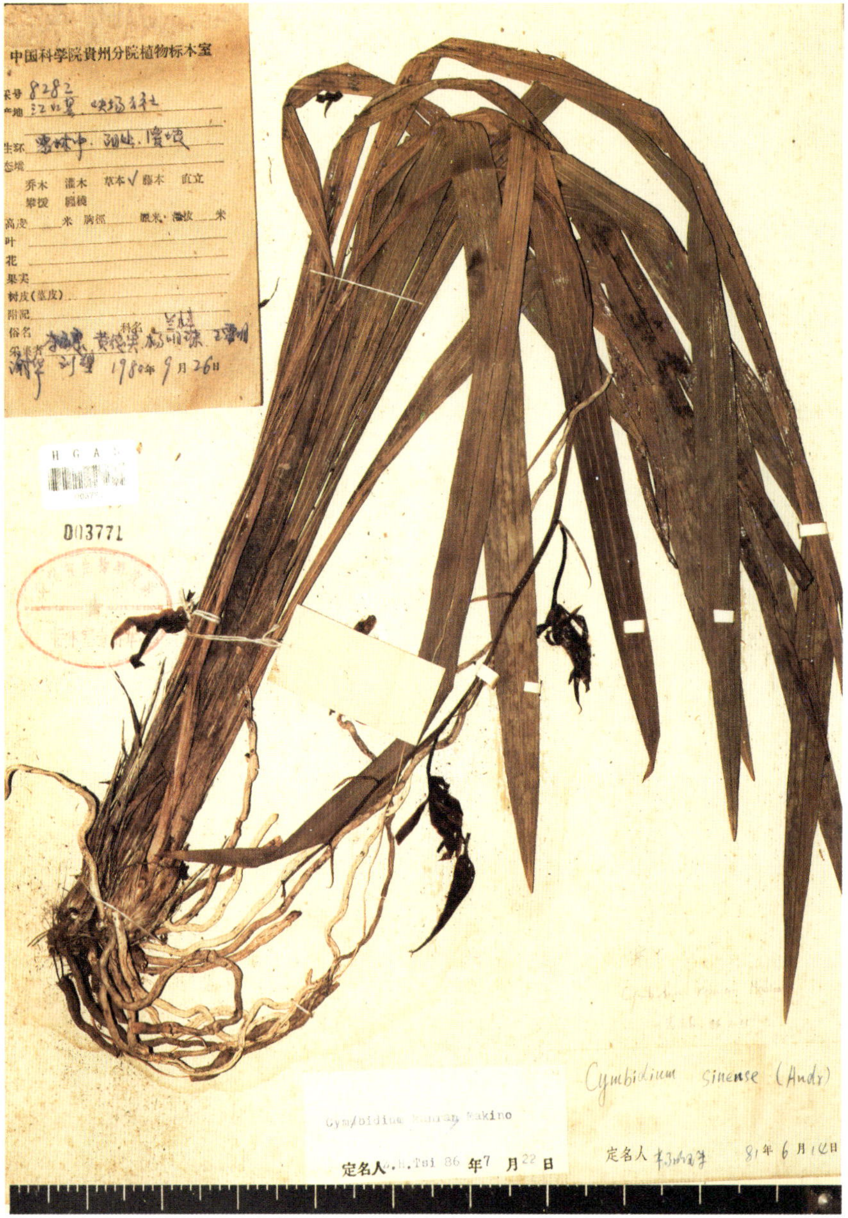
中国科学院贵州分院植物标本室
H G A S
003771
Cymbidium sinense (Andr)
定名人
81年 6 月10日
Cymbidium kanran Makino
定名人
年7 月22 日

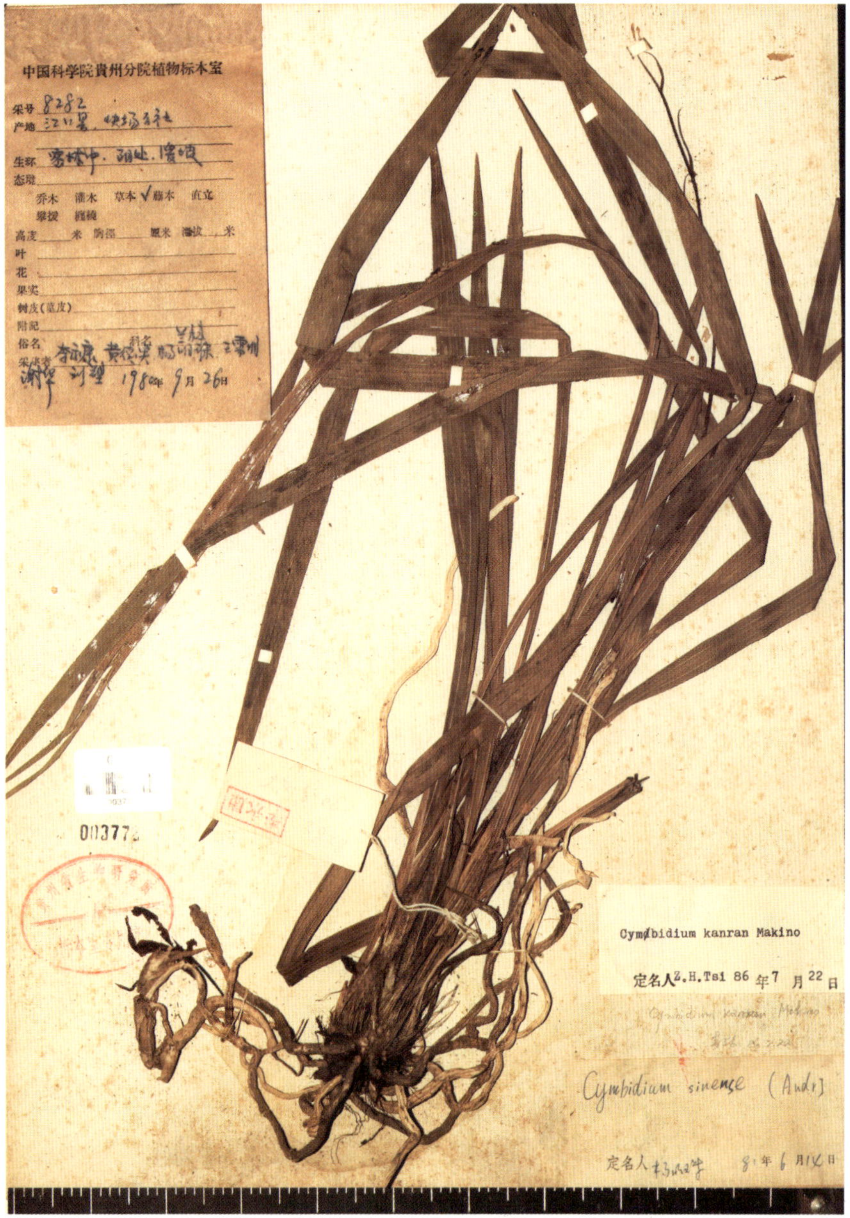
中国科学院贵州分院植物标本室
003773
Cymbidium kanran Makino
定名人Z.H.Tsi 86 年7 月22 日
Cymbidium sinense (Andr.)

贵州植物标本
1981年10月6日
HGAS
003773
Cymbidium kanran Makino
鉴定人 2000 年3 月6 日

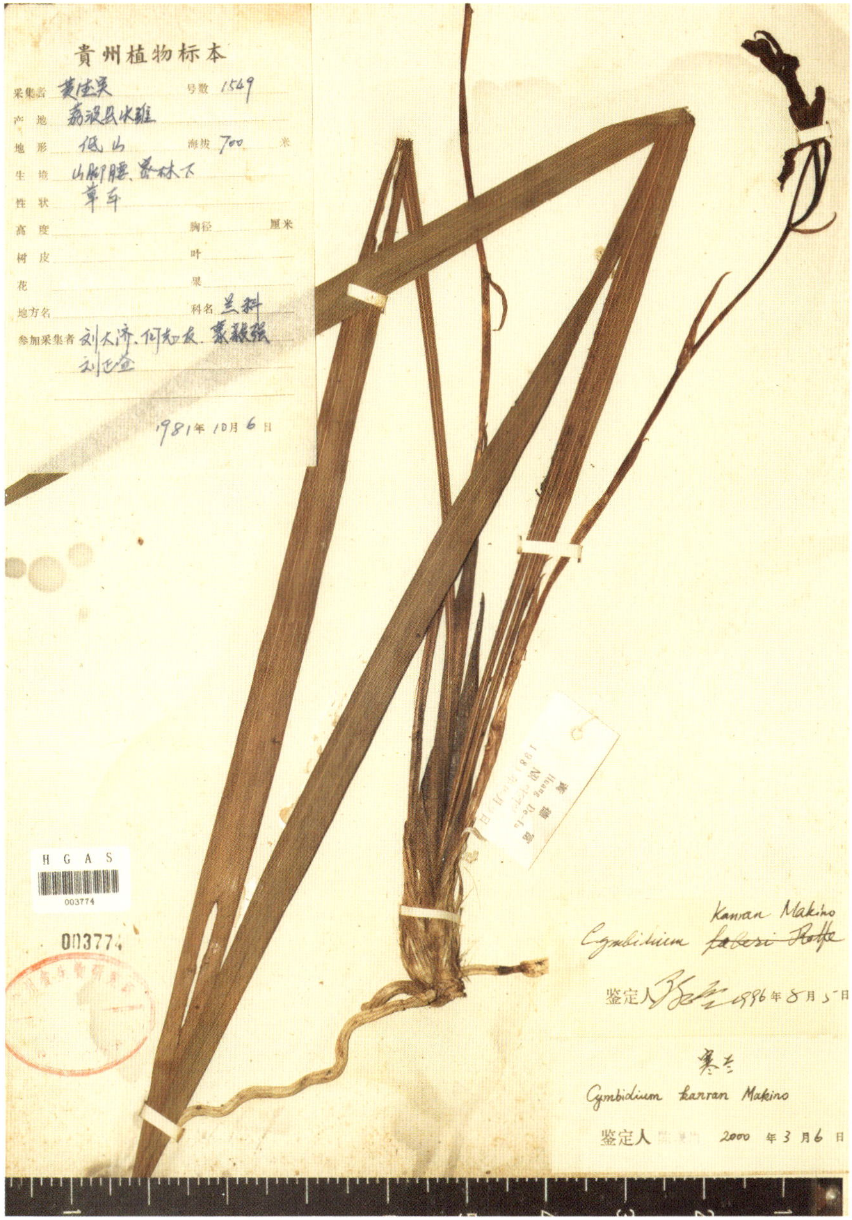

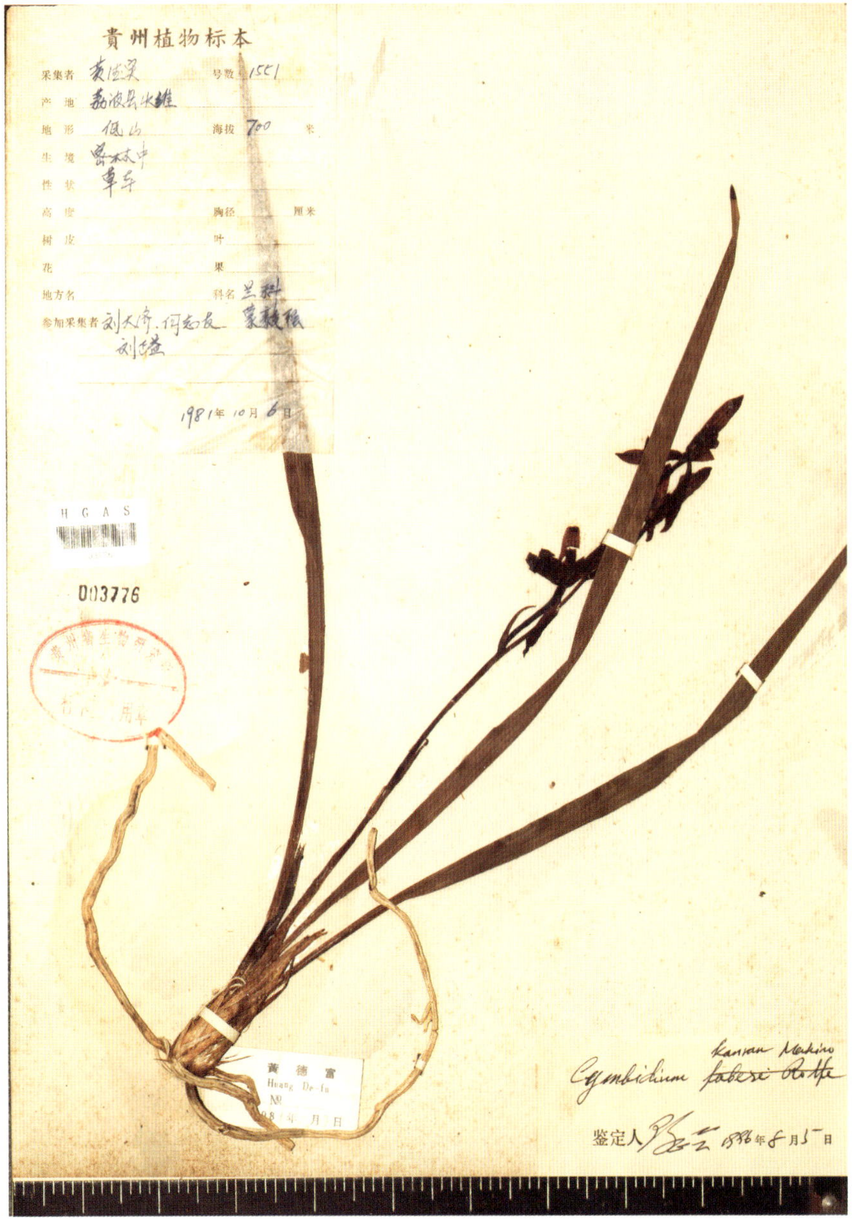
贵州植物标本
采集者
号数 1551
产地
地形
海拔 700 米
生境
性状
高度
胸径 厘米
树皮
叶
花
果
地方名
科名 兰科
参加采集者
1981年10月6日
HGAS
003776
黄德富
Huang De-fu
№
Cymbidium kanran Makino
鉴定人 1986年8月5日

16.10 邱北冬蕙兰 *Cymbidium qiubeiense* K. M. Feng et H. Li

【形态特征】地生草本；假鳞茎卵球形，较小，长1～1.5cm，宽6～9mm，包藏于青紫褐色的叶鞘内。叶2～3枚，带形，深绿色并带污紫色，长30～80cm，宽5～10cm，先端渐尖，边缘有细齿缺，基部收狭成长柄；叶柄紫黑色，铁丝状，长10～20cm，有关节。花葶从假鳞茎基部发出，直立，长25～30cm，紫色，有5～6朵花；花苞片披针形，紫色，下部的长约1.5cm，宽约5mm；花直径约4cm，有清香气；萼片与花瓣绿色，花瓣基部有暗紫色斑块，唇瓣白色，侧裂片带红色，中裂片绿色，有紫斑；萼片线状披针形，长约2.5cm，宽约6mm，具5裂，花瓣斜披针形，长约2.2cm，宽约7mm；唇瓣近卵状长圆形，3裂，长约2cm，宽约1cm；唇盘上有2条纵褶片，褐色，延伸至中裂片基部上方；蕊柱长约1.3cm。花期10～12月。

【生长环境】生于海拔800～1300m的山地林下。

【地理分布】贵州产惠水、毕节、六盘水、黔西、紫云、望谟、安龙、兴义；云南有分布。

【馆藏信息】第五标本馆，第003780号标本。

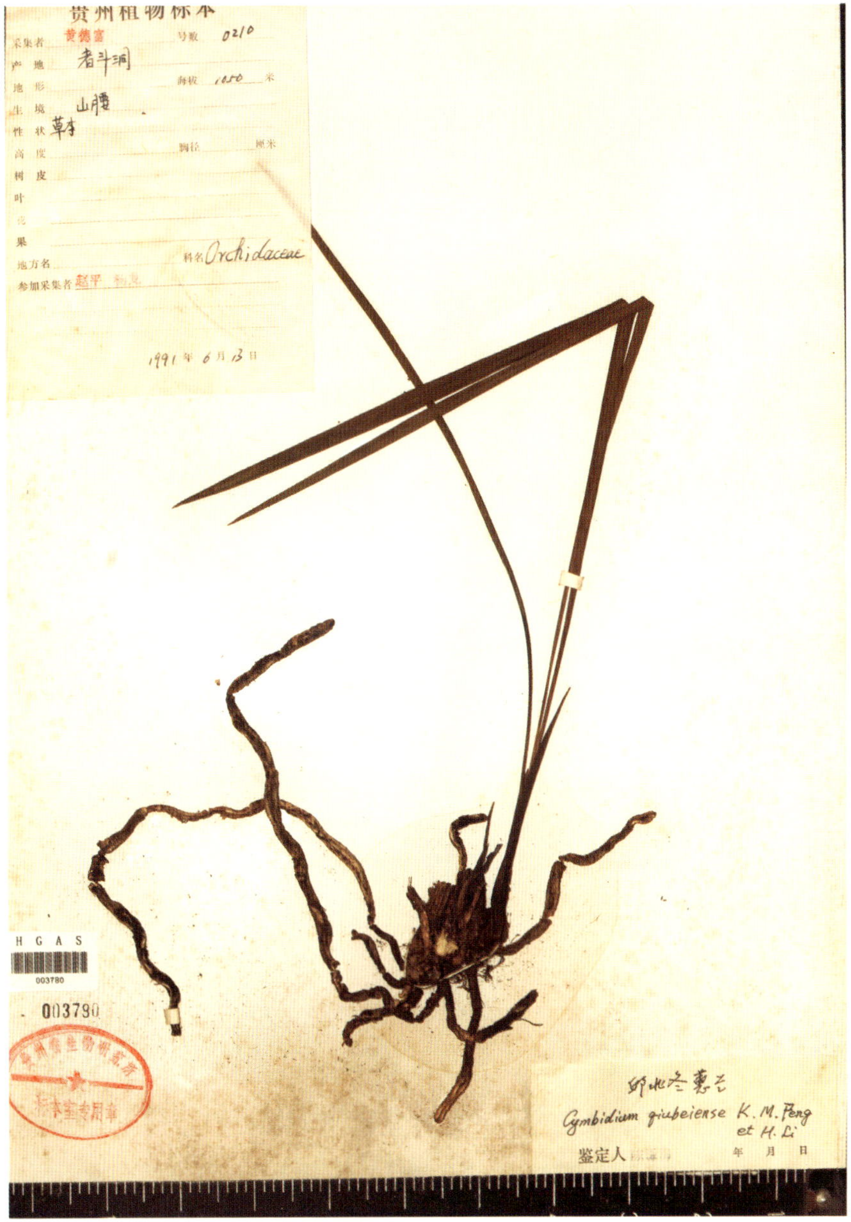

17 杓兰属

17.1 扇脉杓兰 *Cypripedium japonicum* Thunb.

【别　　名】一把伞。

【形态特征】植株具细长根状茎。茎被褐色长柔毛，具2枚叶，罕有3枚叶。叶对生，扇形，长10～16cm，宽10～21cm，上半部边缘钝波状，具扇形辐射状脉直达叶缘，近基部被长柔毛，边缘具细缘毛。花序顶生1朵花，花序柄被长柔毛；花苞片叶状，菱形或卵状披针形，长2.5～5cm，宽1～2cm，无毛；花梗连子房长2～3cm，被长柔毛；萼片和花瓣淡黄绿色，基部多少有紫色斑点，唇瓣淡黄绿色至淡紫白色，多少有紫红色斑点和条纹；中萼片狭椭圆形，长4.5～5.5cm，宽1.5～2.5cm，无毛；合萼片与中萼片相似，先端2浅裂；花瓣斜披针形，长4～5cm，宽1～1.2cm；唇瓣下垂，囊状，倒卵形，长4～5cm，宽3～3.5cm。花期4～5月。

【生长环境】生于海拔1200～1500m的林下或灌木丛中湿润处。

【地理分布】贵州产梵净山、松桃、道真、清镇；陕西、甘肃、安徽、浙江、江西、湖北、湖南、四川有分布。日本也有。

【馆藏信息】第五标本馆，第003781、003782、003783、003784、003785号标本。

贵州植物标本
HGAS
003782
扇脉杓兰
Cypripedium japonicum Thunb.
鉴定人 2000 年3月7日

贵州植物标本
1959 年8月20日
HGAS
003783
扇脉杓兰
Cypripedium japonicum Thunb.
鉴定人 2000 年3月7日
Orchidaceae

中国科学院貴州分院植物标本室
HGAS
003784
扇脉杓兰
Cypripedium japonicum Thunb.
鉴定人 何名海 1978 年 3 月 日

中国科学院貴州分院植物标本室
003785
扇脉杓兰
Cypripedium japonicum Thunb.
鉴定人 2002年 1 月16 日

18 石斛属

18.1 束花石斛 *Dendrobium chrysanthum* Lindl.

【别　　名】水马棒、金兰。

【形态特征】茎圆柱形，肉质、粗厚，下垂，不分支，具多节，干后浅黄色。叶纸质，2 列，长圆状披针形，长 13～19cm，宽 1.5～2.5cm，先端渐尖；叶鞘纸质，浅白色，干后有鳞片状斑点。伞状花序侧生于具叶的茎上部，有 2～6 朵花；几无花序柄；花黄色，质地厚；萼片均等长，花瓣比萼片宽，先端圆钝；唇瓣肾形或横长圆形，基部具爪，边缘具短流苏，两面密布短毛；唇盘两侧各具 1 个栗色斑块，爪的顶端有 1 个长圆形的胼胝体；蕊柱长约 4mm，蕊柱足长约 6mm。花期 9～10 月。

【生长环境】生于海拔 500～1520m 的山地林中树干上或阴湿的岩石上。

【地理分布】贵州产盘州、关岭、金沙、罗甸、平塘、安龙、兴义；广西、云南、西藏有分布。尼泊尔、不丹、印度东北部至越南也有。

【馆藏信息】第五标本馆，第 003911 号标本。

18.2 叠鞘石斛 *Dendrobium denneanum* Kerr

【别　　名】马棒草、大黄草、迭鞘石斛、紫斑金兰。

【形态特征】茎圆柱形，粗 4mm 以上，不分支，具多数节，干后黄色。叶狭长圆形或长圆形，长 8～10cm，宽 1.8～4.5cm，先端微凹，基部具紧抱于茎的鞘。花序生于去年生无叶的茎上端，长 5～14cm，具 1～3 朵花；花苞片长 1.8～3cm；花黄色，开展；萼片等长；花瓣椭圆形，约与萼片等长，但稍宽；唇瓣近圆形，长约 2.5cm，不裂；唇盘具 1 个大的紫色斑块。花期 5～6 月。

【生长环境】生于海拔 500～900m 的山地林中树干上。

【地理分布】贵州产惠水、平塘、罗甸、关岭、安龙、兴义；海南、广西、云南、喜马拉雅东部有分布。中南半岛也有。

【馆藏信息】第五标本馆，第 003910 号标本。

18.3 流苏石斛 *Dendrobium fimbriatum* Hook.

【别　　名】大黄草。

【形态特征】茎圆柱形，质地坚硬，不分支，干后淡黄色，具多数纵条棱。叶革质，2 列，长圆形或长圆状披针形，长 8～14cm，宽 2～3.5cm，先端急尖，基部具抱茎的革质鞘。总状花序长 5～15cm，疏生 6～12 朵花，花序柄基部被数枚膜质鞘；花金黄色，质地薄，开展，有香气，直径约 3.5cm；萼片长约 2cm；花瓣长椭圆形，约与萼片等长，但稍宽，先端钝，边缘多少有齿；唇瓣的颜色较花瓣和萼片深，近圆形，上面密布短毛，边缘具复流苏；唇盘有 1 个半月形的红色斑块。花期 4～6 月。

【生长环境】生于海拔 500～1500m 的山地林中树干上或阴湿岩石上。

【地理分布】贵州产江口、正安、习水、赫章、关岭、独山、平塘、荔波、从江、罗甸、望谟、安龙、兴义；广西、云南有分布。尼泊尔、不丹、印度、缅甸、泰国、越南也有。

【馆藏信息】第五标本馆，第 003912 号标本。

18.4 细叶石斛 *Dendrobium hancockii* Rolfe

【别　　名】黑竹丫草。

【形态特征】茎直立，圆柱形或基部上方有数个节间呈纺锤形，长达80cm，直径2～3.5mm，常多分支，有条棱，干后深黄色或橙黄色，有光泽，具3～6枚叶。叶狭长圆形至线形，长3～10cm，宽3～6mm，先端不等侧2裂。总状花序具1～2朵花；花金黄色，质地厚，稍具香气，直径3～4cm；萼片等长，长1.8～2.4cm；花瓣约与萼片等长，但较宽；唇瓣3裂，基部有1个胼胝体；侧裂片近半圆形，围抱蕊柱；中裂片近扁圆形，先端锐尖；唇盘通常浅绿色，密布乳突状毛；药帽斜圆锥形，光滑。花期4～5月。

【生长环境】生于海拔700～1000m的山地林中树干或岩石上。

【地理分布】贵州产罗甸、望谟、册亨、安龙、兴义；甘肃、陕西、河南、湖北、湖南、广西、四川、云南有分布。

【馆藏信息】第五标本馆，第003913、003914、004059号标本。

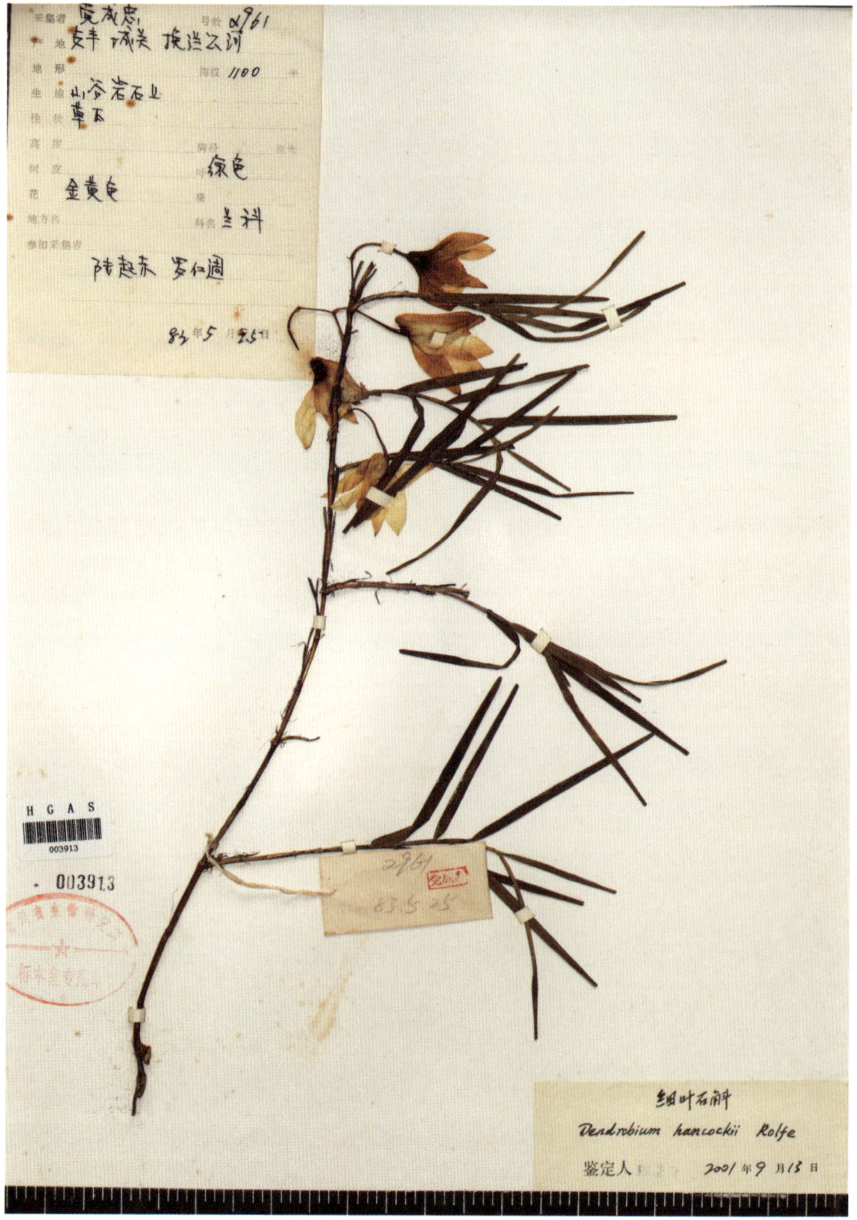

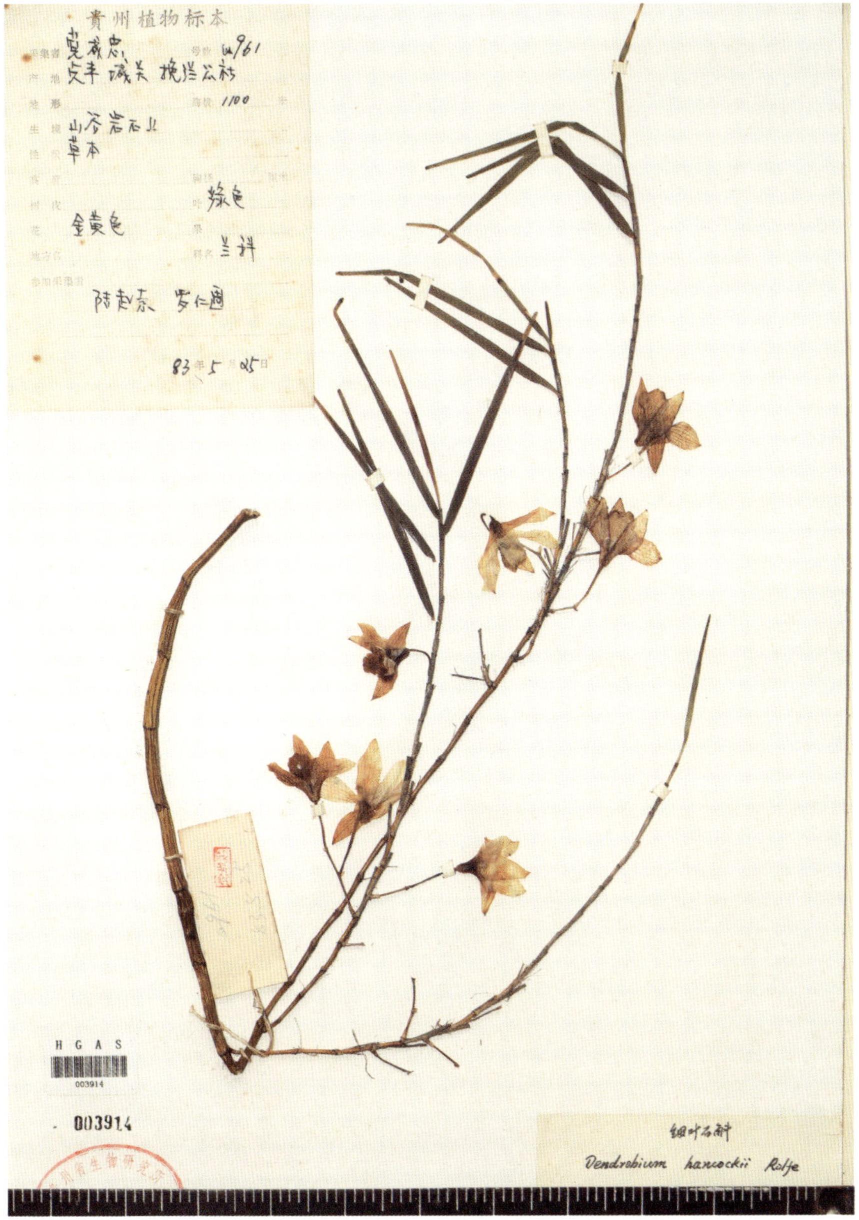
貴州植物标本
H G A S
003914
细叶石斛
Dendrobium hancockii Rolfe

中国科学院貴州分院植物标本室
H G A S
004059
细叶石斛
Dendrobium hancockii Rolfe
鉴定人

18.5 重唇石斛 *Dendrobium hercoglossum* Rchb. f.

【别　　名】豪猪尖、网脉唇石斛。

【形态特征】茎圆柱形，基部向上渐变粗，直径2～6mm，具数节，节间长1～2.5cm，干后黄色。叶薄革质，长圆状披针形，长4～7cm，宽8～13mm，先端不等侧2圆裂，基部具紧抱茎的鞘。总状花序数个，发自落叶的老茎上，具2～3朵花；花萼片和花瓣粉红色，唇瓣白色；中萼片卵状长圆形，长1.3～1.8cm；侧萼片与中萼片等大；花瓣倒卵状长圆形，长1.2～1.5cm，先端锐尖；唇瓣的后唇半球形，前端密生短流苏，内面密生短毛；前唇三角形，无毛；蕊柱白色，长约4mm；药帽半球形，紫色，密布细乳突。花期6月。

【生长环境】生于海拔700～1150m的山地林中树干上。

【地理分布】贵州产罗甸、望谟、清镇、册亨、紫云、兴义；安徽、江西、湖南、广东、海南、广西、云南有分布。泰国至马来西亚也有。

【馆藏信息】第五标本馆，第003918、003919号标本。

貴州 植物
中国科学院植物研究所
植物標本室
HGAS
003919
003919
Dendrobium hercoglossum Rchb. f.
(D. wangii Tso)
定名人李朝斗.叶阳明 75年7月29日
重唇石斛
Dendrobium hercoglossum Rchb. f.
鉴定人 2000年3月6日

18.6 聚石斛 *Dendrobium lindleyi* Stendel

【形态特征】茎肥厚，丛生，卵状长圆形或纺锤形，具 4 条棱，长 3～6cm，有 2～5 个节，干后淡黄褐色，有光泽，顶生 1 枚叶。叶革质，长圆形，长 3～8cm，宽 6～30mm，先端钝并有微凹，边缘波状。总状花序发自茎的上端，远较茎长，长达 20cm，疏生数朵至 10 余朵花；花黄色，薄纸质，直径约 3cm；萼片长约 2cm；花瓣与萼片近等长，稍宽；唇瓣近肾形，不裂，上面密布乳突状毛。花期 4～5 月。

【生长环境】生于海拔 500～800m 的山地林中树干上。

【地理分布】贵州产都匀、独山、荔波、望谟、册亨、安龙；广东、海南、香港、广西有分布。不丹、印度、缅甸、泰国、老挝和越南也有。

【馆藏信息】第五标本馆，第 003920 号标本。

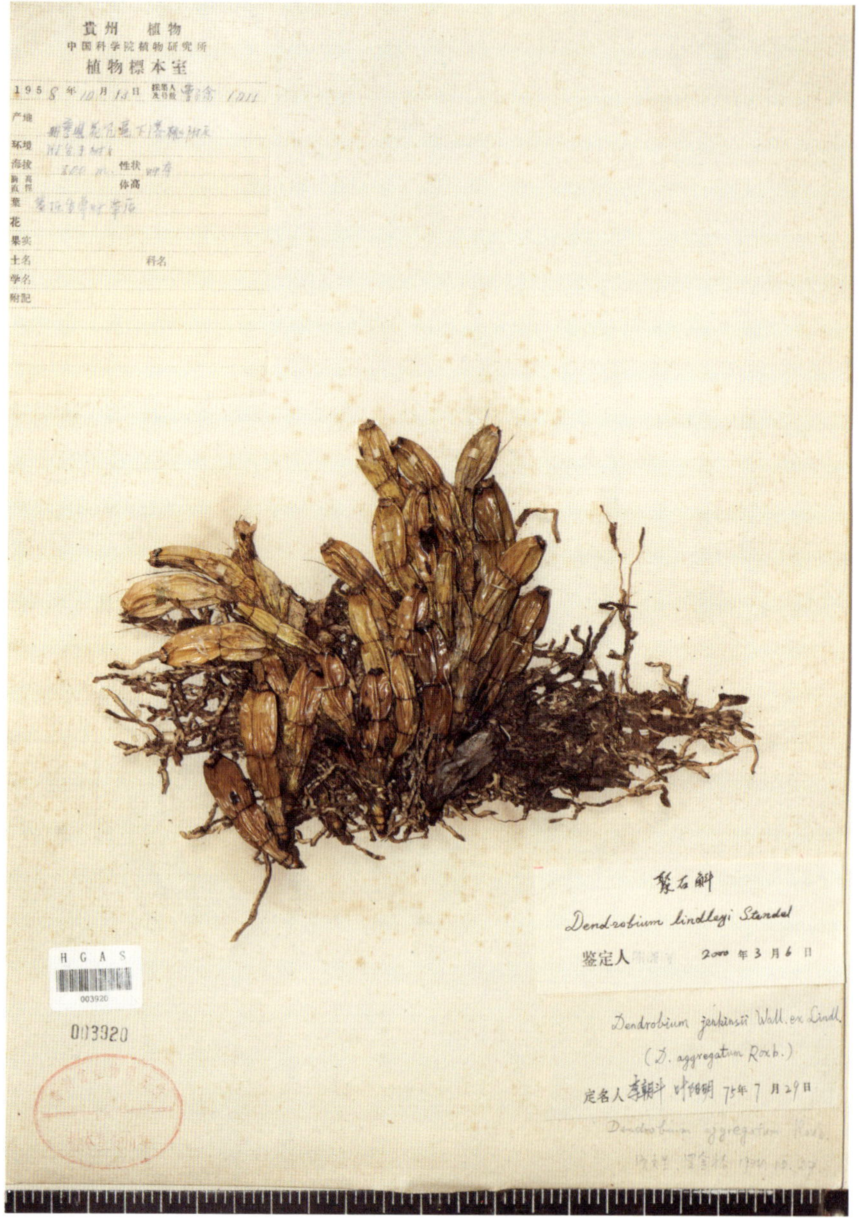

18.7 罗河石斛 *Dendrobium lohohense* T. Tang et F. T. Wang

【别　　名】黄竹丫、细黄草。

【形态特征】茎圆柱形，直径 3～5mm，具多节，上部节上生根而分出新枝条，干后金黄色，有数条纵棱。叶薄革质，长圆形，长 4～7cm，宽 6～20mm，先端急尖，基部具抱茎的鞘，鞘口张开。花序具单朵花，侧生于茎端或叶腋；花蜡黄色，稍肉质；萼片长约 1.5cm；花瓣椭圆形，长约 1.7cm；唇瓣倒卵形，长约 2cm，不裂，基部两侧围抱蕊柱，前端边缘具细齿；蕊柱长约 3mm；药帽近半球形，光滑。花期 6 月。

【生长环境】生于海拔 460～1200m 的山地林缘岩石上。

【地理分布】贵州产沿河、务川、剑河、锦屏、三都、独山、龙里、贵定、平塘、长顺、惠水、水城、罗甸、安龙、兴义、赤水；湖北、湖南、广东、广西、四川、云南有分布。

【馆藏信息】第五标本馆，第 003922、003923、004060 号标本。

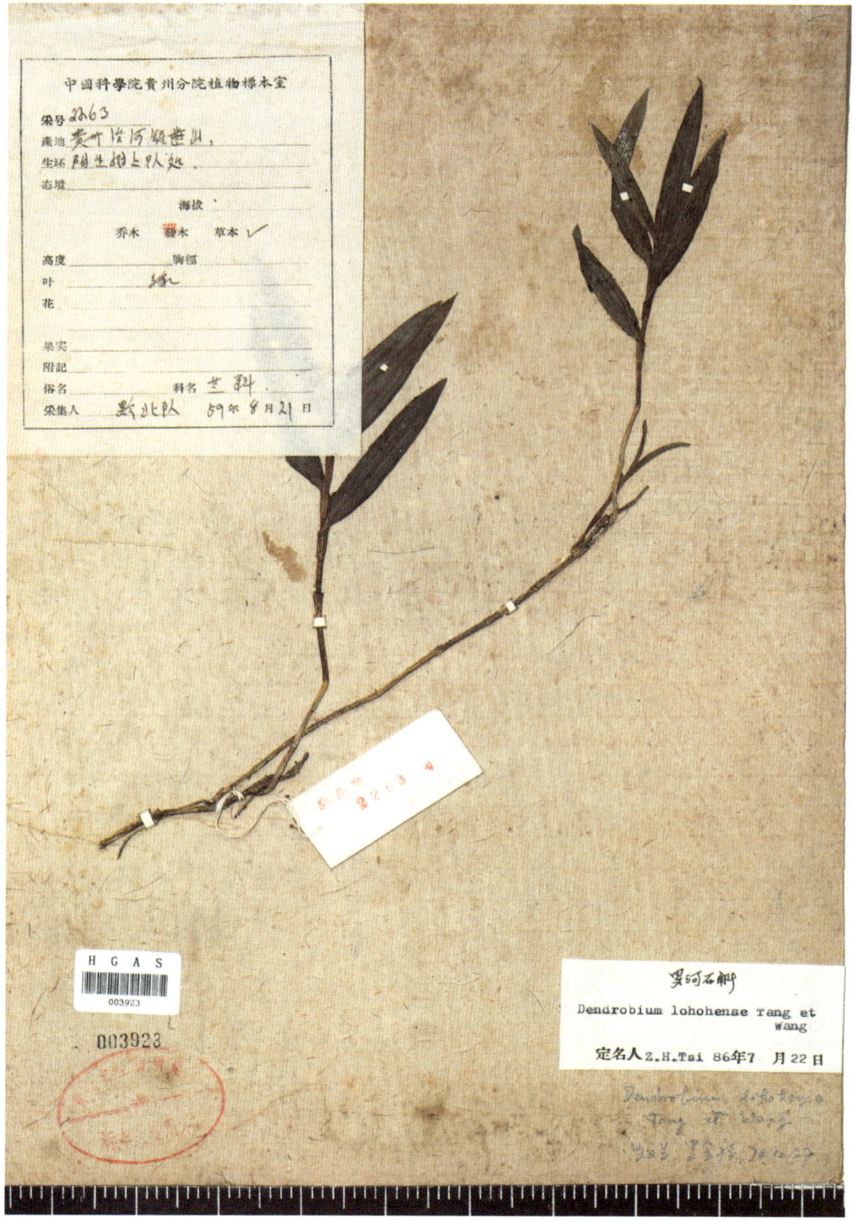
中国科學院貴州分院植物標本室
HGAS
003923
003923
罗河石斛
Dendrobium lohohense Tang et Wang
定名人 Z.H.Tsi 86年7 月22日

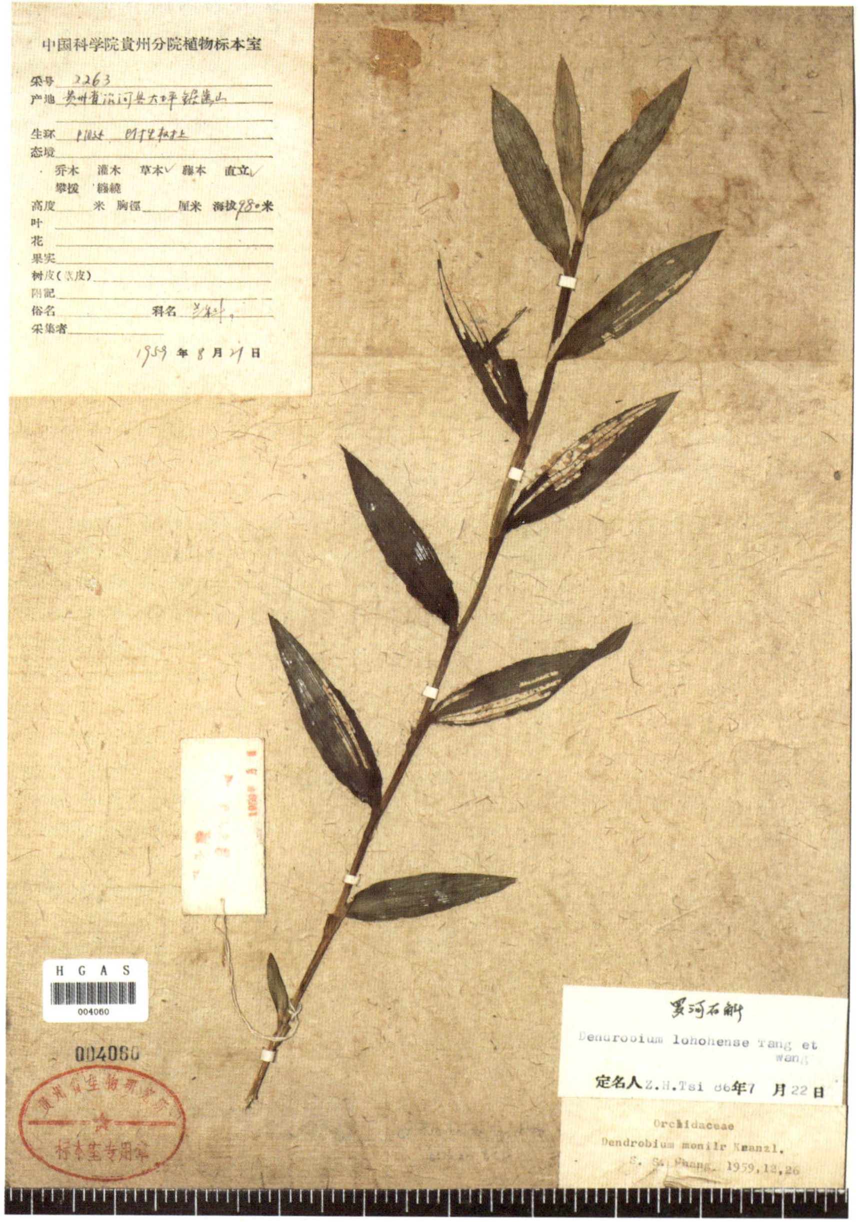
中国科学院贵州分院植物标本室
HGAS
004060
罗河石斛
Dendrobium lohohense Tang et Wang
定名人 Z.H.Tsi 86年7 月22日
Orchidaceae

18.8 美花石斛 *Dendrobium loddigesii* Rolfe

【别　　名】小黄草（各地）、粉花石斛。

【形态特征】茎细圆柱形，柔弱，常下垂，直径约 3mm，具多节，有时分支，干后金黄色。叶纸质，2 列，互生于整个茎上，舌形或长圆状披针形，长 3～6cm，宽 1～1.5cm，先端锐尖而钩转，上面细脉干后呈网格状。花白色或淡玫瑰色，常单朵侧生于具叶的茎上部；萼片长约 2cm；花瓣椭圆形，与萼片等长而稍宽；唇瓣近圆形，上面中央金黄色，周边淡红色，边缘具短流苏，两面密布短柔毛；蕊柱白色，长约 4mm；药帽白色。花期 4～5 月。

【生长环境】生于海拔 700～1500m 的山地林中树干或岩石上。

【地理分布】贵州产盘州、关岭、罗甸、兴义；广东、海南、广西、云南有分布。老挝、越南也有。

【馆藏信息】第五标本馆，第 003921 号标本。

18.9 疏花石斛 *Dendrobium henryi* Schltr.

【形态特征】茎圆柱形，上下近等粗，不分支，具多节，干后淡黄色。叶纸质，2 列，长圆形或长圆状披针形，长 8.5～11cm，宽 1.7～3cm，近先端处两侧不对称，先端急尖；叶鞘纸质，抱茎，干后鞘口张开。总状花序发自具叶的老茎中部，有 1～2 朵花；花序柄基部具 3～4 枚膜质鞘；花金黄色，质地薄，直径 4～5cm；萼片卵状长圆形，相等大；花瓣比萼片稍短但较宽；唇瓣近圆形，边缘具不整齐的细齿；唇盘凹陷，密布细乳突状毛。花期 7～8 月。

【生长环境】生于海拔 700～1300m 的山地林中树干或阴湿岩石上。

【地理分布】贵州产榕江、三都、兴仁、兴义；湖南、广西、云南有分布。泰国、越南也有。

【馆藏信息】第五标本馆，第 003915、003916、003917 号标本。

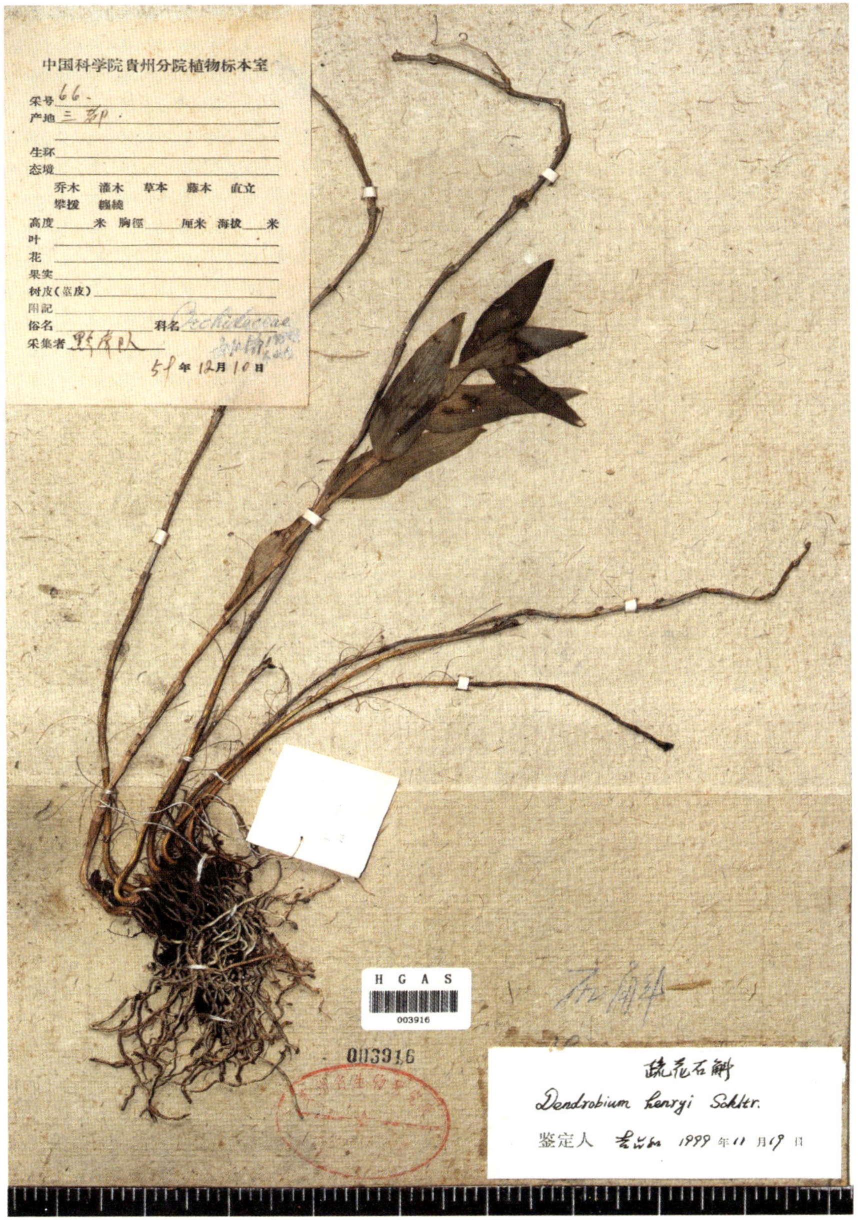
中国科学院贵州分院植物标本室
HGAS
003916
疏花石斛
Dendrobium henryi Schltr.
鉴定人 1999 年 11 月 19 日

貴州梵浄山植物
HGAS
003917
疏花石斛
Dendrobium henryi Schltr.
鉴定人 2000 年 3 月 3 日
Dendrobium henryi Schltr.

18.10 细茎石斛 *Dendrobium moniliforme* (L.) Sw.

【别　　名】台湾石斛、清水山石斛、铜皮石斛。

【形态特征】茎细圆柱形，长10～15cm，直径2～4mm，直立，具多节，干后金黄色或带深灰色。叶数枚，生于茎的中上部，2列，披针形或长圆形，长2～3.5cm，宽5～8mm，先端稍不等侧2裂。总状花序数个，生于茎中部以上，具1～2朵花；花淡黄绿色或白色带淡紫红色，有时芳香；萼片相似，卵状长圆形，长约1.5cm；萼囊圆锥状，长约4mm；花瓣比萼片稍宽；唇瓣淡黄绿色或白色，带淡褐色斑块，3裂，全缘，侧裂片围抱蕊柱；唇盘中间密布短毛，基部有1个胼胝体；蕊柱白色，长约3mm；药帽白色或淡黄色。花期4～5月。

【生长环境】生于海拔500～1300m的山地林中树干或阴湿岩石上。

【地理分布】贵州产江口、石阡(佛顶山)、雷公山、黎平、榕江、平塘、罗甸、安龙、水城、兴义；陕西、甘肃、安徽、浙江、江西、福建、台湾、湖南、广东、广西、云南有分布。印度、朝鲜半岛南部至日本也有。

【馆藏信息】第五标本馆，第003924号标本。

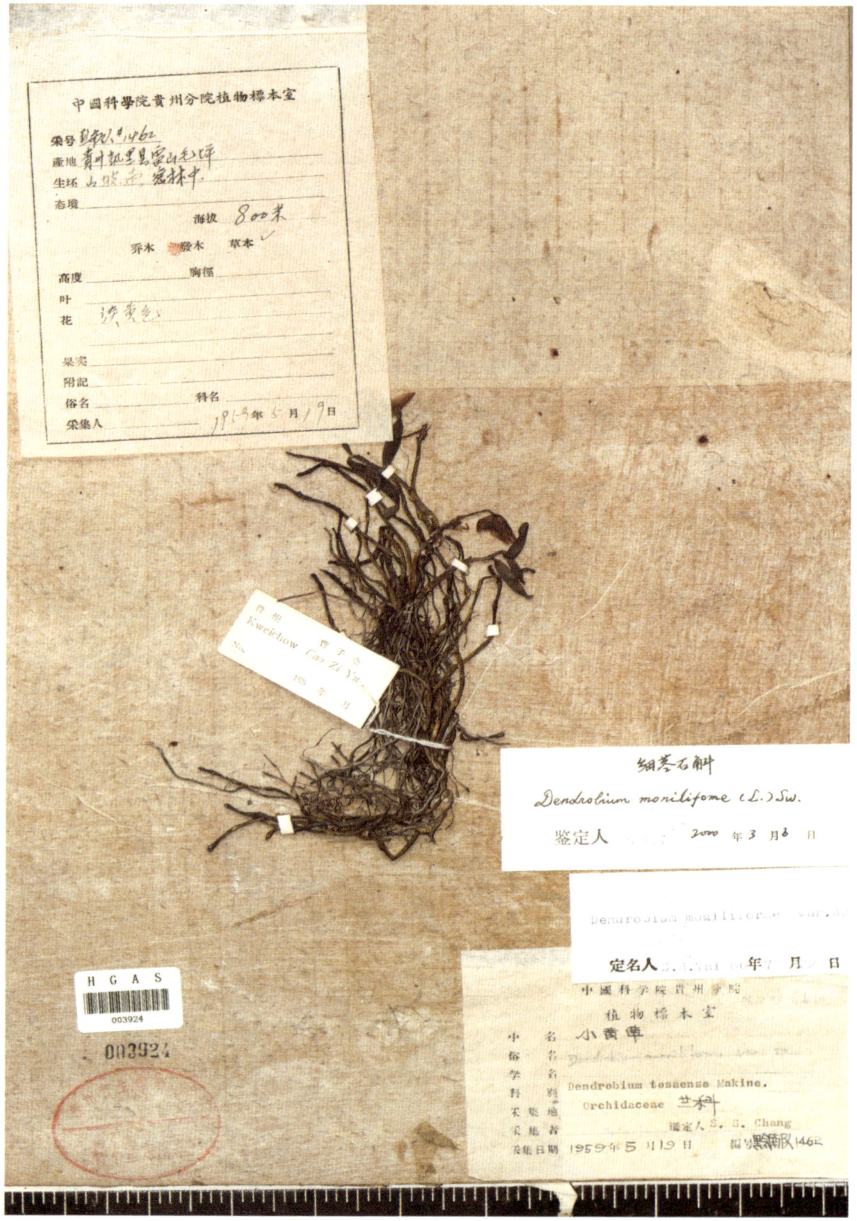

18.11　石斛 *Dendrobium nobile* Lindl.

【别　　名】金钗石斛、石斛兰、吊兰花（赤水）、扁草（黔南）。

【形态特征】茎圆柱形，稍扁，直径 1.3cm，上部多少回折状弯曲，不分支，具多节，干后金黄色。叶革质，2 列，长圆形，长 6～11cm，宽 1～3cm，先端不等侧 2 裂。总状花序发自老茎中部以上部分，具 1～4 朵花；花白色，先端带淡紫红色，直径达 7cm；萼片长圆形，近等大，长 2.5～3.5cm，具圆锥形的萼囊；花瓣宽卵形，约与萼片等长，但稍宽，先端钝，全缘；唇瓣宽卵形，基部两侧具紫红色条纹，中部以下两侧与蕊柱基部相连；唇盘有 1 个红紫色斑块，先端淡紫红色，两面密布短绒毛，边缘具睫毛；蕊柱绿色，长约 5mm；药帽紫红色，密布细乳突。花期 4～5 月。

【生长环境】生于海拔 600～1700m 的山林中树干或岩石上。

【地理分布】贵州产江口、黄平、三都、赤水、习水、正安、遵义、大方、水城、罗甸、兴义；台湾、香港、海南、湖北、广西、四川、云南、西藏、喜马拉雅东部有分布。中南半岛也有。

【馆藏信息】第五标本馆，第 003925、003926、003927 号标本。

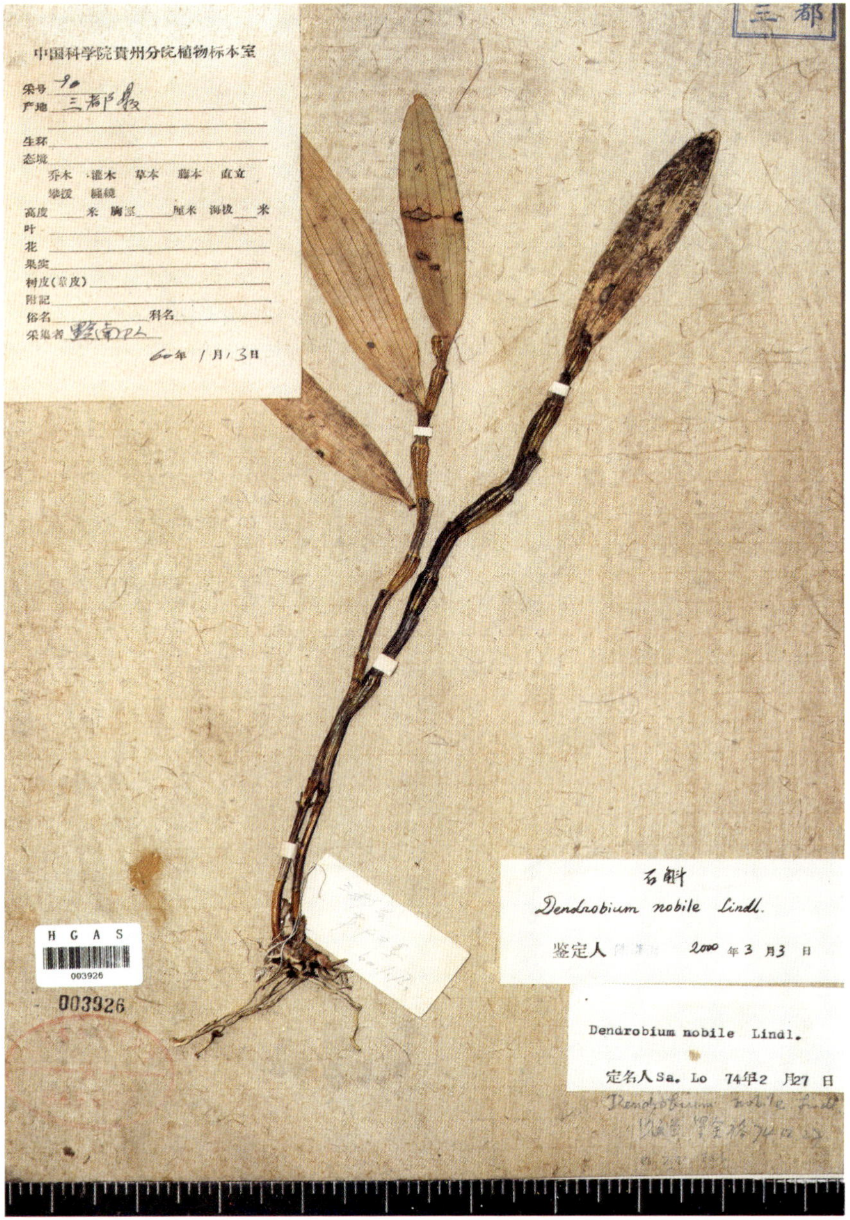
中国科学院贵州分院植物标本室
采号 90
产地 三都县
采集者 黔南队
60年 1月13日
石斛
Dendrobium nobile Lindl.
鉴定人 2000年3月3日
Dendrobium nobile Lindl.
定名人 Sa. Lo 74年2月27日
H G A S
003926
003926

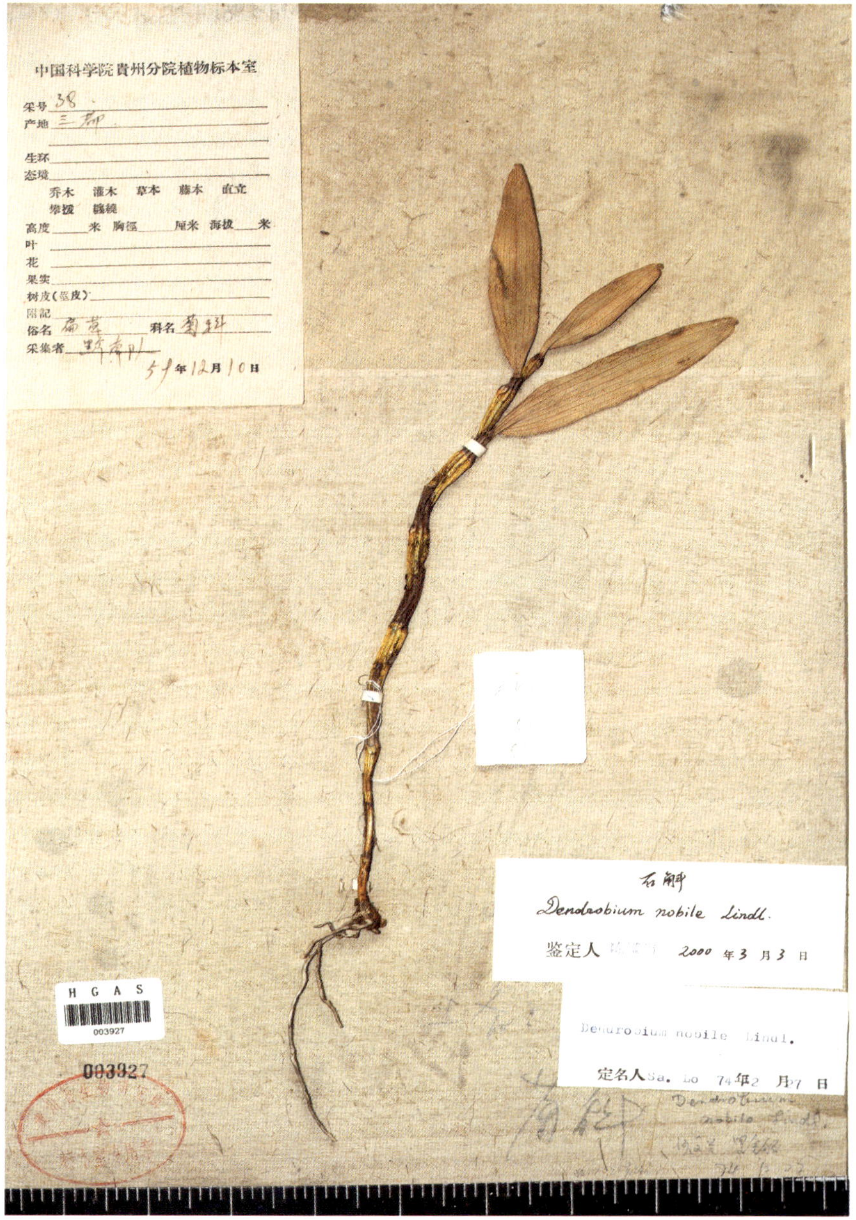
中国科学院贵州分院植物标本室
采号 38
产地 三都
科名 兰科
采集者 黔南队
59年12月10日
石斛
Dendrobium nobile Lindl.
鉴定人 2000年3月3日
Dendrobium nobile Lindl.
定名人 Sa. Lo 74年2月7日
H G A S
003927
003927

18.12　广东石斛 *Dendrobium wilsonii* Rolfe

【别　　名】黑节草（习水）、大黄草（黔北）。

【形态特征】茎细圆柱形，直径4～6mm，直立，不分支，具少数至多数节，节间长1.5～2.5cm，干后黄色带深灰色。叶2列，长圆形，长3～4.5cm，宽1～1.5cm，先端不等侧2裂，基部下延为抱茎的鞘。总状花序数个，发自茎的中部以上部分，具1～3朵花；花白色带紫红色或黄绿色，有时芳香；中萼片长圆形，长2.5～3cm；侧萼片三角状披针形，与中萼片等长，先端渐尖；萼囊半球形；花瓣长圆形，长约3cm，先端短渐尖；唇瓣卵状披针形，稍3裂，基部中央具1个胼胝体；唇盘中央有1个黄绿色斑块，密布短毛；蕊柱长约4mm；药帽近半球形，密布细乳突。花期4～5月。

【生长环境】生于海拔870～1650m的山地林中树干或岩石上。

【地理分布】贵州产习水、遵义、梵净山、从江、册亨；福建、湖北、湖南、广东、广西、四川、云南有分布。

【馆藏信息】第五标本馆，第003928、003929、003930号标本。

PLANTS OF GUIZHOU, CHINA
Orchidaceae
Dendrobium wilsonii Rolfe
Jiangkou Xian, Heiwan River at Tongkuangchang, SE side of the Fanjing Shan mountain range, river flood plain and adjacent mixed-deciduous broad-leaved evergreen forest on steep slopes.
Elevation ca. 900 m
Epiphytic on tree.
Sino-American Guizhou Botanical Expedition no. 409
27 August 1986
Participants: B. Bartholomew, D. E. Boufford, Q. H. Chen S. Z. Fang, J. G. Qi, S. A. Spongberg, Z. H. Tsi, Y. L. Tu P. S. Wang, Y. H. Xiang and T. S. Ying
H G A S
003929
003929

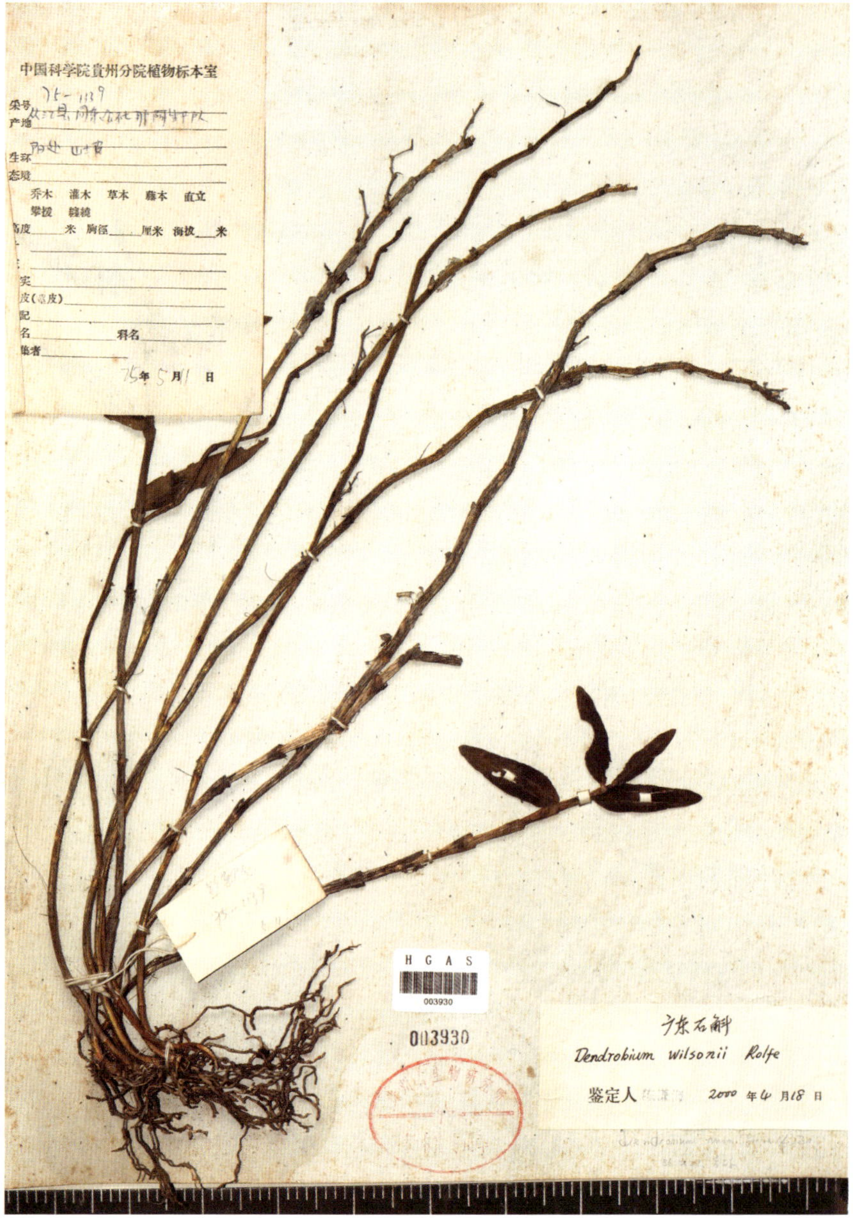
中国科学院贵州分院植物标本室
75-1139
75年5月11日
H G A S
003930
003930
广东石斛
Dendrobium wilsonii Rolfe
鉴定人
2000 年4月18日

19 合柱兰属

19.1 合柱兰 *Diplomeris pulchella* D. Don

【形态特征】地生草本，高 8～22cm，无毛，具块茎和 2 枚基生叶。叶 1 大 1 小，剑形或线状披针形，大叶长 3～5cm，宽 1～1.8cm，渐尖，基部抱茎。花 1～2 朵，生于茎顶端，白色；花苞片宽卵形；子房无毛，连花梗长 10～12mm；萼片长圆状披针形，长 1.5～1.8cm，背面中脉具脊；花瓣卵状长圆形，长 1.5～2.5cm；唇瓣倒心形，长 1.8～2.8cm，前部宽达 2.2cm；距细，圆筒状，长达 3.5cm，下垂。花期 7～8 月。

【生长环境】生于海拔 1300m 的山坡路旁。

【地理分布】贵州产兴义；四川、云南、西藏有分布。印度、缅甸、越南也有。

【馆藏信息】第五标本馆，第 003931、003932 号标本。

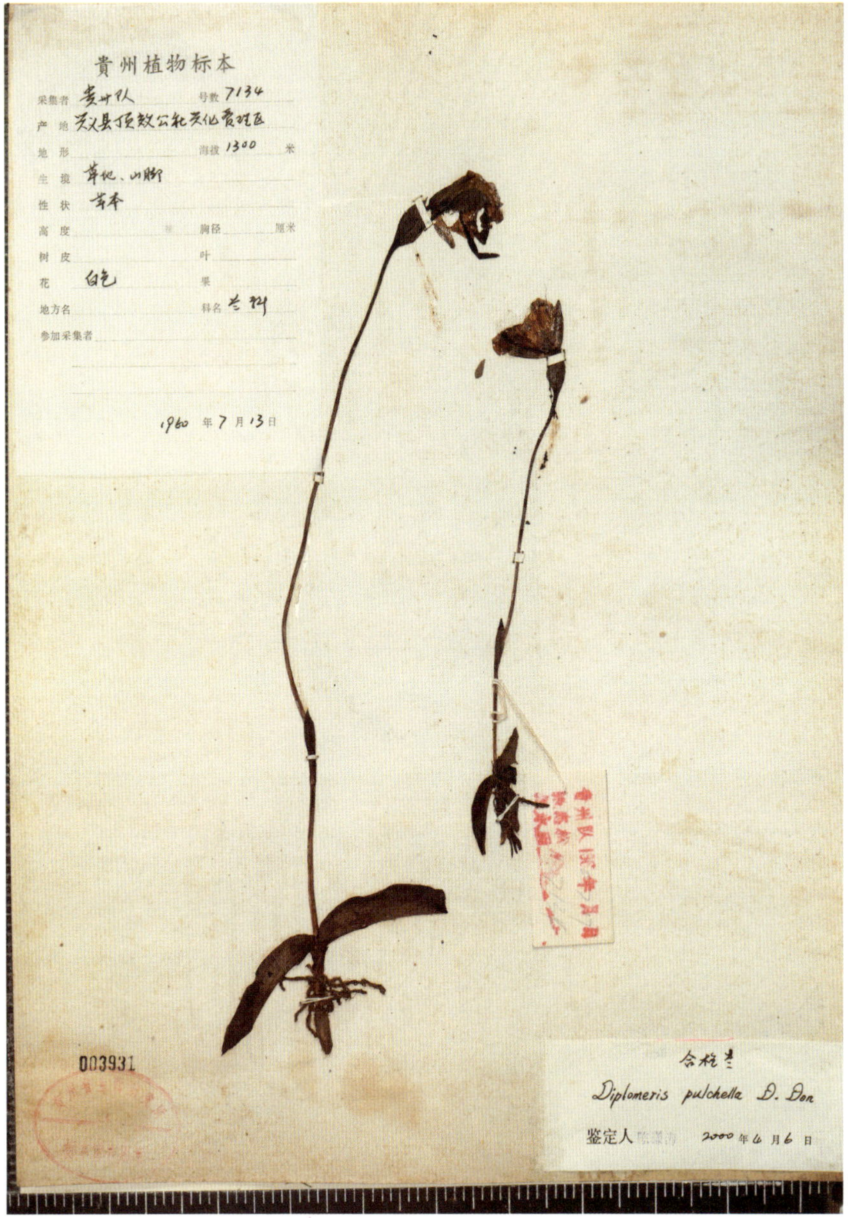

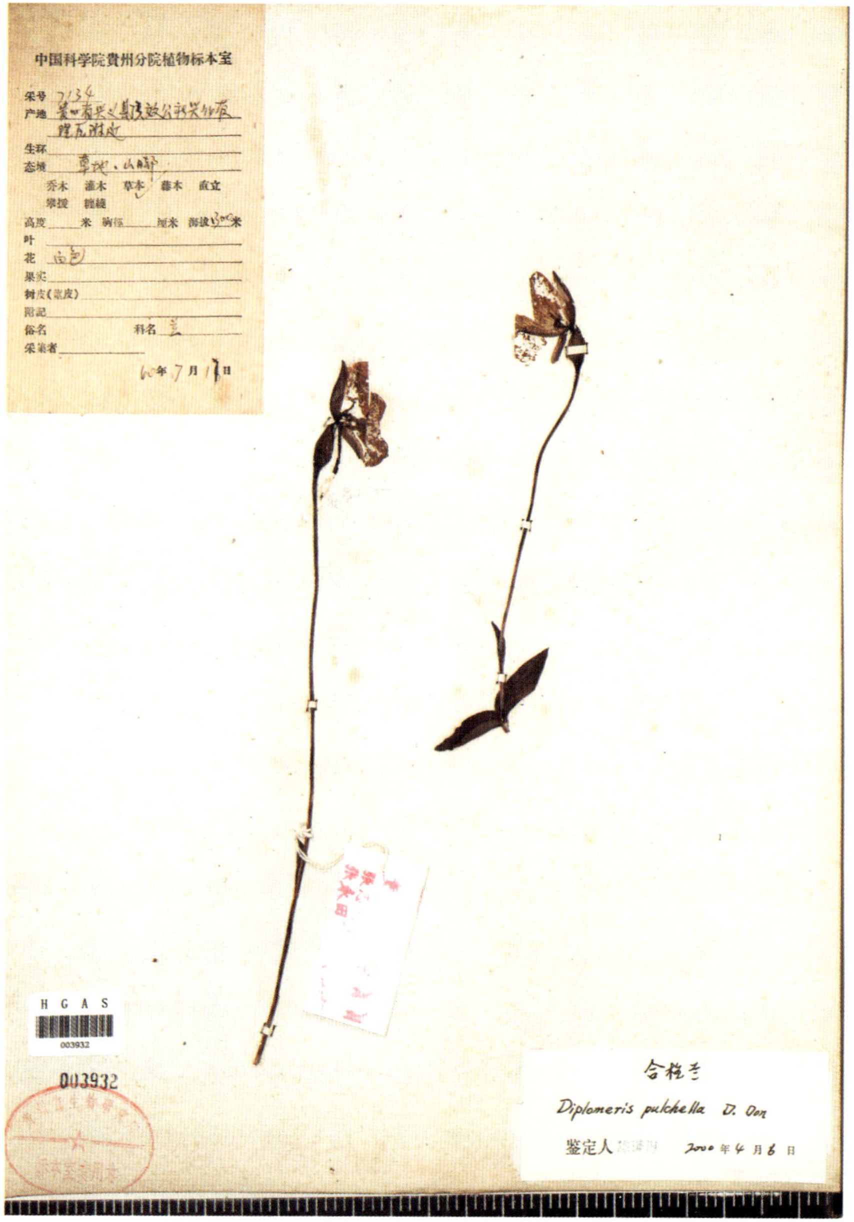
中国科学院貴州分院植物标本室
采号 7134
产地
生环
态境 草地、山脚
乔木 灌木 草本 藤木 直立
攀援 缠绕
高度 米 胸径 厘米 海拔 米
叶
花 白色
果实
树皮(乳皮)
附記
俗名 科名 兰
采集者
60年 7月 日
HGAS
003932
003932
合柱兰
Diplomeris pulchella D. Don
鉴定人 2000年4月6日

20 火烧兰属

20.1 火烧兰 *Epipactis helleborine* (L.) Crantz

【别　　名】小花火烧兰。

【形态特征】地生草本，高达 70cm；根状茎粗短。茎上部被短柔毛，下部具 2～3 枚鳞片状鞘，有 3～6 枚叶。叶卵圆形或卵形至卵状披针形，长 4～9cm，宽 1.5～6cm，先端急尖或短尖，向上叶渐变小。总状花序长 10～25cm，具数朵至几十朵花；花苞片似叶状，向上渐变小；花梗连子房长 1～1.5cm，被黄褐色绒毛；花淡黄绿色；中萼片卵状披针形，舟状，长 8～13mm，宽约 5mm，渐尖；侧萼片斜卵状披针形，与中萼片约等长；花瓣椭圆形，长约 7mm，宽约 3mm，急尖；唇瓣长约 7mm，中部明显缢缩，下唇兜状，上唇近扁圆形，先端锐尖；蕊柱长约4mm。花期8月。

【生长环境】生于海拔 600～1800m 的山坡林下或灌木丛中。

【地理分布】贵州产开阳、织金、盘州、水城、赫章、罗甸、兴义；辽宁、河北、山西、陕西、甘肃、青海、新疆、安徽、湖北、四川、云南、西藏、喜马拉雅有分布。中亚、北非至欧洲也有。

【馆藏信息】第五标本馆，第 003933 号标本。

20.2 大叶火烧兰 *Epipactis mairei* Schltr.

【形态特征】地生草本，高 30～60cm。根状茎粗短，根多少呈“之”字形曲折，初被黄褐色柔毛，后渐脱落，具 7～10 枚叶。叶卵圆形、卵形或椭圆形，长 6～14cm，宽 3～6cm，先端急尖至渐尖，基部抱茎，茎上部叶为卵状披针形，向上渐过渡为花苞片。总状花序长 9～17cm，具 10～18 朵花；花苞片卵状披针形，向花序顶部渐变小；子房连花梗长 1～2.5cm，被黄褐色柔毛；花紫红色；中萼片椭圆形或倒卵状椭圆形，长 13～15mm，渐尖，背面被毛；侧萼片斜卵形，约与中萼片等长但稍宽，渐尖；花瓣椭圆形，与萼片约等长，渐尖；唇瓣中部稍缢缩而成上下唇；下唇两侧裂片斜三角形，顶端钝圆，中央具 3 条褶片；上唇卵状椭圆形，先端尖；蕊柱长约 6mm。花期 6 月。

【生长环境】生于海拔 1400～1550m 的山坡路旁。

【地理分布】贵州产道真、沿河；陕西、甘肃、湖北、湖南、四川、云南、西藏有分布。

【馆藏信息】第五标本馆，第 003934、003935、003936、003937、003938 号标本。

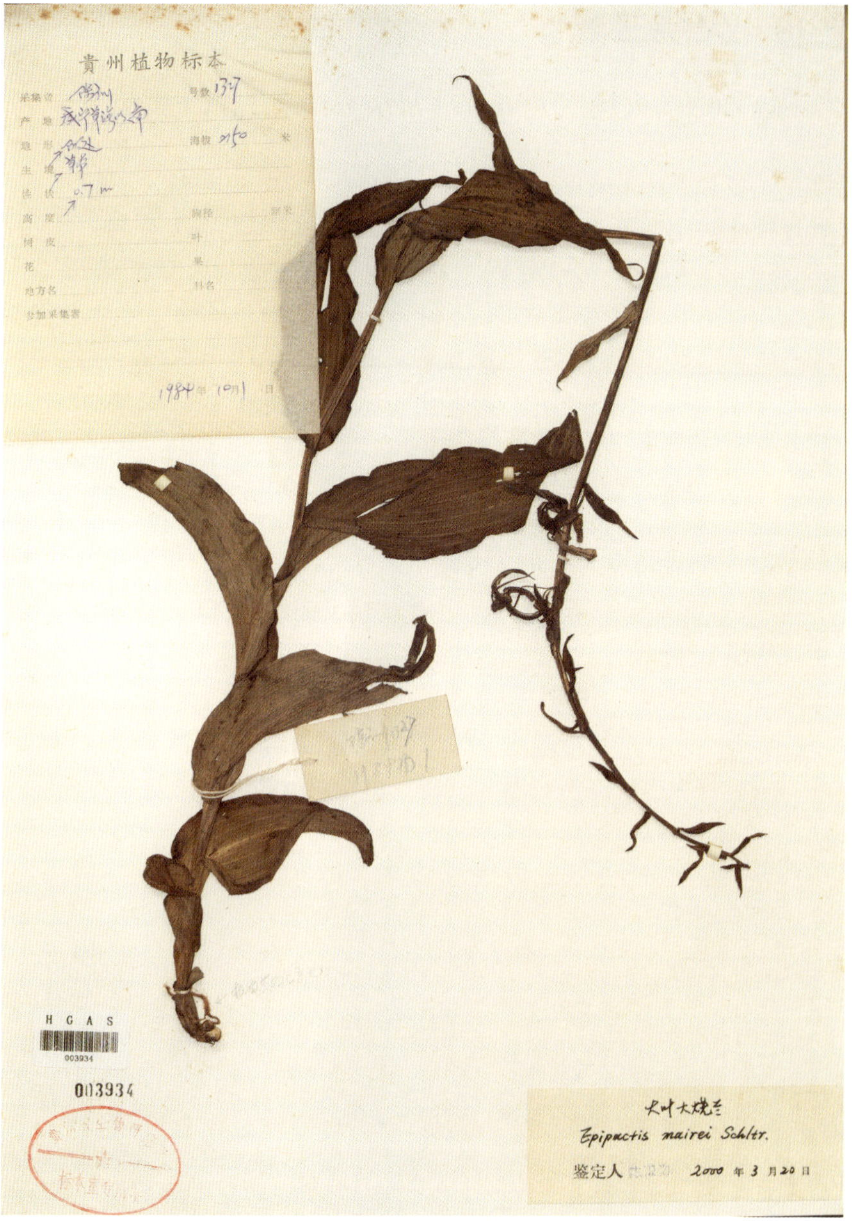

貴州植物标本
大叶火烧兰
Epipactis mairei Schltr.
鉴定人
HGAS
003935

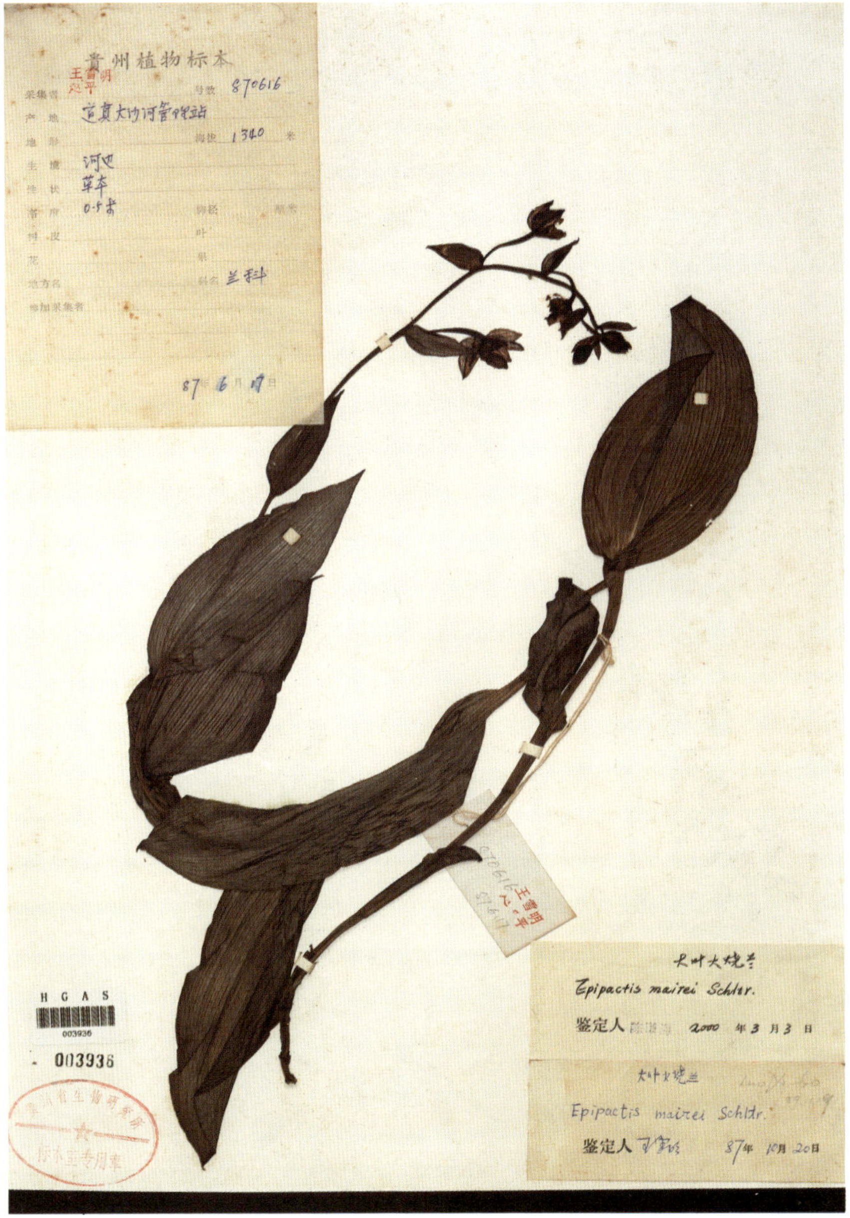
貴州植物标本
大叶火烧兰
Epipactis mairei Schltr.
鉴定人
HGAS
003936

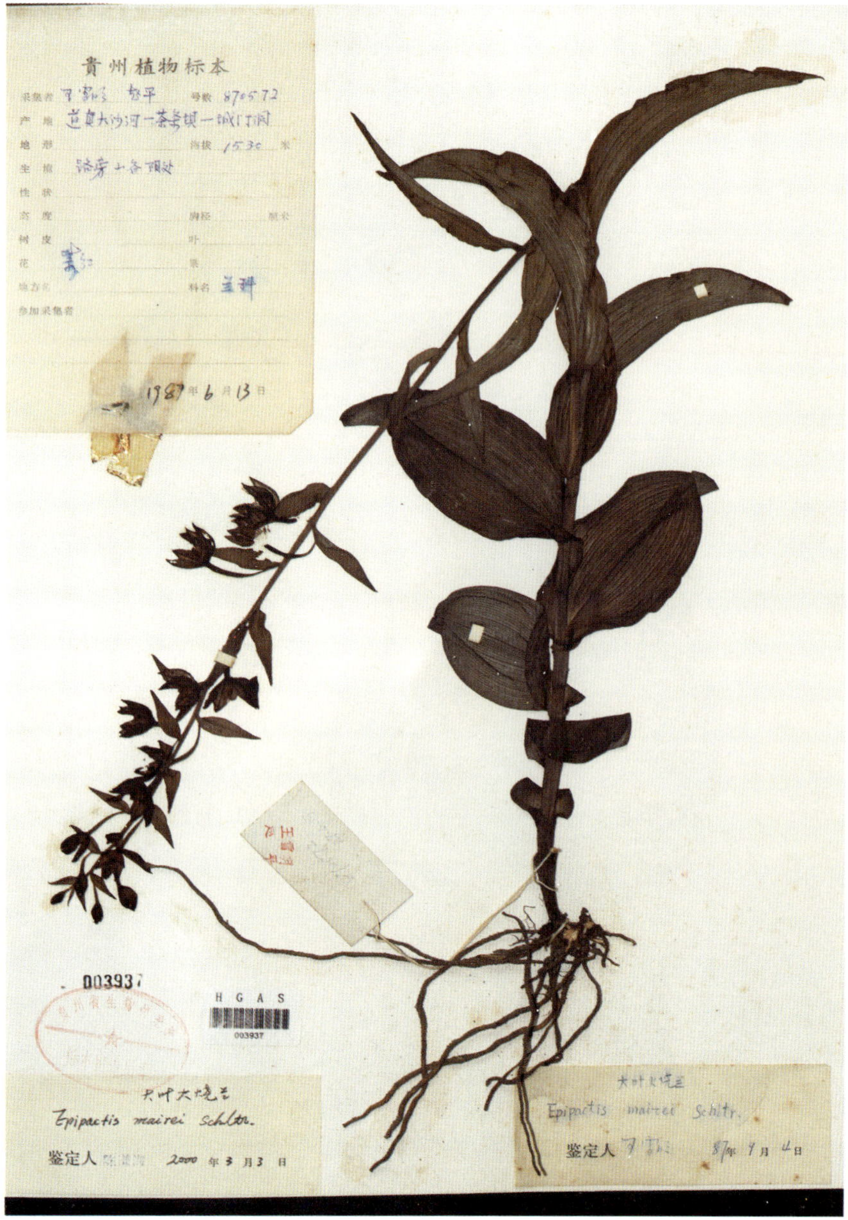
贵州植物标本
1987年6月13日
003937
HGAS
大叶火烧兰
Epipactis mairei Schltr.
鉴定人 2000年3月3日
Epipactis mairei Schltr.
鉴定人 87年9月4日

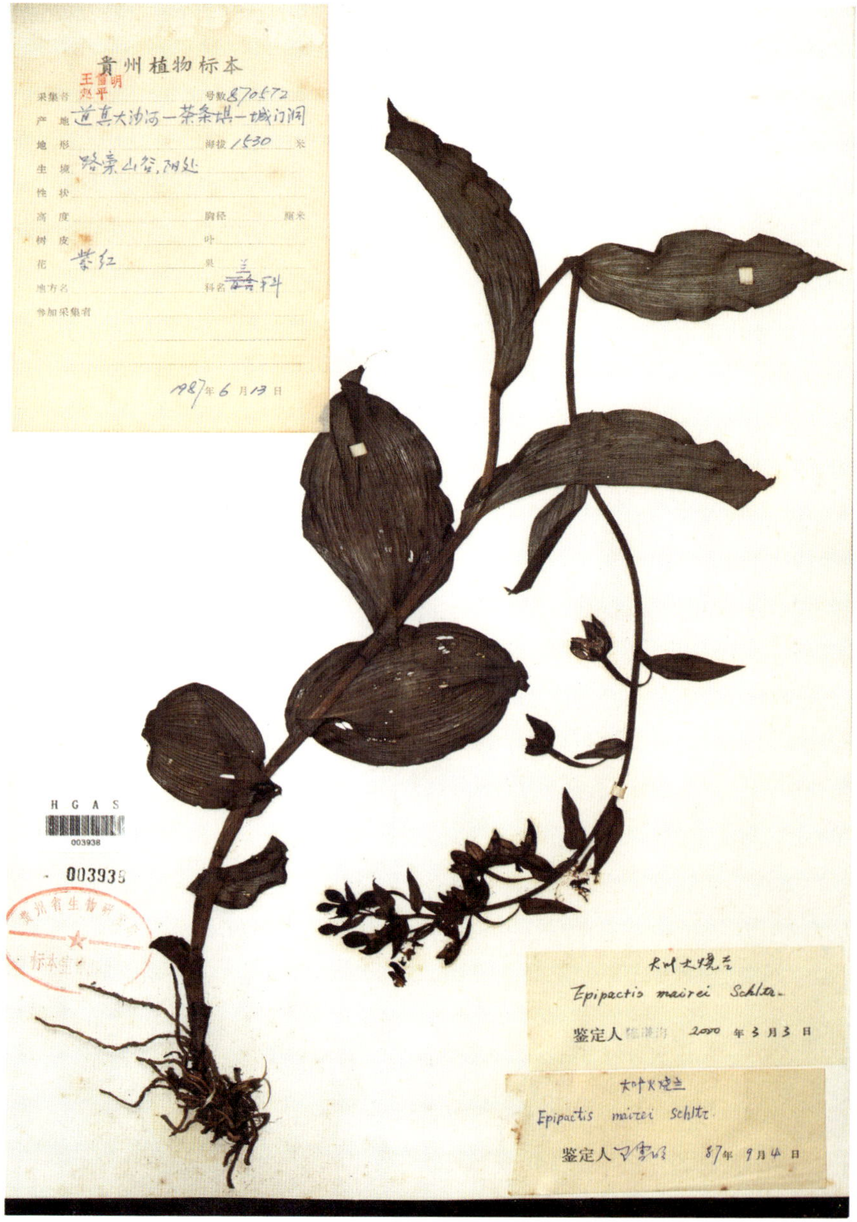
贵州植物标本
1987年6月13日
HGAS
003938
大叶火烧兰
Epipactis mairei Schltr.
鉴定人 2000年3月3日
大叶火烧兰
Epipactis mairei Schltr.
鉴定人 87年9月4日

21 毛兰属

21.1 匍茎毛兰 *Eria clausa* King et Pantl.

【别　　名】石葱、岩葱、树葱。

【形态特征】附生草本。根状茎纤细。假鳞茎卵球状或卵状长圆形，长1.5～3cm，被纤维状的鞘，顶生13枚叶。叶椭圆形或椭圆状长圆形，长3～6cm，宽1.5～2.3cm，先端渐尖，干时两面有时具灰白色乳突，具5～7条主脉；叶柄长0.5～1.5cm。花序通常1个，从叶内侧发出，长6～8cm，疏生数朵花，花序基部有2枚鞘状物；花苞片卵形至上部的三角形；花梗连子房长5～7mm；花浅黄绿色；中萼片长圆形，长8～10mm；侧萼片镰状披针形，长7～10mm；花瓣镰状长圆形，长6～10mm；唇瓣倒卵形，长约7mm，宽5～6mm，3裂；侧裂片近斜长圆形；中裂片宽卵形；唇盘自基部至顶部具3条纵褶片；蕊柱长约4mm；蕊柱足长约3mm。花期3月。

【生长环境】生于海拔700m的林中岩石上。

【地理分布】贵州产荔波；广西、云南、西藏有分布。印度也有。

【馆藏信息】第五标本馆，第003939号标本。

21.2 半柱毛兰 *Eria corneri* Rchb. f.

【别　　名】干氏毛兰、黄绒兰、石壁风。

【形态特征】附生草本。假鳞茎密接，卵状长圆形，长 2～5cm，顶端生 2～3 枚叶。叶椭圆状披针形至倒卵状披针形，平时两面有灰白色小疣点，长 15～40cm，宽 2～5cm，先端渐尖，基部渐狭；叶柄长 2～3cm。花序 1 个，从叶的外侧发出，长 10～18cm，基部具 1 枚膜质鞘，具 10 余朵花，有时更多；花苞片极小，三角形；花梗连子房长 7～8mm；花白色或略带黄色；萼片等长；中萼片卵状三角形，长 10mm，渐尖；侧萼片镰状三角形，先端圆钝并具小尖头，基部与蕊柱足形成萼囊；花瓣线状披针形，稍镰状，与侧萼片近等长；唇瓣卵形，长约 10mm，宽 6mm，3 裂；侧裂片半圆形；中裂片卵状三角形，上面有多条鸡冠状或流苏状褶片；唇盘上有 3 条波状褶片；蕊柱半圆形，长约 3mm；蕊足长约 5mm。花期 8～9 月。

【生长环境】生于海拔 450～1300m 的山地林中树上或岩石上。

【地理分布】贵州产望谟、紫云、关岭、安龙、兴义；福建、台湾、广东、海南、香港、广西、云南有分布。琉球群岛和越南也有。

【馆藏信息】第五标本馆，第 003940 号标本。

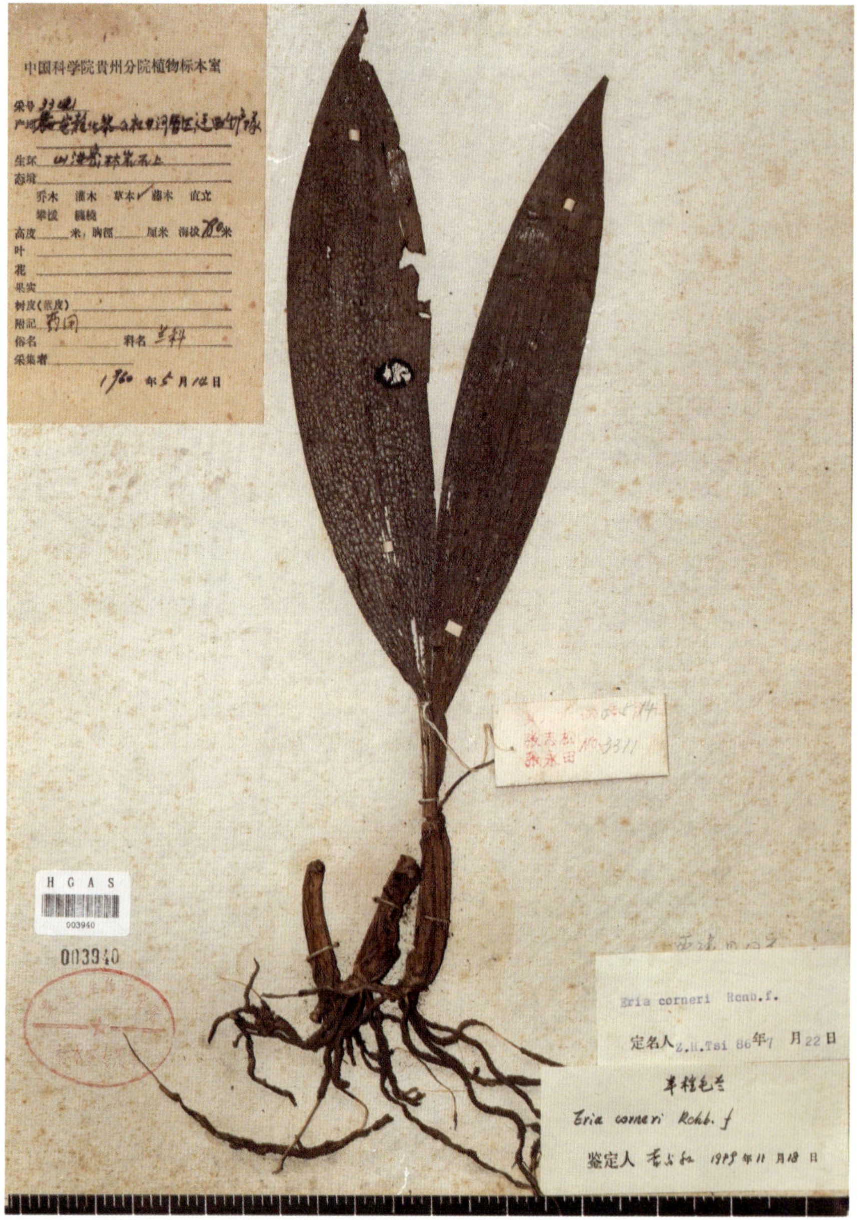

21.3 高山毛兰 *Eria reptans* (Franch. et Sav.) Makino

【别　　名】高山绒兰。

【形态特征】附生草本。假鳞茎密集，长卵形，长 1～1.5cm，直径 3～4mm，顶端生 2 枚叶。叶长椭圆形或线状披针形，长 5～8cm，宽 0.5～1.5cm，渐尖，基部狭，具 4～5 条主脉。花序 1 个，发自叶的内侧，长 5cm，被毛，具 1～4 朵花；花苞片卵形，长 3mm；花梗连子房长约 8mm，被毛；花白色；中萼片狭椭圆形，长约 8mm；侧萼片卵形，偏斜，长约 6mm，基部与蕊柱足合生成萼囊；花瓣椭圆状披针形，长近于中萼片；唇瓣倒卵形，基部爪状，3 裂；侧裂片三角形；中裂片近四方形，长、宽约 3mm；唇盘基部发出 3 条褶片，中央 1 条延至中裂片顶端；蕊柱长 3mm；蕊柱足长近 5mm。花期 6 月。

【生长环境】生于海拔 900m 的树干上。

【地理分布】贵州产梵净山；安徽、浙江、福建、台湾有分布。日本也有。

【馆藏信息】第五标本馆，第 003941 号标本。

21.4 密花毛兰 *Eria spicata* (D. Don) Hand.-Mazz.

【形态特征】附生草本。假鳞茎紧靠，近圆柱形，长 7～13cm，直径 0.7～1.3cm，具 5～6 枚膜质鞘，顶端生 2～4 枚叶。叶椭圆形或倒卵状披针形，长 11～15cm，宽 1.6～3.5cm，钝头，基部渐狭，具 7～11 条主脉。花序 1～3 个；花苞片披针形，长约 8mm，与花梗连子房等长；花白色，唇瓣先端黄色；中萼片椭圆形，长约 6mm；侧萼片卵状三角形，偏斜，长约 6mm，基部与蕊柱足合生成萼囊；花瓣椭圆形，长约 5mm；唇瓣近菱形，长宽各约 5mm，基部具爪，3 裂；侧裂片卵状三角形；中裂片三角形；蕊柱长约 2mm；蕊柱足长约 3mm。花期 8～10 月。

【生长环境】生于海拔 600～900m 的山坡林下或灌丛下岩石上。

【地理分布】贵州产赤水、习水；云南、西藏、喜马拉雅东部有分布。缅甸、泰国也有。

【馆藏信息】第五标本馆，第 003942、003943、003944、003945、003946 号标本。

中國科學院貴州分院植物標本室
Eria spicata (D. Don) Hand.-Mazz.
鉴定人
H G A S
003943
中國科学院貴州分院
植物標本室
Orchidaceae

貴州植物标本
岩石上
Orchidaceae
Chen Qian-hai
№688
H G A S
003944
Eria spicata (D. Don) Hand.-Mazz.
鉴定人

贵州植物标本
采集者
号数 688
产地 赤水金沙沟野猪坪一河头溪
地形
海拔 600 米
生境 岩石上
性状 草本
高度 0.2m
胸径 厘米
树皮
叶
花
果 绿色
地方名
科名
参加采集者
Orchidaceae
1987年10月29日
陈谦海
Chen Qian-hai
№688
1987年10月29日
003945
HGAS
003945
密花毛兰
Eria spicata (D. Don) Hand.-Mazz.
鉴定人
1999年11月18日

贵州植物标本
采集者
号数 688
产地 赤水金沙沟野猪坪一河头溪
地形
海拔 600 米
生境 岩石上
性状 草本
高度 0.2m
胸径 厘米
树皮
叶
花
果 绿色
地方名
科名
参加采集者
Orchidaceae
1987年10月29日
HGAS
003946
陈谦海
Chen Qian-hai
№688
1987年10月29日
密花毛兰
Eria spicata (D. Don) Hand.-Mazz.
鉴定人
1999年11月18日

22 美冠兰属

22.1 线叶美冠兰 *Eulophia siamensis* Rolfe ex Downie

【形态特征】地生草本。假鳞茎近球形或长圆状球形，直径2～4cm，多少露出地面，带绿色，具3～5枚叶。叶在花凋萎后出现，线状披针形，长13～35cm，宽约10mm；叶柄套叠。花葶从假鳞茎一侧抽出，高达65cm；花序有1～2个侧分支，疏生多数花；花苞片线状披针形；花梗连子房长1.5～1.8cm；花绿色，唇瓣白色，具淡紫红色褶片；萼片线形，长约1.2cm；花瓣狭卵形，稍短于萼片；唇瓣倒卵形，长约1cm，3裂；中裂片近圆形；唇盘上有5条纵褶片；距圆筒状；蕊柱长4～5mm。蒴果椭圆形，长约2.5cm。花期5月，果期6月。

【生长环境】生于海拔700～1000m的山坡草地。

【地理分布】贵州产罗甸、普安；安徽、台湾、广东、香港、广西、海南有分布。尼泊尔、印度、中南半岛至印度尼西亚和琉球群岛也有。

【馆藏信息】第五标本馆，第003947号标本。

23 金石斛属

23.1 三脊金石斛 *Flickingeria tricarinata* Z. H. Tsi et S. C. Chen

【形态特征】根状茎长而横走，直径 4～6mm，具细长的根。茎金黄色，斜出，长约 50cm，具多节，常分支；枝顶端有 1 个膨大假鳞茎。假鳞茎金黄色，扁状纺锤形，长 4～6cm，顶生 1 枚叶。叶近革质，狭卵状披针形，长 8～12cm，宽 1.5～2cm，先端渐尖，尖头微凹。花序出自假鳞茎顶端，通常具 1 朵花，花序梗短，被几枚鳞片状鞘；花梗连子房长约 5mm；花黄绿色，开放半天，随后凋谢；中萼片卵状长圆形，长约 16mm，宽约 6mm；侧萼片近等大，均多少反折；萼囊钝；花瓣长圆形，比萼片短；唇瓣倒卵形，长约 12mm，3 裂；侧裂片（后唇）卵状三角形，先端钝圆，近直立，长约 5mm，宽约 4mm；中裂片（前唇）长约 4mm，基部楔形，两侧边缘稍呈波状，前部扩大呈“V”形 2 裂，裂片狭倒卵形；唇盘从后唇至前唇纵贯 3 条褶脊，褶脊在后唇上面平直，在前唇上面呈鸡冠状或皱波状，中央 1 条延伸至先端；蕊柱粗短，长约 4mm，蕊柱足长约 5mm。花期 6 月。

【生长环境】生于海拔 700～900m 的山地疏林树干上。

【地理分布】贵州产罗甸、关岭、兴义；云南南部有分布。

【馆藏信息】第五标本馆，第 003948 号标本。

24 山珊瑚属

24.1 毛萼山珊瑚 *Galeola lindleyana* (Hook. f. Thoms) Rchb. f.

【形态特征】腐生植物，半灌木状，高大。根状茎直径达 3cm，被卵形鳞片。茎直立，红褐色，高 1～3m，基部多少木质化，节上具宽卵形鳞片。由顶生和侧生的总状花序组成圆锥花序；侧生总状花序长 2～5cm，具数朵至 10 余朵花；花苞片卵形，长 5～6mm，背面密被锈色短绒毛；花梗连子房长 1.5～2cm，密被锈色短绒毛；花黄色，开放后直径达 3.5cm；萼片椭圆形，长 1.6～2cm，宽约 1cm，背面密被锈色短绒毛；侧萼片比中萼片略长；花瓣宽卵形，稍短；唇瓣凹陷，近半球形，不裂，边缘具短流苏；蕊柱长约 7mm。果实长圆形，长 8～12cm。花期 6～8 月，果期 9～10 月。

【生长环境】生于海拔 1300～1550m 的林下沟旁腐殖质丰厚处。

【地理分布】贵州产梵净山、雷公山、册亨、安龙；陕西、河南、安徽、湖南、广东、广西、四川、云南、西藏有分布。印度也有。

【馆藏信息】第五标本馆，第 003949、003950、003951、003952、003953、003954、003955、003956、003957、003958 号标本。

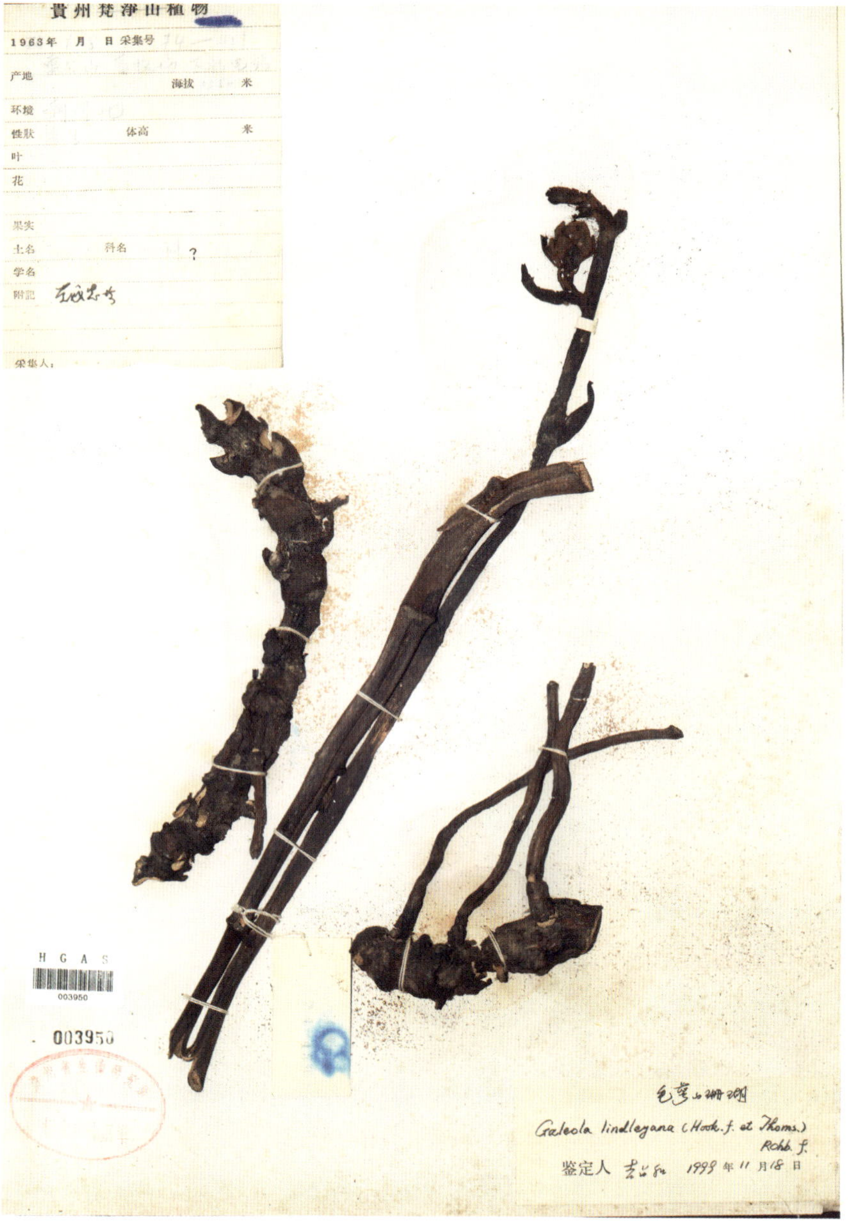

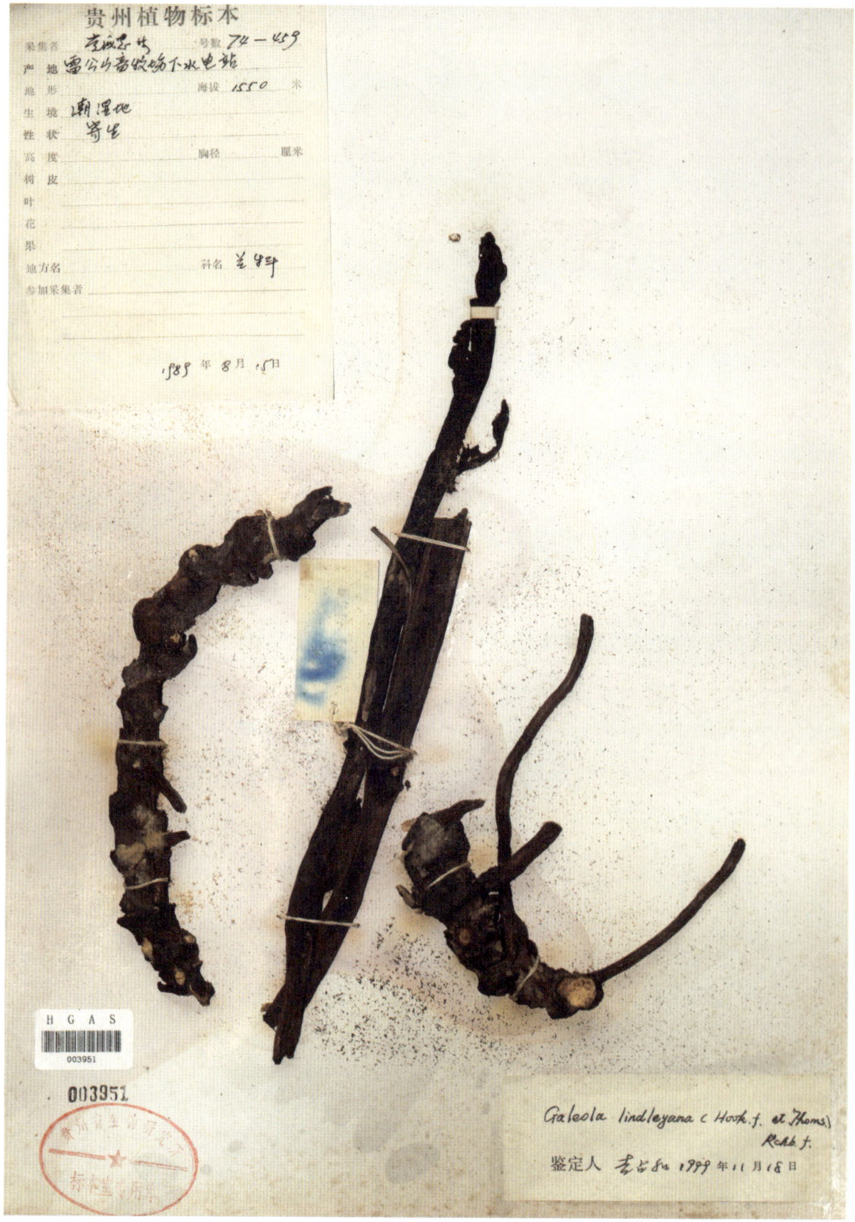

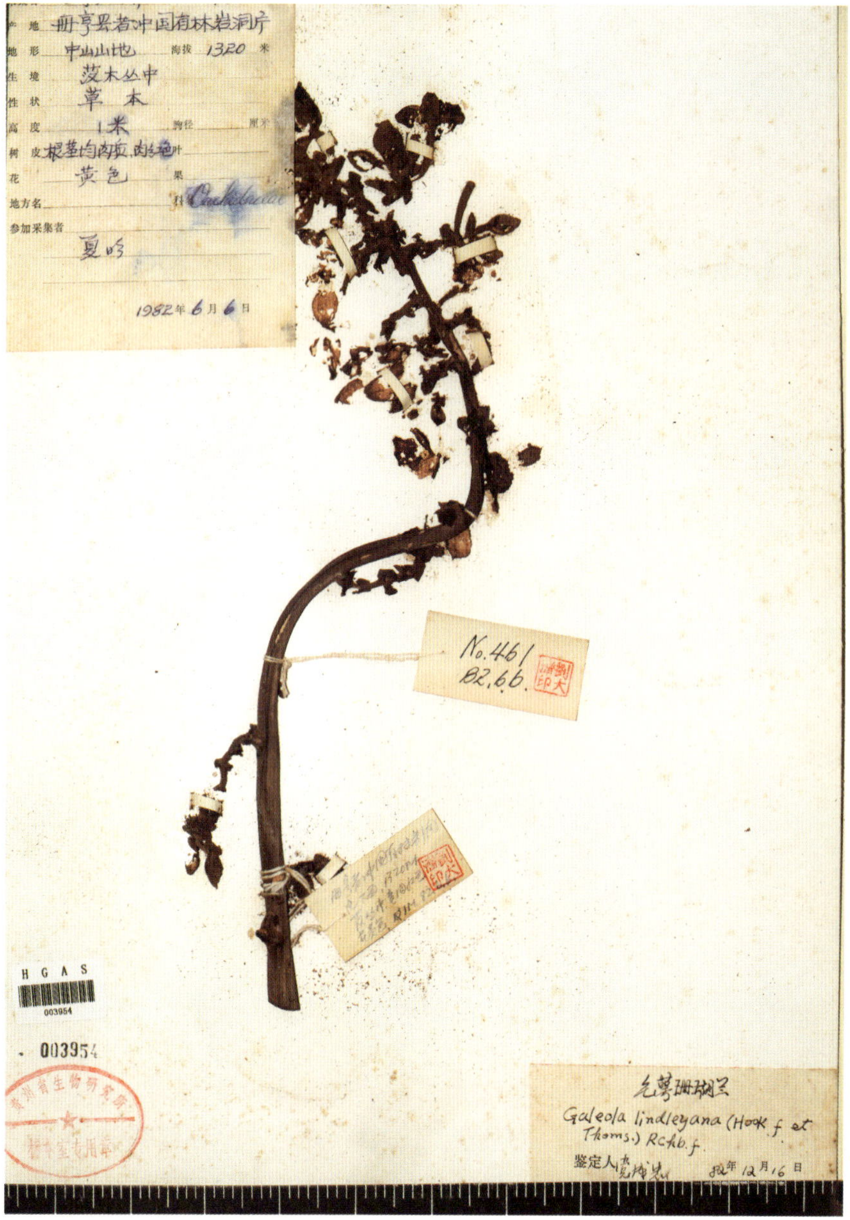
中山山地
草本
1米
黄色
1982年6月6日
No. 461
82.6.6.
HGAS
003954
Galeola lindleyana (Hook. f. et Thoms.) Rchb. f.
鉴定人

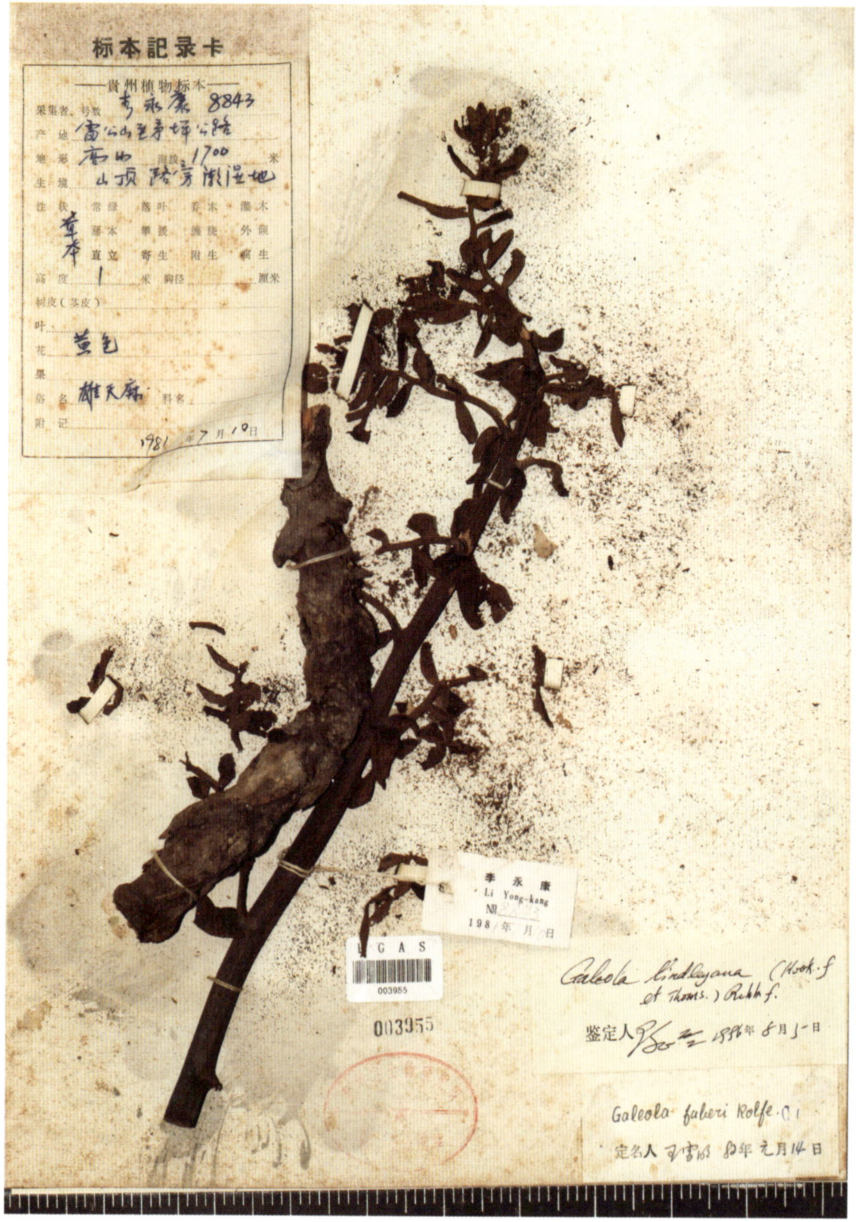
标本記录卡
贵州植物标本
8843
1700
黄色
李永康
Li Yong-kang
HGAS
003955
Galeola lindleyana (Hook. f. et Thoms.) Rchb. f.
鉴定人
Galeola faberi Rolfe
定名人

标本記录卡
貴州植物标本
Galeola lindleyana (Hook. f. et Thoms.) Rchb. f.
003956
Galeola faberi Rolfe
H G A S
003956

标本記录卡
貴州植物标本
Galeola lindleyana (Hook. f. et Thoms.) Rchb. f.
003957
Galeola faberi Rolfe
H G A S
003957

25 盆距兰属

25.1 江口盆距兰 *Gastrochilus nanus* Z. H. Tsi

【形态特征】附生草本，短小，长 2～3cm，茎直径约 2mm。叶多数，互生，疏离，椭圆状长圆形，长 8～10mm，宽 5～6mm，急尖。伞形花序出自茎的近顶端，具数朵花；花苞片卵状三角形，绿色具紫红色斑点；花梗连子房长约 5mm；花淡黄绿色；中萼片椭圆形，长 2.2mm，宽约 1.2mm，具 1 条脉；侧萼片稍斜的长圆形，与中萼片等大；花瓣比萼片短小；唇瓣的前唇肾形，先端近截形且凹缺，边缘和上面密布白色毛；后唇成距状，长圆筒形，长近 3mm，直径约 1mm；蕊柱长约 0.5mm。花期 8 月。

【生长环境】生于海拔 1000m 的山坡林中树干上。

【地理分布】贵州产梵净山。模式标本采自梵净山。

【馆藏信息】第五标本馆，第 003959 号标本。

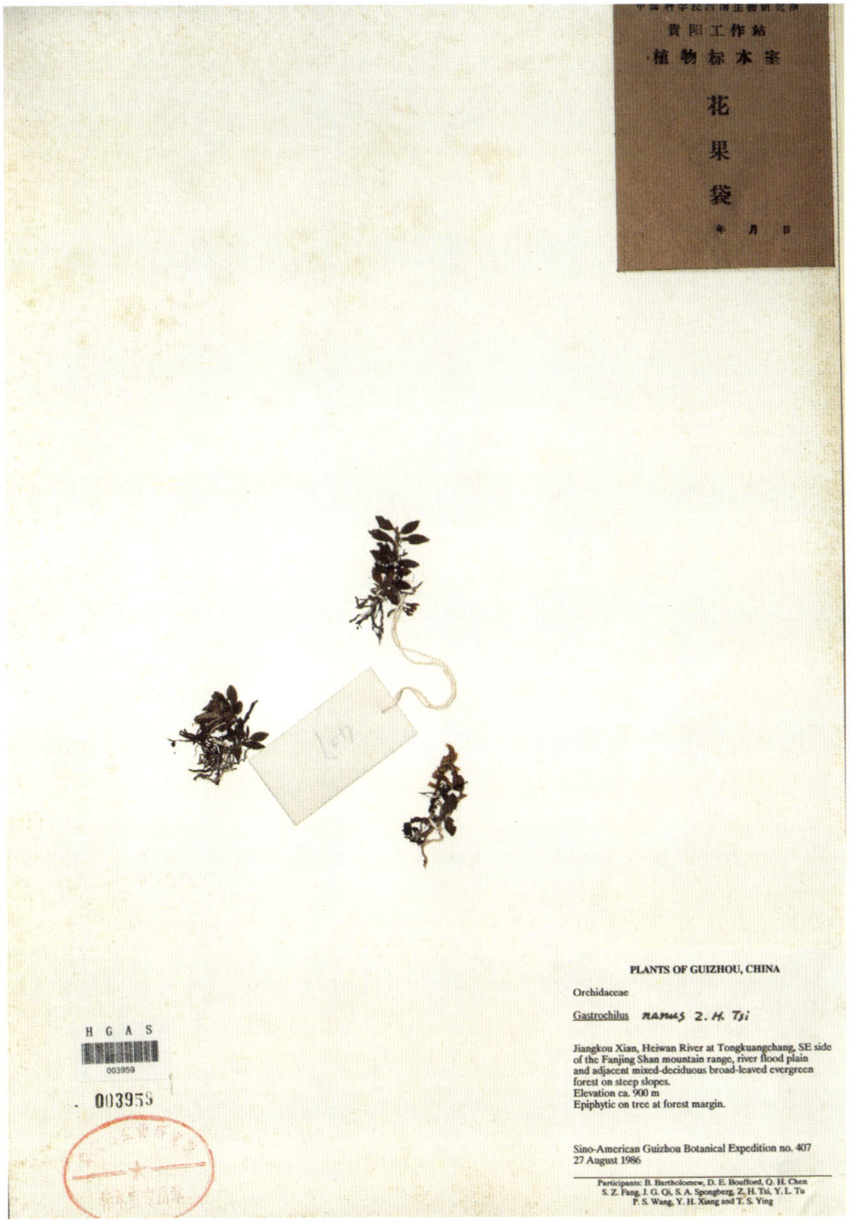

26 天麻属

26.1 天麻 *Gastrodia elata* Bl.

【别　　名】赤箭、木浦、明天麻、定风草根。

【形态特征】根状茎块茎状，长椭圆形，有时近哑铃形，肥厚，肉质，长 8～12cm，直径 3～5（～7）cm，具较密的环状节，节上密生许多三角状阔卵形的鳞片。茎直立，高约 1m，下部疏生数枚膜质鞘。总状花序顶生，长 5～30cm，通常具 30～50 朵花；花苞片膜质，长 1～1.5cm；花梗长 3～5mm；花橙红色、淡黄色、蓝绿色或黄白色，扭转，近直立；萼片与花瓣合生成花被筒，长约 1cm，直径 5～7mm，顶端 5 裂，口部倾斜，裂片小，三角形，基部前方略呈囊状；唇瓣长圆状卵圆形，长约 7mm，上部边缘呈流苏状，上面具乳突；蕊柱长 5～7mm，具短的蕊柱足。蒴果倒卵状椭圆形，长约 1.5cm。种子多而细小。花果期 5～7 月。

【生长环境】生于海拔 1200～2000m 的山坡林下空地、林缘或灌丛中。

【地理分布】贵州全省，以西部最盛；西南至东北有分布。印度、不丹、尼泊尔、朝鲜、日本至西伯利亚也有。

【馆藏信息】第五标本馆，第 003960、003961、003962、003963、003964 号标本。

贵州植物标本
天麻
Gastrodia elata Bl.
003961

中国科学院贵州分院植物标本室
Gastrodia elata Bl.
定名人 Z.H.Tsi 86年 7 月22 日
003962

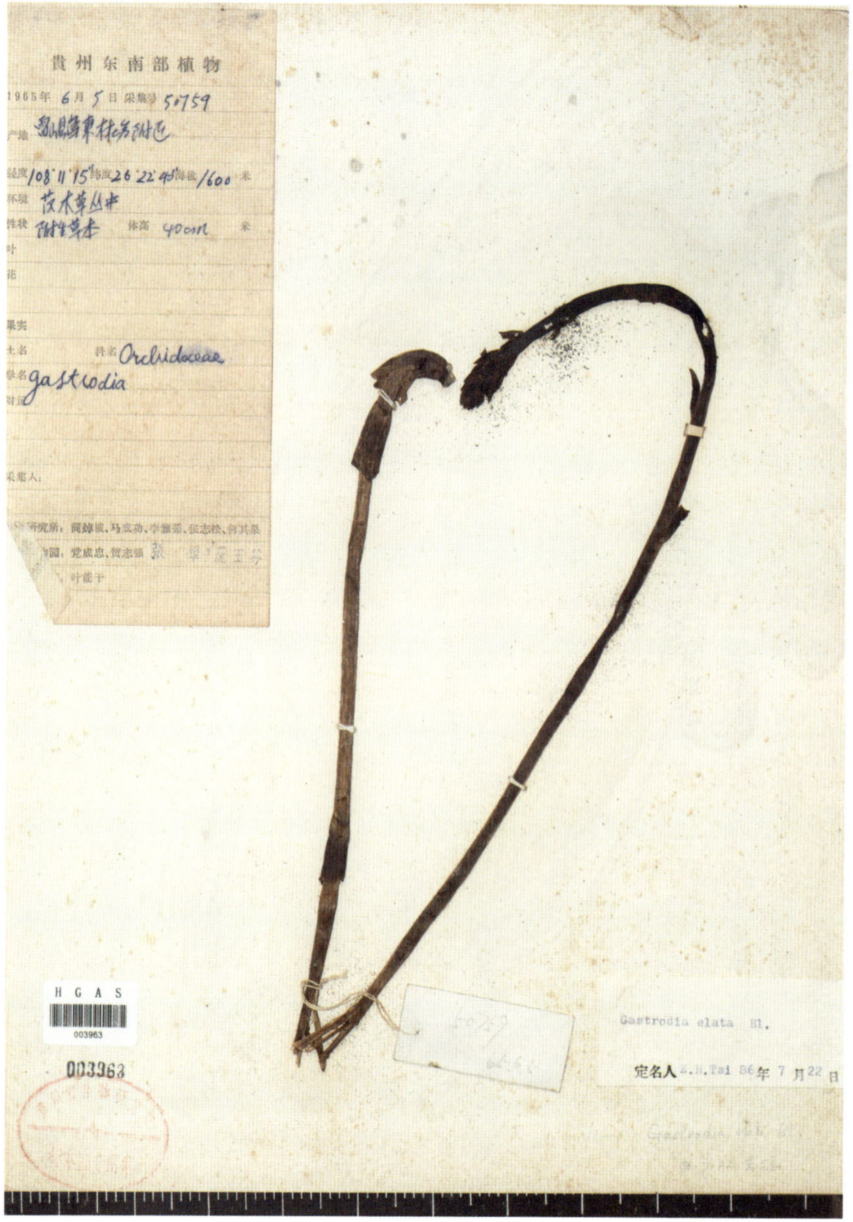
贵州东南部植物
1965年6月5日 采集号 50759
Orchidaceae
gastrodia
H G A S
003963
003963
Gastrodia elata Bl.
定名人 S.H.Tsi 86年 7 月22 日

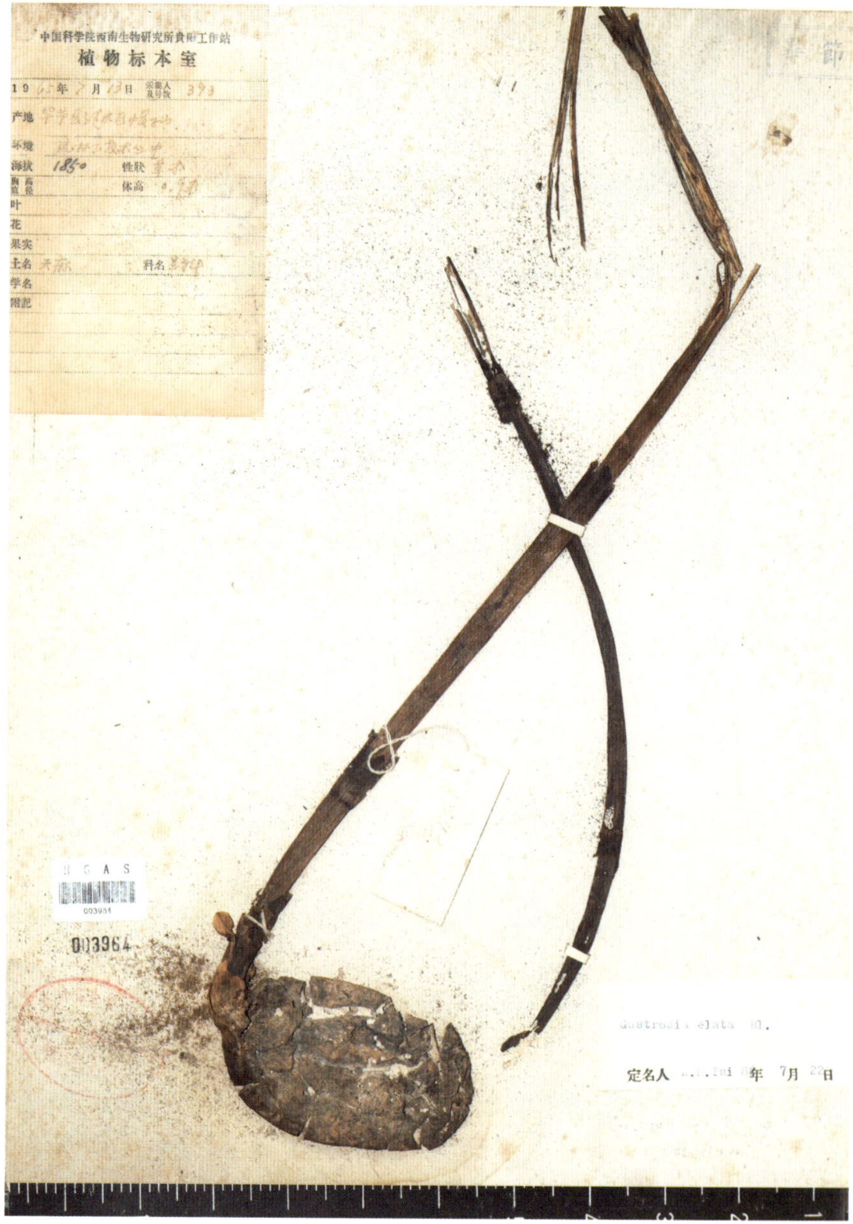
中国科学院西南生物研究所贵阳工作站
植物标本室
H G A S
003964
003964
Gastrodia elata Bl.
定名人
7月 22 日

27 斑叶兰属

27.1 大花斑叶兰 *Goodyera biflora* (Lindl.) Hook. f.

【别　　名】大斑叶兰、双花斑叶兰、长花斑叶兰。

【形态特征】地生草本，高 5～15cm，具匍匐根状茎。茎绿色，具 4～5 枚叶。叶卵形或椭圆形，长 2～4cm，宽 1～2.5cm，上面绿色，具白色细脉，背面淡绿色带紫色；叶柄长 1～2cm，基部扩大抱茎。花茎很短，被短柔毛；总状花序具 2 朵花，常偏向一侧；花苞片披针形，长 1.5～2.2cm，宽约 6mm；子房连花梗长约 6mm，被短柔毛；花大，长管状，白色带粉红色；萼片线状披针形，背面被短柔毛；中萼片与花瓣黏合呈兜状；花瓣与萼片约等长，长约 2.5cm；唇瓣线状披针形，长约 2cm，基部囊状，内面具腺毛，前部伸长呈舌状；蕊柱短；蕊喙细长，长达 1cm，叉状 2 裂。花期 7 月。

【生长环境】生于海拔 1200m 的林下阴湿处。

【地理分布】贵州产梵净山、雷公山；秦岭以南至西南各省区均有分布。印度、尼泊尔、朝鲜半岛和日本也有。

【馆藏信息】第五标本馆，第 003966、003967 号标本。

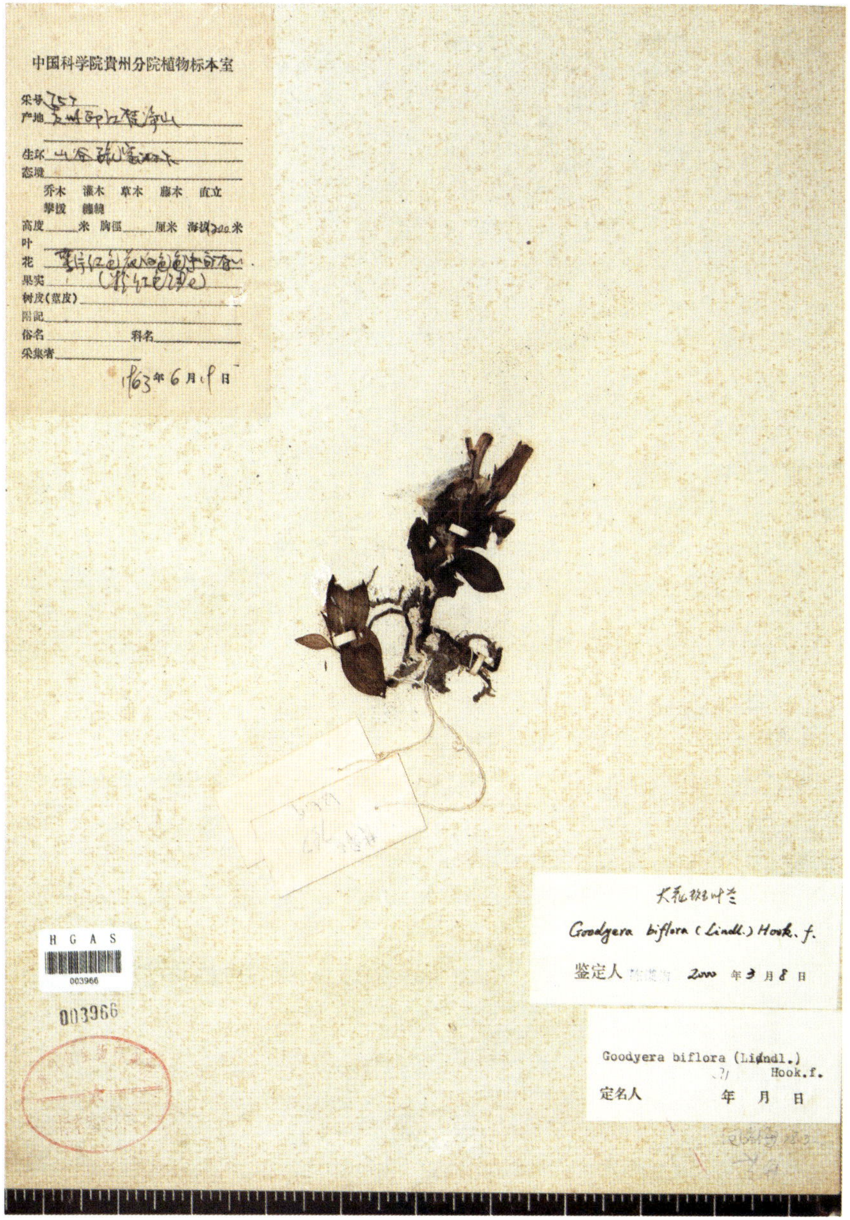

贵州植物标本
采集者
号数 3175
产地 雷山县冷竹山
地形
海拔 1650 米
生境
性状
高度
胸径 厘米
树皮
叶
花
果
地方名
科名 Orchidaceae
参加采集者 大斑叶兰
Goodyera schlechtendaliana Rchb. f.
年 4 月 日
HGAS
003967
003967
大花斑叶兰
Goodyera biflora (Lindl.) Hook. f.
鉴定人
2000 年 4 月 26 日

27.2 高斑叶兰 *Goodyera procera* (Ker.-Gawl.) Hook.

【别　　名】斑叶兰、穗花斑叶兰。

【形态特征】地生草本，高 23～50cm，具短而粗的根状茎。茎直立，无毛，具 4～6 枚叶。叶狭长圆形至椭圆形，长 6～11cm，宽 1.5～4cm，上面绿色，背面淡绿色，先端渐尖，基部渐狭；叶柄长 2～5cm，基部扩大成鞘并抱茎。花茎长 15～35cm，具 5～7 枚鞘状苞片；总状花序具多数密集的小花，穗状，花序轴被毛；花苞片卵状披针形，无毛，长 5～7mm；花白色带淡绿色，芳香；萼片无毛，中萼片卵形，凹陷，长 3～3.5mm；侧萼片斜卵形，稍短；花瓣匙形，约与中萼片等长；唇瓣宽卵形，稍厚，长约 2.5mm，基部凹陷呈囊状，唇盘上有 2 枚胼胝体；蕊柱宽短。花期 4～5 月。

【生长环境】生于海拔 340～800m 的林下。

【地理分布】贵州产赤水、习水、仁怀、望谟、紫云、镇宁。喜马拉雅东部有分布。中南半岛、斯里兰卡、菲律宾至日本也有。

【馆藏信息】第五标本馆，第 003971、003972 号标本。

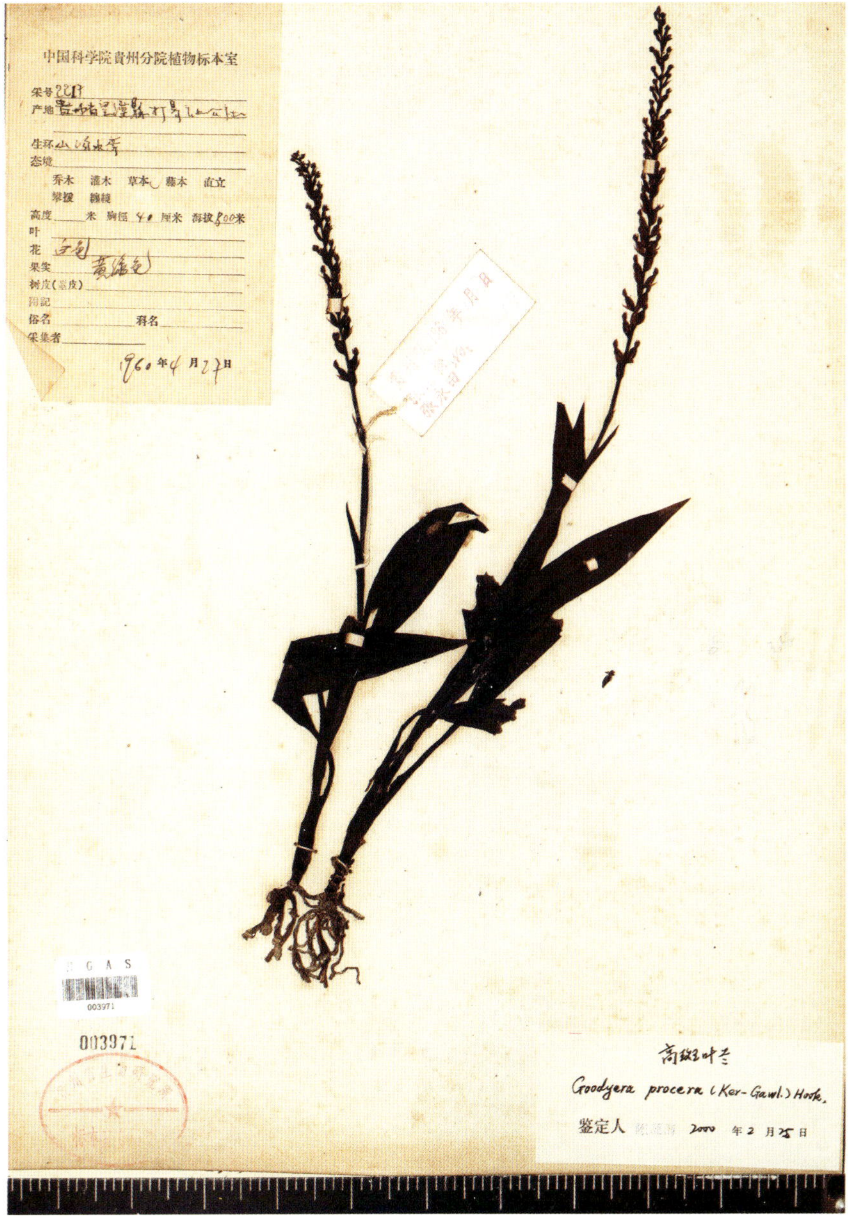

中国科学院西南生物研究所贵州工作站
植物标本室
Goodyera procera (Ker.-Gawl.) Hook.
鉴定人
Goodyera procera (Ker-Gawl.) Hook.
定名人
HGAS
003972

27.3 光萼斑叶兰 *Goodyera henryi* Rolfe

【别　　名】翠玉斑叶兰、童山白兰、短穗斑叶兰。

【形态特征】地生草本，高 12～20cm，具伸长的匍匐根状茎。茎直立，绿色，具 4～6 枚叶。叶卵形或卵状椭圆形，长 3～4.5cm，宽 1.5～2.4cm，绿色，先端急尖，基部楔形或近圆形；叶柄长约 1cm。花茎长约 4cm，无毛，花序柄几无；总状花序具 5～9 朵紧密排列的花；花苞片披针形，长 1.5～2cm，宽约 4mm，渐尖；花白色，或稍带淡红色，半张开；中萼片长圆形，凹陷，长 1～1.2cm，宽约 4mm，与花瓣黏合呈兜状；侧萼片斜卵状长圆形，稍长于中萼片；花瓣菱形，约与侧萼片等长；唇瓣白色，卵状舟形，长约 1cm，宽约 5mm，基部凹陷成囊状，前部舌状；蕊柱长约 3mm；蕊喙长约 4mm。花期 8～9 月。

【生长环境】生于海拔 1400～1450m 的山地林下湿处。

【地理分布】贵州产雷公山、月亮山、瑶人山；浙江、江西、台湾、甘肃、湖北、湖南、广东、广西、云南有分布。日本和朝鲜半岛也有。

【馆藏信息】第五标本馆，第 003968、003969、003970 号标本。

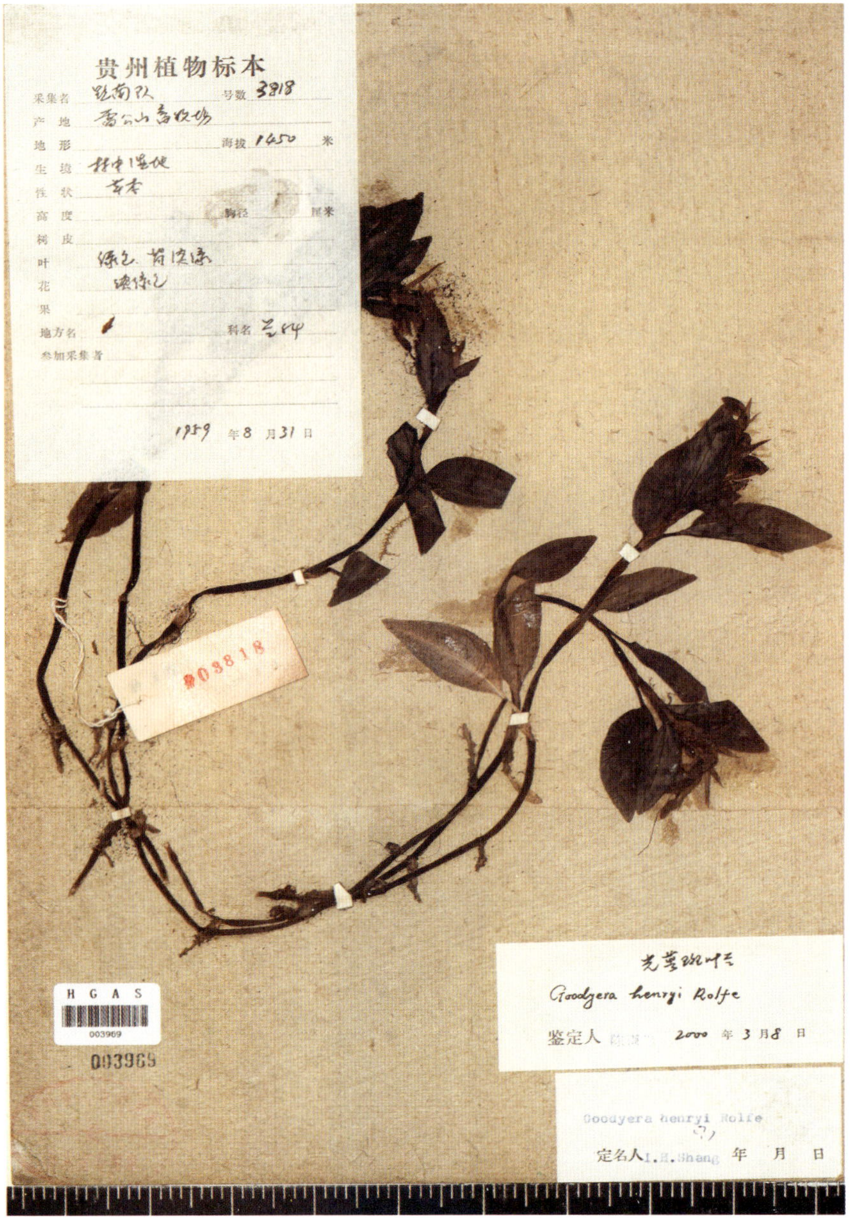
贵州植物标本
HGAS
003969
Goodyera henryi Rolfe
鉴定人
定名人

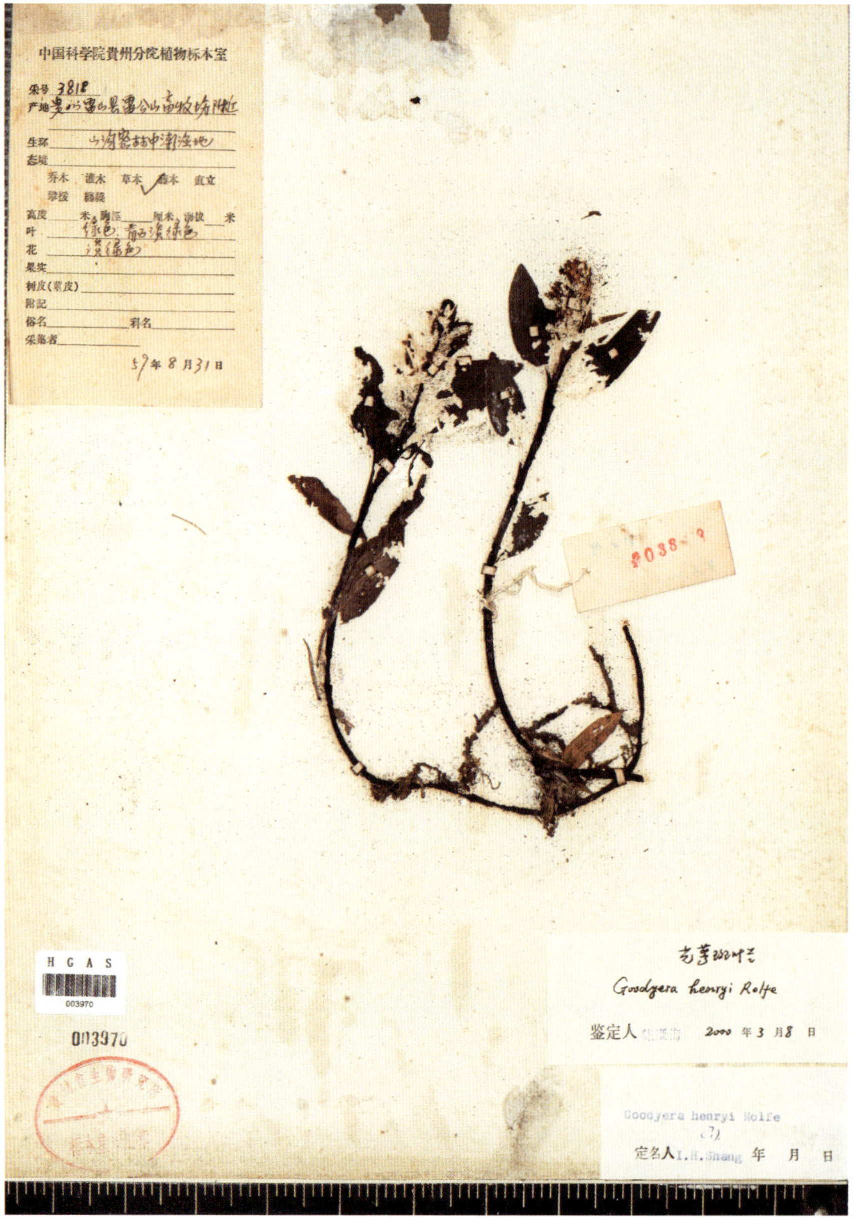
中国科学院贵州分院植物标本室
HGAS
003970
Goodyera henryi Rolfe
鉴定人
定名人

27.4 大斑叶兰 *Goodyera schlechtendaliana* Rchb. f.

【别　　名】银线盆、九层盖、野洋参、小将军、小叶青、麻叶青、竹叶青、蕲蛇药、尖叶山蝴蝶、竹叶小青、肺角草、滴水珠、金边莲、银耳环。

【形态特征】地生草本，具伸长的匍匐根状茎。茎直立，被长柔毛，具 4～6 枚叶。叶卵形或卵状披针形，长 3～7cm，宽 1.5～2.5cm，上面绿色有白色点状斑纹，背面淡绿色，先端急尖，基部钝圆或宽楔形；柄长 5～10mm，基部扩大抱茎。花茎长 10～18cm，被长柔毛，具数枚苞片；总状花序具 10 余朵花，偏向一侧排列；花苞片披针形，长约 12mm，宽 4mm，被柔毛，子房连花梗的长度短于花苞片；花白色或粉红色；萼片约等长，被柔毛；中萼片呈舟状；花瓣菱状倒披针形，无毛，约与萼片等长；唇瓣卵形，长约 7mm，基部呈囊状，前部舌状；蕊柱短，长约 3mm。花期 9～10 月。

【生长环境】生于海拔 800～1650m 的山坡林下湿地或沟旁。

【地理分布】贵州产梵净山、雷公山、黎平、榕江、贵定、贵阳、册亨；陕西、甘肃、山西、河南、江苏、安徽、浙江、江西、福建、台湾、湖北、湖南、广东、海南、广西、云南、西藏、喜马拉雅东部有分布。泰国、越南、朝鲜半岛南部、印度尼西亚至日本也有。

【馆藏信息】第五标本馆，第 003973、003974、003975、003976、003977、003978、003979、003980、003981、003982、003983、003984、003985、003986、003987 号标本。

中国科学院贵州分院植物标本室
003974
Goodyera schlechtendaliana Rchb. f.
鉴定人
2000 年 3 月 1 日
Ludisia discolor (Ker-Gawl.) A. Rich.
定名人

中国科学院贵州分院植物标本室
003975
Goodyera schlechtendaliana Rchb. f.
鉴定人
2000 年 3 月 1 日
定名人

貴州植物标本
HGAS
003978
大斑叶兰
Goodyera schlechtendaliana Rchb. f.
鉴定人

貴州植物标本
HGAS
003979
大斑叶兰
Goodyera schlechtendaliana Rchb. f.
鉴定人
Goodyera repens (L.) R. Br.

贵州植物标本
HGAS
003980
大斑叶兰
Goodyera schlechtendaliana Rchb. f.
鉴定人
Goodyera repens (L.) R. Br.
定名人 袁家谟 1982年1月15日

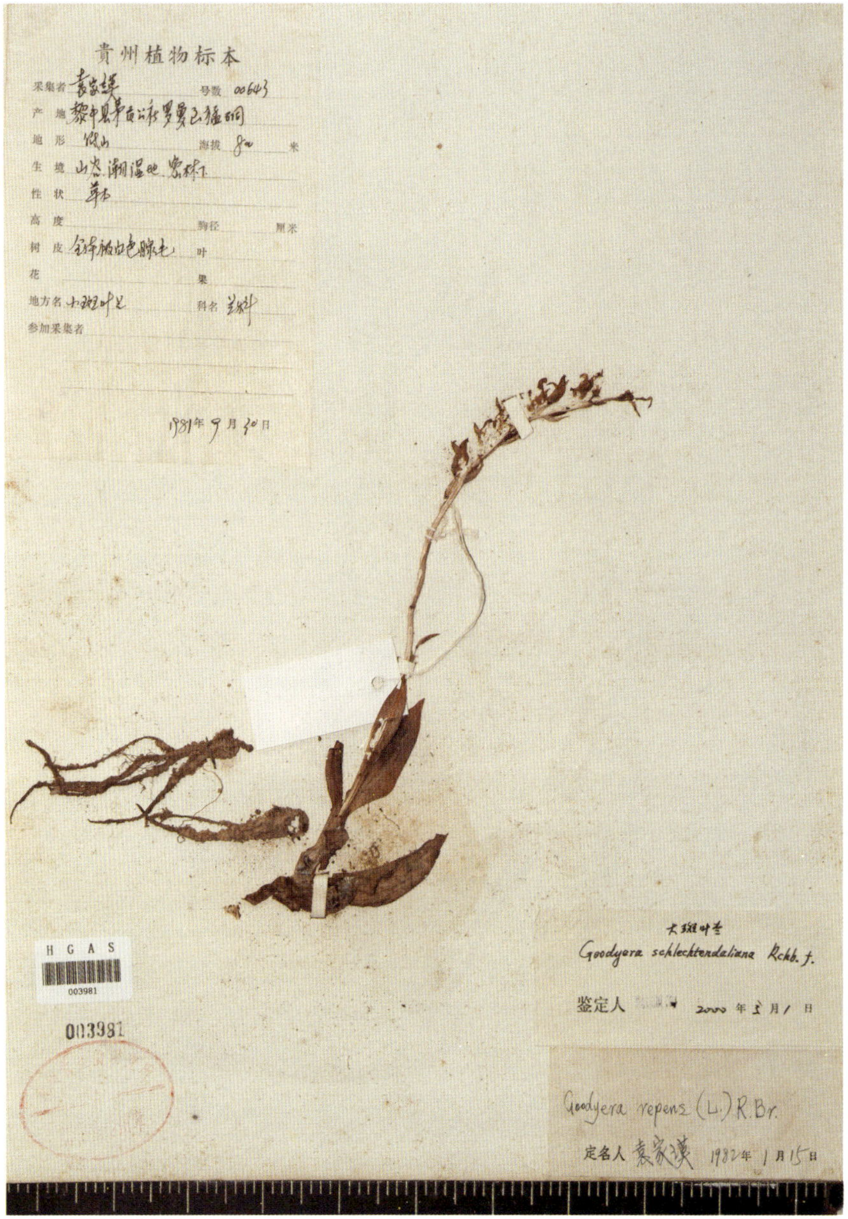
贵州植物标本
HGAS
003981
大斑叶兰
Goodyera schlechtendaliana Rchb. f.
鉴定人
Goodyera repens (L.) R. Br.
定名人 袁家谟 1982年1月15日

H G A S
003982
003982
PLANTS OF GUIZHOU, CHINA
Orchidaceae
Goodyera schlechtendaliana Reichb. f.
Jiangkou Xian, along the Yixi River between Guanba and Gaofeng on the SW side of the Fanjing Shan mountain range.
Elevation 700-1000 m
Growing on forested slope, flowers white.
Sino-American Guizhou Botanical Expedition no. 1014
7 September 1986
Participants: B. Bartholomew, D. E. Boufford, Q. H. Chen S. Z. Fang, J. G. Qi, S. A. Spongberg, Z. H. Tsi, Y. L. Tu P. S. Wang, Y. H. Xiang and T. S. Ying

H G A S
003983
003983
PLANTS OF GUIZHOU, CHINA
Orchidaceae
Goodyera schlechtendaliana Reichb. f.
Yinjiang Xian, Huguoshi in the valley above Zhangjiaba on the W side of the Fanjing Shan mountain range.
Elevation ca. 850-1300 m
Growing along trail in forest, flowers white sometimes flushed pinkish.
Sino-American Guizhou Botanical Expedition no. 1282
21 September 1986
Participants: B. Bartholomew, D. E. Boufford, Q. H. Chen S. Z. Fang, J. G. Qi, S. A. Spongberg, Z. H. Tsi, Y. L. Tu P. S. Wang, Y. H. Xiang and T. S. Ying

H G A S
003984
003984
PLANTS OF GUIZHOU, CHINA
Orchidaceae
Goodyera schlechtendaliana Reichb. f.
Jiangkou Xian, Daiyenpeng along the Kaitu River on the SW side of the Fangjing Shan mountain range.
Elevation ca. 750-1000 m
Growing on forested slope, leaves mottled, flowers white.
Sino-American Guizhou Botanical Expedition no. 1230
12 September 1986
Participants: B. Bartholomew, D. E. Boufford, Q. H. Chen
S. Z. Fang, J. G. Qi, S. A. Spongberg, Z. H. Tsi, Y. L. Tu
P. S. Wang, Y. H. Xiang and T. S. Ying

H G A S
003985
003985
PLANTS OF GUIZHOU, CHINA
Orchidaceae
Goodyera schlechtendaliana Reichb. f.
Yinjiang Xian, Huguoshi in the valley above Zhangjiaba on the W side of the Fanjing Shan mountain range.
Elevation ca. 850-1300 m
Growing along trail in forest, flowers white sometimes flushed pinkish.
Sino-American Guizhou Botanical Expedition no. 1282
21 September 1986
Participants: B. Bartholomew, D. E. Boufford, Q. H. Chen
S. Z. Fang, J. G. Qi, S. A. Spongberg, Z. H. Tsi, Y. L. Tu
P. S. Wang, Y. H. Xiang and T. S. Ying

HGAS
003986
003986
PLANTS OF GUIZHOU, CHINA
Orchidaceae
Goodyera schlechtendaliana Reichb. f.
Yinjiang Xian, vicinity of Xiapingsho on the W side of the Fanjing Shan mountain range.
Elevation 1100-1400 m
Growing on dry disturbed cut over slope.
Sino-American Guizhou Botanical Expedition no. 1766
29 September 1986
Participants: B. Bartholomew, D. E. Boufford, Q. H. Chen S. Z. Fang, J. G. Qi, S. A. Spongberg, Z. H. Tsi, Y. L. Tu P. S. Wang, Y. H. Xiang and T. S. Ying

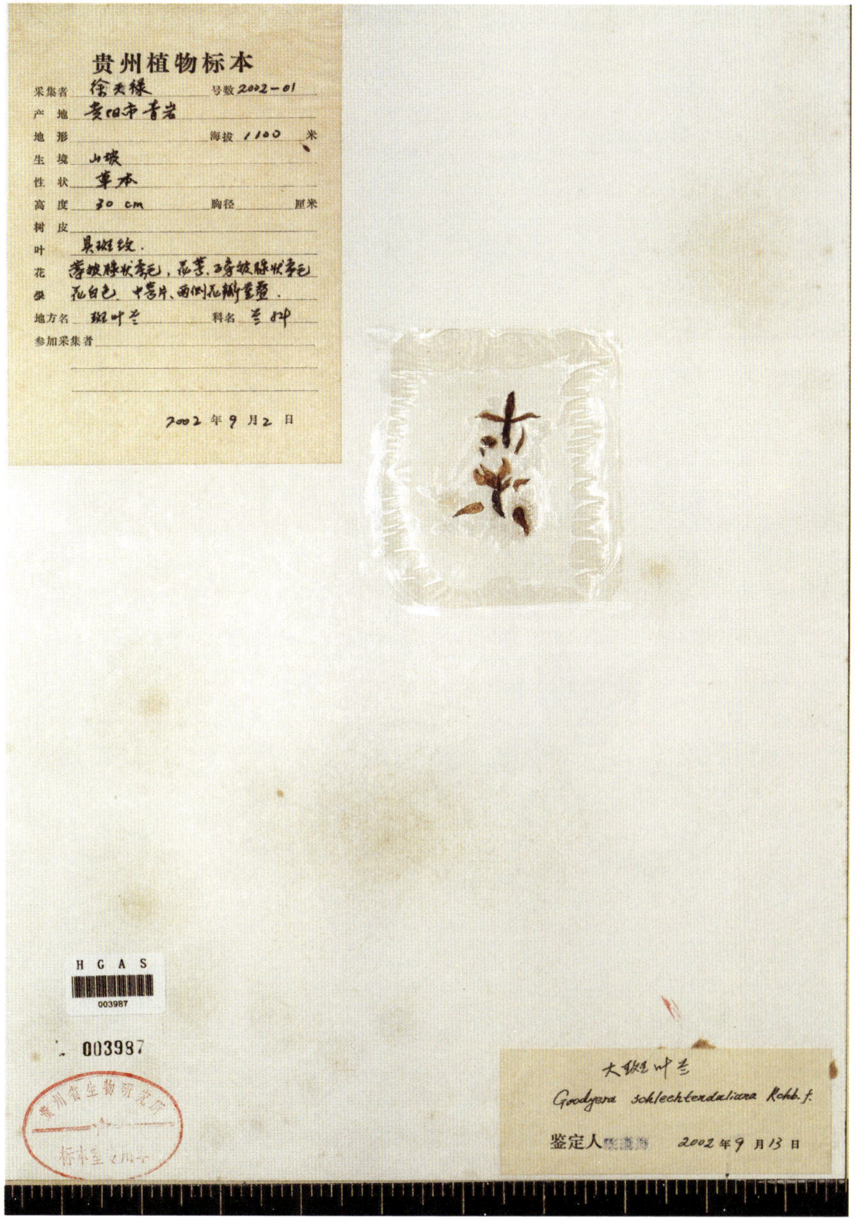
贵州植物标本
采集者 号数 2002-01
产地 贵阳市青岩
地形 海拔 1100 米
生境 山坡
性状 草本
高度 30 cm 胸径 厘米
树皮
叶 具斑纹.
花
朵
地方名 斑叶兰 科名 兰科
参加采集者
2002年9月2日
HGAS
003987
003987
大斑叶兰
Goodyera schlechtendaliana Rchb. f.
鉴定人 2002年9月13日

27.5 绒叶斑叶兰 *Goodyera velutina* Maxim.

【别　　名】白肋斑叶兰、鸟嘴莲。

【形态特征】地生草本，高 12cm，具伸长、匍匐根状茎。茎直立，具 4 枚叶。叶卵形，长 1.5～2.5cm，宽 10～14mm，先端尖，基部圆形，上面深绿色带紫色，天鹅绒状，沿中肋有 1 条白色带，背面紫红色；柄长约 7mm。花茎长 9cm，被柔毛，下部具 3 枚鞘状苞片；总状花序具 6 朵偏向一侧的花；花苞片披针形，红褐色，长 7～12mm，渐尖；子房连花梗长 6～10mm，被柔毛；花中等大，淡红褐色；萼片稍张开，背面被柔毛；中萼片长圆形，与花瓣黏合呈兜状；侧萼片、花瓣约与中萼片等长，长约 9mm；唇瓣基部凹呈囊状，前部舌状，舟形；蕊柱长约 2mm。花期 9 月。

【生长环境】生于海拔 1200m 的林下阴湿处。

【地理分布】贵州产从江；浙江、福建、台湾、湖北、湖南、广东、广西、海南、四川、云南有分布。朝鲜半岛南部和日本也有。

【馆藏信息】第五标本馆，第 003988 号标本。

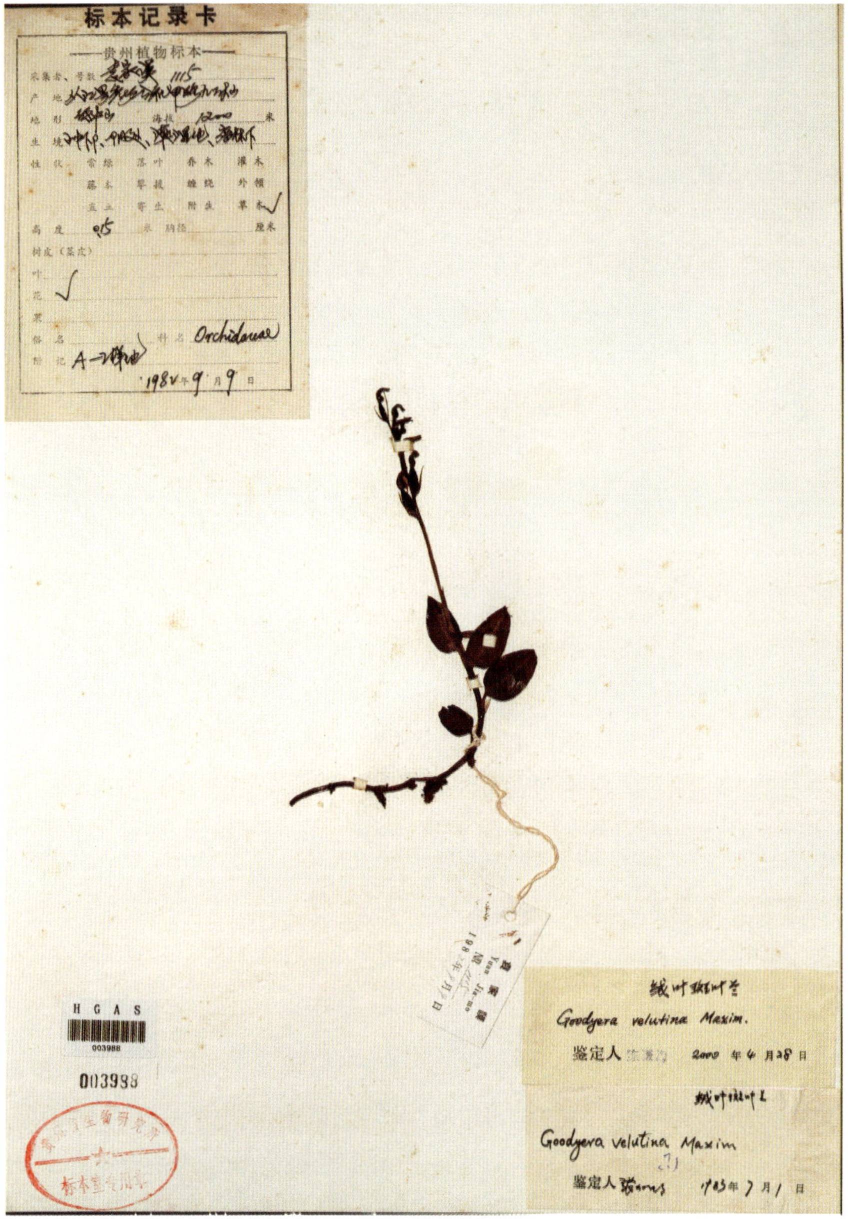

28 玉凤花属

28.1 落地金钱 *Habenaria aitchisonii* Rchb. f.

【别　　名】一朵芙蓉、金线吊芙蓉、丝线串铜钱、乌蝇草、怎地罗、锦地罗、夜落金钱、钉地金钱、金雀梅。

【形态特征】地生草本，高 10～30cm，具肉质、长圆形块茎。茎直立，被乳头状柔毛，有或无苞片状小叶。叶 2 枚，基部近对生，卵圆形或卵形，长 2～5cm，宽 1.5～4cm，基部圆钝抱茎，上面绿色，5 条脉有时黄白色。总状花序长 5～15cm，花序轴被乳突状毛，具数朵至多数花；花苞片卵状披针形；子房有毛，连花梗长 7～10mm；花小，绿色或绿黄色；萼片具 3 条脉；中萼片卵形、舟状，长 3～5mm，宽 2.5～3.5mm，与花瓣靠合呈兜状；侧萼片斜卵状长圆形，长 3.5～5.5mm，宽 2～3mm；花瓣 2 裂，上裂片斜的披针形，下裂片齿状；唇瓣较花瓣长，3 深裂；中裂片线形，长 5～9mm；侧裂片近钻形，长 6～12mm，先端稍钩曲；距圆筒状棒形，长 6～9mm，下垂；蕊柱短。花期 8～9 月。

【生长环境】生于海拔 2100～2450m 的山坡灌木丛下沟旁或草地。

【地理分布】贵州产威宁、水城；青海、四川、云南、西藏有分布。阿富汗、克什米尔地区至印度也有。

【馆藏信息】第五标本馆，第 003989 号标本。

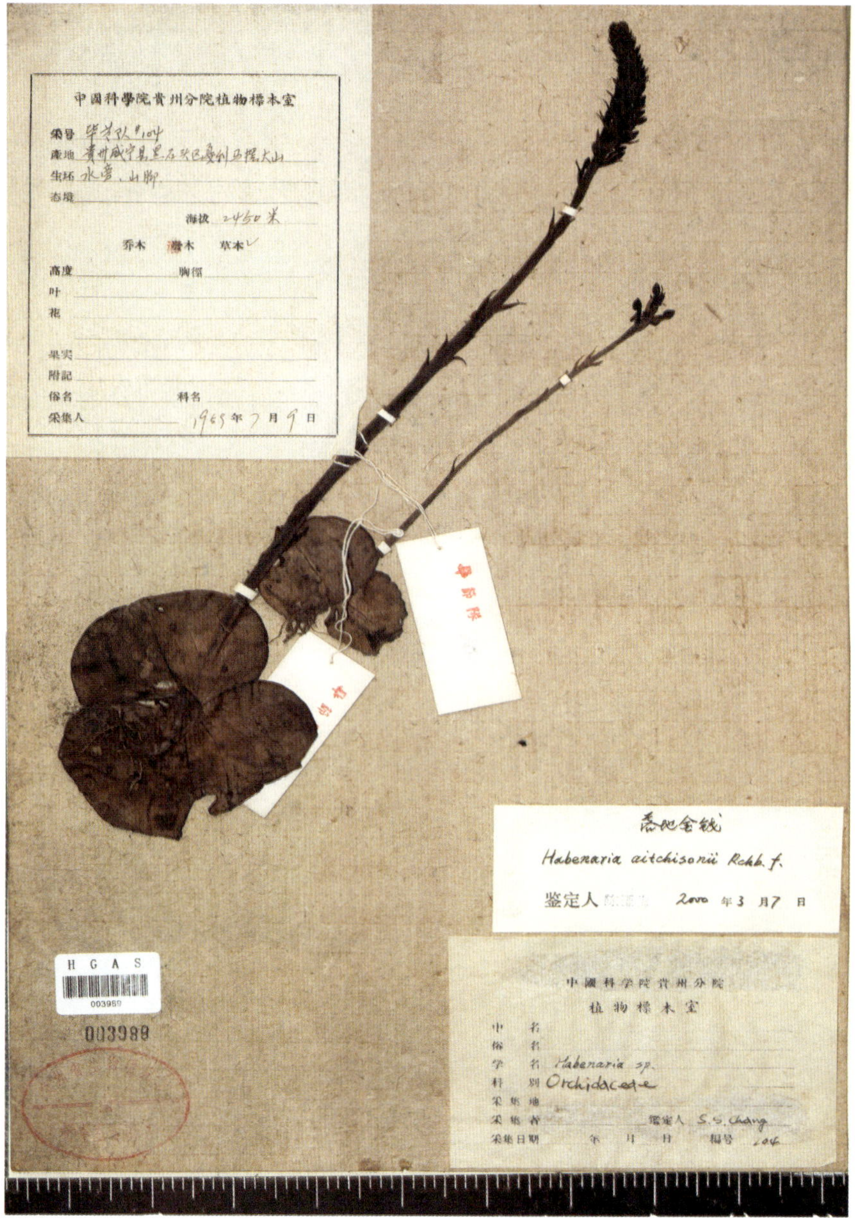

28.2 毛葶玉凤花 *Habenaria ciliolaris* Kraenzl.

【别　　名】玉峰山、鸡儿草。

【形态特征】地生草本，高 30～50cm。块茎肉质，长圆形，长 3～5cm，直径 1.5～2.5cm。茎直立，粗壮，近中部具 5～6 枚叶，向上有 5～10 枚苞片状小叶。叶倒卵状匙形至椭圆状披针形，长 5～18cm，宽 2～5cm，基部抱茎。花茎具棱，棱上有长柔毛；总状花序具 6～15 朵花；花苞片卵形，长 13～15mm，边缘有缘毛；子房具棱，棱上有细齿，连花梗长 23～25mm；花白色或绿白色；中萼片宽卵形，兜状，长 6～9mm，宽 5.5～8mm，顶部边缘有睫毛，具 5 条脉，背面有 3 条脊突；侧萼片反折，斜卵形，长 6.5～10mm，宽 4～7mm，具 3～4 条脉；花瓣斜披针形，不裂，长 6～7mm，具 1 脉；唇瓣 3 深裂，裂片丝状，并行；中裂片长 16～18mm，下垂；侧裂片长 20～22mm；距圆筒状棒形，长 21～27mm，末端膨大，下垂；柱头 2 枚，长圆形，长 1.5mm。花期 7～9 月。

【生长环境】生于海拔 900～1400m 的山坡林下或沟旁阴处。

【地理分布】贵州产梵净山、雷公山、榕江、兴义；甘肃、浙江、江西、福建、台湾、湖北、湖南、广东、香港、海南、广西、四川有分布。

【馆藏信息】第五标本馆，第 003990、003991、003992、003993、003994、003995、003996、003997、003998、003999、004000 号标本。

003991
PLANTS OF GUIZHOU, CHINA
Orchidaceae
Habenaria ciliolaris Kranzlin 毛葶玉凤花
Jiangkou Xian, Heiwan River on the SE side of the Fanjing Shan mountain range in the vicinity of the Ecological Station of the Guizhou Academy of Sciences.
Elevation ca. 560 m
Growing in moist area under shrubs, flowers greenish white.
Sino-American Guizhou Botanical Expedition no. 81
20 August 1986
Participants: B. Bartholomew, D. E. Boufford, Q. H. Chen S. Z. Fang, J. G. Qi, S. A. Spongberg, Z. H. Tsi, Y. L. Tu P. S. Wang, Y. H. Xiang and T. S. Ying

003992
贵州省生物研究所
HGAS
003992
PLANTS OF GUIZHOU, CHINA
Orchidaceae
Habenaria ciliolaris Kranzlin
Jiangkou Xian, Daiyenpeng along the Kaitu River on the SW side of the Fangjing Shan mountain range.
Elevation ca. 750-1000 m
Growing in soil in forest, flowers white.
Sino-American Guizhou Botanical Expedition no. 1231
12 September 1986
Participants: B. Bartholomew, D. E. Boufford, Q. H. Chen S. Z. Fang, J. G. Qi, S. A. Spongberg, Z. H. Tsi, Y. L. Tu P. S. Wang, Y. H. Xiang and T. S. Ying

H G A S
003993
PLANTS OF GUIZHOU, CHINA
Orchidaceae
Habenaria ciliolaris Kranzlin
Jiangkou Xian, Panqi River above its confluence with the Heiwan River, SE side of the Fanjing Shan mountain range.
Elevation ca. 550 m
Growing in shade on forest floor.
Sino-American Guizhou Botanical Expedition no. 300
24 August 1986
Participants: B. Bartholomew, D. E. Boufford, Q. H. Chen S. Z. Fang, J. G. Qi, S. A. Spongberg, Z. H. Tsi, Y. L. Tu P. S. Wang, Y. H. Xiang and T. S. Ying

貴州植物标本
采集者
号数
产地
地形
海拔
米
生境
性状
高度
胸径
厘米
树皮
叶
花
果
地方名
科名
参加采集者
年 月 日
H G A S
003994
毛葶玉凤花
Habenaria ciliolaris Kraenzl.
鉴定人
年 月 日

贵州植物标本
采集者
号数
产地
地形
海拔
米
生境
性状
高度
胸径
厘米
树皮
叶
花
果
地方名
科名
参加采集者
HGAS
003995
毛萼玉凤花
Habenaria ciliolaris Kraenzl.
鉴定人
2000 年 3 月 15 日
长距玉凤花
Habenaria davidii Franch.
鉴定人
1989 年 6 月 14 日

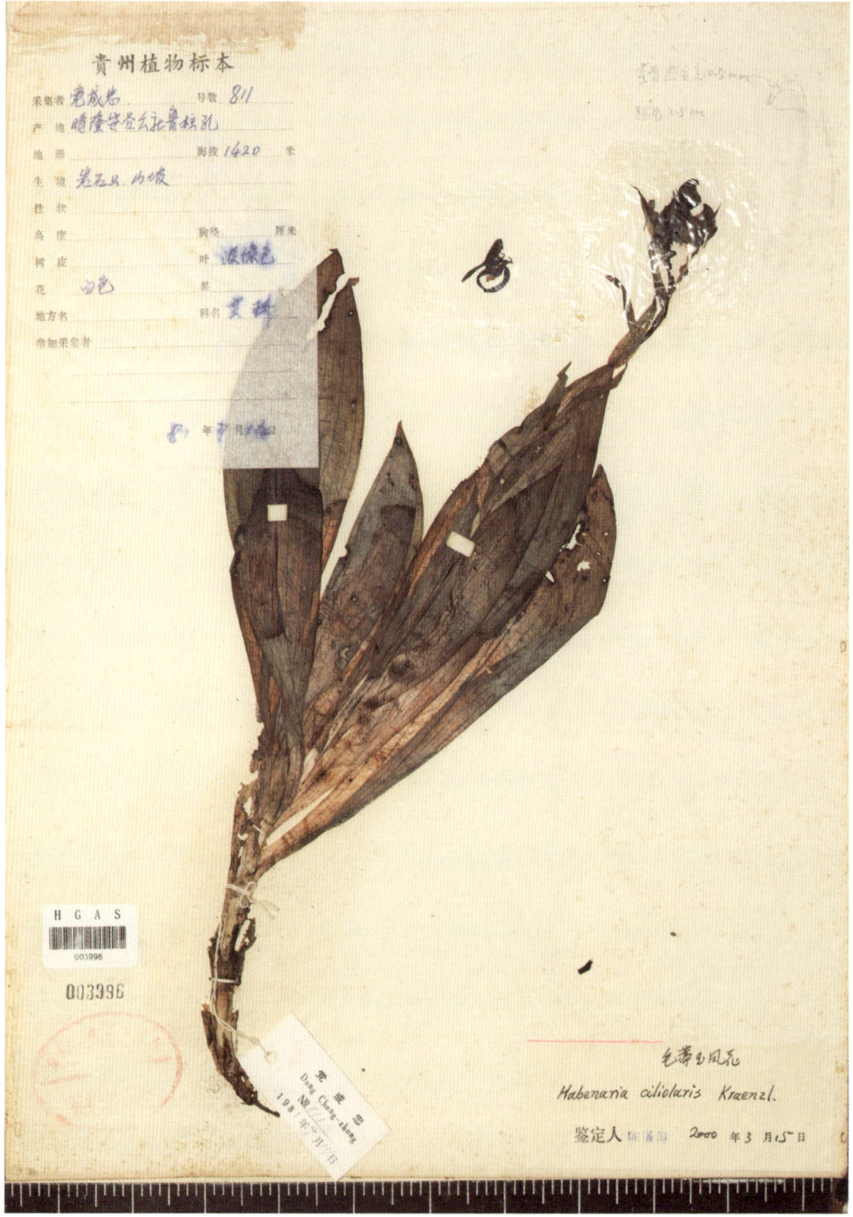
贵州植物标本
采集者
号数
产地
地形
海拔
米
生境
性状
高度
胸径
厘米
树皮
叶
花
果
地方名
科名
参加采集者
HGAS
003996
毛萼玉凤花
Habenaria ciliolaris Kraenzl.
鉴定人
2000 年 3 月 15 日

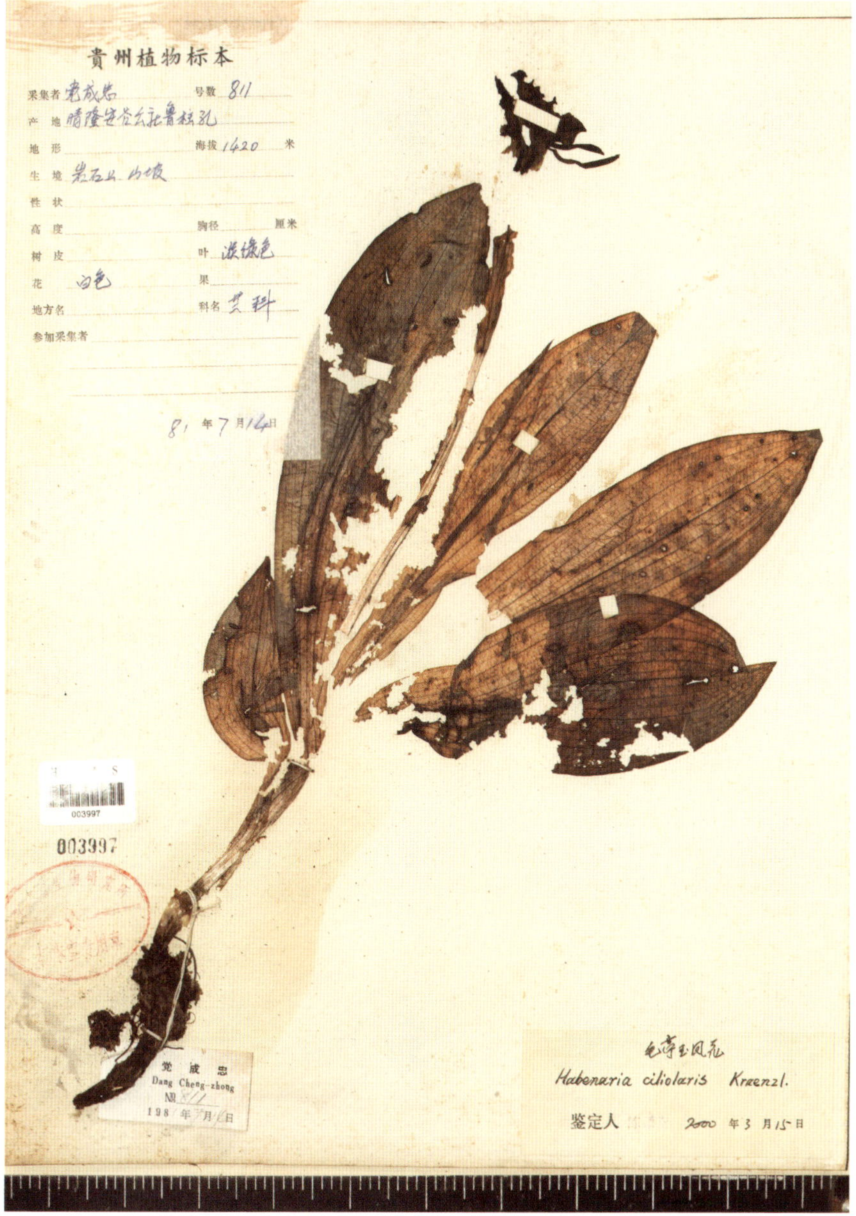
贵州植物标本
003997
毛葶玉凤花
Habenaria ciliolaris Kraenzl.
鉴定人 2000 年 3 月 15 日

贵州植物标本
003998
HGAS
Habenaria ciliolaris Kraenzl
鉴定人 2000 年 3 月 15 日

贵州植物标本
HGAS
003999
Habenaria ciliolaris Kraenzl.
鉴定人
2000年3月15日

贵州植物标本
004000
毛葶玉凤花
Habenaria ciliolaris Kraenzl.
鉴定人
2000年3月15日
Habenaria sp. aff. ciliolaris Kränzl.
鉴定人

28.3 鹅毛玉凤花 *Habenaria dentata* (Sw.) Schltr.

【别　　名】白凤兰、齿玉凤兰。

【形态特征】地生草本，高 43～75cm，具块茎。茎疏生 3～5 枚叶。叶长圆形，长 5～13cm，宽 2～4cm，干时边缘常有白色镶边。总状花序具多数花，无毛；花苞片披针形，长 2～3cm；子房无毛，连花梗长 2～3cm；花白色，萼片和花瓣边缘具缘毛；中萼片宽卵形，长 10～13mm，宽 8mm，具 5 条脉；侧萼片斜卵形，长 14～16mm，具 5 条脉；花瓣镰状披针形，不裂，长 8～9mm，具 2 条脉；唇瓣宽倒卵形，长 15～18mm，宽 12～16mm，3 裂；侧裂片近菱形或近半圆形，宽 7～8mm，前部边缘有锯齿；中裂片线状披针形或舌状披针形，长 5～7mm，宽 1.5～3mm，具 3 条脉；距细，圆筒状棒形，长达 4cm，下垂，末端膨大；距口周围具隆起凸状物。花期 8～10 月。

【生长环境】生于海拔 630～1500m 的山坡林下。

【地理分布】贵州产榕江、荔波、关岭、册亨、兴义、水城；安徽、浙江、江西、福建、台湾、湖北、湖南、广东、广西、四川、云南、西藏、喜马拉雅东部有分布。中南半岛至日本也有。

【馆藏信息】第五标本馆，第 004008、004009、004010、004011、004012、004013、004014 号标本。

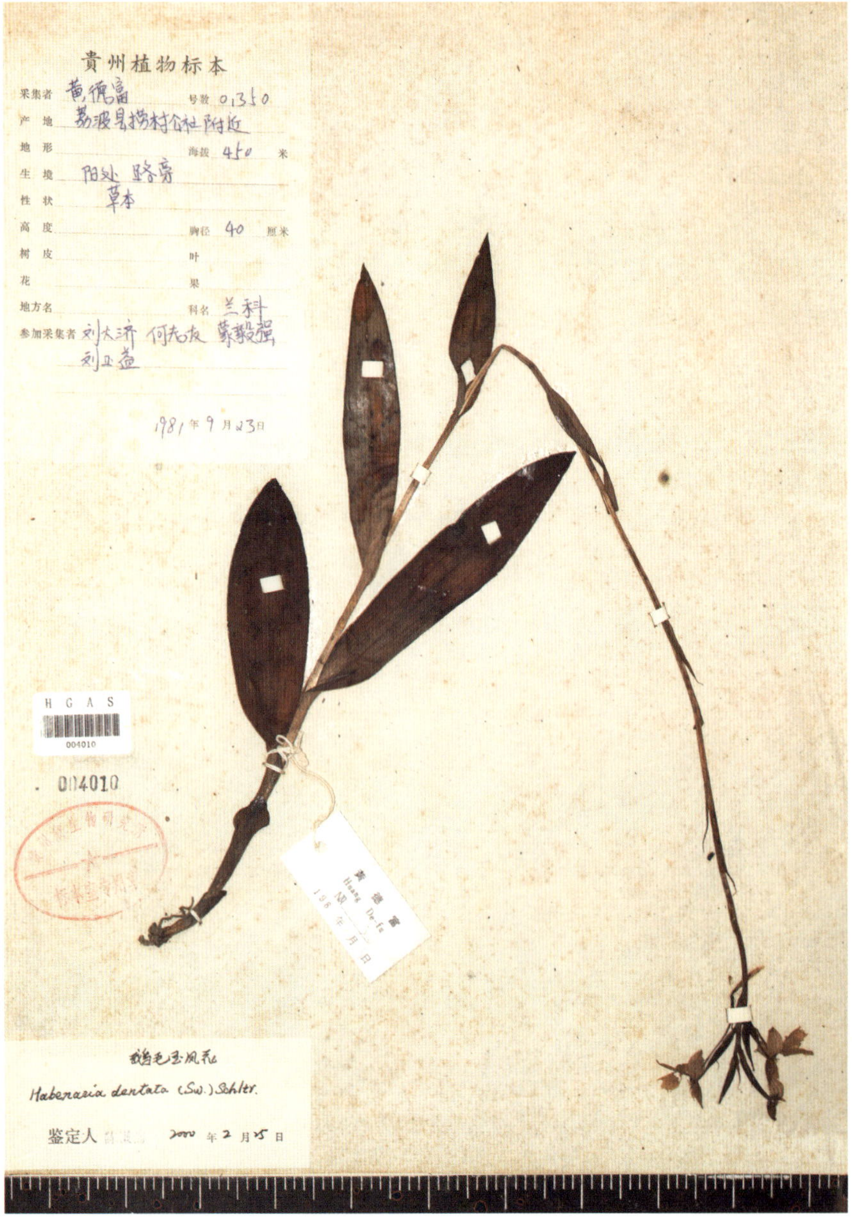

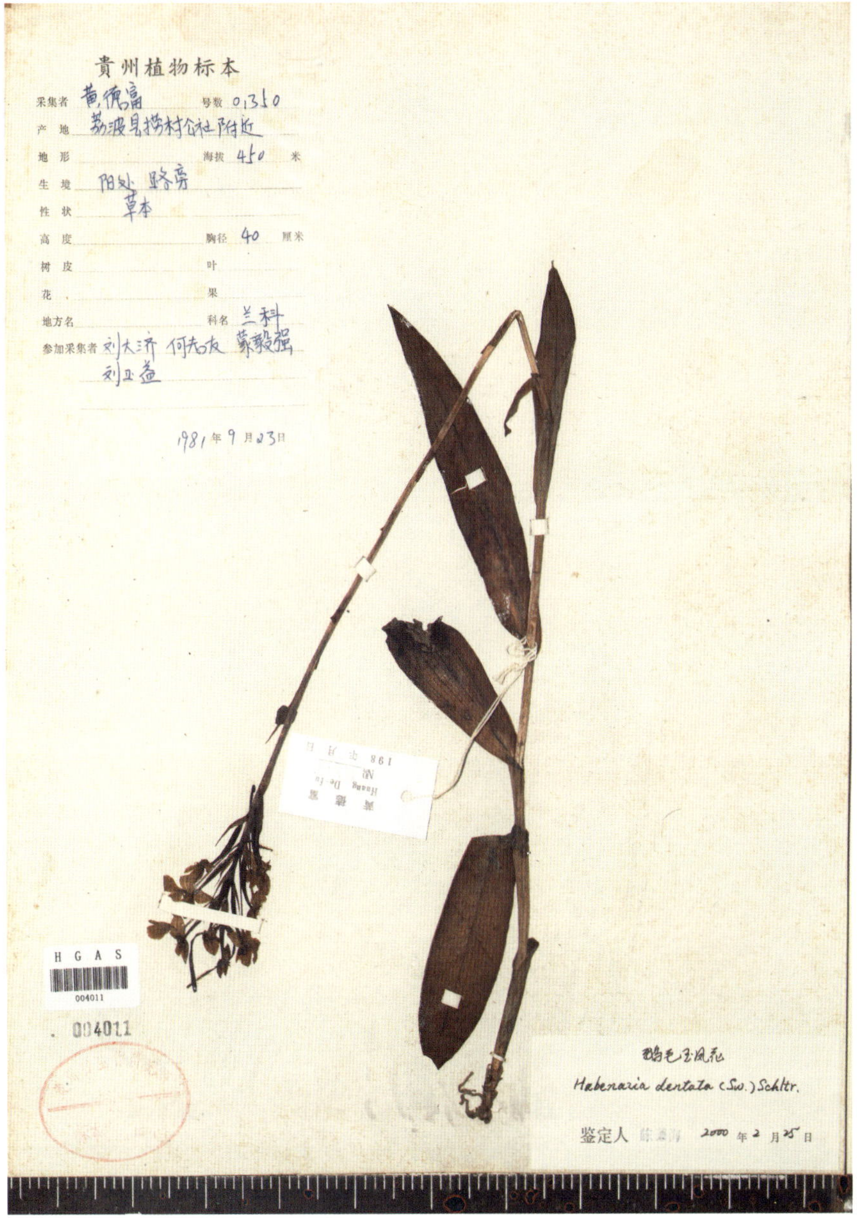
貴州植物标本
采集者
号数
产地
地形
海拔
米
生境
性状
高度
胸径
厘米
树皮
叶
花
果
地方名
科名
参加采集者
HGAS
004011
鹅毛玉凤花
Habenaria dentata (Sw.) Schltr.
鉴定人
2000 年 2 月 25 日

貴州植物标本
采集者
号数 10465
产地
地形
海拔 740 米
生境
性状
高度
胸径
厘米
树皮
叶
花
果
地方名
科名 Orchidaceae
参加采集者
82 年 9 月 6 日
HGAS
004012
鹅毛玉凤花
Habenaria dentata (Sw.) Schltr.
鉴定人
2000 年 2 月 25 日

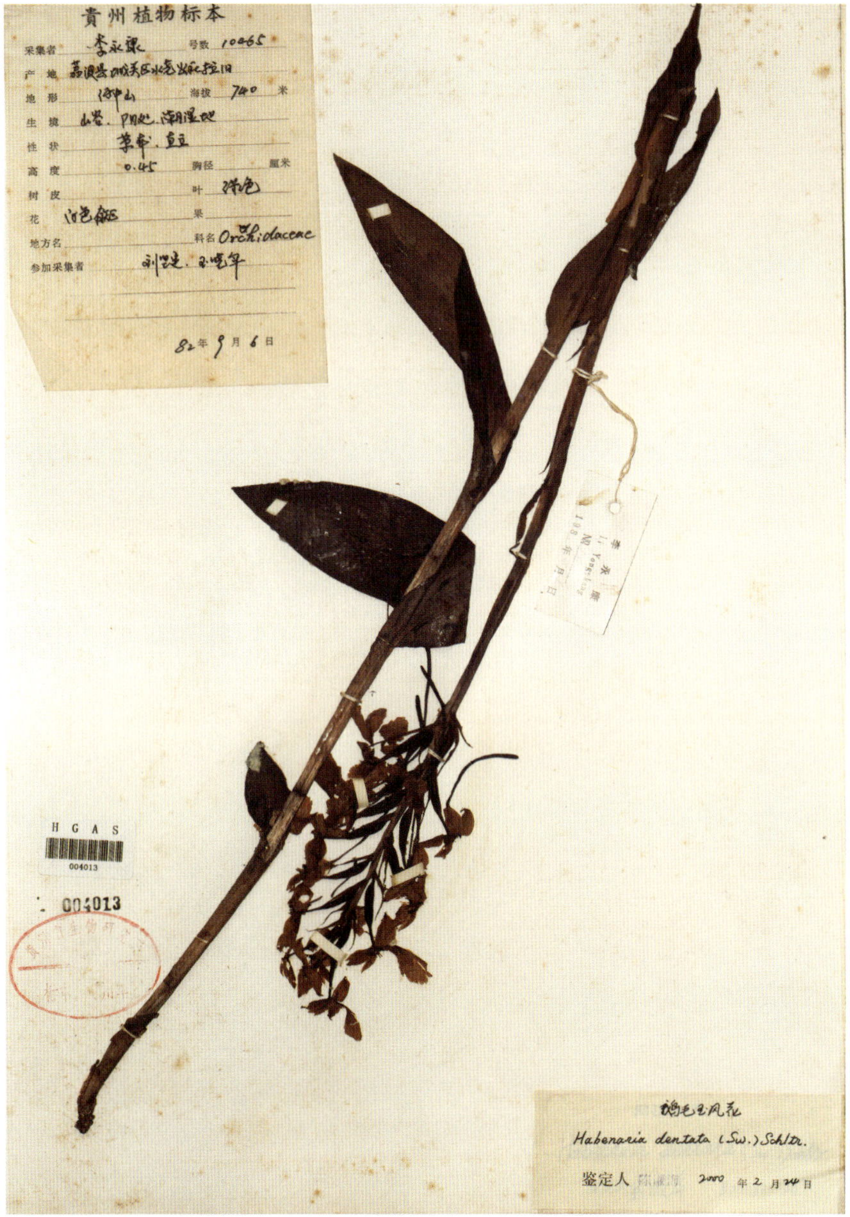
贵州植物标本
HGAS
004013
Habenaria dentata (Sw.) Schltr.
鉴定人

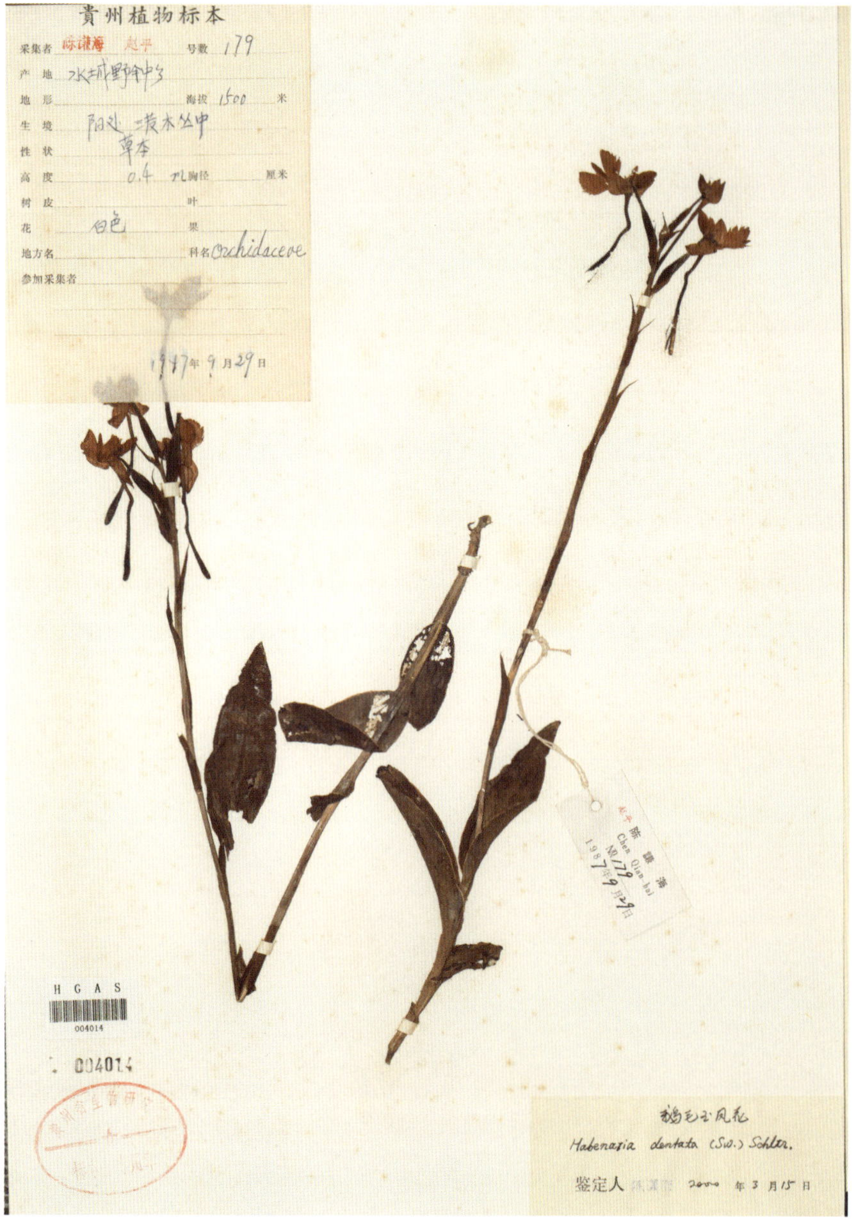
贵州植物标本
HGAS
004014
Habenaria dentata (Sw.) Schltr.
鉴定人

28.4 厚瓣玉凤花 *Habenaria delavayi* Finet

【形态特征】地生草本，高 15～30cm，具卵状长圆形的块茎。茎直立，基生 3 枚叶，其下有筒状鞘，上部有几枚苞片状小叶。叶基生，呈莲座状，稍肉质，宽卵形或近圆形，长 2～5cm，宽 1.5～4cm，基部圆，上面绿色。总状花序疏生数朵花；花苞片披针形，渐尖芒状；子房无毛；花白色；中萼片宽椭圆形，长 6mm，宽 4mm，背面有毛，具 3 条脉；侧萼片披针形，长 7mm，宽 3mm，具 3 条脉；花瓣线形，长 7mm，具 1 条脉；唇瓣深 3 裂；侧裂片狭披针形，长约 10mm，外侧边缘稍具齿；中裂片线形，长约 8mm，边缘全缘；距纤细，末端扩大呈棒状，长 2～2.3cm，下垂，稍弯，距口前缘有 1 枚钻状附属物；蕊柱粗短。花期 6～7 月。

【生长环境】生于海拔 800～1300m 的山地林下或灌木丛下。

【地理分布】贵州产施秉、瓮安（朱家山）；四川、云南有分布。

【馆藏信息】第五标本馆，第 004007 号标本。

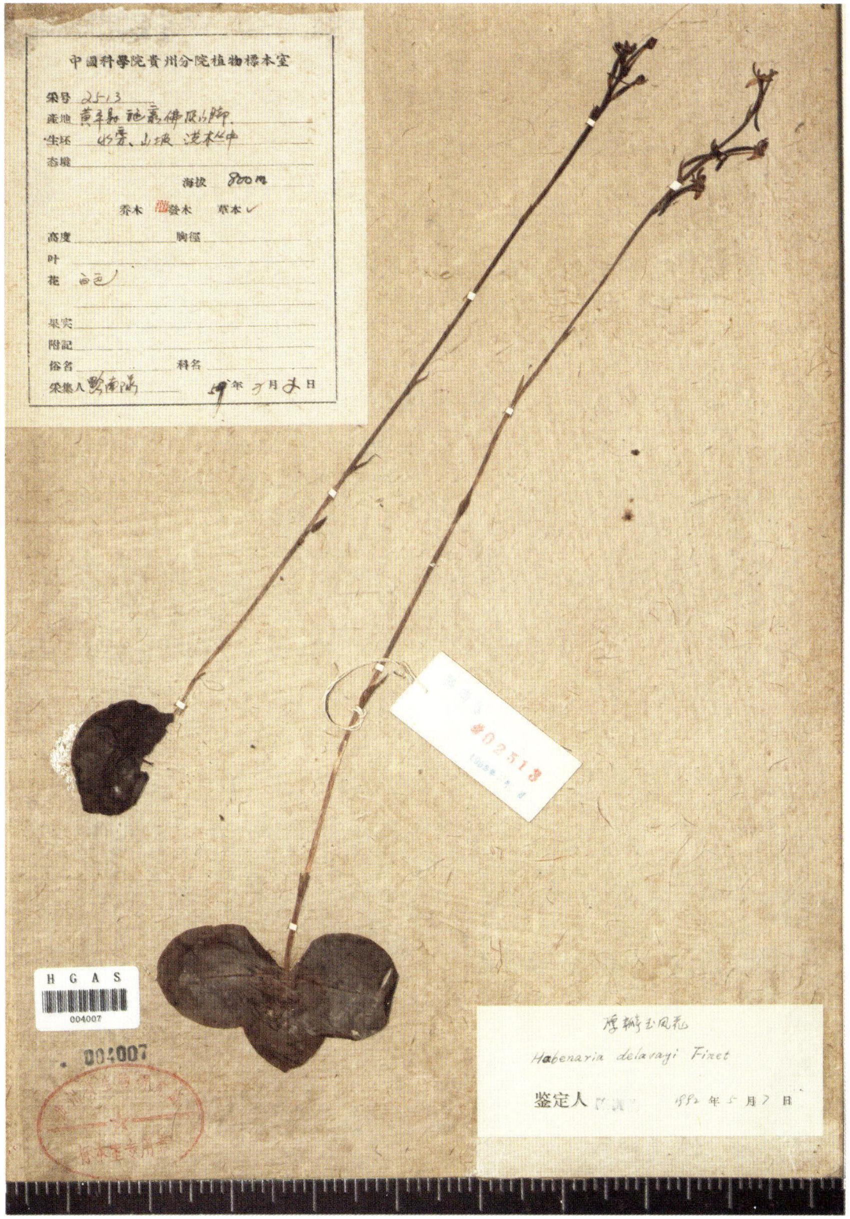

28.5 长距玉凤花 *Habenaria davidii* Franch.

【形态特征】地生草本，高 42～100cm，干后变黑色，具肉质、长圆形块茎。茎粗壮，具 5～7 枚叶。叶卵状长圆形至长圆状披针形，长 4～13cm，宽 1.5～4cm，渐尖，基部抱茎。总状花序，疏生数朵至 10 余朵花；花苞片披针形，长达 4.5cm，向上变小；子房无毛，连花梗长 2.5～3.5cm；花大，白色或绿白色；萼片和花瓣边缘具缘毛；中萼片长圆形，舟状，长 1.5～1.8cm，宽 7mm，具 5 条脉；侧萼片斜卵状披针形，长 1.7～2cm，宽 6～8mm，具 5～7 条脉；花瓣白色，斜披针形，长 1.4～1.7cm，宽约 4mm，与中萼片靠合成为兜状；唇瓣白色或淡黄色，长 2.5～3cm，3 裂，裂片线形；中裂片长 2～2.5cm；侧裂片与中裂片等长，外侧边缘篦齿状深裂，细裂片 7～10 条，丝状；距细圆筒状，长 4.5～6.5cm，下垂，末端稍膨大；花药直立，药隔宽 4mm，顶部平。花期 6～8 月。

【生长环境】生于海拔 700～2500m 的山坡林下草地。

【地理分布】贵州产正安、施秉、平塘、贵阳、清镇、晴隆、威宁；湖北、湖南、四川、云南、西藏有分布。

【馆藏信息】第五标本馆，第 004001、004002、004003、004004、004005、004006 号标本。

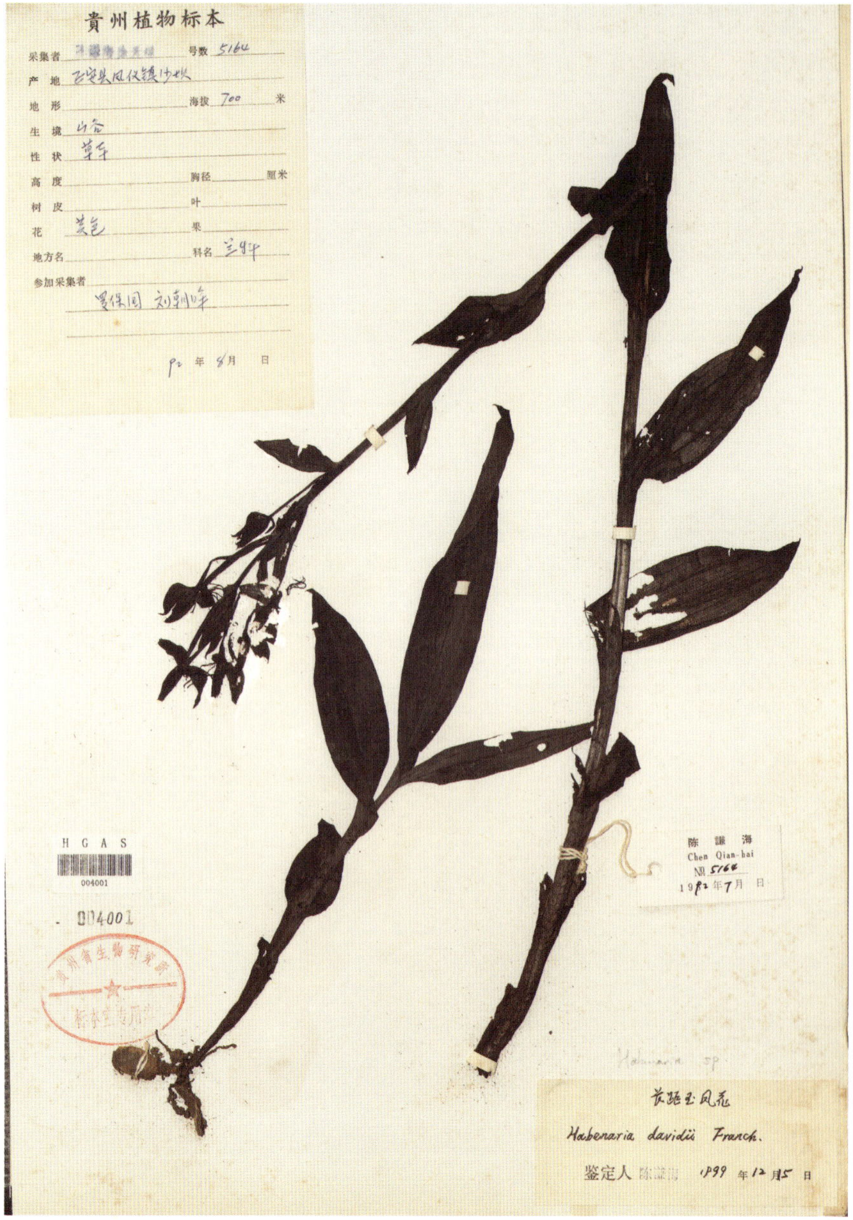

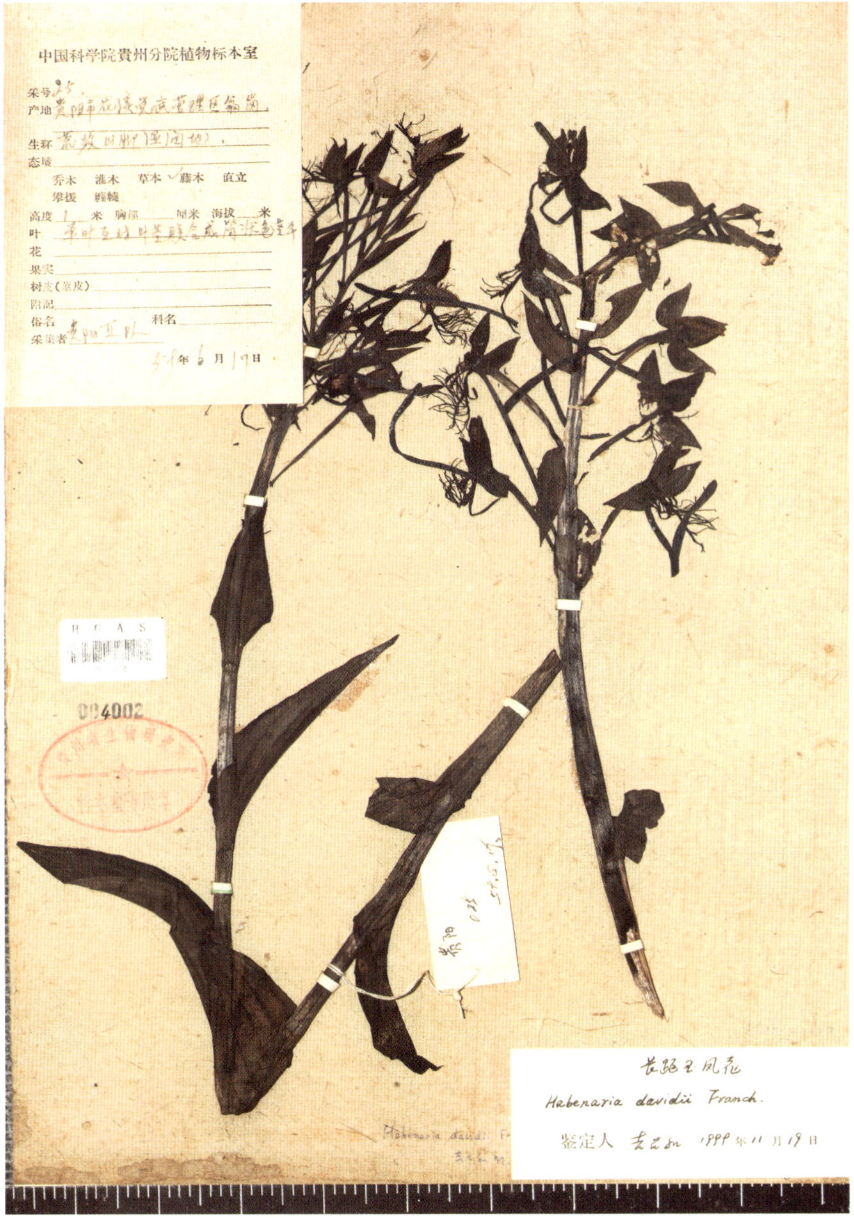
中国科学院貴州分院植物标本室
HGAS
004002
长距玉凤花
Habenaria davidii Franch.
鉴定人

中国科学院貴州分院植物标本室
2796
HGAS
004003
长距玉凤花
Habenaria davidii Franch.
鉴定人 2000年3月8日

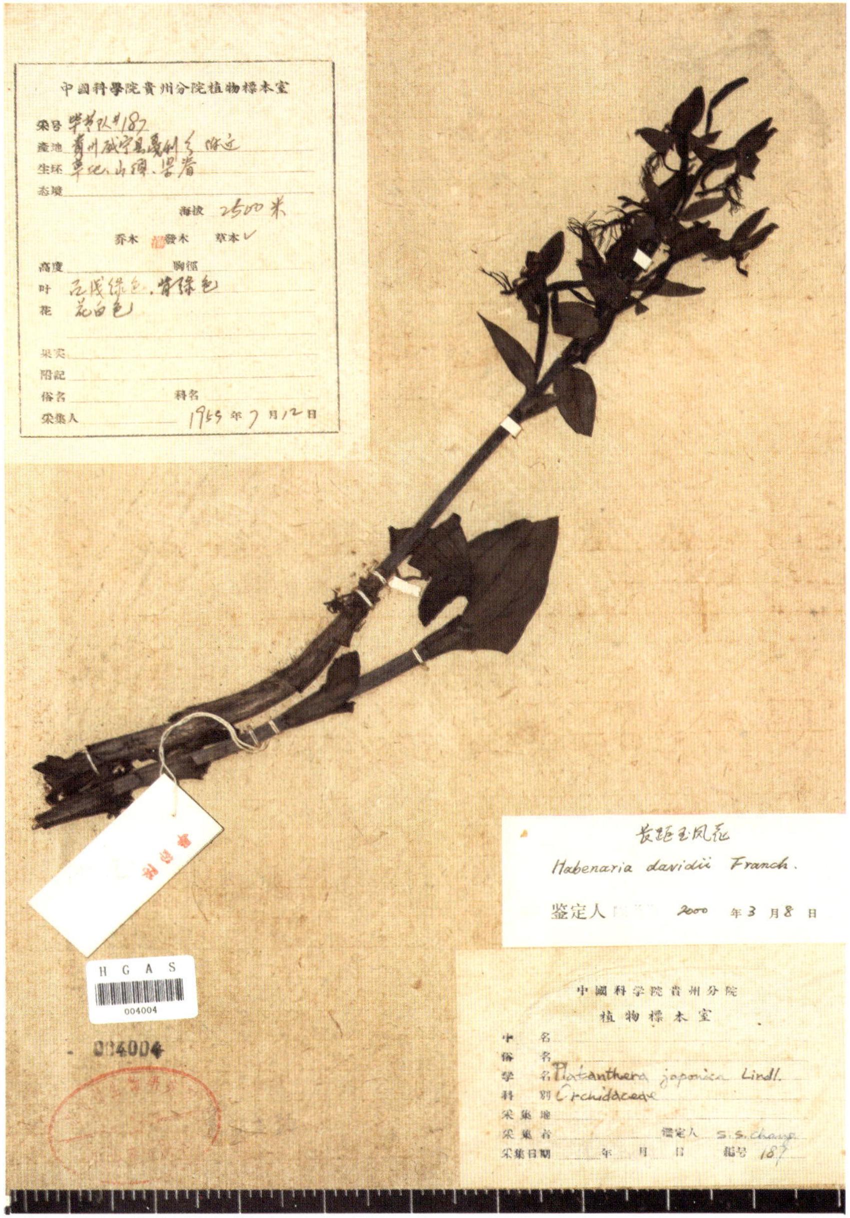
中國科學院貴州分院植物標本室
长距玉凤花
Habenaria davidii Franch.
鉴定人
HGAS
004004
中國科学院貴州分院
植物標本室
Platanthera japonica Lindl.
Orchidaceae

貴州植物标本
长距玉凤花
Habenaria davidii Franch.
鉴定人
HGAS
004005

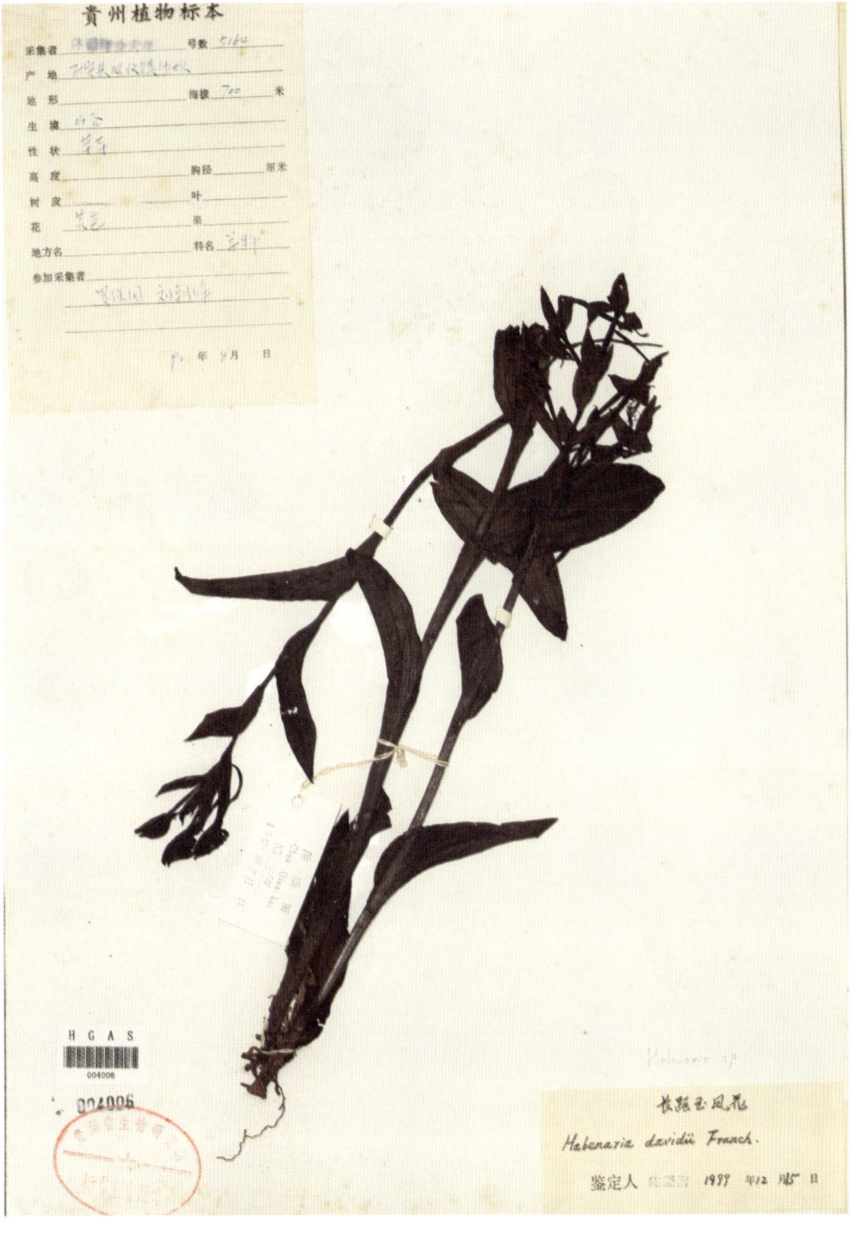
贵州植物标本
HGAS
004006
长距玉凤花
Habenaria davidii Franch.
鉴定人 1999 年12 月5 日

28.6 宽药隔玉凤花 *Habenaria limprichtii* Schltr.

【形态特征】地生草本，高 25～60cm，干后变黑色。茎直立，较粗壮，具 4～6 枚叶，基部具 1～2 枚筒状鞘。叶卵形至长圆状披针形，长 5～13cm，宽 1.5～3cm，渐尖或急尖，基部抱茎。总状花序长 10～18cm，疏生数朵至 10 余朵花；花苞片卵状披针形，长 3～3.5cm，宽 1cm；子房无毛，连花梗长 2～2.5cm；花较大，绿白色；萼片约等大，具 5 条脉；中萼片卵状椭圆形，舟状，长 18～20mm，宽约 10mm，与花瓣靠合呈兜状；侧萼片斜卵形；花瓣白色，镰状长圆形，不裂，与中萼片等长，具 3 条脉，边缘具缘毛；唇瓣白色，较萼片长，3 深裂，裂片近等长，线形；中裂片长 15mm，宽 1mm；侧裂片外侧边缘篦齿状，有 8～10 条细裂片；距圆筒状，长 2～2.5cm，下垂；花药直立，药隔极宽，宽 10～12mm。花期 7 月。

【生长环境】生于海拔 1600～1800m 的山坡草地。

【地理分布】贵州产贵定、平坝、普定；湖北、四川、云南有分布。

【馆藏信息】第五标本馆，第 004015 号标本。

28.7 莲座玉凤花 *Habenaria plurifoliata* T. Tang et F. T. Wang

【形态特征】地生植物，高 12～15cm，具柱状长圆形块茎。茎直立，基部有筒状鞘 1～2 枚，其上有 7～9 枚集生呈莲座状伸展的叶。叶线状披针形，长 5～7cm，宽 6～8mm，先端渐尖，基部收狭抱茎。总状花序长 5～7cm，疏生 8～10 朵花；花苞片披针形，长 7～8mm；子房无毛；花淡黄绿色；中萼片宽卵形，长 4mm，具 3 条脉；侧萼片狭卵形，长 5mm，具 2 条脉；花瓣斜卵状舌形，长 5mm，具 1 条脉；唇瓣 3 深裂；侧裂片近水平叉开，与中裂片呈 90° 夹角，丝状，长 12mm；中裂片线形，长 6mm；距细圆筒状棒形，下垂，长 12mm，末端稍增粗，稍弯曲。花期 9～10 月。

【生长环境】生于海拔 600m 的山坡沟旁。

【地理分布】贵州产盘州；广西、云南有分布。

【馆藏信息】第五标本馆，第 004026 号标本。

28.8 裂瓣玉凤花 *Habenaria petelotii* Gagnep.

【别　　名】毛瓣玉凤花。

【形态特征】地生草本，高 35～60cm。块茎肉质，长圆形，长 3～4cm，直径 1～2cm。茎较粗壮，直立，中部集生 5～6 枚叶，叶之下有多枚筒状鞘，叶之上有数枚苞片状小叶。叶椭圆形或椭圆状披针形，长 5～12cm，宽 1.5～3.5cm，先端渐尖，基部成鞘状抱茎。花茎无毛；总状花序，长 6～12cm，具数朵至 10 余朵花；花苞片狭披针形，长达 15mm；子房无毛，连花梗长 1.5～3cm；花淡绿色或白色；萼片具 3 条脉，约等大；中萼片卵形，凹陷呈兜状，长 10～12mm，宽约 6mm；侧萼片卵状长圆形，极张开；花瓣 2 深裂，裂片线形，宽约 2mm，边缘具缘毛，上裂片长 14～16mm，下裂片长达 20mm；唇瓣 3 深裂，裂片线形，近等长，长 15～20mm，宽 1.5～2mm，边缘具缘毛；距圆筒状棒形，长 1.5～2.3cm，下垂，稍弯曲，末端增粗；柱头 2 枚，长圆形，长 2mm。花期 7～9 月。

【生长环境】生于海拔 900～1200m 的山坡林下。

【地理分布】贵州产剑河、雷公山、独山；安徽、浙江、江西、福建、湖南、广东、广西、四川、云南有分布。越南也有。

【馆藏信息】第五标本馆，第 004025 号标本。

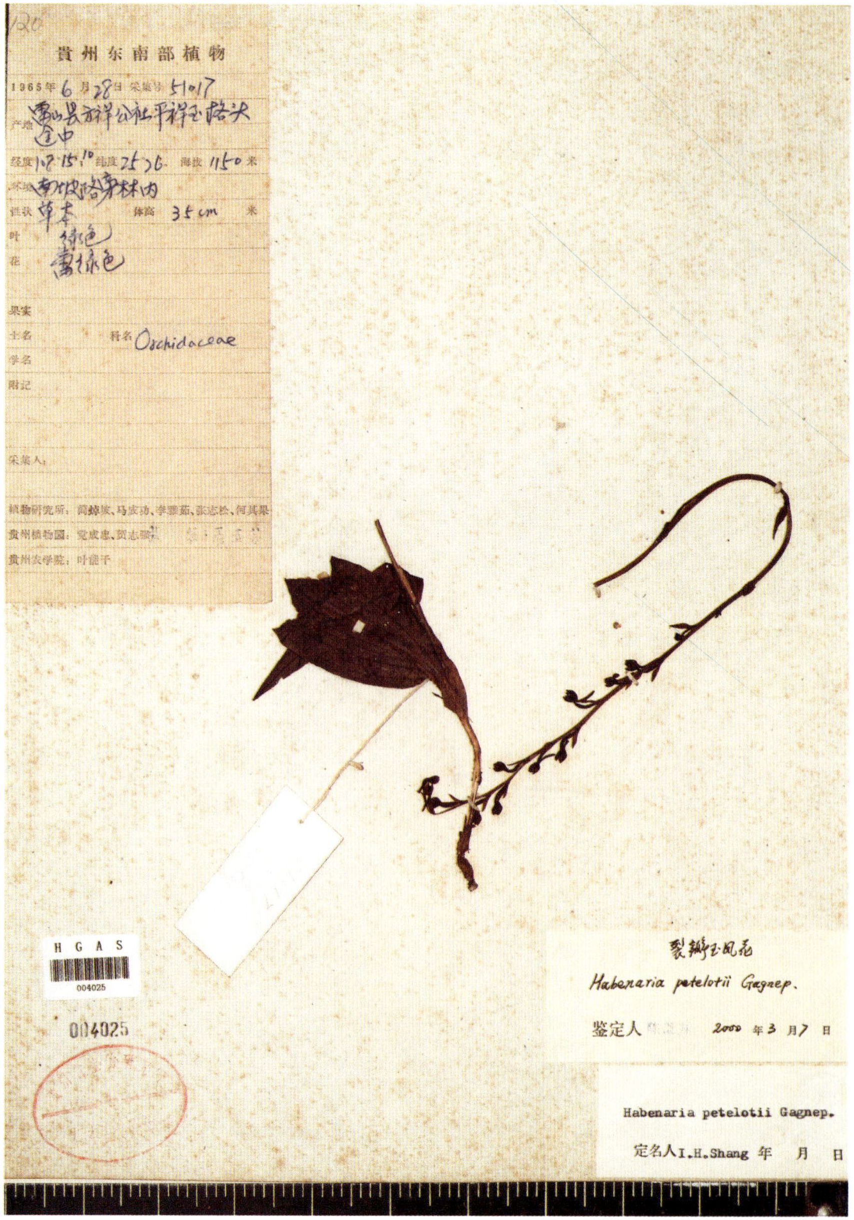

28.9 坡参 *Habenaria linguella* Lindl.

【别　　名】山坡参（广西）、小舌玉凤花（《中国高等植物图鉴》《海南植物志》）、玲姬玉凤花（香港）、土沙参、猪儿参、山沙姜、贝母兰。

【形态特征】地生草本，高 30～45cm，具肉质、长圆形块茎。茎直立，无毛，疏生 3～4 枚叶，叶之下有 2～3 枚筒状鞘，向上有 3～9 枚苞片状小叶。叶长圆形至披针形，长 5～12cm，宽 1.2～2cm，基部抱茎。总状花序长 3～6cm，密生多数花；花苞片线状披针形，长 1.2～2.5cm，渐尖，边缘具缘毛；子房无毛，连花梗长 1.8～2.3cm；花小，黄色或黄褐色；中萼片宽椭圆形，长 4～5mm，宽约 3mm，具 3 条脉；侧萼片斜宽倒卵形，长 6～7mm，宽 4mm，具 3～4 条脉；花瓣斜狭卵形，长 4～5mm，具 1 条脉；唇瓣长 9～10mm，3 裂；中裂片线形，长 8～9mm；侧裂片钻状，长约 2mm；距圆筒形，细长，下垂，长 2～2.8cm，粗 1～1.5mm；蕊柱短；柱头 2 枚，长圆形，长 1.5mm；距口前方具 1 个环状物。花期 6～8 月。

【生长环境】生于海拔 790～1500m 的山坡草地。

【地理分布】贵州产榕江、独山、贵阳、晴隆、兴仁、兴义；广东、香港、海南、广西、云南有分布。越南也有。

【馆藏信息】第五标本馆，第 004016、004017、004018、004019、004020、004021、004022、004023、004024、004036 号标本。

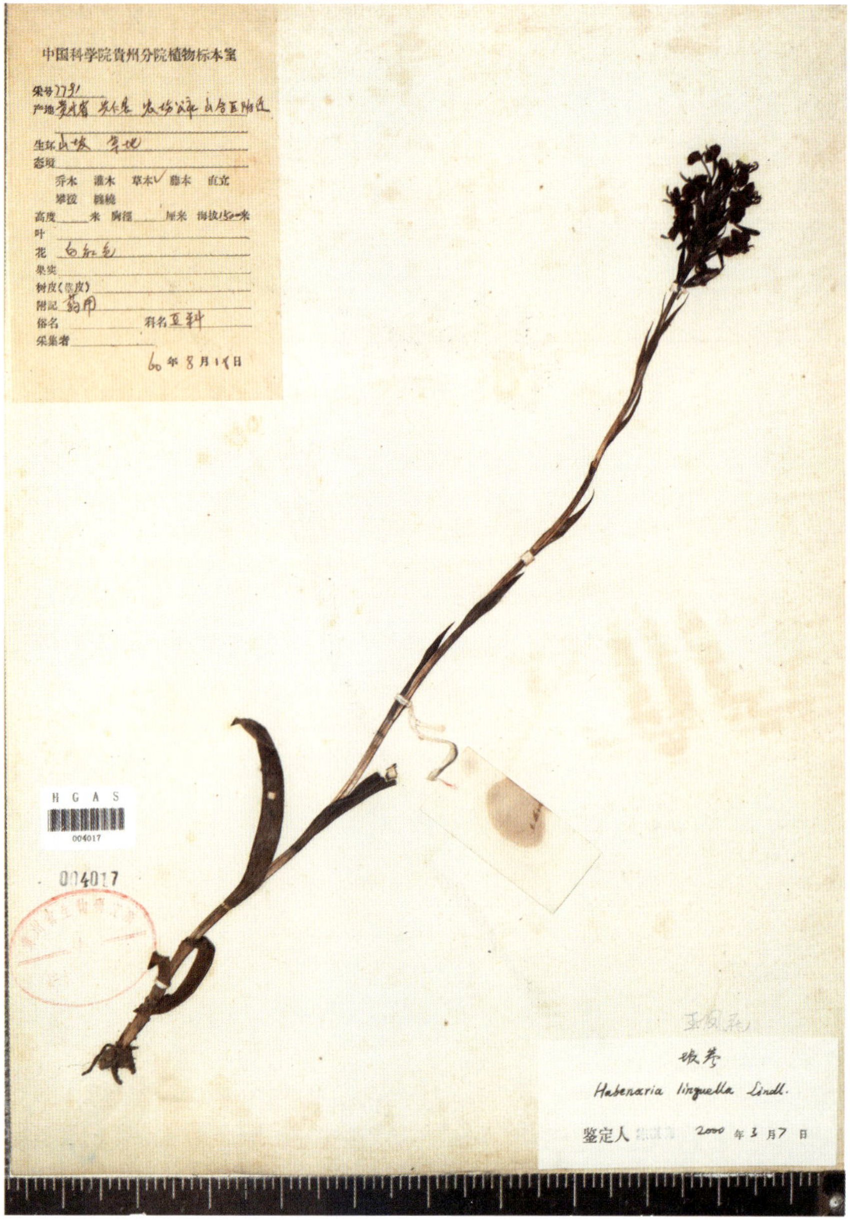

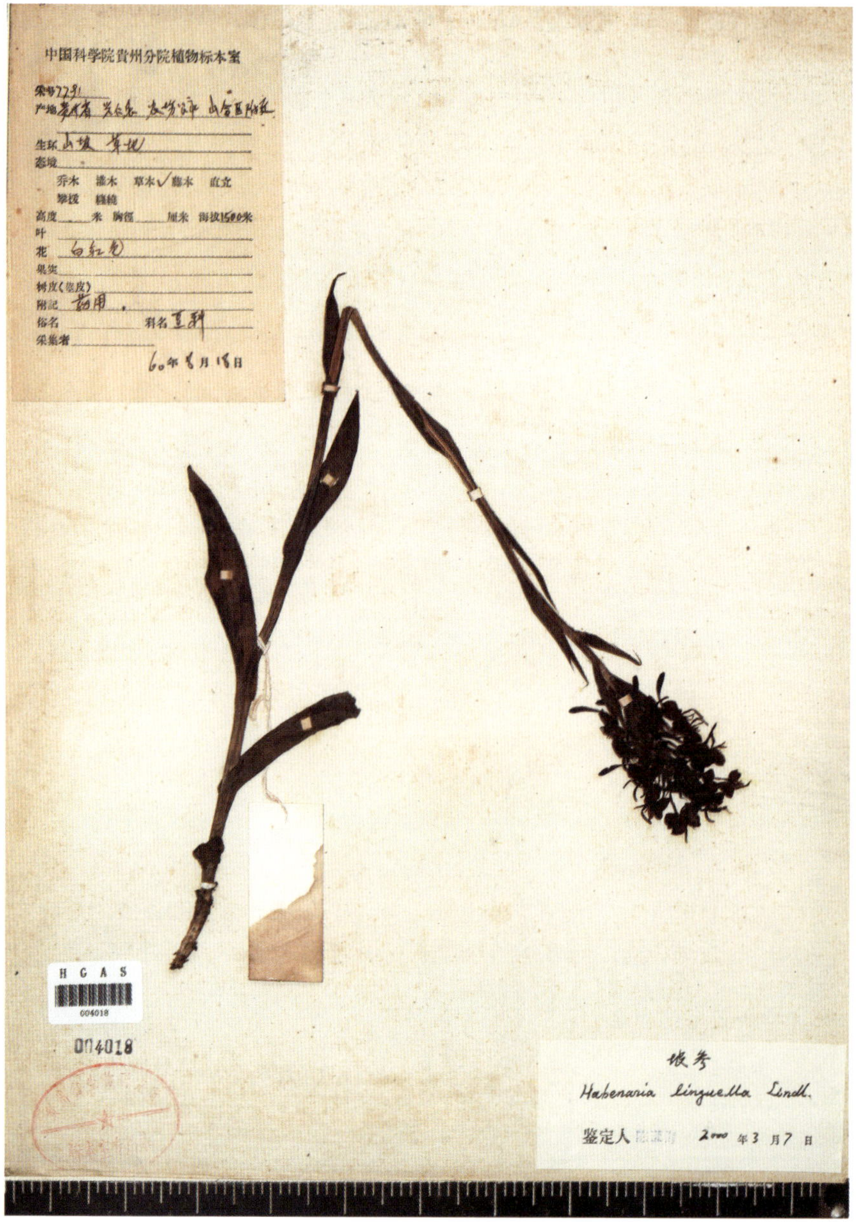

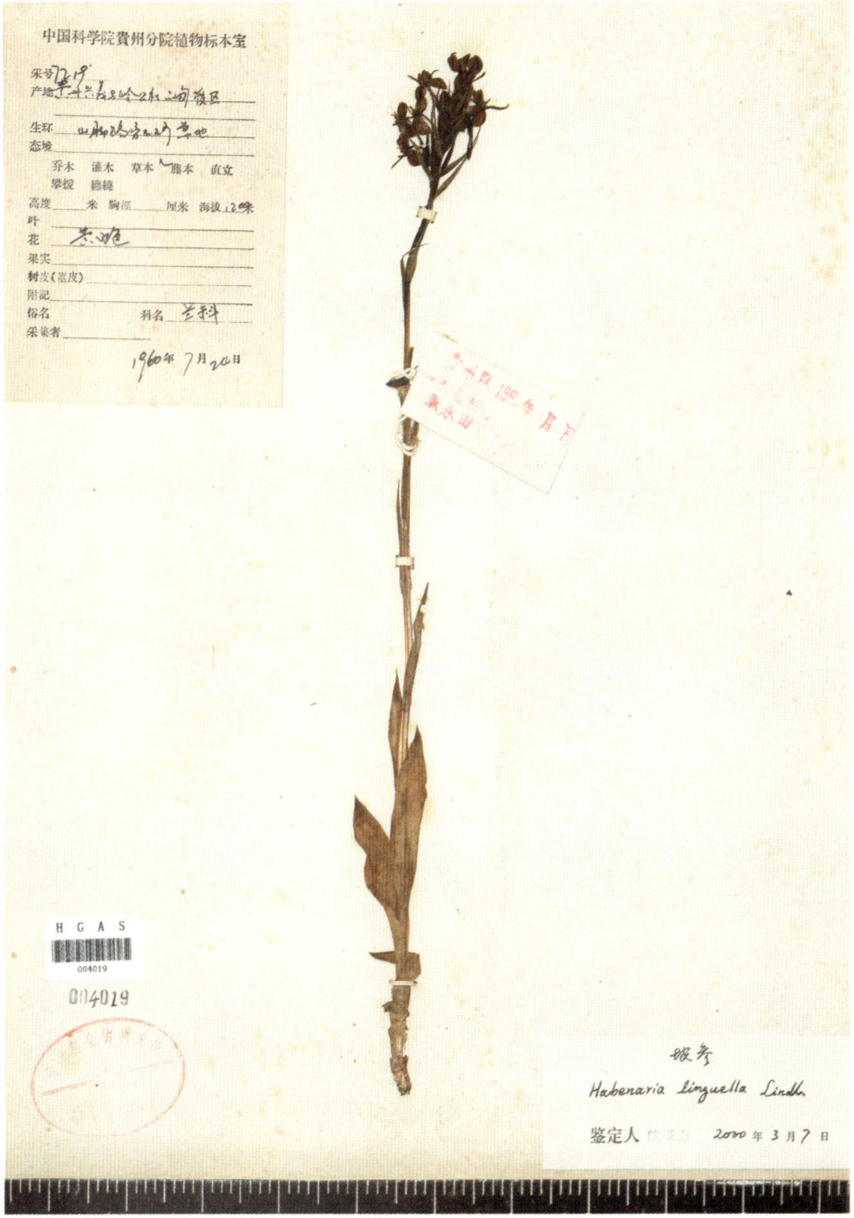
中国科学院貴州分院植物标本室
1960年 7月24日
H G A S
004019
004019
Habenaria linguella Lindl.
鉴定人
2000年3月7日

植物
H G A S
004020
004020
Habenaria

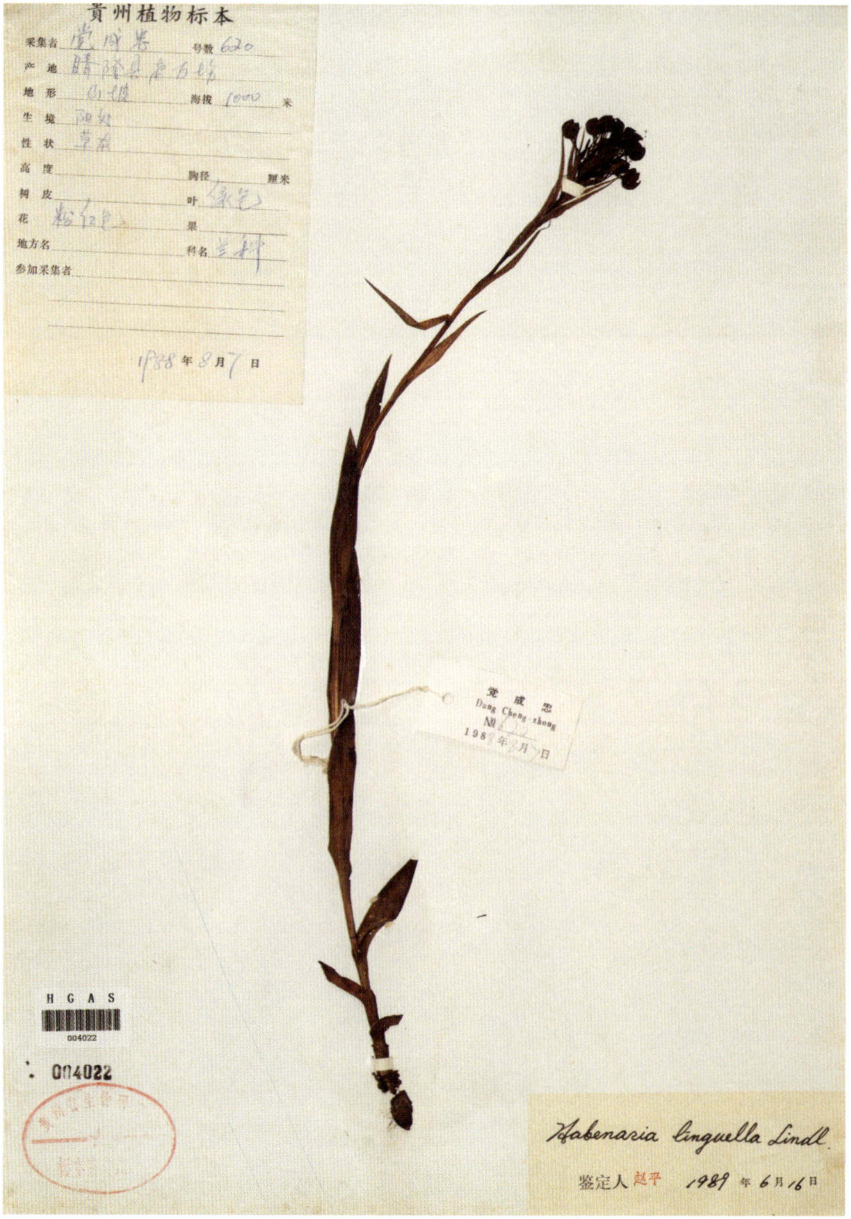

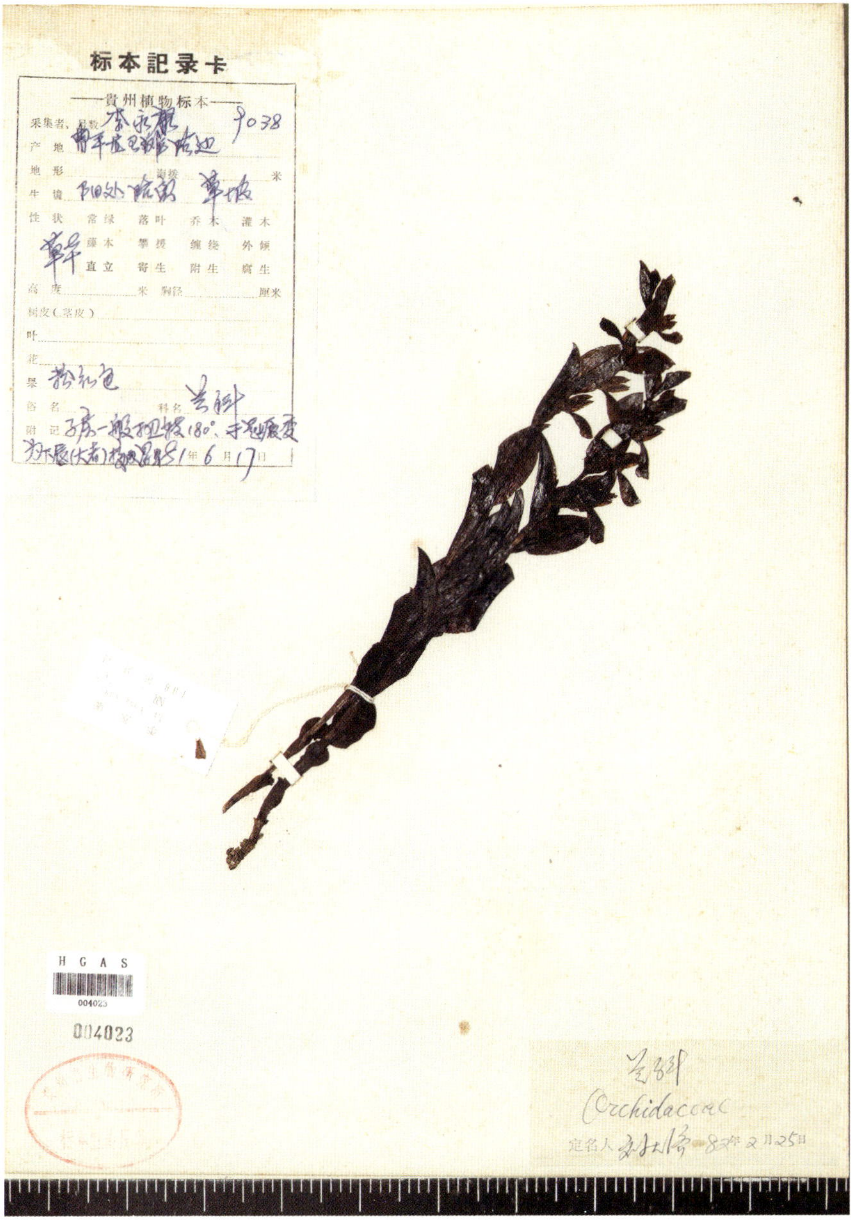
标本記录卡
貴州植物标本
HGAS
004023
004023
兰科
Orchidaceae

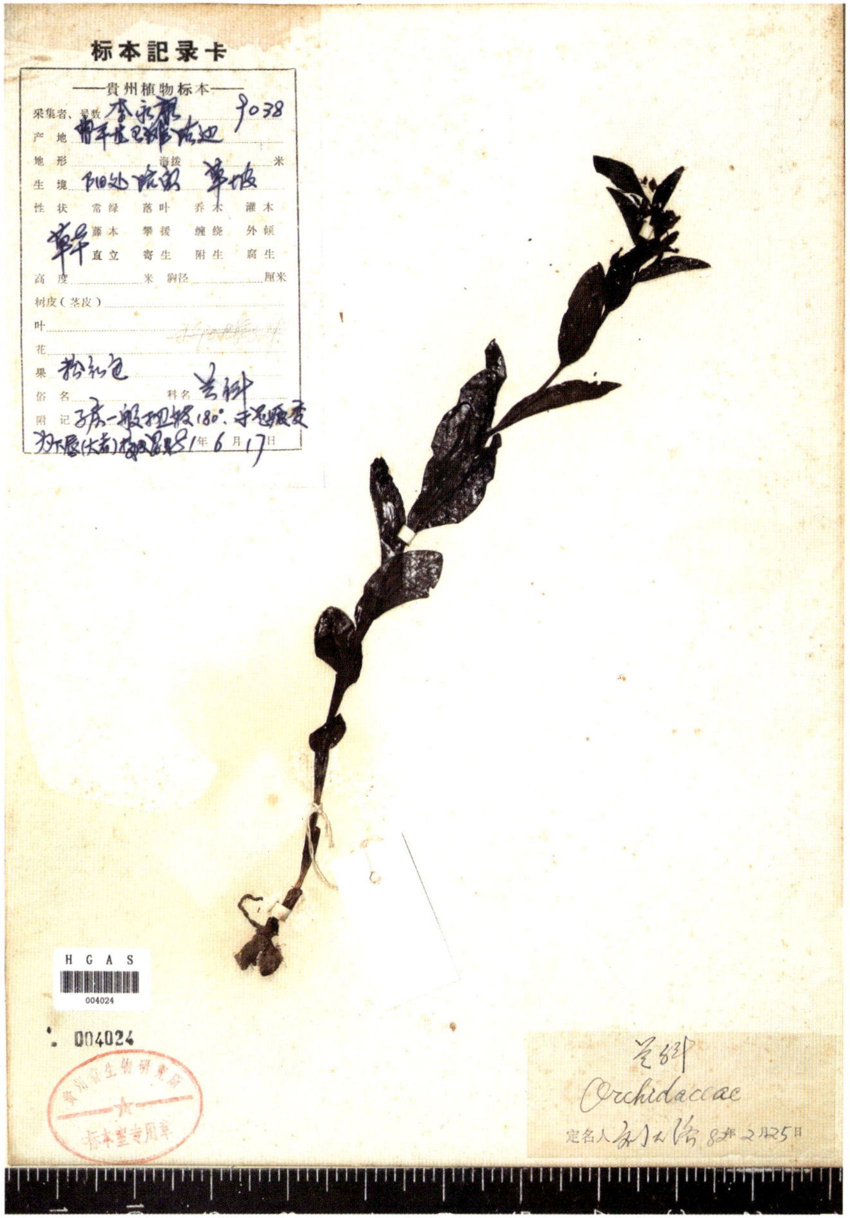
标本記录卡
貴州植物标本
HGAS
004024
004024
兰科
Orchidaceae

贵州梵净山植物
采集号 74—721
海拔 米
路旁，山坡
草本，直立 体高 米
淡黄色
科名 兰科
HGAS
004036
004036
Habenaria sp.
鉴定人
2004年6月5日

28.10 橙黄玉凤花 *Habenaria rhodocheila* Hance

【别　　名】凤尾兰、红唇玉凤花。

【形态特征】地生草本，高 16～30cm。块茎长圆形，长 2～3cm，直径 1～2cm。茎直立，下部具 4～6 枚叶，向上有几枚苞片状小叶。叶近长圆形至线状披针形，长 8～15cm，宽 1.5～2.5cm，先端渐尖，基部抱茎。总状花序疏生数朵至 10 余朵花；花苞片卵状披针形，长 1.5～1.7cm；子房无毛，连花梗长 2～3cm；花萼片和花瓣绿色，唇瓣红色；中萼片近圆形，长 9mm，宽 8mm，具 3 条脉；侧萼片长圆形，长 10mm，宽 5mm，具 5 条脉；花瓣匙状线形，长 8mm，宽 2mm，具 1 条脉；唇瓣长 1.8～2cm，4 裂；侧裂片长圆形，长 7mm，宽 5mm；中裂片 2 裂，裂片半卵形，长 4mm，宽 3mm；距细，圆筒状，污黄色，长 2～3cm，下垂；柱头 2 枚，棒状，长 2.5mm。花期 7～9 月。

【生长环境】生于海拔 600～750m 的山坡灌丛阴处。

【地理分布】贵州产榕江（月亮山）、从江；江西、福建、湖南、广东、香港、海南、广西有分布。中南半岛至菲律宾也有。

【馆藏信息】第五标本馆，第 004027、004028、004029、004030、004031、004032、004033 号标本。

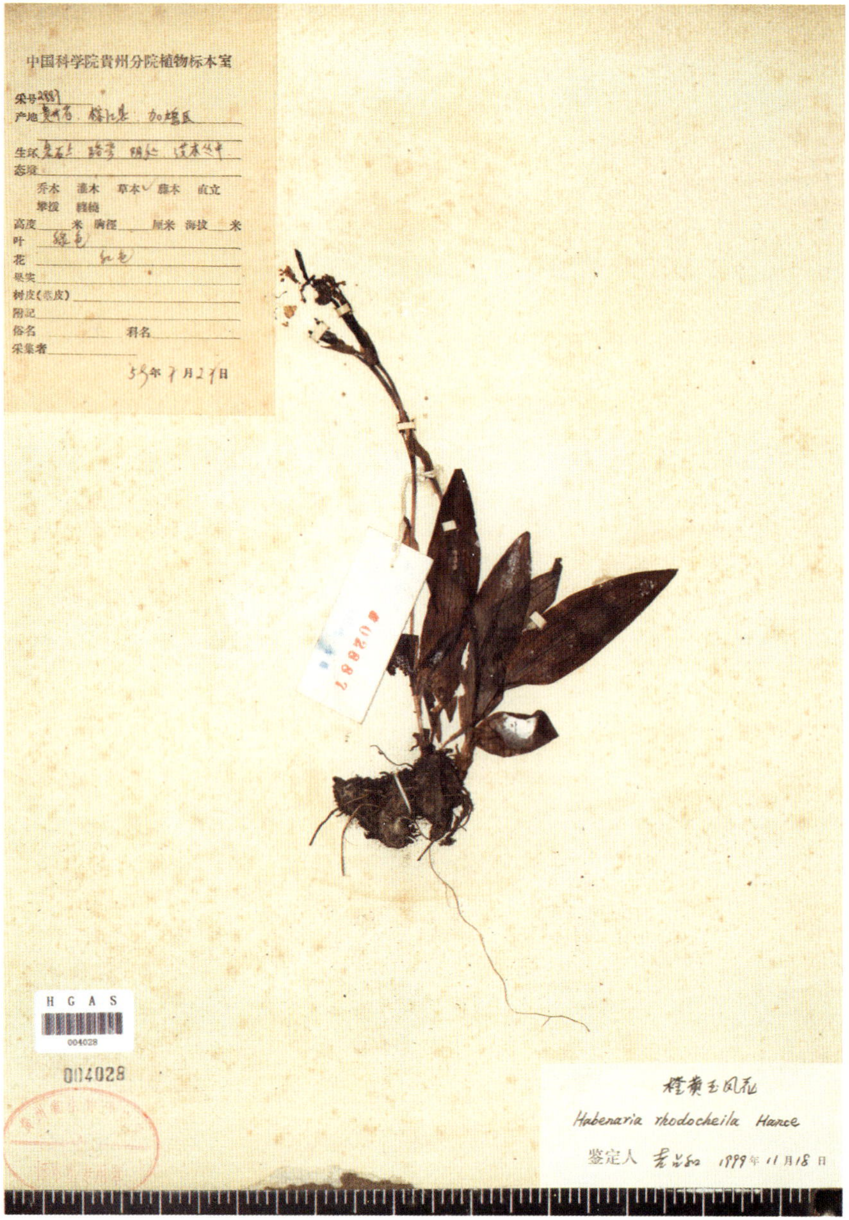
中国科学院贵州分院植物标本室
HGAS
004028
004028
橙黄玉凤花
Habenaria rhodocheila Hance
鉴定人
1999年11月18日

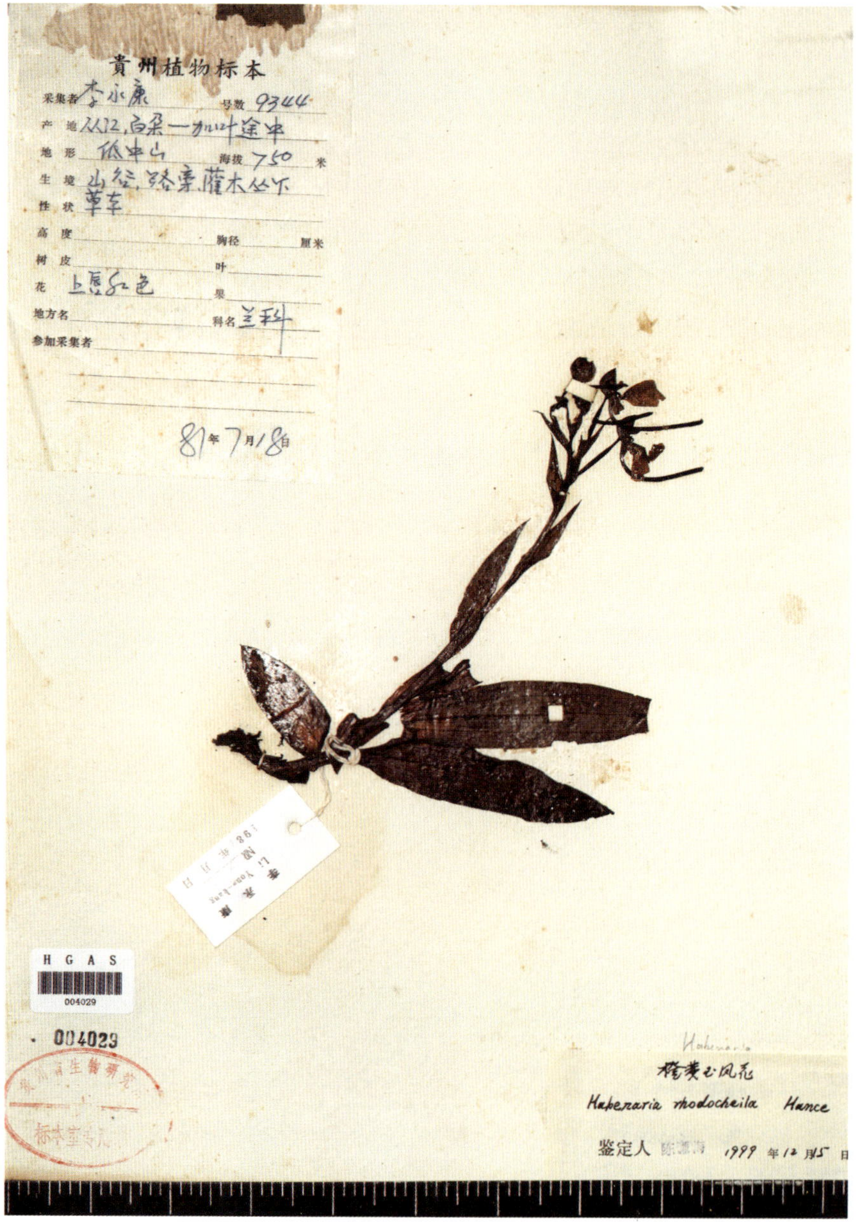
贵州植物标本
HGAS
004029
004029
橙黄玉凤花
Habenaria rhodocheila Hance
鉴定人
1999年12月15日

贵州植物标本
HGAS
004030
004030
橙黄玉凤花
Habenaria rhodocheila Hance
鉴定人 1999 年12月15日

贵州植物标本
HGAS
004031
004031
橙黄玉凤花
Habenaria rhodocheila Hance
鉴定人 1999 年12月15日

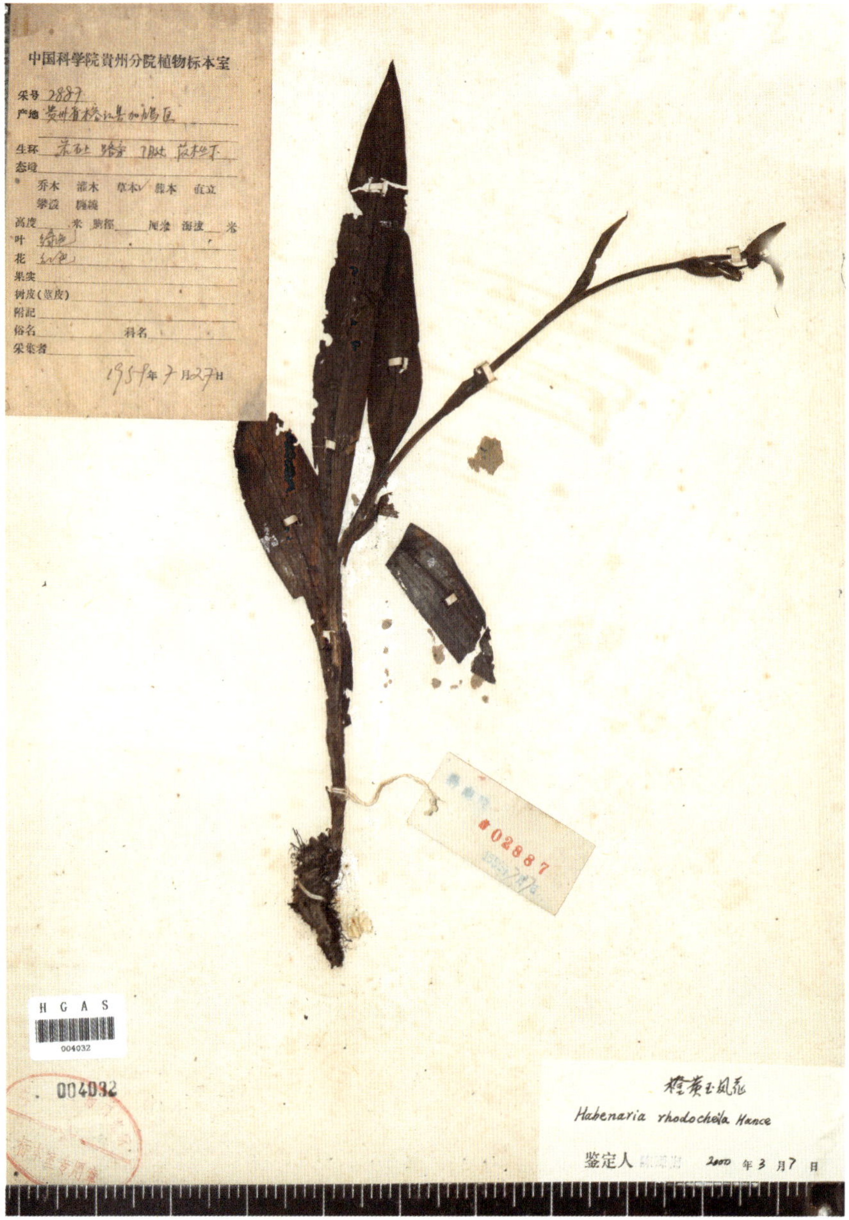
中国科学院贵州分院植物标本室
HGAS
004032
橙黄玉凤花
Habenaria rhodochila Hance
鉴定人
2000 年 3 月 7 日

中国科学院贵州分院植物标本室
004033
HGAS
橙黄玉凤花
Habenaria rhodocheila Hance
鉴定人
2000 年 3 月 7 日

28.11 齿片坡参 *Habenaria rostellifera* Rchb. f.

【形态特征】地生草本。叶长椭圆形至长圆状披针形，长 5～10cm，宽 1～2cm。总状花序具多数花；花苞片边缘具缘毛；花小，白色；中萼片宽椭圆形，长 6mm，具 3 条脉；侧萼片斜椭圆形，具褐色斑纹，长 9mm，具 4 条脉；花瓣狭卵形，不裂，长 6mm，具 3 条脉，前部边缘有毛；唇瓣 3 深裂，裂片线形；侧裂片长 6～8mm，宽近 1mm；中裂片长 10mm，宽 2mm；距细，圆筒状棒形，长 2～2.2cm，下垂，下部稍膨大；距口前方具 1 条脉、3 齿裂的片状物。花期 7～8 月。

【生长环境】生于海拔 1000～1500m 的山坡草地。

【地理分布】贵州产普定、关岭、兴仁、兴义；云南有分布。中南半岛也有。

【馆藏信息】第五标本馆，第 004034、004035 号标本。

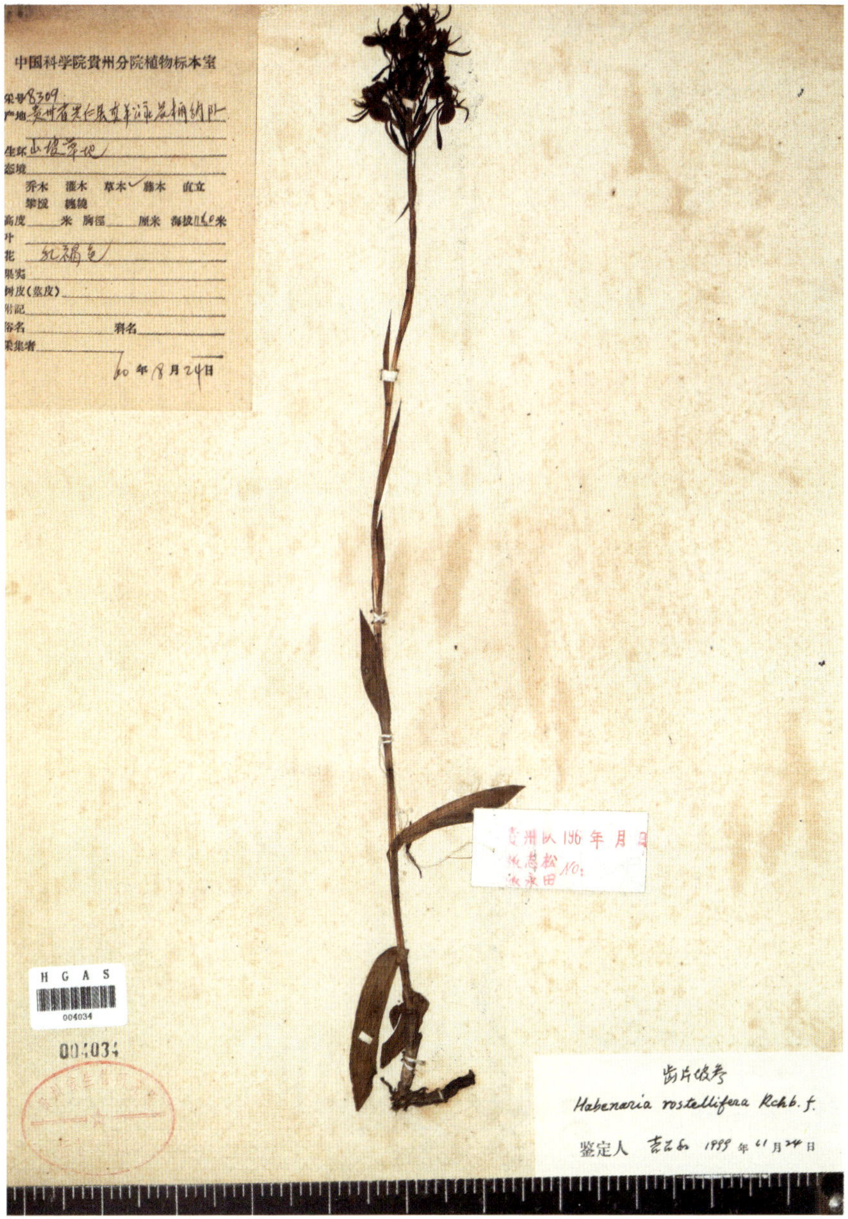

中国科学院贵州分院植物标本室
科名 兰科
1960年7月24日
004035
Habenaria rostellifera Rchb. f.
鉴定人
1999年11月19日

29 舌喙兰属

29.1 短距舌喙兰 *Hemipilia limprichtii* Schltr. ex Limpricht

【形态特征】地生草本，高 20～32cm，具椭圆形块茎。茎基部具 1 枚膜质鞘与 1 枚叶，其上有 4～7 枚鞘状退化叶。叶心形或卵状心形，长 2～5cm，宽 1～3cm，先端急尖，基部心形。总状花序长 7～9cm，具 10 余朵花；花苞片卵状披针形，下面 1 枚长约 8mm；花紫红色；中萼片卵形，舟状，长约 5mm；侧萼片卵状长圆形，较中萼片稍长；花瓣狭长圆形；唇瓣近圆形，长约 10mm，边缘具不整齐细齿，先端微凹，基部宽楔形，几无爪，上面被乳突状微柔毛；距长约 6mm，近距口处有 2 枚胼胝体；蕊喙卵形，长约 2mm。花期 8 月。

【生长环境】生于海拔 1000～1400m 的山坡灌木丛中或沟旁湿处。

【地理分布】贵州产清镇、关岭、晴隆、兴仁、兴义；云南有分布。

【馆藏信息】第五标本馆，第 004041、004042 号标本。

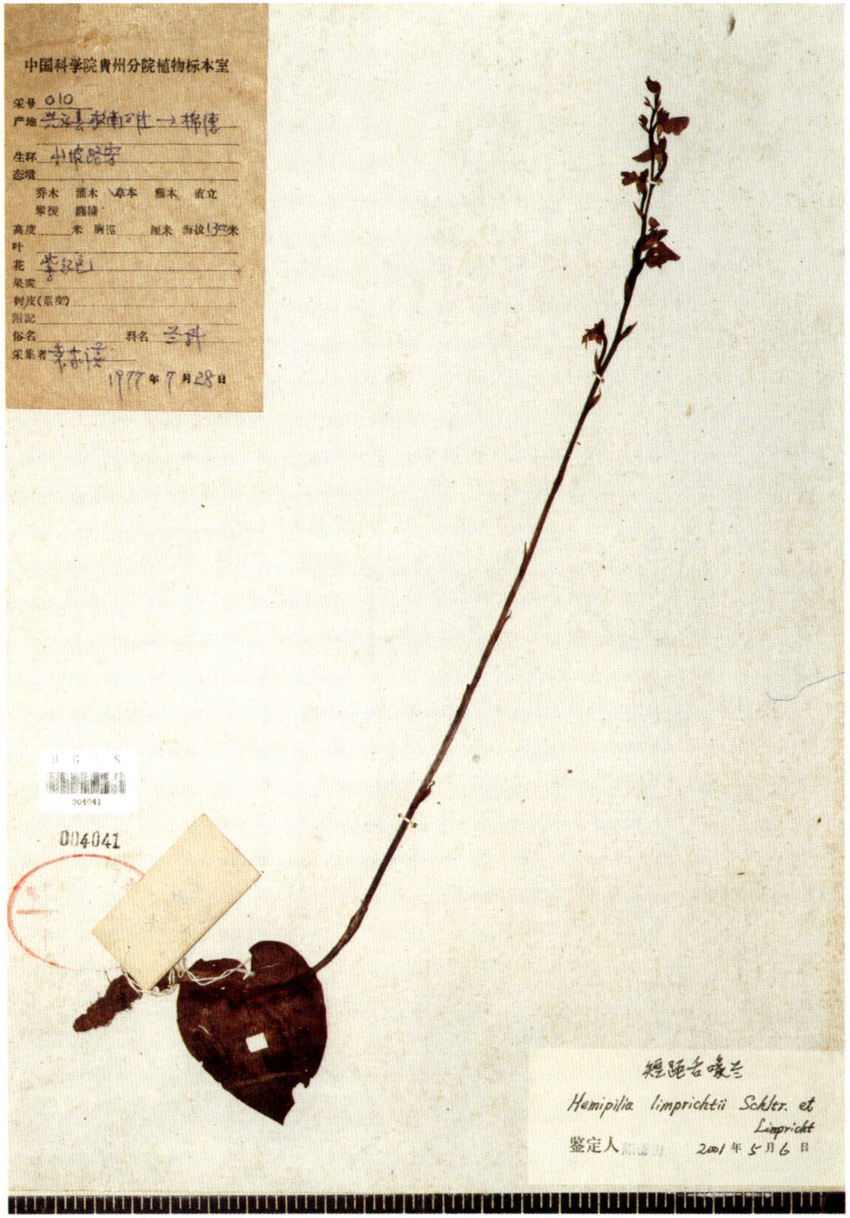

中国科学院貴州分院植物标本室
采号 7632
产地
生环
态境
乔木 灌木 草本 藤本 直立
攀援 纏繞
高度 米 胸徑 厘米 海拔 1300 米
叶
花
果实
树皮（茎皮）
附記
俗名 科名
采集者
60 年 8 月 12 日
HGAS
004042
Hemipilia limprichtii Schltr. ex Limpricht
鉴定人
2000 年 3 月 7 日

29.2 扇唇舌喙兰 *Hemipilia flabellata* Bur. et Franch

【形态特征】地生草本，高 18～28cm，具狭椭圆状块茎。茎基部具 1 枚膜质鞘，鞘上方具 1 枚叶，向上具 1～4 枚鞘状退化叶。叶卵状心形或心形，大小变化较大，长 5～10cm，先端急尖，基部心形，抱茎，上面绿色，具紫色斑点，背面紫色。总状花序长 4～6cm，具 2～6 朵花；花苞片披针形，短于花梗连子房的长度；花紫红色；中萼片长圆形，长 8～9mm；侧萼片斜卵形，稍长于中萼片；花瓣宽卵形，长约 7mm；唇瓣基部具爪；爪楔形，爪以上扩大成扇形，长约 9mm，宽约 8mm，边缘具不整齐细齿，先端圆钝；距圆柱形，长约 15mm，直径约 3mm，近距口处有 2 枚胼胝体；蕊喙舌状，肥厚，长约 2mm。花期 7～8 月。

【生长环境】生于海拔 1000～2400m 的石灰岩石缝中。

【地理分布】贵州产威宁、赫章、大方、晴隆；云南、四川有分布。

【馆藏信息】第五标本馆，第 004037、004038、004039、004040 号标本。

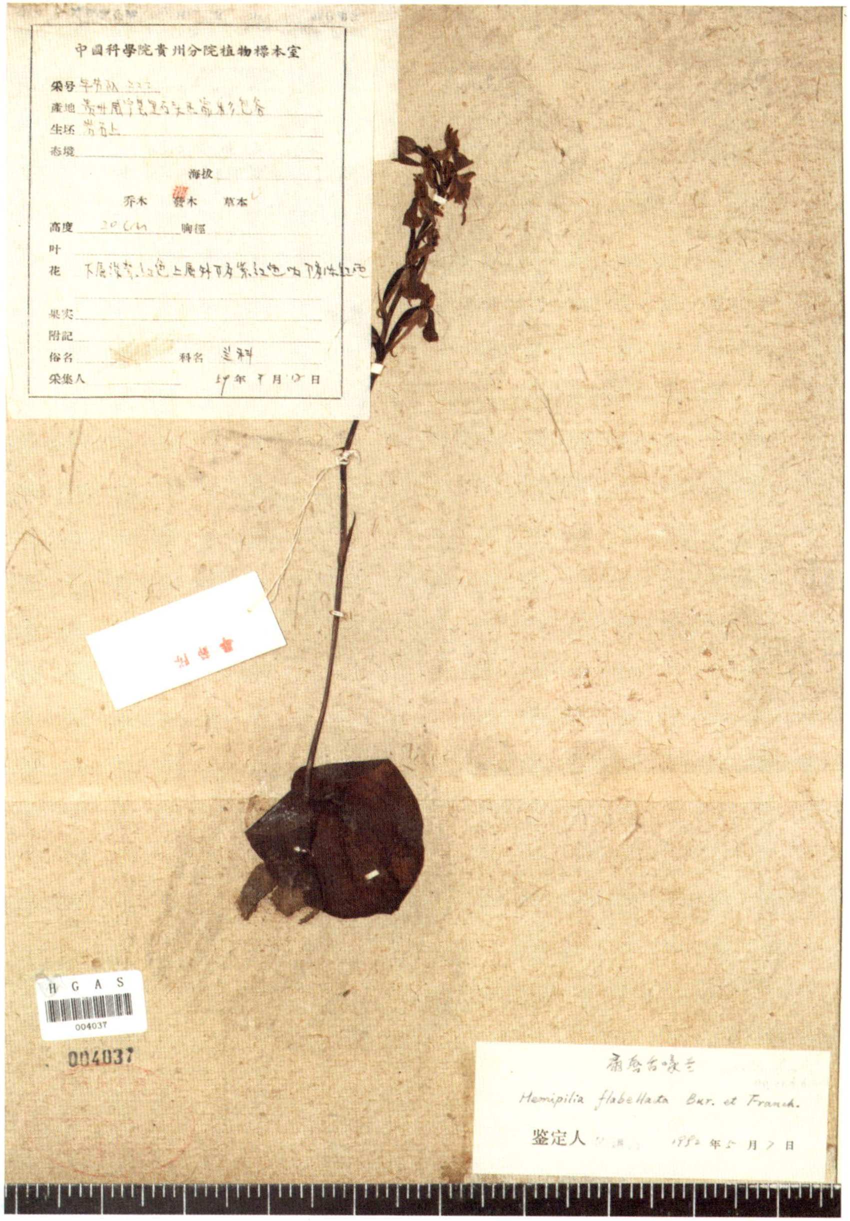

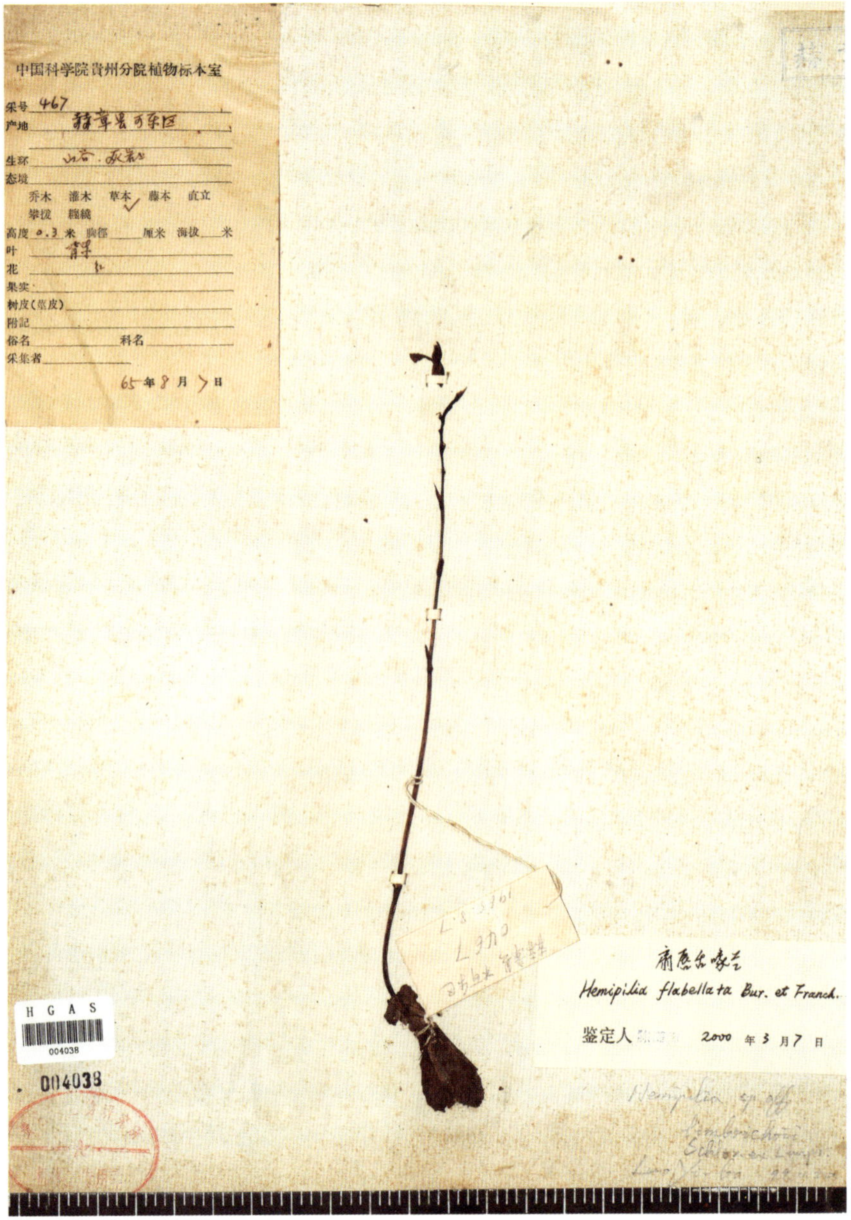
中国科学院贵州分院植物标本室
扇唇舌喙兰
Hemipilia flabellata Bur. et Franch.
鉴定人 2000 年 3 月 7 日
HGAS
004038

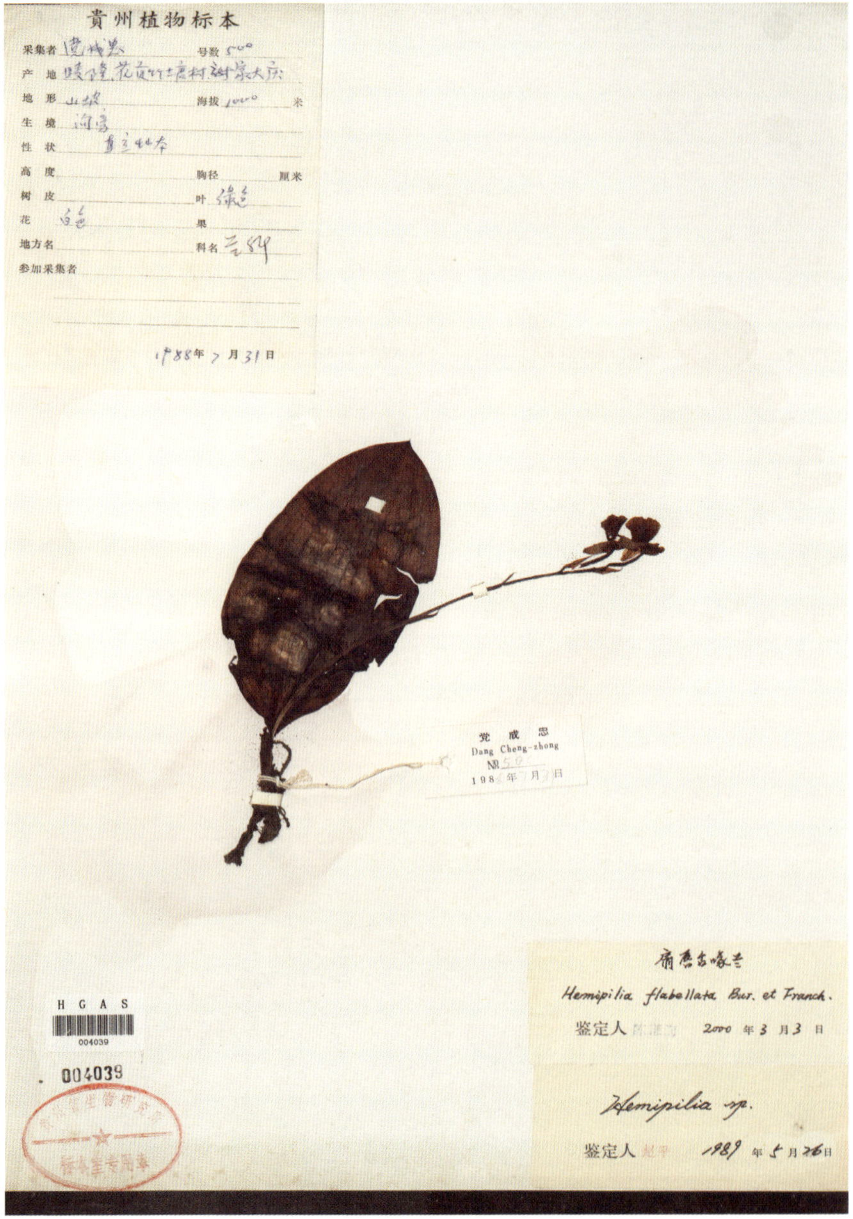
贵州植物标本
1988年 7 月 31 日
党成忠
Dang Cheng-zhong
扇唇舌喙兰
Hemipilia flabellata Bur. et Franch.
鉴定人 2000 年 3 月 3 日
HGAS
004039
Hemipilia sp.
鉴定人 1989 年 5 月 26 日

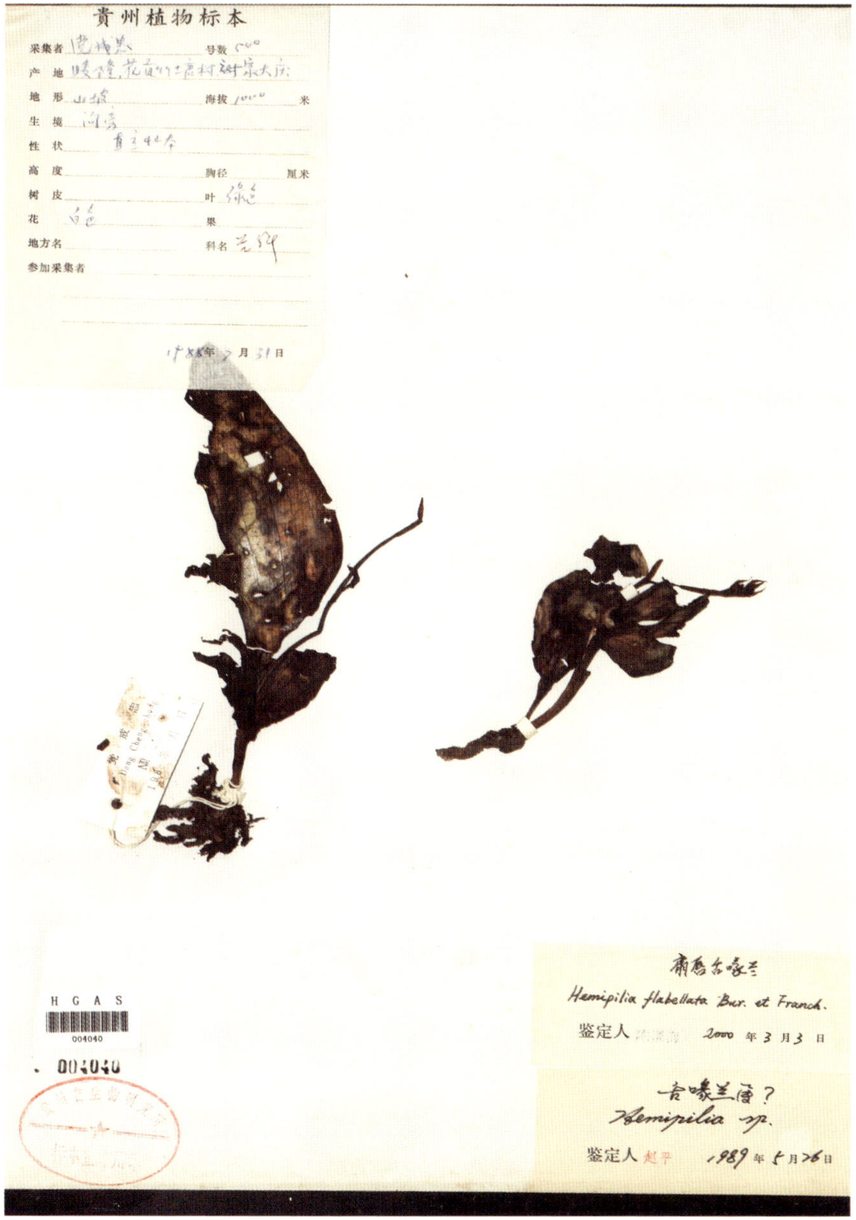
贵州植物标本
采集者
号数 500
产地
地形
海拔 1000 米
生境
性状
高度
胸径 厘米
树皮
叶
花
果
地方名
科名
参加采集者
年 月 31 日
H G A S
004040
004040
扇唇舌喙兰
Hemipilia flabellata Bur. et Franch.
鉴定人 2000 年 3 月 3 日
Hemipilia sp.
鉴定人 赵平 1989 年 5 月 26 日

30 角盘兰属

30.1 裂瓣角盘兰 *Herminium alaschanicum* Maxim.

【形态特征】地生草本，高 20～45cm，具肉质、圆球形块茎。茎直立，基部具 2 枚筒状鞘，其上有 2～4 枚叶，叶之上具苞片状小叶。叶长圆状披针形，长 5～13cm，宽 5～17cm，急尖或渐尖，基部收狭抱茎。总状花序长 8～20cm，具多数花；花苞片披针形，先端尾状；子房扭转，连花梗长 5～6mm；花小，绿色；中萼片卵形，长 4mm，宽 3mm；侧萼片卵状披针形，长 4mm；花瓣较萼片长，卵形，先端骤狭呈尾状；唇瓣长圆状，基部具距，前部 3 裂至近中部；侧裂片线形，急尖；中裂片线状三角形，急尖；距长 1.5mm，钝；蕊柱粗短，长约 1mm。花期 7～9 月。

【生长环境】生于海拔 1800～2300m 的山坡草地。

【地理分布】贵州产水城、纳雍、威宁；内蒙古、河北、山西、陕西、甘肃、宁夏、青海、四川、云南、西藏有分布。

【馆藏信息】第五标本馆，第 004043、004044 号标本。

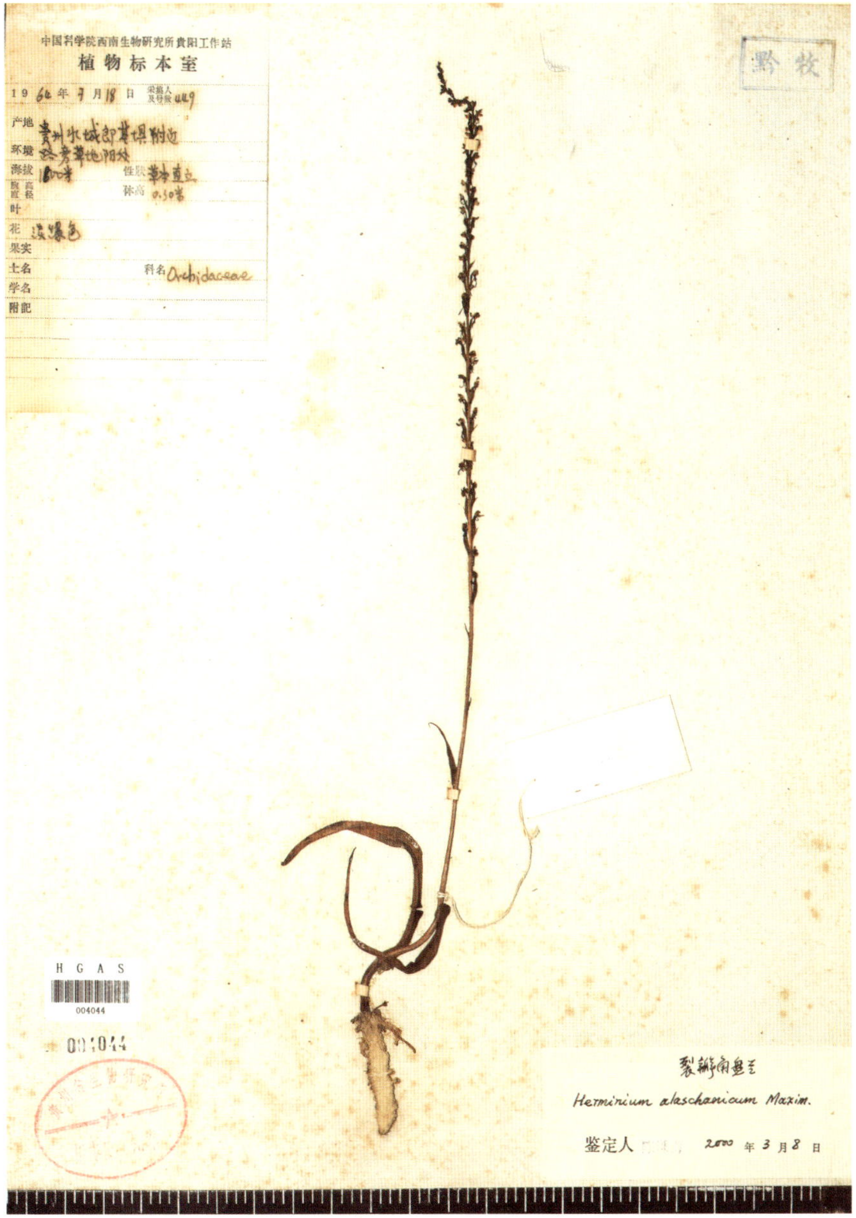
中国科学院西南生物研究所贵阳工作站
植物标本室
黔牧
科名 Orchidaceae
HGAS
004044
裂瓣角盘兰
Herminium alaschanicum Maxim.
鉴定人
2000 年 3 月 8 日

30.2 叉唇角盘兰 *Herminium lanceum* (Thunb. ex Sw.) Vuijk

【别　　名】细叶零余子草、脚根兰、角盘兰余粮子草。

【形态特征】地生草本，高 10～70cm，具椭圆形、肉质块茎。茎直立，细长，基部具 2 枚筒状鞘，中部有 3～4 枚叶。叶线状披针形，长达 15cm，宽 1cm，急尖或渐尖，基部收狭抱茎。总状花序长 13～30cm，具多数花；花苞片披针形；子房扭转，连花梗长约 6mm；花小，绿色或黄绿色；中萼片长圆形，舟状，长 2～4mm；侧萼片长圆形，与中萼片等长；花瓣线形，长 2～4mm；唇瓣长圆形，长 3～7mm，基部扩大，凹陷，无距，中部以上叉状 3 裂；侧裂片线形，远长于中裂片，蕊柱粗短；柱头 2 枚，横椭圆形。花期 7～8 月。

【生长环境】生于海拔 700～1300m 的山坡灌木丛或草地中。

【地理分布】贵州产梵净山、雷公山、从江、黄平、贵定、贵阳、息烽、遵义、绥阳、正安、清镇、晴隆、安龙；秦岭以南省区、喜马拉雅有分布。中南半岛、朝鲜半岛和日本也有。

【馆藏信息】第五标本馆，第 004045、004046、004047、004048、004049、004050、004051、004052、004053、004054、004055、004056、004057 号标本。

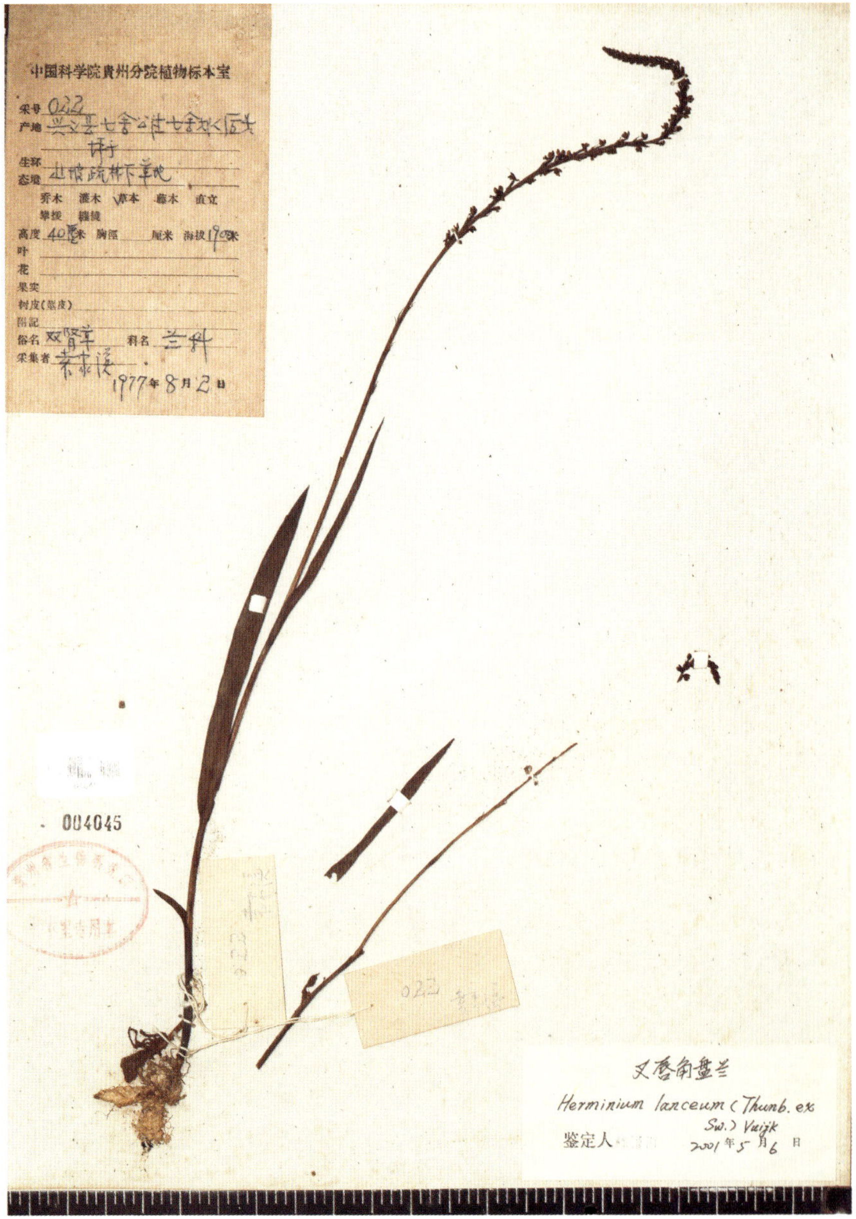

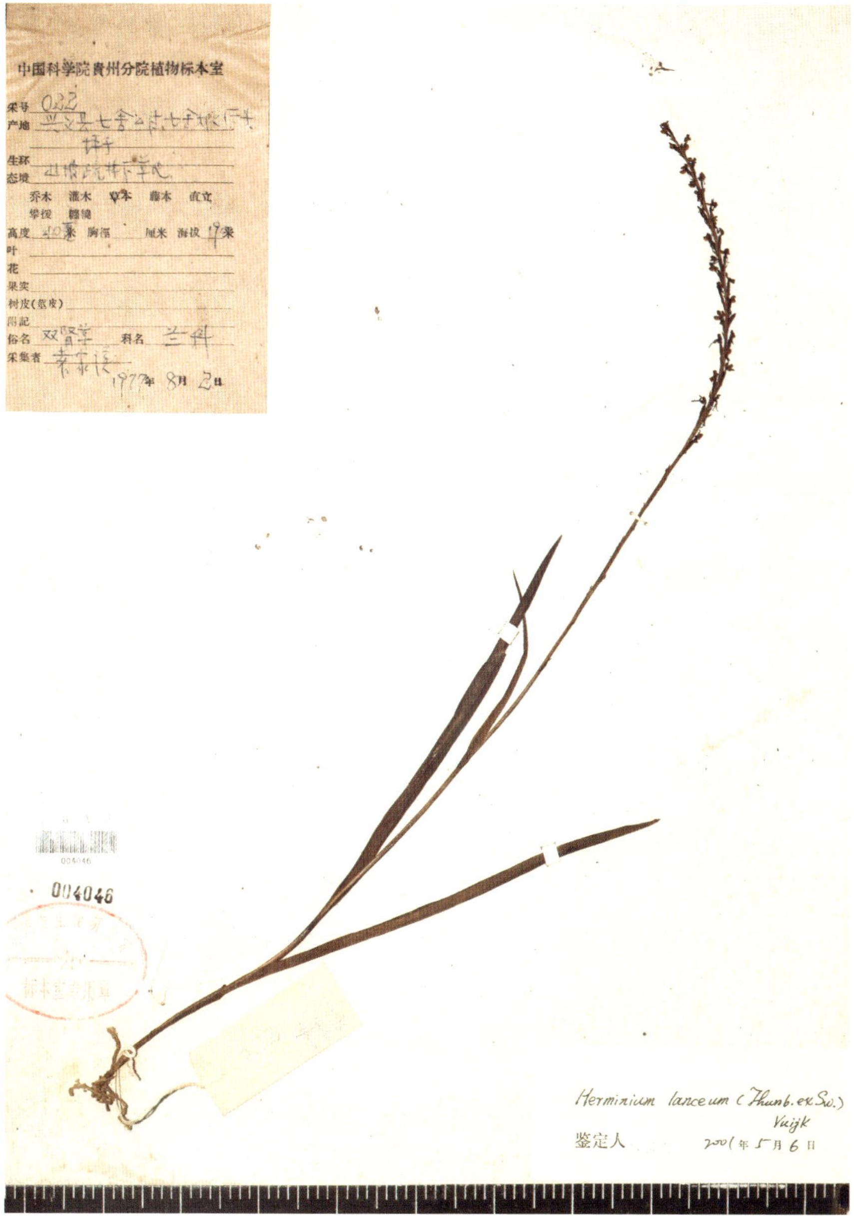
中国科學院貴州分院植物标本室
004046
Herminium lanceum (Thunb. ex Sw.) Vuijk
鉴定人 2001年5月6日

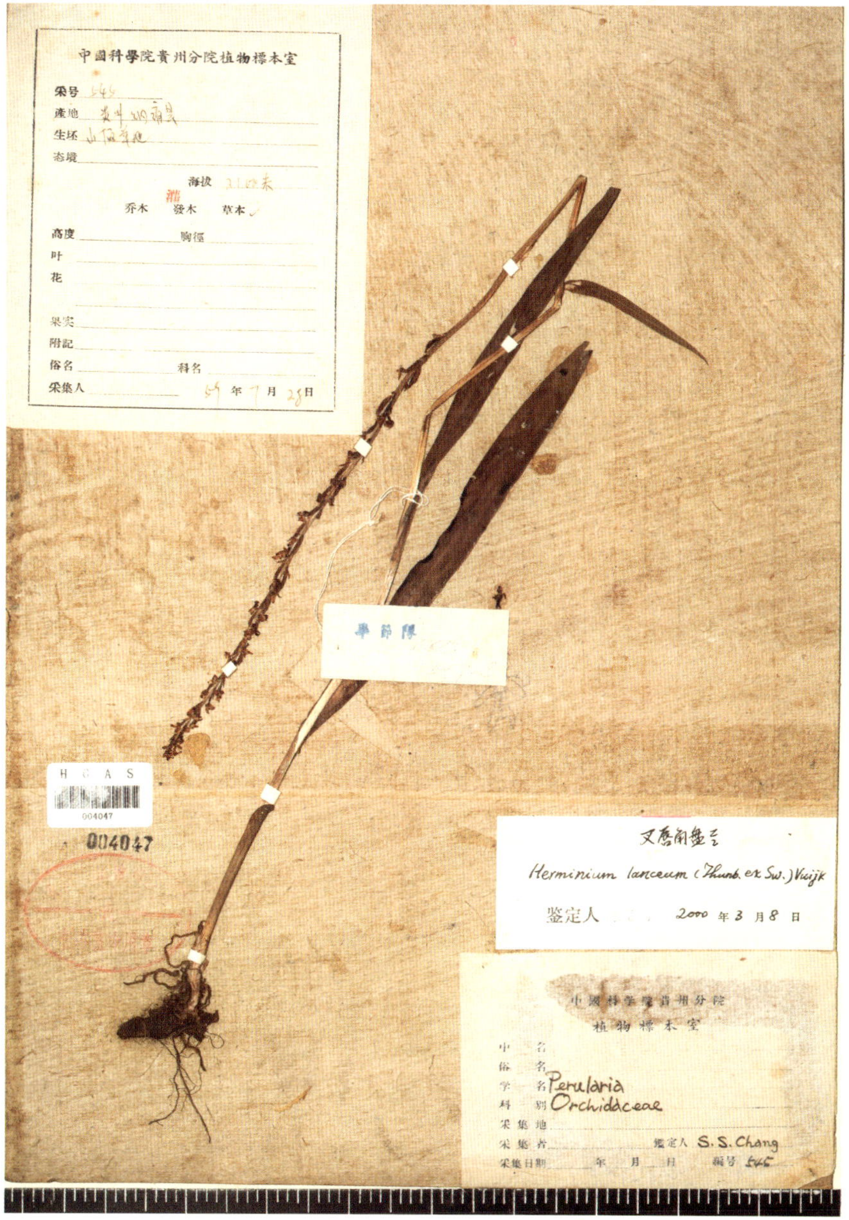
中國科學院貴州分院植物標本室
HGAS
004047
叉唇角盘兰
Herminium lanceum (Thunb. ex Sw.) Vuijk
鉴定人 2000年3月8日
Perularia
Orchidaceae
S. S. Chang

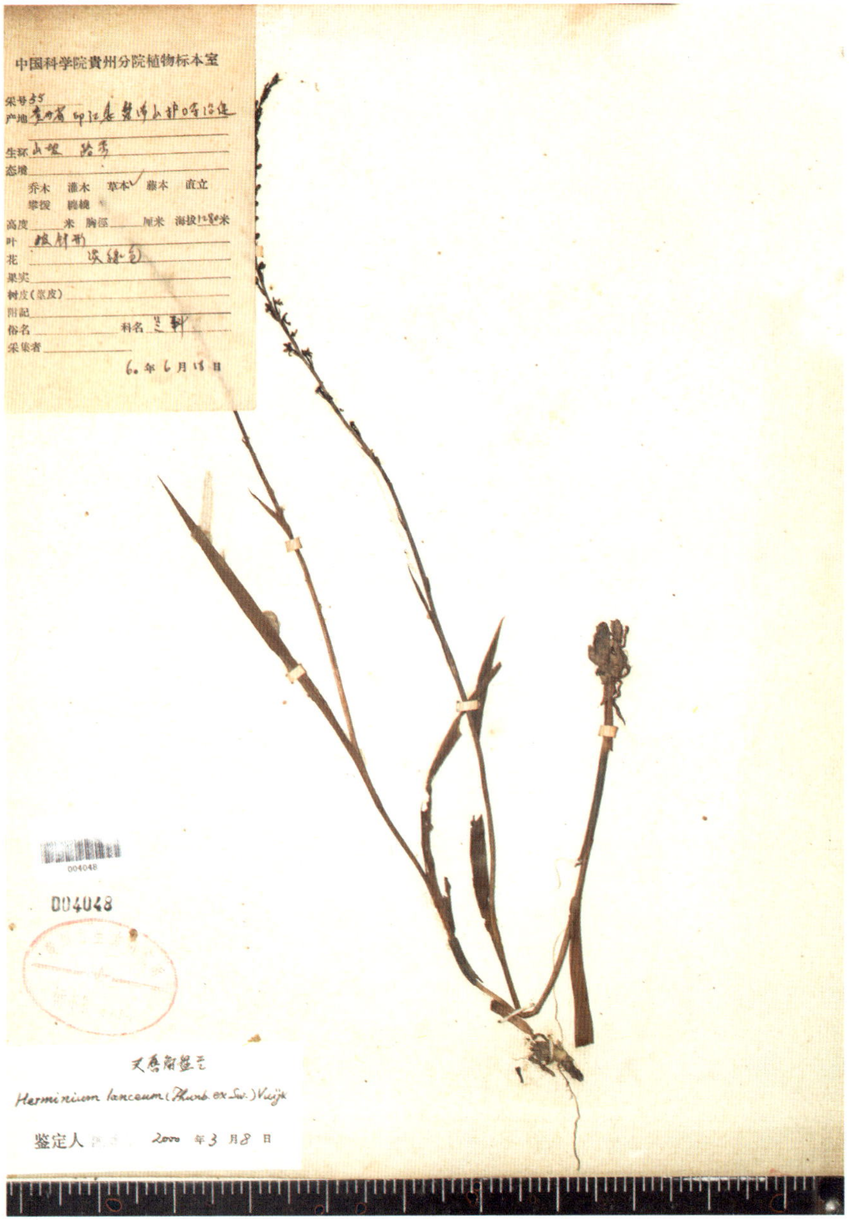

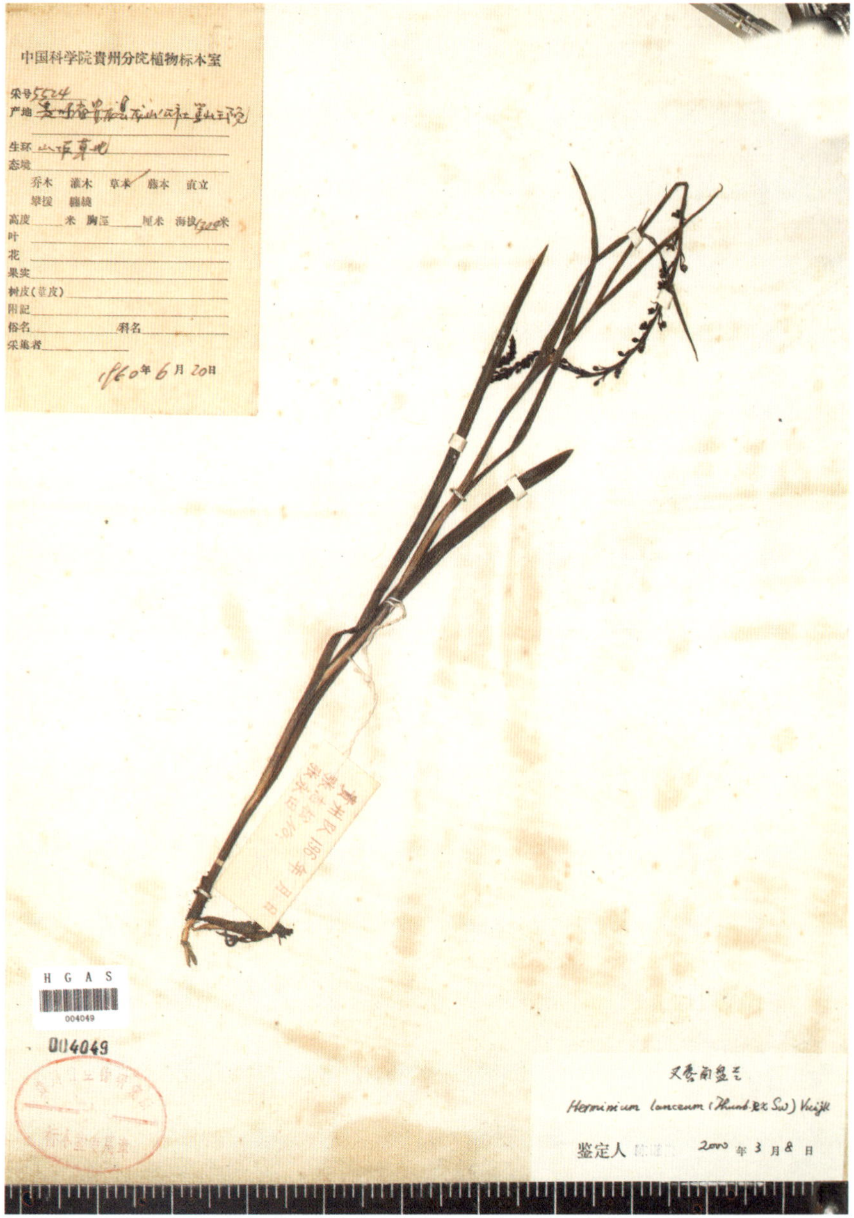

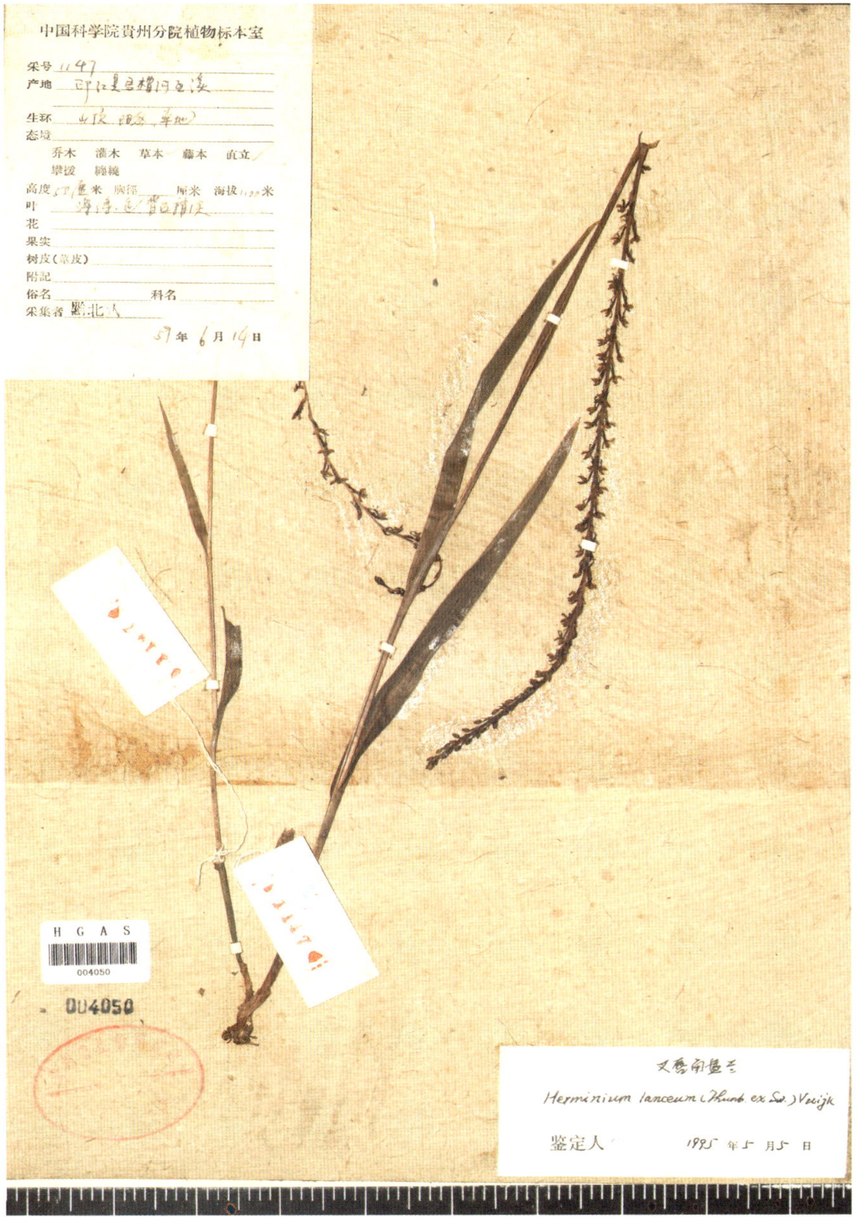
中国科学院贵州分院植物标本室
HGAS
004050
Herminium lanceum (Thunb. ex Sw.) Vuijk
鉴定人

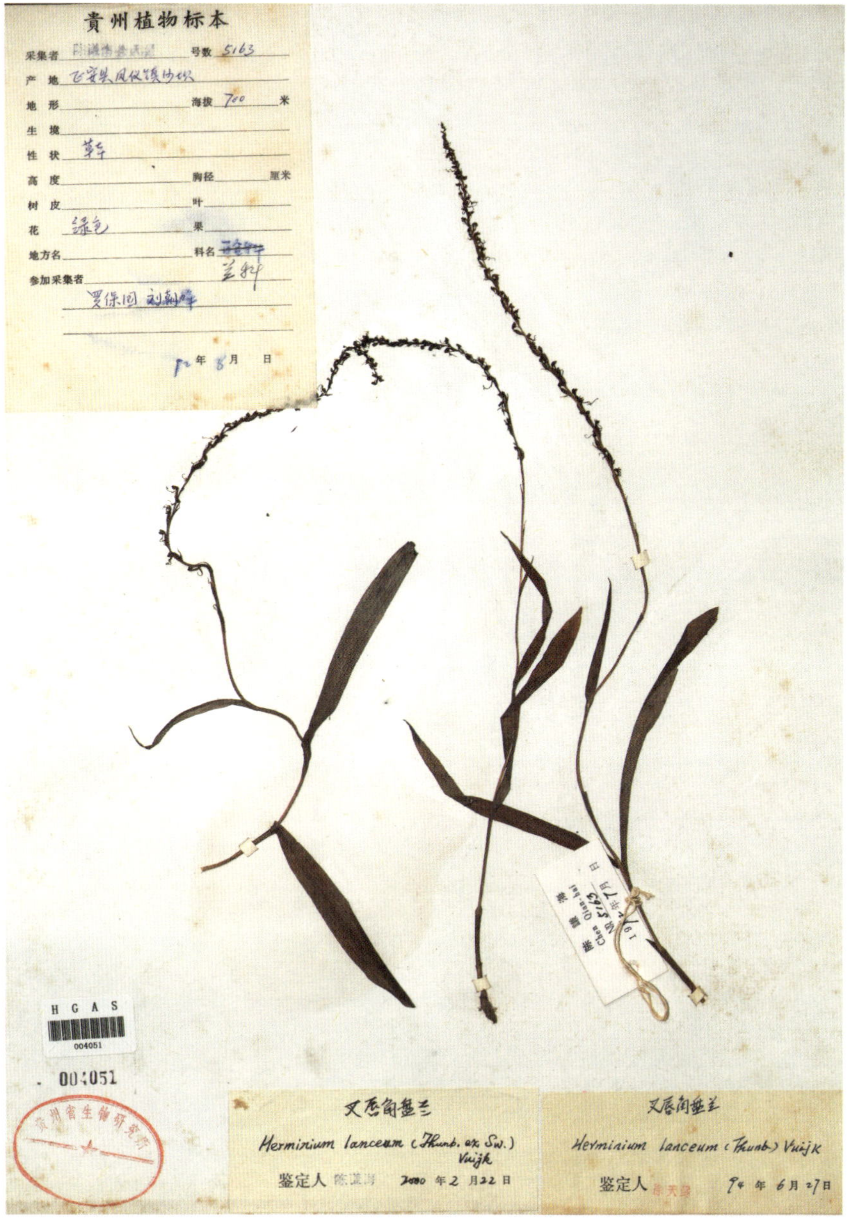
贵州植物标本
HGAS
004051
Herminium lanceum (Thunb. ex Sw.) Vuijk
鉴定人
Herminium lanceum (Thunb.) Vuijk
鉴定人

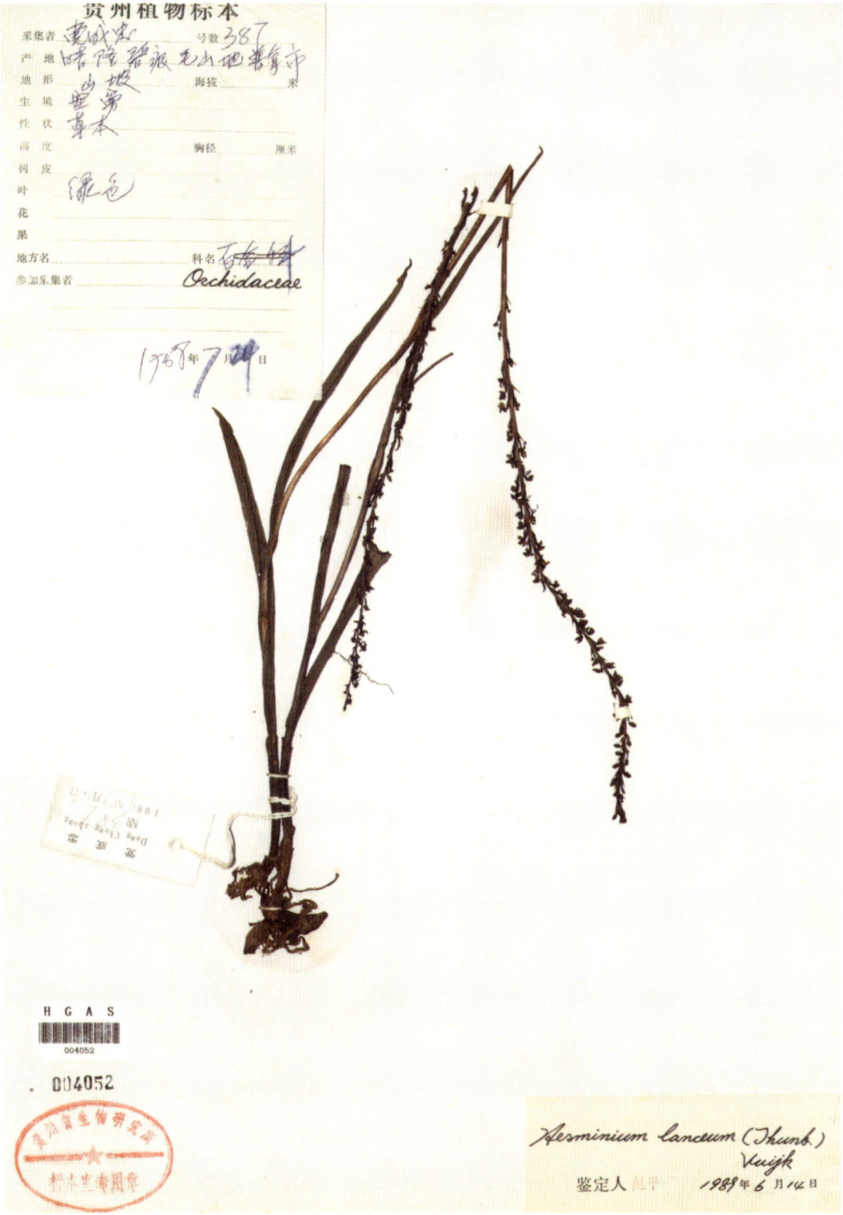
贵州植物标本
Orchidaceae
HGAS
004052
Herminium lanceum (Thunb.) Vuijk
鉴定人
1989年6月14日

贵州植物标本
Orchidaceae
HGAS
004053
叉唇角盘兰
Herminium lanceum (Thunb.) Vuijk
鉴定人
1989年6月14日

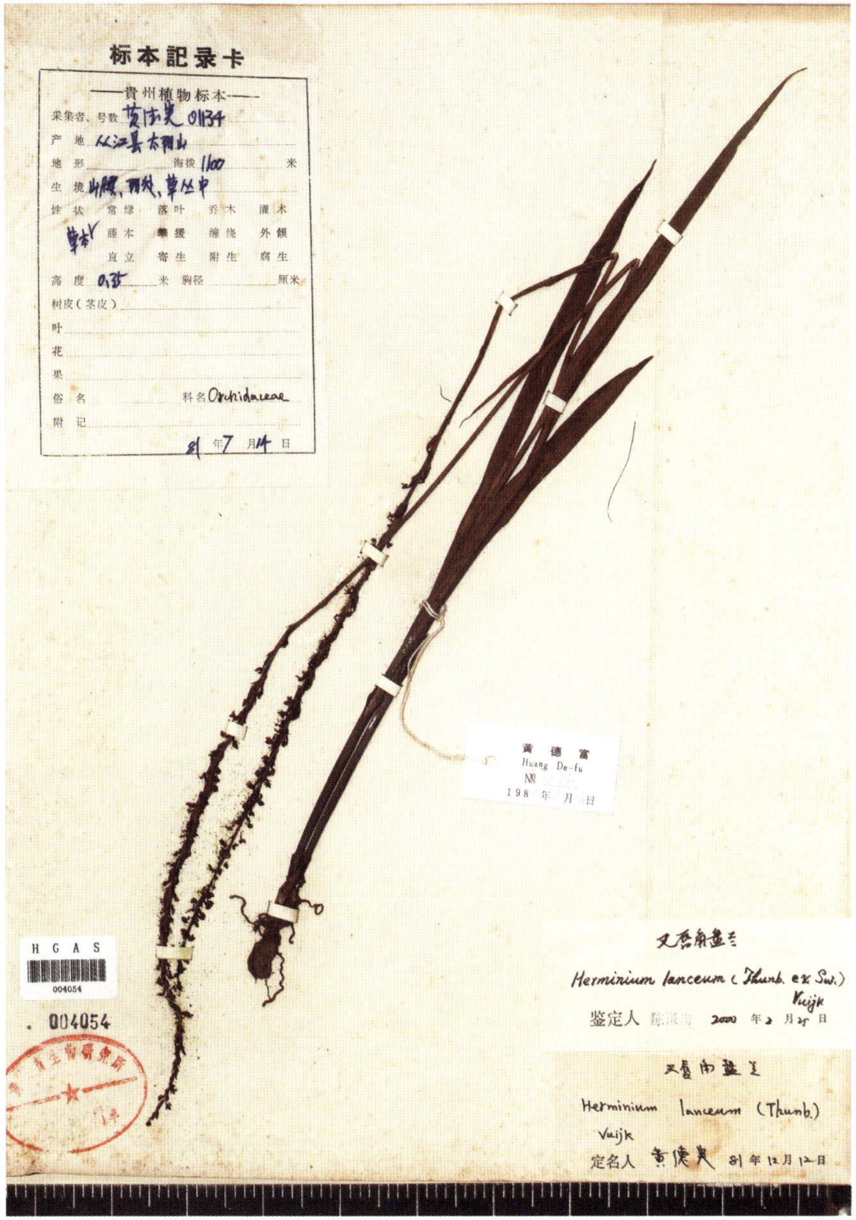

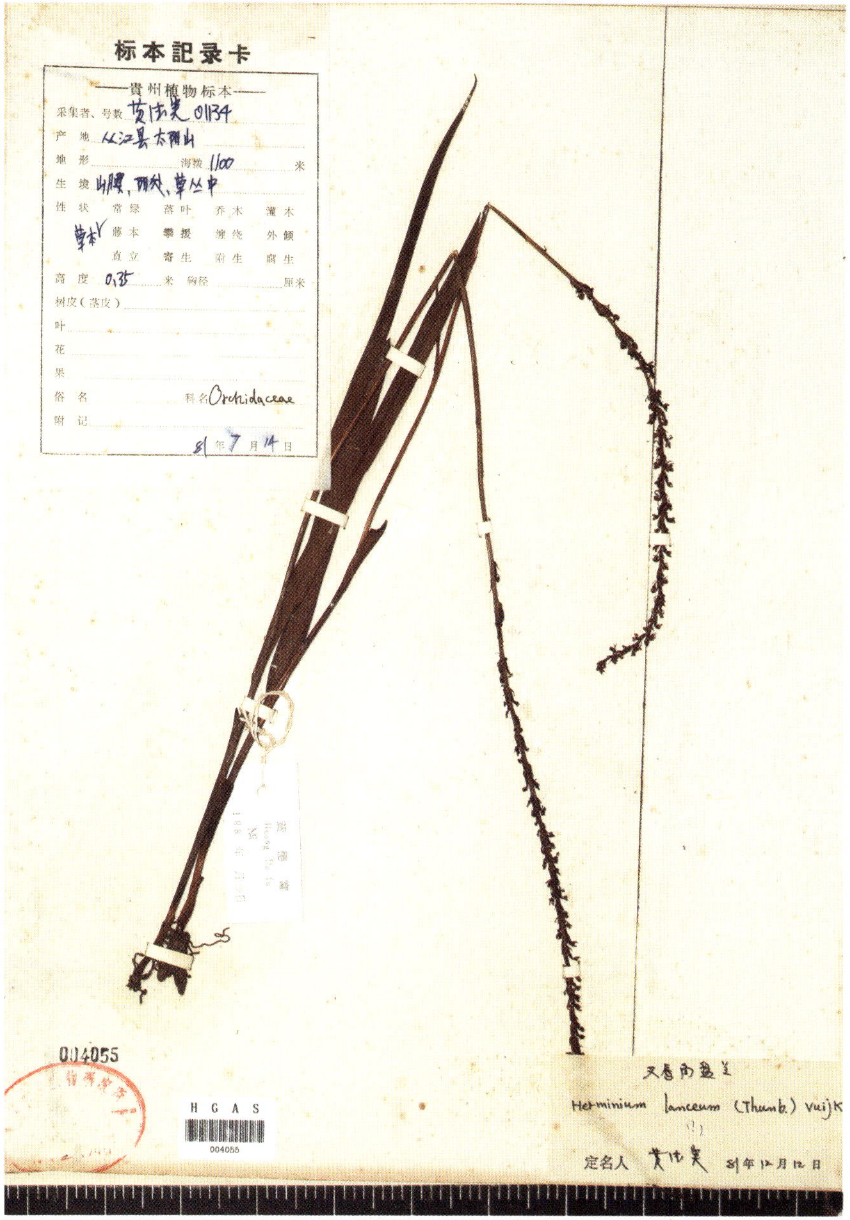

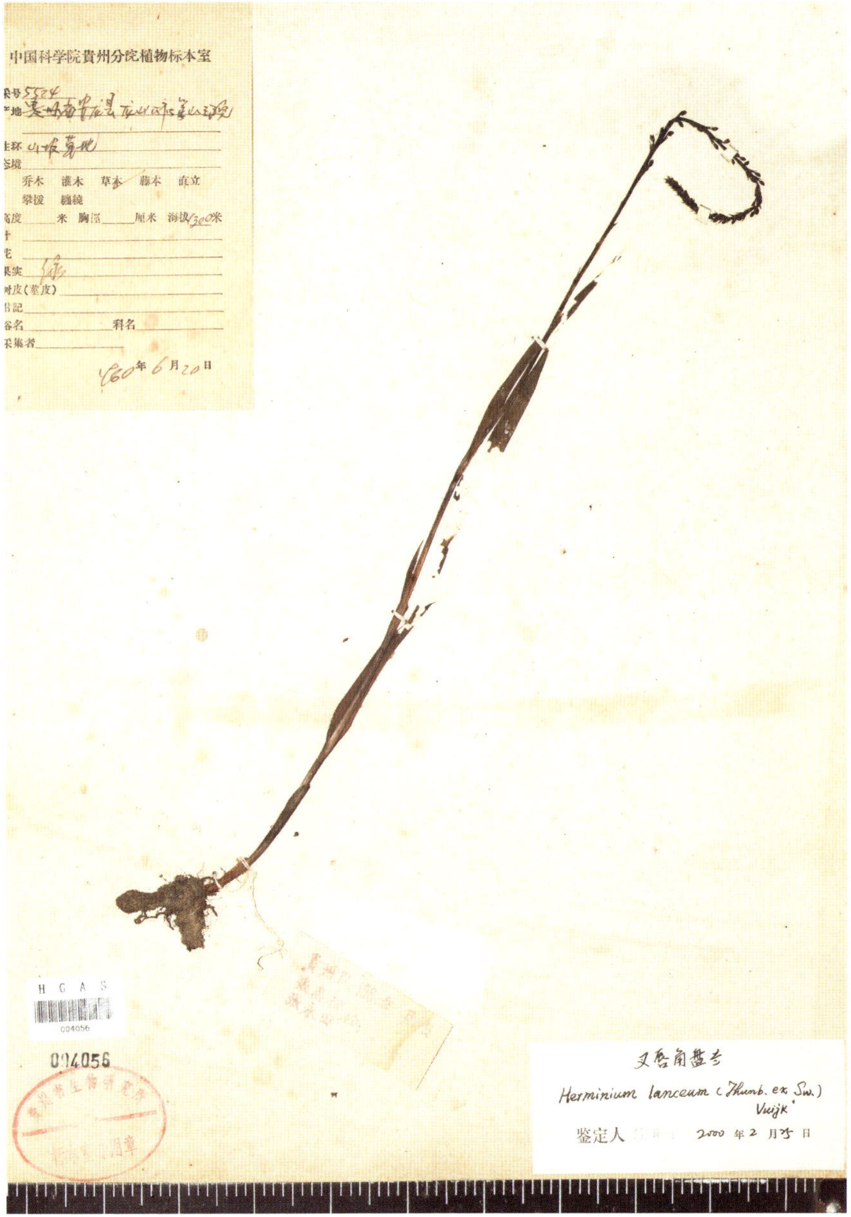
中国科学院贵州分院植物标本室
又唇角盘兰
Herminium lanceum (Thunb. ex Sw.) Vuijk
鉴定人
2000年2月25日
HGAS
004056

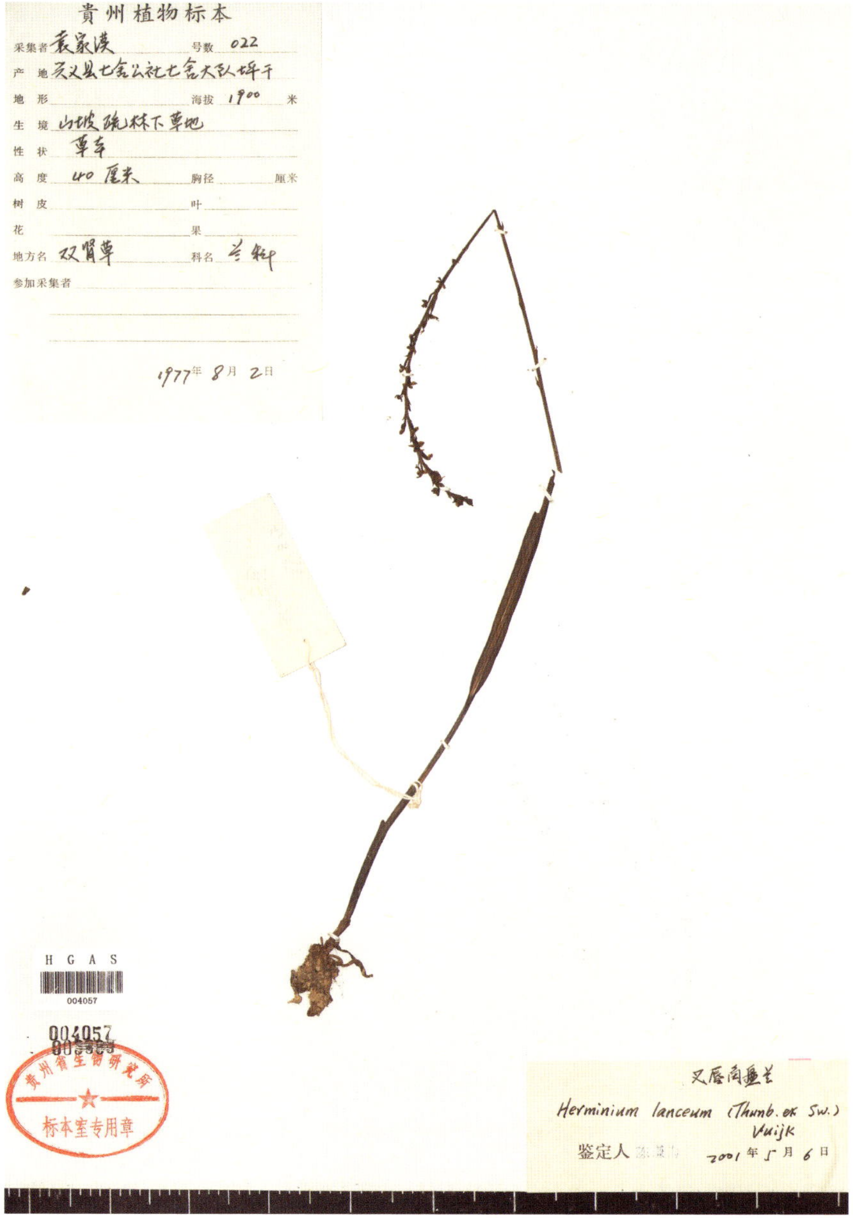
贵州植物标本
采集者 袁家谟
号数 022
海拔 1900 米
高度 40厘米
地方名 双肾草
科名 兰科
1977年8月2日
HGAS
004057
标本室专用章
又唇角盘兰
Herminium lanceum (Thunb. ex Sw.) Vuijk
鉴定人
2001年5月6日

31 羊耳蒜属

31.1 镰翅羊耳蒜 *Liparis bootanensis* Griff.

【别　　名】不丹羊耳兰、果上叶、九莲灯、万年炮、一叶羊耳兰、折叠羊耳兰。

【形态特征】附生草本。假鳞茎聚生，卵形或狭卵状圆柱形，长1～2cm，直径4～8mm，顶生1枚叶。叶纸质或坚纸质，狭长圆状倒披针形、倒披针形或狭椭圆状长圆形，长8～20mm，宽8～28mm，基部收狭成柄，有关节；柄长2～4mm。花葶长15～20cm；花序柄略压扁，两侧具极狭翅，无不育苞片；总状花序稍外弯，具数朵至10余朵花；花苞片狭披针形，长5～10mm，短于花梗连子房的长度；花黄绿色或橘黄色；中萼片和侧萼片约等长，近长圆形，长3.5～6mm；花瓣狭线形；唇瓣倒卵状宽长圆形，长3～6mm，顶端近截形并有凹缺，前缘有细齿，基部有2枚胼胝体；蕊柱长约3mm，上部两侧各有1个翅；翅宽约1mm，前部下弯成钩状或镰状。花期8～10月。

【生长环境】生于海拔480～700m的山地林中树干或岩石上。

【地理分布】贵州产三都、荔波、赤水、兴义；江西、福建、台湾、广东、海南、广西、四川、云南、西藏、喜马拉雅有分布。中南半岛、印度尼西亚至日本也有。

【馆藏信息】第五标本馆，第003805、003806、003807、003808、003809、003810、003811、003812、003813、003814、003815号标本。

贵州植物标本
号数 117
海拔 980 米
Orchidaceae
1988 年 4 月 23 日
黔西队
HGAS
003806
镰翅羊耳蒜
Liparis bootanensis Griff.
鉴定人 1999 年 11 月 18 日

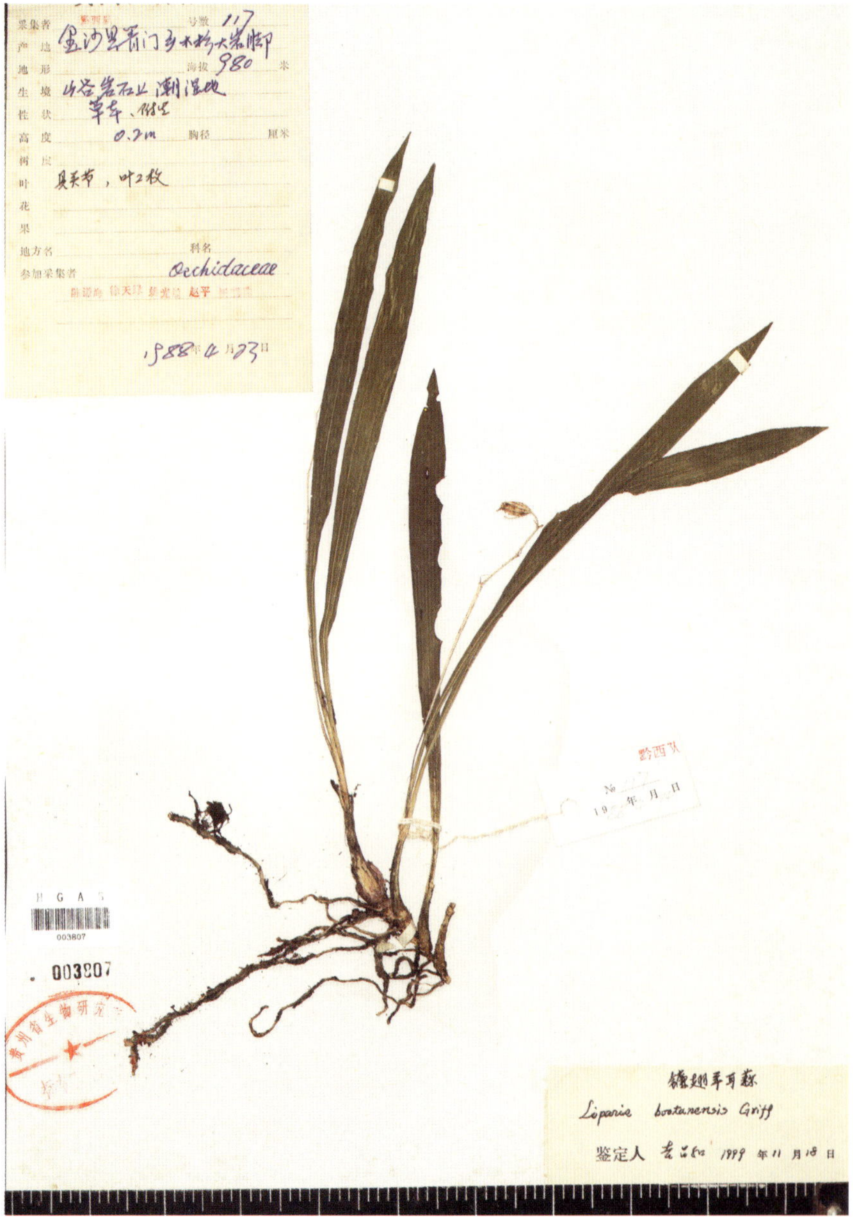
号数 117
海拔 980 米
Orchidaceae
1988 年 4 月 23 日
黔西队
HGAS
003807
镰翅羊耳蒜
Liparis bootanensis Griff.
鉴定人 1999 年 11 月 18 日

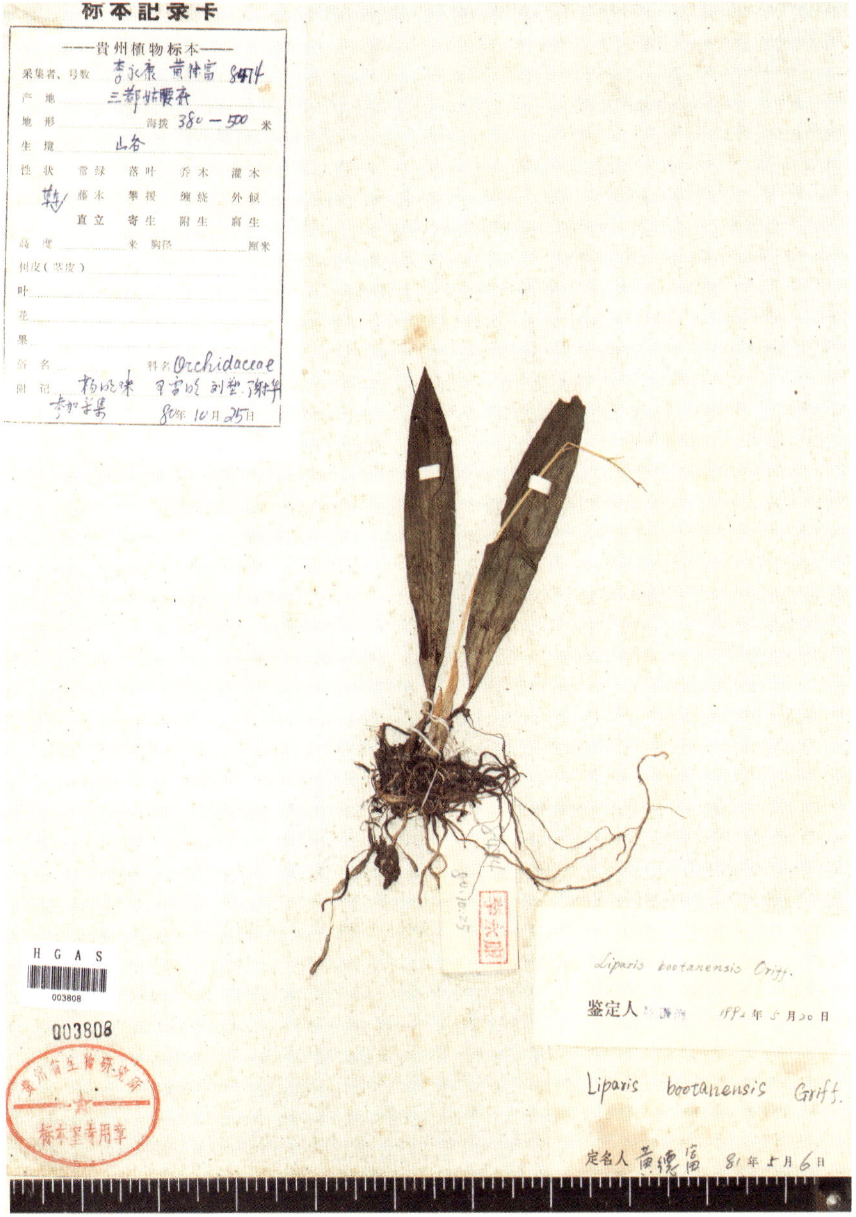
标本記录卡
贵州植物标本
Orchidaceae
HGAS
003808
Liparis bootanensis Griff.
鉴定人
Liparis bootanensis Griff.
定名人

贵州植物标本
HGAS
003809
Liparis bootanensis Griff.
鉴定人

贵州植物标本
采集者
号数 578
产地 赤水金沙内果子沟
地形
海拔 650 米
生境 林下，阴处，岩石上
性状 草本
高度 0.15
胸径
厘米
树皮
叶
花
果
地方名
科名 Orchidaceae
参加采集者
HGAS
003810
003810
镰翅羊耳蒜
Liparis bootanensis Griff.
鉴定人
1999 年 11 月 18 日

标本記录卡
贵州植物标本
采集者、号数 10017
地形 低山
海拔 700 米
生境 山谷，岩石上，阴处
性状 常绿 落叶 乔木 灌木
藤本 攀援 缠绕 外倒
直立 寄生 附生 腐生
高度 0.1 米 胸径 厘米
树皮（茎皮）
叶
花
果 蒴果
俗名
科名 兰科
附记
1982 年 3 月 6 日
003811
HGAS
003811
镰翅羊耳蒜
Liparis bootanensis Griff.
鉴定人
1999 年 11 月 19 日

标本記录卡
——貴州植物标本——
采集者、号数 10017
产 地
地 形 海拔 700 米
生 境
性 状 常绿√ 落叶 乔木 灌木
藤本 攀援 缠绕 外倾
直立 寄生 附生 腐生
高 度 0.1 米 胸径 厘米
树皮（茎皮）
叶
花
果
俗 名 科名 兰科
附 记
1982 年 3 月 6 日
HGAS
003812
003812
长苞羊耳蒜
Liparis inaperta Finet
鉴定人 何顺志 1983年3月30日
兰科
Orchidaceae sp.
鉴定人 何顺志 年 月 日

HGAS
003813
003813
PLANTS OF GUIZHOU, CHINA
Orchidaceae
Liparis bootanensis Griffith
Jiangkou Xian, valley of the Heiwan River on the SE side of the Fanjing Shan mountain range, between Tongkuanchang and the Ecological Station of the Guizhou Academy of Sciences.
Elevation ca. 560-900 m
Growing on rocks on forested slope above river.
Sino-American Guizhou Botanical Expedition no. 578
30 August 1986
Participants: B. Bartholomew, D. E. Boufford, Q. H. Chen
S. Z. Fang, J. G. Qi, S. A. Spongberg, Z. H. Tsi, Y. L. Tu

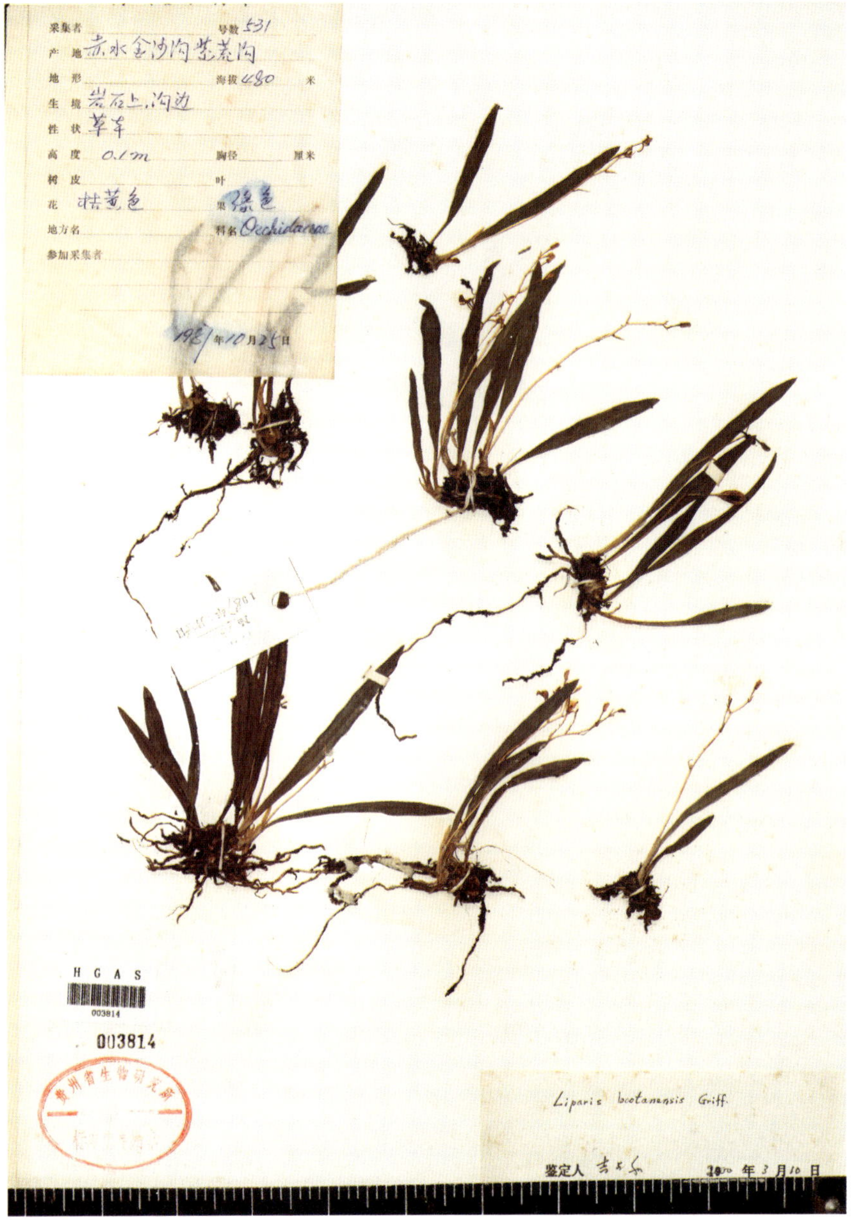
HGAS
003814
Liparis bootanensis Griff.

HGAS
003815
Liparis bootanensis Griff.

31.2　圆唇羊耳蒜 *Liparis balansae* Gagnep.

【别　　名】海南羊耳蒜。

【形态特征】附生草本。假鳞茎卵形或狭卵形，长 9～13mm，直径 4～7mm，顶生 1 枚叶，常密聚生。叶坚纸质，倒披针形或狭椭圆状倒披针形，长 5～11cm，宽 10～18mm，先端渐尖，基部收狭成柄，具关节；柄长 1～3cm。花葶长 15～20cm；花序柄扁圆柱形，两侧具狭翅，下部无不育苞片；总状花序疏生 3～5 朵花；花苞片狭披针形，在花序下部的长 7～10mm，向上渐变短；花梗连子房长 1.5～1.8cm；花绿黄色；中萼片长圆状披针形，长 1.1cm，宽 2mm，先端钝；侧萼片披针形，与中萼片约等长；花丝状或狭线形，长 1～1.1 cm，先端渐狭；唇瓣扇状扁圆形或宽倒卵状圆形，长 8～10mm，宽 10～12mm，先端浑圆或近截形，边缘有不规则缺刻，基部收狭，有 2 枚胼胝体；蕊柱长约 5mm，上端柱头两侧具下弯成钩状的翅。果梗长 8～12mm；蒴果倒卵形，长 1.5～1.8cm，宽 6～8mm。花期 10 月，果期次年春季。

【生长环境】生于海拔 1650m 的山谷林下岩石上。

【地理分布】贵州产贞丰；海南、广西、四川、云南有分布。越南和泰国也有。

【馆藏信息】第五标本馆，第 003803、003804 号标本。

贵州植物标本
HGAS
003804

31.3 平卧羊耳蒜 *Liparis chapaensis* Gagnep.

【别　　名】圆翅羊耳蒜。

【形态特征】附生草本，较矮小。假鳞茎近平卧，卵状长圆形，长4～6mm，顶生1枚叶。叶坚纸质，狭椭圆形或长圆形，长5～9cm，宽8～15mm，渐尖，基部收狭成柄，有关节。花葶长4～6cm；花苞片狭披针形，远短于花梗连子房的长度；花淡黄绿色或橘黄色；中萼片长圆状披针形，长4～6mm，边缘外卷；侧萼片稍歪斜；花瓣线形，长约4mm；唇瓣近倒卵状长圆形，长4mm，上部宽3mm，先端近截形，中央具细尖，近基部有1枚2裂的胼胝体；蕊柱白色，长约3mm，上端具狭翅。花期10月。

【生长环境】生于海拔1500m的石灰岩山地林中树干或岩石上。

【地理分布】贵州产安龙、兴义；广西、云南有分布。越南、缅甸也有。

【馆藏信息】第五标本馆，第003816号标本。

31.4 心叶羊耳蒜 *Liparis cordifolia* Hook. f.

【别　　名】银铃虫兰。

【形态特征】地生草本。假鳞茎聚生，卵形，长约2.5cm，被白色薄膜质鞘，具1枚叶。叶宽卵状心形，长6～9cm，宽4～6cm，草质，基部下延成鞘状柄；柄长约2cm。花葶长7～10cm，稍高出叶面；花序柄稍扁，具狭翅；总状花序具数朵至10余朵花；花苞片小，长约1mm；花淡绿色；萼片线状披针形，长约6mm，具3条脉；花瓣线形，与萼片约等长，具1条脉；唇瓣倒卵状三角形，长约6mm，先端截形具短尖；蕊柱长约4mm。花期10～12月。

【生长环境】生于海拔530～700m的林下岩石上积土处。

【地理分布】贵州产独山、荔波；台湾、广西、云南有分布。尼泊尔和印度也有。

【馆藏信息】第五标本馆，第003817号标本。

31.5 大花羊耳蒜 *Liparis distans* C. B. Clarke

【形态特征】附生草本，较高大。假鳞茎密集，近圆柱形或狭卵状圆柱形，长 3～8cm，粗 3～10mm，顶部生 2 枚叶。叶纸质，倒披针形，长 10～35cm，宽 1.5～2.5cm，渐尖，基部收狭成柄，有关节；柄长 2～6cm。花葶长 15～28cm；花序柄稍压扁，两侧有狭翅；翅宽 1～2mm，有 2～3 枚不育苞片；总状花序具数朵至 10 余朵花；花苞片钻形，长 5～10mm；花梗连子房长 1.5～2cm；花黄绿色或橘黄色；萼片线形，长 1～1.5cm，宽约 2mm，边缘外卷；侧萼片稍短；花瓣近丝状，长 1.2～1.5cm，宽约 0.5mm；唇瓣宽长圆形至近圆形，长 1～1.4cm，宽约 1cm，先端钝或圆，边缘稍有细齿，基部收狭成短柄，并具 1 枚胼胝体；蕊柱长约 5mm，上端具狭翅。花期 10 月至次年 1 月。

【生长环境】生于海拔 600～1300m 的山地林中树干或沟旁岩石上。

【地理分布】贵州产正安、绥阳、遵义、开阳、清镇、兴仁、兴义、赤水；台湾、海南、广西、四川、云南有分布。印度、泰国、老挝、越南也有。

【馆藏信息】第五标本馆，第 003818、003819、003820、003821、003822、003823、003824、003825、003826 号标本。

贵州植物标本
采集者
号数
产地
地形
海拔
米
生境
性状
高度
胸径
厘米
树皮
叶
花
果
地方名
科名
参加采集者
H G A S
003819
003819
大花羊耳蒜
Liparis distans C. B. Clarke
鉴定人
2000 年 2 月 23 日

贵州植物标本
采集者
号数
产地
地形
海拔
米
生境
性状
高度
胸径
厘米
树皮
叶
花
果
地方名
科名
参加采集者
H G A S
003820
003820
大花羊耳蒜
Liparis distans C. B. Clarke
鉴定人
2000 年 2 月 23 日
Liparis yunnanensis Rolfe
鉴定人
年 月 日

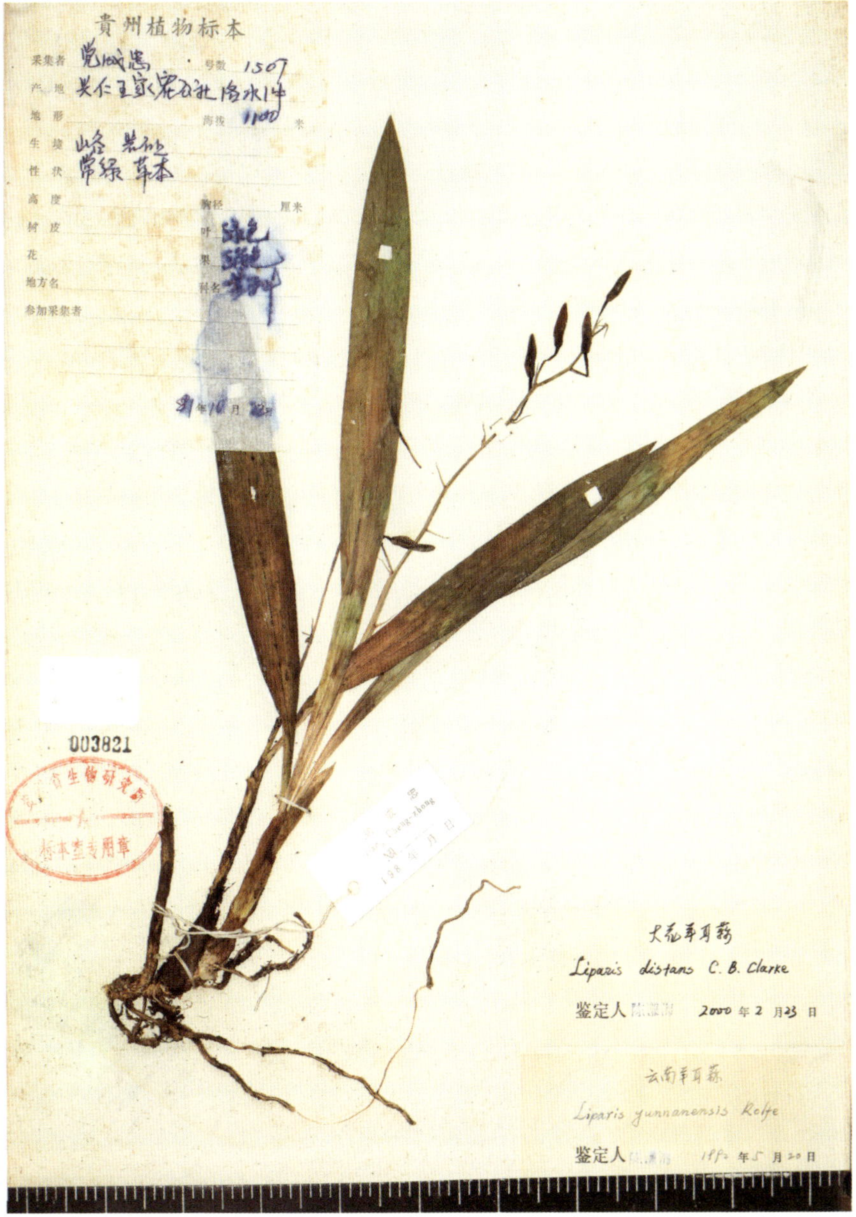

贵州植物标本
贵阳工作站
植物标本室
花果袋
HGAS
003823
大花羊耳蒜
Liparis distans C. B. Clarke

贵州植物标本
HGAS
003824
大花羊耳蒜
Liparis distans C. B. Clarke
镰翅羊耳蒜
Liparis bootanensis Griff.

31.6 贵州羊耳蒜 *Liparis esquirolii* Schltr.

【形态特征】附生草本。假鳞茎密集，圆柱形，长1.2～3.5cm，粗3～5mm，顶生1枚叶。叶坚纸质，长圆形或舌状，长8～12cm，宽1.2～2cm，渐尖，基部收狭成短柄，有关节。花葶长达19cm，扁圆柱形，两侧具狭翅，下部无不育苞片；总状花序疏生数朵至10余朵花；花苞片狭披针形，长6～10mm，短于花梗连子房的长度；花橘黄色；中萼片舌状，长10～12mm，先端渐尖；侧萼片偏斜；花瓣狭线形，与中萼片约等长，先端急尖；唇瓣倒卵形，长约11mm，上部宽约6mm，基部有1条纵脊延至中部；蕊柱长5mm，上部两侧具狭翅。花期5～7月。

【生长环境】生于海拔700～950m的山地林中岩石上。

【地理分布】贵州产独山、荔波、惠水、平塘。模式标本产地惠水。

【馆藏信息】第五标本馆，第003800号标本。

31.7 小羊耳蒜 *Liparis fargesii* Finet

【别　　名】石米。

【形态特征】附生草本，很矮小，常成丛生长。假鳞茎近圆柱形，长7～14mm，直径约3mm，平卧，新假鳞茎发自老假鳞茎的近顶端下方，彼此相连接，顶生1枚叶。叶坚纸质，椭圆形或长圆形，长1～2cm，宽5～8mm，先端圆或钝，基部骤然收狭成柄，有关节；柄长3～6mm。花葶长2～4cm，具2～3朵花；花苞片很小，狭披针形，长1～1.8mm；花梗连子房长8～9mm；花淡绿色；萼片线状披针形，长5～6mm，边缘常外卷，具1条脉；花瓣狭线形，长5～6mm；唇瓣近长圆形，中部收缩呈提琴形，长4～5mm，上端宽3mm，先端截形并微凹有细尖，基部无胼胝体；蕊柱长3～3.5mm，上端有狭翅。花期9～10月。

【生长环境】生于海拔1800～1950m的山顶林下岩石上。

【地理分布】贵州产兴义、赫章；陕西、甘肃、湖北、四川、云南有分布。

【馆藏信息】第五标本馆，第003827号标本。

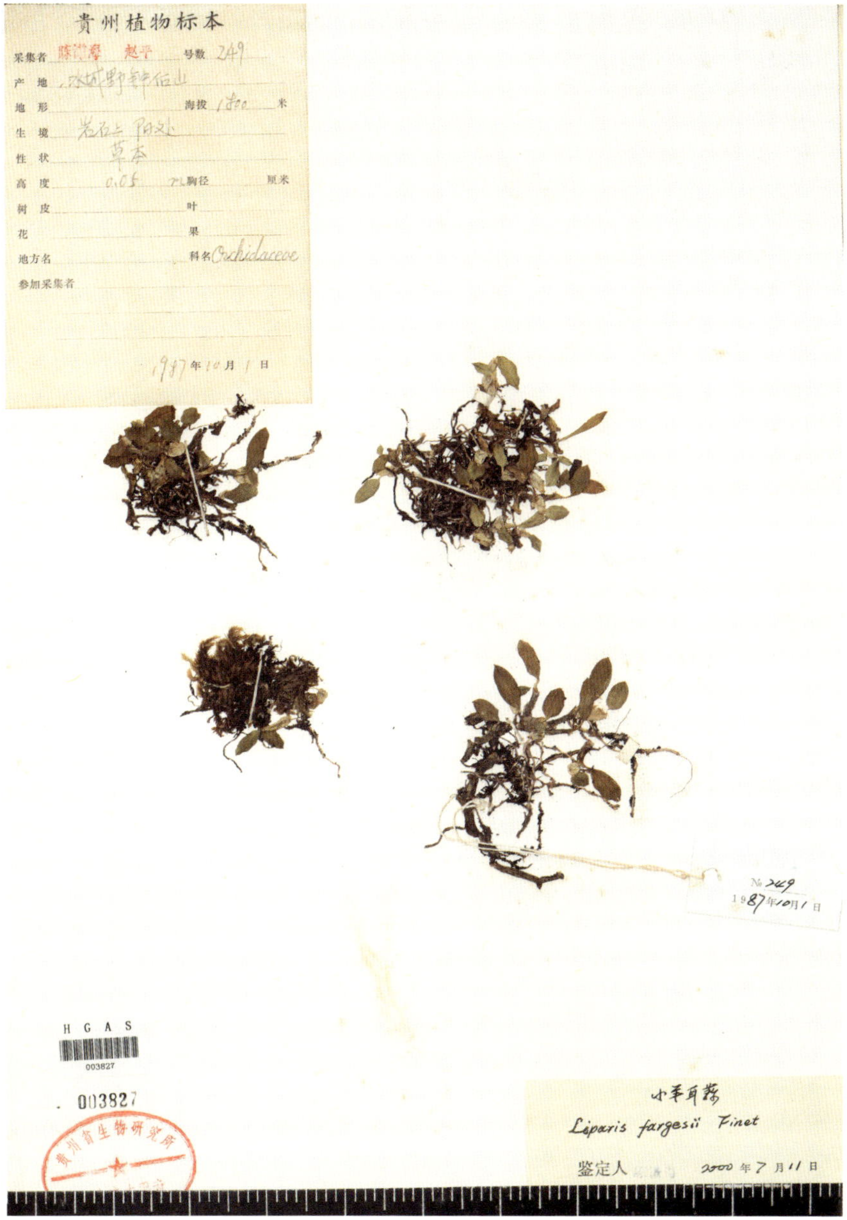

31.8 见血青 *Liparis nervosa* (Thunb. ex A. Murray) Lindl.

【别　名】毛慈菇、岩芋（浙江）、脉羊耳兰（台湾）、立地好（广东）、半边兰、石虾公（广西）、走子草、肉龙剑（贵州）、肉螃蟹（四川）。

【形态特征】地生草本。假鳞茎圆柱形，长3～7cm，具数节，有叶3～5枚。叶膜质或草质，卵状椭圆形或卵形，长7～13cm，宽2.5～6cm，全缘，基部有鞘状柄；柄长2～3cm，无关节。花葶长10～20cm；花序轴有时具狭翅；总状花序具数朵至10余朵花；花苞片很小，三角形；花梗连子房长8～15mm；花紫色；中萼片线形，长8～10mm，边缘外卷，有不明显3条脉；侧萼片斜的狭卵状长圆形，长6～7mm，具3条脉；花瓣丝状，长7～8mm，具3条脉；唇瓣倒卵状长圆形，长6mm，宽5mm，顶端截形并微凹，基部有2枚长圆形的胼胝体；蕊柱较粗，长4～5mm，上部两侧有狭翅。花期4～7月。

【生长环境】生于海拔550～1200m的山坡林下或灌木丛下岩石上。

【地理分布】贵州产道真、梵净山、务川、绥阳、正安、清镇、仁怀、习水、赤水、册亨、安龙、兴义；浙江、江西、福建、台湾、湖南、广东、广西、四川、云南、西藏有分布。广泛分布于全球热带与亚热带地区。

【馆藏信息】第五标本馆，第003839、003840、003841、003842、003843、003844号标本。

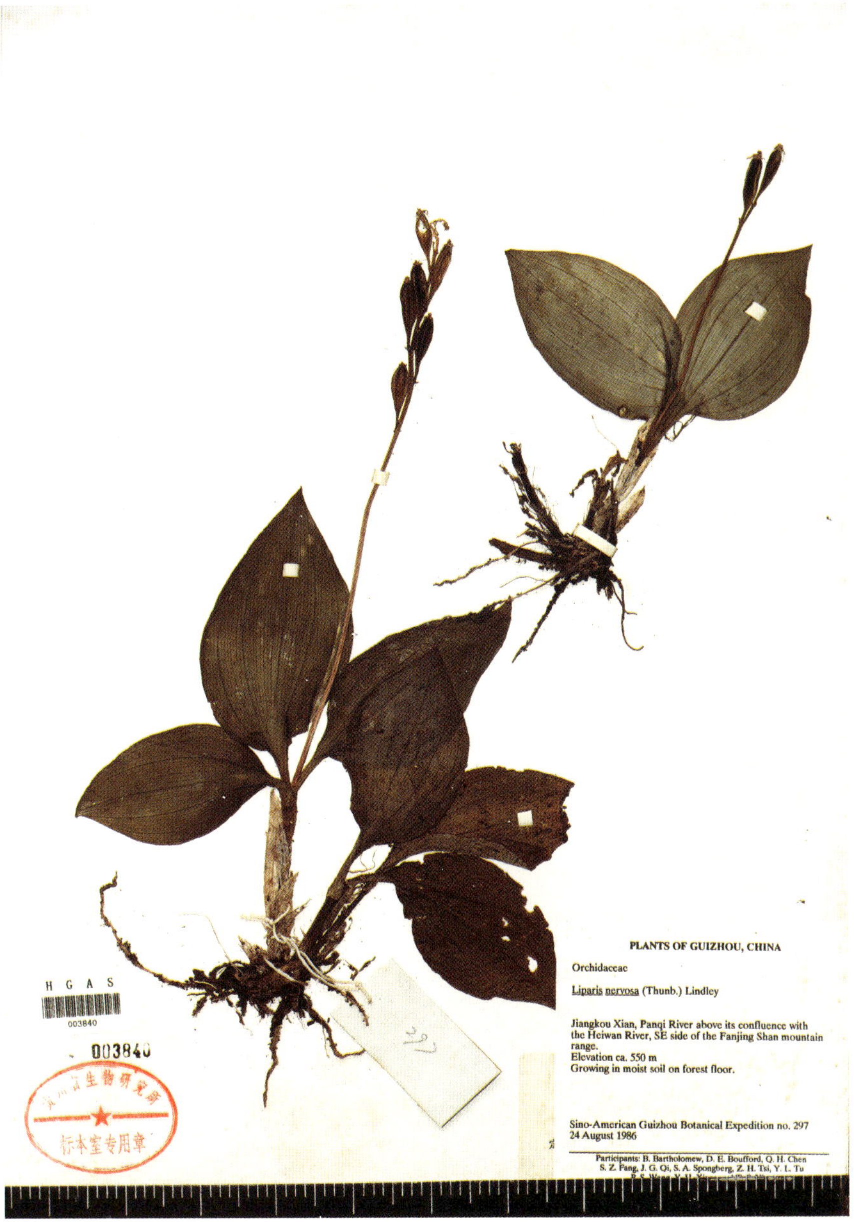
HGAS
003840
PLANTS OF GUIZHOU, CHINA
Orchidaceae
Liparis nervosa (Thunb.) Lindley
Jiangkou Xian, Panqi River above its confluence with the Heiwan River, SE side of the Fanjing Shan mountain range.
Elevation ca. 550 m
Growing in moist soil on forest floor.
Sino-American Guizhou Botanical Expedition no. 297
24 August 1986
Participants: B. Bartholomew, D. E. Boufford, Q. H. Chen
S. Z. Fang, J. G. Qi, S. A. Spongberg, Z. H. Tsi, Y. L. Tu

貴州东南部植物
1965年 8 月 8 日 采集号 51642
产地
经度 纬度 海拔 880 米
环境
性状 草本 体高 20-30 厘米
叶
花
果实
土名 科名 Orchidaceae
学名
附记
采集人：
植物研究所：
贵州植物园：
贵州农学院：
HGAS
003841
Liparis nervosa (Thunb. ex A. Murray) Lindl.
鉴定人 1999 年 11 月 18 日

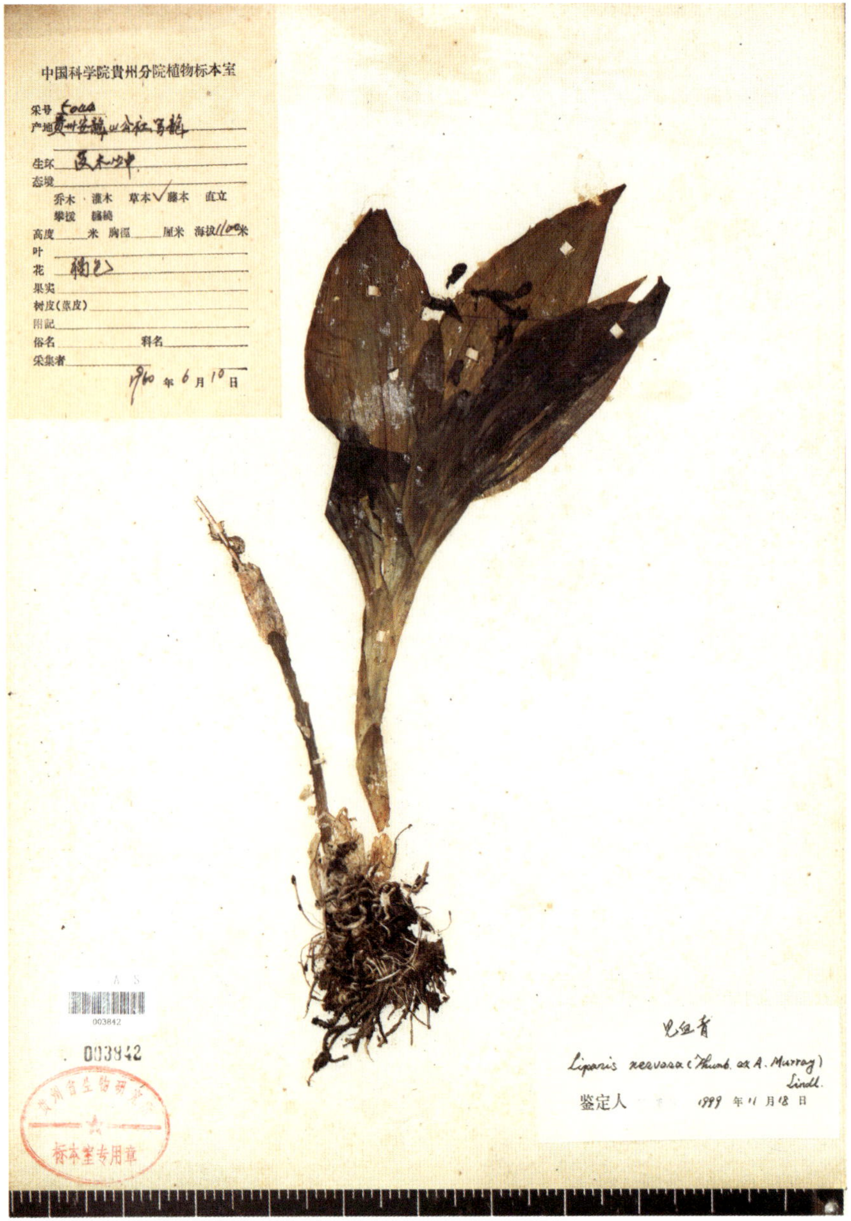

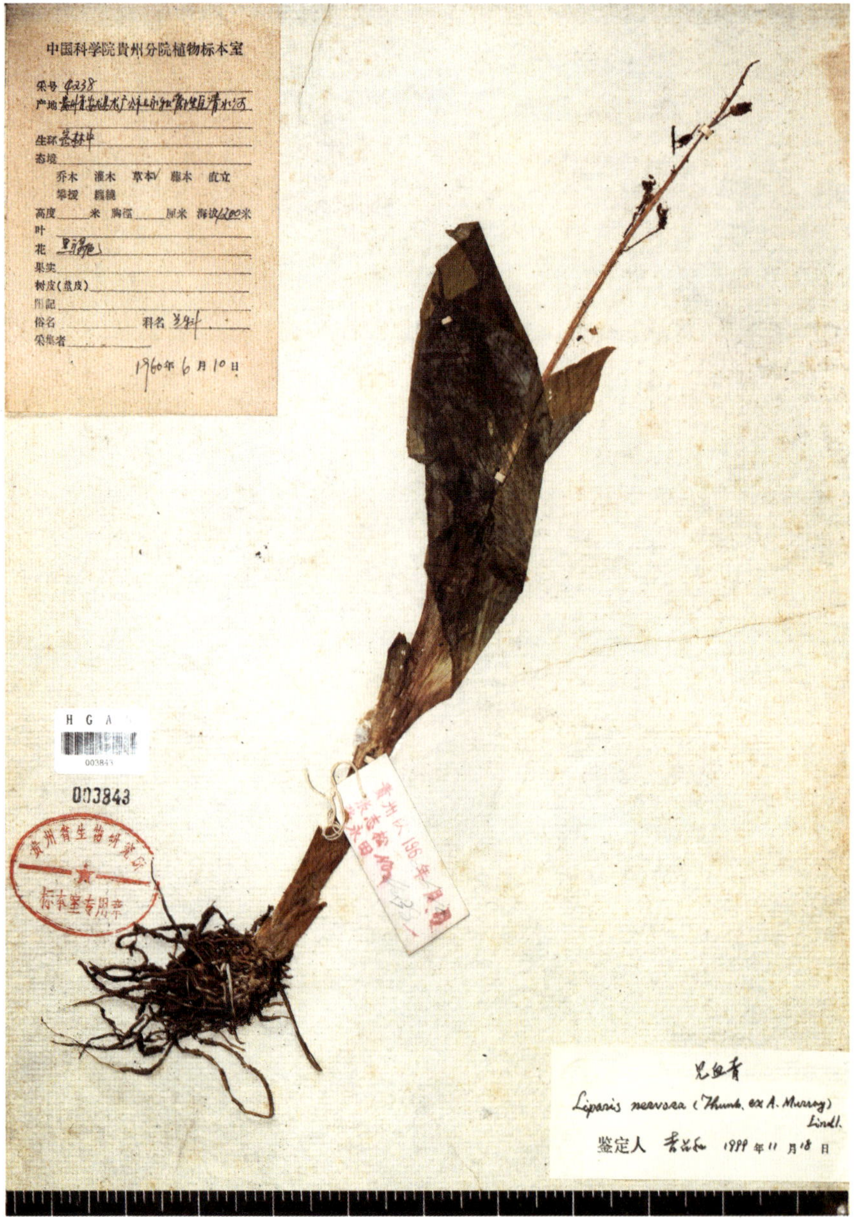

见血清
Liparis nervosa (Thunb. ex A. Murray) Lindl.
鉴定人 1999 年 11 月 18 日
Malaxis latifolia J. E. Smith
003844
标本室专用章

31.9 香花羊耳蒜 *Liparis odorata* (Willd.) Lindl.

【形态特征】地生草本。假鳞茎近卵形，长 1.3～2cm，直径 1～1.3cm，被膜质鞘，具 2～3 枚叶。叶膜质或草质，卵状长圆形或长圆状披针形，长 6～11cm，宽 2.5～4.5cm，渐尖，基部具鞘状柄；柄长 2～5cm，无关节。花葶高出叶面；总状花序疏生数朵花；花苞片披针形，长 5～7mm；花梗连子房长 6～8mm；花绿黄色；中萼片线形，长 7～8mm；侧萼片卵状长圆形，稍斜，长 6～7mm；花瓣狭线形，长 6～7mm；唇瓣倒卵状长圆形，长约 5.5mm，顶端近截形且微凹，上部边缘有细齿，近基部有 2 个三角形的胼胝体；蕊柱长 4.5mm。花期 5～7 月。

【生长环境】生于海拔 450～1200m 的山坡草地或林下。

【地理分布】贵州产正安、榕江、兴义；江西、台湾、湖北、湖南、广东、海南、广西、四川、云南、西藏、喜马拉雅东部有分布。中南半岛和日本也有。

【馆藏信息】第五标本馆，第003847、003848、003849、003850号标本。

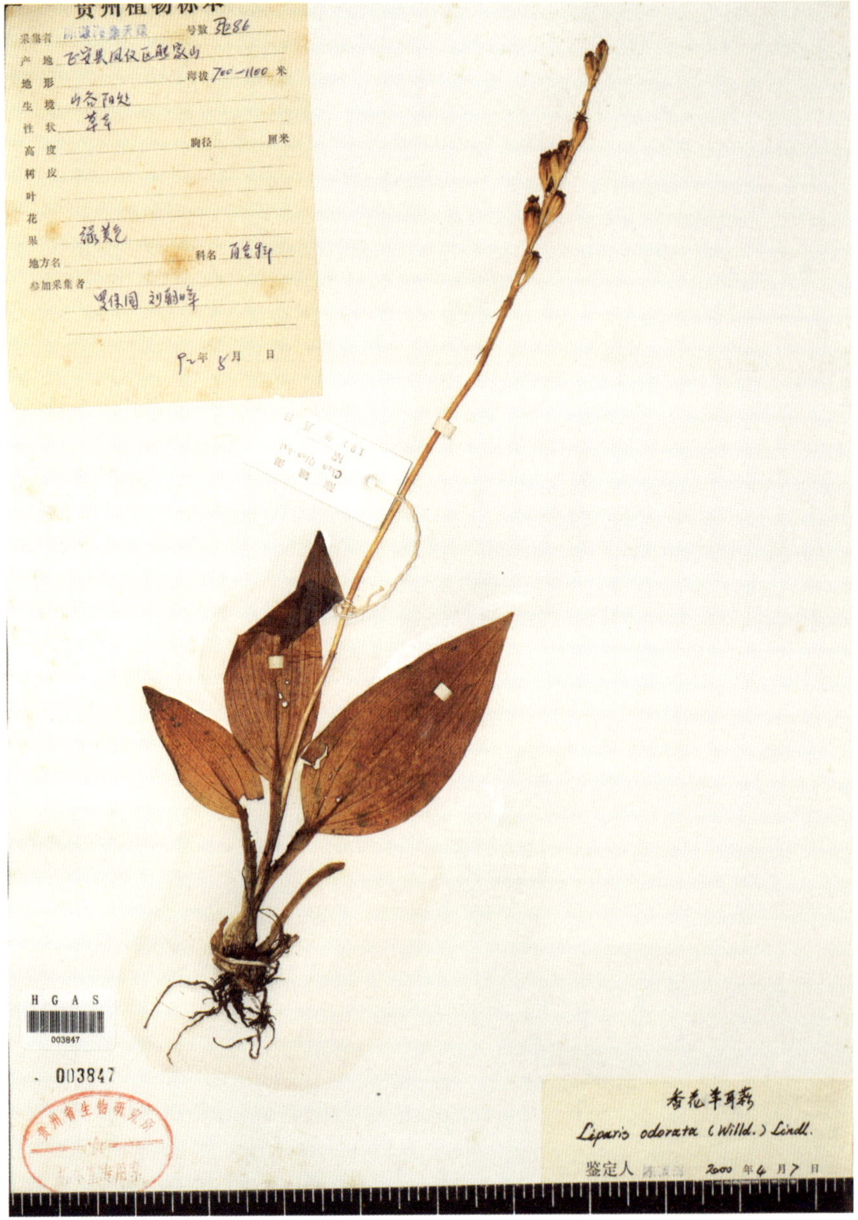

貴州梵淨山植物
Liparis odorata (Willd.) Lindl.
鉴定人
003848
HGAS

中国科学院貴州分院植物标本室
Liparis odorata (Willd.) Lindl.
鉴定人
003849
HGAS

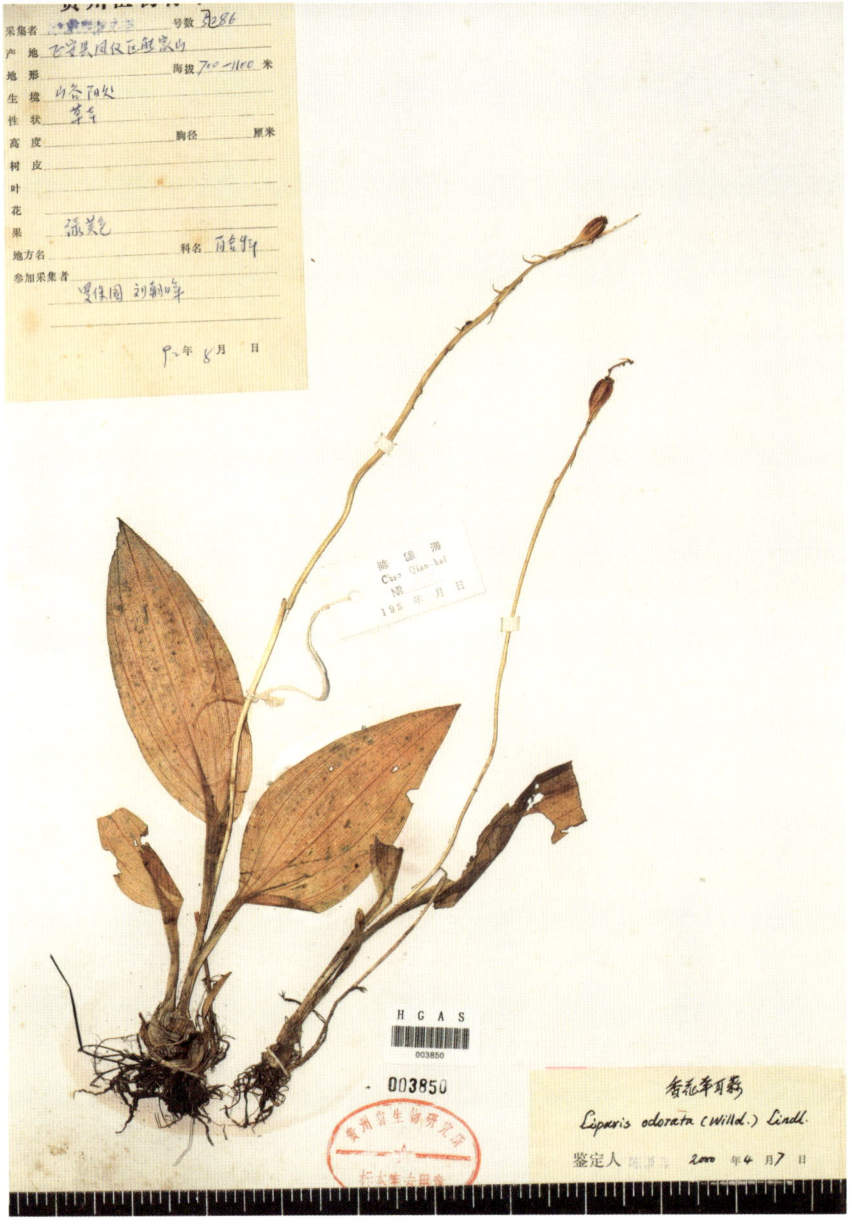
采集者
号数
产地
地形
海拔
米
生境
性状
高度
胸径
厘米
树皮
叶
花
果
地方名
科名
参加采集者
年
月
日
HGAS
003850
003850
香花羊耳蒜
Liparis odorata (Willd.) Lindl.
鉴定人
2000 年4 月7 日

31.10 羊耳蒜 *Liparis japonica* (Miq.) Maxim.

【别　　名】鸡心七、借母怀胎、算盘七、珍珠七。

【形态特征】地生草本。假鳞茎卵形，直径3～8mm，外被白色的薄膜质鞘，具2枚叶。叶膜质，长圆状卵形或近椭圆形，长8～9cm，宽4～6cm，先端急尖或钝，边缘微波状或近全缘，基部具鞘状柄，无关节。花葶长20～30cm；花序柄两侧具狭翅；总状花序具数朵花；花苞片长约2mm；花淡绿色，有时粉红色或带紫色；萼片线状披针形，长约7mm；花瓣丝状，与萼片等长；唇瓣近倒卵形，长约7mm，宽约5mm，顶端有短尖，边近全缘；蕊柱长约3mm。花期5～6月。

【生长环境】生于海拔870～2500m的山坡林下或灌木丛下阴湿处。

【地理分布】贵州产松桃、梵净山、沿河、道真、正安、清镇、水城、盘州、大方、威宁；东北至西南的各省区有分布。俄罗斯远东地区至日本也有。

【馆藏信息】第五标本馆，第003833、003834、003835、003836、003837、003838号标本。

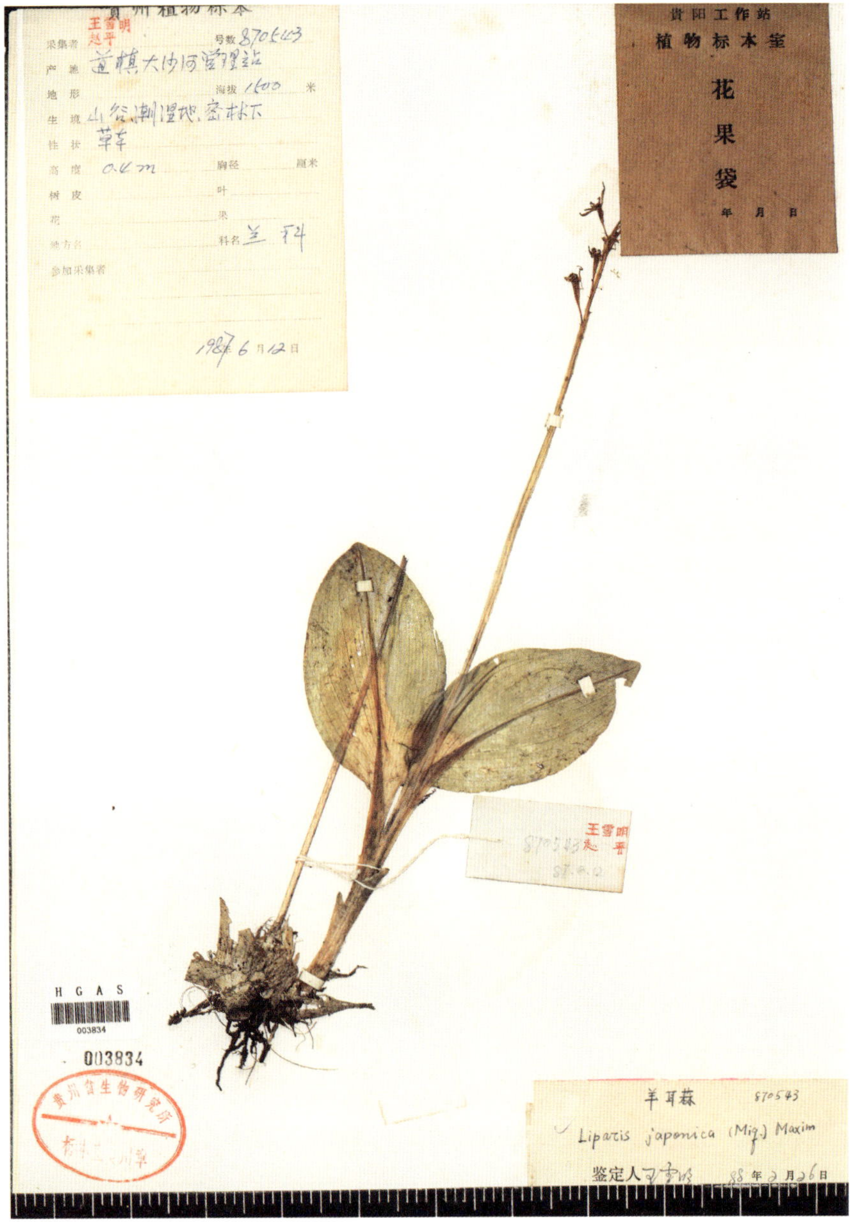
贵州植物标本
采集者 王雪明 赵平
号数 870543
产地 道真大沙河管理站
海拔 1600 米
生境 山谷潮湿地、密林下
性状 草本
高度 0.4m
科名 兰科
1987年6月12日
贵阳工作站
植物标本室
花果袋
年 月 日
HGAS
003834
羊耳蒜 870543
Liparis japonica (Miq.) Maxim
鉴定人 88年2月26日

HGAS
003835
PLANTS OF GUIZHOU, CHINA
Orchidaceae
Liparis dunnii Rolfe japonica (Miq.) Maxim.
Songtao Xian, vicinity of Lengjiaba in the vicinity of the confluence of the Xiaohe and Dahe rivers, NE side of the Fanjing Shan mountain range.
Elevation 820-1120 m
Growing on dry rocks and at forest margin along trail.
Sino-American Guizhou Botanical Expedition no. 1940
5-9 October 1986
Participants: B. Bartholomew, D. E. Boufford, Q. H. Chen S. Z. Fang, J. G. Qi, S. A. Spongberg, Z. H. Tsi, Y. L. Tu P. S. Wang, Y. H. Xiang and T. S. Ying

贵州植物标本
羊耳蒜
Liparis japonica (Miq.) Maxim.
鉴定人 2000 年 4 月 20 日
中國科學院貴州分院
植物標本室
003836

贵州梵淨山植物
1968年8月14日 采集号 30670
Orchidaceae
HGAS
003837
羊耳蒜
Liparis japonica (Miq.) Maxim.
鉴定人 2000 年 4 月 20 日
长唇羊耳蒜
Liparis pauliana Hand.-Mazz.
鉴定人 1999 年 11 月 19 日

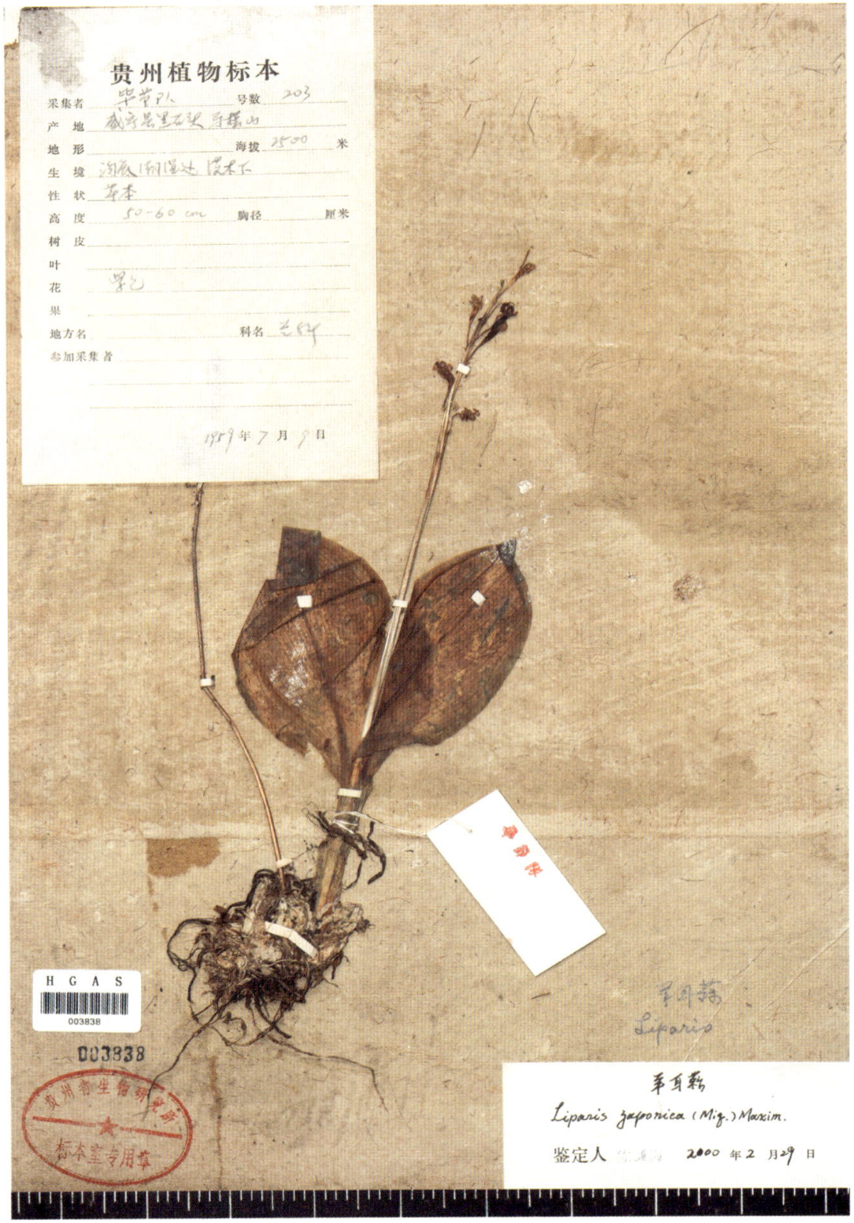
贵州植物标本
采集者
号数 203
产地
地形
海拔 2500 米
生境
性状 草本
高度 50-60 cm
胸径
厘米
树皮
叶
花
果
地方名
科名
参加采集者
1959 年 7 月 9 日
HGAS
003838
003838
羊耳蒜
Liparis
羊耳蒜
Liparis japonica (Miq.) Maxim.
鉴定人
2000 年 2 月 29 日

31.11 长苞羊耳蒜 *Liparis inaperta* Finet

【形态特征】附生草本，较矮小。假鳞茎卵形，较小，长 4～7mm，直径 3～5mm，顶生 1 枚叶。叶纸质，倒披针状长圆形，长 2～7cm，宽 8～13mm，渐尖，基部收狭成柄，有关节；柄长 7～15mm。花葶长 4～8cm；花序柄稍压扁，两侧有极狭的翅，下部无不育苞片；总状花序具数朵花；花苞片狭披针形，长 3～5mm，稍短于花梗连子房的长度；花淡绿色，初期常呈管状，系中萼片两侧与侧萼片靠合所致，后期分离；中萼片近长圆形，长约 4.5mm；侧萼片近卵状长圆形，偏斜；花瓣狭线形，稍呈镰刀状，长约 4mm；唇瓣近长圆形，长约 4mm，顶部宽 2mm，先端近截形，具细齿，中央有细尖，无胼胝体和褶片；蕊柱长约 3mm，上部有翅；翅三角形，宽不及 1mm，向下延伸呈钩状。花期 9～10 月。

【生长环境】生于海拔 700～1200m 的山地林下岩石或树干上。

【地理分布】贵州产梵净山、雷公山、剑河、台江、榕江、贵定、贵阳、开阳；浙江、江西、福建、广西、四川有分布。模式标本采自贵阳。

【馆藏信息】第五标本馆，第 003828、003829、003830、003831、003832 号标本。

中国科学院西南生物研究所贵阳工作站
植物标本室
HGAS
003829
长苞羊耳蒜
Liparis inaperta Finet
鉴定人 吉占和 1999年11月15日

贵州梵浄山植物
HGAS
003830
长苞羊耳蒜
Liparis inaperta Finet
鉴定人 吉占和 1999年11月15日

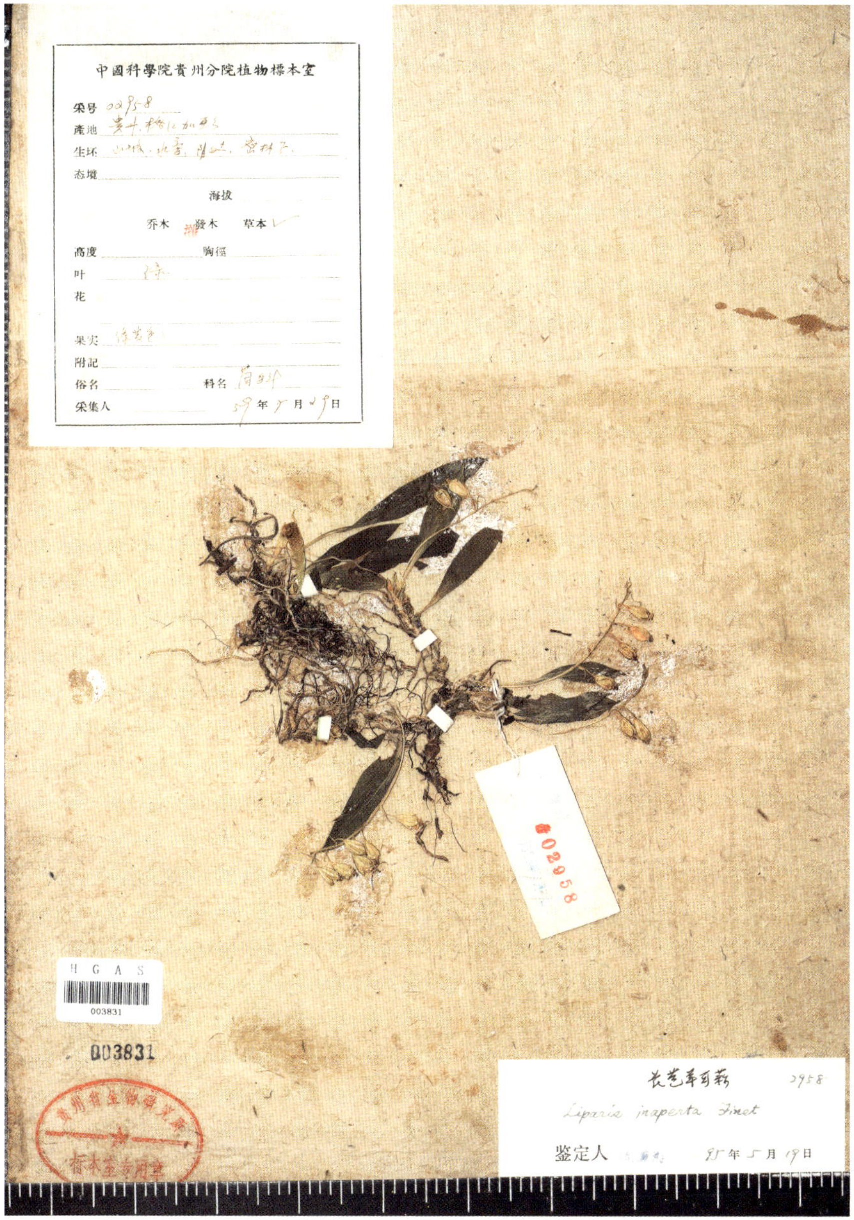
中國科學院貴州分院植物標本室
HGAS
003831
003831
长苞羊耳蒜 2958
Liparis inaperta Finet
鉴定人 95年5月19日

中国科学院贵州分院植物标本室
HGAS
003832
003832
长苞羊耳蒜 1952
Liparis inaperta Finet
鉴定人 95年5月19日

31.12 长唇羊耳蒜 *Liparis pauliana* Hand.-Mazz.

【形态特征】地生草本。假鳞茎卵形或卵状长圆形，长1～2.5cm，直径0.8～1.5cm，被薄膜鞘。叶通常2枚，卵形至卵状椭圆形，长4～7cm，宽2～4.5cm，急尖或短渐尖，边缘皱波状且有细齿，基部具鞘状柄，无关节；柄长1.5～4cm。花葶长13～20cm；花序柄两侧具狭翅；总状花序疏生数朵花，少有1～2朵花；花苞片卵状披针形，长2～3mm；花梗连子房长1～1.8cm；花紫色；萼片常为黄绿色，线状披针形，长1.7cm，具3条脉；花瓣近丝状，与萼片等长，具1条脉；唇瓣倒卵状椭圆形，长1.5～2cm，近基部常有2条短纵褶片；蕊柱长4mm。花期5月。

【生长环境】生于海拔800～1400m的林缘、林中岩石上或灌木丛下。

【地理分布】贵州产雷公山；浙江、江西、湖北、湖南、广东、广西有分布。

【馆藏信息】第五标本馆，第003851、003852、003853、003854号标本。

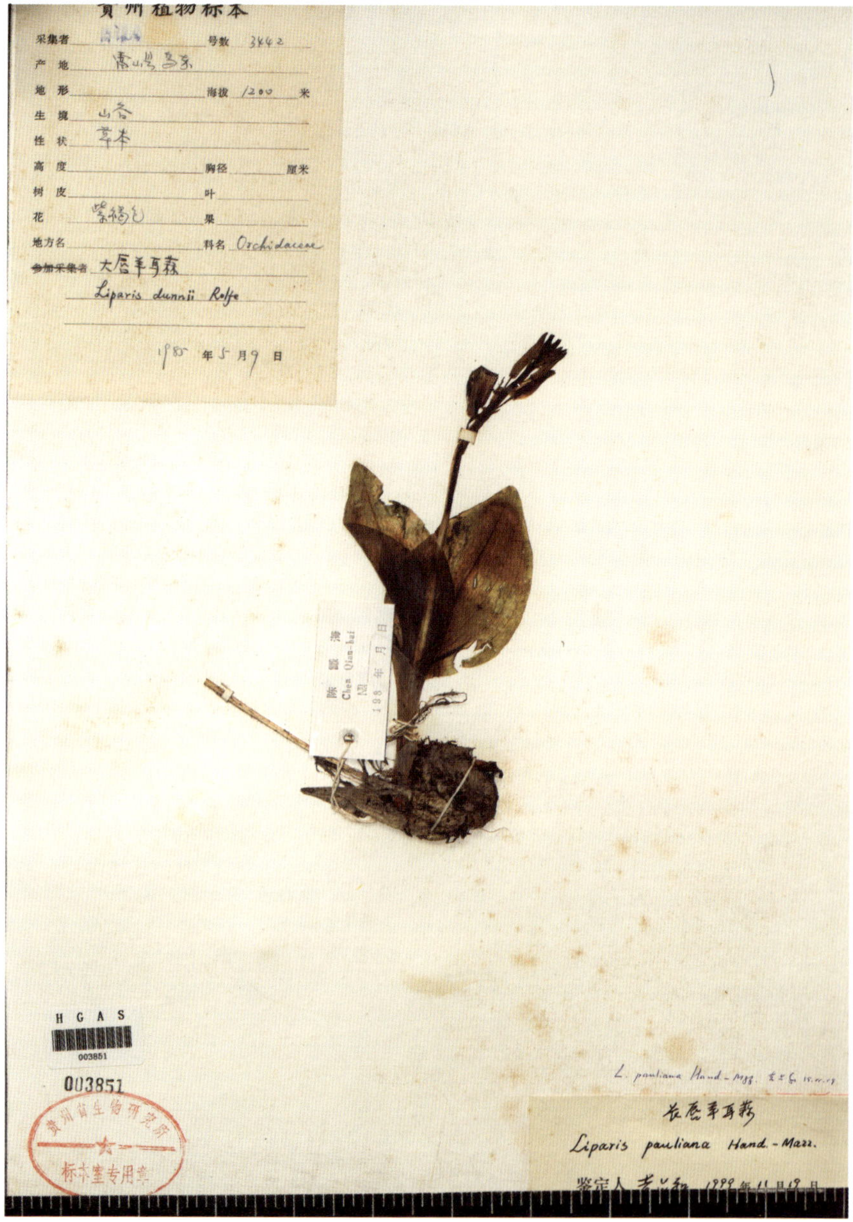

贵州植物标本
1959年5月8日
长唇羊耳蒜
Liparis pauliana Hand.-Mazz.
鉴定人
1959年11月19日
中國科學院貴州分院
植物標本室
Orchis
orchidaceae
HGAS
003852
003852

中国科学院贵州分院植物标本室
1630
1959年5月14日
长唇羊耳蒜
Liparis pauliana Hand.-Mazz.
鉴定人
1959年11月19日
HGAS
003853
003853

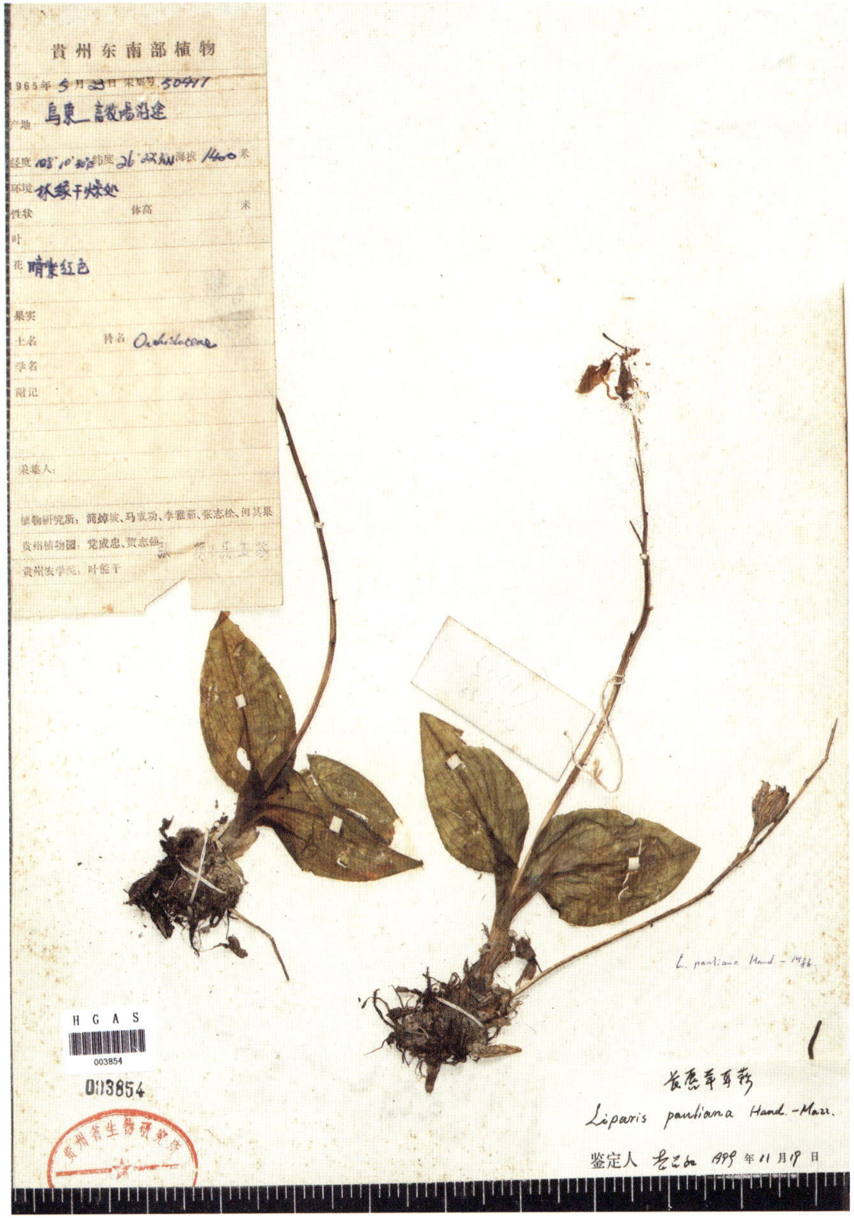
貴州东南部植物
1965年 5 月 日 采集号 50411
产地
经度
纬度
海拔 1400 米
环境
性状
体高
米
叶
花
果实
土名
科名 Orchidaceae
学名
附记
采集人：
植物研究所：
贵州植物园：
贵州农学院：
HGAS
003854
003854
贵州省生物研究所
Liparis pauliana Hand.-Mazz.
鉴定人
年 11 月 日

31.13 长茎羊耳蒜 *Liparis viridiflora* (Bl.) Lindl.

【别　　名】长脚羊耳兰（台湾）、长柄羊耳兰（《广西植物录》）、绿花羊耳蒜。

【形态特征】附生草本，较高大。假鳞茎稍密集，圆柱形，基部稍平卧，上部直立，长 5～10cm，粗 5～8mm，顶生 2 枚叶。叶纸质，线状倒披针形，长 10～20cm，宽 1.2～2.5cm，先端渐尖，有细尖头，基部收狭成柄，有关节；柄长 1～3cm。花葶长 14～25cm；花序柄稍压扁，两侧有狭翅，有 1～2 枚不育苞片；总状花序长 9～15cm，有 10 余朵至数十朵花；花苞片狭披针形，长 3～7mm，与花梗连子房约等长；花绿白色或绿黄色；中萼片近椭圆状长圆形，长 2～3mm，边缘外卷；侧萼片稍宽于中萼片；花瓣狭线形，长 2～3mm，先端浑圆；唇瓣近卵状长圆形，长 2～3mm，无胼胝体；蕊柱长 2.5～3mm，顶端有翅。花期 9～10 月。

【生长环境】生于海拔 600～1300m 的山地林下岩石上。

【地理分布】贵州产贵定、荔波、盘州、兴义；台湾、广东、海南、广西、四川、云南、西藏、喜马拉雅东部有分布。中南半岛、印度尼西亚至菲律宾也有。

【馆藏信息】第五标本馆，第 003855、003856、003857、003858、003859、003860、003861、003862、003863、004058 号标本。

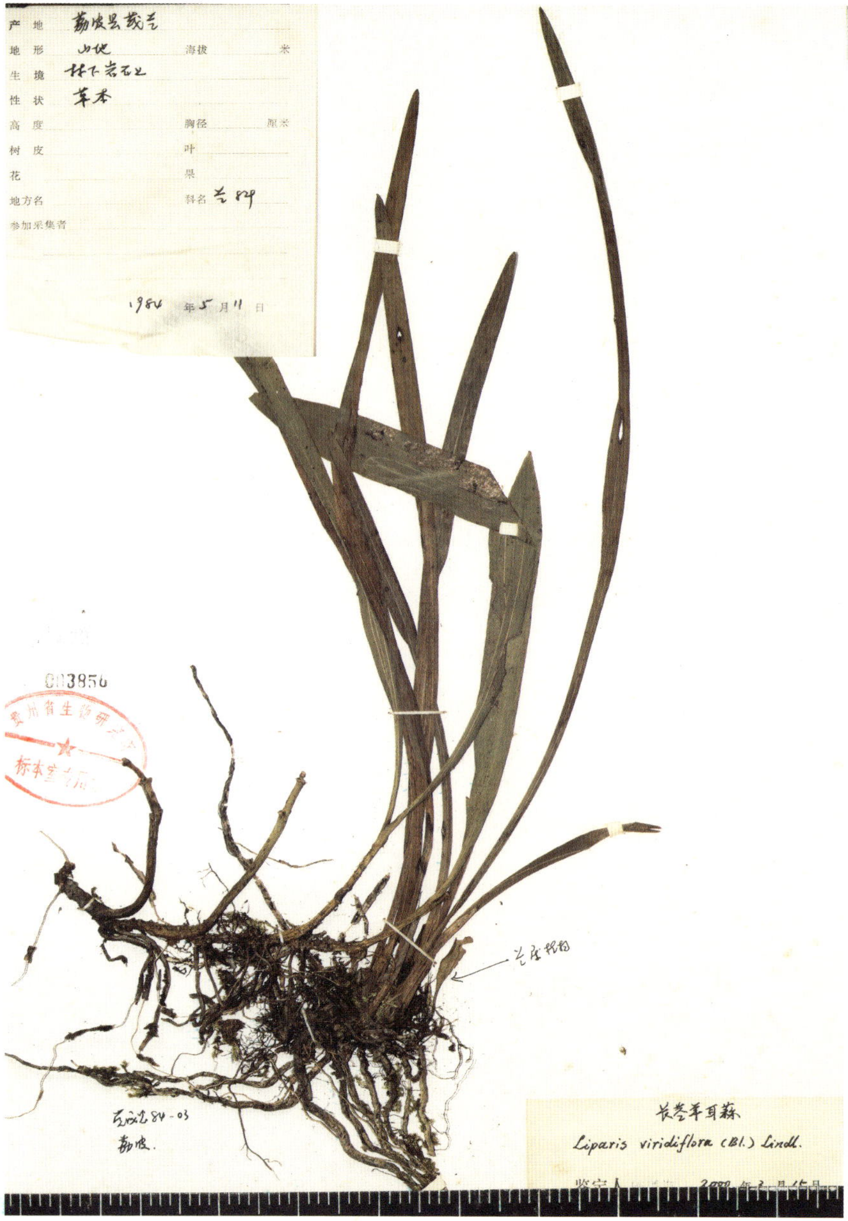
003856
长茎羊耳蒜
Liparis viridiflora (Bl.) Lindl.

HGAS
003857
长茎羊耳蒜
Liparis viridiflora (Bl.) Lindl.

HGAS
003860
长苞羊耳蒜
Liparis viridiflora (Bl.) Lindl.
鉴定人
1999 年 11 月 18 日
采集号
鉴定人：
年 月 日

采集者
号数 1005
产地
地形
海拔 600 米
生境
性状
高度
胸径 厘米
树皮
叶
花
果
地方名
科名 Orchidaceae
参加采集者
1988 年 9 月 28 日
003861
HGAS
003861
长苞羊耳蒜
Liparis viridiflora (Bl.) Lindl.
鉴定人
1999 年 11 月 18 日

贵州植物标本
采集者 黔南队
号数 126
产地
地形
海拔
米
生境
性状 草本
高度
胸径
厘米
树皮
叶 绿色
花
果
地方名
科名
参加采集者 黔南队
年12月11日
HGAS
004058
贵州省生物研究所
标本室专用章
长茎羊耳蒜
Liparis viridiflora (Bl.) Lindl.
鉴定人
2004年5月7日

31.14 紫花羊耳蒜 *Liparis nigra* Seidenf.

【形态特征】地生草本，较高大。假鳞茎圆柱形，长 10～20cm，直径达 1cm，下部被膜质鞘，具 3～6 枚叶。叶卵状椭圆形，膜质或草质，稍歪斜，长 11～15cm，宽 4.5～6cm，先端短尾至急尖，基部具鞘状柄，无关节；柄长 2～5cm。花葶长 17～25cm；花序轴具极狭的翅；总状花序具数朵至 10 余朵花；花苞片很小，卵形，长 1～2mm；花梗连子房长约 1.6cm；花暗紫红色；中萼片线状披针形，长 1.6～1.8cm，宽约 3mm，具 3 条脉；侧萼片卵状披针形，稍短，具 5 条脉；花瓣线形，长 1.6～1.8cm，具 1 条脉；唇瓣倒卵状椭圆形，长 1～1.5cm，宽 1.2～1.8cm，顶端平截，边缘具明显的细齿，基部收狭成 1 对耳，有 2 个三角形胼胝体；蕊柱长 6～8mm，两侧有狭翅。花期 3～5 月。

【生长环境】生于海拔 800～1300m 的山地林下或灌木丛下岩石处。

【地理分布】贵州产荔波、榕江、兴义；台湾、广东、海南、广西、云南、西藏有分布。泰国和越南也有。

【馆藏信息】第五标本馆，第 003845、003846 号标本。

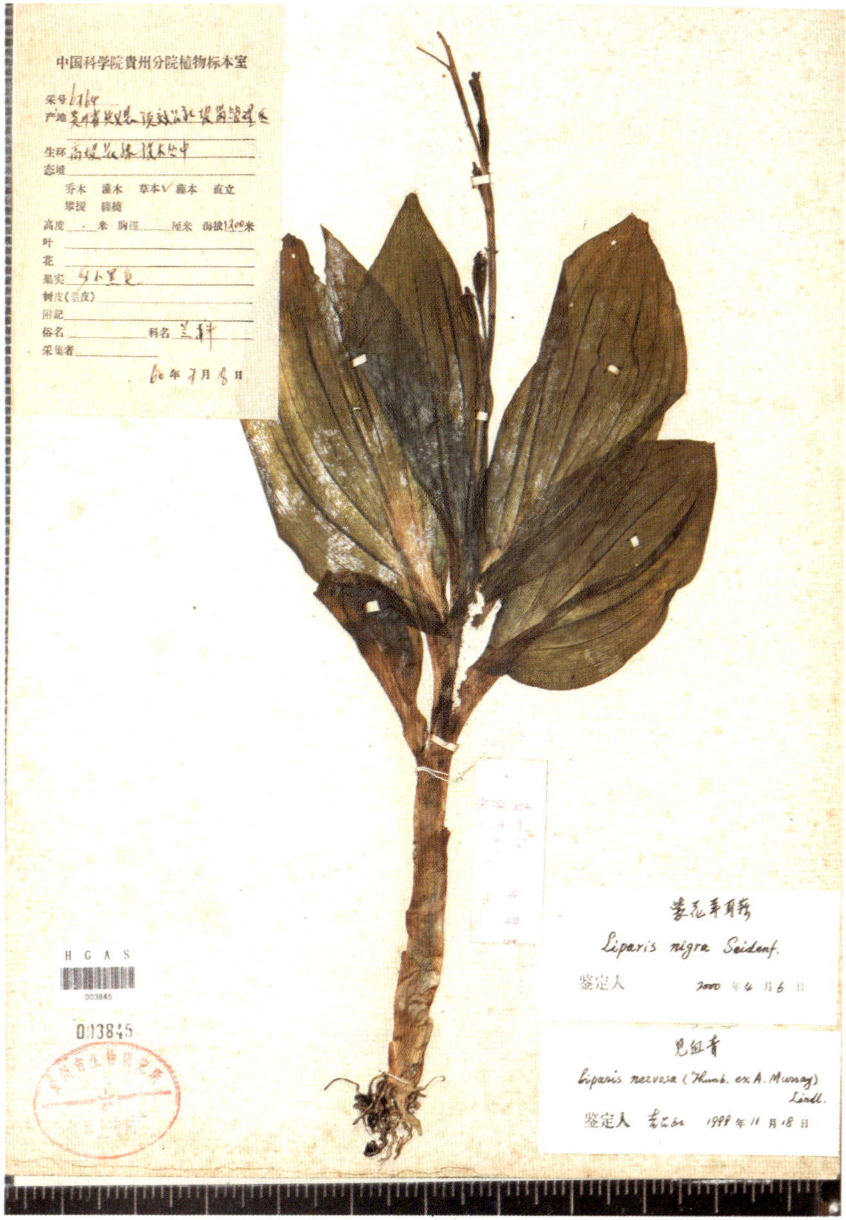

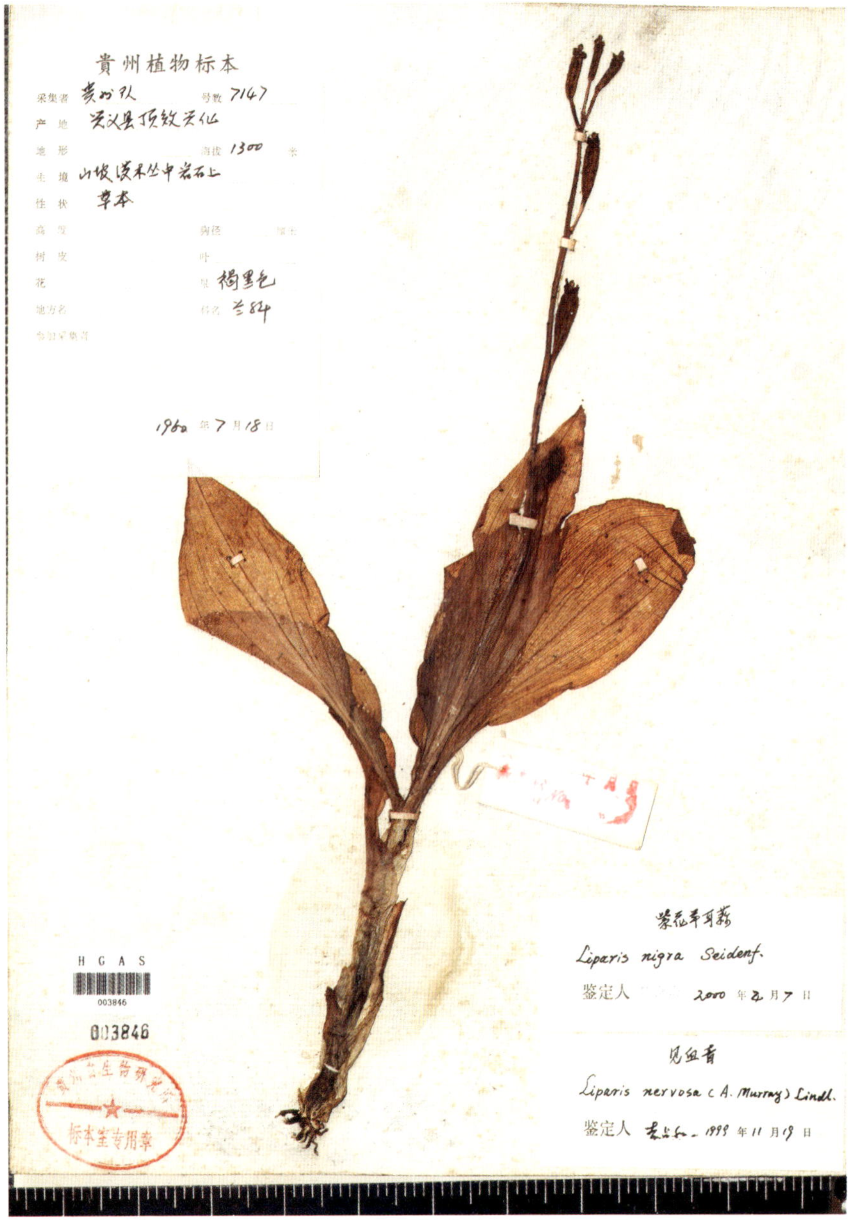
貴州植物标本
采集者
号数 7147
产地
地形
海拔 1300 米
生境 山坡灌木丛中岩石上
性状 草本
高度
胸径
树皮
叶
花
果 褐黑色
地方名
科名 兰 84
1960 年 7 月 18 日
HGAS
003846
003846
紫花羊耳蒜
Liparis nigra Seidenf.
鉴定人 2000 年 月 7 日
见血青
Liparis nervosa (A. Murray) Lindl.
鉴定人 1999 年 11 月 19 日

32 钗子股属

32.1 叉唇钗子股 *Luisia teres* (Thunb. ex A. Murray) Bl.

【别　　名】金钗兰、牡丹金钗兰。

【形态特征】附生草本。茎圆柱形，长55cm，直径4～5mm，具多数节，节间长2.5～3cm。叶斜立，圆柱形，长4～13cm，直径2～3mm，先端钝，基部具1个关节；鞘革质，紧抱茎。总状花序侧生，长约1cm，具数朵花；花序柄很短，具3枚鳞片状宽卵形的鞘；花苞片宽卵形，长约2mm；花梗连子房长7～8mm；花黄色白，唇瓣带紫色斑块；萼片和花瓣背面带紫色晕；中萼片卵状长圆形，前倾，长8～12mm，宽5～6mm；侧萼片前伸，比中萼片稍长；花瓣稍镰状椭圆形，与中萼片约等长；唇瓣厚肉质，长10～16mm；后唇稍凹；前唇较大，近卵形，上面近顶端有1长条纵向脊突，先端叉状2裂；裂片被细乳突状毛；蕊柱长约4mm；药帽淡黄色。花期5～7月。

【生长环境】生于海拔1000～1200m的山地林中树干上。

【地理分布】贵州产惠水、兴义；台湾、广西、四川、云南有分布。日本和朝鲜半岛南部也有。

【馆藏信息】第五标本馆，第003867、003868号标本。

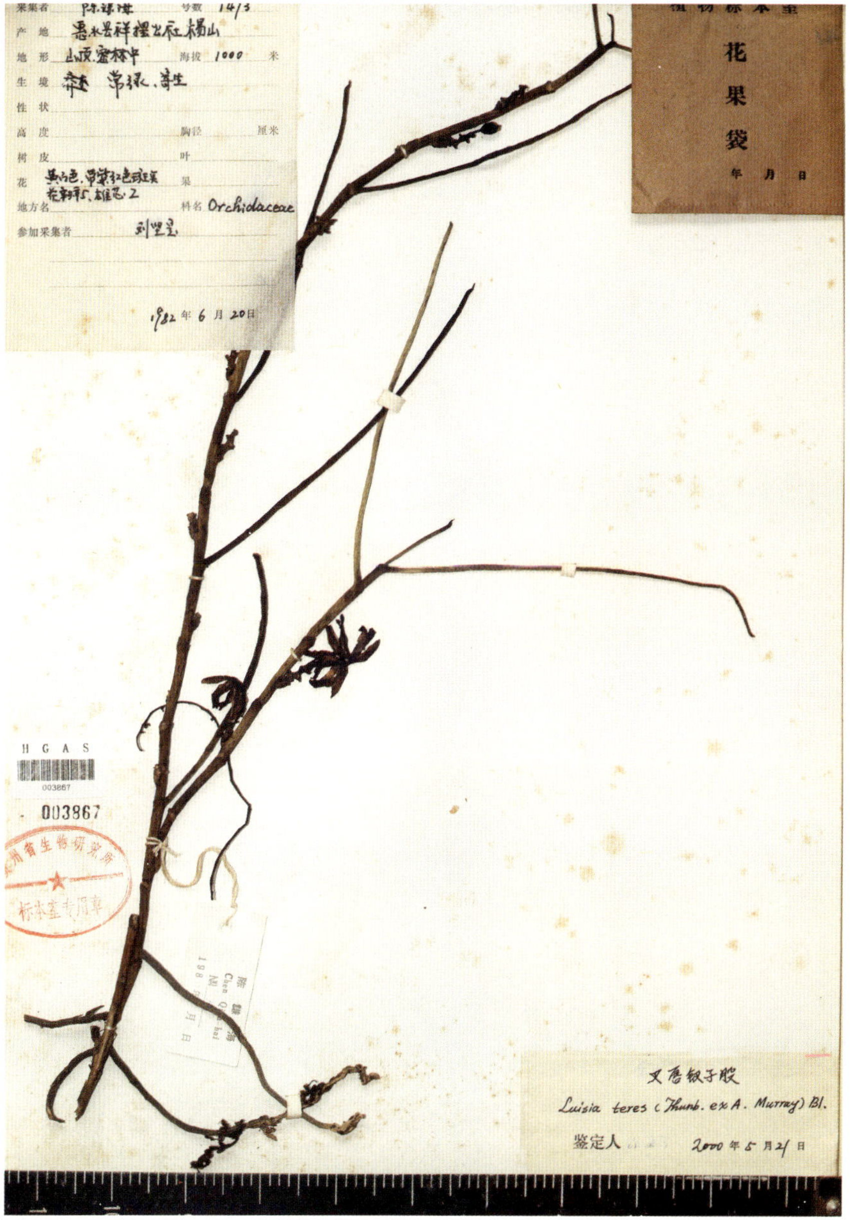

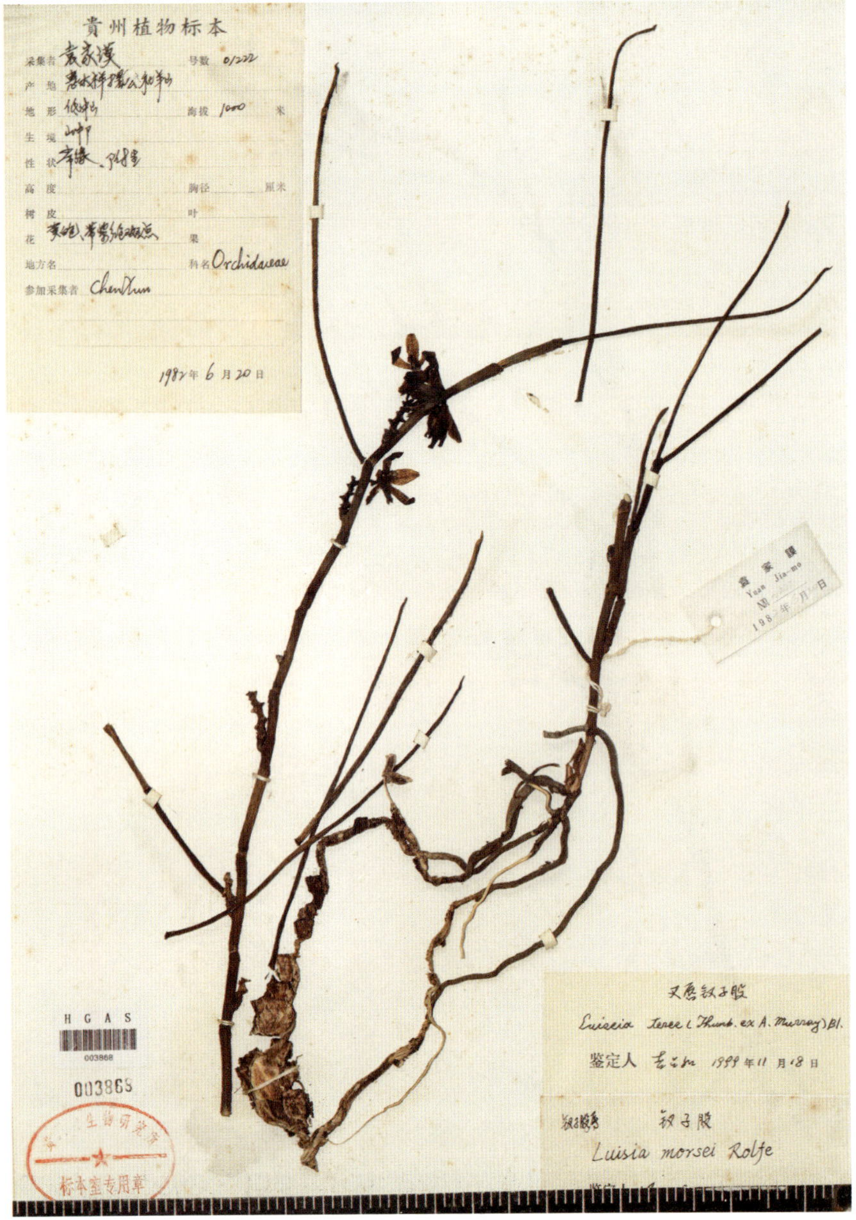
贵州植物标本
采集者 袁家谟
号数 01222
产地
地形
海拔 1000 米
生境
性状
高度
胸径 厘米
树皮
叶
花
果
地方名
科名 Orchidaceae
参加采集者 ChenXun
1982年 6 月20 日
HGAS
003868
标本室专用章
叉唇钗子股
鉴定人 1999 年11 月18 日
钗子股
Luisia morsei Rolfe

32.2 钗子股 *Luisia morsei* Rolfe

【别　　名】牛角兰、寄生兰、鹿角草、吊竹、金钗股、三十根、松寄生、虫寄生、海斑虎、檀香线、锡朋草、礓竹、龙须草、金环草、大羊角、老鼠尾、肖羊耳兰、圆柱兰、石珊瑚、石鹿角。

【形态特征】附生草本。茎直立，坚硬，圆柱形，长达 30cm，直径 4～5mm。叶肉质，圆柱形，弧形举，长 3～12cm，直径约 3mm，基部具 1 个关节；鞘抱茎，长约 1cm。总状花序与叶对生，具 4～6 朵花；花序柄长 5～10mm；花苞片宽卵形，长约 4mm；花梗连子房长约 1cm；花小，绿色带暗紫红色；萼片和花瓣近相等；中萼片椭圆形，长约 6mm；侧萼片斜卵形，背面近先端具狭翅，顶端稍向后扭转；花瓣近卵形，具 3～5 条脉；唇瓣长 8～9mm，分前后唇，后唇宽三角形；前唇近肾状三角形，具紫褐色斑点，先端凹缺，其背面具乳突；唇盘基部凹陷；蕊柱长约 3mm，紫色；药帽黄色。花期 4～5 月。

【生长环境】生于海拔 700～1000m 的山地林中树干上。

【地理分布】贵州产黎平、荔波、安龙、兴义；海南、广西、云南有分布。老挝、越南、泰国也有。

【馆藏信息】第五标本馆，第 003864、003865、003866 号标本。

中国科学院贵州分院植物标本室
003865
叉子股
Luisia morsei Rolfe
鉴定人 1999 年 11 月 18 日

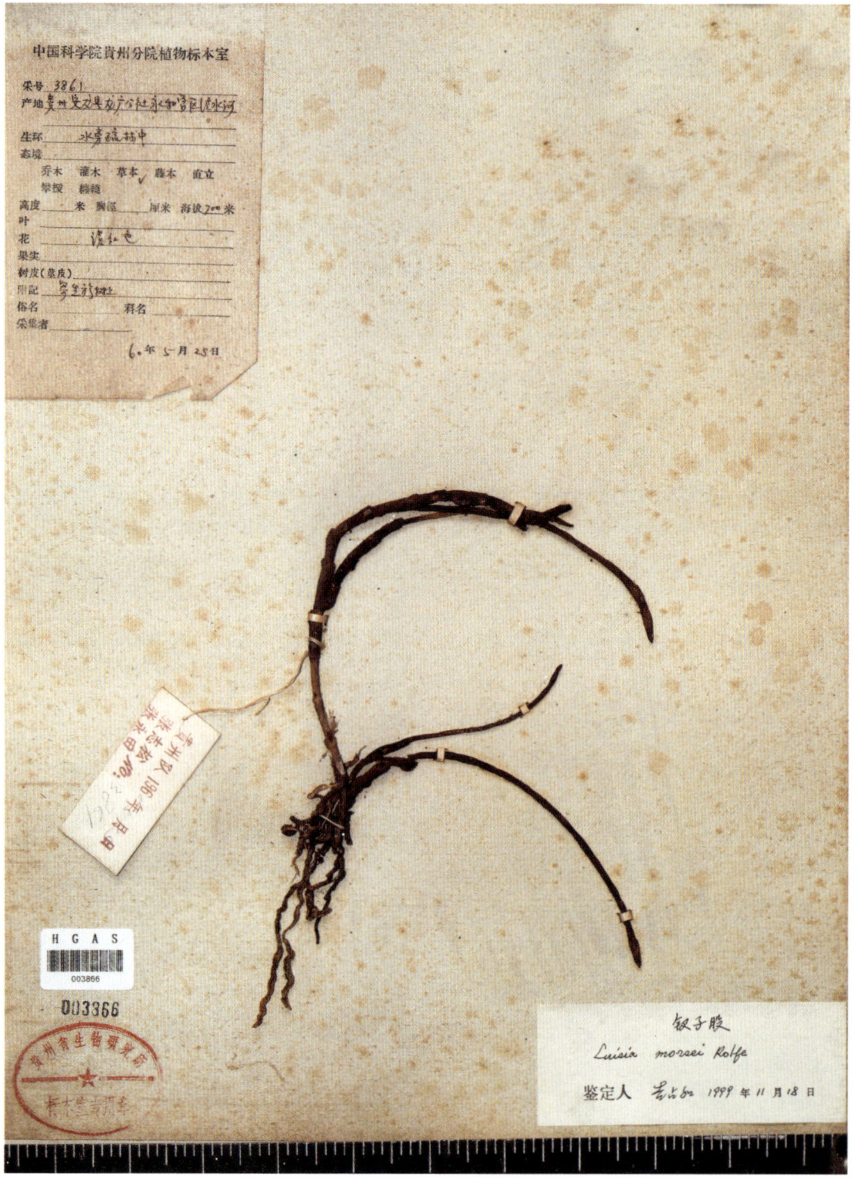
中国科学院贵州分院植物标本室
003866
叉子股
Luisia morsei Rolfe
鉴定人 1999 年 11 月 18 日

33 沼兰属

33.1 沼兰 *Malaxis monophyllos* (L.) Sw.

【形态特征】地生草本。假鳞茎卵形，被白色干膜质鞘。叶通常 1 枚，或有时兼有较小的 1 枚，卵形、长圆形或近椭圆形，长 4～7cm，宽 1.3～4.3cm，先端钝或急尖，基部收狭成柄；柄近于鞘状，长 1.5～3cm，抱茎，上部稍分离。花葶长 20～22cm，具极狭翅或无翅；总状花序长 7～13cm，具数十朵花；花苞片小，长 1.5～2mm；花梗连子房长 2.5～3mm，花很小，淡黄绿色；中萼片卵状长圆形，长 1.5～2mm，先端钝或急尖，具 1 条脉；侧萼片略狭于中萼片，具 1 条脉；花瓣狭披针形；唇瓣长 3mm，先端骤然收狭；唇盘卵圆形，两侧边缘具疣突，基部两侧有 1 对短耳；蕊柱粗短。花期 6 月。

【生长环境】生于海拔 1500m 的山地林下湿处。

【地理分布】贵州产道真、正安；黑龙江、吉林、辽宁、内蒙古、河北、山西、陕西、甘肃、台湾、河南、四川、云南、西藏有分布。欧洲、北美洲、西伯利亚、朝鲜半岛和日本也有。

【馆藏信息】第五标本馆，第 003872、003873 号标本。

贵州植物标本
采集者 王雪明 汪学
号数 870562
产地 道真大沙河管理站
地形
海拔 1600 米
生境 山谷,潮湿地,密林下
性状 草本
高度 0.3m
胸径 厘米
树皮
叶
花
果
地方名
科名 兰科
参加采集者
1987年6月12日
王雪明 汪学
HGAS
003873
003873
沼兰
Malaxis monophyllos (L.) Sw.
鉴定人 2000 年3 月15 日
沼兰
Malaxis monophyllos (L.) Sw.

34 芋兰属

34.1 毛唇芋兰 *Nervilia fordii* (Hance) Schltr.

【别　　名】青天葵、福氏芋兰。

【形态特征】地生草本，具球形块茎。叶 1 枚，花后长出，心状卵形，长 4～5cm，宽 5～6cm，先端急尖，基部心形，边缘波状，具约 20 条粗脉，两面脉上或脉间无毛；叶柄长 7cm。花葶高达 30cm，具数枚筒状鞘；总状花序具数朵花；花苞片线形；子房棱上具狭翅；花半开张；萼片和花瓣相似，线状长圆形，近等大，长 10～15mm，具紫色脉；唇瓣白色，倒卵形，长 8～12mm，内面密生长柔毛，前部 3 裂；侧裂片三角形；中裂片横椭圆形；蕊柱长 6～8mm。花期 5 月。

【生长环境】生于海拔 550～800m 的山地林下岩石处。

【地理分布】贵州产荔波；广东、香港、广西、四川有分布。泰国也有。

【馆藏信息】第五标本馆，第 003874、003875 号标本。

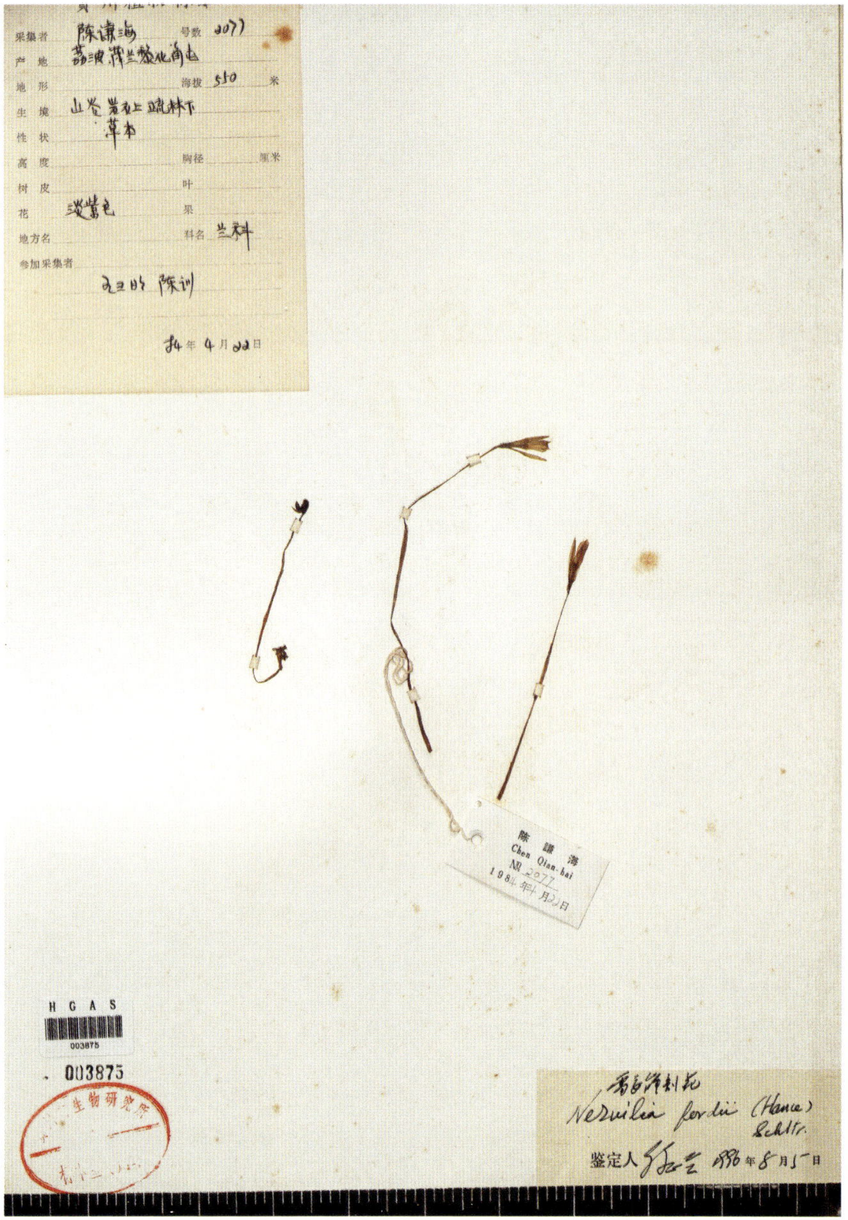

35 山兰属

35.1 山兰 *Oreorchis patens* (Lindl.) Lindl.

【形态特征】地生草本。假鳞茎卵球形，直径 1～1.5cm，具撕裂成纤维状的鞘，有顶生的 1～2 枚叶。叶狭披针形，长 10～25cm，宽 1～1.5cm；具长 3～5cm 的柄。花葶从假鳞茎侧面抽出，长达 45cm；总状花序疏生 10 余朵花；花苞片狭披针形，长约 6mm；花梗连子房长约 1.3cm；花淡黄色或黄褐色，唇瓣白色有紫色斑；萼片狭长圆形，长约 7mm；花瓣与萼片约等长；唇瓣长约 7mm，3 裂；中裂片倒卵形；唇盘上有 2 条纵褶片；蕊柱长约 4mm。蒴果长圆形，长约 1.6cm。花期 6～7 月，果期 8～9 月。

【生长环境】生于海拔 1850～2050m 的林下或沟谷旁。

【地理分布】贵州产遵义、盘州、纳雍；黑龙江、吉林、辽宁、江西、台湾、湖南、四川、云南有分布。日本、朝鲜半岛、西伯利亚也有。

【馆藏信息】第五标本馆，第 003879 号标本。

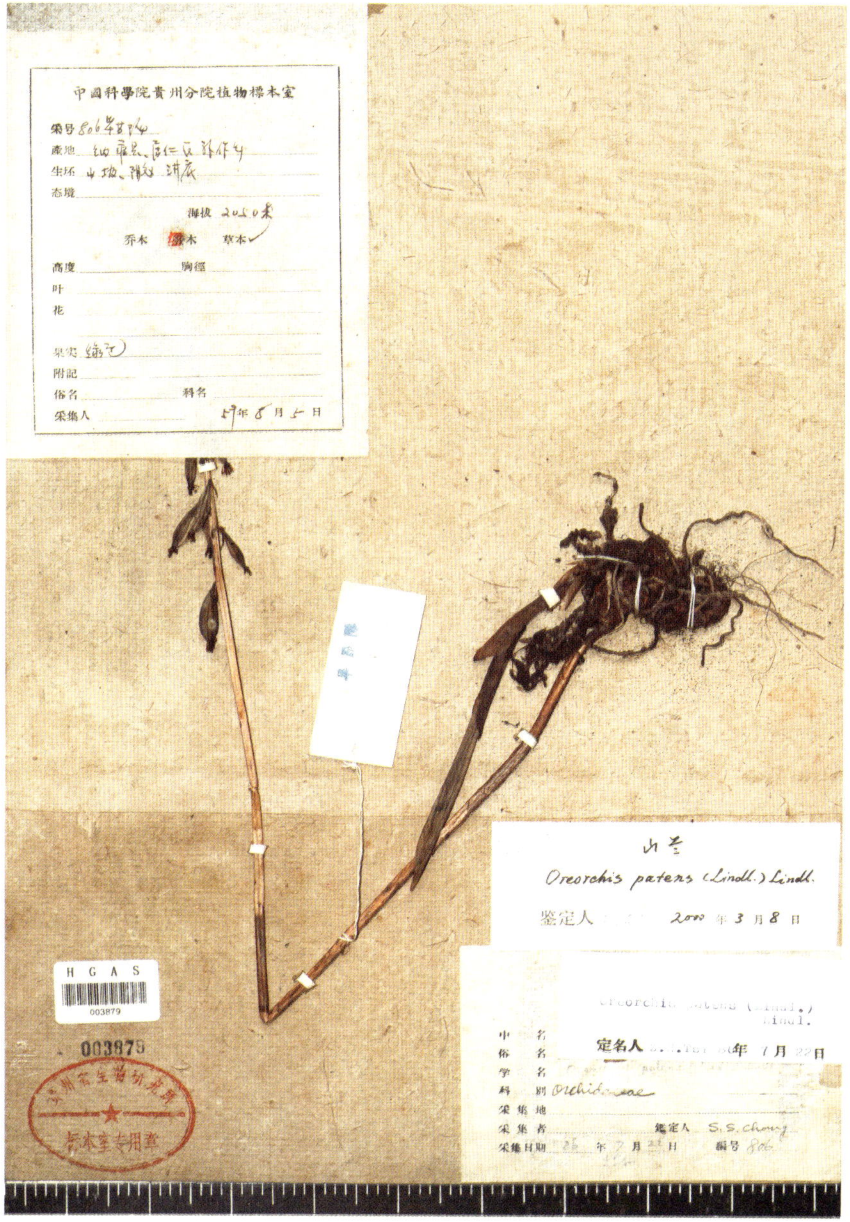

35.2　长叶山兰 *Oreorchis fargesii* Finet

【形态特征】地生草本。假鳞茎卵球形，直径约 1.5cm，被撕裂成纤维状的鞘，顶生 2 枚叶。叶线状披针形，长达 25cm，宽约 1.5cm，基部收狭成柄，具关节。花葶从假鳞茎侧面抽出，长 15～25cm，中下部有 2～3 枚筒状鞘；总状花序多少收缩，长 3～5cm，密生 10 余朵花；花苞片卵状披针形，长 5～8mm；花梗连子房长约 10mm；花白色，有紫色纹；萼片卵状披针形，长约 12mm；花瓣与萼片相似，稍短于萼片；唇瓣倒卵状长圆形，长约 8mm，3 裂；中裂片倒卵形，上半部边缘多呈皱褶状；唇盘上有 1 条褶片状胼胝体；蕊柱长约 3mm。花期 5 月。

【生长环境】生于海拔 880～1000m 的山谷湿地。

【地理分布】贵州产雷公山、黎平；陕西、甘肃、浙江、福建、台湾、湖北、四川有分布。

【馆藏信息】第五标本馆，第 003876、003877、003878 号标本。

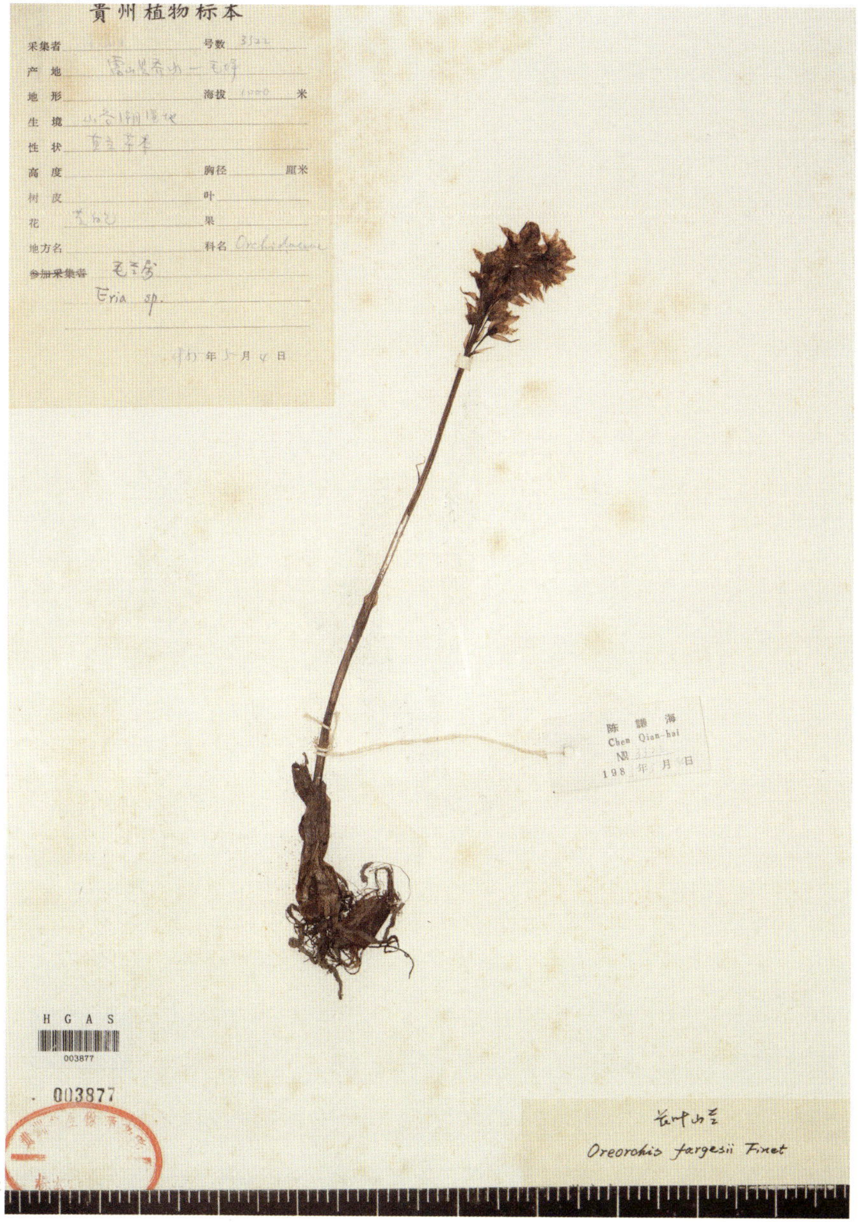
貴州植物标本
Eria sp.
HGAS
003877
长叶山兰
Oreorchis fargesii Finet

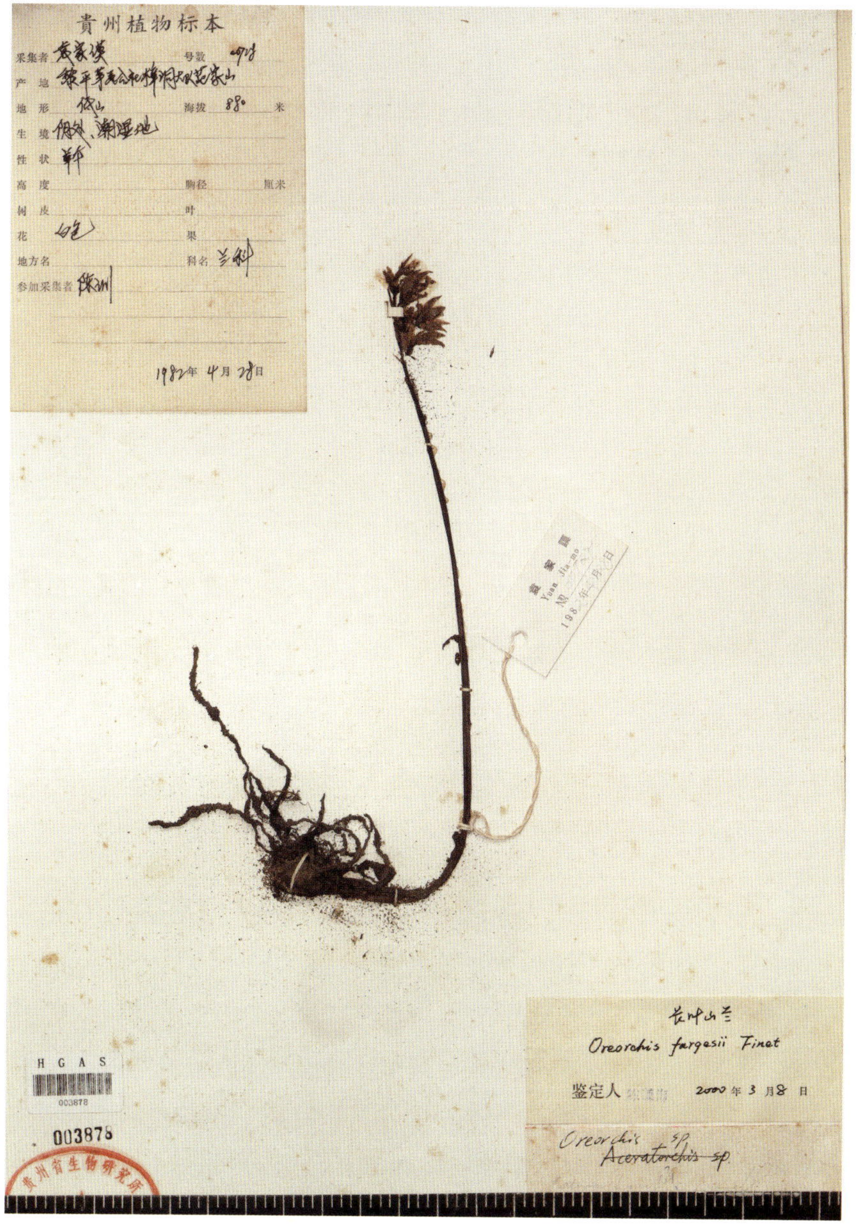
貴州植物标本
HGAS
003878
长叶山兰
Oreorchis fargesii Finet
鉴定人
Oreorchis sp.
Aceratorchis sp.

36 兜兰属

36.1 小叶兜兰 *Paphiopedilum barbigerum* T. Tang et F. T. Wang

【别　　名】拖鞋兰。

【形态特征】地生或半附生草本，有5～6枚叶。叶宽线形，长8～19cm，宽7～18cm，先端略钝或有时具2小齿，无毛。花葶长8～16cm，有紫褐色斑点，密被短柔毛，顶生1朵花；花苞片绿色，宽卵形，长1.5～1.9cm，宽1.1～1.3cm，近基部有毛；花梗连子房长2.6～5.5cm，密被短柔毛；花中等大；中萼片黄绿色，上端与边缘白色，合萼片与中萼片几同色，花瓣褐色或呈密集褐色脉纹，边缘淡黄绿色，唇瓣浅红褐色；中萼片宽卵形，长2.8～3.2cm，宽2～2.5cm，背面被短柔毛；合萼片卵形，明显小于中萼片，背面被毛；花瓣狭长圆形，长3～4cm，宽约1cm，边缘波状，基部疏被长柔毛；唇瓣倒盔状，基部有阔的长柄，囊长2～2.5cm，囊口两侧各有1个直立的耳，边缘不内弯，囊底有毛；退化雄蕊宽倒卵形，长6～7mm。花期10～12月。

【生长环境】生于海拔750～1300m的石灰岩山地荫蔽处岩隙积土处。

【地理分布】贵州产贵定、荔波、兴仁、兴义；广西北部有分布。

【馆藏信息】第五标本馆，第004061、004062、004063、004064、004065、004066、004067号标本。

贵州植物标本
采集者
号数 01285
产 地
地 形 中山
海拔 750 米
生 境
性 状 草本
高 度
胸径
厘米
树 皮
叶
花
果
地方名
科名 兰科
参加采集者
HGAS
004062
Paphiopedilum barbigerum
Tang et Wang
鉴定人
Paphiopedilum hirsutissimum
(Lindl.) Pfitzer
定名人
标本室专用章

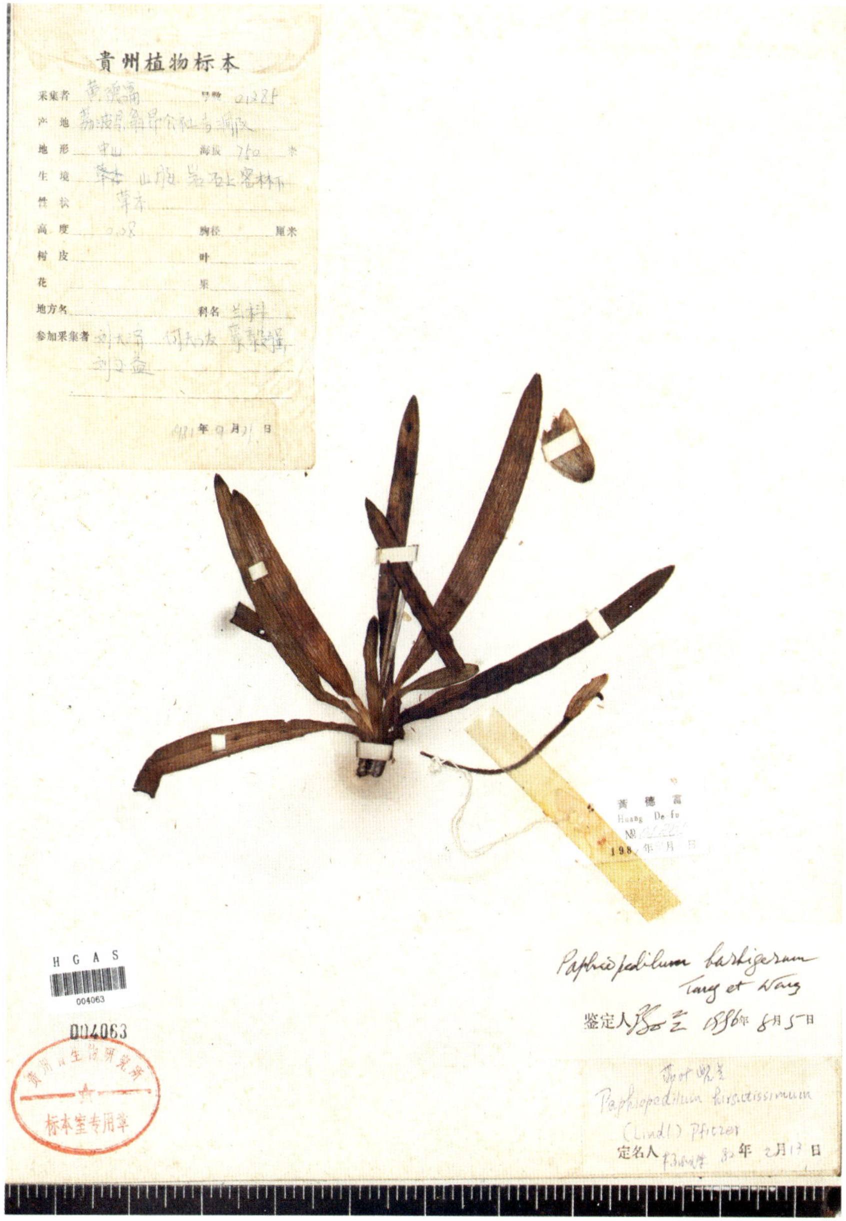
贵州植物标本
采集者
号数 01285
产 地
地 形 中山
海拔 750 米
生 境
性 状 草本
高 度
胸径
厘米
树 皮
叶
花
果
地方名
科名 兰科
参加采集者
HGAS
004063
Paphiopedilum barbigerum
Tang et Wang
鉴定人
Paphiopedilum hirsutissimum
(Lindl.) Pfitzer
定名人
标本室专用章

贵州植物标本
采集者
号数 9946
产地
地形
海拔 910 米
生境
性状
高度
胸径
厘米
树皮
叶
花
地方名
科名
参加采集者
HGAS
004066
鉴定人
Paphiopedilum barbigerum
Tang et Wang
Paphiopedilum hirsutissimu (Lindl.) Pfitzer
鉴定人
82年12月28日

贵州植物标本
号数 9946
海拔 910
HGAS
004067
Paphiopedilum barbigerum
Tang et Wang
鉴定人
Paphiopedilum hirsutissimu (Lindl.) Pfitzer
鉴定人
82年12月28日

36.2 长瓣兜兰 *Paphiopedilum dianthum* T. Tang et F. T. Wang

【形态特征】附生草本，较高大，有2～5枚叶。叶宽带形或舌状，厚革质，长15～30cm，宽3～4cm，先端钝并有2浅裂，无毛。花葶长30～80cm，绿色，略有短柔毛；总状花序有2～4朵花；中萼片白色，有黄绿色的脉，基部绿色，花瓣黄绿色，有条纹或红褐色带，唇瓣黄绿色或淡红褐色，退化雄蕊白色而中央绿色；中萼片近椭圆形，长4～5cm，宽1.5～2cm，内侧基部有短柔毛；合萼片较宽而稍短；花瓣带状，扭曲，长8.5～12cm，宽6～7mm，近基部边缘波状；唇瓣倒盔状，长4～5cm，宽约2cm，退化雄蕊倒卵形，长1～1.2cm，宽约8mm；子房无毛。花期8～9月。

【生长环境】生于海拔600～1200m的石灰岩山地林下岩石或树干上。

【地理分布】贵州产盘州、望谟、安龙、兴义；广西和云南有分布。

【馆藏信息】第五标本馆，第004068、004069、004070号标本。

贵州植物标本
采集者
号数
产地
地形
海拔
米
生境
性状
高度
胸径
厘米
树皮
叶
花
果
地方名
科名
参加采集者
年
月
日
鉴定人
Paphiopedilum dianthum Tang et Wang
鉴定人
1989年7月24日
标本室专用章

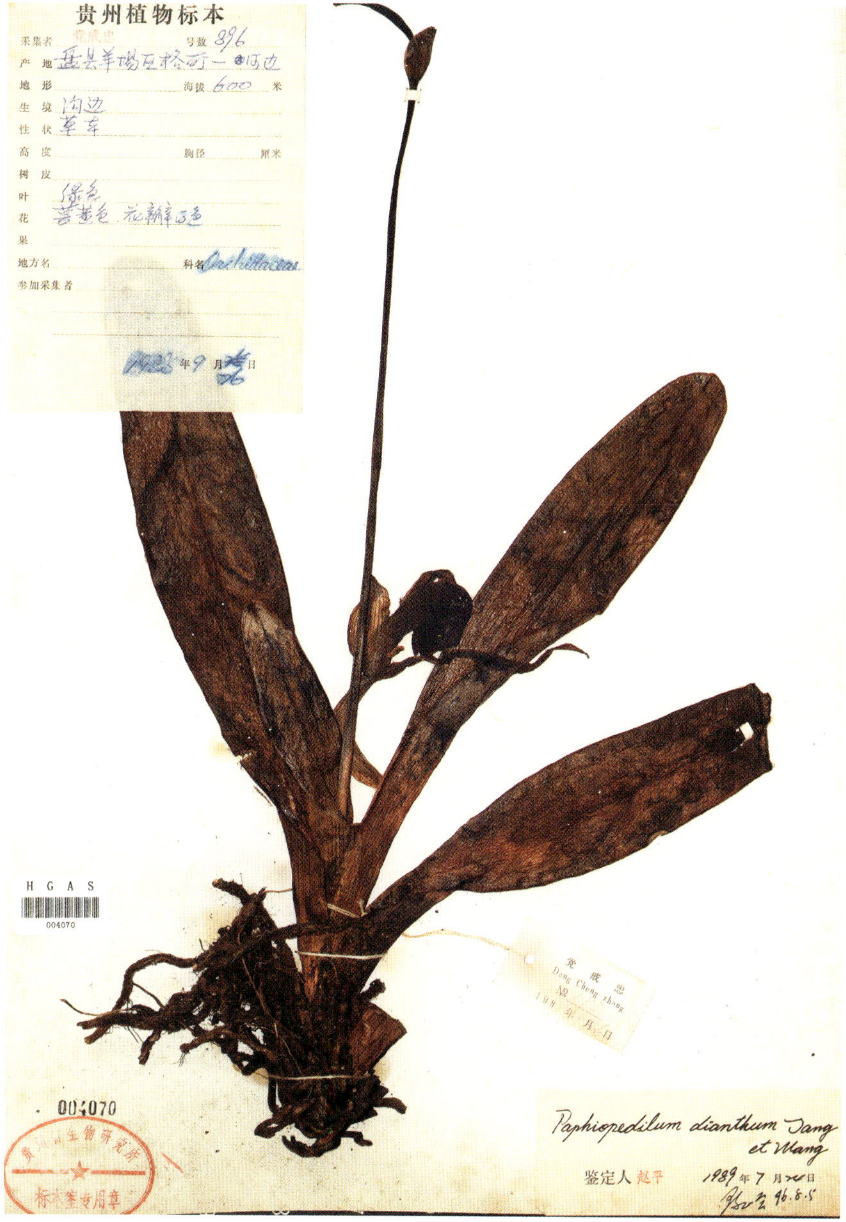
贵州植物标本
采集者
号数 896
产地
地形
海拔 600 米
生境 沟边
性状 草本
高度
胸径
厘米
树皮
叶
花
果
地方名
科名 Orchidaceae
参加采集者
年9月
日
HGAS
004070
Paphiopedilum dianthum Tang et Wang
鉴定人
1989年7月24日
标本室专用章

36.3 硬叶兜兰 *Paphiopedilum micranthum* T. Tang et F. T. Wang

【别　　名】拖鞋兰。

【形态特征】地生或半附生草本，具细长根状茎，有4～5枚叶。叶长圆形，坚革质，长5～15cm，宽1.5～2cm，先端钝，上面有深浅绿色相间的网格斑，背面有紫色斑点。花葶长10～26cm，紫红色，披长柔毛，顶生1朵花；花苞片卵形，长1～1.4cm，背面有长柔毛；花梗连子房长约4cm，披长柔毛；花大，艳丽，萼片和花瓣淡黄色，有红紫色粗脉纹，唇瓣近红色或稍淡，囊内有点，退化雄蕊白色至粉红色，有紫色污点；中萼片宽卵形，长2～3cm，宽与长相近，背面被长柔毛；合萼片与中萼片相似，略短；花瓣宽卵形，长与宽各2.5～3cm，内面有短柔毛；唇瓣为球状至椭圆状的囊，长5～6.5cm，宽3.5～5cm，外面无毛；退化雄蕊圆形或椭圆形，长宽约1cm。花期5～6月。

【生长环境】生于海拔550～850m的石灰岩山地岩石缝隙积土处。

【地理分布】贵州产江口、德江、瓮安、荔波、罗甸、册亨、望谟、安龙、兴义；广西和云南有分布。越南也有。

【馆藏信息】第五标本馆，第004071、004072号标本。

贵州植物标本
采集者 陈谦海 号数 2062
海拔 550 米
草本
84 年 4 月 21 日
陈謙海
Chen Qian-hai
HGAS
004072
Paphiopedilum micranthum Tang et Wang
鉴定人 1982 年 8 月 16 日

37 白蝶兰属

37.1 龙头兰 *Pecteilis susannae* (L.) Rafin.

【别　　名】白蝶兰、鹅毛白蝶花。

【形态特征】地生草本，高 45～95cm，具肉质、长圆形的块茎。块茎长 5cm，粗 2cm。茎直立，粗壮，基部具鞘，有多枚自下向上渐小的叶。下部叶卵形或长圆形，长 8～10cm，宽 4～6cm；上部叶披针形，苞片状。总状花序长 8～13cm，具数朵花；花大，白色，芳香；中萼片宽卵形，长 3cm，宽 2.5cm，圆钝；侧萼片宽卵形，稍斜，较中萼片长，钝；花瓣线状披针形，很小；唇瓣 2.5～3cm，3 裂；中裂片线状长圆形，肉质，全缘，长约 2cm，宽约 4mm；侧裂片宽阔，近扇形，外侧边缘流苏状撕裂，内侧全缘；距下垂；长 7～9cm，粗 3～5mm。花期 7～9 月。

【生长环境】生于海拔 650～1300m 的山地林下、沟旁湿地。

【地理分布】贵州产独山、荔波、贵阳、镇宁、关岭、晴隆；江西、福建、广东、香港、海南、广西、四川、云南有分布。印度、尼泊尔、缅甸、马来西亚也有。

【馆藏信息】第五标本馆，第 004073、004074、004075、004076 号标本。

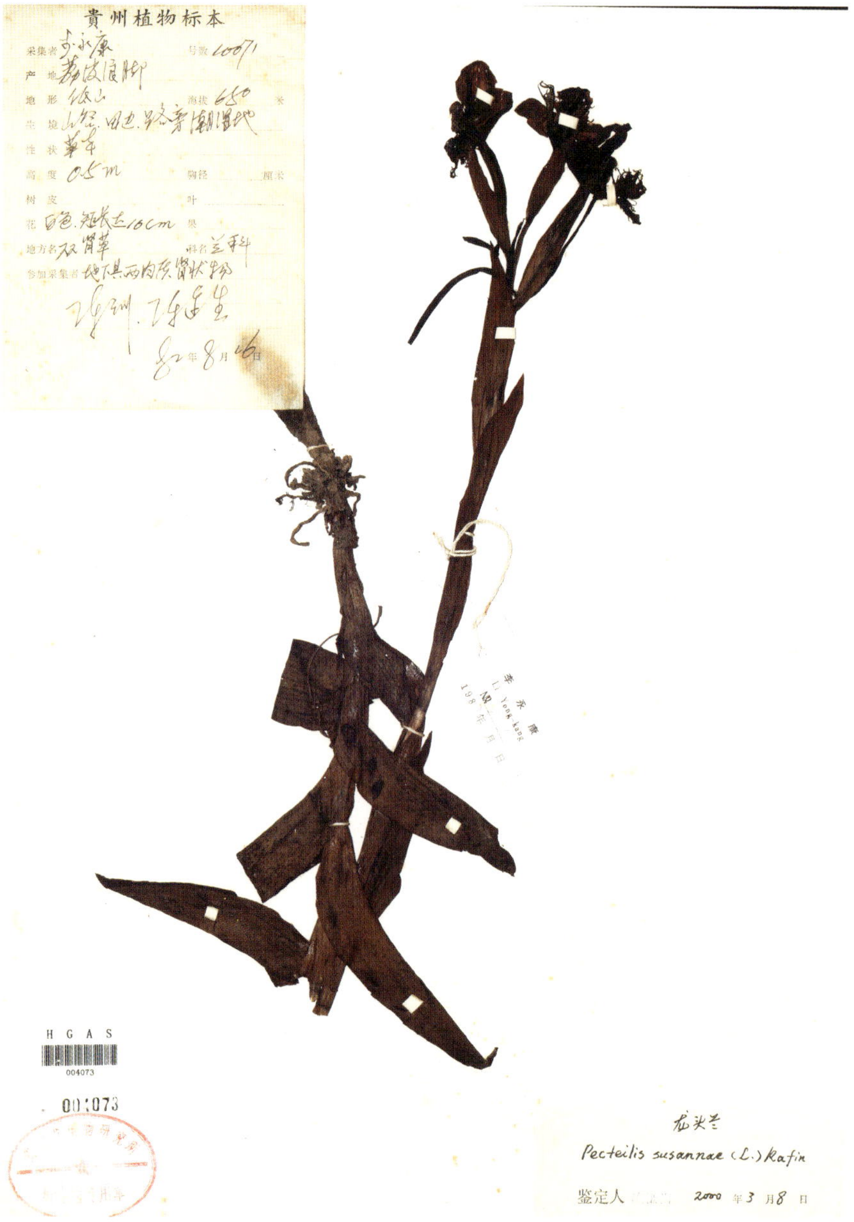

植物
H G A S
004074
Pecteilis susannae (L.) Rafin.
鉴定人

貴州植物标本
李 永 康
Li Yong-kang
H G A S
004075
Pecteilis susannae (L.) Rafin
鉴定人

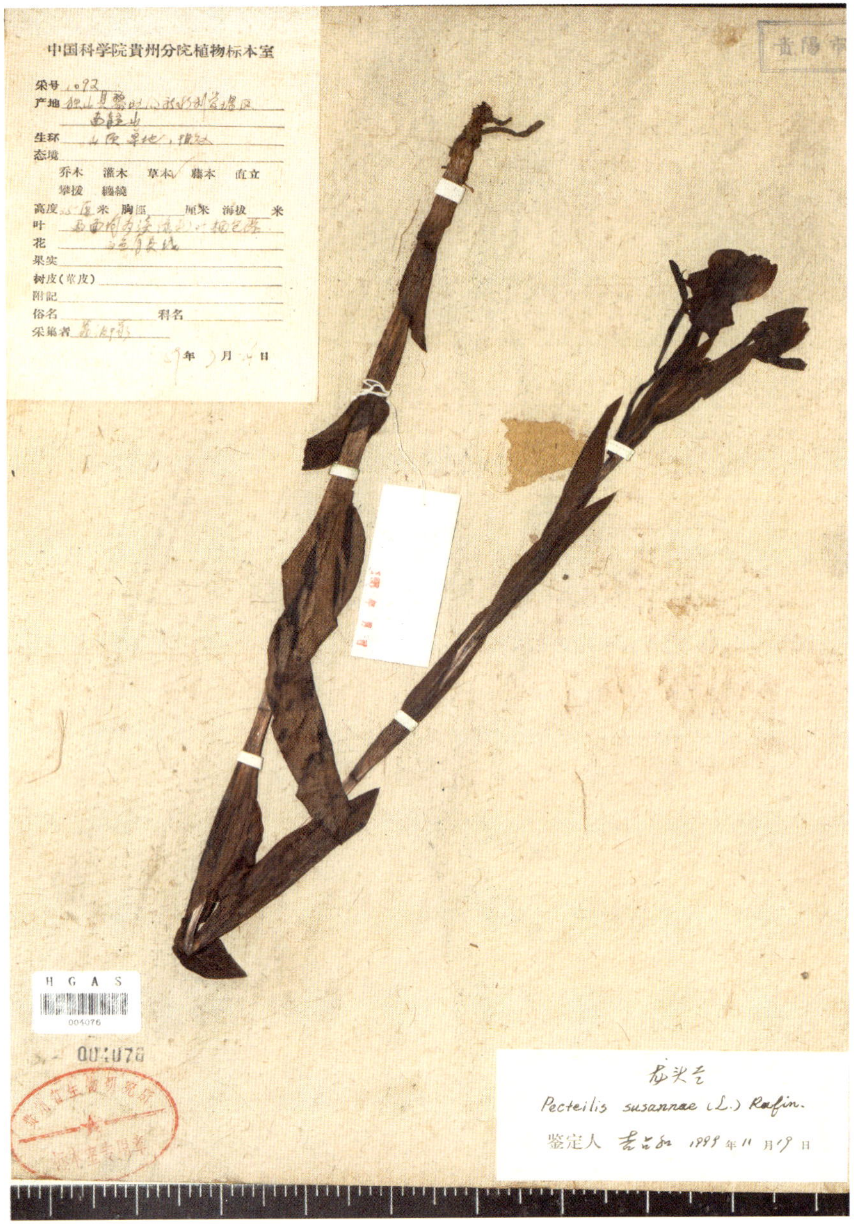
中国科学院貴州分院植物标本室
采号 1092
产地
生环
态境
乔木 灌木 草本 藤本 直立
攀援 纏繞
高度 米 胸徑 厘米 海拔 米
叶
花
果实
树皮（韌皮）
附記
俗名 科名
采集者
年 月 日
H G A S
004076
Pecteilis susannae (L.) Rafin.
鉴定人 1999 年 11 月 19 日

38 阔蕊兰属

38.1 小花阔蕊兰 *Peristylus affinis* (D. Don) Seidenf.

【形态特征】地生草本，高 18～40cm，具肉质、椭圆形的块茎。块茎长 1～2cm，直径 7～15mm。茎直立，近基部具 2～3 枚筒状鞘，中部具 4～5 枚叶，其上有 1 至数枚披针形小叶。叶椭圆形或椭圆状披针形，干时具黄白色边缘，长 4～9cm，宽 1.5～3.5cm，急尖或渐尖，基部鞘状抱茎。总状花序长 8～13cm，具多数花；花苞片卵状披针形，长 8～10mm；子房扭转，连花梗长 8～10mm；花小，白色；萼片相似，长 3mm，钝头，具 1 条脉；花瓣斜卵形，长 2.5mm，具 1 条脉；唇瓣近长圆状，长 2.5mm，3 浅裂，裂片三角状长圆形；唇瓣基部具圆球状的距；唇盘上散布多数乳突；距长 1.5mm；蕊柱粗短。花期 6～8 月。

【生长环境】生于海拔 700～1300m 的山地林下或灌木丛中。

【地理分布】贵州产石阡、施秉、贵定、开阳、清镇、独山、安龙、兴义；江西、湖北、湖南、广东、广西、四川、云南有分布。印度、尼泊尔至中南半岛也有。

【馆藏信息】第五标本馆，第 004078、004079、004080 号标本。

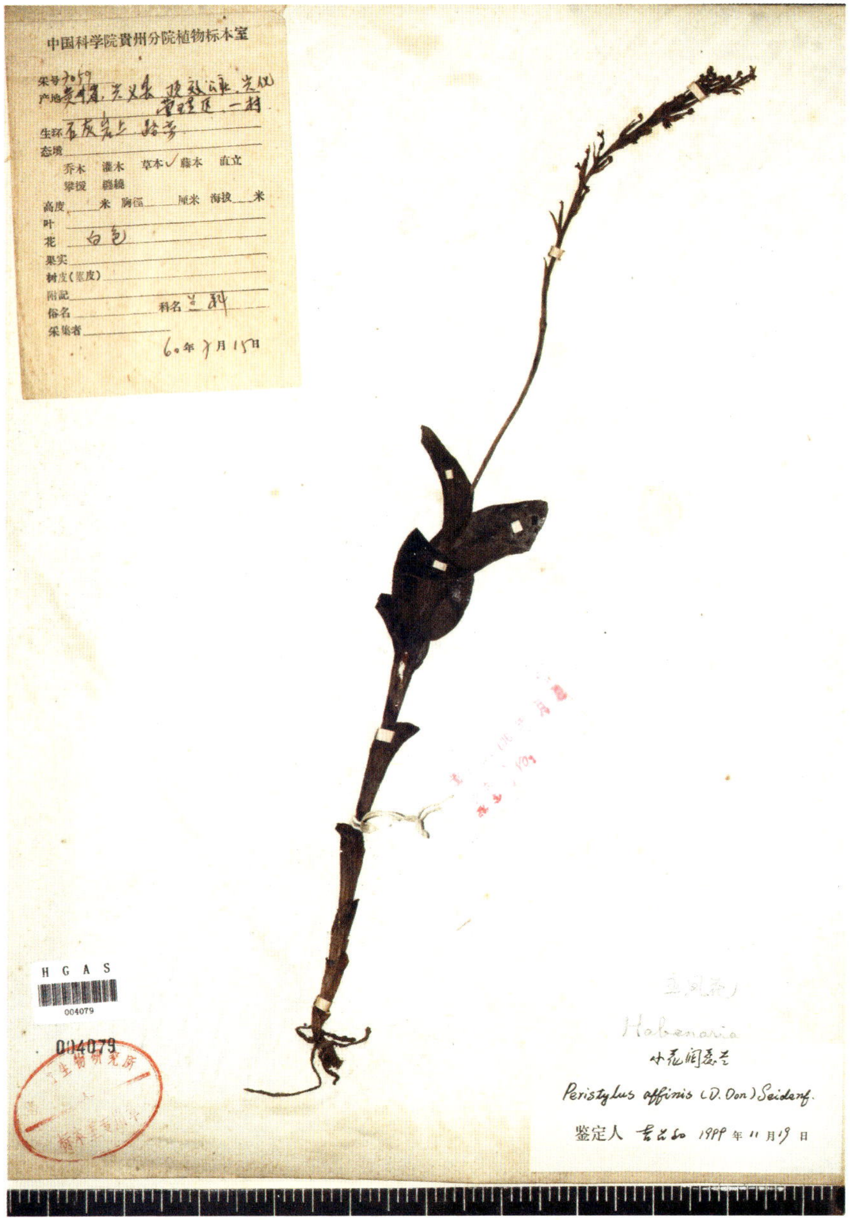
中国科学院贵州分院植物标本室
HGAS
004079
小花阔蕊兰
Peristylus affinis (D. Don) Seidenf.
鉴定人
1999 年 11 月 19 日

中国科学院贵州分院植物标本室
小花阔蕊兰
Peristylus affinis (D. Don) Seidenf.
鉴定人
2000 年 3 月 7 日

39 鹤顶兰属

39.1 仙笔鹤顶兰 *Phaius columnaris* C. Z. Tang et S. J. Cheng

【形态特征】假鳞茎圆柱形，长 15～40cm，直径 3～5cm，具数节至 10 余节。叶 6～7 枚，在假鳞茎上部互生，纸质，椭圆形，长达 70cm，宽 9～13cm，先端渐尖，基部收狭并扩大成鞘。花葶从假鳞茎基部第个节上长出，长约 20cm；总状花序长 3.5～11cm，具多数花；花苞片卵状三角形，长 1.8cm，早落；花梗连子房长 2～3.5cm，疏生毛；花不甚开张；中萼片白色，先端绿色，近长圆形，长约 4.2cm，宽约 1.3cm；侧萼片镰刀状长圆形，短于中萼片并均有 5 条脉，无毛；花瓣白色，近似侧萼片；唇瓣近圆形，长 2～3cm，宽 2～2.5cm，前端稍 3 裂；侧裂片白色；中裂片橙红色；唇盘具 2～3 条黄色的龙骨状脊；距黄绿色，有红色条纹，疏生长毛。花期 6 月。

【生长环境】生于海拔 800m 的石灰岩山地林下。

【地理分布】贵州产望谟、荔波；广东、云南有分布。

【馆藏信息】第五标本馆，第 004081、004082 号标本。

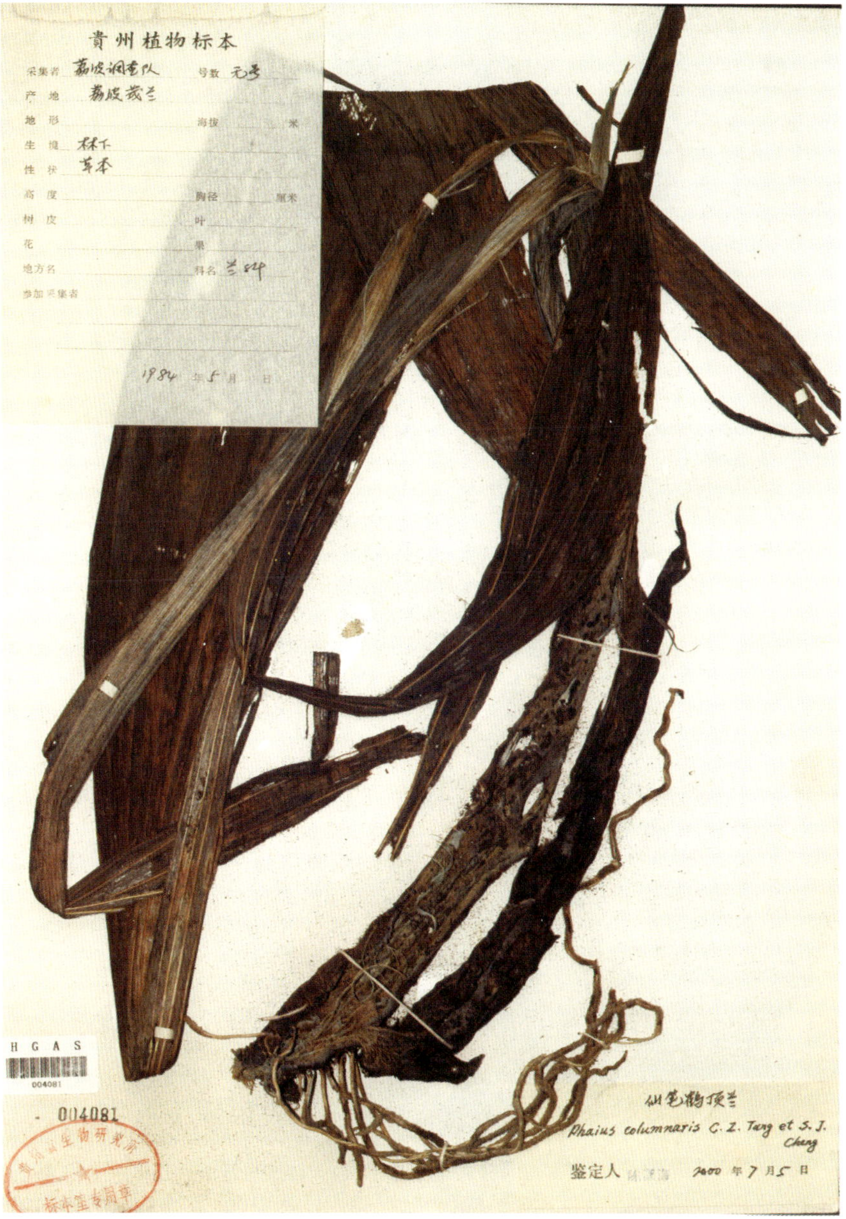

贵州植物标本
采集者 荔波调查队
号数 无号
产地 荔波茂兰
地形
海拔 米
生境 林下
性状 草本
高度
胸径 厘米
树皮
叶
花
果
地方名
科名 兰科
参加采集者
1984年5月日
HGAS
004082
004082
贵州省生物研究所
标本室专用章

39.2 鹤顶兰 *Phaius tankervilleae* (Banks ex L'Herit.) Bl.

【别　　名】千鹤兰、红鹤顶兰、红鹤兰、大白芨、拐子叶。

【形态特征】植株高大。假鳞茎圆锥形，长6cm，基部直径5cm。叶4～6枚，生于假鳞茎上部，长圆状披针形，长30～55cm，宽6～9cm，先端渐尖，基部收狭为柄；柄长10～20cm。花葶发自假鳞茎基部或叶腋，长60cm，直径近1cm，有数枚鳞片状鞘，无毛；总状花序具多数花；花苞片大，早落；花梗和子房长3～4cm，比花苞片长，子房无毛；花大，美丽，外面白色，内面紫红色，开张，直径8cm；萼片相似，长圆状披针形，长4～5cm，宽1～1.4cm，先端短尖，具7条脉，无毛；花瓣长圆形，与萼片等长，先端锐尖，具7条脉；唇瓣背面白色，内面紫红色，倒卵形，比萼片短，宽3～4cm，前部浅3裂；侧裂片短而圆；中裂片近圆形或方形，先端截形，边缘稍波状；唇盘密被短毛，具2条褶片；距细圆筒形，长5～8mm，弯曲，末端稍2裂；蕊柱细长，长约2cm。花期4～6月。

【生长环境】生于海拔750m的石灰岩山地林缘。

【地理分布】贵州产荔波；台湾、福建、广东、香港、海南、广西、云南、西藏有分布。广布于热带亚洲和大洋洲。

【馆藏信息】第五标本馆，第004094号标本。

39.3 黄花鹤顶兰 *Phaius flavus* (Bl.) Lindl.

【别　　名】黄鹤兰、斑叶鹤顶兰。

【形态特征】假鳞茎卵状圆锥形，通常长5～6cm，直径2.5～4cm，有2～3节，被鞘。叶4～6枚，集生于假鳞茎上部，常具黄色斑块，长椭圆形或椭圆状披针形，长25cm以上，宽5～10cm，先端渐尖，基部收狭为长柄，具5～7条脉，两面无毛。花葶自假鳞茎基部节上发出，1～2个，不高出叶层外，不分支，无毛；总状花序具数朵至多数花；花苞片宿存，长3cm，膜质；花梗连子房约等长于花苞片；花黄色，不甚张开，干后变靛蓝色；萼片等长，长3～4cm；中萼片倒卵状长圆形，无毛；花瓣与中萼片相似，等长于萼片，且均具7条脉；唇瓣倒卵形，长2.5cm，宽2.2cm，前端3裂，两面无毛；侧裂片近倒卵形；中裂片近圆形，宽约1.2cm，前端边缘波状皱褶；唇盘有3～4条稍隆起的脊突；距白色，长7～8mm，直径2mm；蕊柱白色，细长，长约2cm，两侧被长柔毛。花期4～6月。

【生长环境】生于海拔650～1200m的山坡林下阴湿地。

【地理分布】贵州产梵净山、荔波、罗甸；福建、台湾、湖南、广东、香港、海南、广西、四川、云南、西藏、喜马拉雅东部有分布。中南半岛、斯里兰卡、印度尼西亚至日本也有。

【馆藏信息】第五标本馆，第004083、004084、004085、004086、004087、004088号标本。

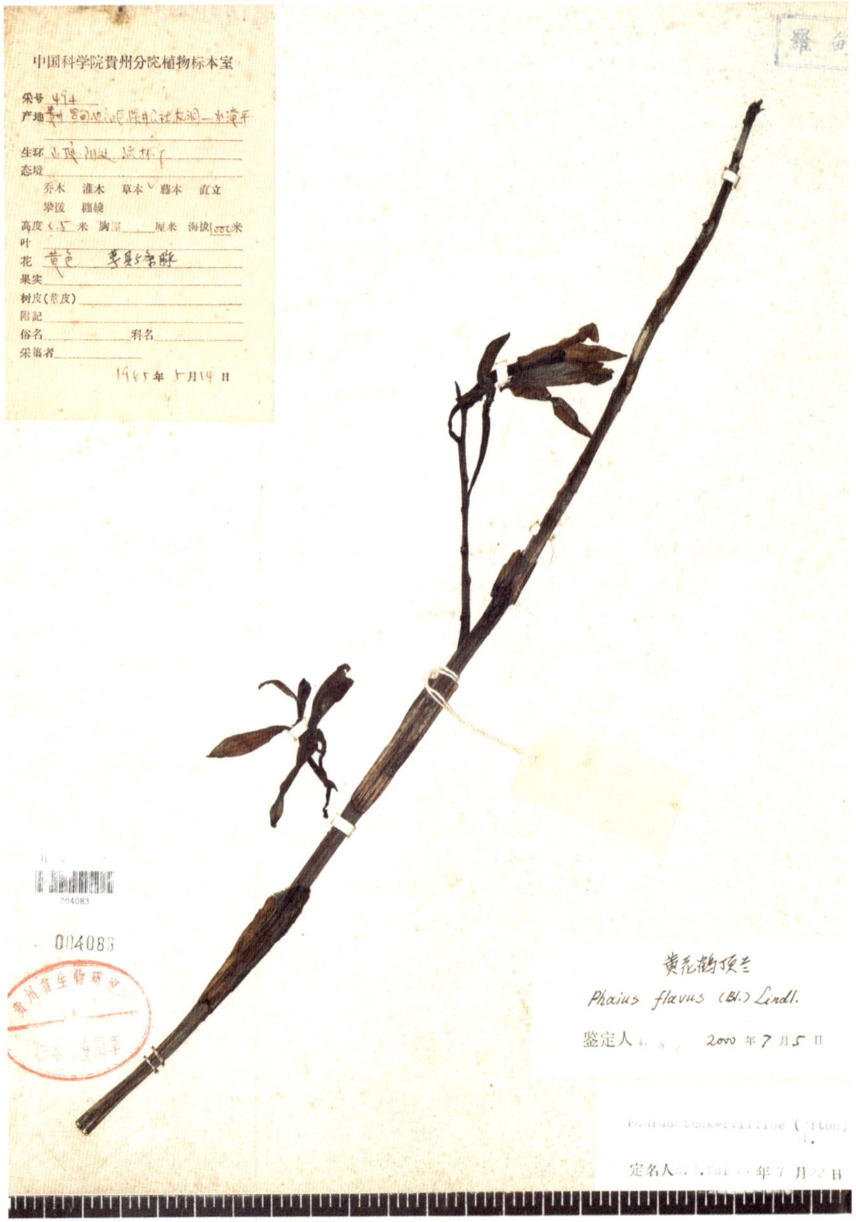

黄花鹤顶兰
Phaius flavus (Bl.) Lindl.
鉴定人
HGAS
004084
Phaius woodfordii (Hook.) Merr.
鉴定人

标本記录卡
貴州植物标本
中国科学院西南生物研究所
貴阳工作站
植物标本室
花果袋
HGAS
004085
黄花鹤顶兰
Phaius flavus (Bl.) Lindl.
鉴定人

貴州植物标本
采集者
号数 2213
产 地
地 形
海拔 800 米
生 境
性 状 草本
高 度
胸径 厘米
树 皮
叶
花 绿色
果
地方名
科名 兰科
参加采集者
年 4月27日
HGAS
004088
标本室专用章
Phaius flavus (Bl.) Lindl.
鉴定人 1999年11月19日
Phaius woodfordii (Hook.) Merr.
鉴定人 1986年9月10日

39.4 紫花鹤顶兰 *Phaius mishmensis* (Lindl. et Paxt.) Rchb. f.

【别　　名】细茎鹤顶兰。

【形态特征】植株高 1.2m。假鳞茎圆柱形，细长，直径 7～10mm，茎的下部具长 5～6cm 的数枚筒状鞘，茎的上部集生 4～5 枚叶，具多节。叶椭圆形或倒卵状长圆形，长 16～35cm，宽 7～11cm，先端短渐尖或急尖，基部收狭为抱茎的鞘，边缘多少波状，干后变靛蓝色。花序生于茎中部节上；花序轴多少曲折，疏生少数花；花苞片约等长于花梗连子房，早落；子房无毛；花紫红色，不甚张开；萼片近相似，椭圆形，长 3～4cm，宽 0.8～1.2cm，无毛；花瓣倒披针形，约等长于萼片，稍窄，无毛；唇瓣倒卵状三角形，约等长于萼片，具红褐色斑点，3 裂；侧裂片围抱蕊柱；中裂片宽倒卵形，先端微凹并具 1 个短尖，边缘波状；唇盘有 3～4 条被毛的脊突；距细圆筒形，长达 1.8cm，直径约 2mm；蕊柱细长，长约 2cm。花期 10～11 月。

【生长环境】生于海拔 480m 的山坡林下阴湿处。

【地理分布】贵州产赤水；台湾、广东、广西、云南、西藏有分布。印度至中南半岛、菲律宾和日本也有。

【馆藏信息】第五标本馆，第 004089、004090、004091、004092、004093 号标本。

贵州植物标本
HGAS
004090
Phaius mishmensis (Lindl. et Paxt.) Rchb. f.
鉴定人 2000 年 3 月 15 日
标本室专用章

贵州植物标本
HGAS
004091
Phaius mishmensis (Lindl. et Paxt.) Rchb. f.
鉴定人
标本室专用章

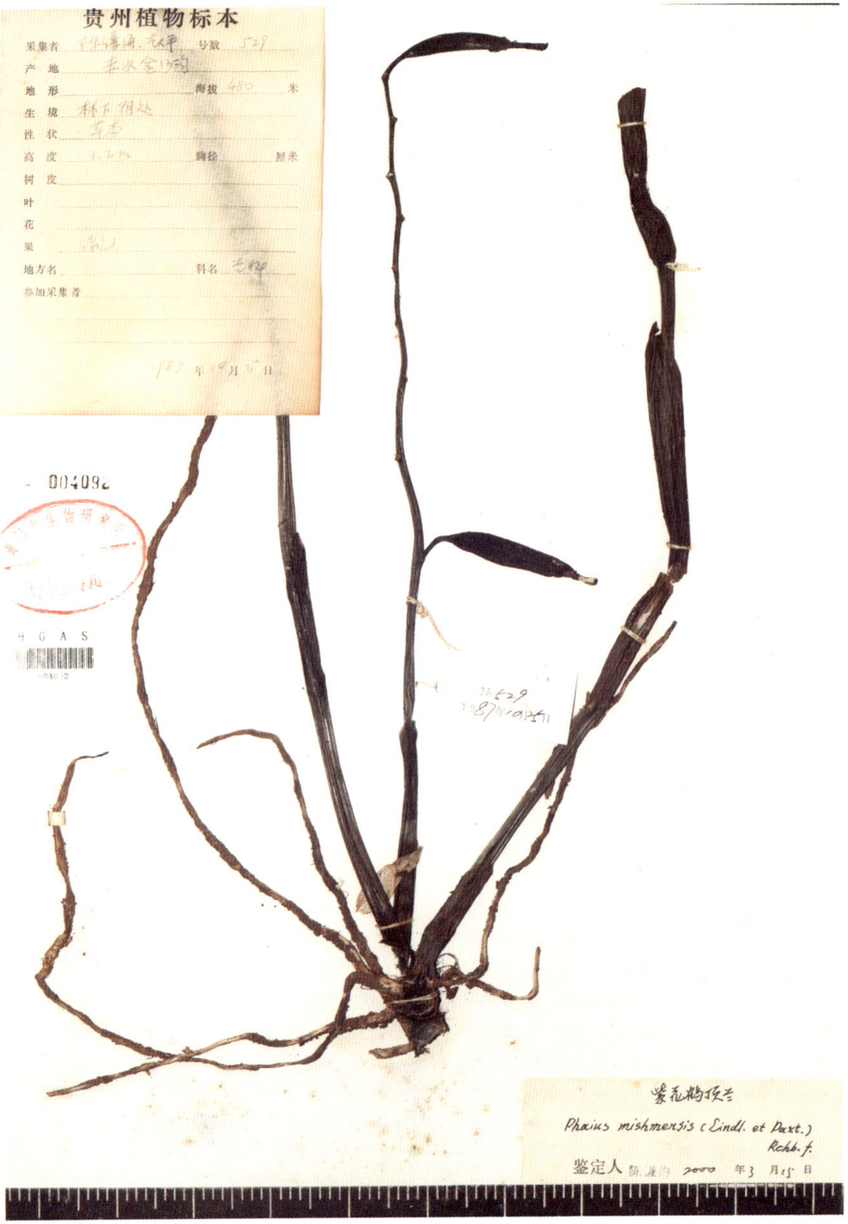
贵州植物标本
004092
HGAS
紫花鹤顶兰
Phaius mishmensis (Lindl. et Paxt.) Rchb. f.
鉴定人

HGAS
004093
紫花鹤顶兰
Phaius mishmensis (Lindl. et Paxt.) Rchb. f.
鉴定人

40 石仙桃属

40.1 细叶石仙桃 *Pholidota cantonensis* Rolfe.

【形态特征】附生草本。根状茎分支，相距 1～1.5cm 生假鳞茎，密被鳞片状鞘，节上生细长根。假鳞茎狭卵形至卵状长圆形，长 1～1.8cm，宽 5～8mm，基部收狭为箨状鳞片所包，老时鳞片脱落，顶端生 2 枚叶。叶线状披针形至长圆状披针形，间有狭卵状披针形，坚纸质，长 2.5～6cm，宽 5～9mm，先端渐尖至近急尖，边缘多少外卷，基部收狭成柄；叶柄长 3～5mm。花葶生于幼嫩的假鳞茎顶端，短细，长 3～5cm；总状花序具数朵至 10 余朵花；花序轴纤细，不曲折；花苞片卵形，早落；花梗连子房长 3mm；花小，白色，直径约 4mm；萼片等长；中萼片卵状长圆形，长 3mm，多少呈舟状；侧萼片卵形，稍偏斜；花瓣宽卵形，长、宽各 3mm；唇瓣宽椭圆形，长 3mm，整个凹陷而成舟状，先端截形；蕊柱长约 2mm。花期 2～3 月。

【生长环境】生于海拔 880～1200m 的石灰岩山地林下岩石上阴湿处。

【地理分布】贵州产荔波、龙里、贵阳、平坝、安龙、兴义；浙江、江西、福建、台湾、湖南、广东、广西有分布。

【馆藏信息】第五标本馆，第 004096 号标本。

40.2 石仙桃 *Pholidota chinensis* Lindl.

【别　　名】果上叶、石三棱、大吊兰、浮石斛、上石仙桃。

【形态特征】附生草本。根状茎粗壮，直径 5～8mm，有较密的节，相距 5～15mm 生假鳞茎。假鳞茎狭卵状长圆形，长 2～6cm，宽 6～10mm，基部收狭成柄状，顶端生 2 枚叶。叶倒卵状椭圆形至近长圆形，长 9～20cm，宽 2.5～4.3cm，先端渐尖，具 3 条明显主脉；叶柄长 1～4cm。花葶生于幼嫩的假鳞茎顶端，长 16～22cm；花序轴稍左右曲折；总状花序具数朵至 20 余朵花；花苞片长圆形，长 1～1.5cm，宿存；花梗连子房长 4～8mm；花白色或带浅黄色；萼片等长；中萼片椭圆形，长 7～10mm，舟状，背面有龙骨状突起；侧萼片卵状披针形，背面也有龙骨状突起；花瓣披针形，长 9～10mm；唇瓣宽卵形，略 3 裂，下半部凹陷成半球形的囊，前方的中裂片卵圆形，长、宽约 5mm；蕊柱长 5mm。花期 4～5 月。

【生长环境】生于海拔 340～1100m 的山地林中树干或岩石上。

【地理分布】贵州产三都、榕江、贞丰、兴仁；浙江、福建、广东、香港、海南、广西、云南、西藏有分布。越南、缅甸也有。

【馆藏信息】第五标本馆，第 004097、004098、004099、004100、004101、004102、004103、004104、004105 号标本。

贵州植物标本
HGAS
004098
Pholidota chinensis Lindl.
鉴定人

贵州植物标本
HGAS
004099
Pholidota chinensis Lindl.
鉴定人

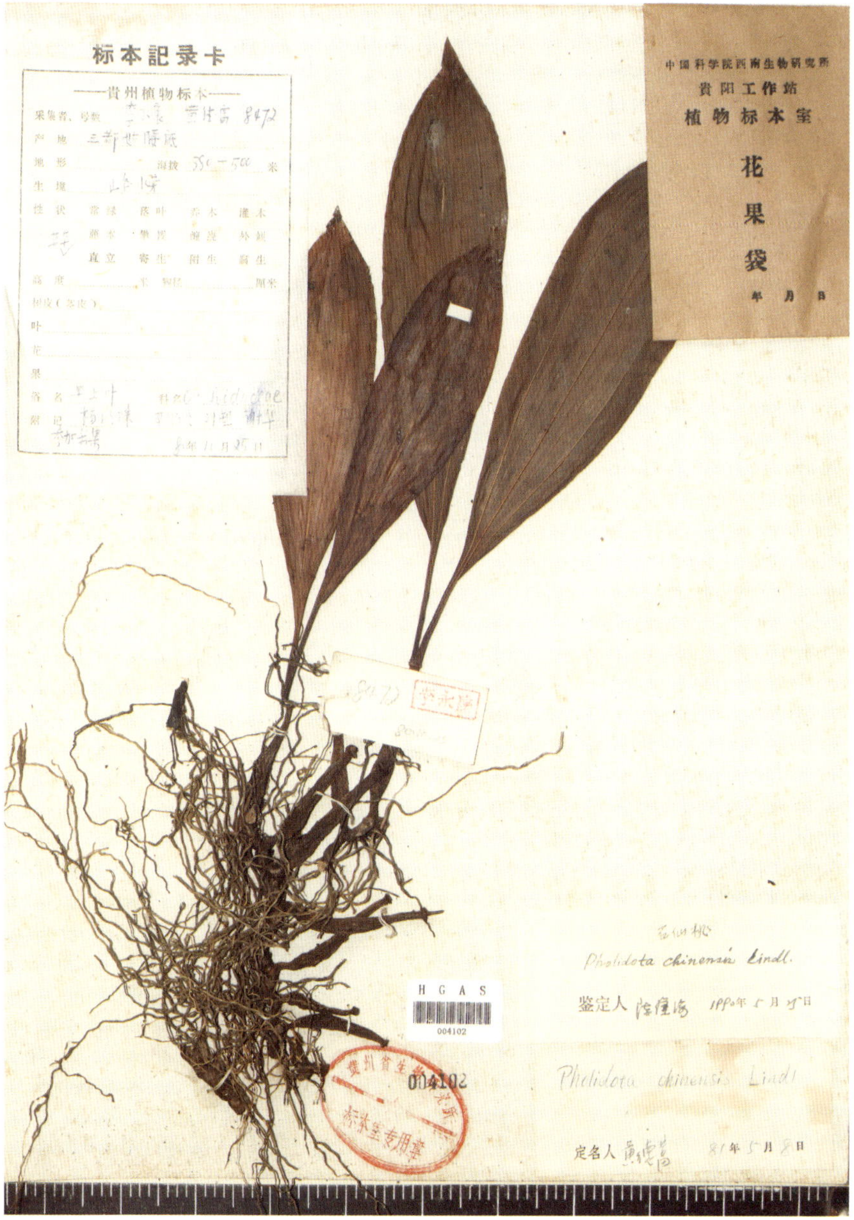
标本記录卡
中国科学院西南生物研究所
贵阳工作站
植物标本室
花
果
袋
H G A S
004102
Pholidota chinensis Lindl.
鉴定人
004102
Pholidota chinensis Lindl
定名人

标本記录卡
贵州植物标本
Orchidaceae
H G A S
004103
004103
Pholidota chinensis Lindl.
鉴定人
Pholidota chinensis Lindl.
定名人

标本記录卡
——貴州植物标本——
采集者、号数 8477
产地
地形 海拔 580－500 米
生境
性状 常绿 落叶 乔木 灌木
藤木 攀援 缠绕 外倾
直立 寄生 附生 腐生
高度 米 胸径 厘米
树皮（茎皮）
叶
花
果
俗名 科名 Orchidaceae
附记
80年 10月 25日
石仙桃
Pholidota chinensis Lindl.
鉴定人 2000 年 3 月 8 日
HGAS
004104
004104
Pholidota chinensis Lindl.
定名人 81年 月 日

貴州梵浄山植物
19__年 7 月 6 日 采集号 74—755
产地
海拔 340 米
环境
性狀 体高 米
叶
花
果实
土名 科名 兰科
学名
附記
采集人:
HGAS
004105
004105
石仙桃
Pholidota chinensis Lindl.
鉴定人 2000 年 3 月 8 日

40.3 单叶石仙桃 *Pholidota leveilleana* Schltr.

【形态特征】附生草本。根状茎短缩，生密集的假鳞茎。假鳞茎狭卵形或长圆形，长 2.5～4cm，宽 7～12mm，顶端生 1 枚叶。叶狭椭圆形或狭椭圆状披针形，花期已基本长成，长 10～21cm，宽 1.5～3cm，先端渐尖，基部狭；叶柄长 1.5～5cm。花葶生于幼嫩的假鳞茎顶端，长 20～25cm，多少下垂；总状花序疏生 10 余朵花；花苞片椭圆形，花后脱落；花白色稍带粉红色，唇瓣白色带淡褐色，柱头红色；萼片宽卵状椭圆形，长 5～7mm，宽 4～6mm；花瓣卵状椭圆形，长 4～5mm；唇瓣宽长圆形，长 6mm，宽 3mm，近中部缢缩；后唇中央凹陷成浅杯状，边缘平展，内有 3 条粗脉；前唇横的长圆形，先端有凹缺，边缘稍波状；蕊柱长约 3mm。花期 5～6 月，果期 9～10 月。

【生长环境】生于海拔 770～970m 的石灰岩山地林中岩石上。

【地理分布】贵州产惠水、平塘、荔波；广西有分布。

【馆藏信息】第五标本馆，第 004106、004107、004108、004109、004110、004111、004112、004113 号标本。

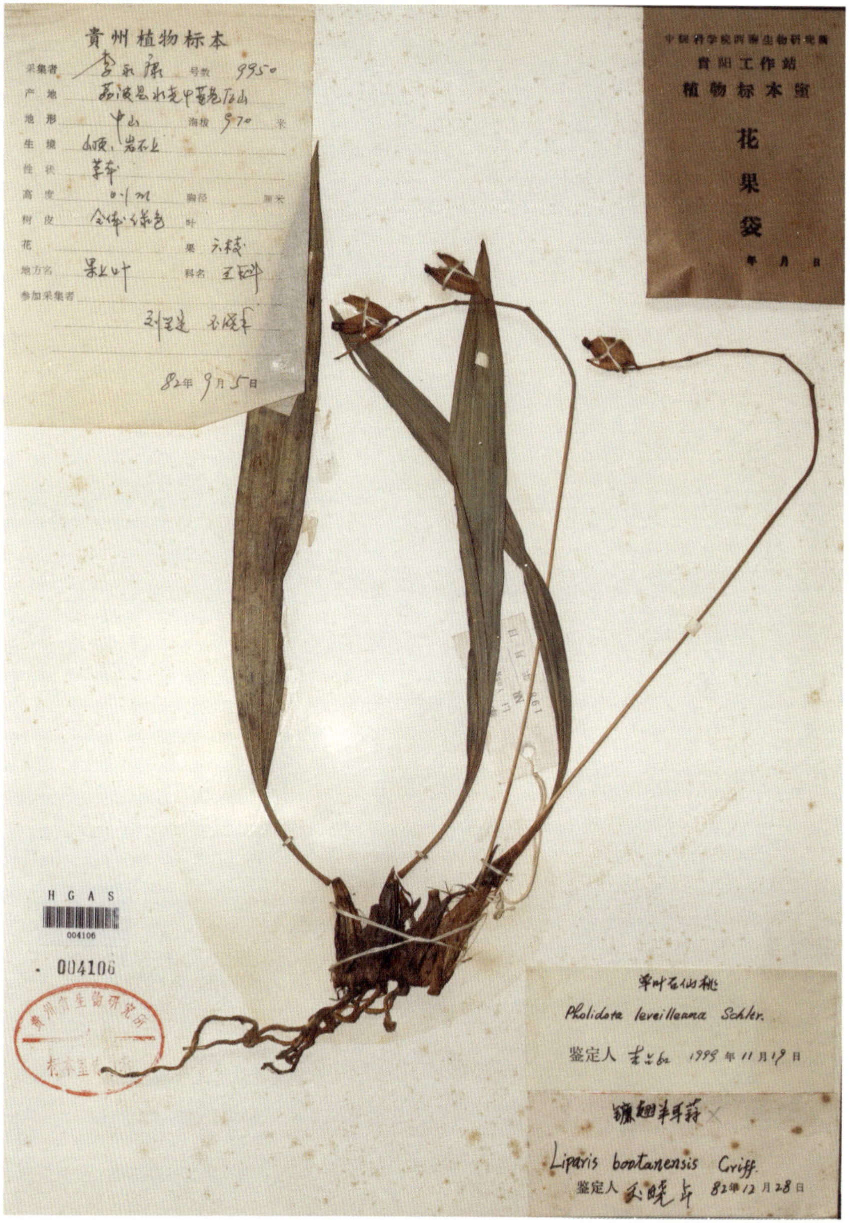

贵州植物标本
Orchidaceae
HGAS
004107
Pleione hookeriana (Lindl.) O. Kunt
鉴定人

贵州植物标本
Orchidaceae
HGAS
004108
Pleione hookeriana (Lindl.) O. Kuntze
鉴定人

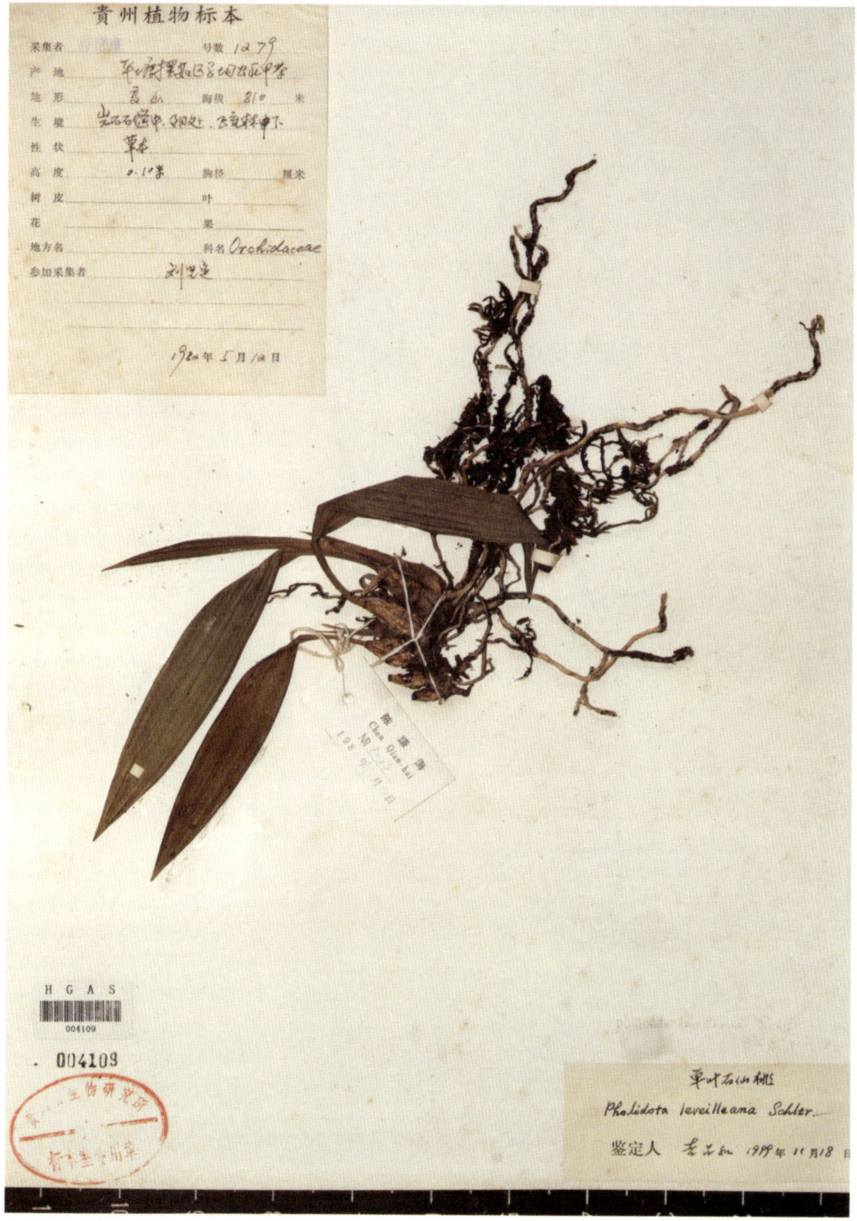
贵州植物标本
采集者
号数
产地
地形
海拔
米
生境
性状
高度
胸径
厘米
树皮
叶
花
果
地方名
科名 Orchidaceae
参加采集者
HGAS
004109
Pholidota leveilleana Schltr.
鉴定人

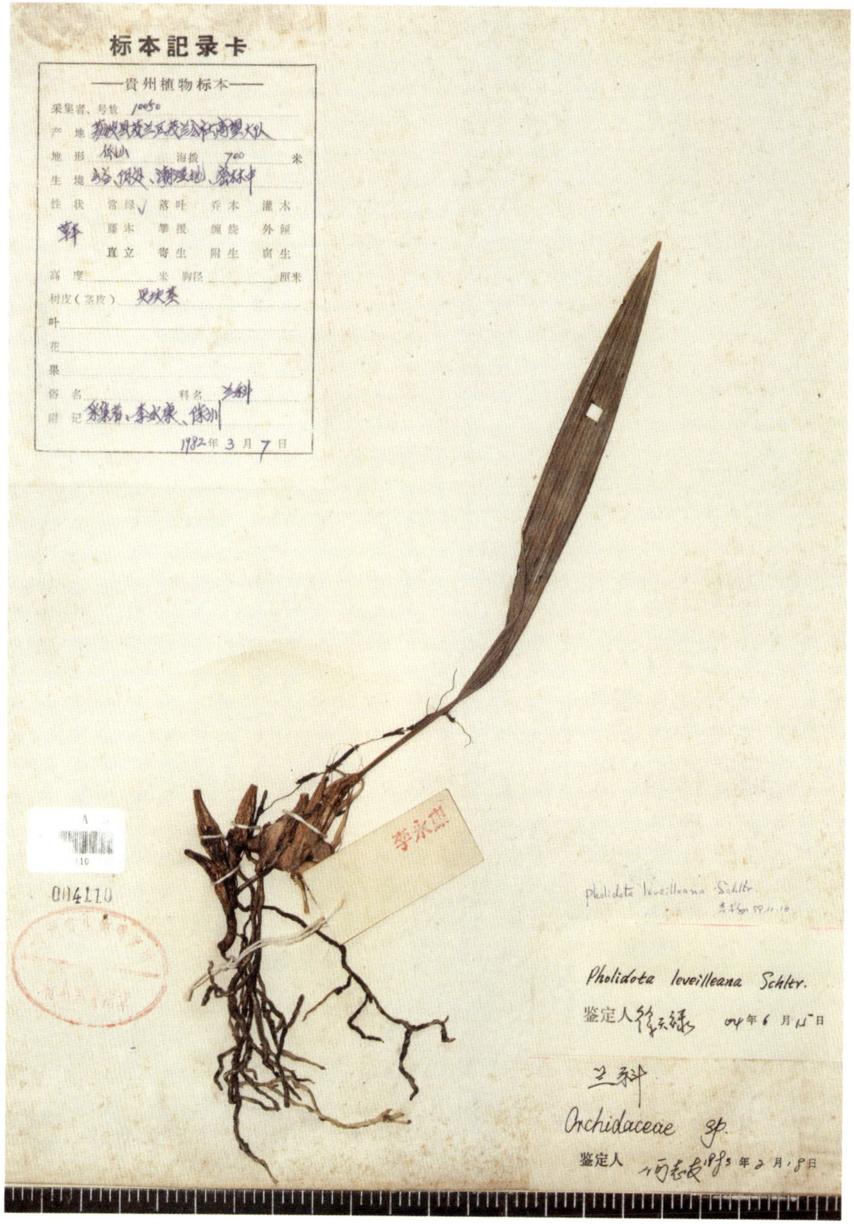
标本記录卡
—贵州植物标本—
004110
Pholidota leveilleana Schltr.
鉴定人
兰科
Orchidaceae sp.
鉴定人

标本記录卡
贵州植物标本
兰科
Pholidota leveilleana Schltr.
鉴定人
HGAS
004111
Orchidaceae sp.
鉴定人

贵州植物标本
1981年9月20日
贵阳工作站
植物标本室
花
果
袋
004112
HGAS
004112
Pholidota leveilleana Schltr.
鉴定人 2000年3月1日

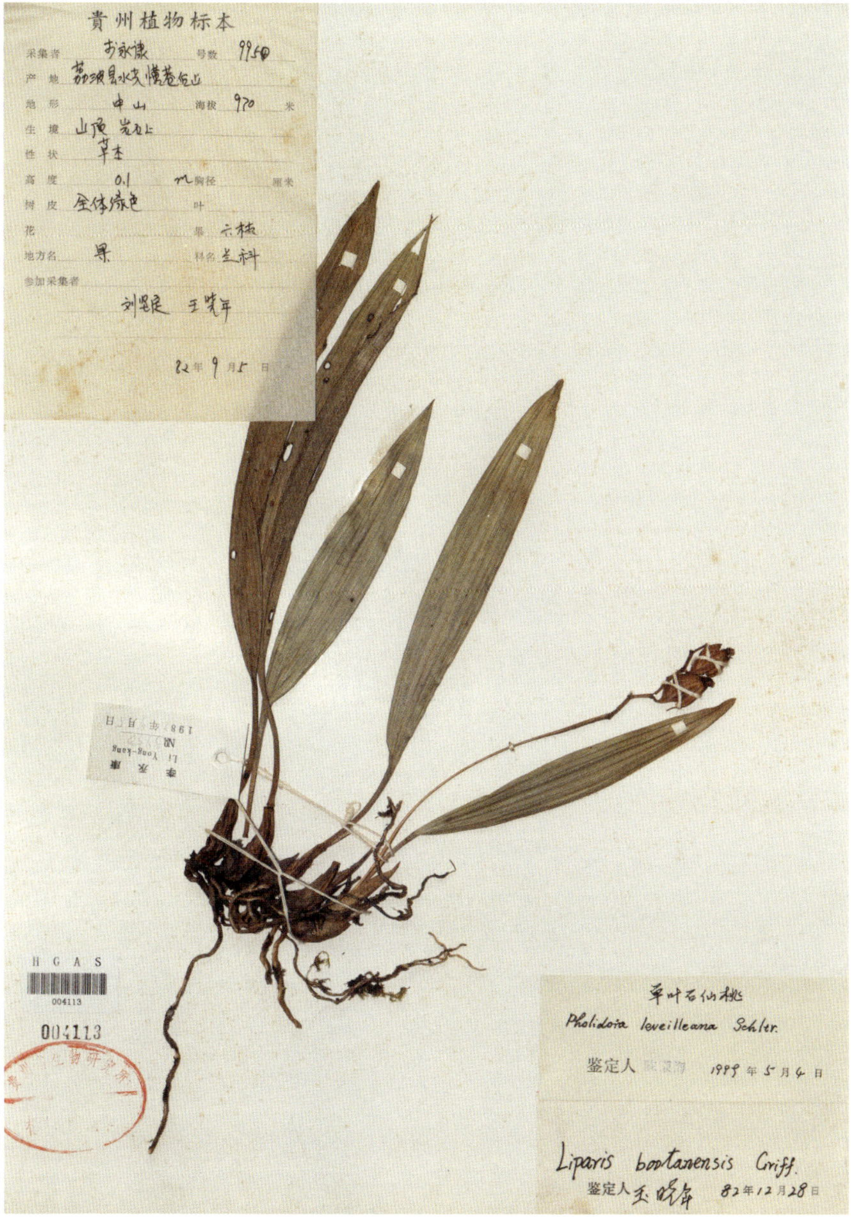
贵州植物标本
HGAS
004113
草叶石仙桃
Pholidota leveilleana Schltr.
鉴定人
Liparis bootanensis Griff.
鉴定人

40.4 贵州石仙桃 *Pholidota roseans* Schltr.

【别　　名】果上叶。

【形态特征】附生草本。根状茎略粗，直径约 3mm，被膜质鳞片状鞘。假鳞茎圆柱形，向顶端渐狭，长 5～7cm，宽 3～5mm，顶端生 1 枚叶。叶狭椭圆状披针形，坚纸质，花后长成，长 8～12cm，宽 1.6～1.8cm，先端渐尖，基部收狭；叶柄长 2～2.5cm。花葶生于幼嫩假鳞茎顶端，长 10～15cm；总状花序约占花葶长度的 2/3，疏生多花；花苞片椭圆形，宿存；花浅玫瑰红色；萼片近等大，背面有 1 条龙骨状突起；中萼片椭圆形，凹陷，长 8～10mm；侧萼片卵形，稍斜；花瓣斜椭圆形；唇瓣长 9～11mm，基部宽楔形，近中部凹陷成浅杯状；前部宽卵形，长 5～6mm，3 裂；侧裂片近圆形；中裂片近方形，先端微凹并且短尖，上面有 3 条纵褶片，中央 1 条较短，褶片略呈鸡冠状；蕊柱长约 5mm。花期 3 月。

【生长环境】生于海拔 800～1200m 的山地灌木丛下岩石上。

【地理分布】贵州产罗甸、独山。模式标本采自罗甸。

【馆藏信息】第五标本馆，第 004116、004117 号标本。

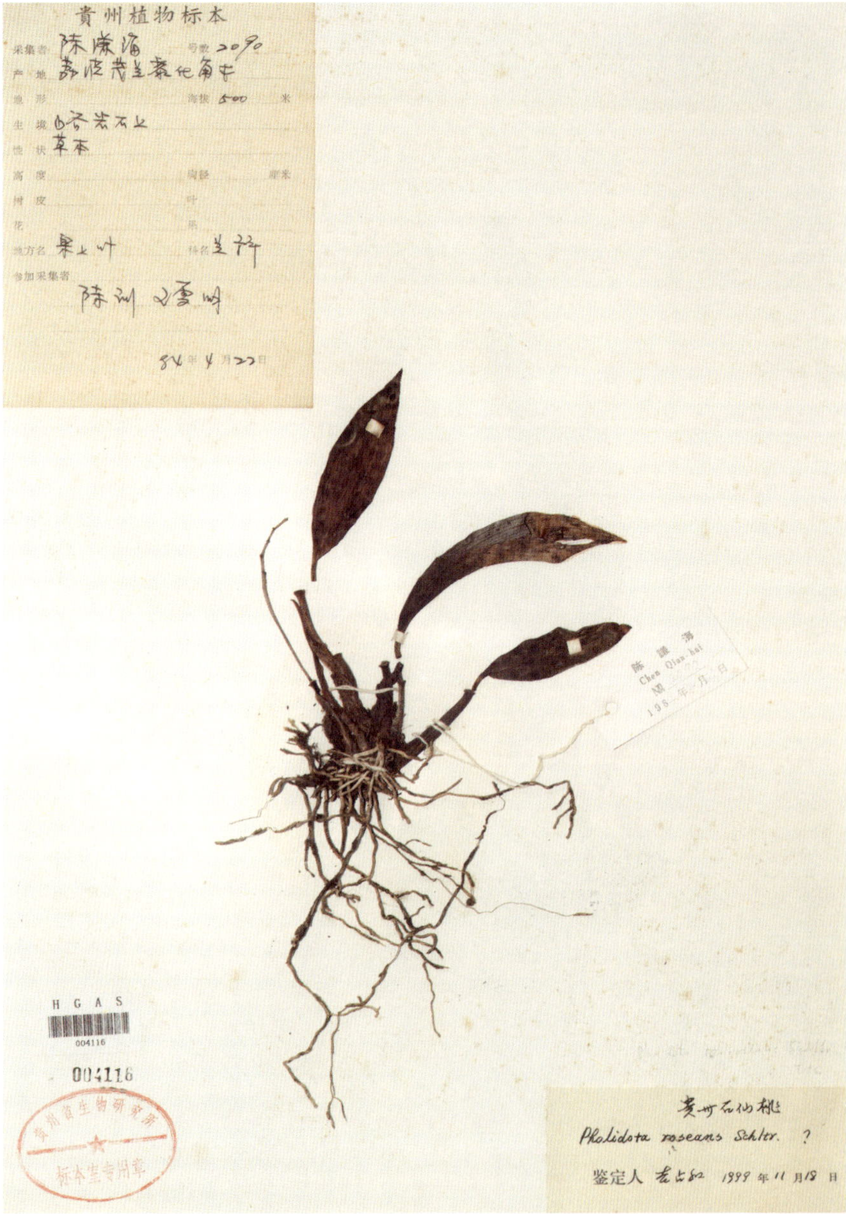

贵州植物标本
采集者 陈谦海 号数 2090
海拔 500 米
HGAS
004117
004117

40.5 尖叶石仙桃 *Pholidota missionariorum* Gagnep.

【形态特征】附生草本。根状茎分支，直径2～3mm，一般相距0.5～1cm生假鳞茎。假鳞茎卵形，长1～2cm，宽6～10m，干后亮浅黄色，顶端生2枚叶。叶披针形，革质，长4～7cm，宽6～10mm，最宽部通常在下部，先端渐尖，上面中脉凹下而1对侧脉明显凸起，背面3条脉浮凸；叶柄长3～7mm。花葶生于幼嫩的假鳞茎顶端，长4～8cm；总状花序具数朵花；花苞片卵形，长6mm，花期渐脱落；花梗连子房长4～5mm；花白色，带绿色或稍有红色晕，直径5～6mm；萼片相似，等长；中萼片卵形，长4～5mm；侧萼片稍偏斜；花瓣椭圆形，长约3mm；唇瓣宽长圆形，长约4mm，宽约3mm，先端钝并具细尖头，边缘皱波状，基部略凹陷；唇盘上具5条脉；蕊柱长约1.5mm。花期10～11月。

【生长环境】生于海拔1100～1300m的山地林中树上或岩石上。

【地理分布】贵州产贵阳、平坝、安顺、兴义；云南东南部有分布。模式标本采自平坝。

【馆藏信息】第五标本馆，第004114、004115号标本。

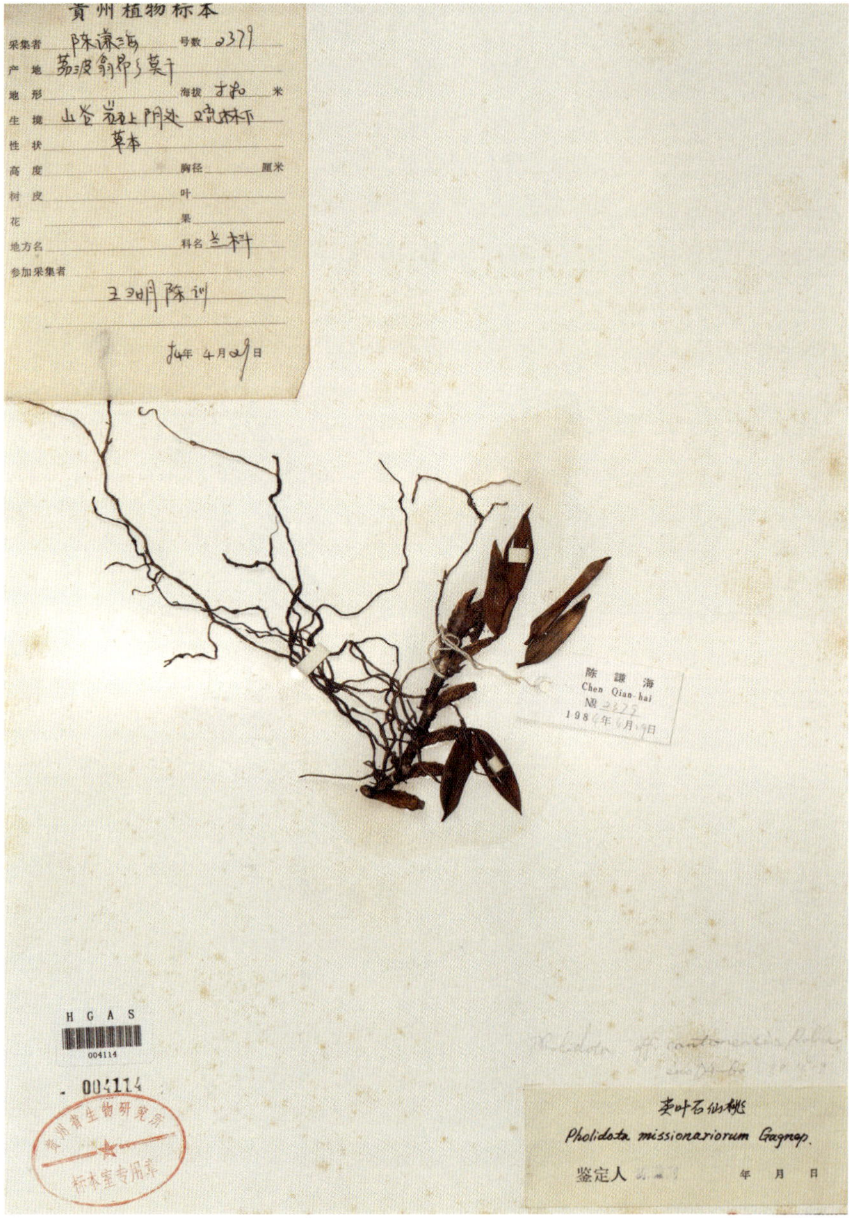

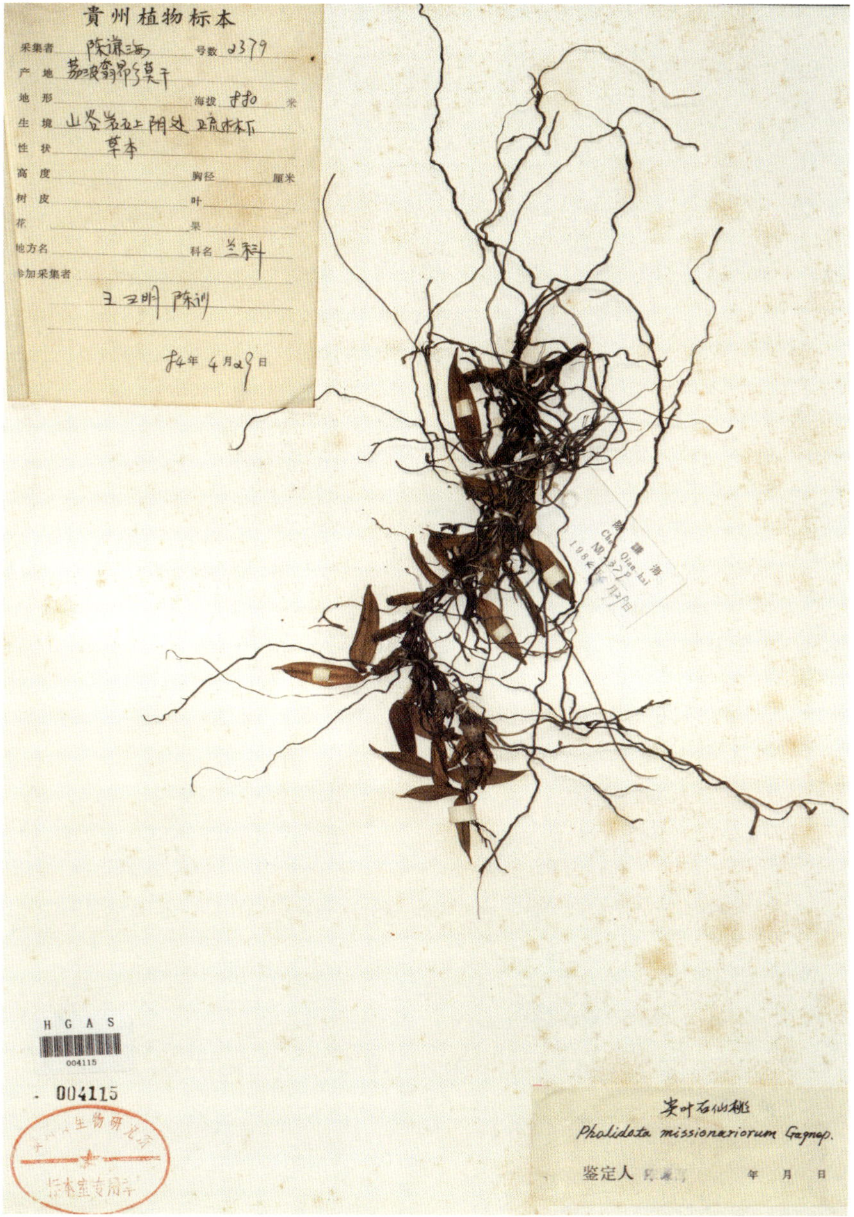
貴州植物标本
采集者
号数 2379
产地
地形
海拔 880 米
生境
性状 草本
高度
胸径
厘米
树皮
叶
花
果
地方名
科名 兰科
参加采集者
年 4月29日
HGAS
004115
004115
Pholidota missionariorum Gagnep.
鉴定人
年 月 日

40.6 云南石仙桃 *Pholidota yunnanensis* Rolfe

【形态特征】附生草本。根状茎分支，密被箨状鞘，相隔 1～3cm 生假鳞茎。假鳞茎近圆柱状，长 1.5～4cm，宽 6～8mm，干后皱缩，黄褐色，顶端生 2 枚叶。叶披针形，坚纸质，长 3.5～12cm，宽 0.5～1cm，具折扇状脉，先端近钝尖，基部收狭成短柄。花葶生于幼嫩的假鳞茎顶端，长 6～12cm；总状花序具 10 余朵花；花苞片卵状菱形，早落；花梗连子房长 3～4.5mm；花白色，直径 3～4mm；中萼片卵状长圆形，长 3.5mm，宽 2.5mm；侧萼片卵状披针形，凹陷成舟状，与中萼片等长，均在背面有明显的龙骨状突起；花瓣近似中萼片；唇瓣倒卵状长圆形，稍长于萼片，宽 3mm，先端截形，近基部稍缢缩，凹陷成杯状或半球形的囊；蕊柱长 2.5mm。花期 5～6 月，果期 9～10 月。

【生长环境】生于海拔 650～1500m 的山地林中树上或岩石上。

【地理分布】贵州东部至西南部普遍产有；湖北、湖南、广西、四川、云南有分布。越南也有。

【馆藏信息】第五标本馆，第 004118、004119、004120、004121、004122、004123、004124、004125、004126、004127、004128、004129、004130、004131、004132、004133、004134、004135、004136、004137、004138、004139、004140、004141、004142、004143 号标本。

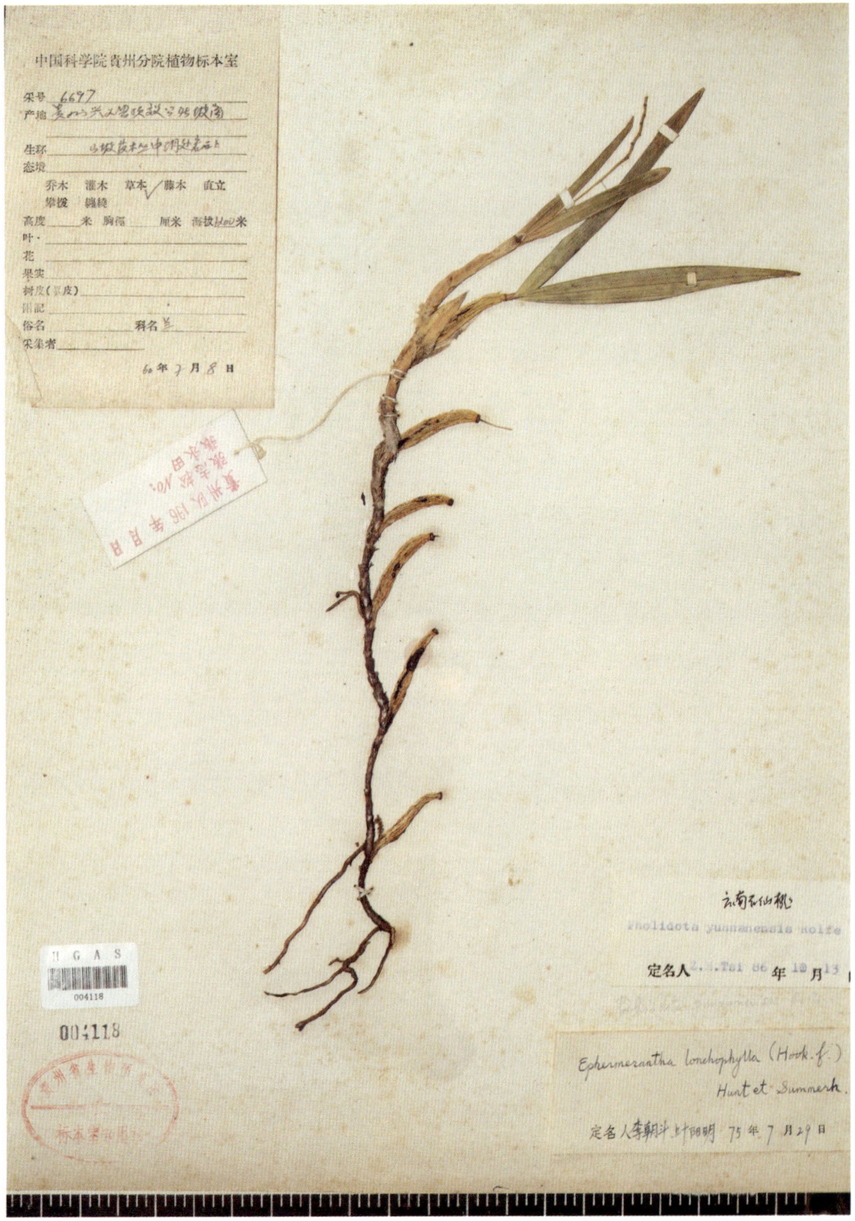

貴州梵淨山植物
云南石仙桃
Pholidota yunnanensis Rolfe
HGAS
004119

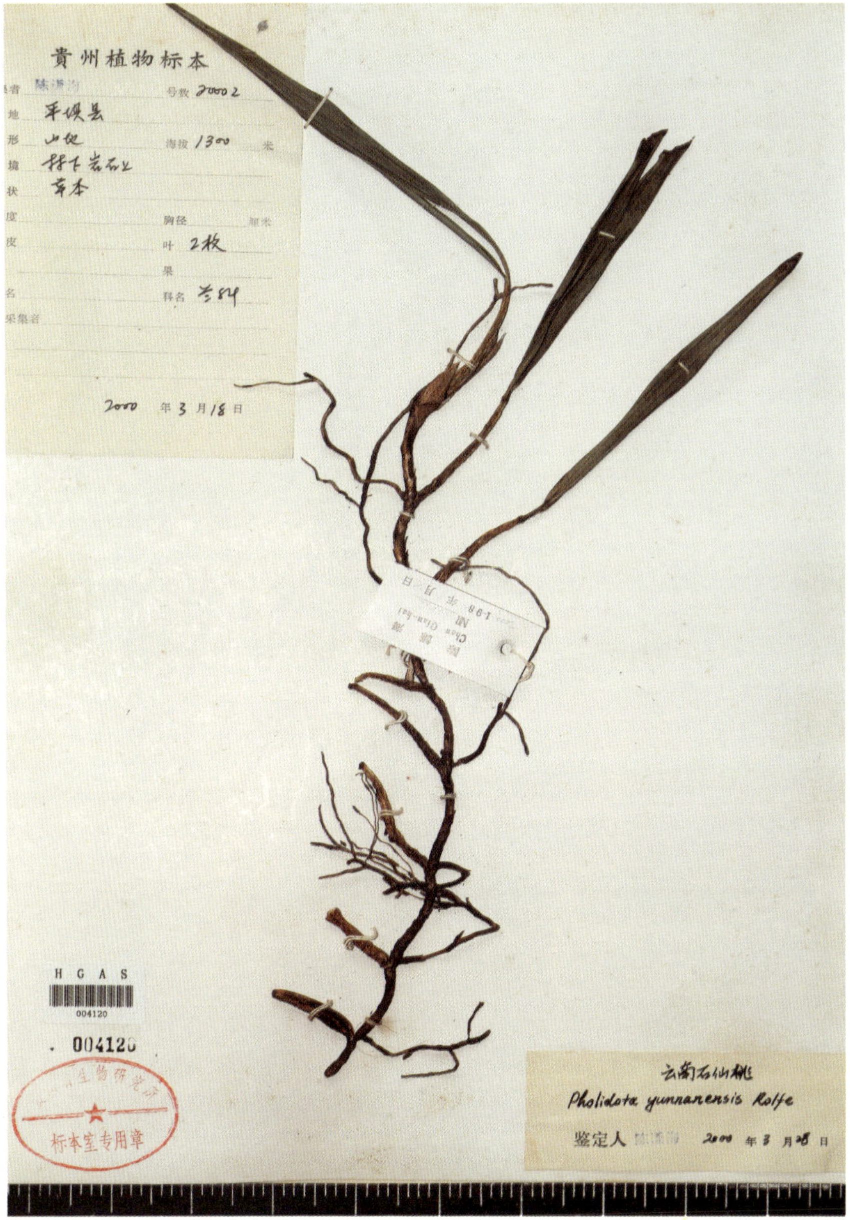
貴州植物标本
云南石仙桃
Pholidota yunnanensis Rolfe
HGAS
004120
标本室专用章

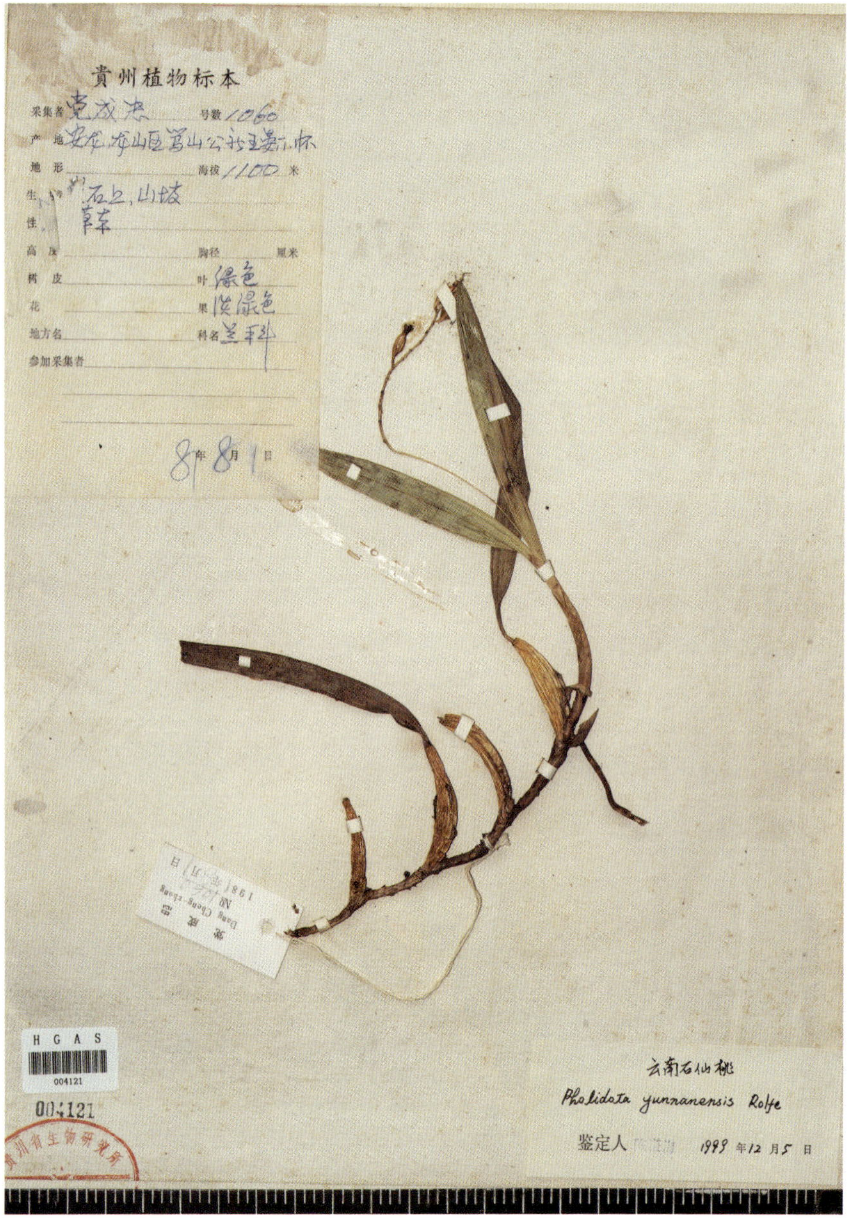
贵州植物标本
H G A S
004121
云南石仙桃
Pholidota yunnanensis Rolfe
鉴定人
1999 年12月5日

贵州植物标本
Orchidaceae
H G A S
004122
云南石仙桃
Pholidota sp. yunnanensis Rolfe
鉴定人
2000 年3月9日

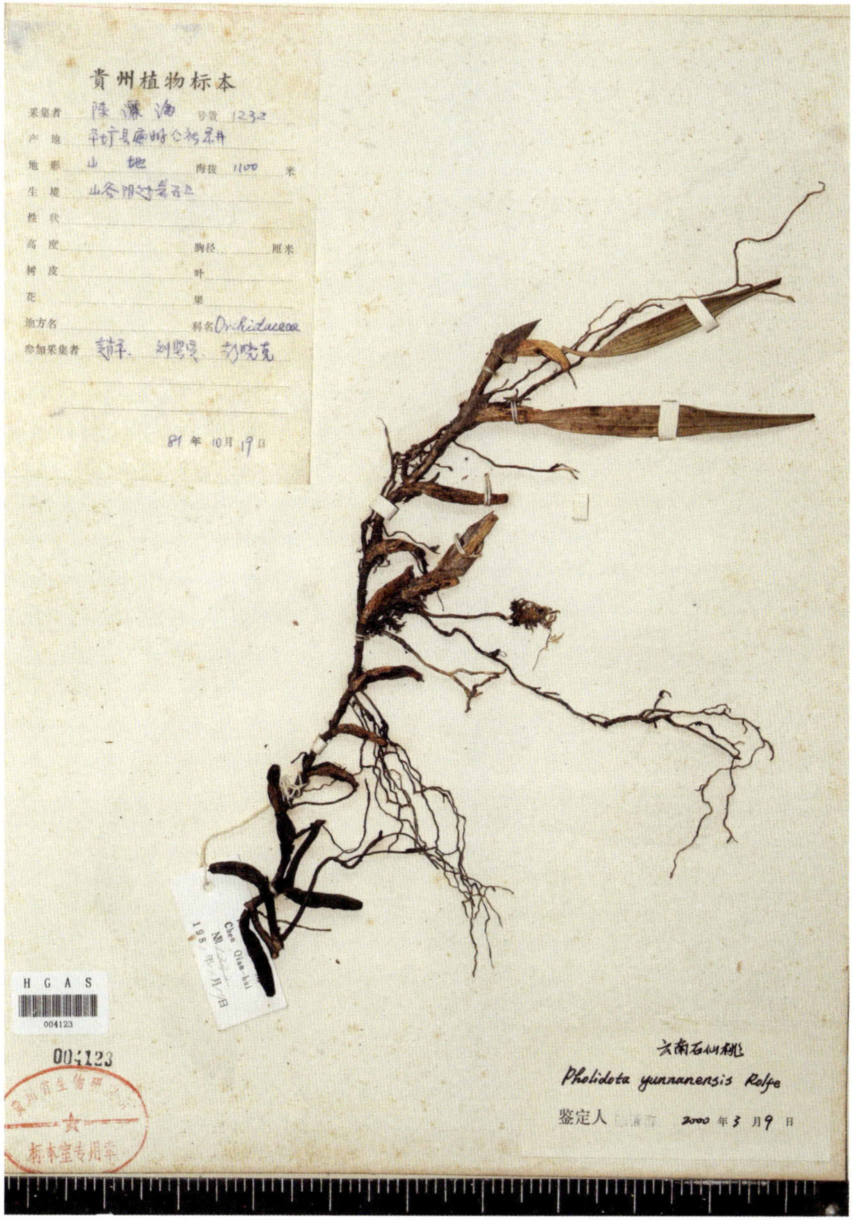
贵州植物标本
云南石仙桃
Pholidota yunnanensis Rolfe
鉴定人
004123

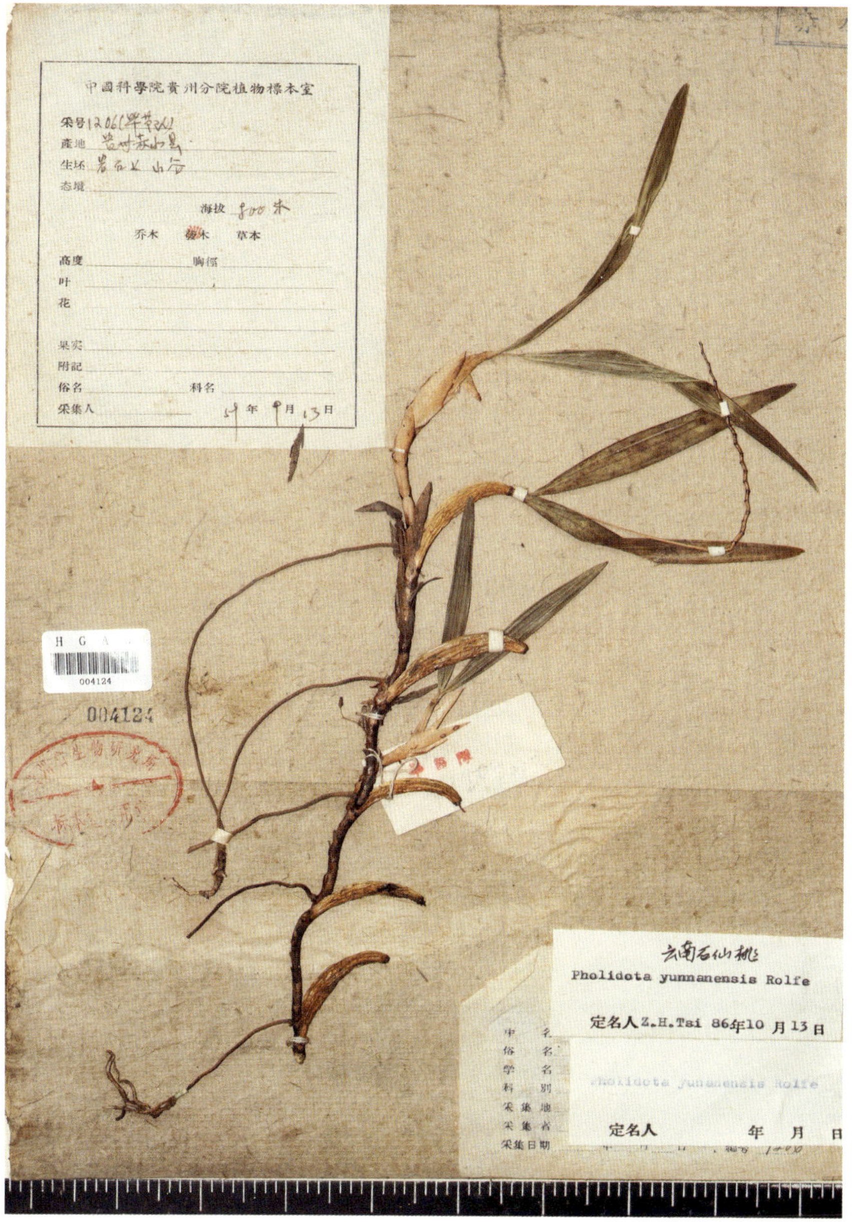
中國科學院貴州分院植物標本室
004124
云南石仙桃
Pholidota yunnanensis Rolfe
定名人 Z.H.Tsi 86年10月13日

中国科学院贵州分院植物标本室
H G A S
004125
004125
云南石仙桃
Pholidota yunnanensis Rolfe
鉴定人 2000 年3月9日
Pholidota yunnanensis Rolfe
定名人Z.H.Tsi 86年10月13日

中國科學院貴州分院植物標本室
004126
H G A S
004126
Pholidita yunnanensis Rolfe
定名人Z.H.Tsi 86年10月13日

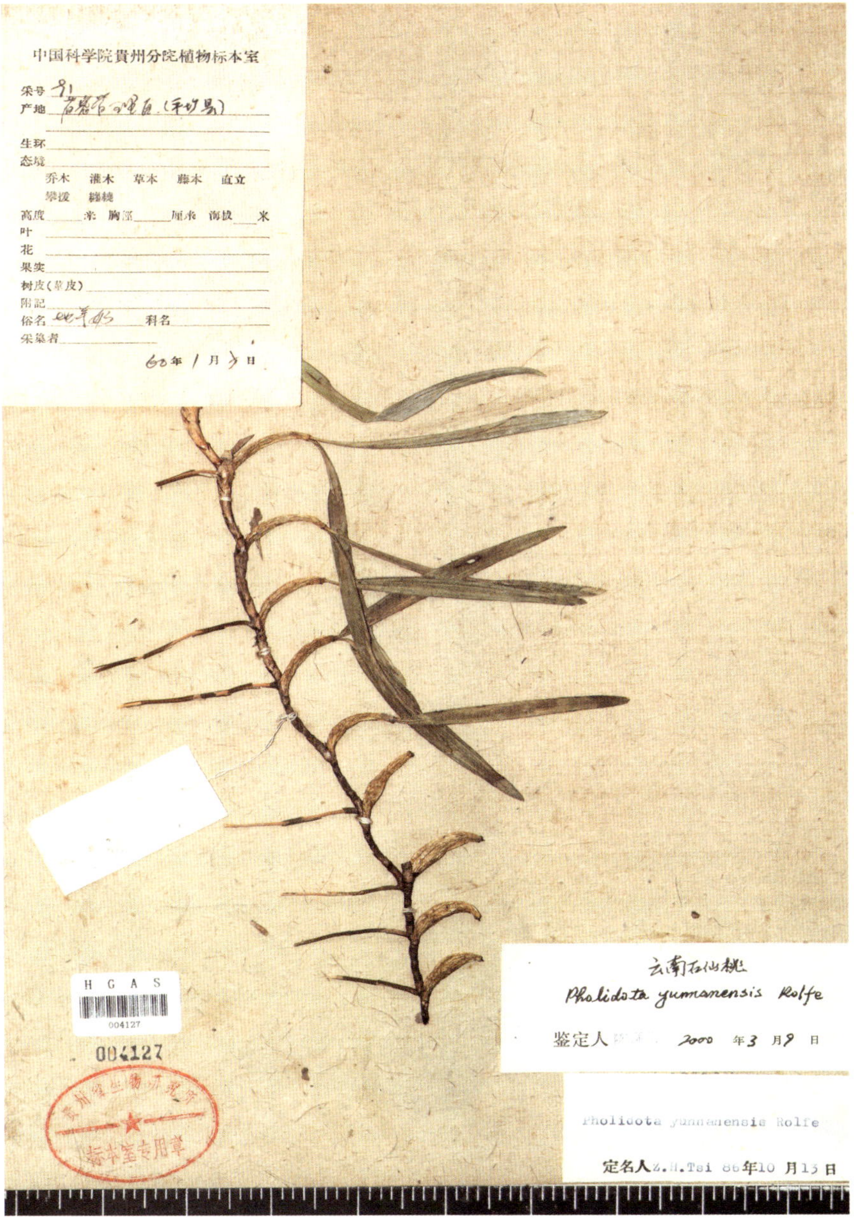
中国科学院貴州分院植物标本室
采号
产地
生环
态境
乔木 灌木 草本 藤本 直立
攀援 纏繞
高度 米 胸徑 厘米 海拔 米
叶
花
果实
树皮(茎皮)
附記
俗名 科名
采集者
年 月 日
H G A S
004127
云南石仙桃
Pholidota yunnanensis Rolfe
鉴定人 2000 年3 月9 日
Pholidota yunnanensis Rolfe
定名人Z.H.Tsi 86年10 月13 日
标本室专用章

中国科学院貴州分院植物标本室
采号
产地
生环
态境
乔木 灌木 草本 藤本 直立
攀援 纏繞
高度 米 胸徑 厘米 海拔 米
叶
花
果实
树皮(茎皮)
附記
俗名 科名
采集者
年 月 日
H G A S
004128
云南石仙桃
Pholidota yunnanensis Rolfe
鉴定人 2000 年3 月9 日
Pholidota yunnanensis Rolfe
定名人 年 月 日
标本室专用章

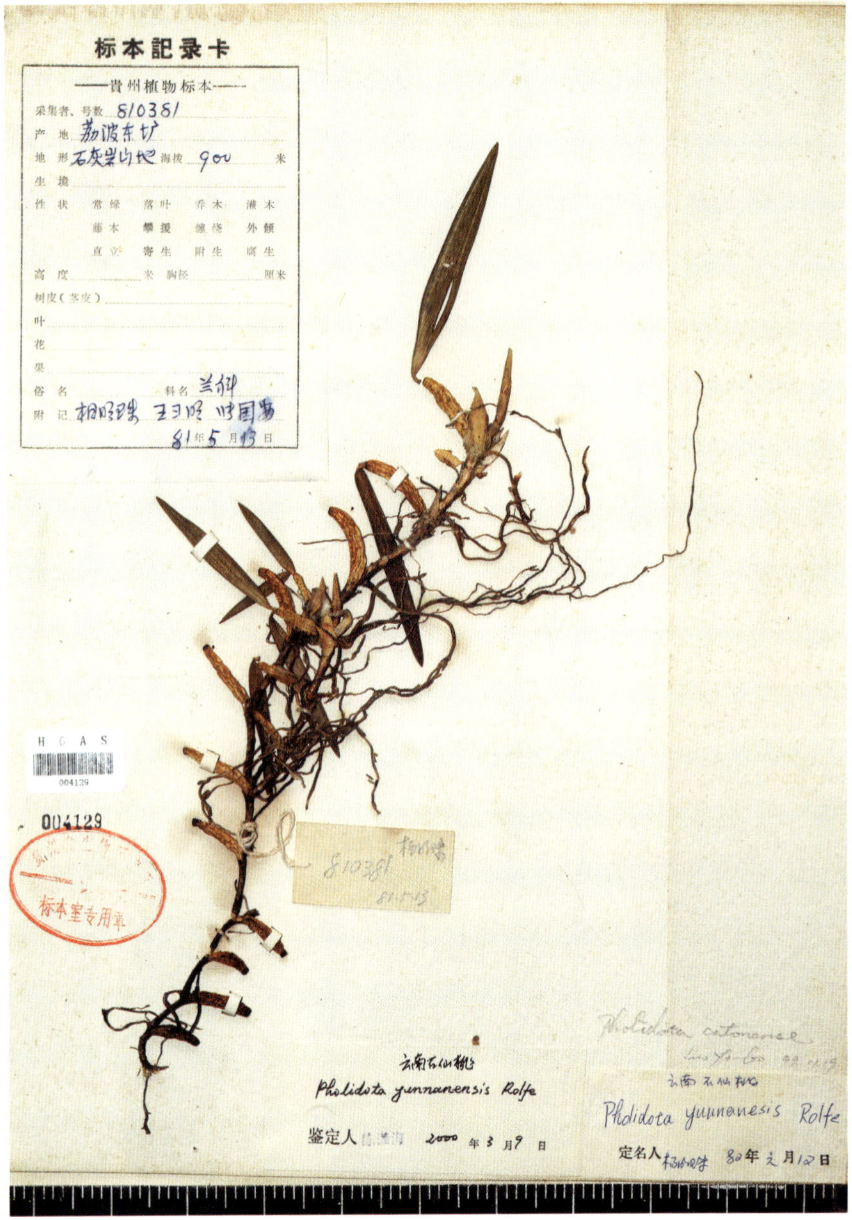
标本記录卡
贵州植物标本
004129
标本室专用章
Pholidota yunnanensis Rolfe
Pholidota yunnanesis Rolfe

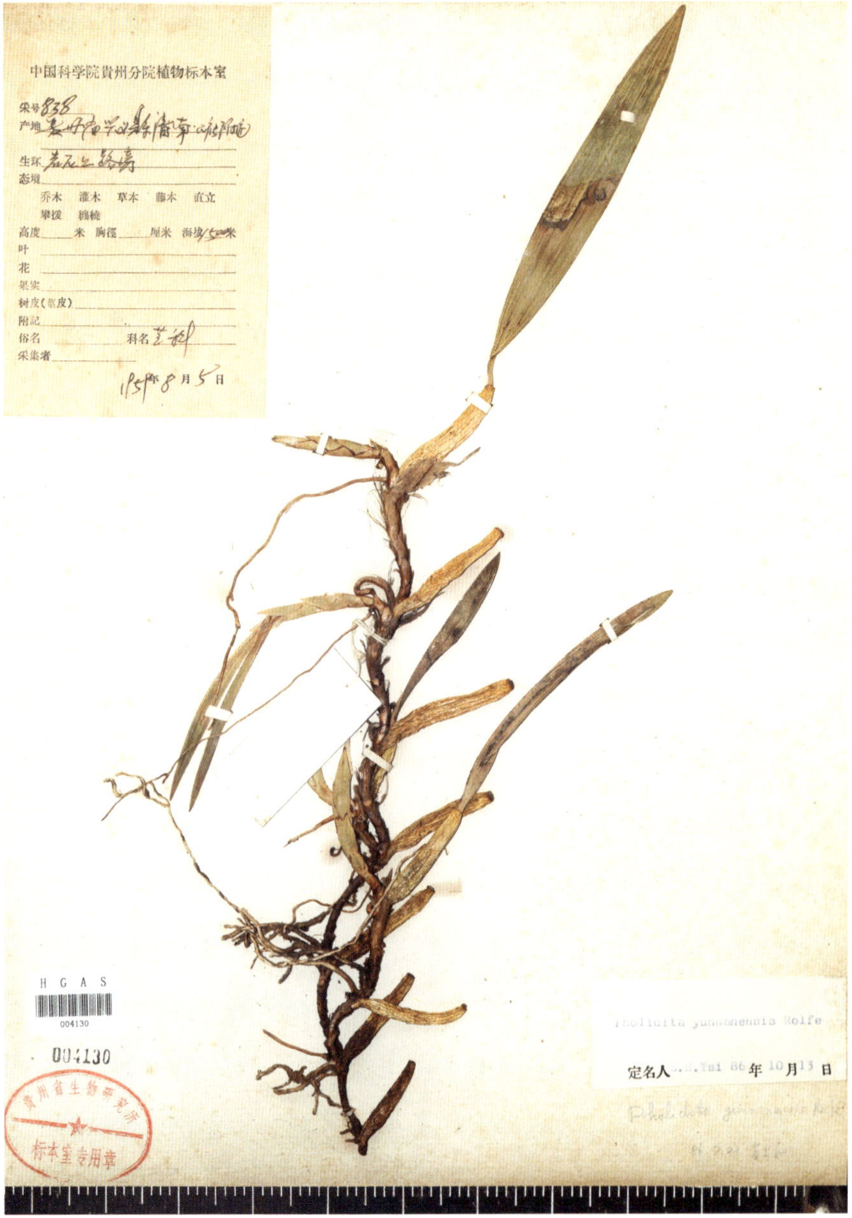
中国科学院贵州分院植物标本室
004130
标本室专用章

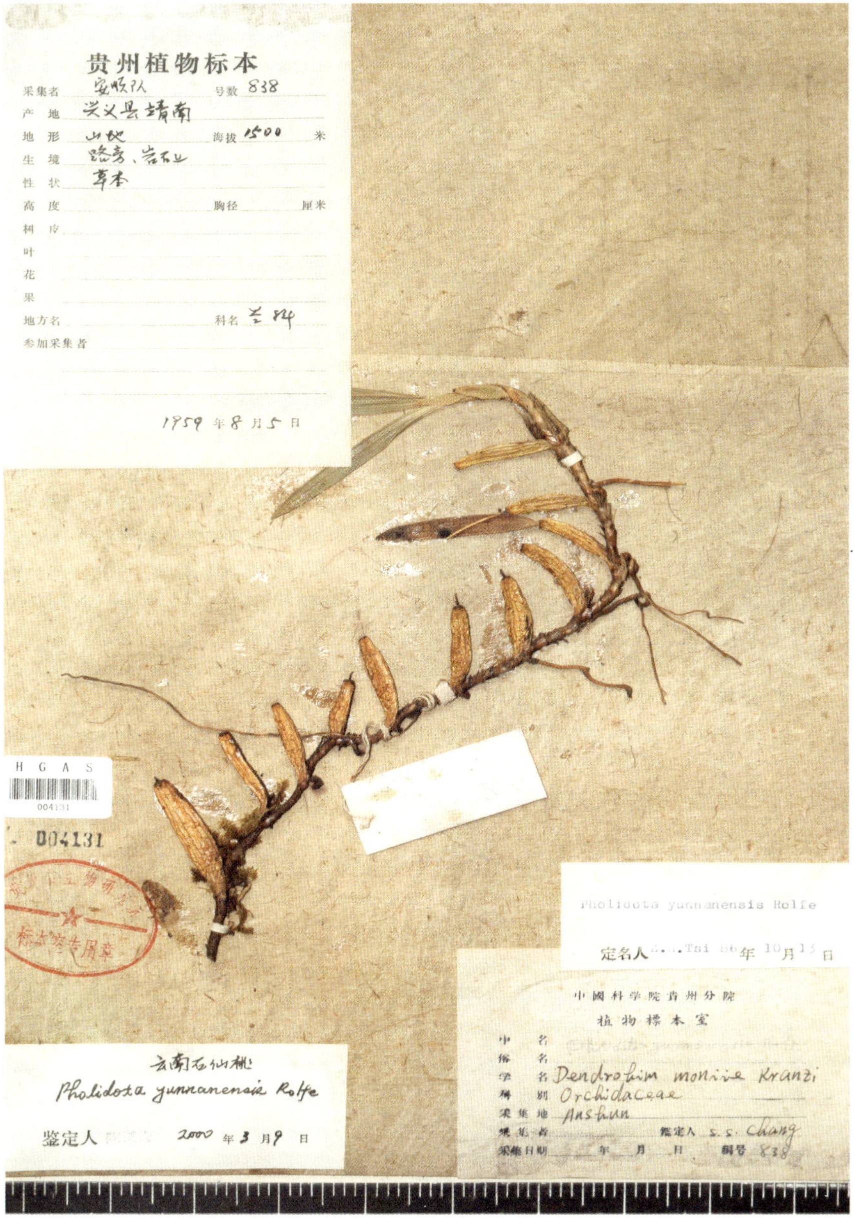
贵州植物标本
采集者
号数 838
产地 兴义县靖南
地形
海拔 1500 米
生境 路旁、岩石上
性状 草本
高度
胸径
厘米
树皮
叶
花
果
地方名
科名 兰科
参加采集者
1959 年 8 月 5 日
HGAS
004131
004131
Pholidota yunnanensis Rolfe
定名人
年 10 月 13 日
中國科學院貴州分院
植物標本室
中名
俗名
學名 Dendrobium moniline Kranzl
科別 Orchidaceae
采集地 Anshun
鑒定人 S. S. Chang
采集日期 年 月 日
號數 838
云南石仙桃
Pholidota yunnanensis Rolfe
鉴定人
2000 年 3 月 9 日

中国科学院贵州分院植物标本室
采号
产地
生环
态境
乔木 灌木 草本 藤本 直立
攀援 缠绕
高度
米 胸径
厘米 海拔
米
叶
花
果实
树皮(茎皮)
附记
俗名
科名
采集者
年 月 13 日
HGAS
004132
004132
云南石仙桃
Pholidota yunnanensis Rolfe
鉴定人
2000 年 3 月 9 日
Pholidota yunnanensis Rolfe
定名人 Z.H.Tsi 86年10 月 13 日

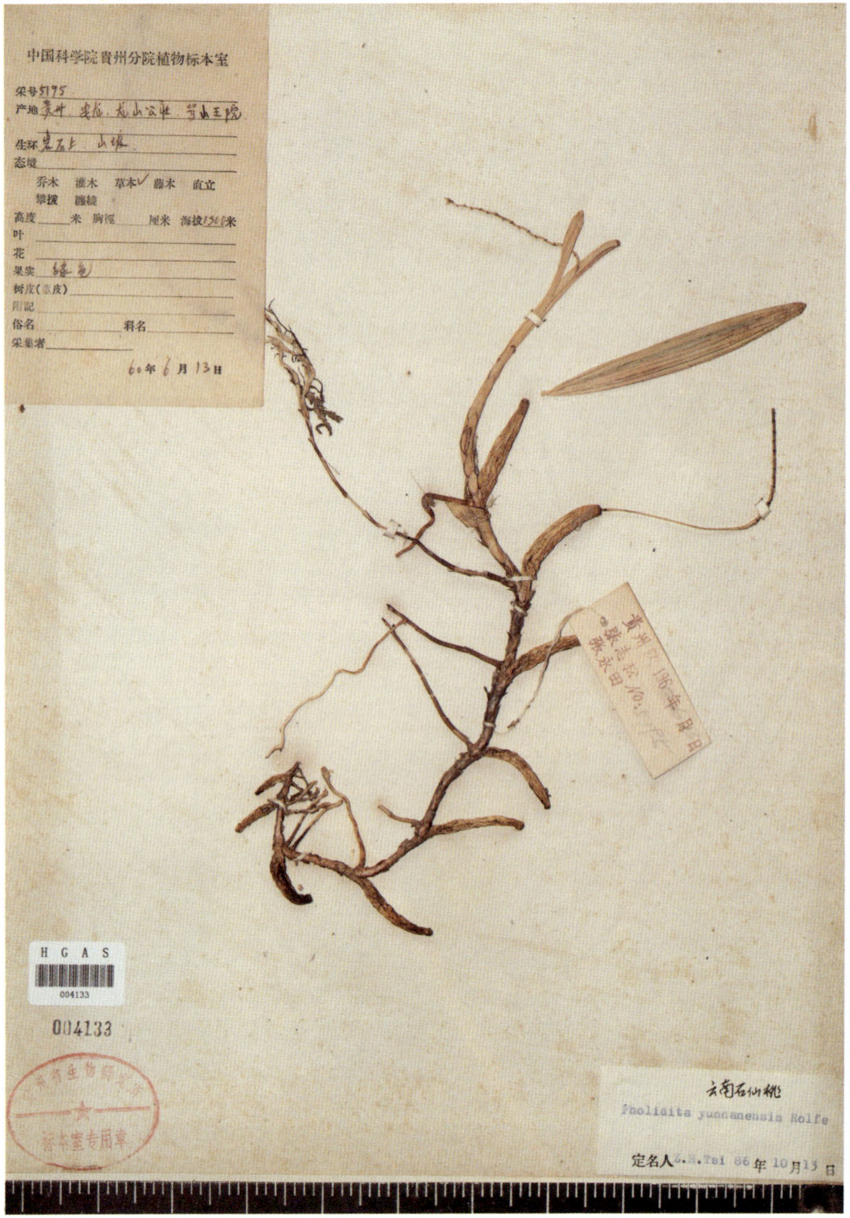
中国科学院贵州分院植物标本室
HGAS
004133
004133
云南石仙桃
Pholidita yunnanensis Rolfe
定名人Z.H.Tsai 86年10月13日

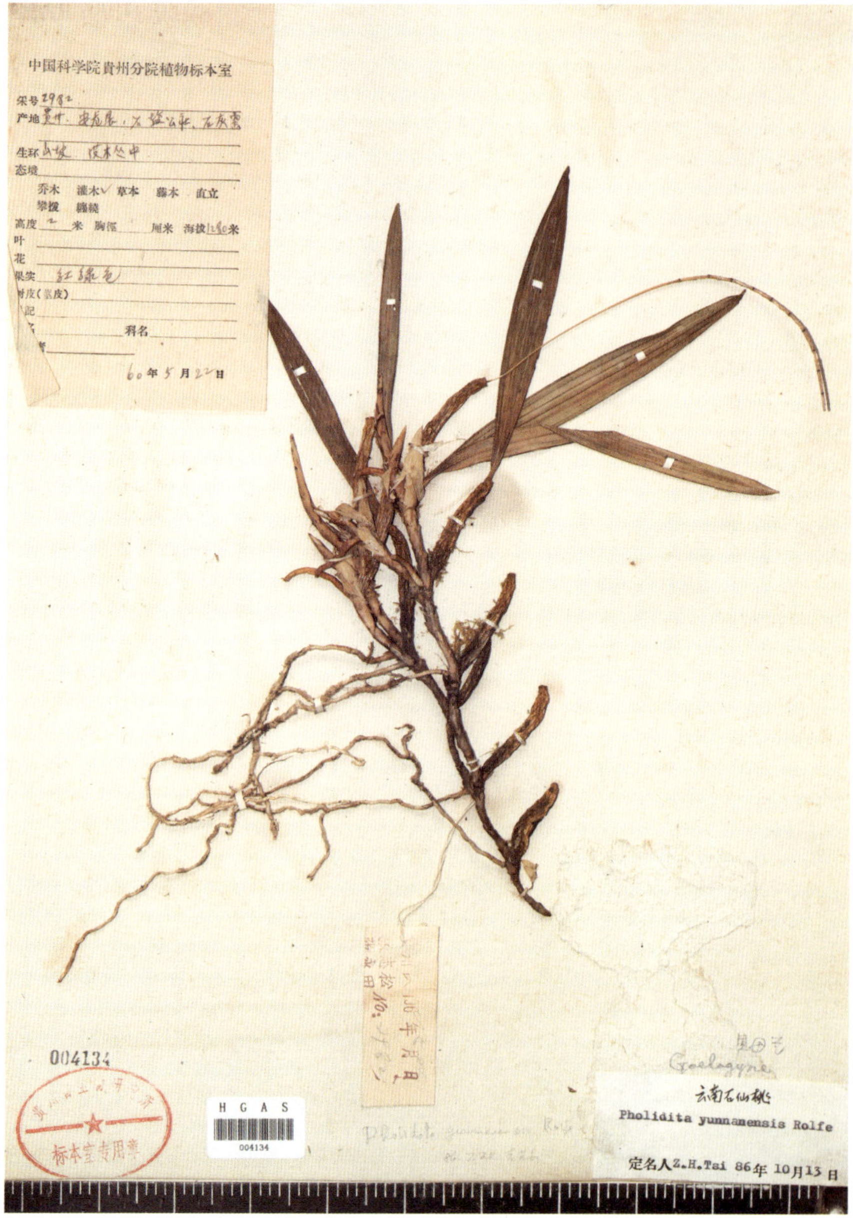
中国科学院贵州分院植物标本室
004134
HGAS
004134
云南石仙桃
Pholidita yunnanensis Rolfe
定名人Z.H.Tsai 86年10月13日

中国科学院贵州分院植物标本室
采号 81
产地
生环
态境
乔木 灌木 草本 藤本 直立
攀援 缠绕
高度 米 胸径 厘米 海拔 米
叶
花
果实
树皮(茎皮)
附記
俗名 科名 兰科
采集者
60 年 1 月 12 日
HGAS
004135
004135
云南石仙桃
Pholidota yunnanensis Rolfe
鉴定人 1999 年 12 月 5 日
Pholiodota yunnanensis Rolfe
定名人 Z.H.Tsi 86 年 10 月 13 日

标本記录卡
贵州植物标本
采集者、号数 810381
产地
地形 石灰岩山地 海拔 900 米
生境
性状 常绿 落叶 乔木 灌木
藤本 攀援 缠绕 外附
直立 寄生 附生 腐生
高度 米 胸径 厘米
树皮(茎皮)
叶
花
果
俗名 科名 兰科
附记
81 年 5 月 13 日
HGAS
004136
004136
云南石仙桃
Pholidota yunnanensis Rolfe
鉴定人 2000 年 3 月 9 日
云南石仙桃
Pholidota yunnanensis Rolfe
定名人 82 年 2 月 12 日

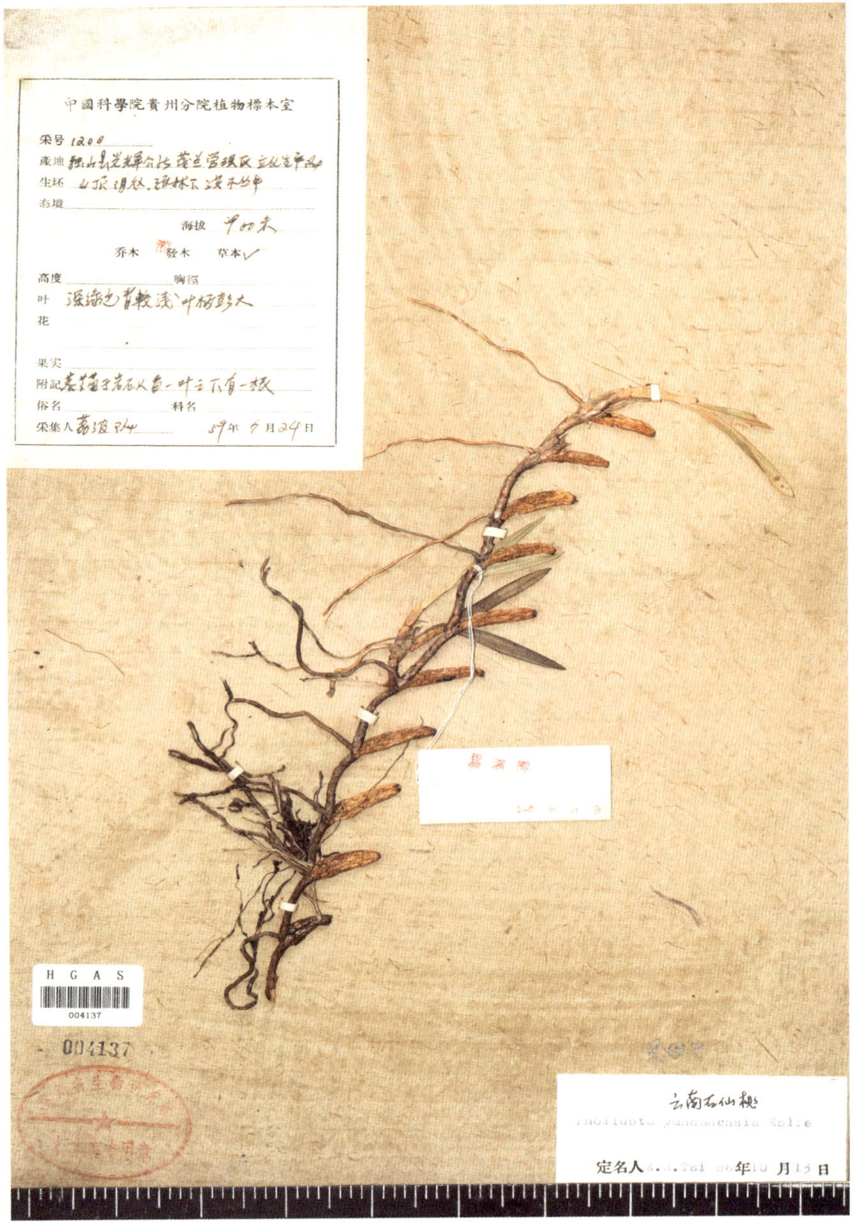
中國科學院貴州分院植物標本室
HGAS
004137
云南石仙桃
Pholidota yunnanensis Rolfe
定名人 Z. H. Tsi 86年10月13日

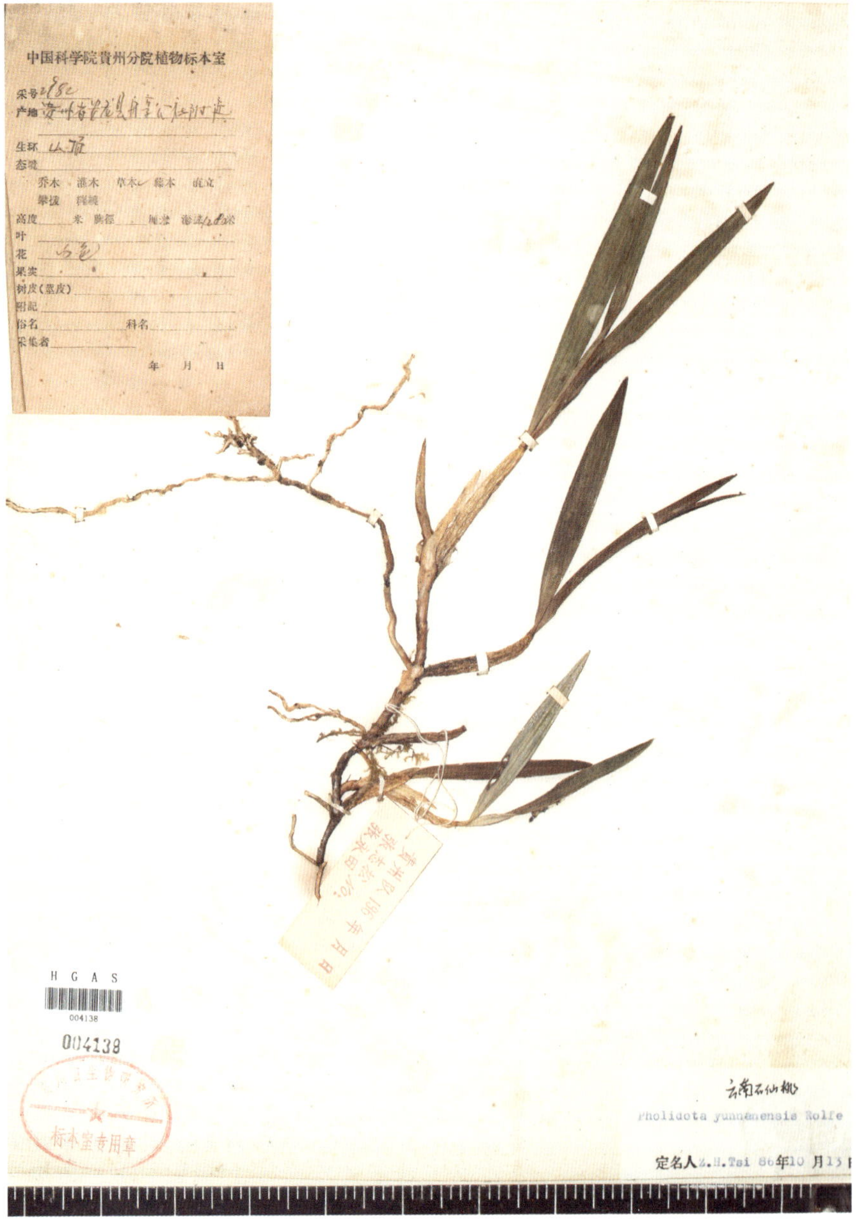
中国科学院贵州分院植物标本室
HGAS
004138
云南石仙桃
Pholidota yunnanensis Rolfe
定名人 Z. H. Tsi 86年10月13日

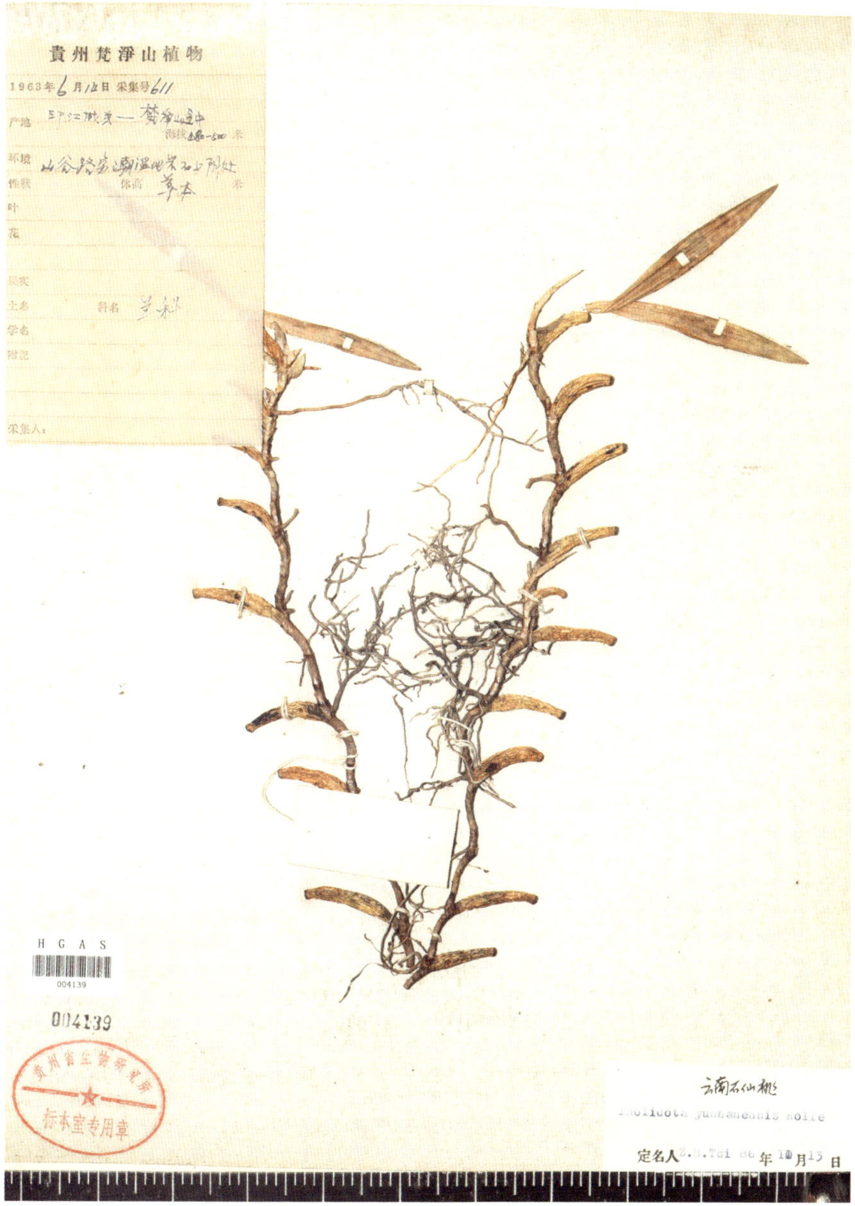
貴州梵淨山植物
HGAS
004139
004139
标本室专用章
定名人

貴州 植物
中国科学院植物研究所
植物標本室
HGAS
004140
004140
云南石仙桃
Pholidota yunnanensis Rolfe
定名人 Z.H.Tsi 86年 10月13

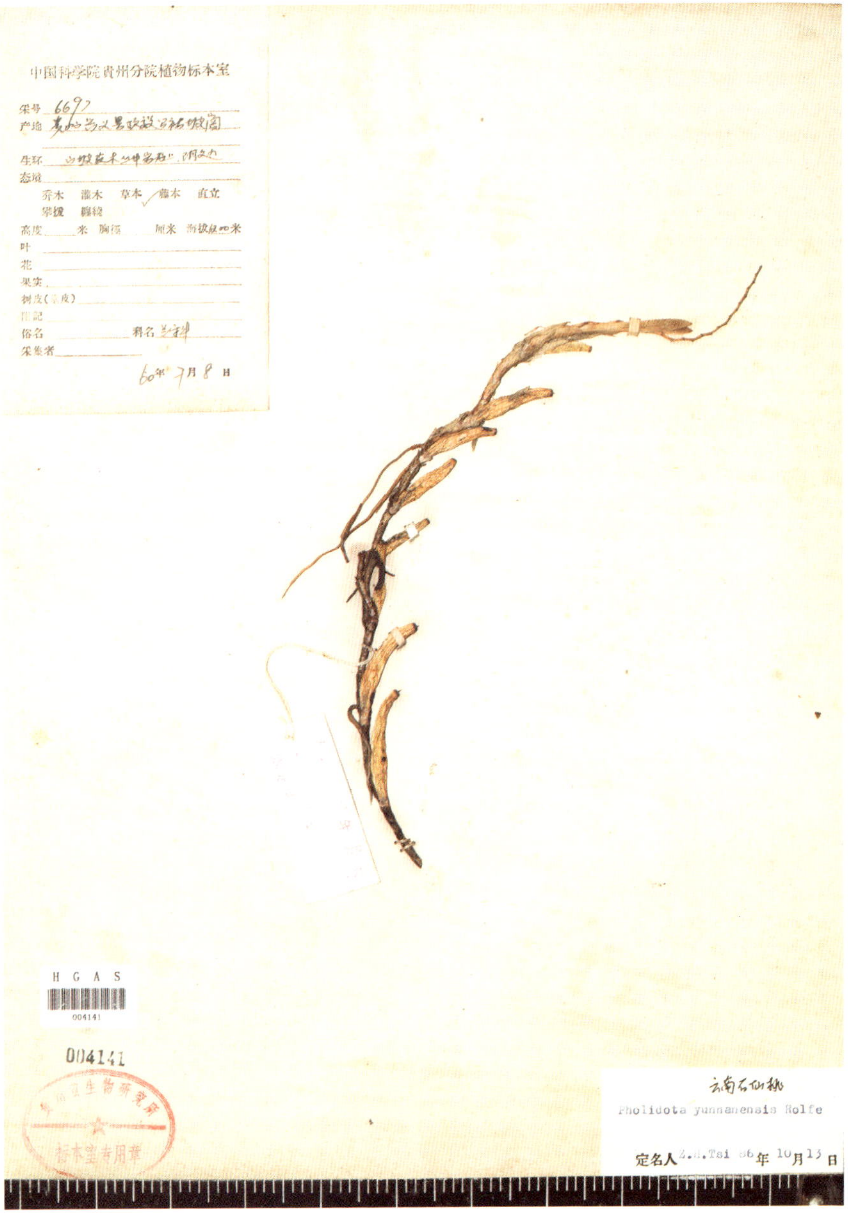
中国科学院贵州分院植物标本室
HGAS
004141
Pholidota yunnanensis Rolfe
定名人
年 月 日

中国科学院贵州分院植物标本室
HGAS
004142
Pholidita yunnanensis Rolfe
定名人
年 月 日

贵州植物标本
采集者
号数 2009
产地
地形
海拔 850 米
生境
性状
高度
胸径 厘米
树皮
叶
花
果
地方名
科名 兰科
参加采集者
1959 年 9 月 1 日
004143
H G A S
004143
Pholidota yunnanensis Rolfe
定名人 86 年 10 月 13 日
Orchidaceae
Dendrobium aggregatum
T.PChu. 1959.10.

41 舌唇兰属

41.1 二叶舌唇兰 *Platanthera chlorantha* Cust. ex Rchb.

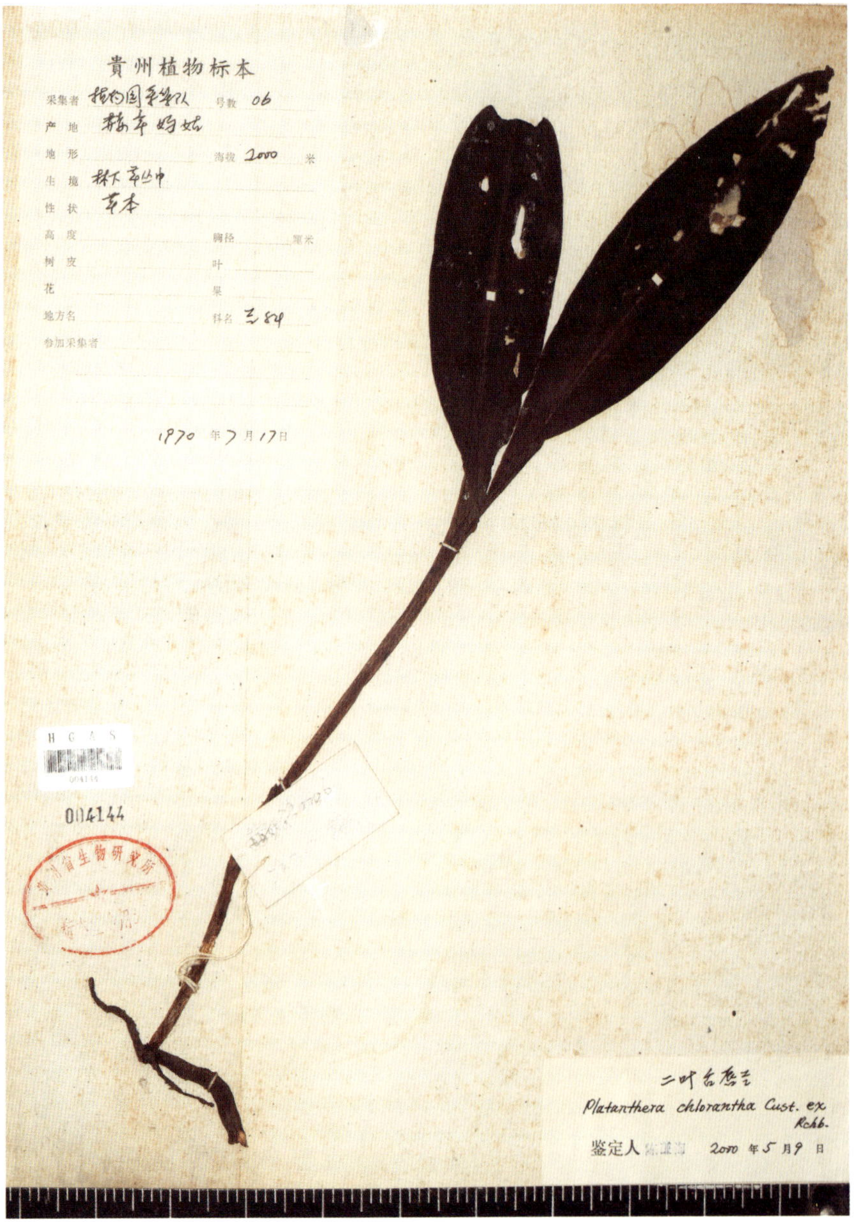

【别　　名】土白及。

【形态特征】地生草本，高 30～50cm，具卵状块茎 1～2 枚，上部收狭成圆柱形。茎直立，无毛，近基部有 2 枚彼此紧靠，近对生的大叶，其上有几枚披针形的苞片状小叶。大叶披针状椭圆形，长 13～17cm，宽 4.5cm，先端钝或急尖，基部收狭成鞘状柄抱茎。总状花序长 13～23cm，具 12～32 朵花；花苞片披针形；花白色或绿白色；中萼片圆状心形，舟状，长 6～7mm，宽 5～6mm，具 5 条脉；侧萼片斜卵形，长 7.5～8mm，宽 4～4.5mm，具 5 条脉；花瓣狭披针形，偏斜，长 5～6mm，宽约 3mm，与中萼片靠合成为兜状；唇瓣舌状，长 8～13mm，宽约 2mm；距粗壮，棒状圆筒形，长 2.5～3.5cm，稍弯曲，末端增粗。花期 8 月。

【生长环境】生于海拔 2000m 的山坡草丛中。

【地理分布】贵州产赫章；黑龙江、吉林、辽宁、内蒙古、河北、山西、陕西、甘肃、青海、四川、云南、西藏有分布。欧洲至亚洲广布。

【馆藏信息】第五标本馆，第 004144 号标本。

41.2 白鹤参 *Platanthera latilabris* Lindl.

【形态特征】植株高 18～55cm。块茎椭圆形或卵球形，长 1～2cm，肉质。茎伸长，圆柱形，粗壮，直立，具 3～6 枚叶。叶互生，卵形或长圆形。总状花序长 7～30cm，具数朵至 40 余朵花，稀疏或密集，圆柱状；花中等大或较大，带黄绿色，萼片被短柔毛，边缘具睫毛状细齿，具 3 条脉；花瓣直立，稍偏斜的半卵形或卵形，长 6～7mm，基部宽 4～5mm，肉质，先端钝或稍尖，具 1～2 条脉，与中萼片相靠合；唇瓣线形或披针形，长 6.5～13mm，宽约 1mm，肉质，先端钝，近基部具 1 枚凸出的胼胝体。花期 7～8 月。

【生长环境】生于海拔 1600～3500m 的山坡林下、灌丛下或草地。

【地理分布】贵州（无详细产地）。四川、云南、西藏有分布。印度、不丹、尼泊尔也有。

【馆藏信息】第五标本馆，第 004158 号标本；该号标本无采集记录，文献也无，只知是贵州，故不知详细产地。

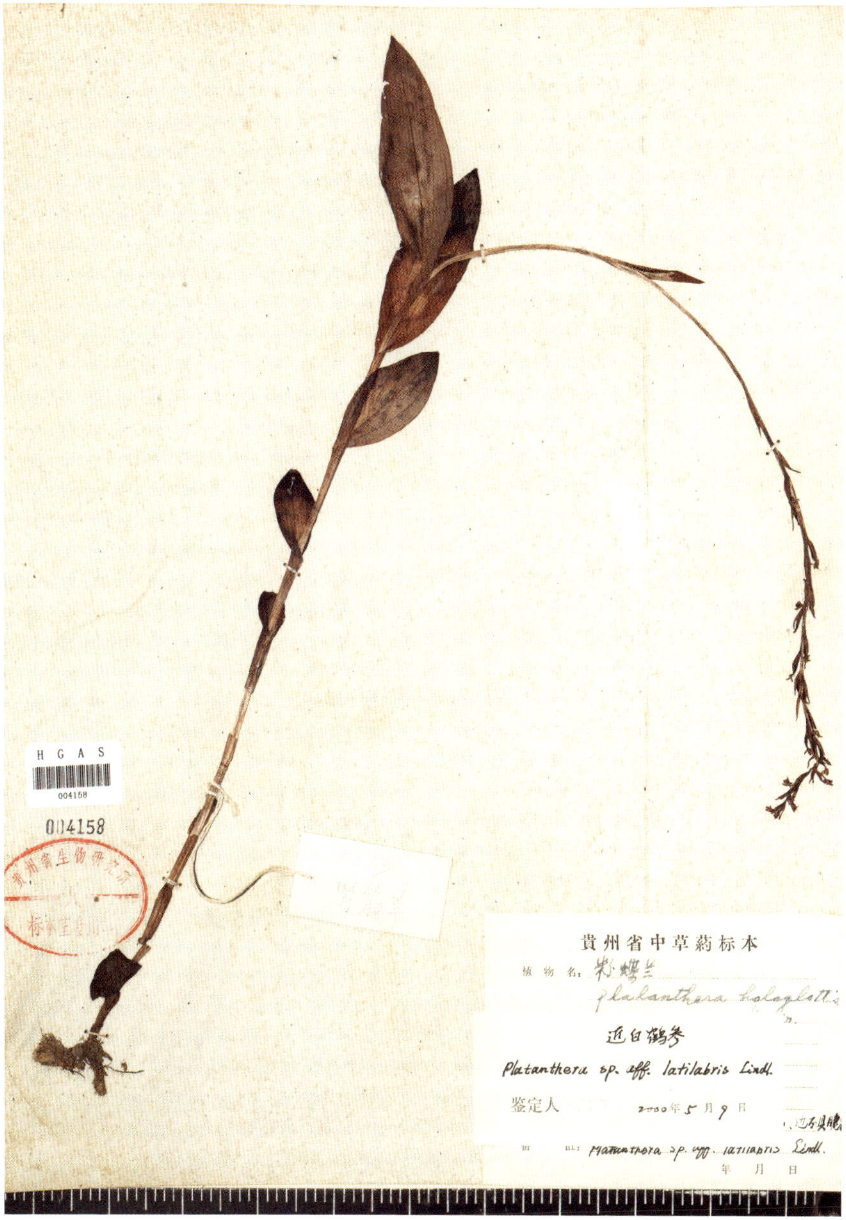

41.3 密花舌唇兰 *Platanthera hologlottis* Maxim.

【形态特征】地生草本，高 35～70cm，根状茎圆柱形。茎直立，下部具 4～6 枚大叶，其上有数枚苞片状小叶。叶宽线形或线状披针形，大叶长 7～20cm，宽 1～2cm，小叶长 1.5～3cm，宽 2～3mm，先端渐尖，基部抱茎。总状花序长 5～20cm，密生多数花；花苞片线状披针形，长 1～1.5cm，宽 2～3mn；花白色，芳香；萼片具 5～7 条脉，边全缘；中萼片卵形，舟状，长 4～5mm，宽 3～3.5mm；侧萼片卵状椭圆形，偏斜，长 5～6mm；花瓣斜卵形，长 4～5mm，宽 1.5～2mm，具 5 条脉，与中萼片靠合呈兜状；唇瓣舌状，长 6～7mm，宽 2.5～3mm，先端圆；距细圆筒状，长 1～2cm，距口有显著凸起物。花期 6～7 月。

【生长环境】生于海拔 1500～1800m 的山坡林下湿地。

【地理分布】贵州产道真、沿河；黑龙江、吉林、辽宁、内蒙古、河北、山东、江苏、安徽、浙江、江西、福建、湖南、广东、四川、云南有分布。东西伯利亚、朝鲜半岛和日本也有。

【馆藏信息】第五标本馆，第 004145、004146 号标本。

貴州植物标本
采集者
号数
产地
地形
海拔
米
生境
性状
高度
胸径
厘米
树皮
叶
花
果
地方名
科名
参加采集者
年
月
日
HGAS
004146
Orchis chusua D. Don
鉴定人

41.4 舌唇兰 *Platanthera japonica* (Thunb. ex A. Marray) Lindl.

【别　　名】观音竹、蛇儿参、水麦冬、骑马参、龙爪参、双肾草、走肾草。

【形态特征】地生草本，高 30～65cm，具肉质、指状根状茎。茎直立，无毛，具 4～6 枚叶。叶长椭圆形，长 10～18cm，宽 3～7cm，先端急尖或钝，基部成鞘状抱茎，自下部向上部叶渐变小，上部叶披针形，先端渐尖。总状花序长 10～18cm，具 10～20 余朵花；花苞片狭披针形，长 2～4cm；子房扭转，连花梗长约 2cm；花大，白色；中萼片卵形，舟状，长约 7mm，宽 5mm；侧萼片斜卵形，稍长于中萼片；花瓣线形，稍短于中萼片；唇瓣线形，长 1.3～1.6cm；距下垂，细长筒状，长 3～6cm，弧曲。花期 6～7 月。

【生长环境】生于海拔 1300～2100m 的山坡林下或灌木丛中。

【地理分布】贵州产梵净山、贵阳、遵义、雷公山、安龙、兴义；陕西、甘肃、江苏、安徽、河南、湖北、浙江、四川、湖南、广西、云南有分布。朝鲜半岛和日本也有。

【馆藏信息】第五标本馆，第 004147、004148、004149、004150、004151、004152、004153、004154、004155、004156、004157 号标本。

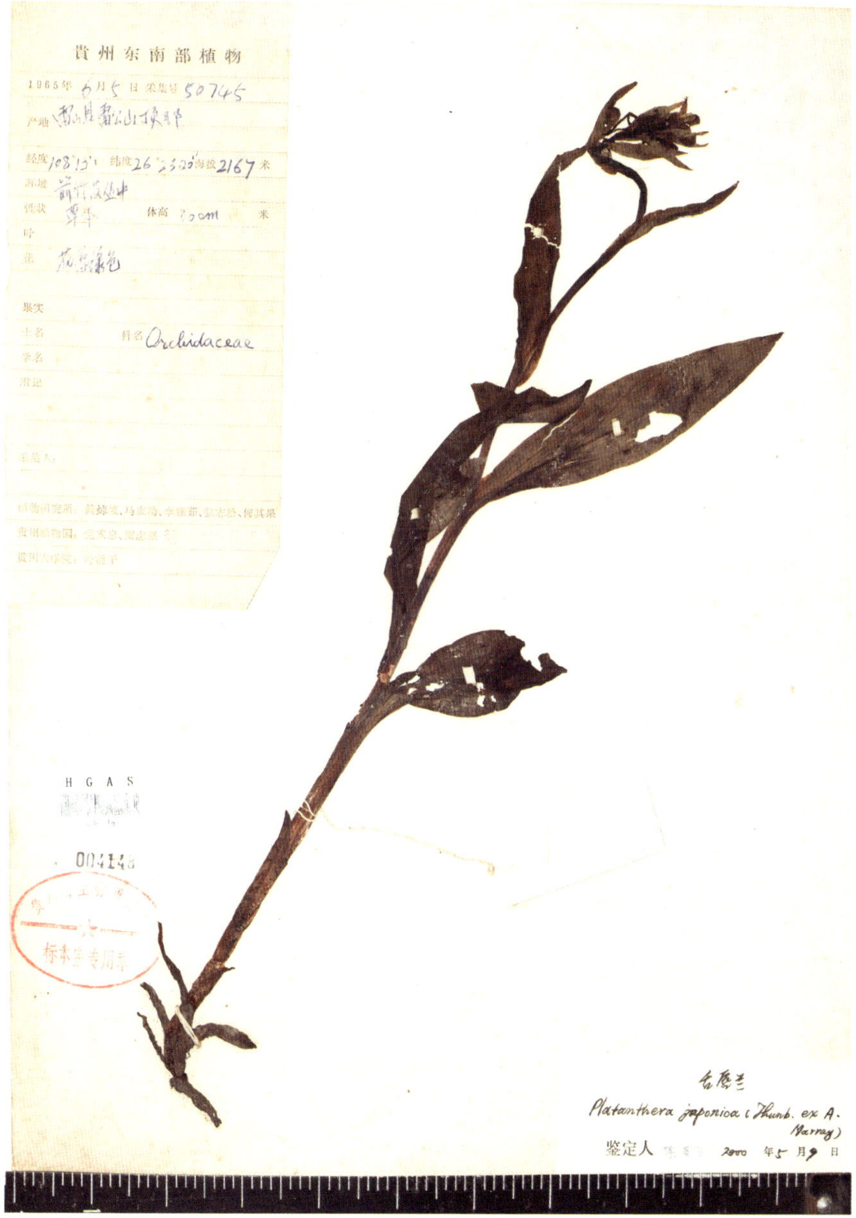

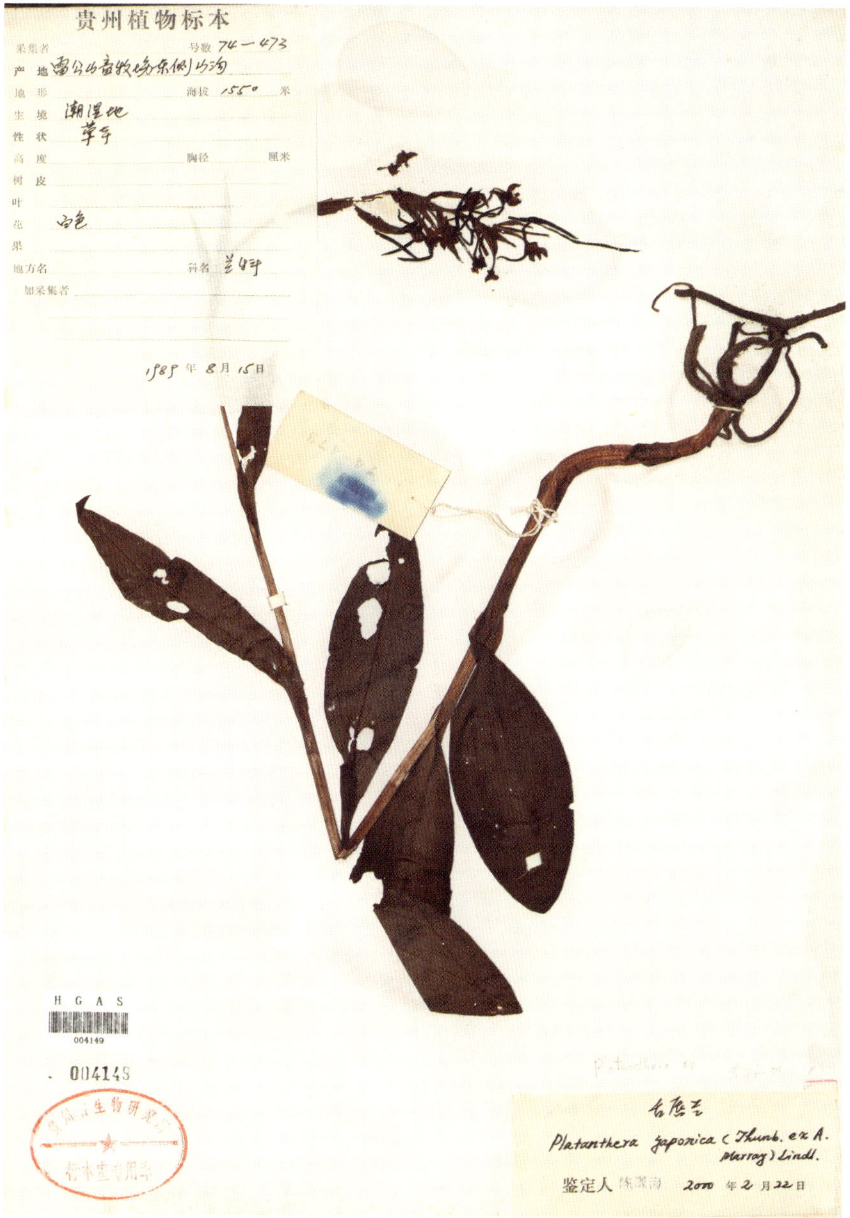

南京大學植物標本室
植物名錄
中名或學名
產地
生地
海拔高度
習性
植物高度
胸高直徑
花(色、味等)
果實(種類、色、味等)
附記
用途
採集號數
標本室號數
採集人
HGAS
004150
舌唇兰
Platanthera japonica (Thunb. ex A. Ma
Lindl.
鉴定人
2000 年 3 月 7 日

貴州梵淨山植物
采集号
产地
海拔
环境
性状
体高
花
白色
科名
HGAS
004151
舌唇兰
Platanthera japonica (Thunb. ex A. Murray)
鉴定人
2000 年 5 月 9 日

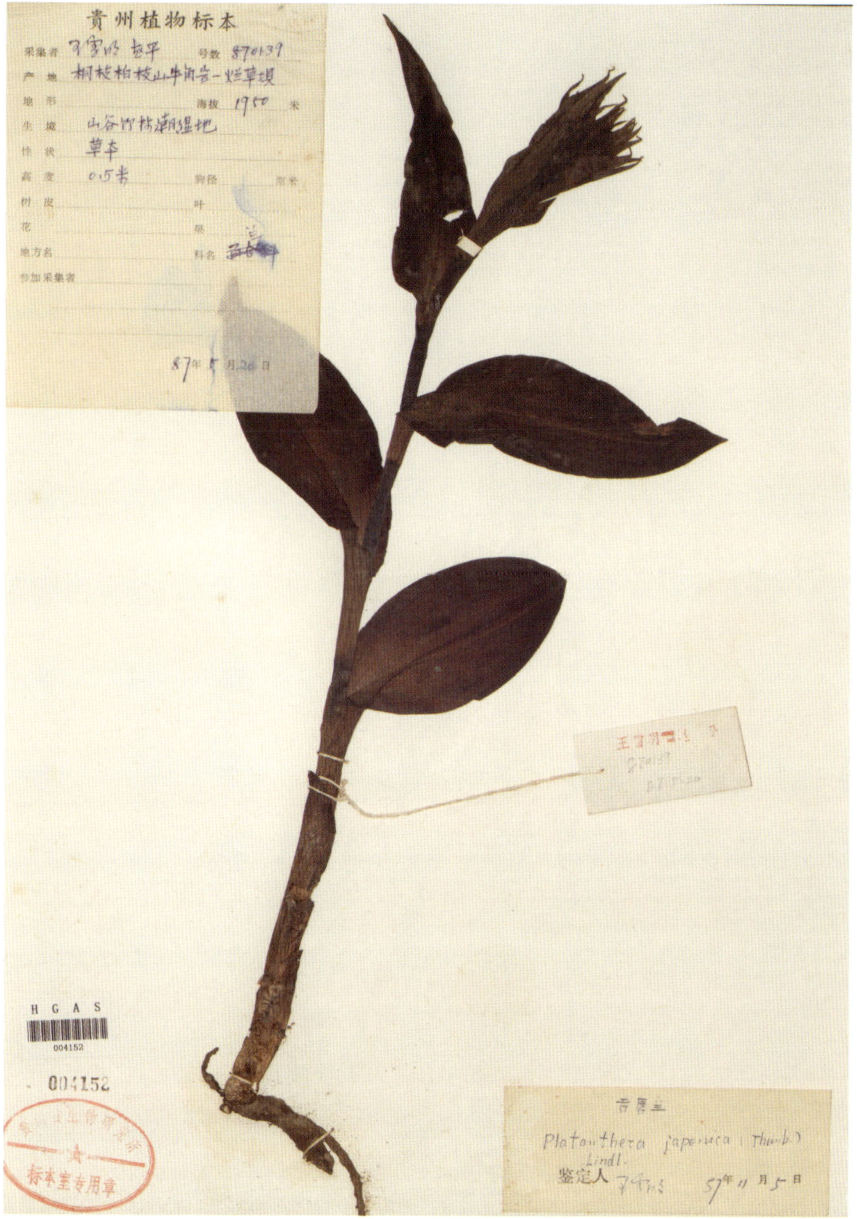
贵州植物标本
HGAS
004152
Platanthera japonica (Thunb.) Lindl.
鉴定人

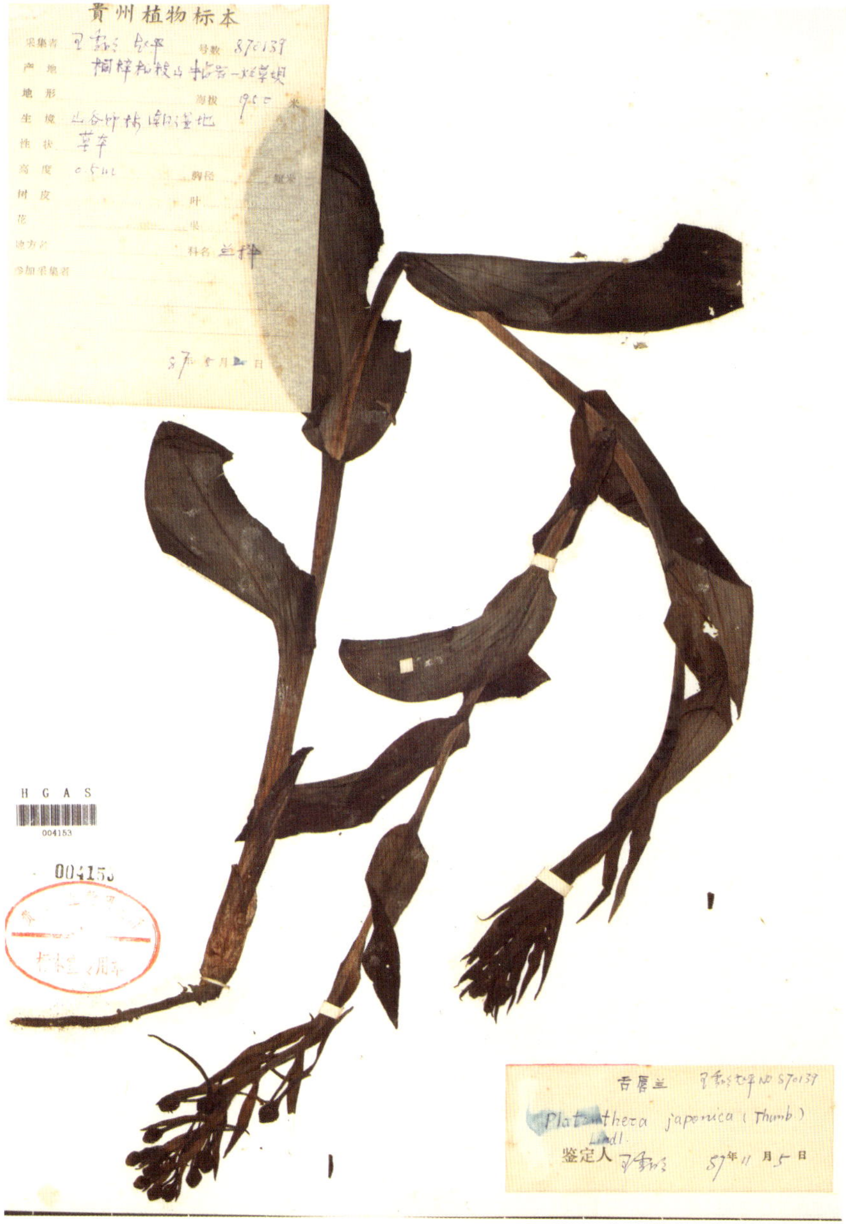
贵州植物标本
HGAS
004153
Platanthera japonica (Thunb.) Lindl.
鉴定人

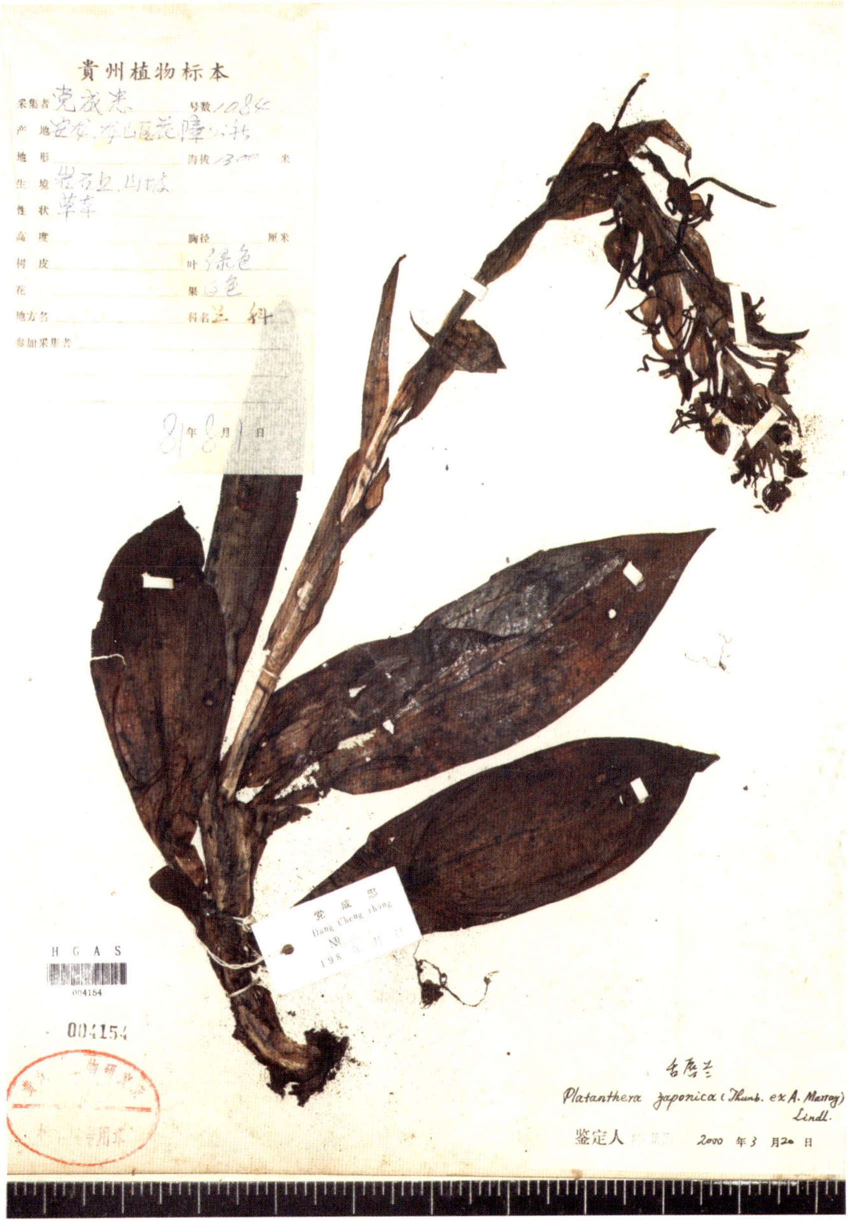
贵州植物标本
HGAS
004154
Platanthera japonica (Thunb. ex A. Murray) Lindl.
鉴定人
2000 年 3 月 20 日

贵州植物标本
黔南队
号数 2040
雷公山（西江雷公坪）
海拔 1200 米
草本
1959 年 5 月 20 日
HGAS
004155
鉴定人
1999 年 11 月 19 日

贵州植物标本
Commelinaceae
1988 年 4 月 29 日
H G A S
004156
004156
Platanthera japonica (Thunb.) Lindl.
鉴定人 95 年 5 月 22 日

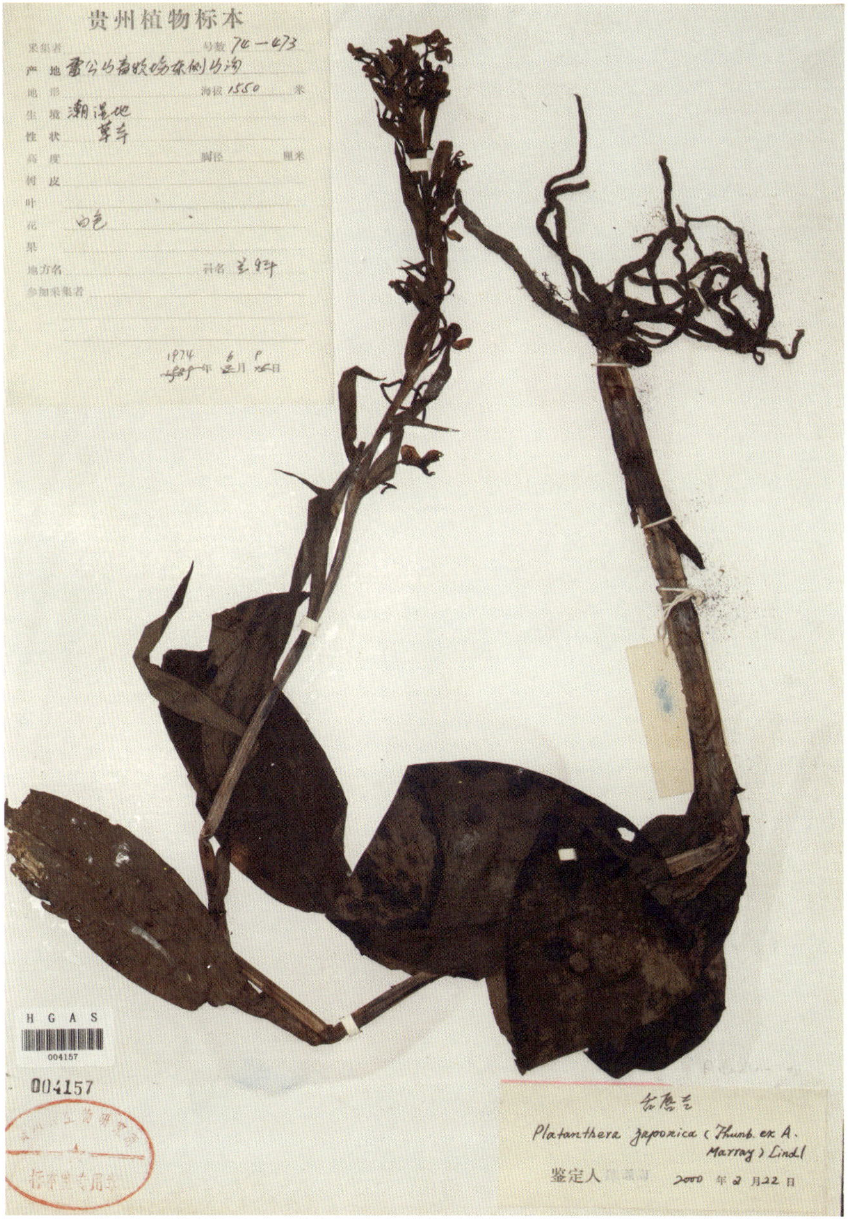
贵州植物标本
1550
H G A S
004157
004157
Platanthera japonica (Thunb. ex A. Murray) Lindl
鉴定人 2000 年 2 月 22 日

41.5 尾瓣舌唇兰 *Platanthera mandarinorum* Rchb. f.

【别　　名】双肾草（湖北）。

【形态特征】地生草本，高 25～60cm，具肉质、纺锤形、指状根状茎。茎直立，细长，下部具 1 枚大叶，向上具数枚披针形小叶。大叶长圆形，长 8～13cm，宽 1.7～4.5cm，先端急尖，基部成鞘抱茎。总状花序长 6～20cm，具多数疏散的花；花苞片披针形；子房扭转；花黄绿色；中萼片宽卵形，长约 4mm，先端钝圆；侧萼片反折，长圆状披针形，长约 7mm；花瓣长约 6mm；唇瓣淡黄色，舌状披针形，长 8mm；距细筒状，长 2～3cm。花期 5～6 月。

【生长环境】生于海拔 1200～2000m 的山坡草地。

【地理分布】贵州产梵净山、镇远、安顺；河南、山东、安徽、江苏、浙江、福建、江西、湖北、湖南、广东、广西、四川、云南有分布。朝鲜半岛、日本也有。

【馆藏信息】第五标本馆，第 004159、004160、004161、004162、004163 号标本。

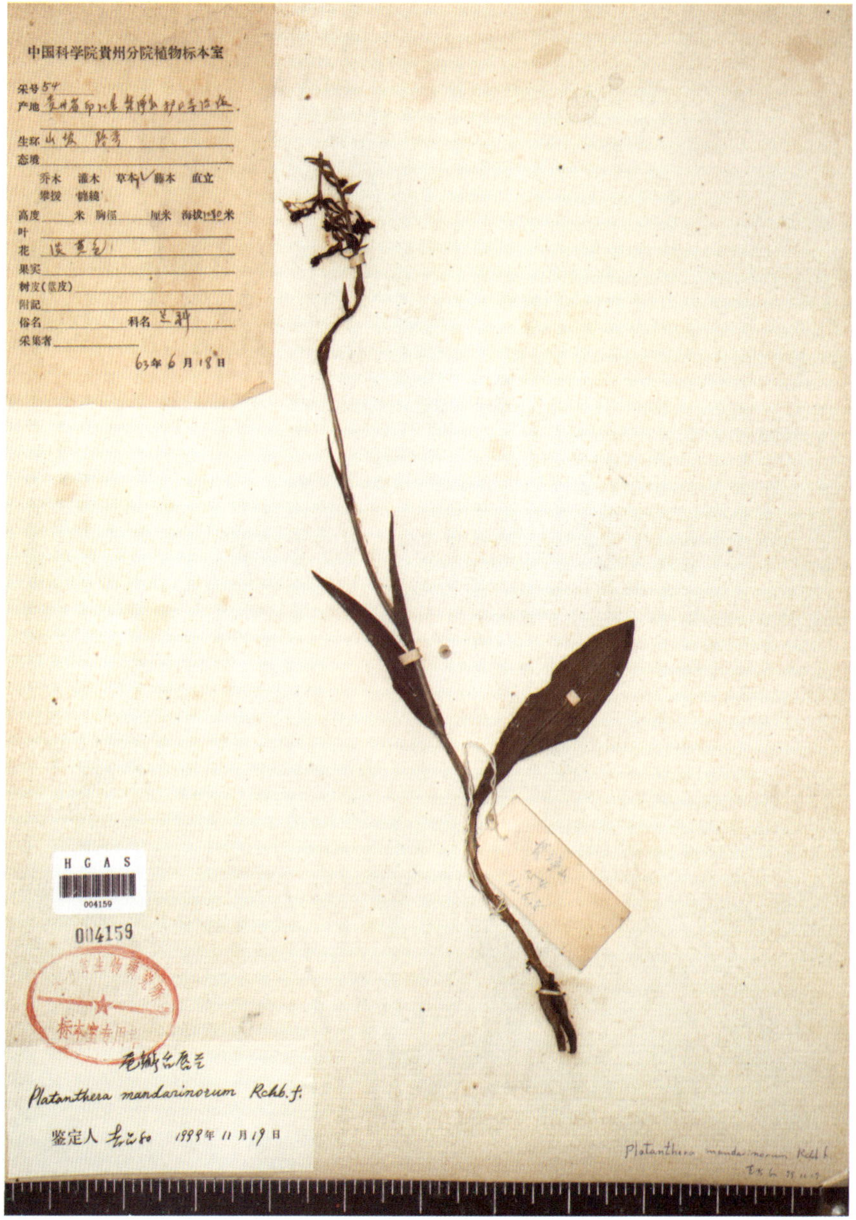

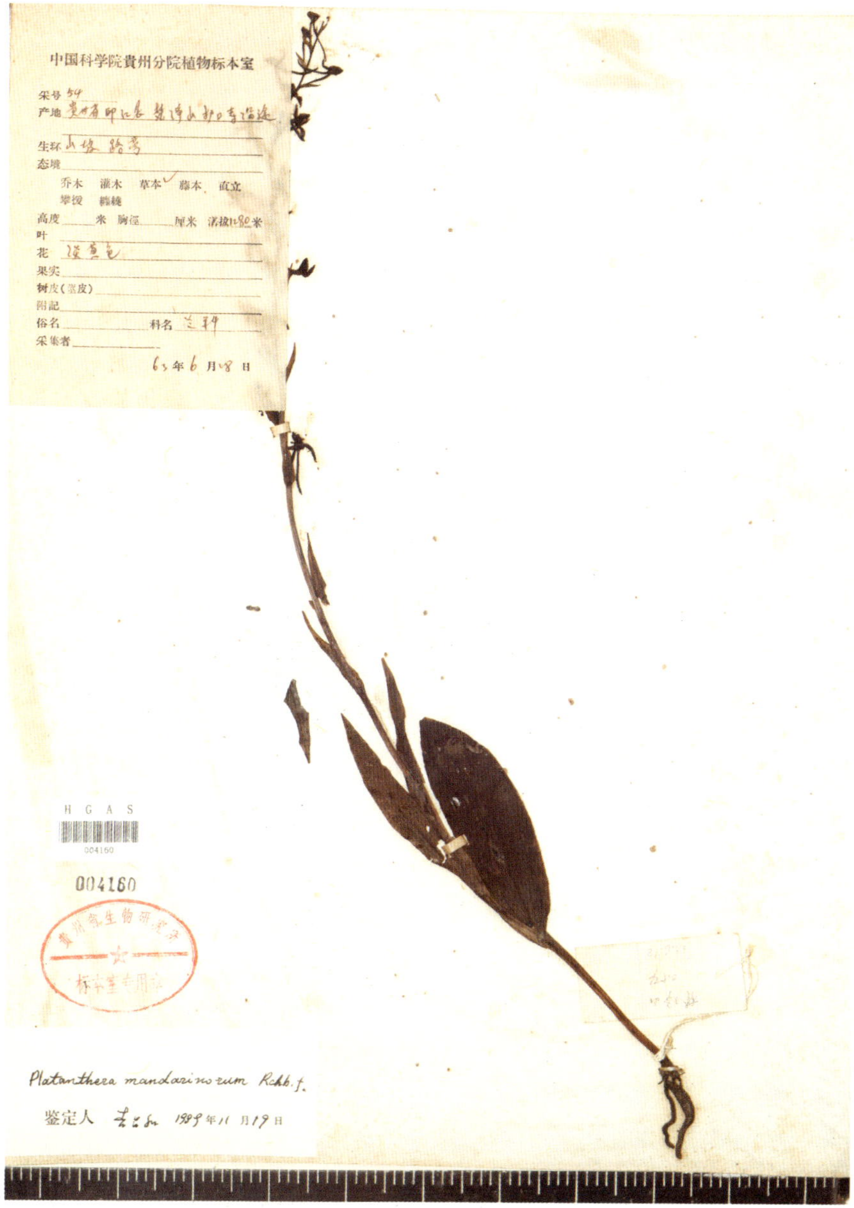
中国科学院貴州分院植物标本室
HGAS
004160
Platanthera mandarinorum Rchb.f.
鉴定人

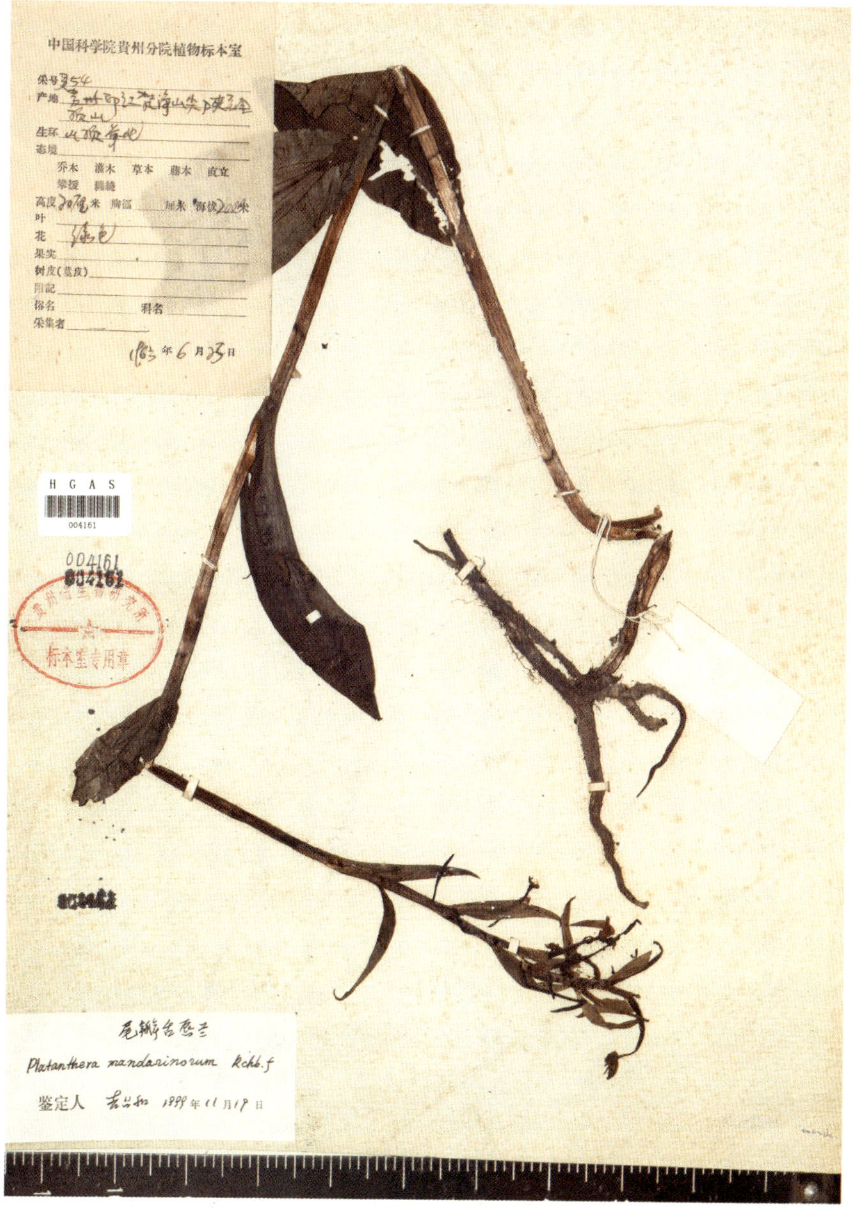
中国科学院貴州分院植物标本室
HGAS
004161
Platanthera mandarinorum Rchb.f.
鉴定人

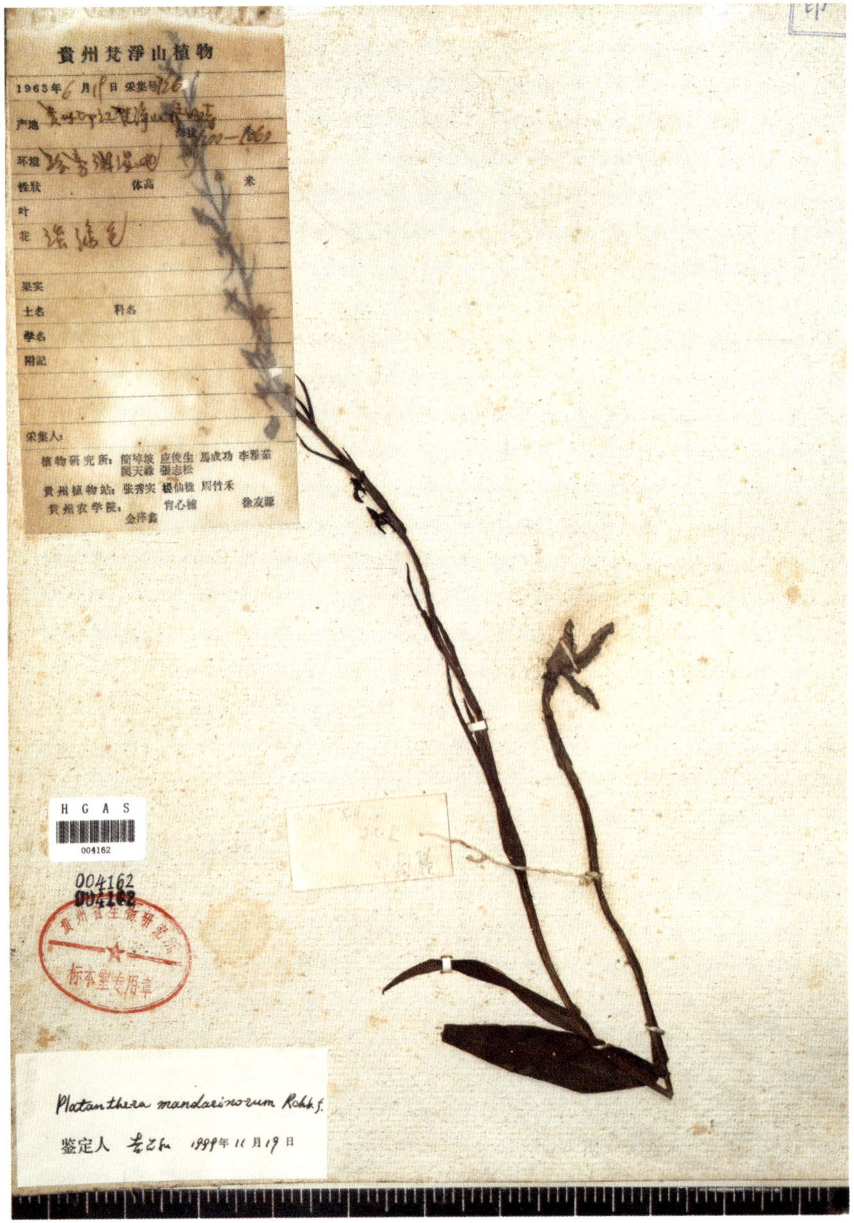
貴州梵淨山植物
H G A S
004162
Platanthera mandarinorum Rchb. f.
鉴定人

貴州梵淨山植物
H G A S
004163
Platanthera mandarinorum Rchb. f.
鉴定人

41.6 小舌唇兰 *Platanthera minor* (Ming.) Rchb. f.

【别　　名】高山粉蝶兰、卵唇粉蝶兰、小长距兰、猪獠参。

【形态特征】地生草本，高 20～60cm，具肉质、椭圆形块茎。茎直立，下部具 2 枚较大的叶，向上有渐变小的披针形小叶，基部具 1～2 枚筒状鞘。叶椭圆形或卵状披针形，长 6～15cm，宽 1.5～5cm，先端急尖或钝圆，基部鞘状抱茎。总状花序长 10～18cm，疏生多数花；花苞片卵状披针形；子房扭转；花黄绿色；中萼片宽卵形，长 4～5mm，呈舟状；侧萼片椭圆形，稍斜，长 5～6mm；花瓣斜卵形，长 4～6mm；唇瓣舌状，长 6～7mm；距细筒状，长 16～18mm。花期 5～6 月。

【生长环境】生于海拔 1200～1800m 的山坡草地。

【地理分布】贵州产雷公山、剑河、纳雍、兴义；江苏、安徽、浙江、江西、福建、台湾、河南、湖北、湖南、广东、香港、海南、广西、四川、云南有分布。朝鲜半岛和日本也有。

【馆藏信息】第五标本馆，第 004164 号标本。

42 独蒜兰属

42.1 独蒜兰 *Pleione bulbocodioides* (Franch.) Rolfe

【别　　名】冰球子。

【形态特征】半附生草本。假鳞茎卵形，上端有明显的颈，全长1～2.5cm，直径1～2cm，顶生1枚叶。叶在花期尚幼嫩，长成后狭椭圆状披针形或近倒披针形，纸质，长10～25cm，宽达5.8cm，先端渐尖，基部渐狭成柄；叶柄长2～6cm。花葶自无叶的老假鳞茎基部发出，长7～20cm，顶端通常生1朵花；花苞片线状长圆形，长2～4cm，明显长于花梗连子房的长度；花粉红色，唇瓣上有深色斑；中萼片倒披针形，长3.5～5cm，宽7～9mm；侧萼片长圆状倒披针形，稍偏斜；花瓣倒披针形，长3.5～5cm，稍偏斜；唇瓣倒卵形或宽倒卵形，长3.5～4.5cm，宽3～4cm，不明显3裂，上部边缘撕裂状，通常具4～5条褶片；褶片啮蚀状；蕊柱长2.7～4cm，两侧具翅，上部的翅宽6～7mm，有齿缺。花期4～6月。

【生长环境】生于海拔1300～1800m的林下岩石上。

【地理分布】贵州产雷公山、黄平、榕江、贵定、兴仁、贞丰；陕西、甘肃、安徽、湖北、湖南、广东、广西、四川、云南、西藏有分布。

【馆藏信息】第五标本馆，第004165、004166、004167、004168、004169、004170、004171、004172、004173、004174、004175、004176、004177、004178号标本。

004168
HGAS
004168
Pleione bulbocodioides (Franch.) Rolfe
定名人Z.H.Tsi 86年 7 月22 日

貴州梵淨山植物
1963年 月 日 采集号
产地
海拔 1915 米
环境
性状 体高 米
叶
花
果实
土名 科名
学名
附記
采集人：
植物研究所：
貴州植物站：
貴州农学院：
HGAS
004169
004169
標本室专用章
Pleione bulbocodioides (Franch.) Rolfe
定名人Z.H.Tsi 86 年 7 月22 日

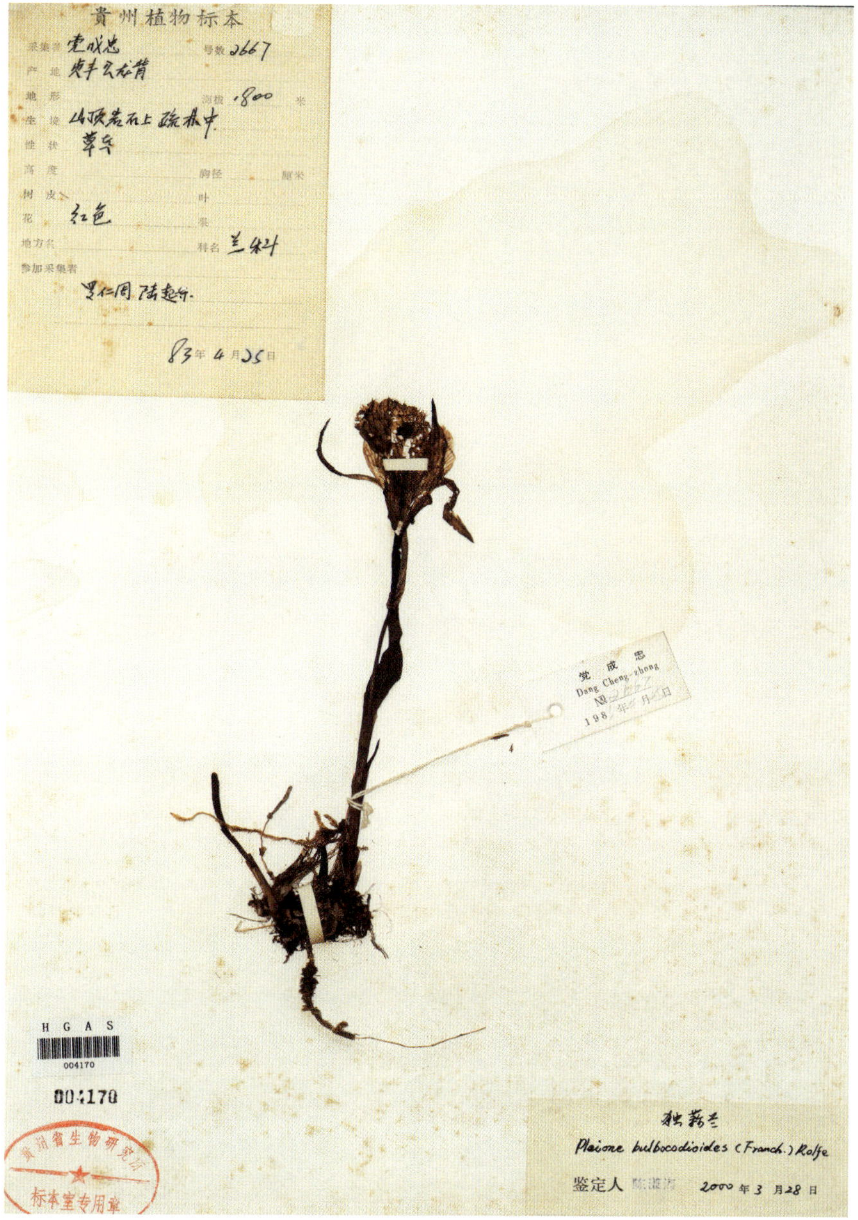
貴州植物标本
HGAS
004170
Pleione bulbocodioides (Franch.) Rolfe
鉴定人
2000 年 3 月 28 日

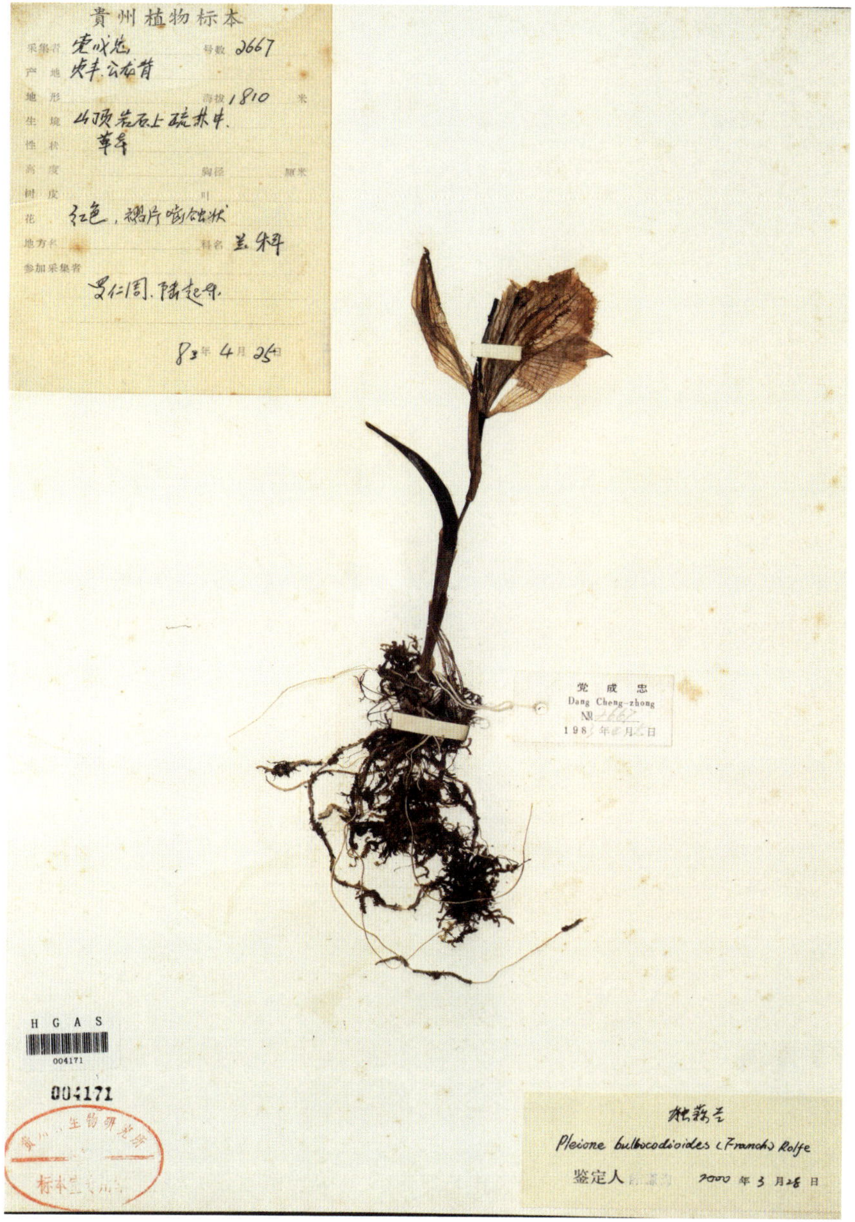
貴州植物标本
HGAS
004171
Pleione bulbocodioides (Franch.) Rolfe
鉴定人
2000 年 3 月 28 日

贵州植物标本
号数 2670
海拔 1800
83年4月25日
HGAS
004172
Pleione bulbocodioides (Franch.) Rolfe
鉴定人
2000年4月12日

号数 2670
海拔 1800
83年4月25日
HGAS
004173
Pleione bulbocodioides (Franch.) Rolfe
鉴定人
2000年3月28日

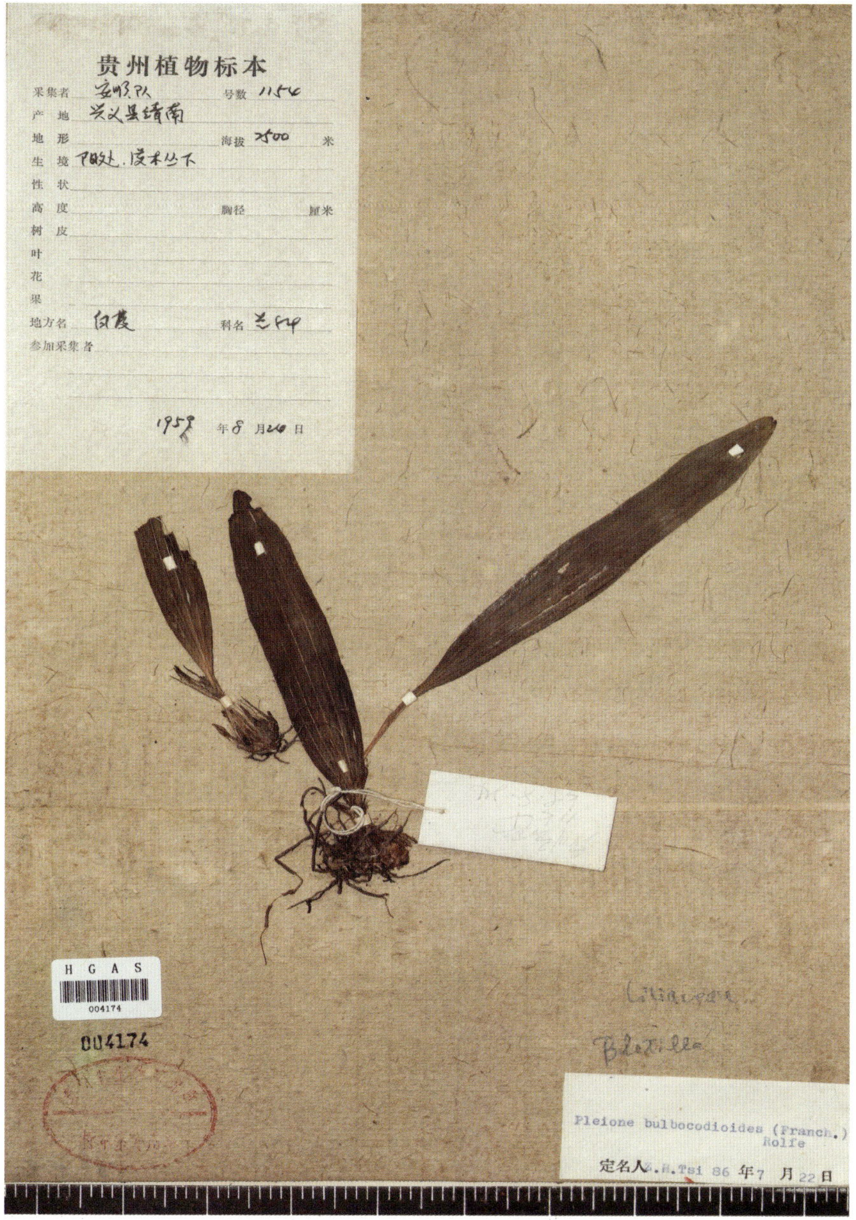
贵州植物标本
HGAS
004174
004174
Pleione bulbocodioides (Franch.) Rolfe
定名人

中国科学院贵州分院植物标本室
HGAS
004175
004175
Pleione bulbocodioides (Franch.) Rolfe
定名人

中国科学院西南生物研究所贵阳工作站
植物标本室
HGAS
004176
Pleione bulbocodioides (Franch.) Rolfe
定名人

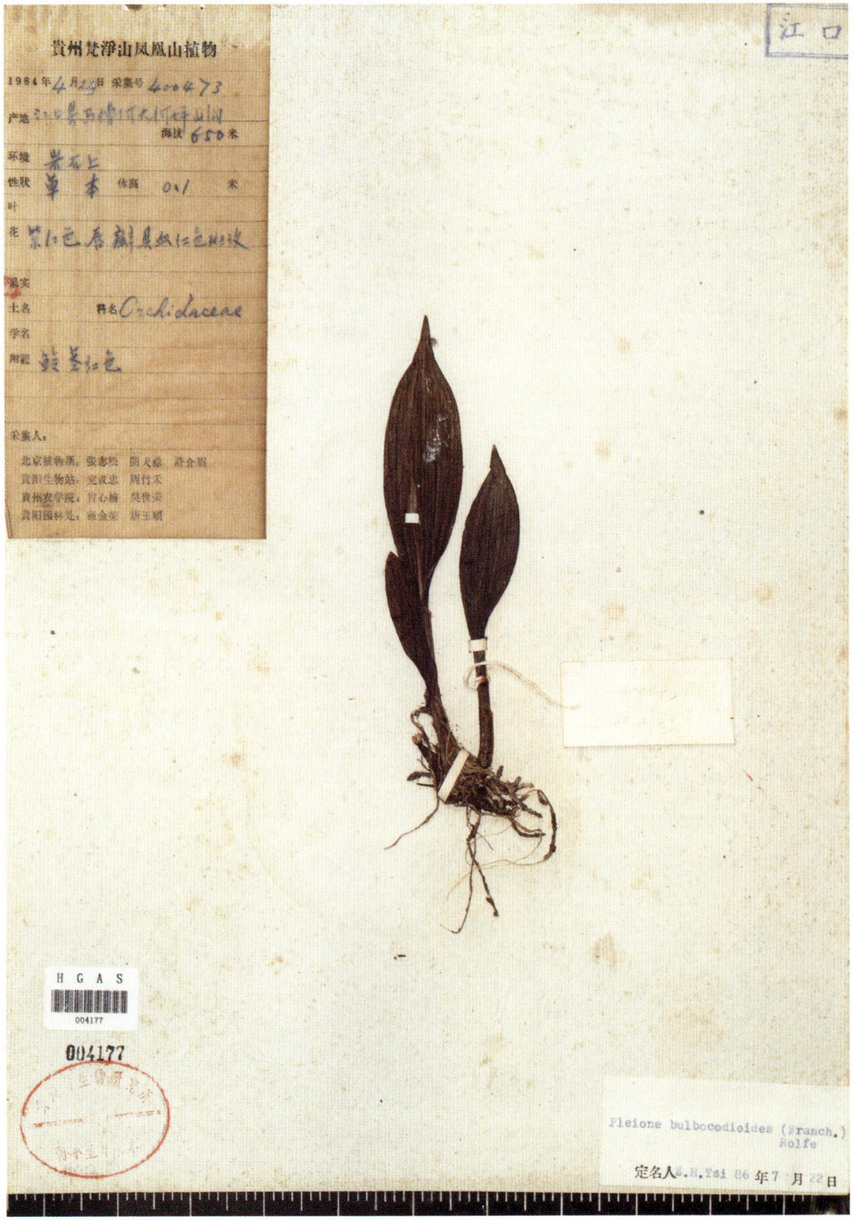
贵州梵淨山凤凰山植物
Orchidaceae
HGAS
004177
Pleione bulbocodioides (Franch.) Rolfe
定名人

中国科学院貴州分院植物标本室
HGAS
004178
004178
Pleione bulbocodioides (Franch.) Rolfe
定名人 年 月 日

42.2 毛唇独蒜兰 *Pleione hookeriana* (Lindl.) B. S. Williams

【形态特征】附生草本。假鳞茎卵形，顶生1枚叶。叶在花期尚幼嫩或已长成，纸质，椭圆状披针形或近长圆形，长6～10cm，宽2～2.8cm，先端急尖，基部收狭成柄；叶柄长2～3cm。花葶发自无叶的老假鳞茎基部，长6～10cm，基部具筒状鞘，顶生1朵花；花苞片近长圆形，长1～1.7cm，先端钝，与花梗连子房约等长；花较小；萼片和花瓣淡紫红色，唇瓣白色，有黄色唇盘和褶片及紫色斑点；中萼片近长圆形，长2～3.5cm，宽8～10mm；侧萼片稍斜的镰刀状披针形，比中萼片稍短；花瓣倒披针形，长2～3.5cm，宽5～7mm；唇瓣扁圆形，长2.5～4cm，宽2.7～4.5cm，不明显3裂，先端微缺，上部边缘有细齿或近全缘，具7行沿脉而生的髯毛或流苏状毛，毛长达2mm；蕊柱长1.5～2.6cm，两侧具翅；翅自中部以下向上由狭变宽，至顶端宽6～10mm，有缺刻。花期4～6月。

【生长环境】生于海拔1400～1700m的林下岩石上。

【地理分布】贵州产榕江、雷公山；广东、广西、云南、西藏有分布。印度、尼泊尔、不丹、缅甸、老挝、泰国也有。

【馆藏信息】第五标本馆，第004179、004180、004181、004182、004183号标本。

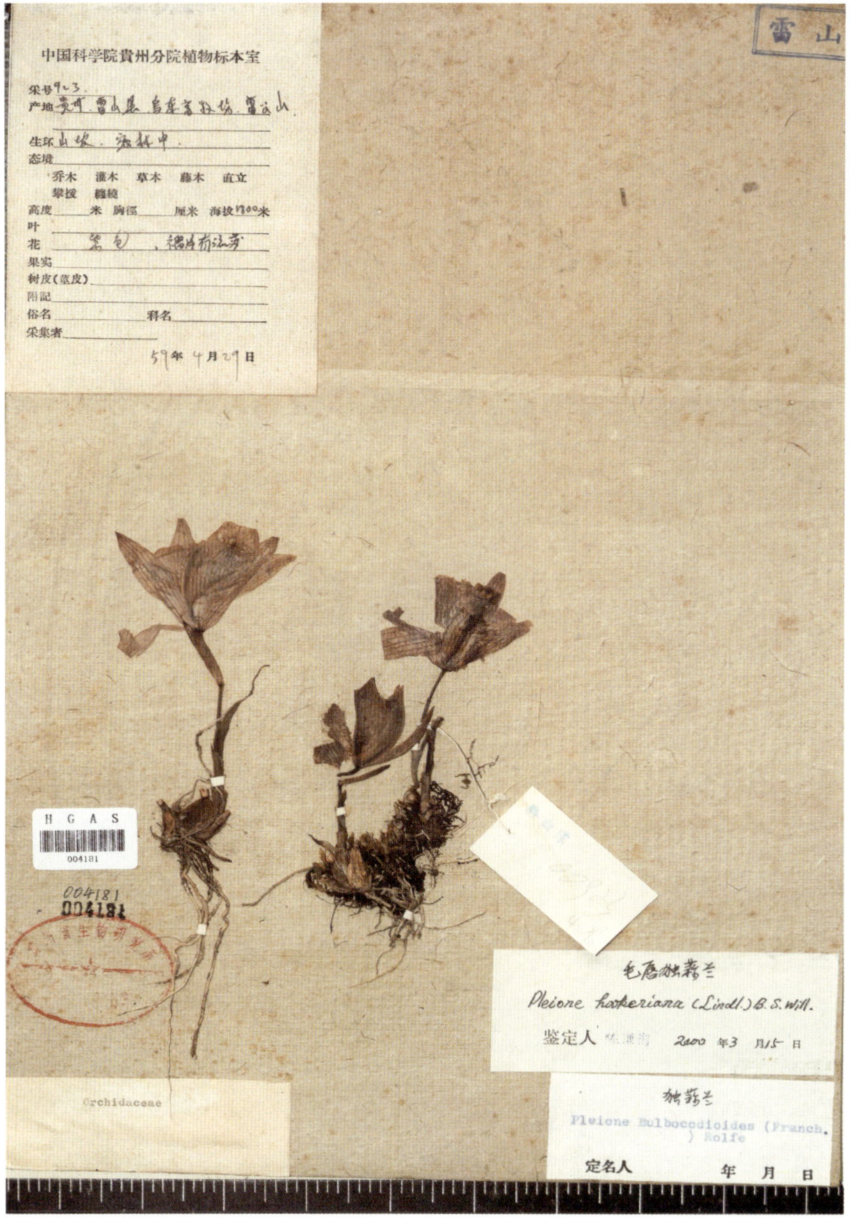

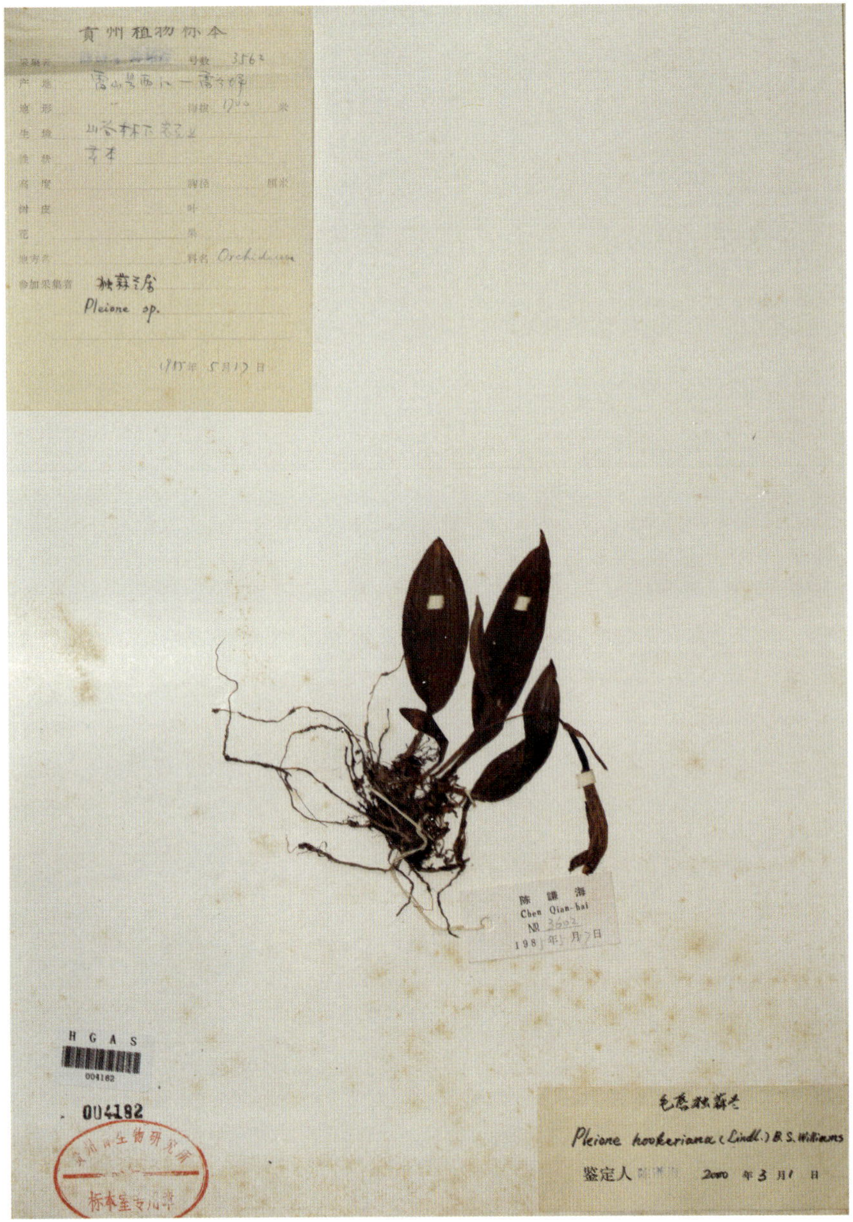
贵州植物标本
毛葶独蒜兰
Pleione hookeriana (Lindl.) B. S. Williams
鉴定人 2000 年 3 月 1 日
004182

中國科學院貴州分院植物標本室
毛葶独蒜兰
Pleione hookeriana (Lindl.) B. S. Williams
鉴定人 2000 年 3 月 1 日
Pleione bulbocodioides (Franch.) Rolfe
004183

42.3 美丽独蒜兰 *Pleione pleionoides* (Kraenzl. ex Diels.) Braem et H. Mohr.

【形态特征】地生或半附生草本。体态近似独蒜兰 *P. bulbocodioides*（Franch.）Rolfe，但花为玫瑰紫色，唇瓣上具黄色褶片；中萼片长达 6.5cm；花瓣长 4.2～6.4cm；唇瓣近菱形，长 4.2～5.5cm，宽 3.5～4.2cm，极不明显的 3 裂，前部边缘具细齿，上面有 2 或 4 条褶片；褶片具细齿；蕊柱长 3.5～4.5cm。花期 6 月。

【生长环境】生于林下岩石上。

【地理分布】贵州产东北部；湖北、四川有分布。

【馆藏信息】第五标本馆，第004184、004185、004186、004187号标本。

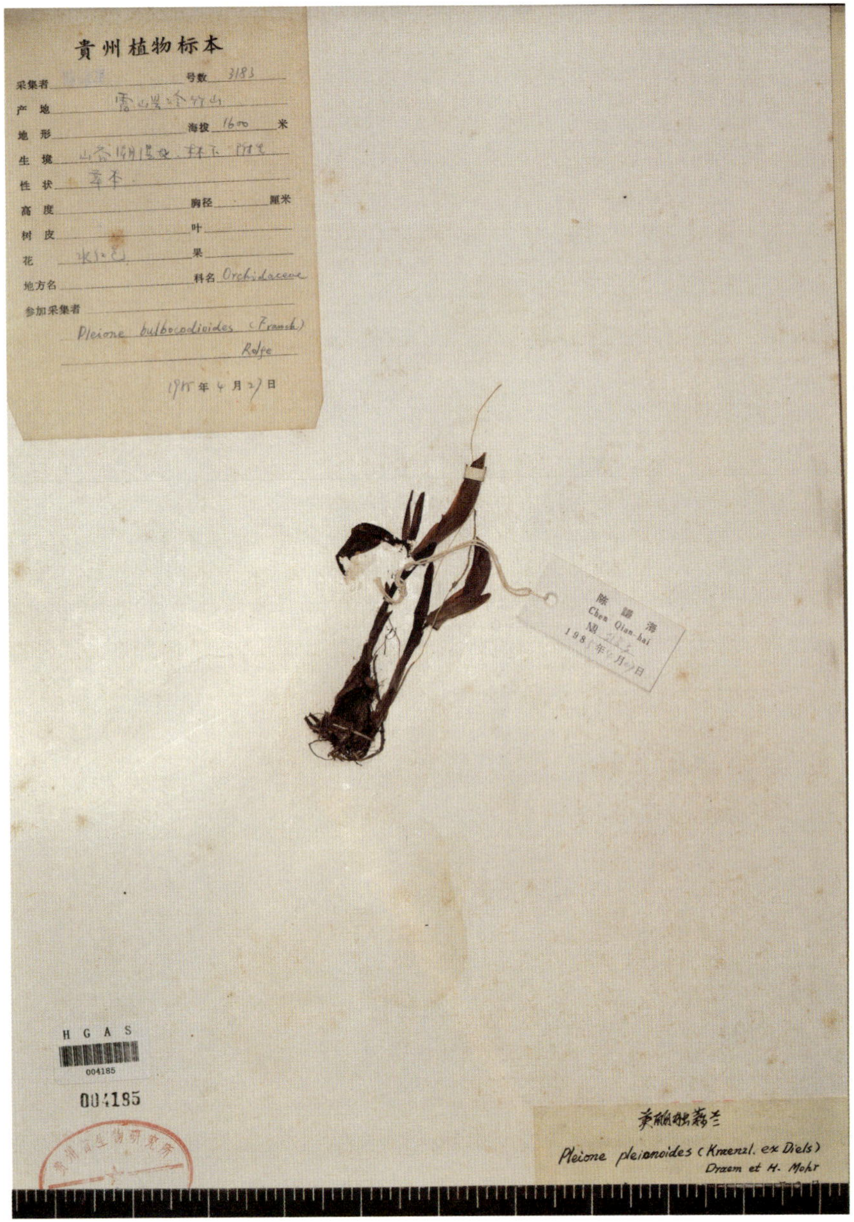
贵州植物标本
采集者
号数 3183
产 地
地 形
海拔 1600 米
生 境
性 状
高 度
胸径
厘米
树 皮
叶
花
果
地方名
科名 Orchidaceae
参加采集者
Pleione bulbocodioides (Franch.) Rolfe
1985 年 4 月 27 日
H G A S
004185
Pleione pleionoides (Kraenzl. ex Diels) Braem et H. Mohr

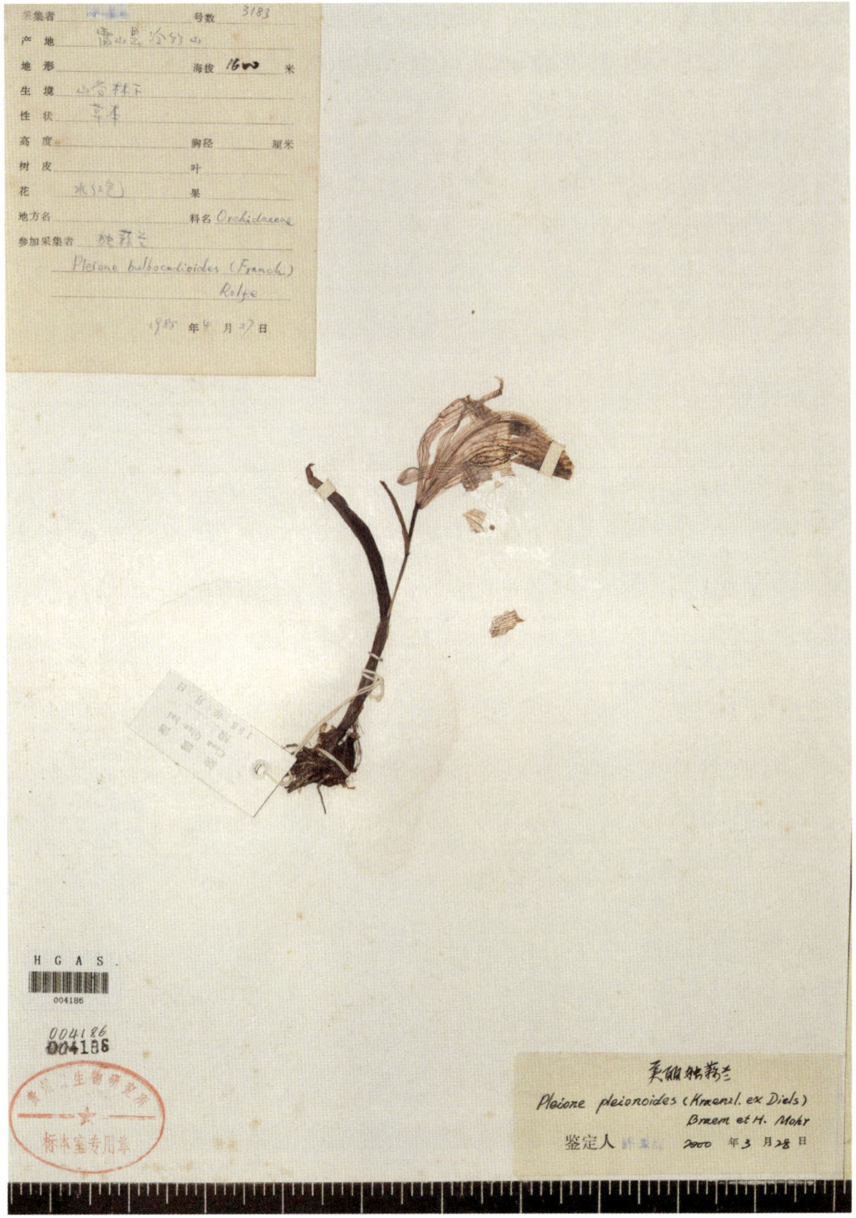
采集者
号数 3183
产 地
地 形
海拔 1600 米
生 境
性 状
高 度
胸径
厘米
树 皮
叶
花
果
地方名
科名 Orchidaceae
参加采集者
Pleione bulbocodioides (Franch.) Rolfe
1985 年 4 月 27 日
H G A S
004186
Pleione pleionoides (Kraenzl. ex Diels) Braem et H. Mohr
鉴定人
2000 年 3 月 28 日

貴州植物标本
采集者
号数 3183
产地 雷山县冷竹山
地形
海拔 1600 米
生境 山谷林下阴湿处，附生
性状 草本
高度
胸径 厘米
树皮
叶
花 水红色，褶片黄白色
地方名
科名 Orchidaceae
参加采集者 独蒜兰
Pleione bulbocodioides (Franch.) Rolfe
1985 年 4 月 27 日
HGAS
004187
美丽独蒜兰
Pleione pleionoides (Kraenzl. ex Diels) Braem et H. Mohr
鉴定人
2000 年 3 月 28 日

42.4 云南独蒜兰 *Pleione yunnanensis* (Rolfe) Rolfe

【别　　名】山慈姑。

【形态特征】地生附生植物。假鳞茎卵形或圆锥形，上端有长颈，全长1.5～3cm，直径1～2cm，顶生1枚叶。叶在花期极幼嫩或未长成，长成后披针形至狭椭圆形，纸质，长6.5～25cm，宽1～3.5cm，渐尖或急尖，基部渐狭成柄；叶柄长2～6cm。花葶从无叶的老假鳞茎基部发出，长10～20cm，顶生1朵花；花苞倒卵状长圆形，长2～3cm，先端钝，明显短于花梗连子房的长度；花淡紫色、粉红色，有时近白色，唇瓣上有紫色或深红色斑；中萼片长圆状倒披针形，长3.5～4cm，先端钝；侧萼片长圆状披针形，稍偏斜；花瓣倒披针形，长3.5～4cm；唇瓣近宽倒卵形，长3～4cm，宽2.5～3cm，3裂；侧裂片多少围抱蕊柱；中裂片先端微缺，边缘有不规则缺刻或呈撕裂状；唇盘具3～5条褶片；褶片近全缘或呈波状并有细缺刻；蕊柱长1.8～2.3cm，两侧具翅，上部狭，宽5～6mm，有齿缺。花期4～5月。

【生长环境】生于海拔1100～2540m的林下或林缘岩石上。

【地理分布】贵州产梵净山、雷公山、贵阳、紫云、盘州、纳雍、威宁、贞丰、安龙、望谟；四川、云南、西藏有分布。缅甸也有。

【馆藏信息】第五标本馆，第004188、004189、004190、004191、004192、004193、004194、004195、004196、004197、004198、004199、004200、004201、004202、004203、004204号标本。

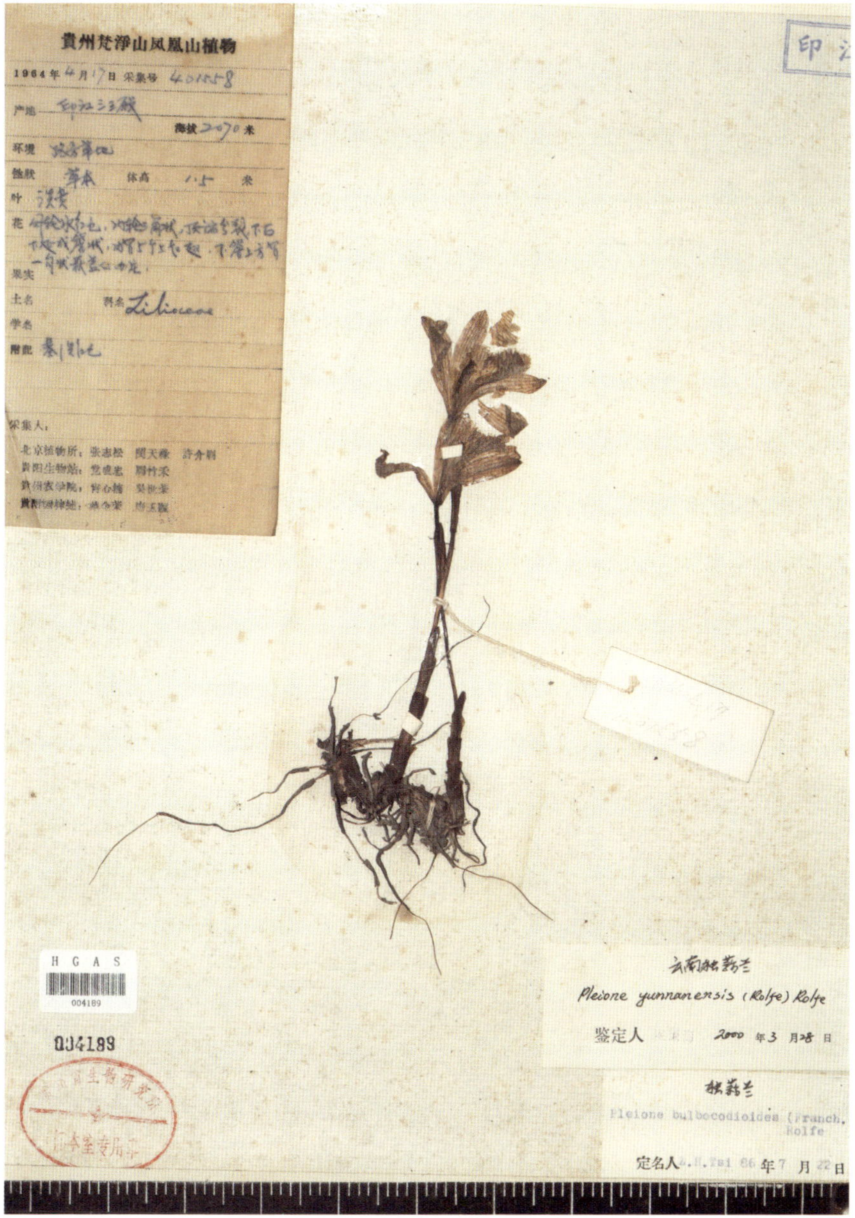
贵州梵净山凤凰山植物
H G A S
004189
Pleione yunnanensis (Rolfe) Rolfe
鉴定人
Pleione bulbocodioides (Franch.) Rolfe
定名人

004190
定名人

贵州植物标本
采集者 毕节队 号数 286
产 地
地 形 海拔 2550 米
生 境 山坡
性 状 草本
高 度 胸径 厘米
树 皮
叶
花
果
地方名 科名
参加采集者
1959 年 7 月 23 日
H G A S
004191
004191
Pleione yunnanensis (Rolfe)Rolfe
定名人 年 月 日

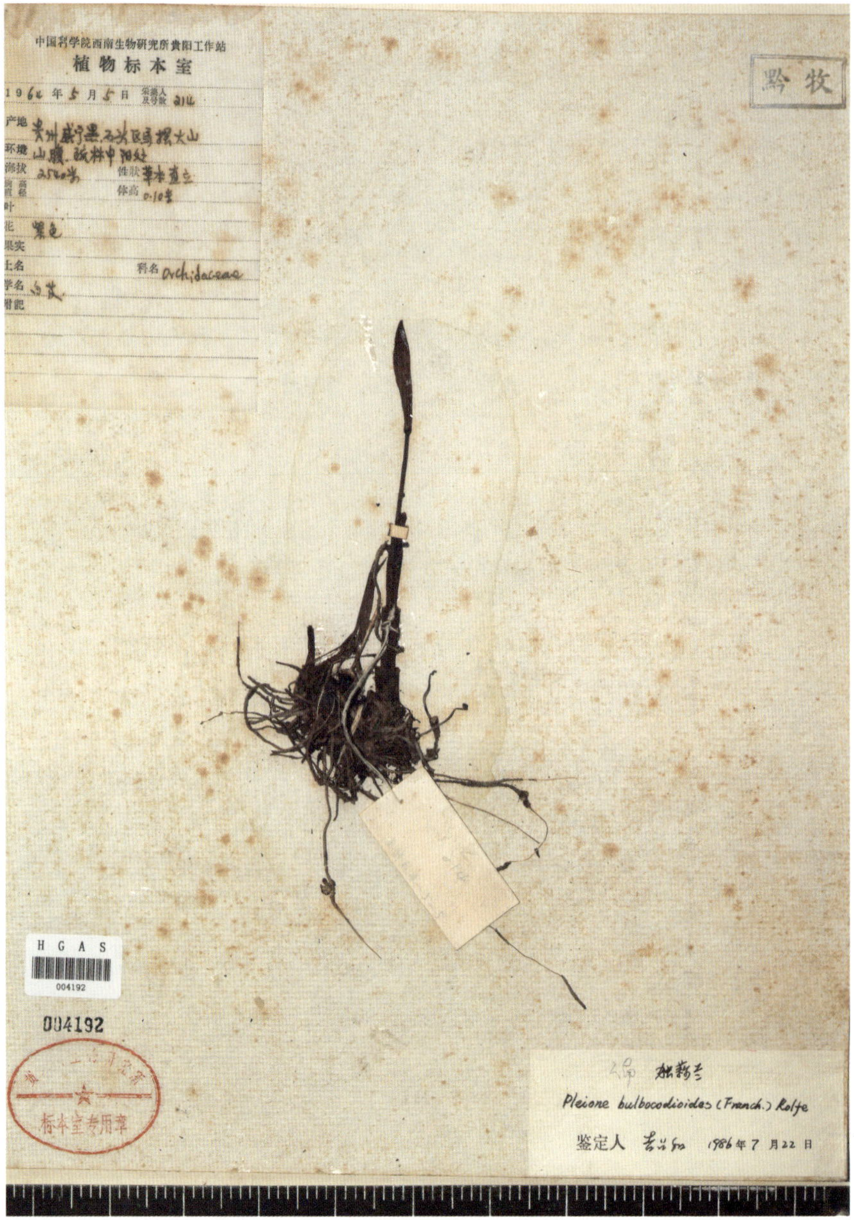
中国科学院西南生物研究所贵阳工作站
植物标本室
19 年 5 月 5 日 采集人及号数
产地
环境
海拔 性状 草本直立
胸高直径 体高
叶
花 紫色
果实
土名 科名 Orchidaceae
学名
附記
黔 牧
H G A S
004192
004192
Pleione bulbocodioides (Franch.) Rolfe
鉴定人 1986年7月22日

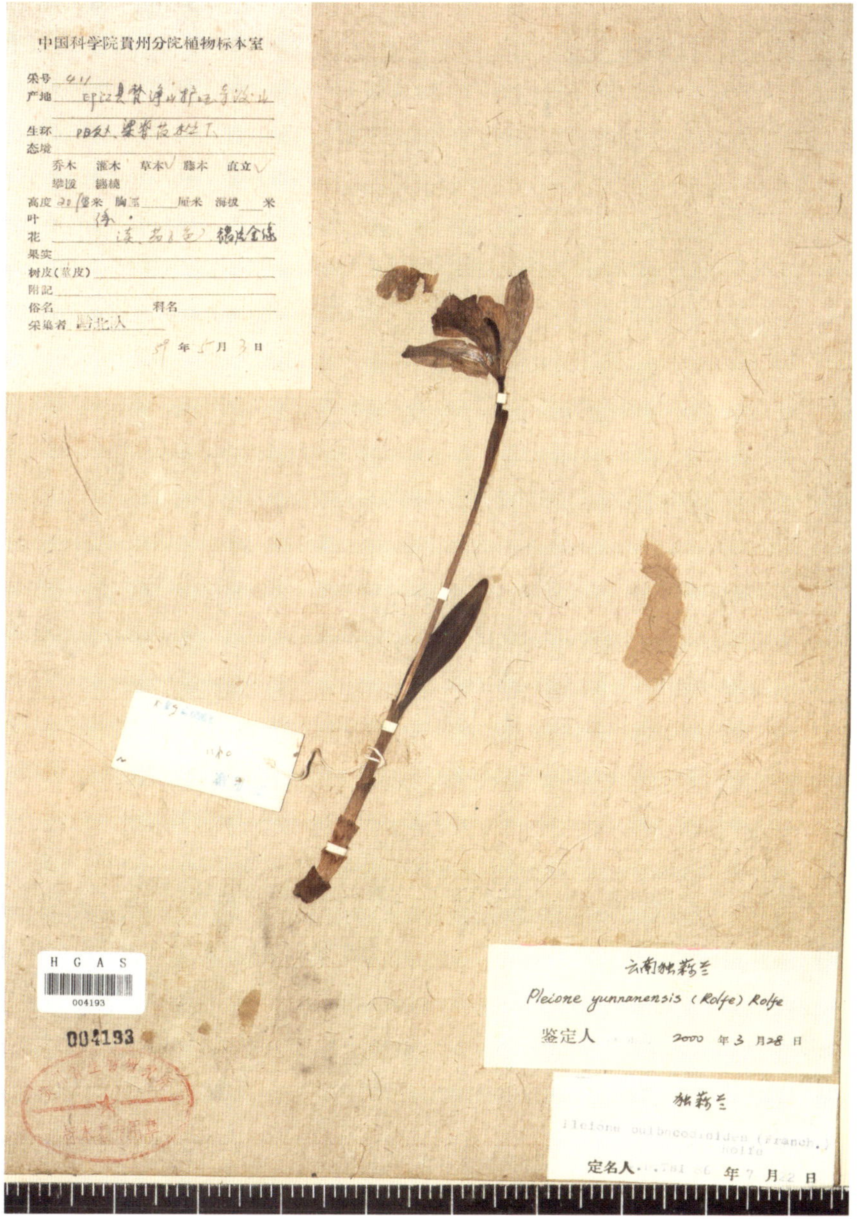
中国科学院贵州分院植物标本室
HGAS
004193
Pleione yunnanensis (Rolfe) Rolfe
鉴定人 2000 年 3 月 28 日
定名人

中国科学院贵州分院植物标本室
004194
Pleione yunnanensis (Rolfe)Rolfe
定名人Z.H.Tsi 86 年10 月11 日

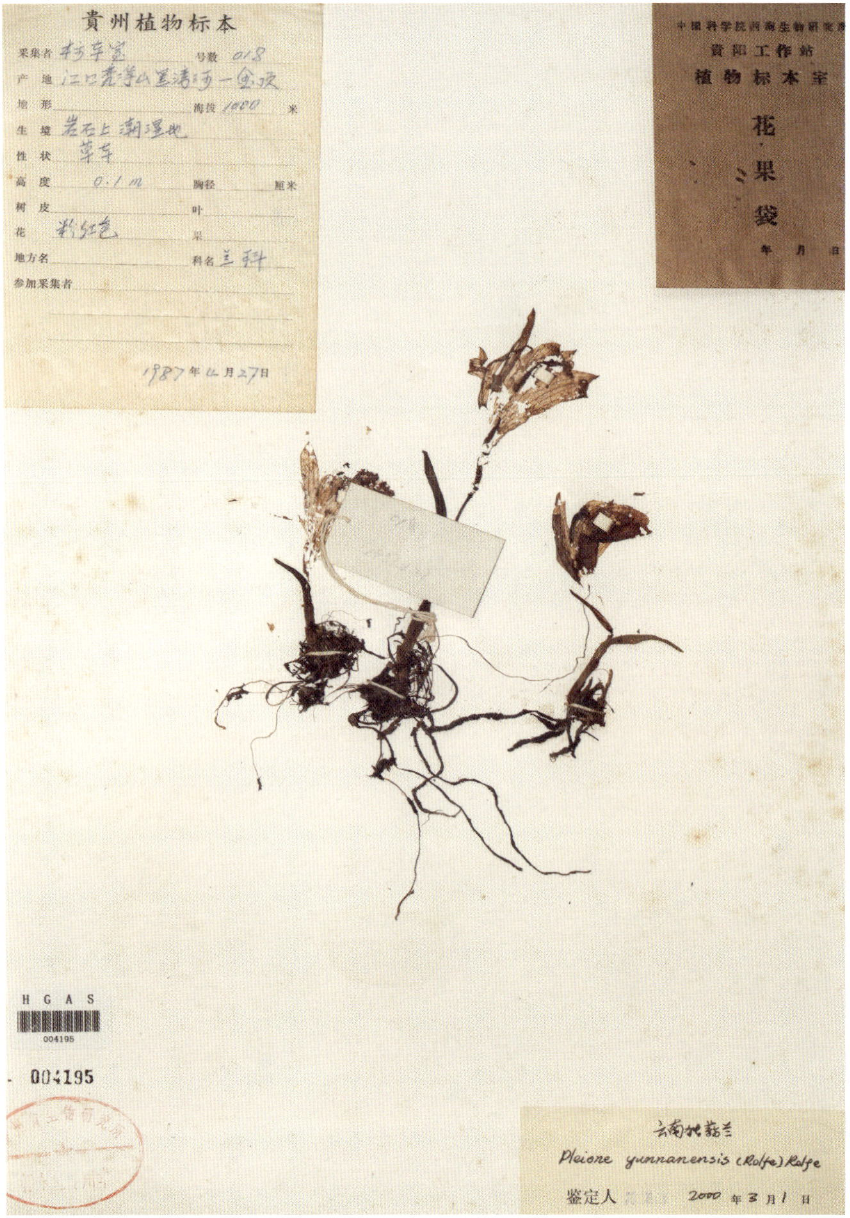
贵州植物标本
花·果袋
HGAS
004195
云南独蒜兰
Pleione yunnanensis (Rolfe) Rolfe

贵州植物标本
花 果 袋
HGAS
004196
云南独蒜兰
Pleione yunnanensis (Rolfe) Rolfe

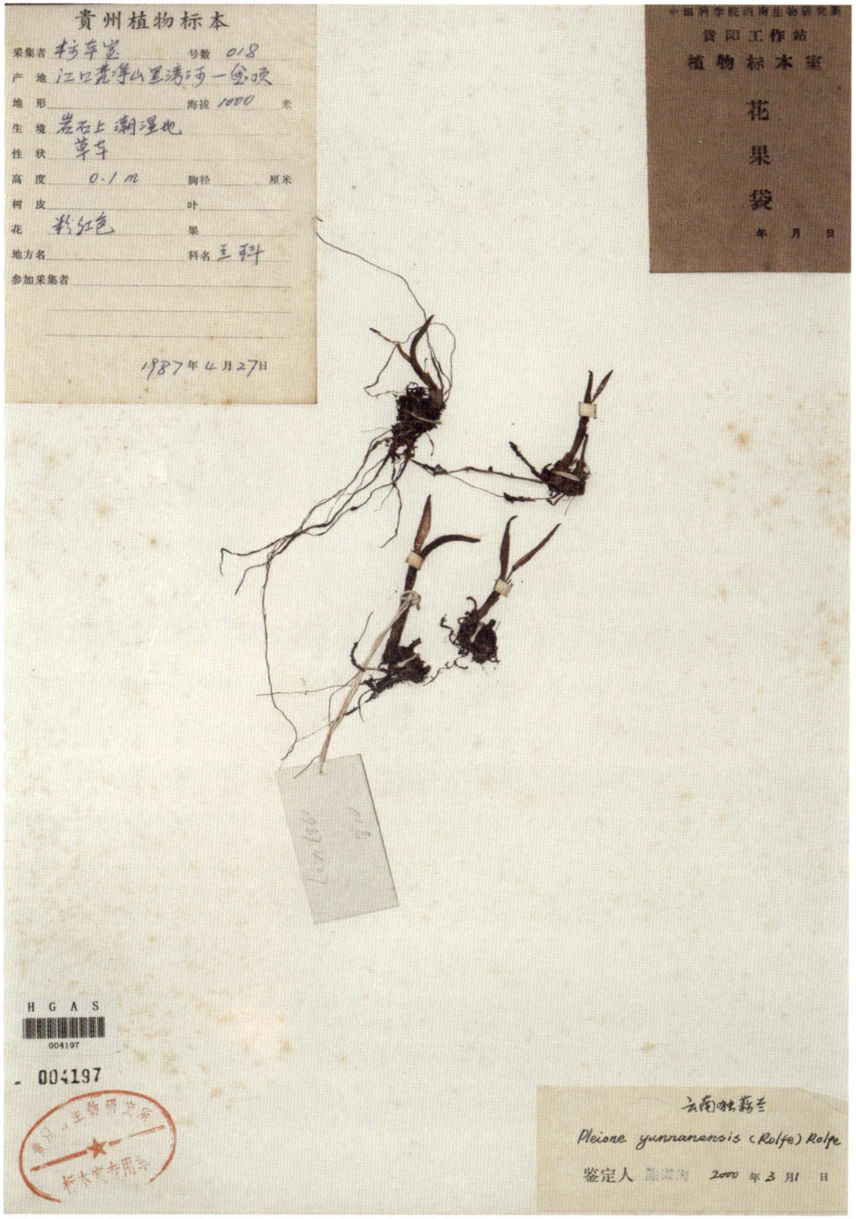

中國科學院貴州分院植物標本室
Pleione yunnanensis (Rolfe) Rolfe
鉴定人
HGAS
004199
Pleione bulbocodioides (Franch.) Rolfe
定名人

贵州植物标本
HGAS
004200
Pleione yunnanensis (Rolfe) Rolfe
鉴定人

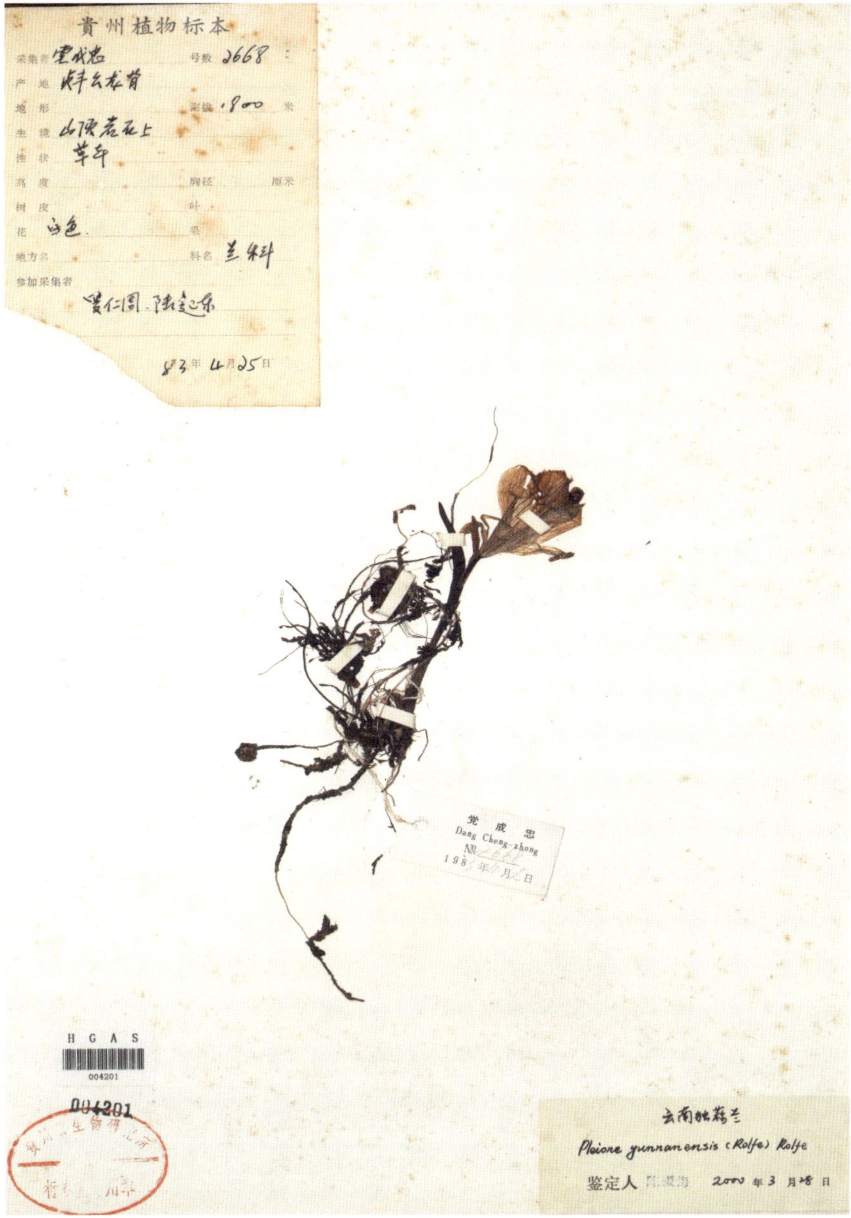
貴州植物標本
号数 2668
科名 兰科
83 年 4 月 25 日
Dang Cheng-zhong
HGAS
004201
云南独蒜兰
Pleione yunnanensis (Rolfe) Rolfe
鉴定人
2000 年 3 月 28 日

貴州植物標本
号数 3076
海拔 1400 米
生境 山谷
性状 草本
科名 Orchidaceae
独蒜兰
Pleione bulbocodioides (Franch.) Rolfe
1985 年 4 月 24 日
贵州农学院
树木标本室
HGAS
004202
云南独蒜兰
Pleione yunnanensis (Rolfe) Rolfe
鉴定人
2000 年 3 月 28 日

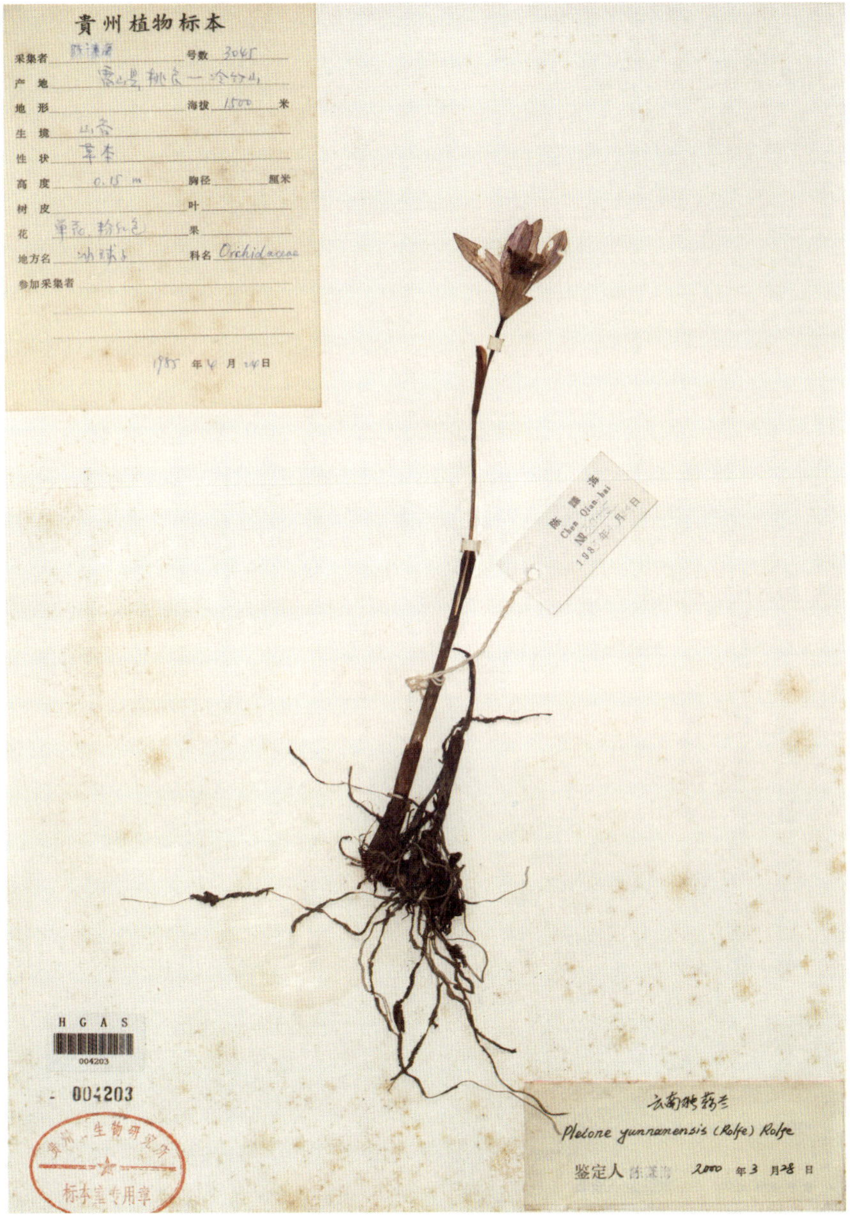
贵州植物标本
Orchidaceae
H G A S
004203
云南独蒜兰
Pleione yunnanensis (Rolfe) Rolfe
鉴定人
2000 年3 月28 日

贵州植物标本
Orchidaceae
H G A S
004204
云南独蒜兰
Pleione yunnanensis (Rolfe) Rolfe
鉴定人
2000 年3 月28 日

43 朱兰属

43.1 朱兰 *Pogonia japonica* Rchb. f.

【别　　名】斩龙剑、双肾草、祖师箭、青蛇剑。

【形态特征】地生草本，高 10~20cm。根状茎直立，长 1～2cm，具稍肉质的根。茎直立，纤细，中部以上具 1 枚叶。叶长圆形或长圆状披针形，长 3.5～6cm，宽 8～14mm，基部抱茎。花苞片叶状；花梗连子房长 1～1.5cm，短于花苞片；花 1 朵顶生，紫红色；萼片长圆状倒披针形，长 1.5～2.2cm，宽 3～5mm；花瓣与萼片相似；唇瓣狭长圆形，长 1.4～2cm，3 裂；中裂片舌状，边缘流苏状，唇瓣基部至中裂片上有 2～3 条纵褶片；蕊柱长 7～10mm。花期 5～6 月。

【生长环境】生于海拔 1000～1500m 的山坡草地或林下。

【地理分布】贵州产道真、凤冈、正安、雷公山、三都、赤水；自东北黑龙江至西南四川有分布。朝鲜半岛和日本也有。

【馆藏信息】第五标本馆，第 004205、004206、004207、004208、004209、004210、004211、004212、004213、004214、004215 号标本。

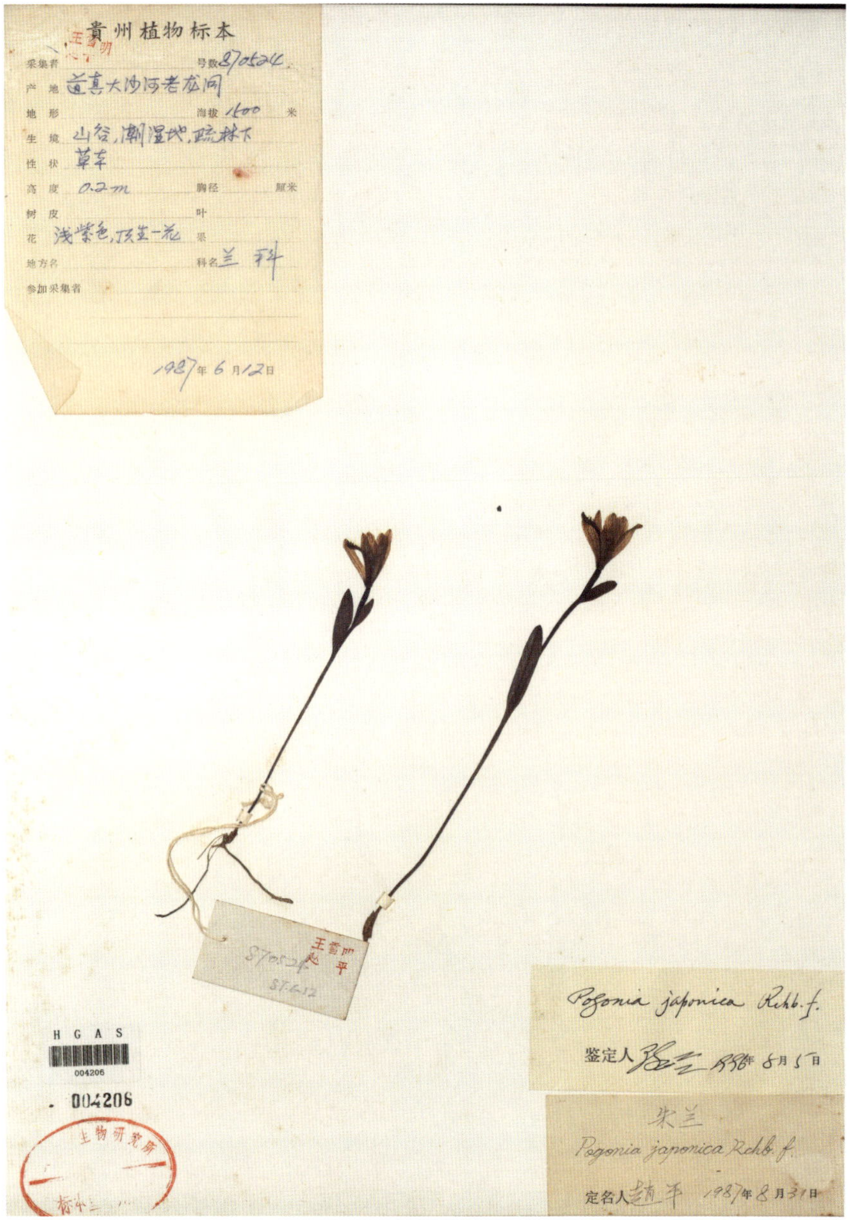
贵州植物标本
Pogonia japonica Rchb. f.
HGAS
004206
朱兰
Pogonia japonica Rchb. f.

贵州植物标本
HGAS
004207
朱兰
Pogonia japonica Rchb. f.

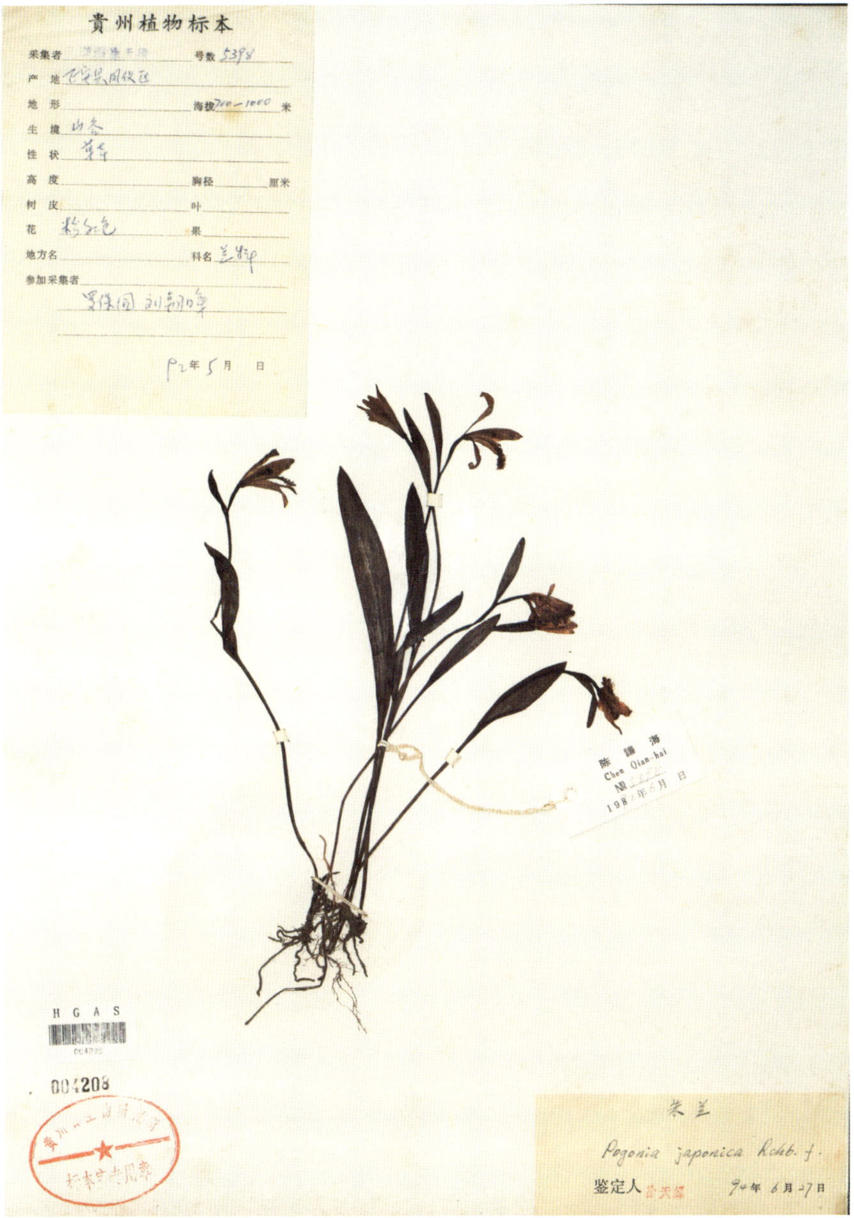
貴州植物标本
采集者
号数 5398
产地
地形
海拔 700—1000 米
生境 山谷
性状 草本
高度
胸径
厘米
树皮
叶
花 粉红色
果
地方名
科名 兰科
参加采集者
82年5月 日
陈谦海
Chen Qian-hai
HGAS
004208
朱兰
Pogonia japonica Rchb. f.
鉴定人
94年 6月27日

中国科学院贵州分院植物标本室
采号 120
产地
生环
态境
乔木 灌木 草本 藤本 直立
攀援 缠绕
高度 米 胸径 厘米 海拔 米
叶
花
果实
树皮(茎皮)
附记
俗名
科名 Orchidaceae
采集者
1965 年 4 月 29 日
0120
1965.4.28
HGAS
004209
朱兰
Pogonia japonica Rchb. f.
定名人 G.H. Tsi 86 年 7 月 22 日

贵州植物标本
HGAS
004210
标本室专用章
朱兰
Pogonia japonica Rchb. f.
定名人

贵州梵净山植物
HGAS
004211
标本室专用章
Pogonia japonica Rchb..f.
定名人 Z.H.Tsi 86 年 7 月 22 日

贵州植物标本
Pogonia japonica Rchb. f.
004214
HGAS
004214
朱兰
Pogonia japonica Rchb. f.
鉴定人
85 年10 月 28 日

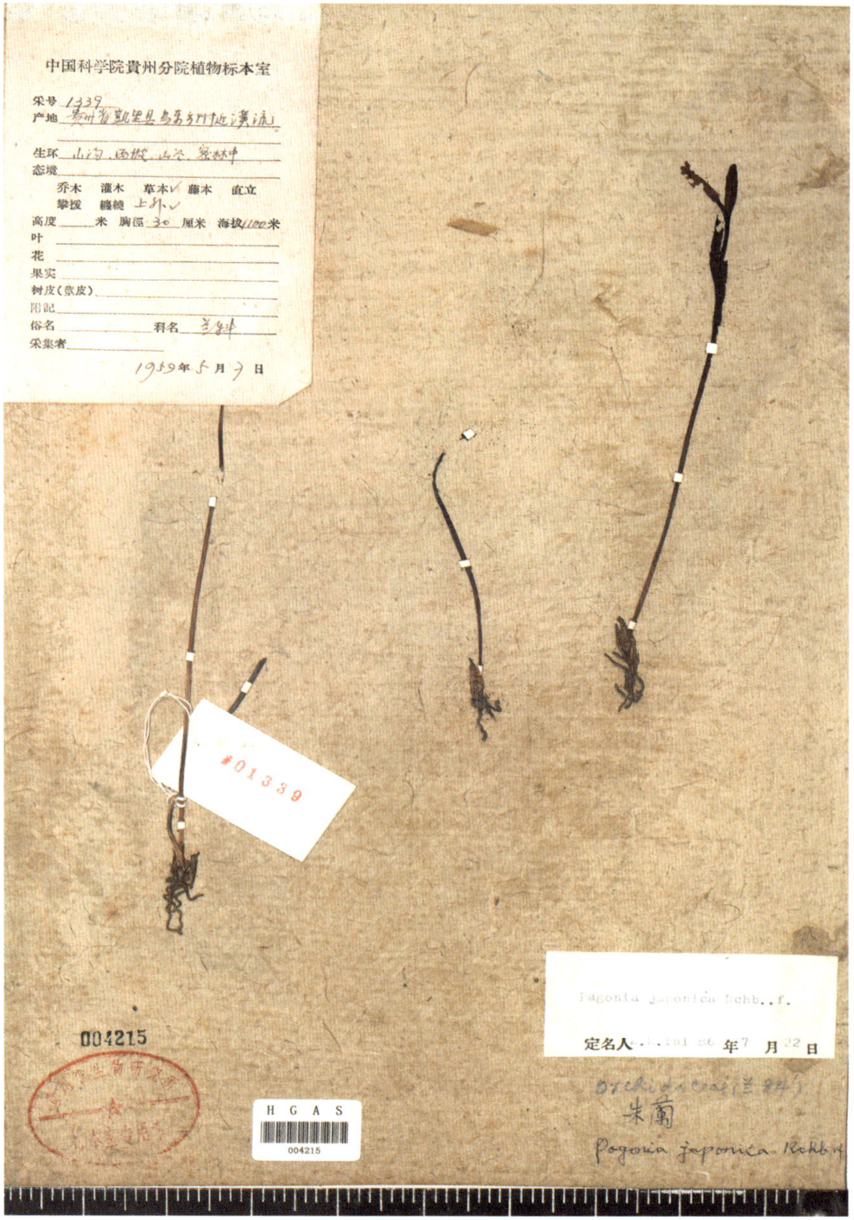
中国科学院贵州分院植物标本室
1959年5月7日
#01339
004215
Pogonia japonica Rchb. f.
定名人
HGAS
004215
朱兰
Pogonia japonica Rchb. f.

44 鸟足兰属

44.1 缘毛鸟足兰 *Satyrium ciliatum* Lindl.

【别　　名】假天麻、蜡烛花、鸡肾草。

【形态特征】地生草本，高 14～32cm，具块茎。茎直立，基部有膜质鞘，其上有 1～2 枚叶和 1～2 枚叶状鞘。叶卵状椭圆形至卵状披针形，下部叶长 6～15cm，宽 2～5cm，上部叶较小，渐尖或急尖，边缘略皱波状，基部抱茎。总状花序，密生 20 余朵花或更多；花苞片卵状披针形，花梗连子房长 6～8mm；花粉红色，两性；中萼片狭椭圆形，长 5～6mm，宽 1.3mm，前端边缘具细缘毛；侧萼片长圆状匙形，与中萼片等长，但稍宽，也具细缘毛；花瓣倒披针状匙形，长 4～5mm，宽 1.2mm，先端有齿缺，背面有脊突；距 2 个，长 4～6mm；蕊柱长约 5mm；柱头唇近方形；蕊喙唇 3 裂。花期 8 月。

【生长环境】生于海拔 1900～2600m 的草坡上。

【地理分布】贵州产雷公山、兴义；湖南、四川、云南、西藏有分布。印度、不丹、尼泊尔也有。

【馆藏信息】第五标本馆，第 004216、004217、004218 号标本。

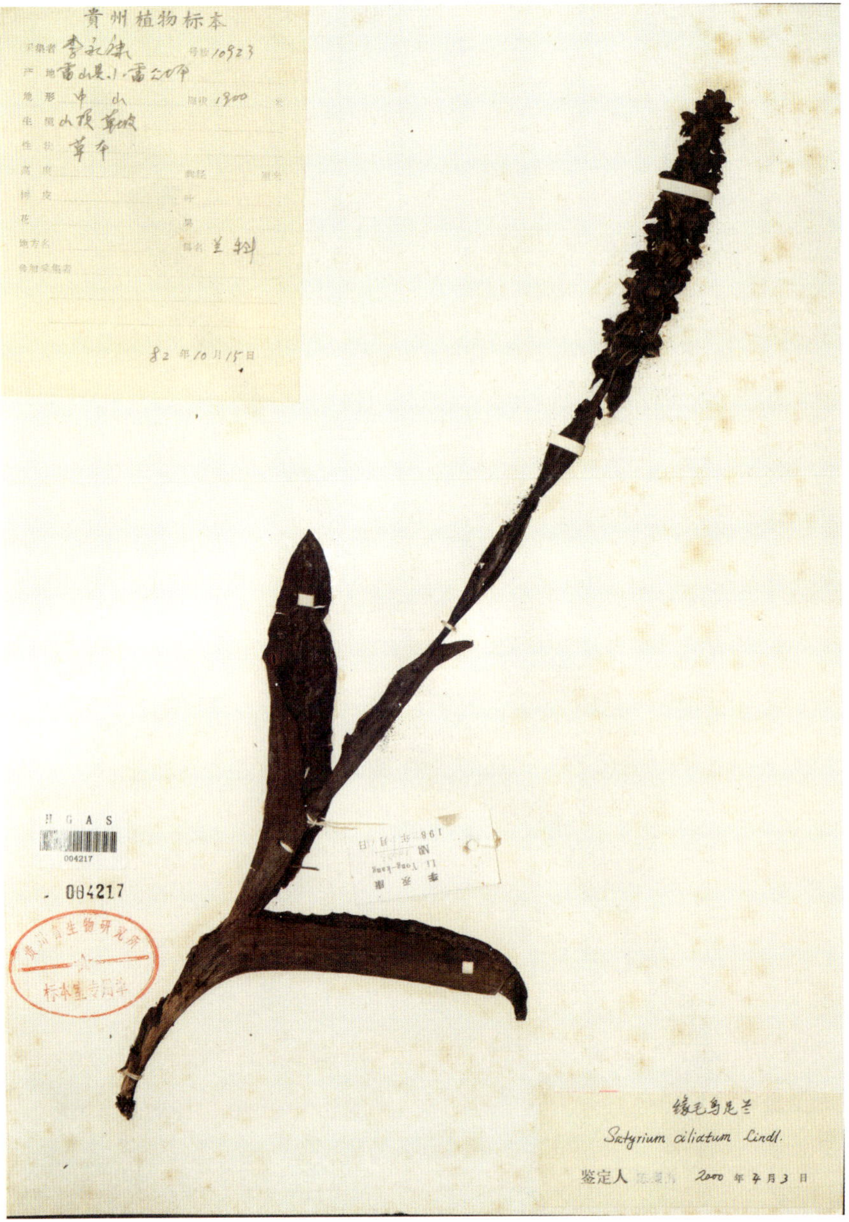
貴州植物標本
HGAS
004217
004217
缘毛鸟足兰
Satyrium ciliatum Lindl.
鉴定人
2000 年 7 月 3 日

中国科学院貴州分院植物标本室
HGAS
004218
004218
Satyrium ciliatum Lindl.
鉴定人

45 萼脊兰属

45.1 短茎萼脊兰 *Sedirea subparishii* (Z. H. Tsi) Christenson

【别　　名】枫兰。

【形态特征】附生草本。具长而弯的根。茎长 1～2cm。叶近基生，长圆形或倒卵状披针形，长 5～9cm，宽 1～2cm，先端钝且不等侧 2 浅裂，基部具关节，鞘抱茎，中脉明显。总状花序长达 10cm，疏生数朵花；花苞片卵形，长 6～9mm；花梗连子房长约 2.5cm；花开展，黄绿色带淡褐色斑点，具香气；中萼片长圆形，长 16～20mm，宽 7～9mm；侧萼片较狭，均具 5～6 条脉，背面的中肋翅状；花瓣近椭圆形，长 15～18mm，宽约 6mm，具 5～6 条脉；唇瓣 3 裂，基部与蕊柱足末端结合而形成关节；侧裂片半圆形；中裂片狭长圆形，长 6mm，宽 1.2mm，基部具 1 个胼胝体，上面有 1 条高褶片；距角状，长约 1cm；蕊柱长约 1cm。花期 6 月。

【生长环境】生于海拔 700～900m 的山坡林中树干上。

【地理分布】贵州产梵净山；浙江、福建、湖北、湖南、广东、四川有分布。

【馆藏信息】第五标本馆，第 004219 号标本。

46 苞舌兰属

46.1 苞舌兰 *Spathoglottis pubescens* Lindl.

【别　　名】兰草。

【形态特征】地生草本。假鳞茎扁球形，直径1～2.5cm，具鳞片状鞘，顶生1～3枚叶。叶狭披针形，长14～20cm，宽1.2～1.5cm，先端渐尖，基部收狭为细柄，两面无毛。花葶细长，长20～75cm，被柔毛；总状花序长2～9cm，疏生2～8朵花；花苞片卵状披针形，长不及1cm，被柔毛；花梗连子房长2～3.5cm，被柔毛；花黄色，唇瓣有淡褐色斑；萼片椭圆形，长1.2～1.7cm，宽5～7mm，背面被短柔毛；花瓣宽长圆形，与萼片等长但稍宽；唇瓣约等长于花瓣，3裂；侧裂片直立；中裂片倒卵状楔形，长1.3cm，先端近截形并有凹缺，基部具爪；爪的上面有2个半圆形的附属物，有时在近基部两侧有2个稍增厚的齿；唇盘凹陷，具3条脊突几乎延伸到中裂片顶端，中央的1条呈肉质褶片状；蕊柱长8～10mm，蕊喙近圆形。花期7～9月。

【生长环境】生于海拔740～1600m的山坡灌木丛中或岩石上。

【地理分布】贵州产梵净山、雷公山、榕江、荔波、盘州、平坝、安顺、兴仁、兴义、安龙；浙江、江西、福建、湖南、广东、香港、广西、四川、云南有分布。印度东北部及中南半岛也有。

【馆藏信息】第五标本馆，第004253、004254、004255、004256、004257、004258、004259、004260、004261、004262、004263、004264、004265、004266、004267、004268、004269、004270号标本。

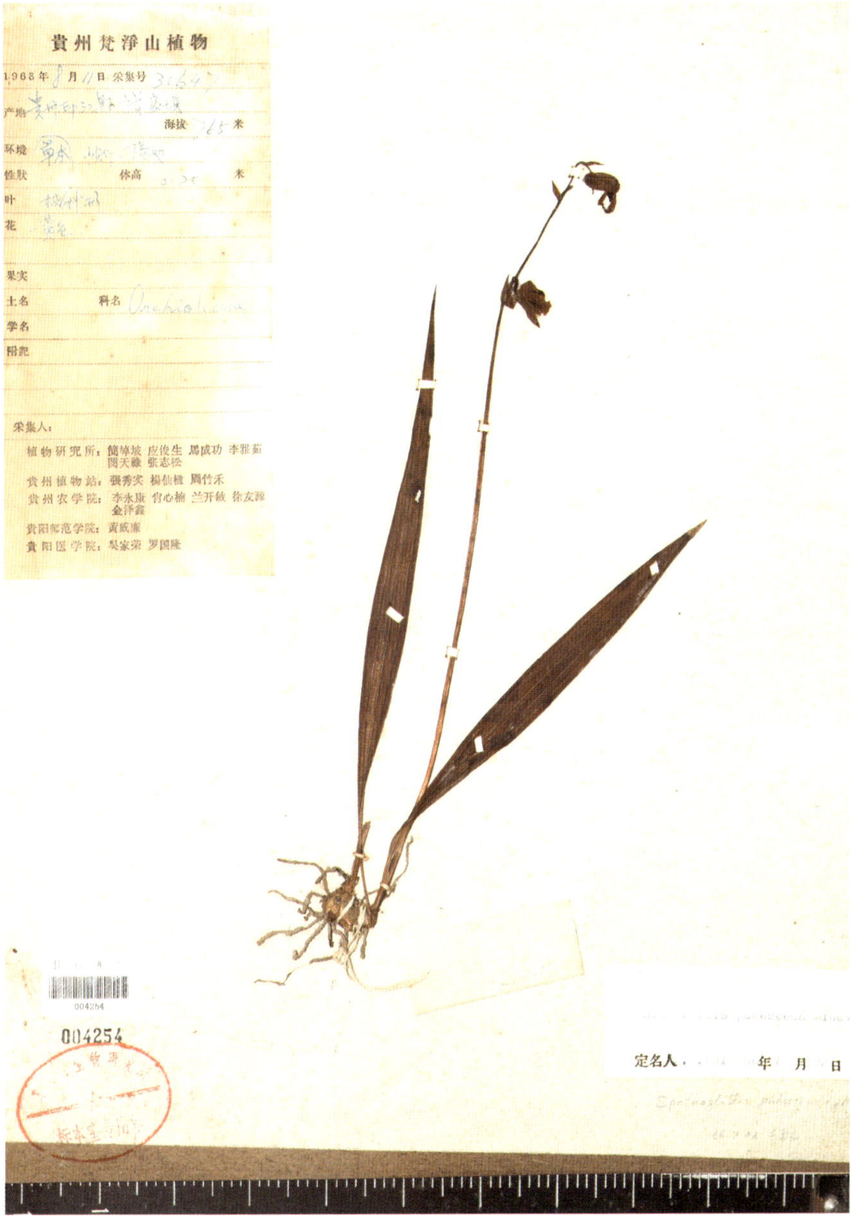
贵州梵净山植物
004254

中国科学院贵州分院植物标本室
HGAS
004255
Spathoglottis pubescens Lindl.

贵州东南部植物
51454
Orchidaceae
Bletilla
HGAS
004256
Spathoglottis pubescens Lindl.
定名人S.H.Tsi 86年7月22日

贵州植物标本
3163
1959 年 8 月 3 日
HGAS
004257
Spathoglottis pubescens Lindl.
定名人S.H.Tsi 86年7月22日

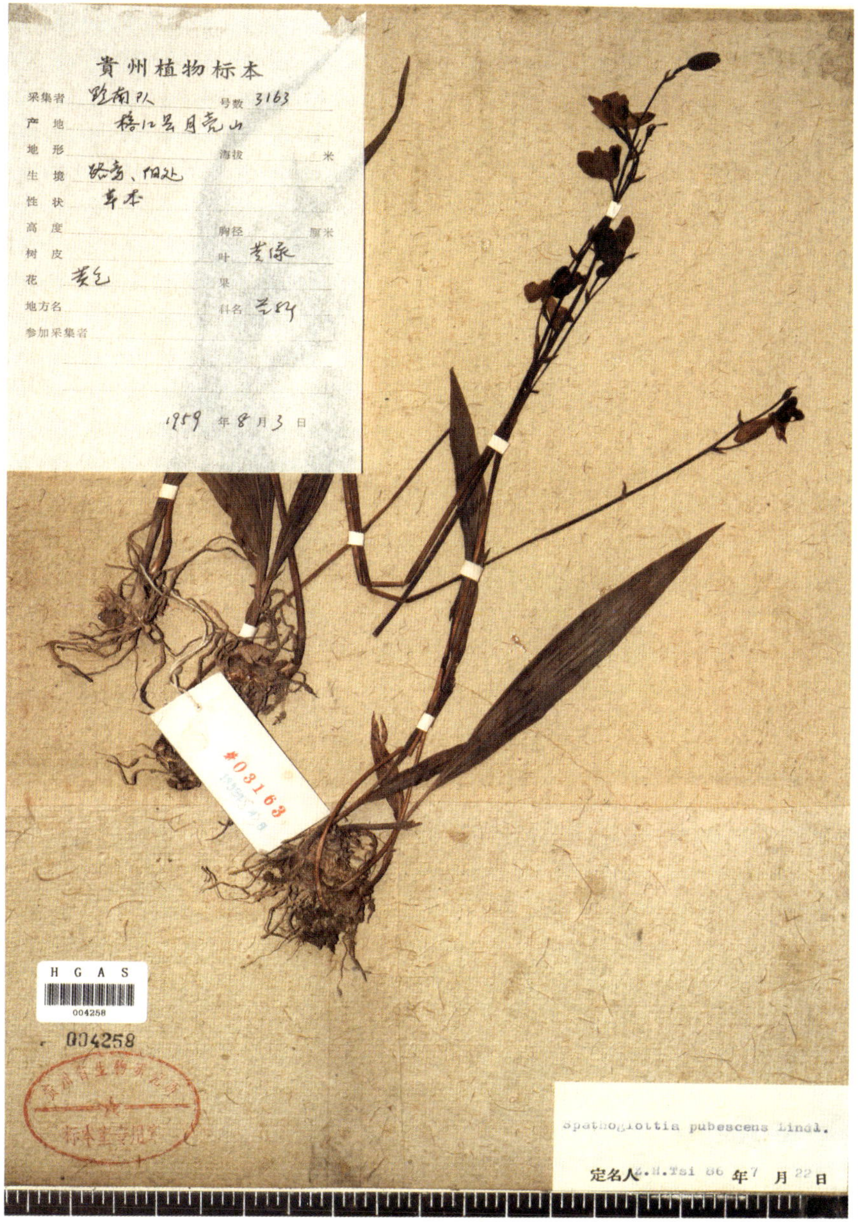
贵州植物标本
1959 年 8 月 3 日
HGAS
004258
Spathoglottia pubescens Lindl.
定名人

贵州植物标本
HGAS
004259
Spathoglottis pubescens Lindl.
鉴定人
2000 年 3 月 31 日

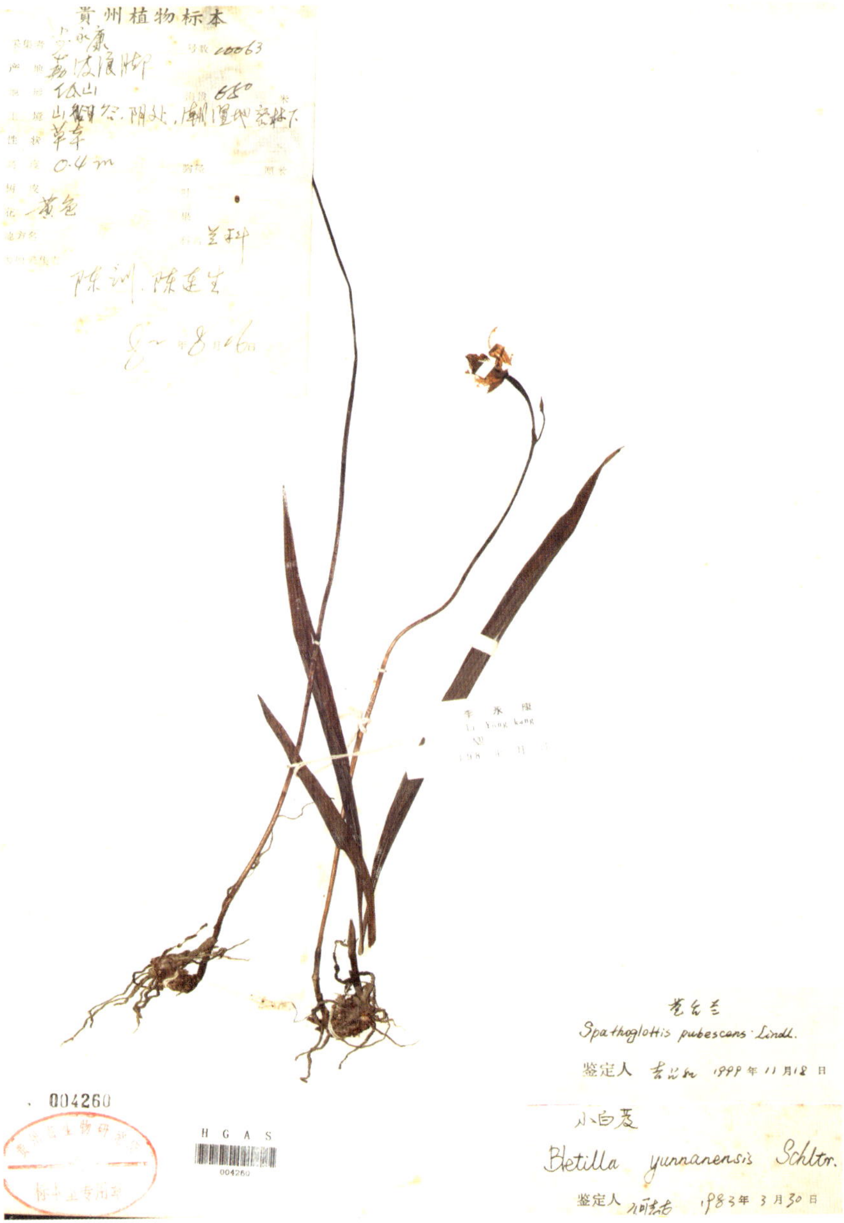
贵州植物标本
号数 10063
Spathoglottis pubescens Lindl.
鉴定人
1999年11月18日
004260
HGAS
小白芨
Bletilla yunnanensis Schltr.
鉴定人
1983年3月30日

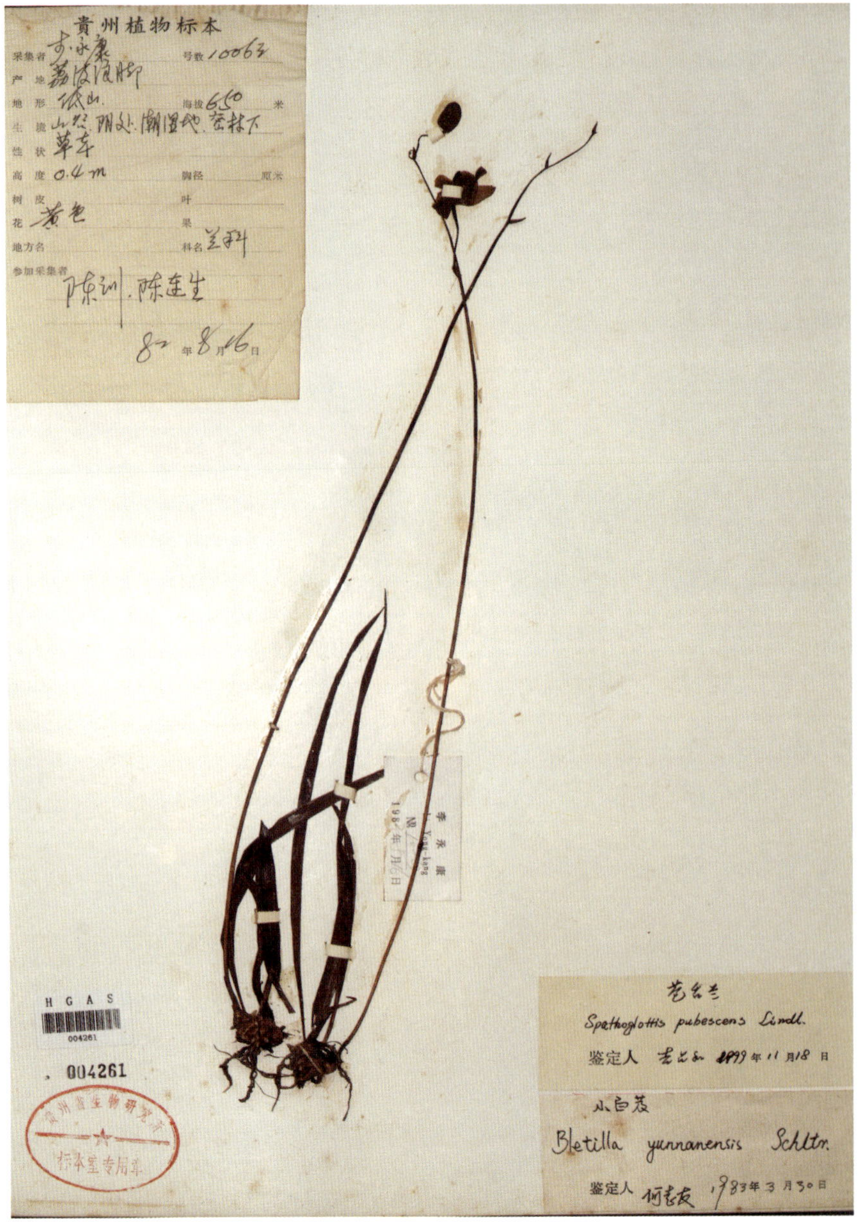
贵州植物标本
号数 10063
Spathoglottis pubescens Lindl.
鉴定人
1999年11月18日
HGAS
004261
小白芨
Bletilla yunnanensis Schltr.
鉴定人
1983年3月30日

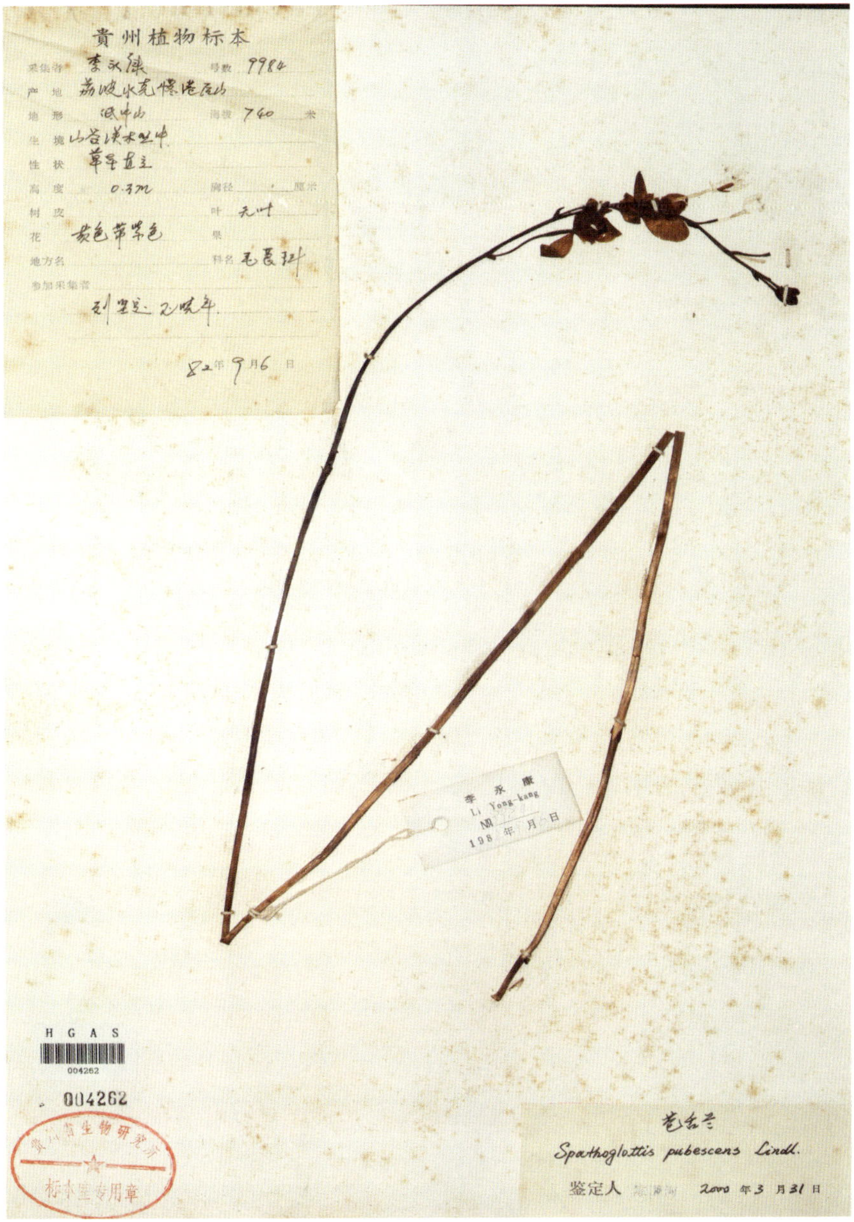
贵州植物标本
HGAS
004262
Spathoglottis pubescens Lindl.
鉴定人
2000 年 3 月 31 日
标本室专用章

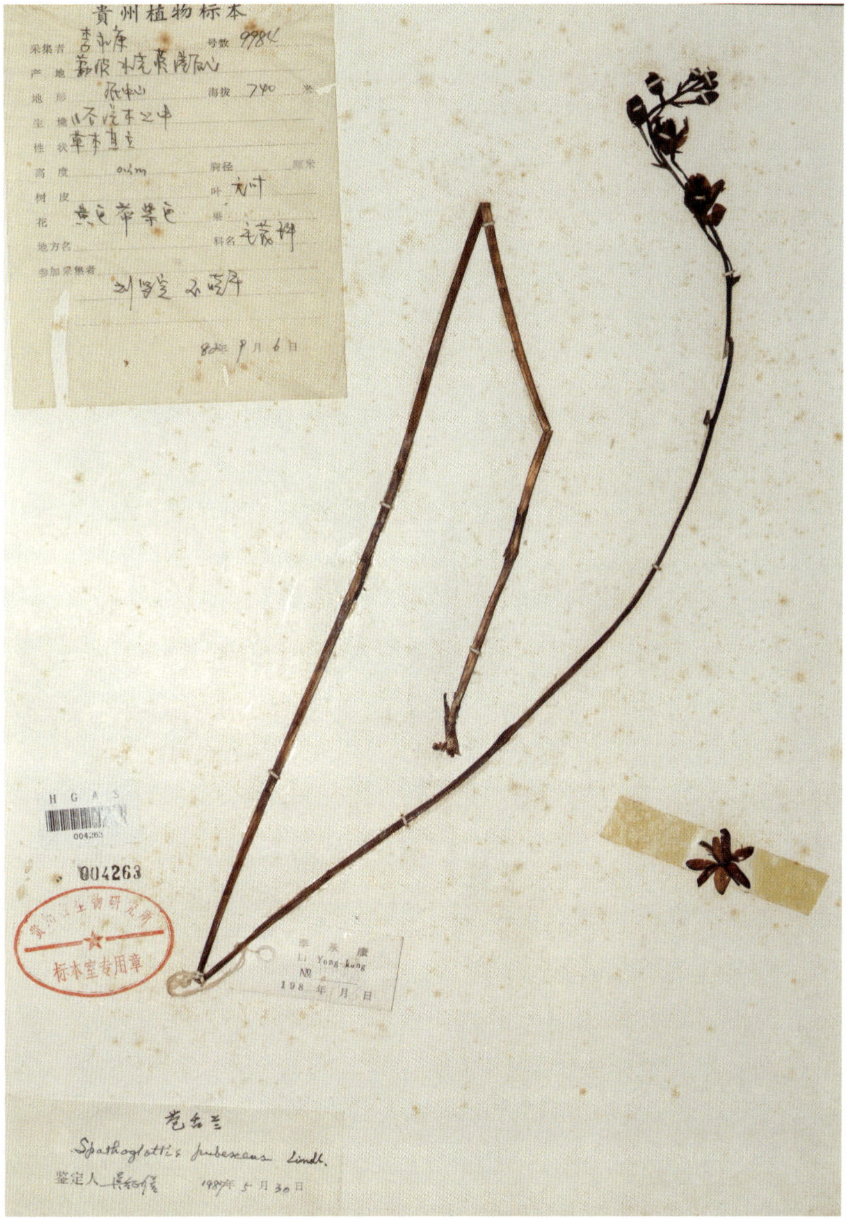
贵州植物标本
HGAS
004263
Spathoglottis pubescens Lindl.
鉴定人
标本室专用章

中国科学院西南生物研究所贵阳工作站
植物标本室
H G A S
004264
Spathoglottis pubescens Lindl.
定名人Z.H.Tsi 86 年7 月22日

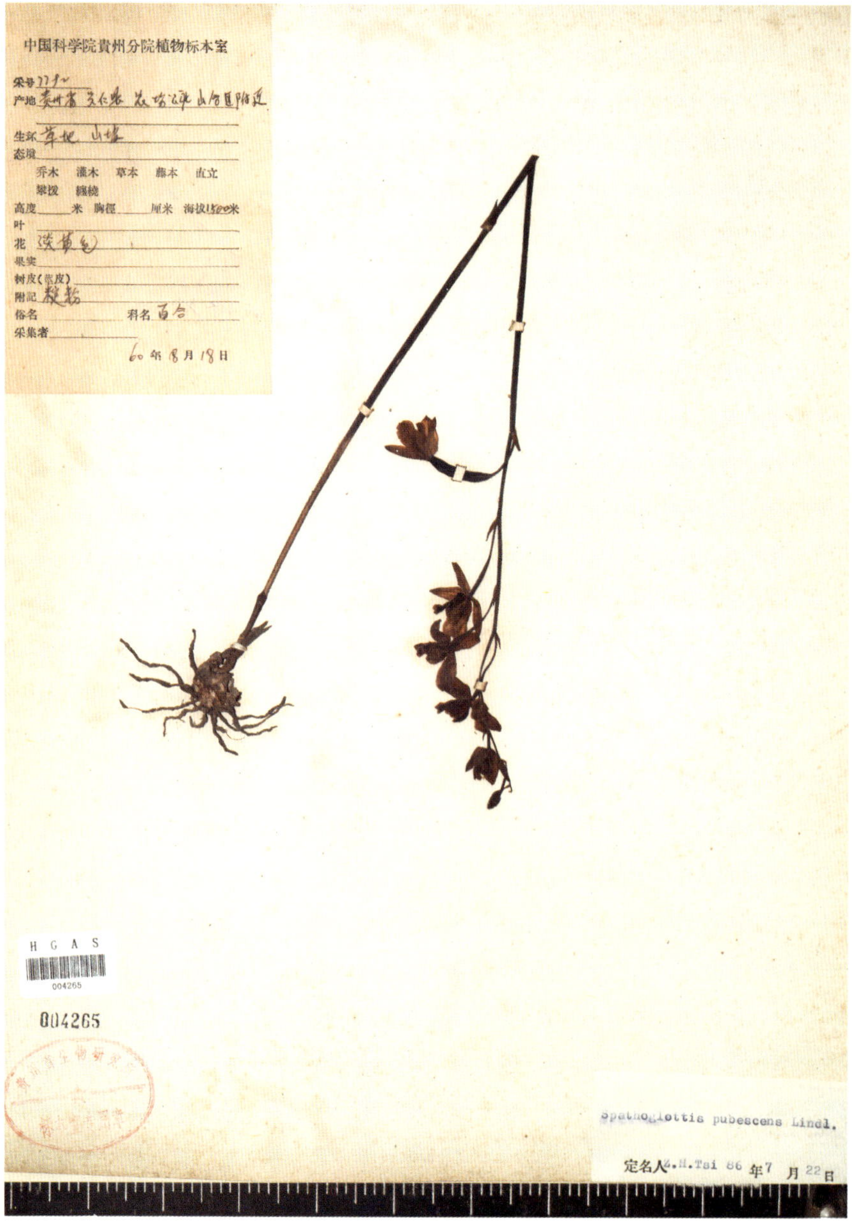
中国科学院贵州分院植物标本室
H G A S
004265
Spathoglottis pubescens Lindl.
定名人Z.H.Tsi 86 年7 月22日

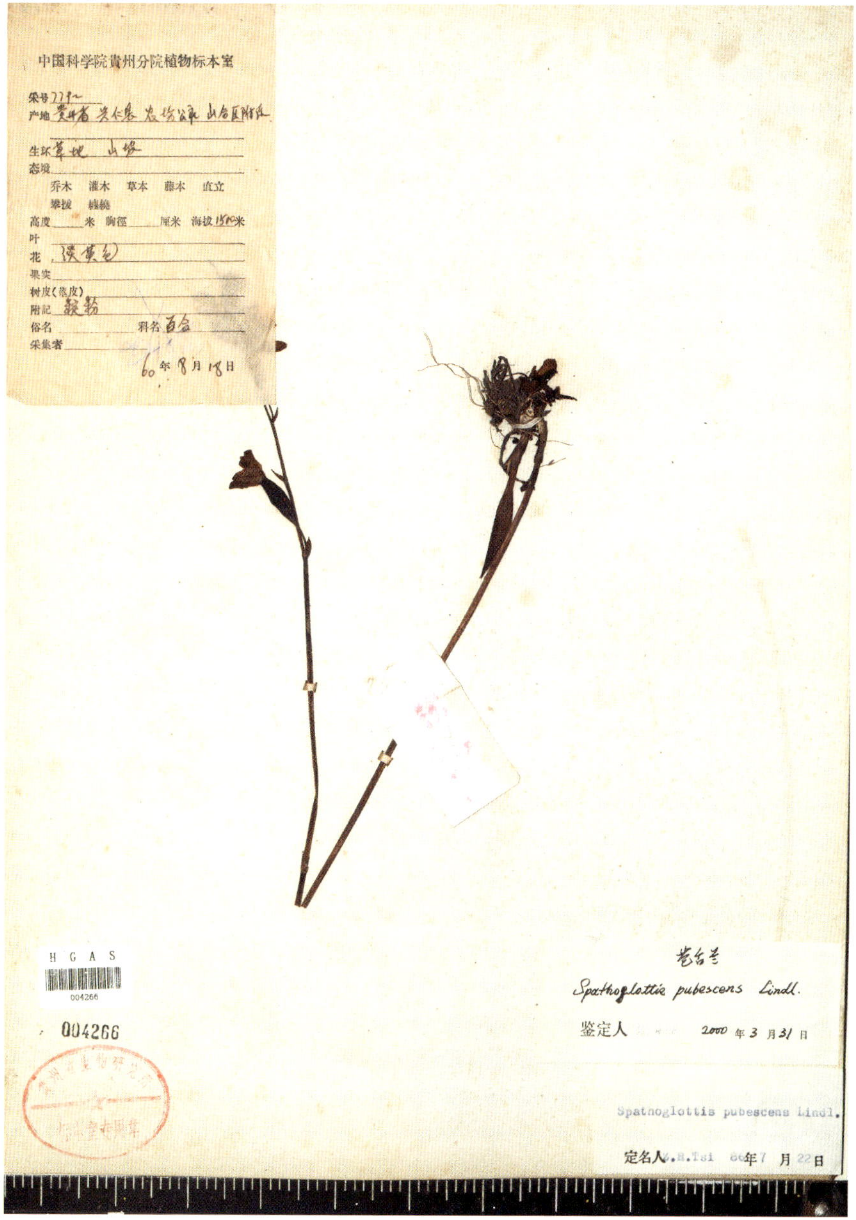

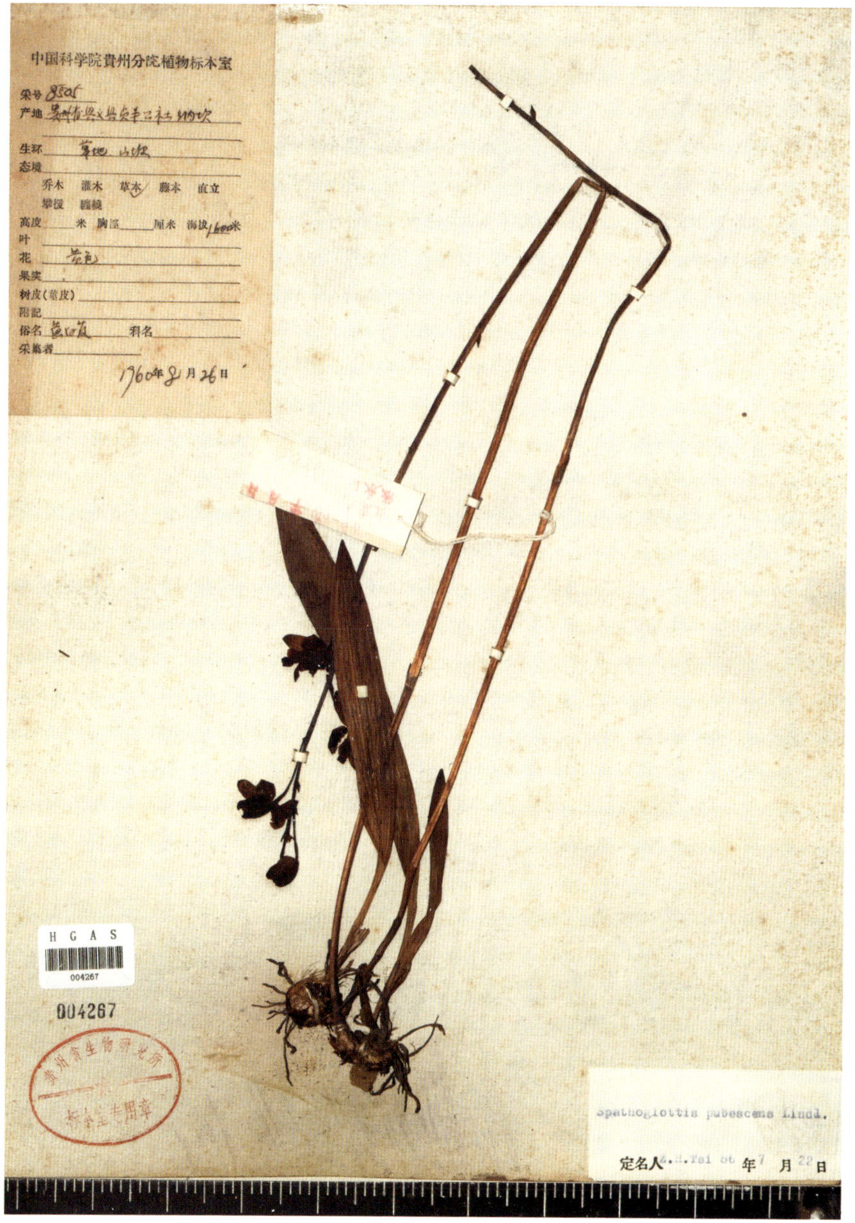

H G A S
004268
004268
822
PLANTS OF GUIZHOU, CHINA
Orchidaceae
Spathoglottis pubescens Lindley
Jiangkou Xian, Xuefeng Shan on the S side of the Fanjing Shan mountain range, NW of Jiangkou.
Elevation 500-700 m
Growing on banks between rice paddies, flowers yellow.
Sino-American Guizhou Botanical Expedition no. 822
4 September 1986
Participants: B. Bartholomew, D. E. Boufford, Q. H. Chen S. Z. Fang, J. G. Qi, S. A. Spongberg, Z. H. Tsi, Y. L. Tu P. S. Wang, Y. H. Xiang and T. S. Ying

1945
004269
贵州省生物研究所
标本室专用章
H G A S
004269
PLANTS OF GUIZHOU, CHINA
Orchidaceae
Spathoglottis pubescens Lindley
Songtao Xian, vicinity of Lengjiaba in the vicinity of the confluence of the Xiaohe and Dahe rivers, NE side of the Fanjing Shan mountain range.
Elevation 820-1120 m
Growing on grassy open slope.
Sino-American Guizhou Botanical Expedition no. 1945
5-9 October 1986
Participants: B. Bartholomew, D. E. Boufford, Q. H. Chen S. Z. Fang, J. G. Qi, S. A. Spongberg, Z. H. Tsi, Y. L. Tu P. S. Wang, Y. H. Xiang and T. S. Ying

HGAS
004270
004270
PLANTS OF GUIZHOU, CHINA
Orchidaceae
Spathoglottis pubescens Lindley
Jiangkou Xian, Daiyenpeng along the Kaitu River on the SW side of the Fanjing Shan mountain range.
Elevation ca. 750-1000 m
Growing on sunny open slope, flowers yellow.
Sino-American Guizhou Botanical Expedition no. 1177
11 September 1986
Participants: B. Bartholomew, D. E. Boufford, Q. H. Chen S. Z. Fang, J. G. Qi, S. A. Spongberg, Z. H. Tsi, Y. L. Tu P. S. Wang, Y. H. Xiang and T. S. Ying
标本室专用章

47 绶草属

47.1 绶草 *Spiranthes sinensis* (Pers.) Ames

【别　　名】蔃绶、一线香、猪鞭草、猪潦子、猪辽参、龙抱柱、龙缠柱、猪牙参、扭兰、胜杖草、盘龙棍、过水龙、红龙盘柱、小猪獠参、海珠草、蛇崽草、一枝枪、一叶一枝花、双瑚草、盘龙花、镰刀草、大叶青、九龙蛇、笑天龙、马牙七、盘龙箭、鲤鱼草、反皮索。

【形态特征】地生草本，高 15～30cm。根肉质，数条簇生。茎短，具 2～5 枚叶。叶宽线形或线状披针形，长 3～10cm，宽 5～10mm，先端急尖或渐尖，基部收狭成柄鞘抱茎。花茎长 10～25cm，被腺状柔毛至无毛；总状花序密生多数花；花苞片卵状披针形；子房扭转，被腺状柔毛；花紫红色或白色，在花序轴上螺旋状排列；中萼片长圆形，舟状，长约 4mm，与花瓣靠合呈兜状；侧萼片披针形，偏斜，长约 5mm；花瓣斜菱状长圆形，与中萼片等长；唇瓣宽长圆形，长约 4mm，前部的上面被长硬毛，边缘皱波状，基部凹陷呈浅囊状，囊内有 2 枚胼胝体。花期 7～8 月。

【生长环境】生于海拔 300～2000m 的山坡林下、灌丛中或草地。

【地理分布】贵州省内大部分地区均产有；全国各省区均有分布。亚洲大部地区和澳大利亚也有。

【馆藏信息】第五标本馆，第 004220、004221、004222、004223、004224、004225、004226、004227、004228、004229、004230、004231、004232、004233、004234、004235、004236、004237、004238、004239、004240、004241、004242、004243、004244、004245、004246、004247、004248、004249、004250、004251、004252 号标本。

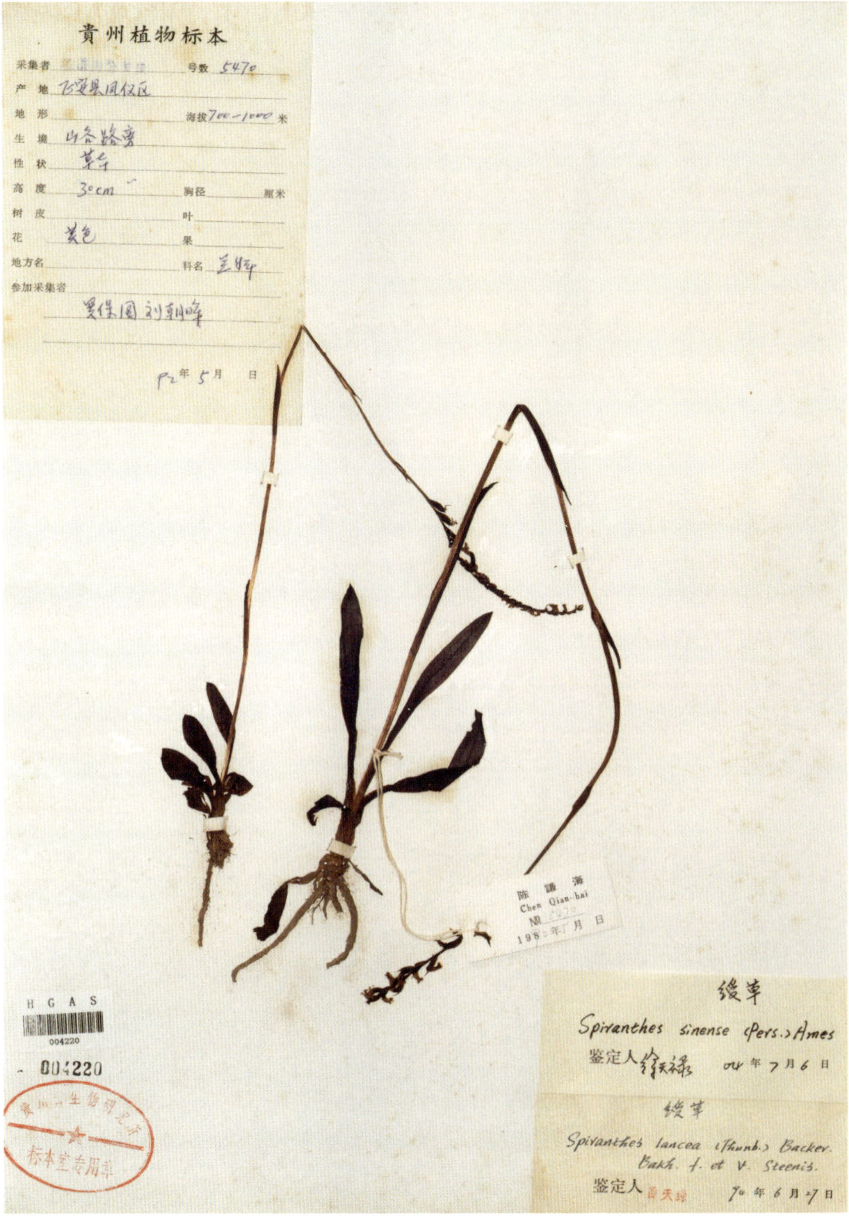

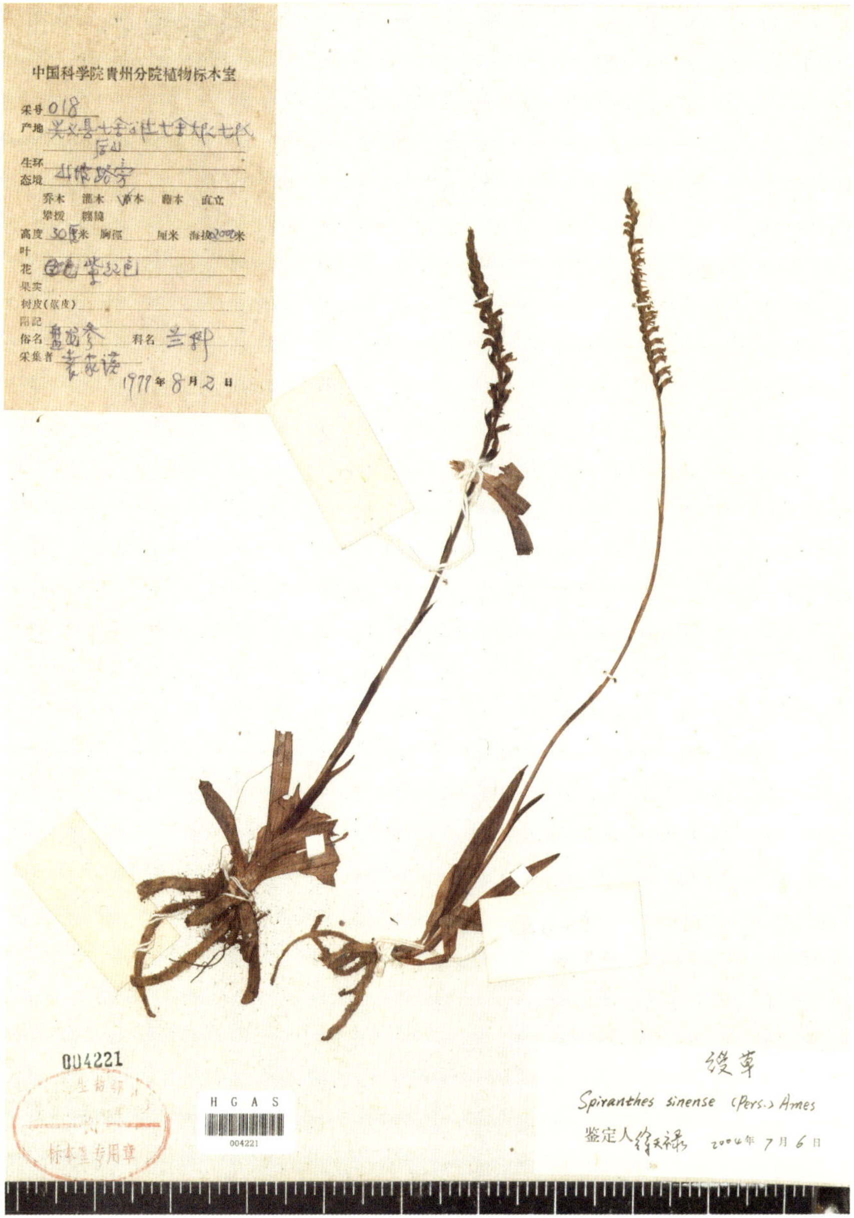
中国科學院貴州分院植物标本室
采号 018
004221
H G A S
004221
绶草
Spiranthes sinense (Pers.) Ames
鉴定人
2004年 7月 6日

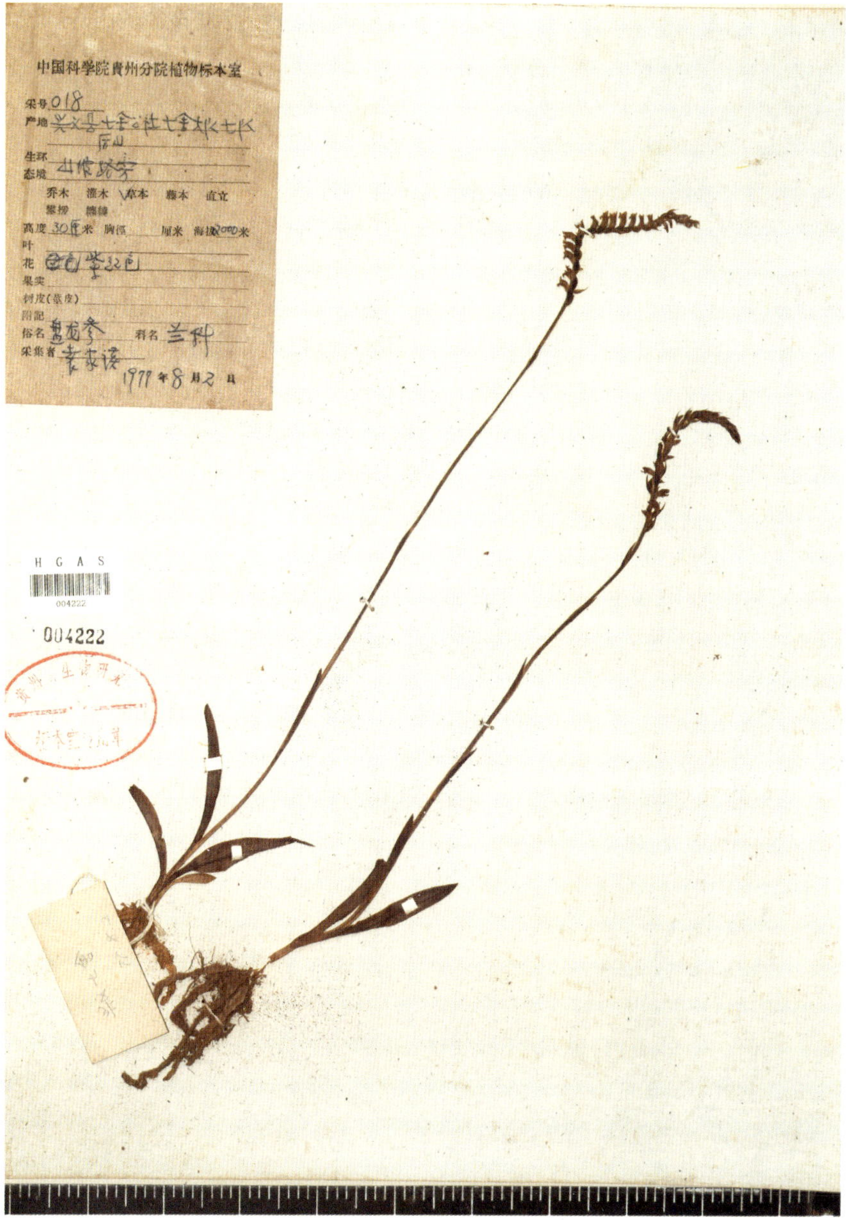
中国科學院貴州分院植物标本室
采号 018
H G A S
004222
004222

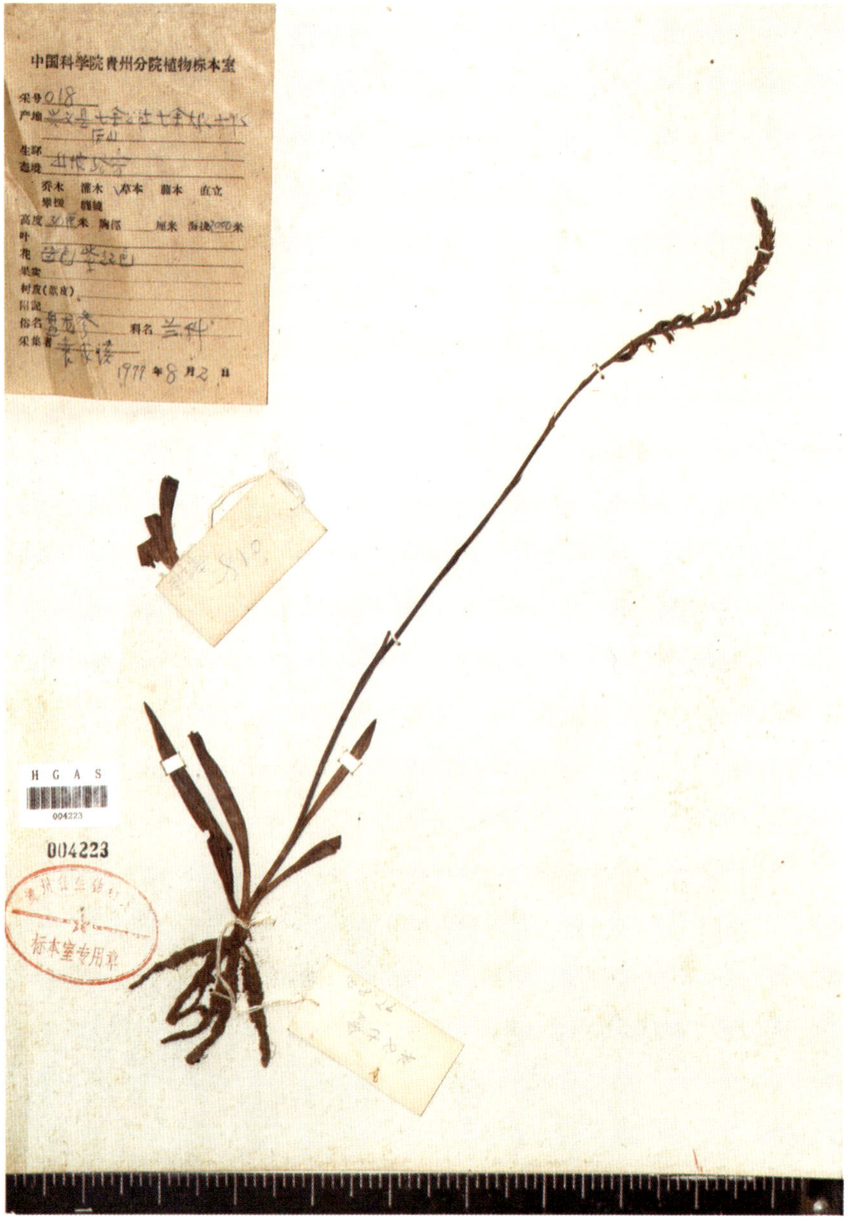
中国科学院贵州分院植物标本室
HGAS
004223

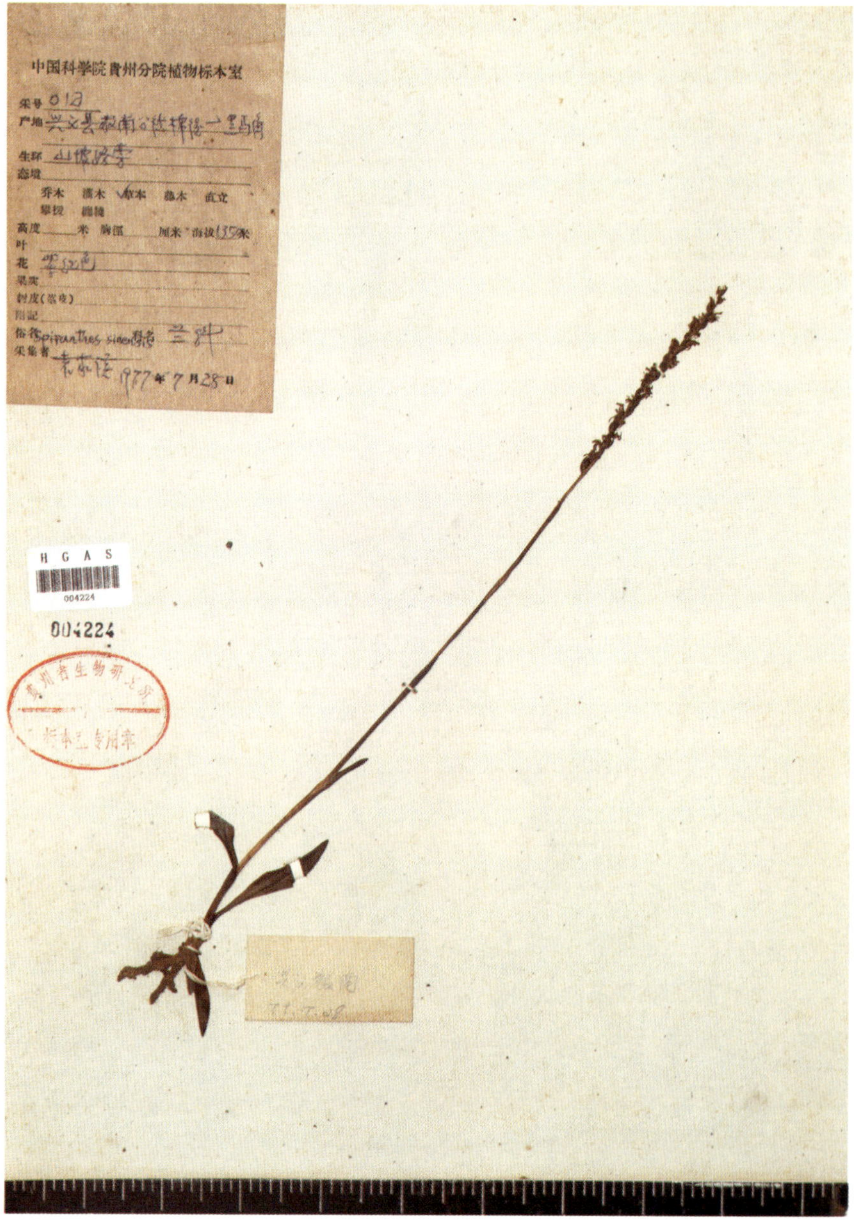
中国科学院贵州分院植物标本室
HGAS
004224

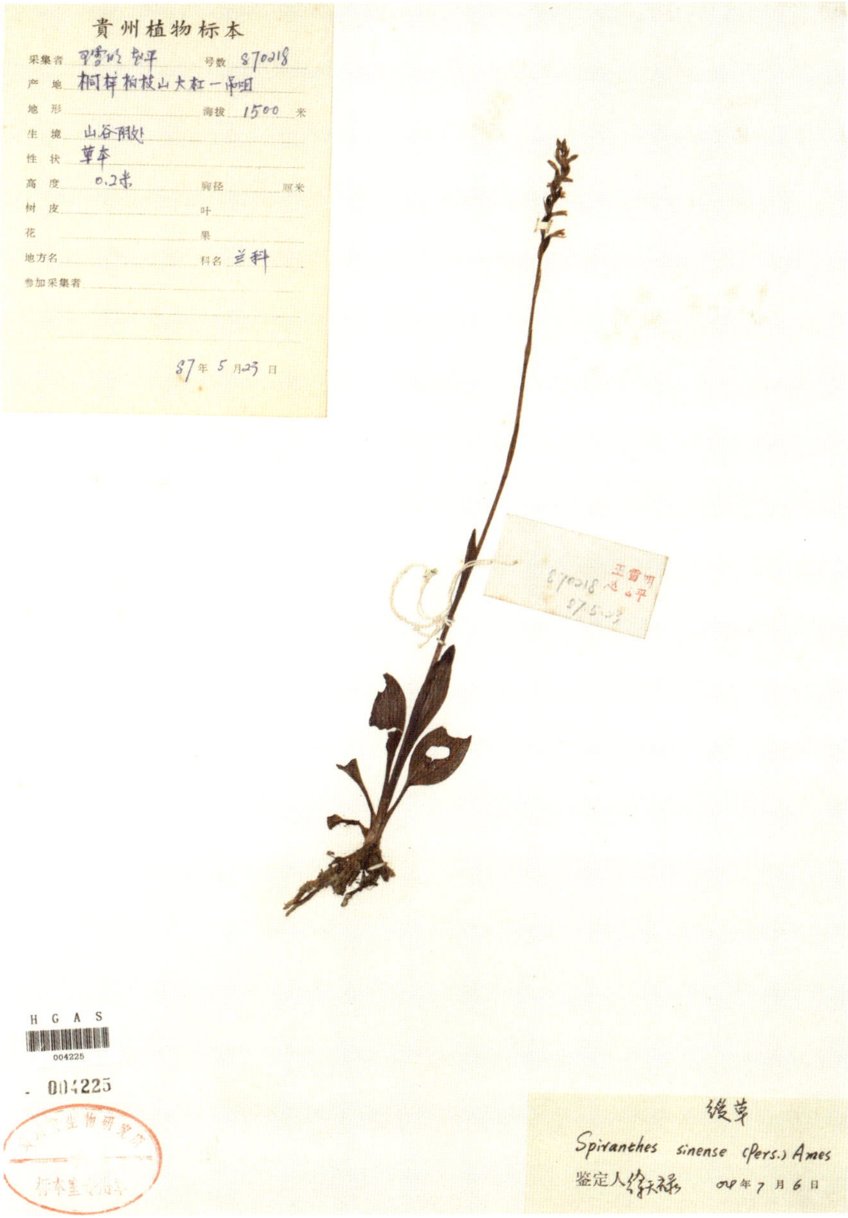
贵州植物标本
采集者 号数 870218
产地
地形 海拔 1500 米
生境 山谷
性状 草本
高度 0.2米 胸径 厘米
树皮 叶
花 果
地方名 科名 兰科
参加采集者
87年 5月25日
870218
87.5.25
HGAS
004225
004225
绶草
Spiranthes sinense (Pers.) Ames
鉴定人
年 7 月 6 日
标本室专用

贵州植物标本
采集者 号数 870218
产地
地形 海拔 1500 米
生境 山谷
性状 草本
高度 0.2米 胸径 厘米
树皮 叶
花 果
地方名 科名 兰科
参加采集者
87年 5月25日
HGAS
004226
004226
标本室专用

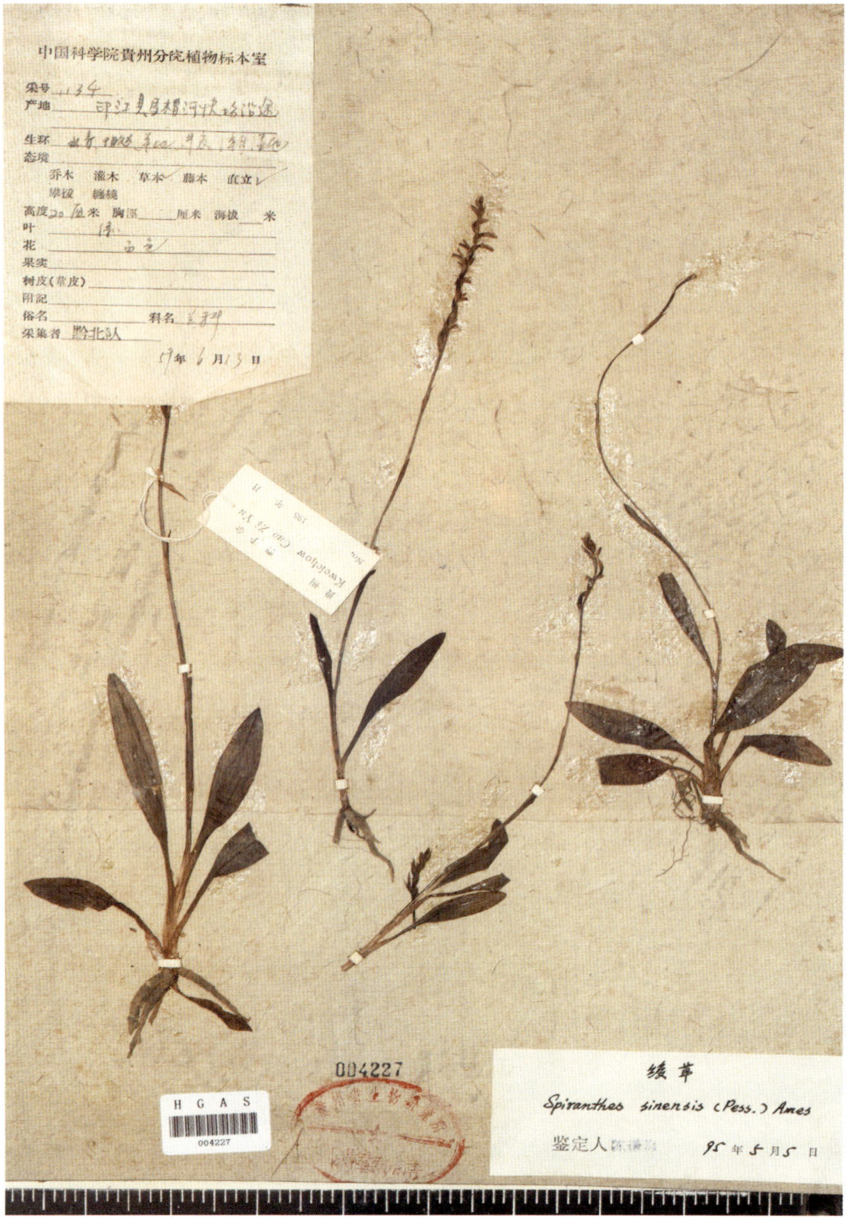
中国科学院贵州分院植物标本室
HGAS
004227
绶草
Spiranthes sinensis (Pers.) Ames
鉴定人

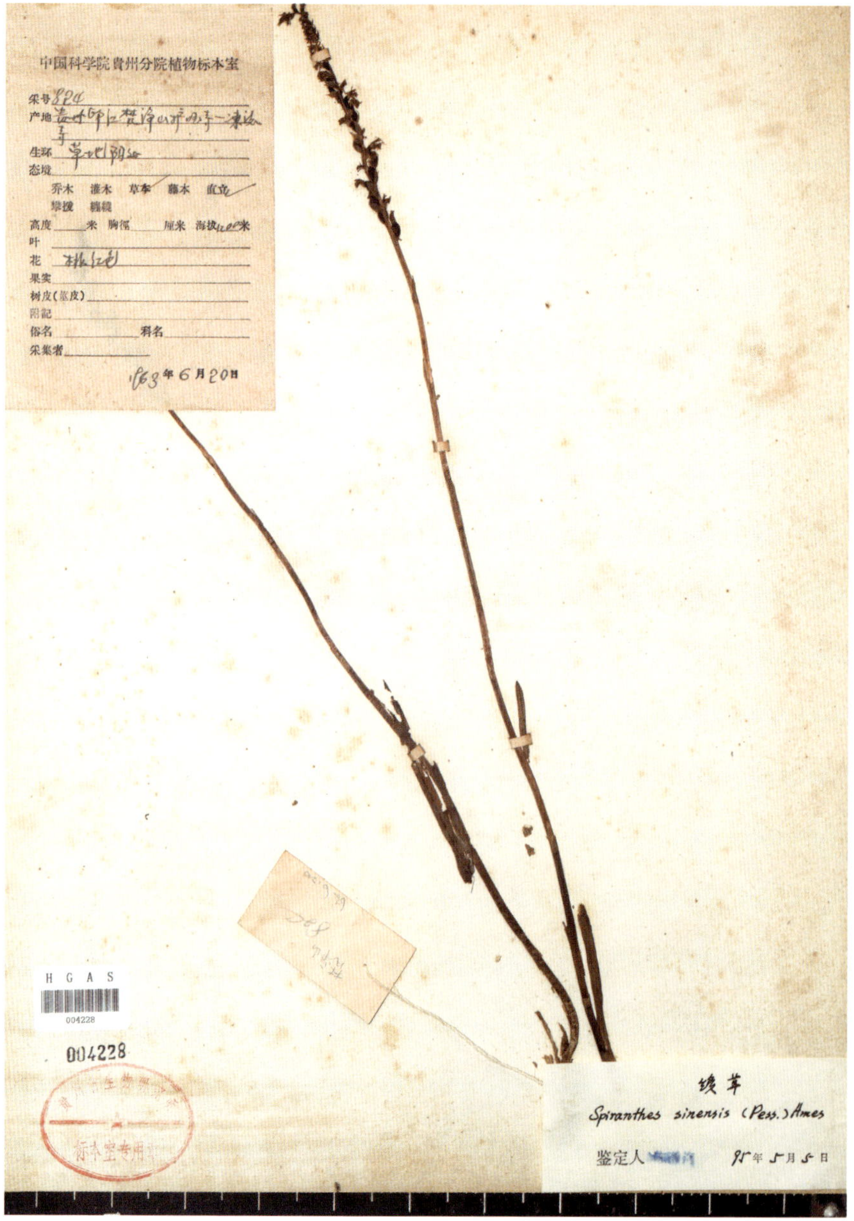
中国科学院贵州分院植物标本室
HGAS
004228
绶草
Spiranthes sinensis (Pers.) Ames
鉴定人

中国科学院贵州分院植物标本室
HGAS
004229
Spiranthes sinensis (Pers.) Ames
鉴定人

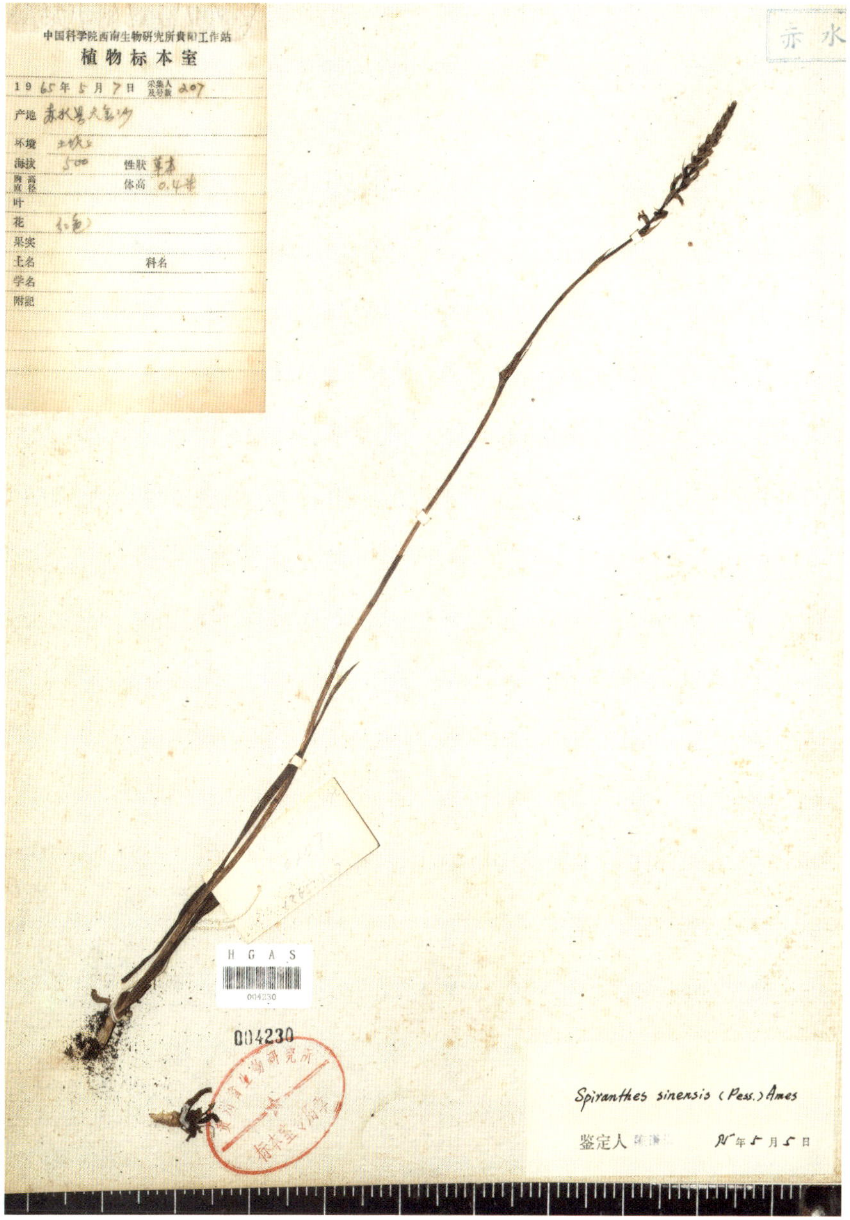
中国科学院西南生物研究所贵阳工作站
植物标本室
HGAS
004230
Spiranthes sinensis (Pers.) Ames
鉴定人

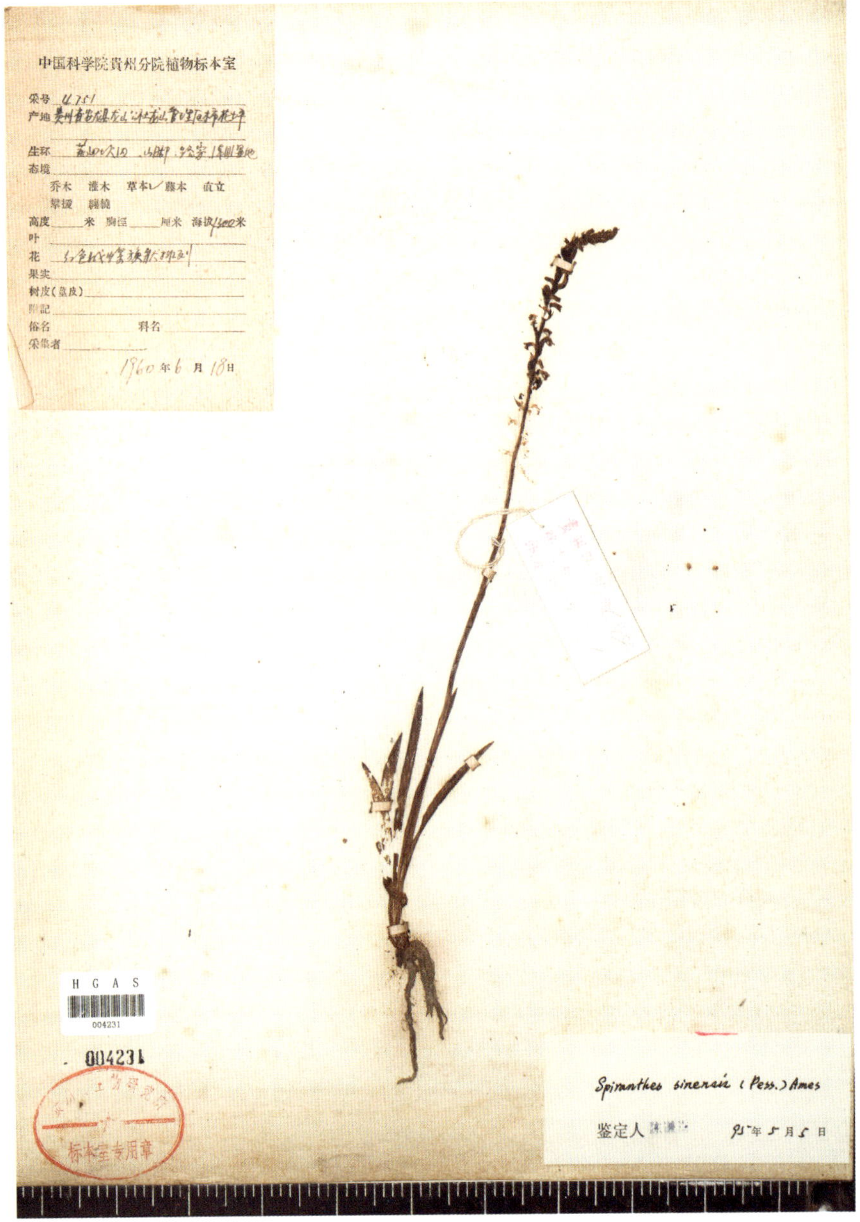
中国科学院贵州分院植物标本室
HGAS
004231
Spiranthes sinensis (Pers.) Ames
鉴定人

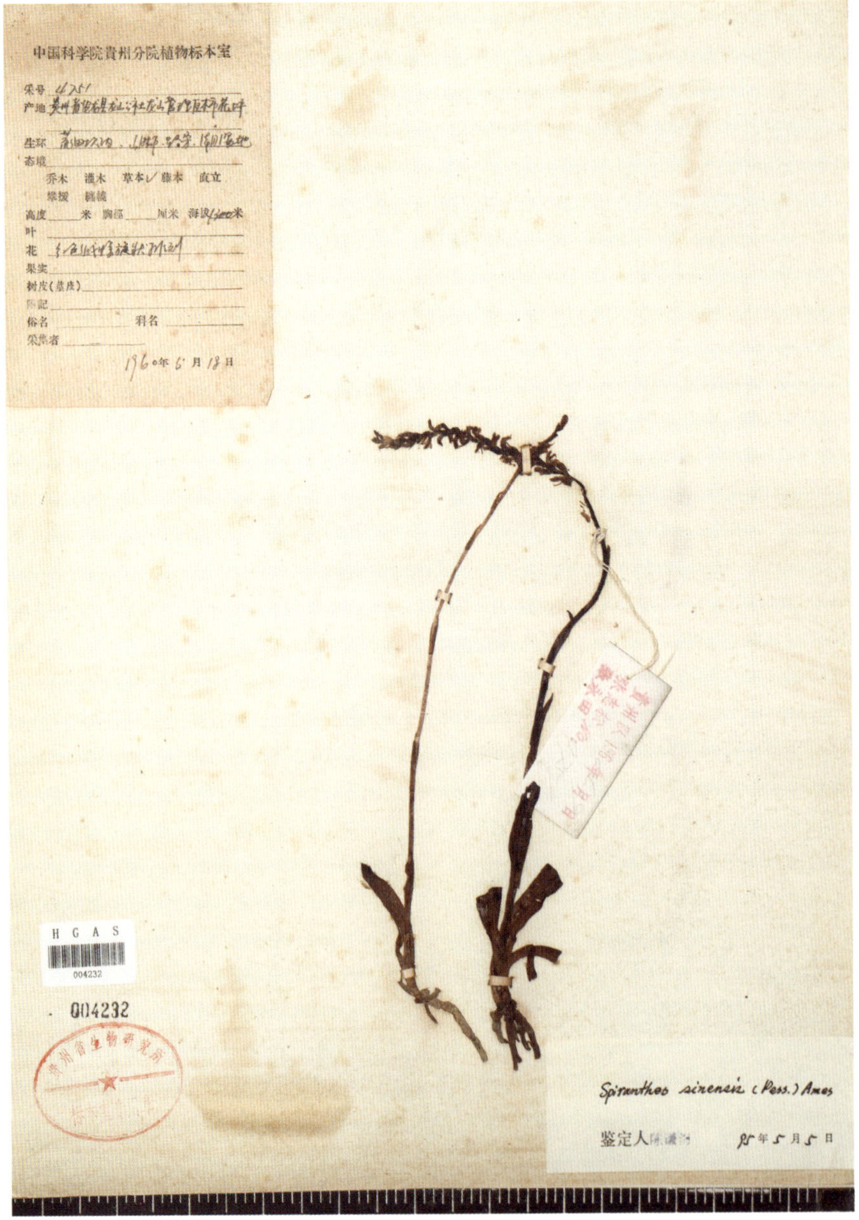
中国科学院贵州分院植物标本室
HGAS
004232
Spiranthes sinensis (Pers.) Ames
鉴定人

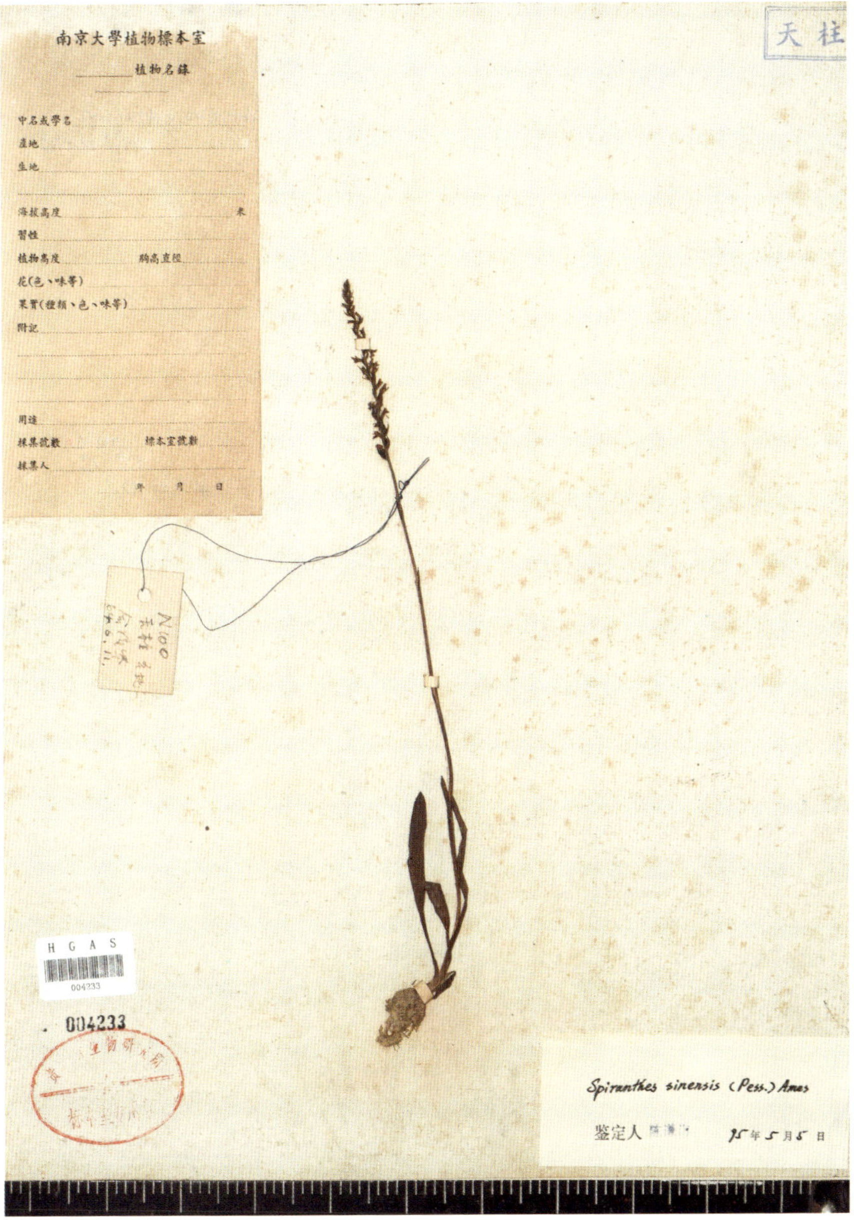
南京大學植物標本室
植物名錄
中名或學名
產地
生地
海拔高度
習性
植物高度
胸高直徑
花(色、味等)
果實(種類、色、味等)
附記
用途
採集號數
標本室號數
採集人
年 月 日
天柱
HGAS
004233
004233
Spiranthes sinensis (Pers.) Ames
鉴定人
95年5月5日

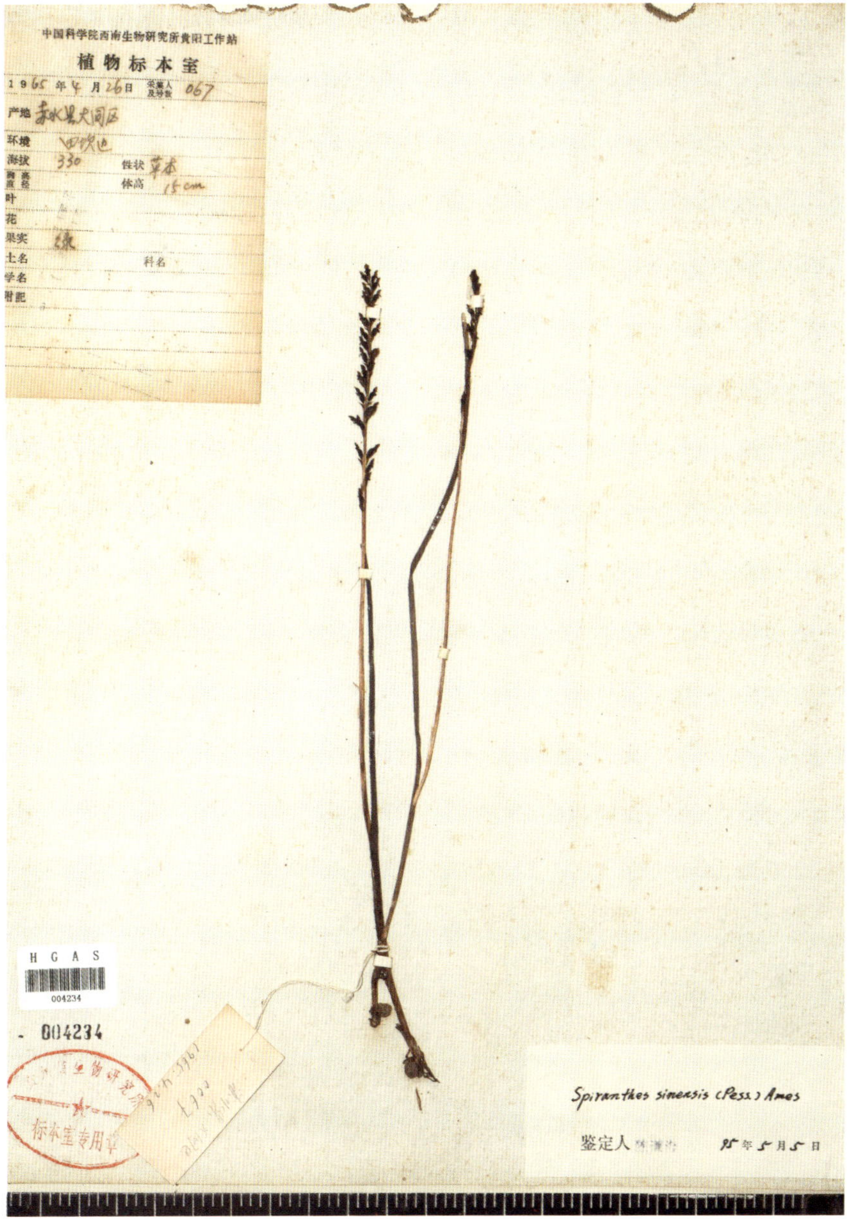
中国科学院西南生物研究所贵阳工作站
植物标本室
1965年4月26日
067
产地
环境
海拔 330
性状 草本
体高 18cm
叶
花
果实
土名
科名
学名
附记
HGAS
004234
004234
标本室专用章
Spiranthes sinensis (Pers.) Ames
鉴定人
95年5月5日

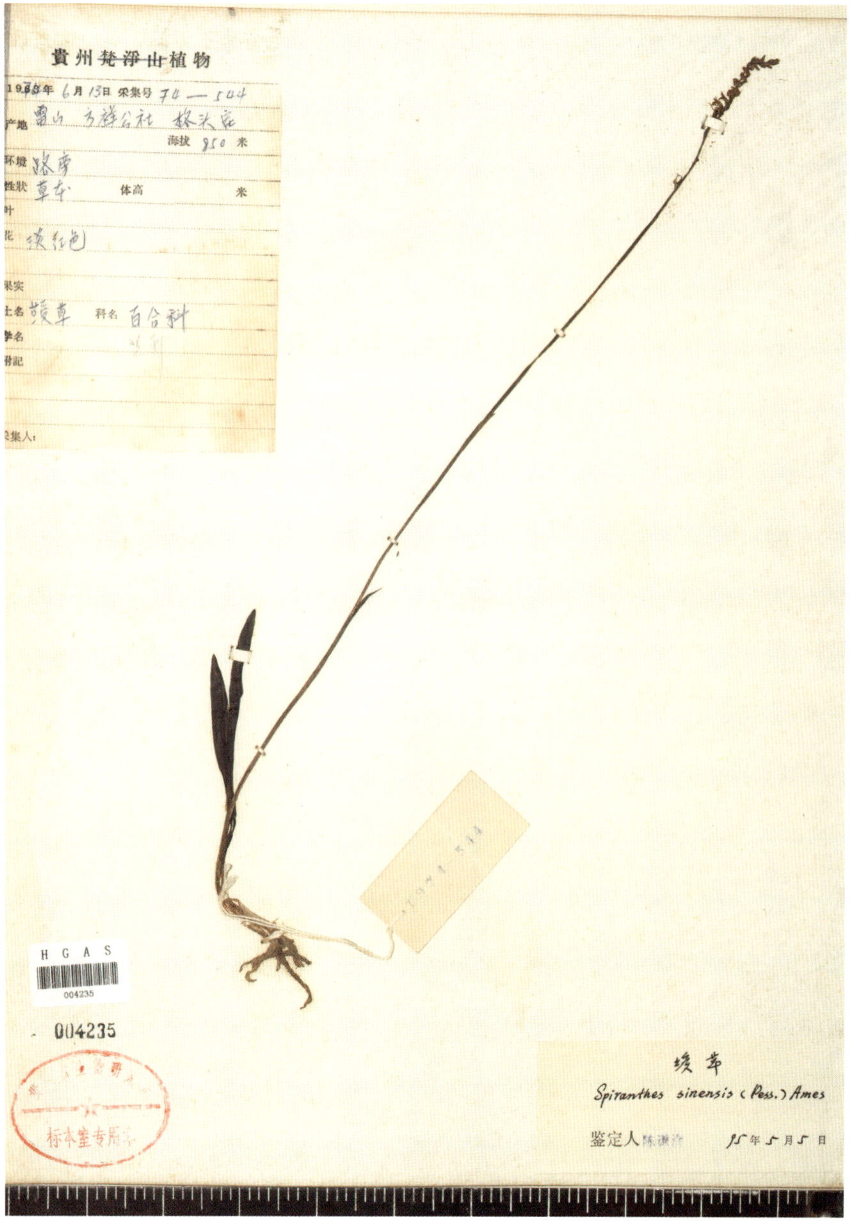
HGAS
004235
Spiranthes sinensis (Pers.) Ames
鉴定人

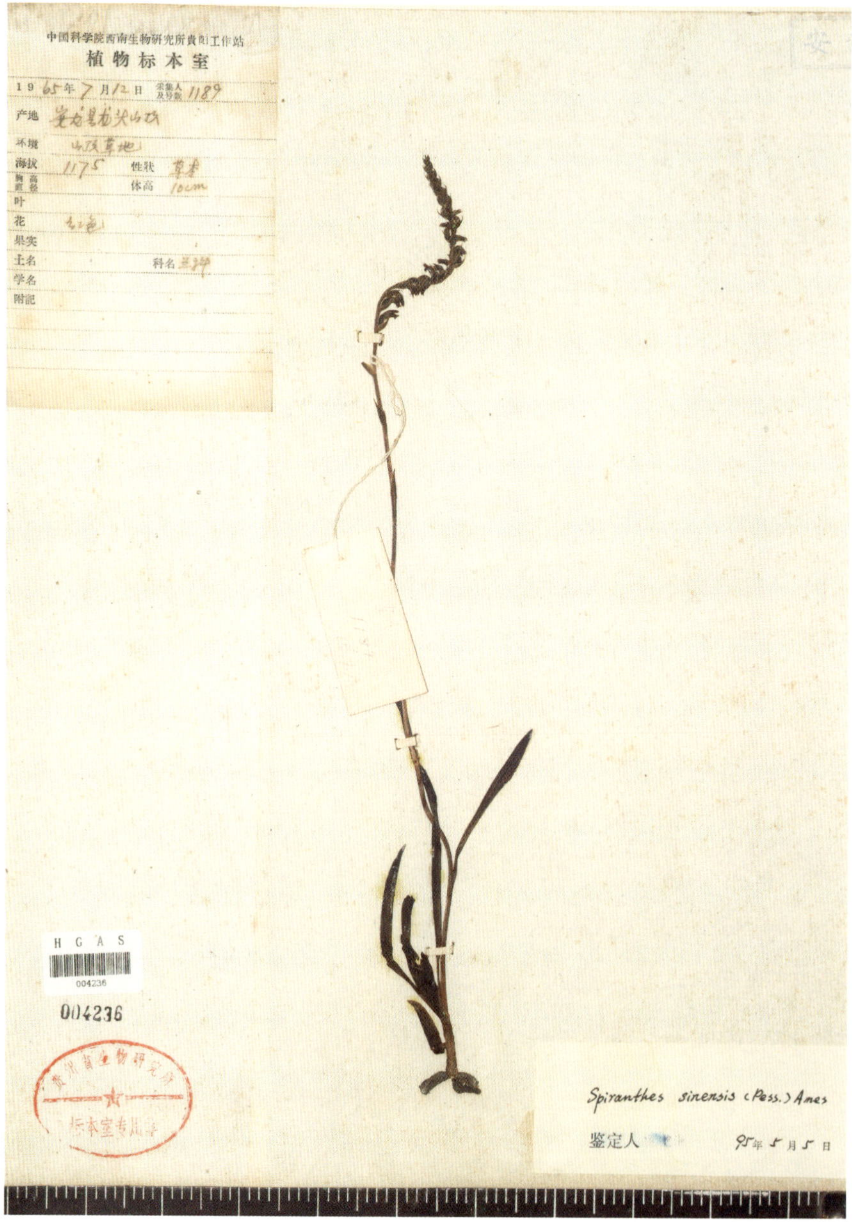
中国科学院西南生物研究所贵阳工作站
植物标本室
HGAS
004236
Spiranthes sinensis (Pers.) Ames
鉴定人

贵州植物标本
HGAS
004237
绶草
标本室专用章

中国科学院昆明植物研究所
植物标本室
HGAS
004238
绶草
Spiranthes sinensis (Pers.) Ames
鉴定人
2000 年 3 月 28 日
标本室专用章

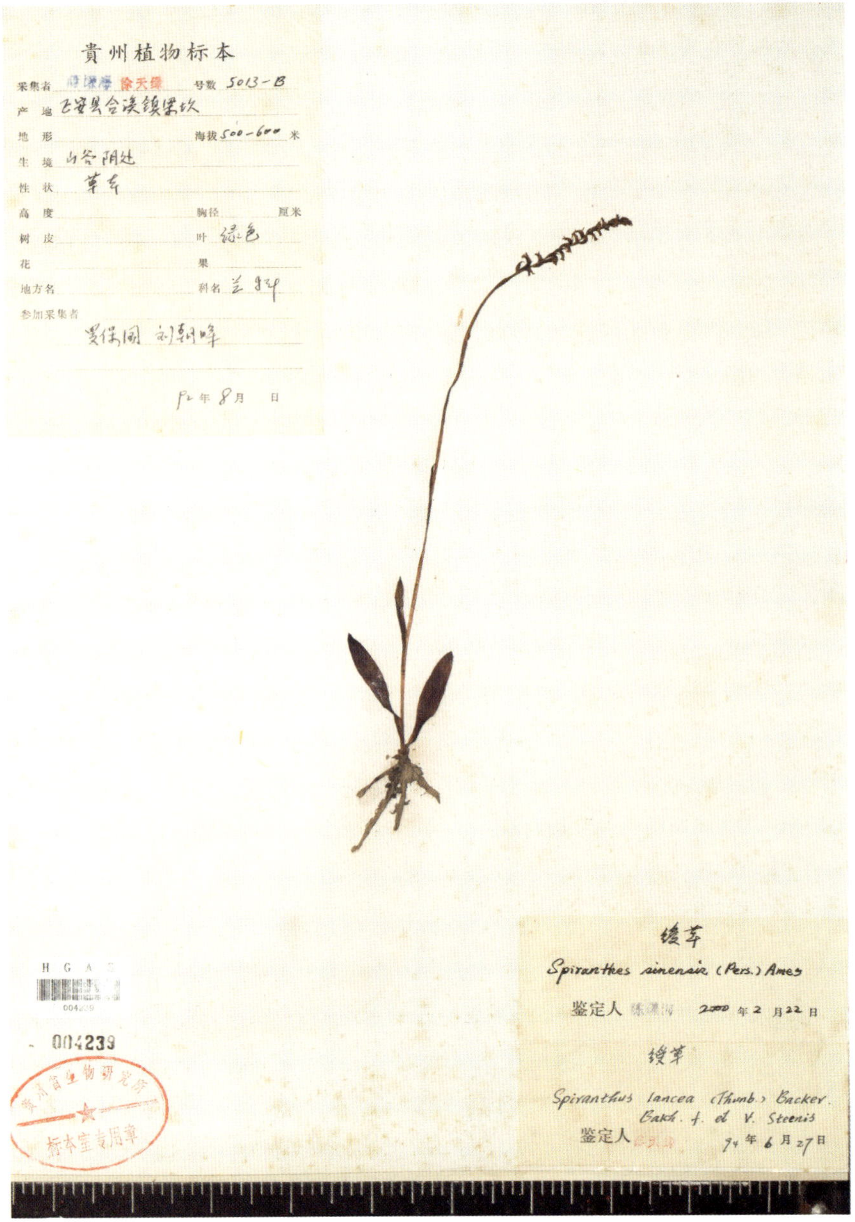

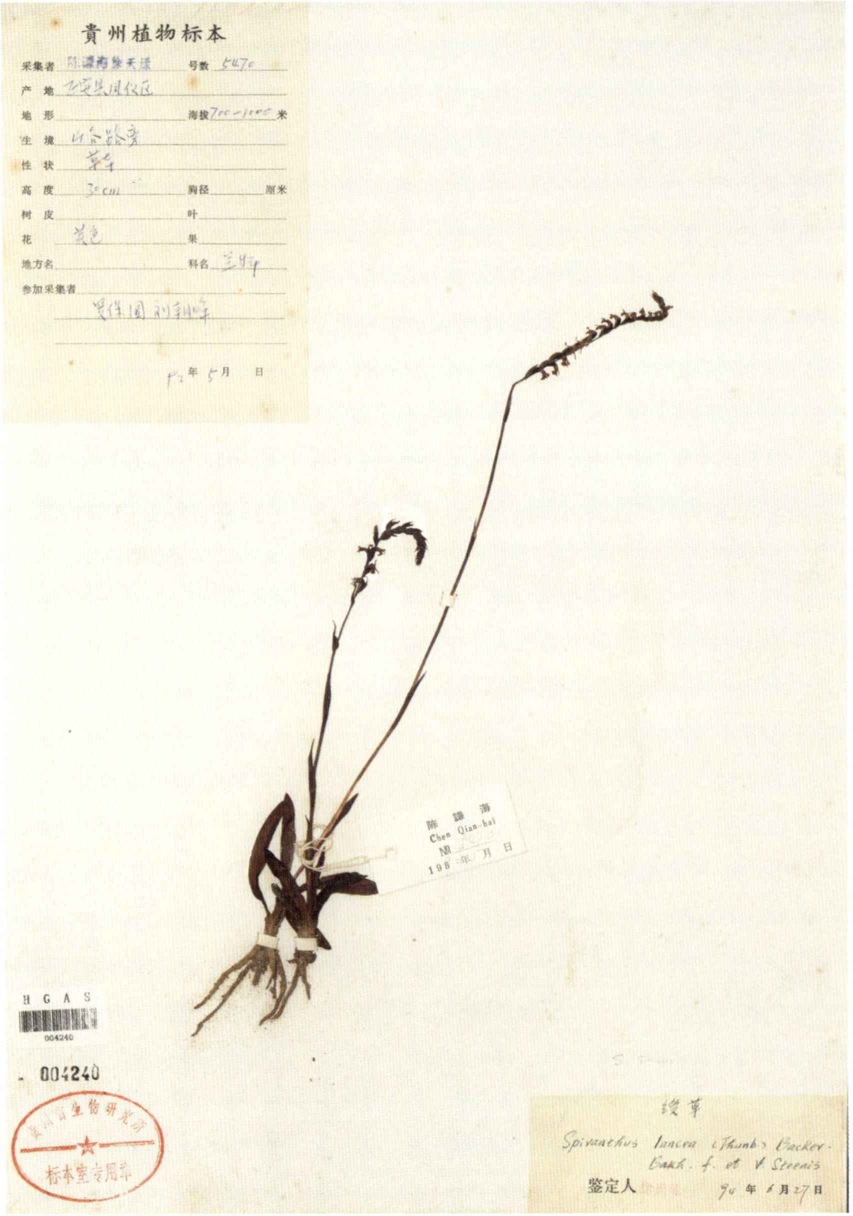

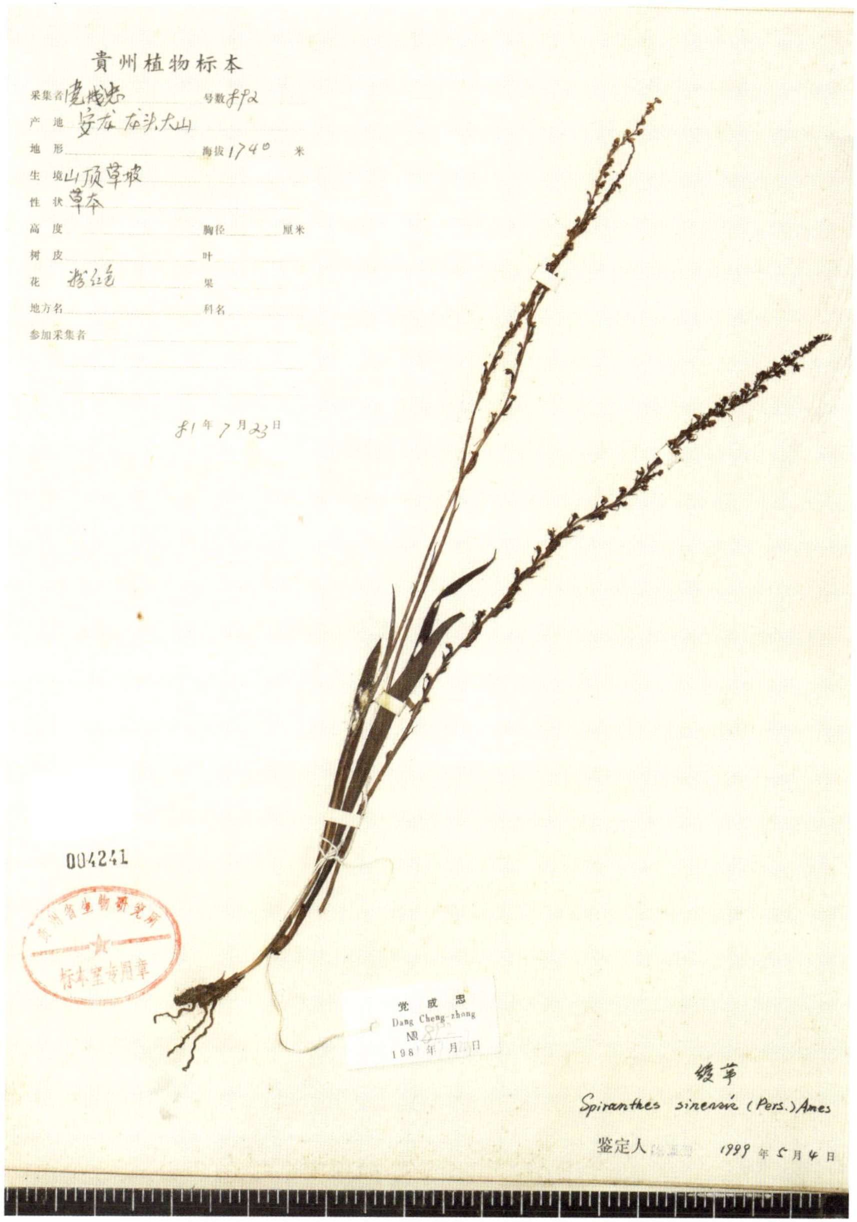
贵州植物标本
004241
绶草
Spiranthes sinensis (Pers.) Ames
鉴定人
1999 年 5 月 4 日

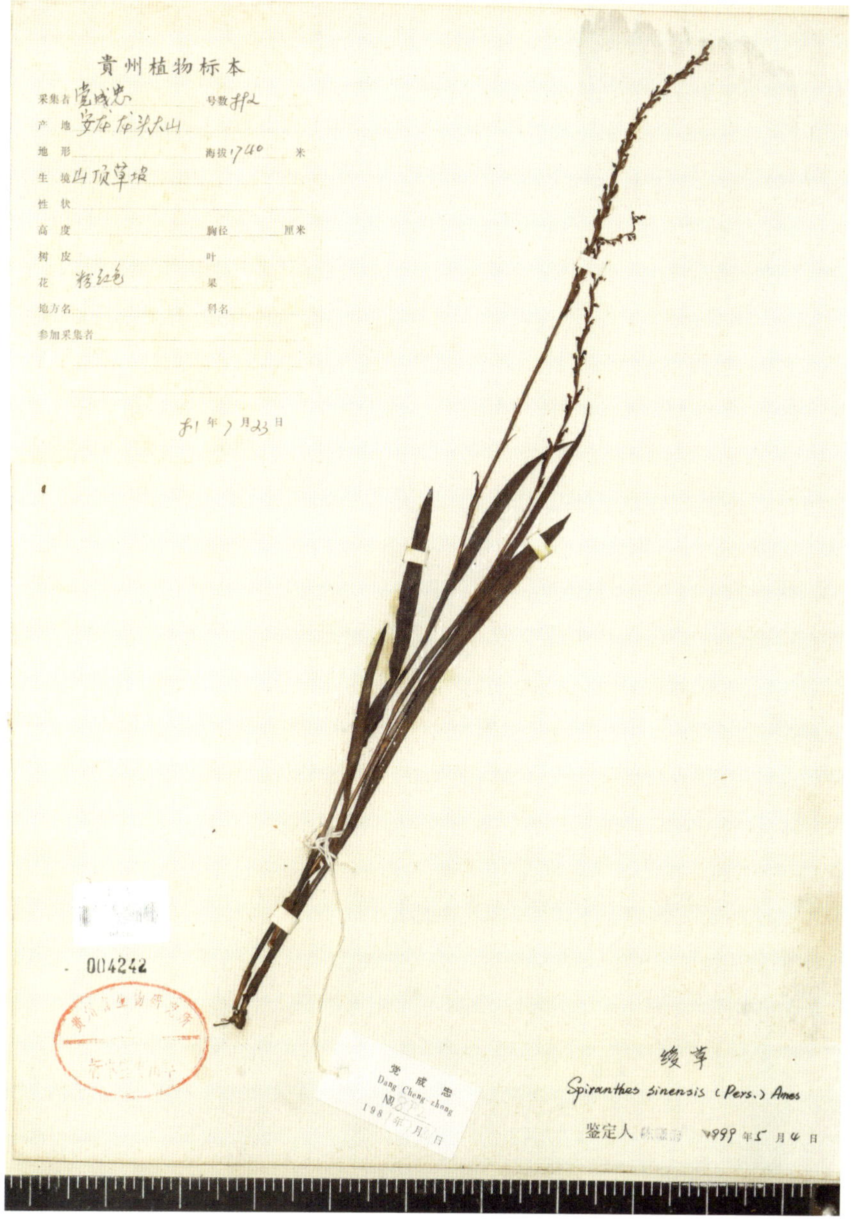
贵州植物标本
004242
绶草
Spiranthes sinensis (Pers.) Ames
鉴定人
1999 年 5 月 4 日

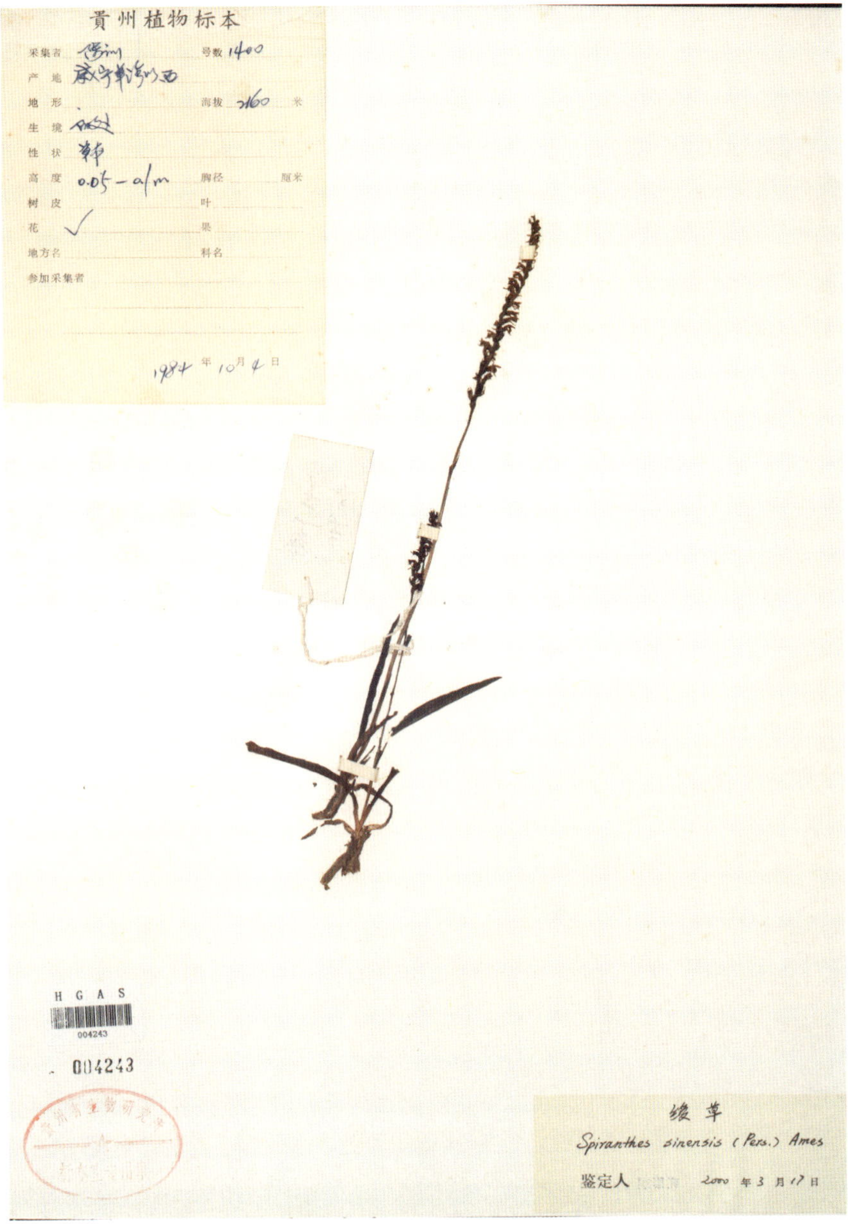
贵州植物标本
号数 1400
海拔 2160 米
1984 年 10 月 4 日
HGAS
004243
004243
绶草
Spiranthes sinensis (Pers.) Ames
鉴定人
2000 年 3 月 17 日

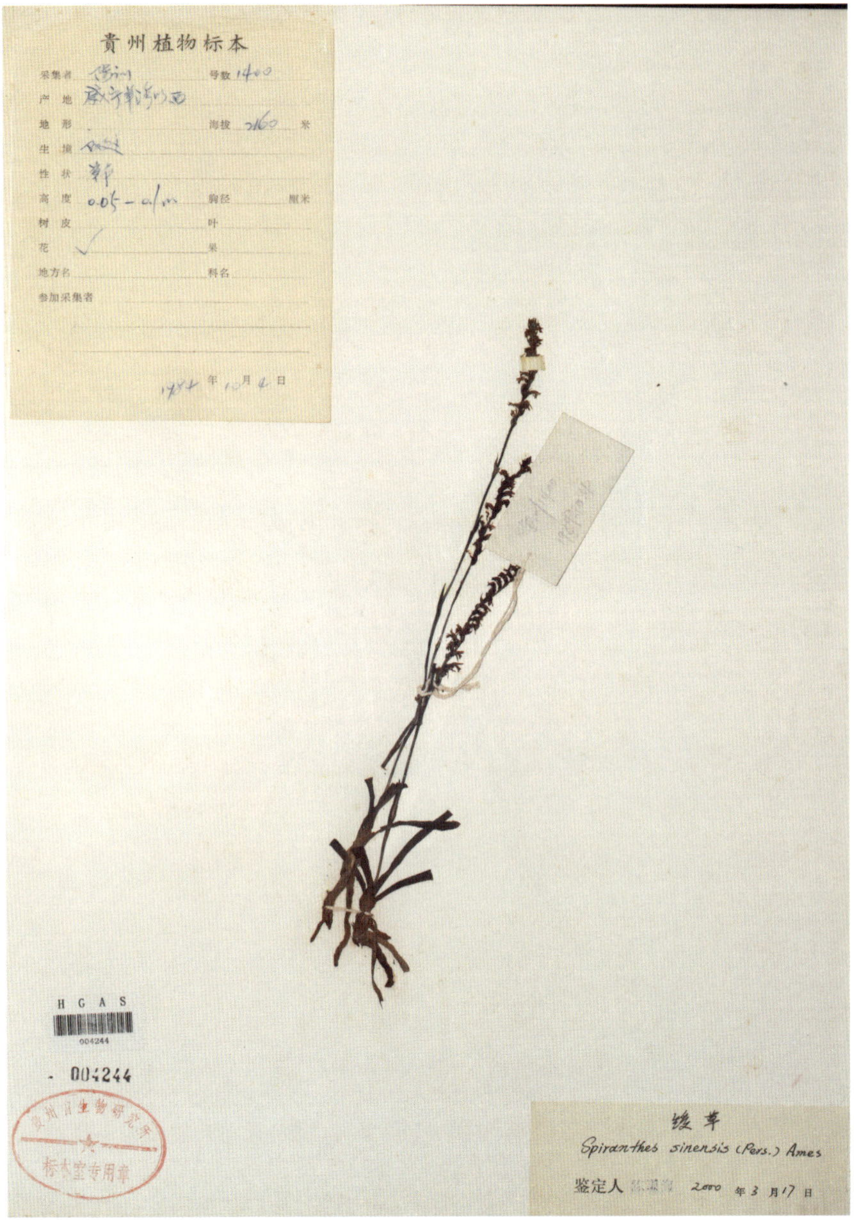
贵州植物标本
号数 1400
海拔 2160 米
1984 年 10 月 4 日
HGAS
004244
004244
绶草
Spiranthes sinensis (Pers.) Ames
鉴定人
2000 年 3 月 17 日

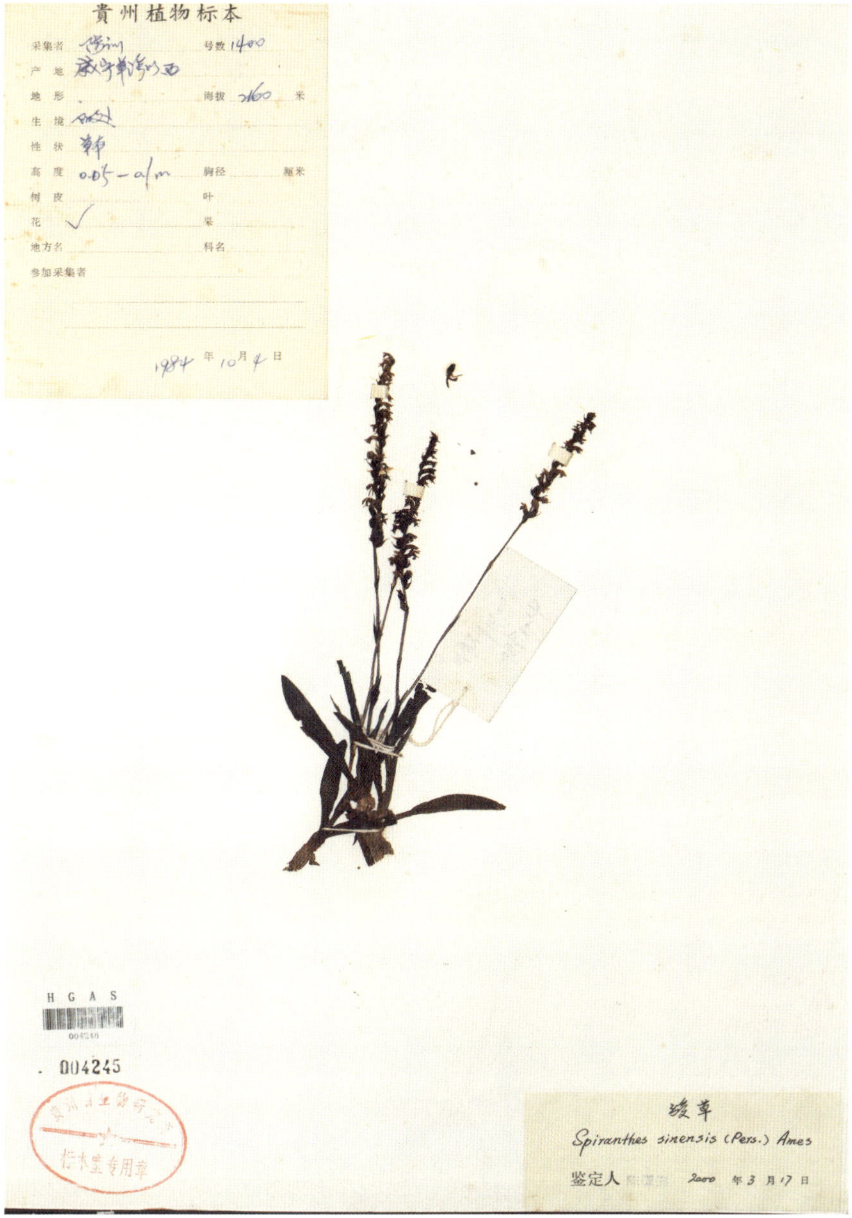
贵州植物标本
HGAS
004245
绶草
Spiranthes sinensis (Pers.) Ames
鉴定人 2000 年 3 月 17 日

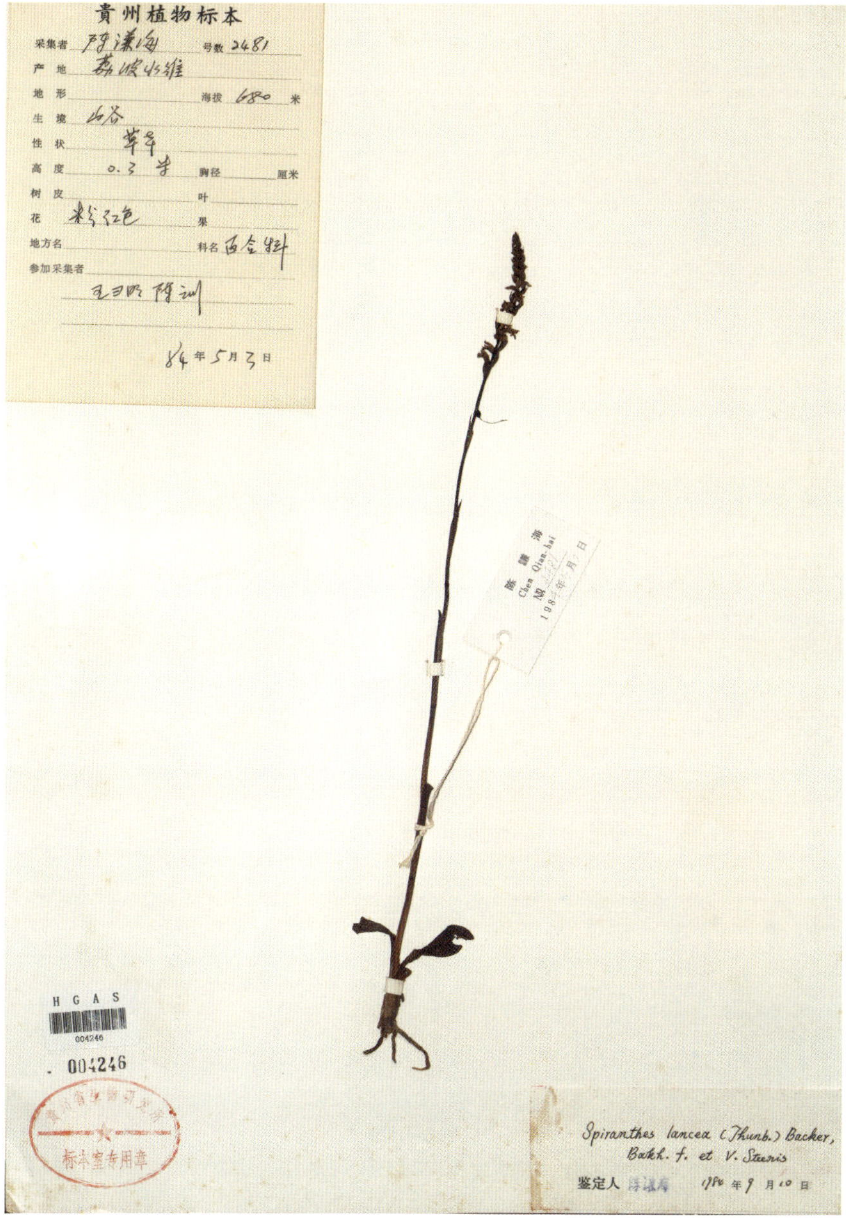
贵州植物标本
号数 2481
海拔 680 米
84 年 5 月 3 日
HGAS
004246
Spiranthes lancea (Thunb.) Backer, Bakh. f. et V. Steenis
鉴定人 1980 年 9 月 10 日

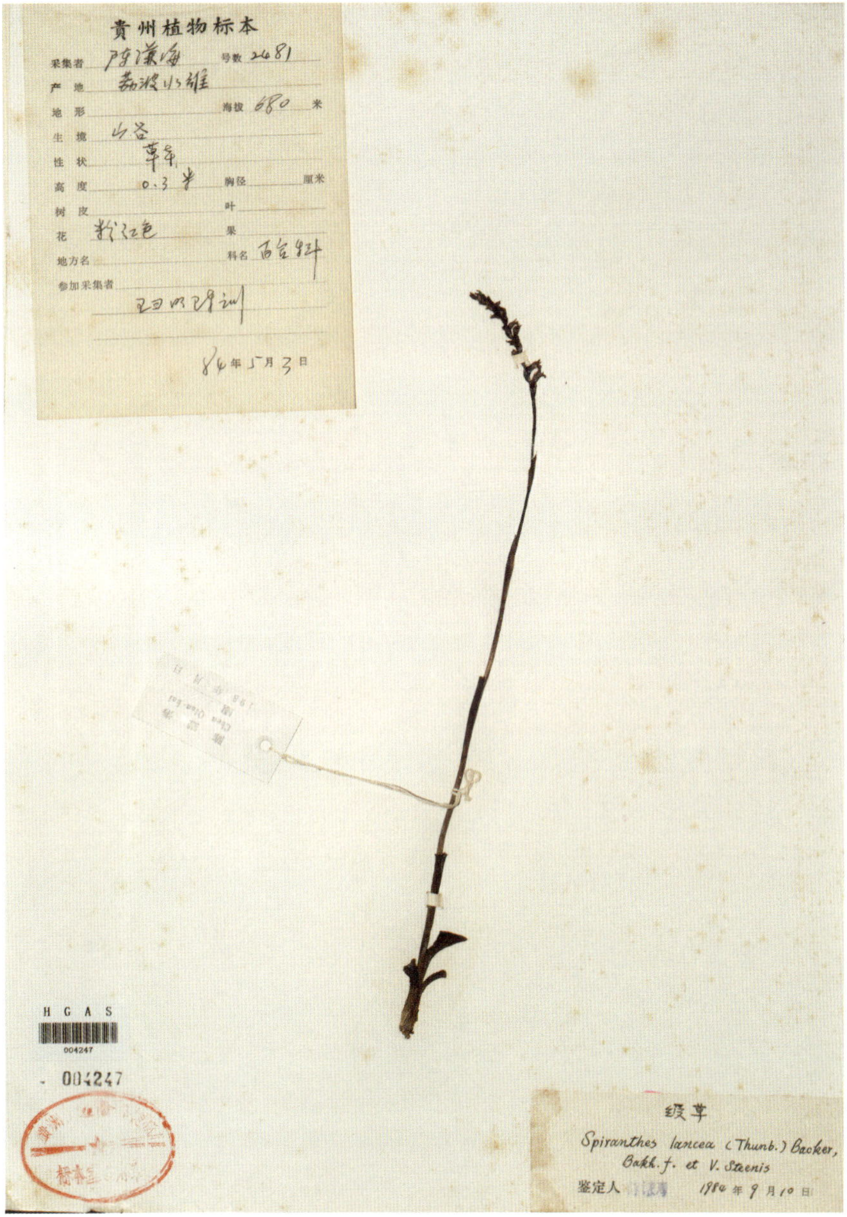
贵州植物标本
HGAS
004247
绶草
Spiranthes lancea (Thunb.) Backer, Bakh. f. et V. Steenis
鉴定人
1984年9月10日

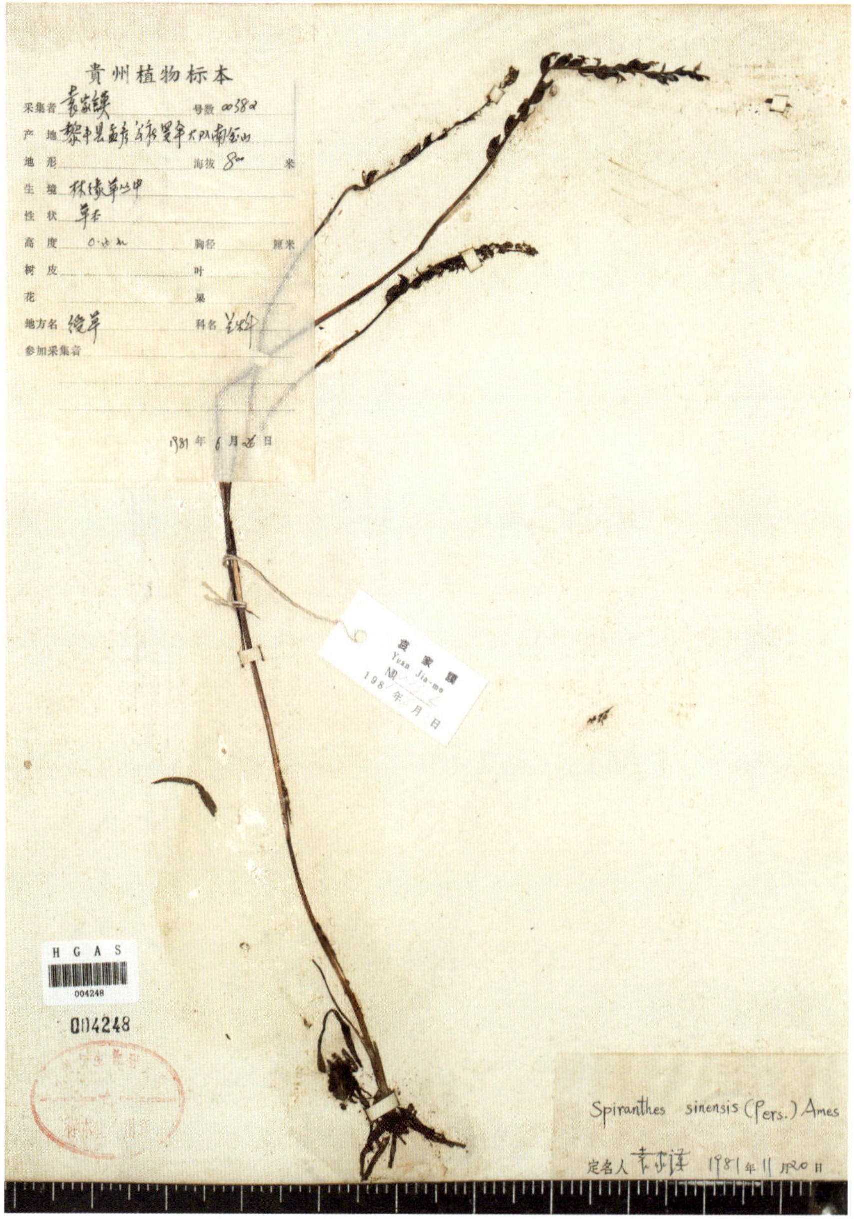
贵州植物标本
HGAS
004248
Spiranthes sinensis (Pers.) Ames
定名人
1981年11月20日

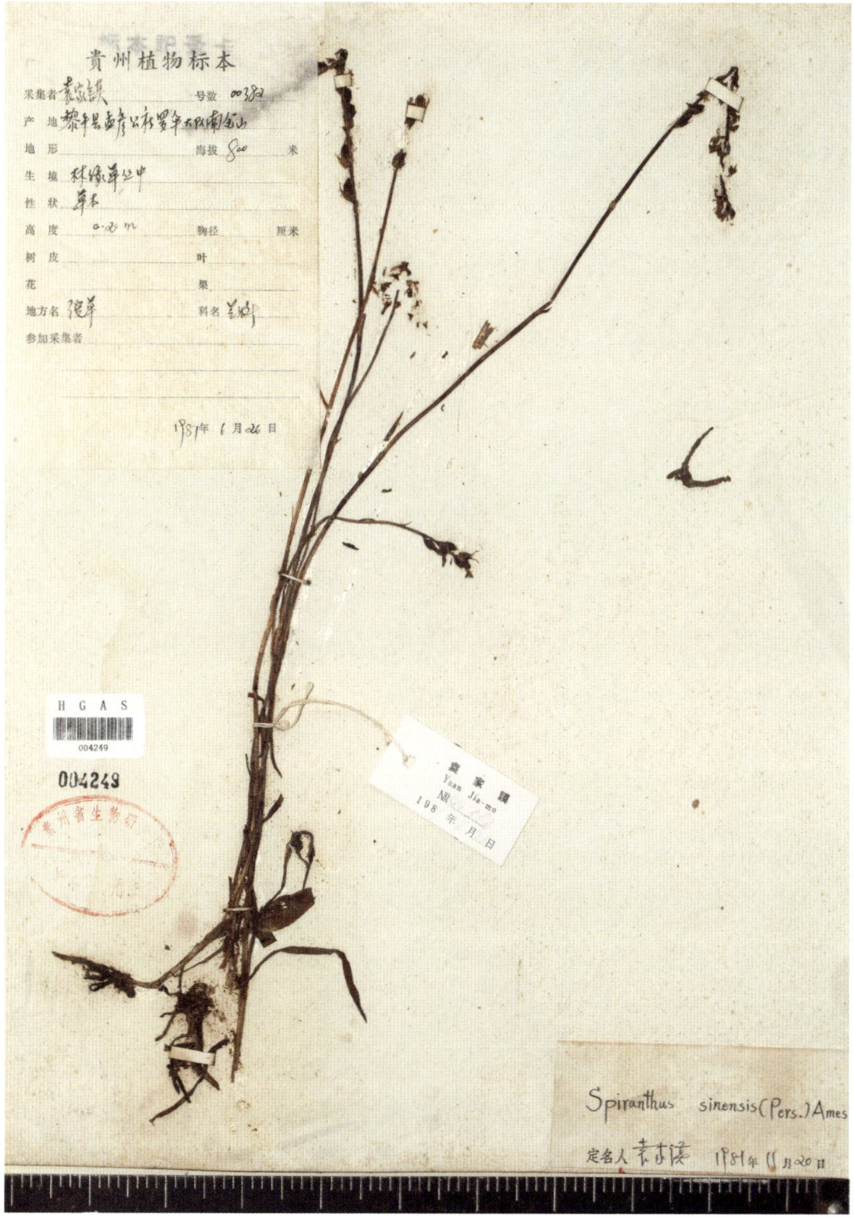
貴州植物标本
HGAS
004249
Spiranthus sinensis(Pers.)Ames

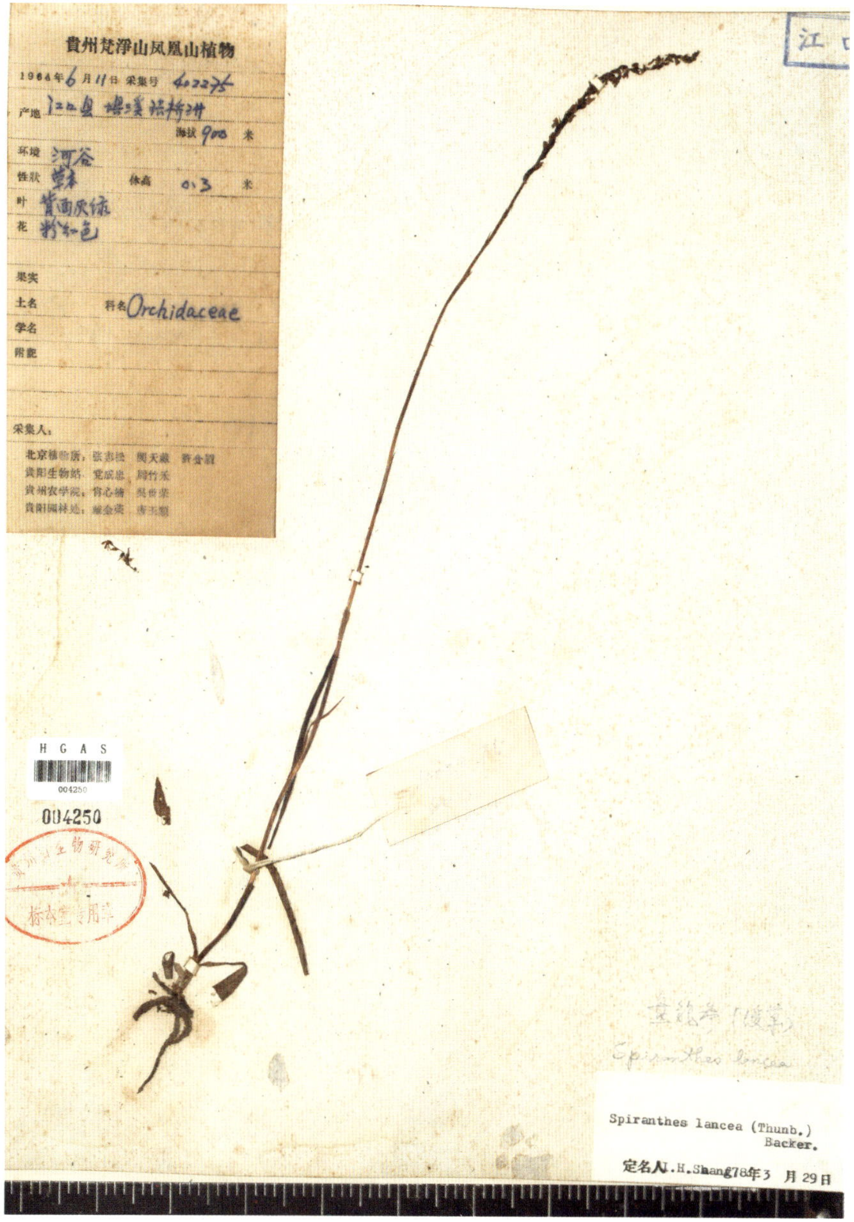
貴州梵淨山凤凰山植物
Orchidaceae
HGAS
004250
Spiranthes lancea (Thunb.) Backer.

Spiranthes lancea (Thunb.) Backer.
定名人 H. Shang78年5 月29 日
004251
H G A S
004251

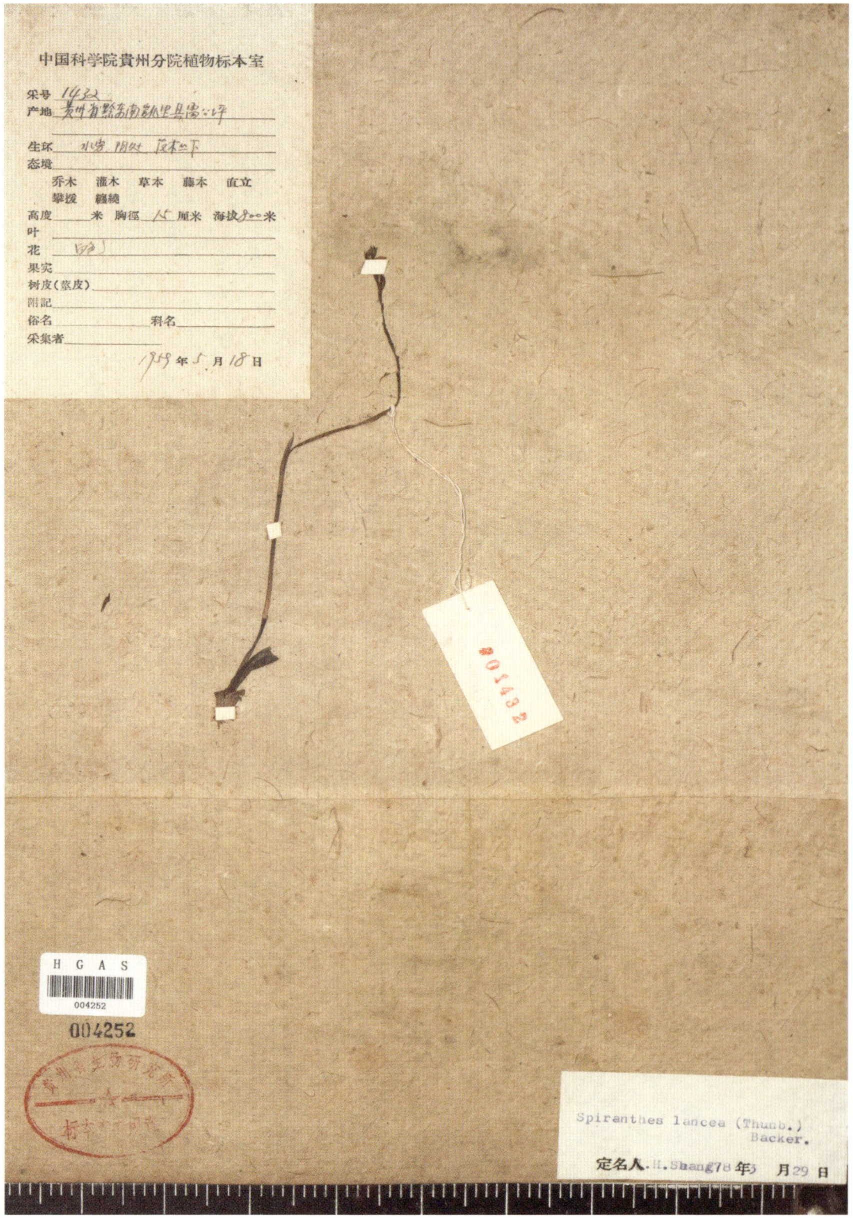
中国科学院貴州分院植物标本室
采号
产地
生环
态境
乔木 灌木 草本 藤本 直立
攀援 纏繞
高度 米 胸徑 厘米 海拔 米
叶
花
果实
树皮(茎皮)
附記
俗名 科名
采集者
年 月 日
H G A S
004252
004252
Spiranthes lancea (Thunb.) Backer.
定名人 H. Shang78年5 月29 日

48 大苞兰属

48.1 黄花大苞兰 *Sunipia andersonii* (King et Pantl.) P. F. Hunt

【别　　名】台湾堇兰、绿花宝石兰、黄花堇兰。

【形态特征】根状茎匍匐，圆柱形，粗 1.5mm。假鳞茎在根状茎上疏生，长卵形，顶生 1 枚叶。叶革质，长圆形，先端钝并且稍凹入。花葶侧生于假鳞茎基部，长约 3cm；总状花序具少数花；花开展，淡黄色或黄绿色；萼片彼此分离，相似，卵状披针形，具 5 条脉，近先端两侧边缘多少内卷，全缘；花瓣狭卵状披针形，长约 5mm，基部宽 2.5mm，中部以上骤然收窄为圆柱状，先端钝，下半部边缘具流苏，具 3 条不明显的脉；唇瓣深黄色，卵形，与花瓣近等长。花期 9～10 月。

【生长环境】生于海拔 700～1700m 的山地林中树干上。

【地理分布】贵州剑河；台湾、云南有分布。不丹、印度东北部、缅甸、泰国、越南也有。

【馆藏信息】第五标本馆，第 004271、004272、004273 号标本。

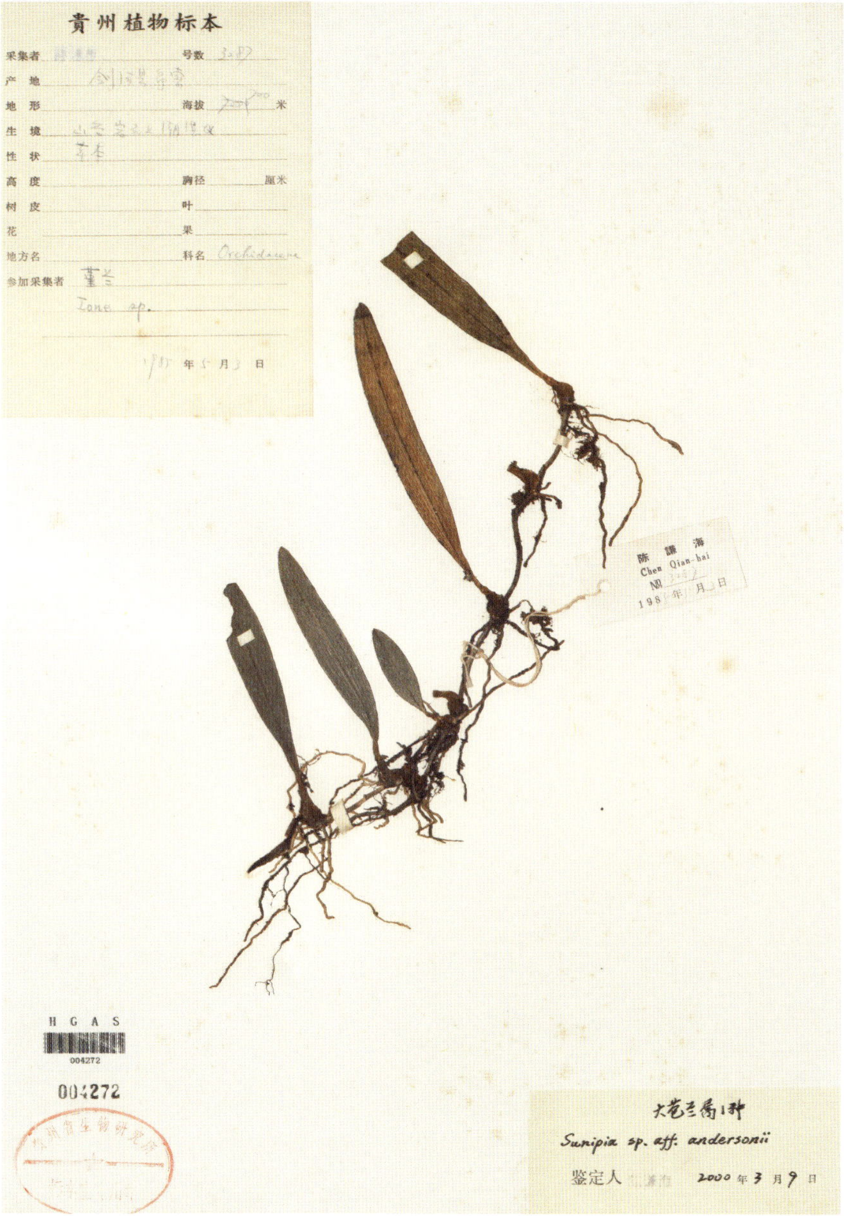
贵州植物标本
陈谦海
Chen Qian-hai
HGAS
004272
大苞兰属1种
Sunipia sp. aff. andersonii
鉴定人 2000年3月9日

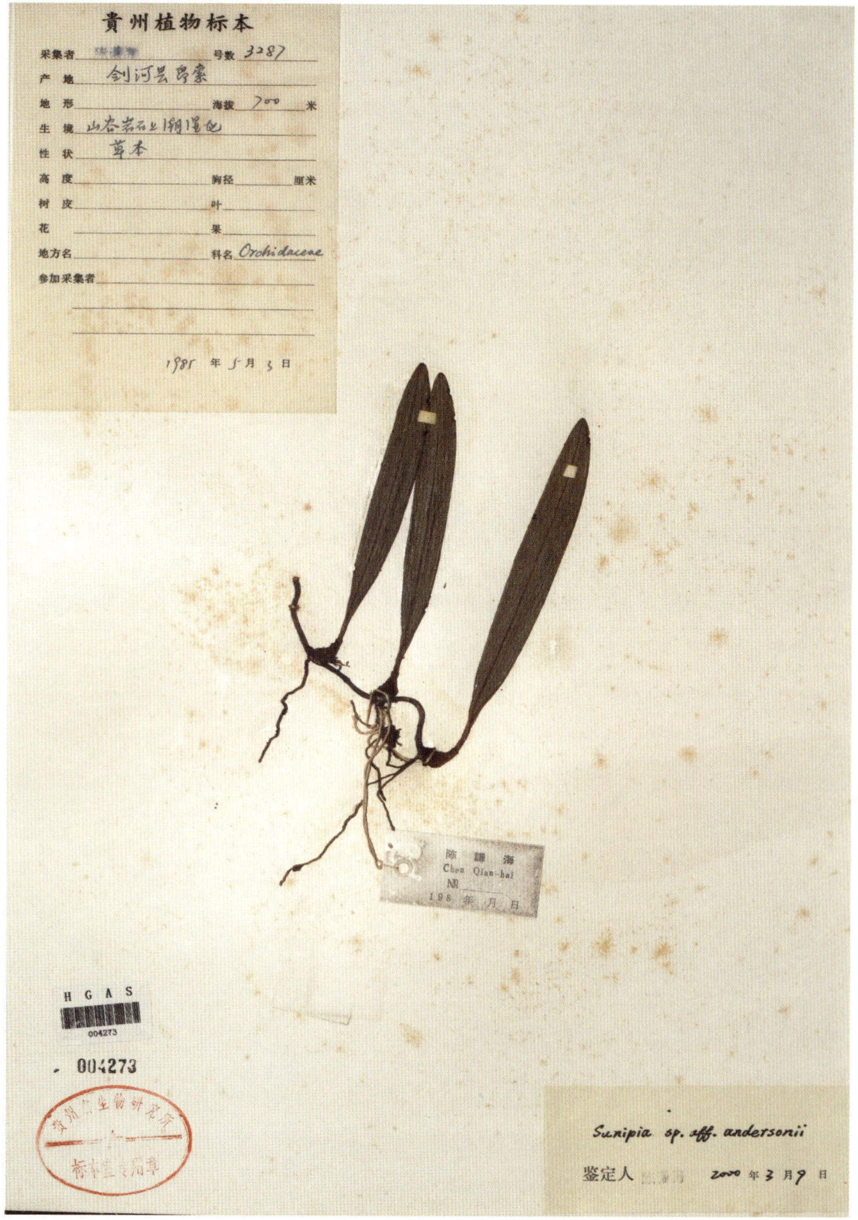
贵州植物标本
号数 3287
海拔 700 米
性状 草本
科名 Orchidaceae
1985 年 5 月 3 日
陈谦海
Chen Qian-hai
HGAS
004273
Sunipia sp. aff. andersonii
鉴定人 2000年3月9日

49 带唇兰属

49.1 带唇兰 *Tainia dunnii* Rolfe

【别　　名】长叶杜鹃兰。

【形态特征】地生草本。假鳞茎圆柱形，顶生 1 枚叶。叶狭长圆形，长 13～15cm，宽 2.5～4cm，先端渐尖，基部渐狭为柄；柄长 3～5cm。花葶纤细，长 35～50cm，具筒状鞘；总状花序疏生多数花；花序轴红褐色；花苞片狭披针形，红褐色；花梗和子房红褐色，长约 1cm；花黄褐色；中萼片狭长圆状披针形，长 1.2cm，宽 3mm；侧萼片狭长圆状镰刀形，基部有萼囊；花瓣与萼片等长；唇瓣轮廓为近圆形，长约 1cm，前部 3 裂；侧裂片三角形，具紫黑色斑点；中裂片横长圆形，先端截形有凹缺；唇盘上有 3 条褶片；蕊柱长约 8mm。花期 4 月。

【生长环境】生于海拔 700～1000m 的山地灌木丛下湿地。

【地理分布】贵州产荔波、息烽；浙江、江西、湖南、福建、台湾、广东、香港、广西、四川有分布。

【馆藏信息】第五标本馆，第 004274、004275、004276 号标本。

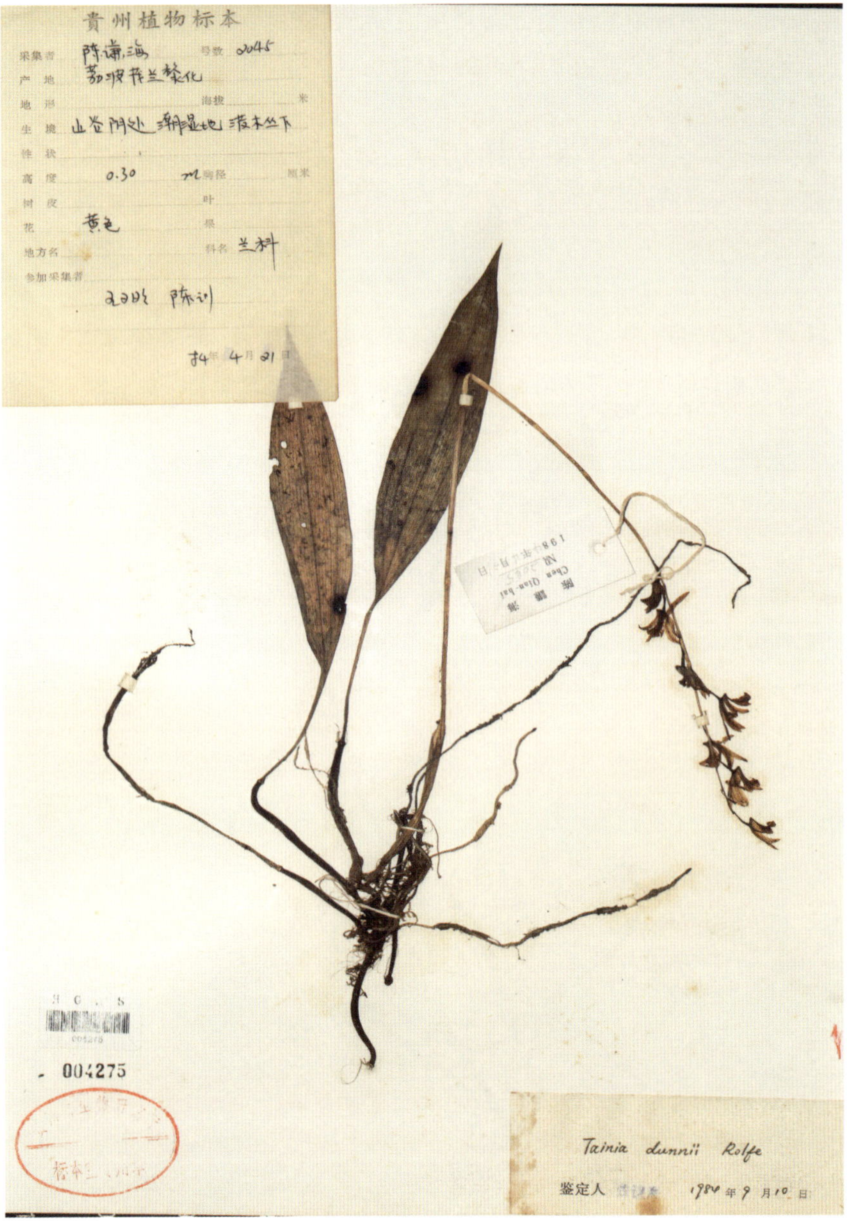
贵州植物标本
采集者 陈谦海 号数 2045
产地 荔波茂兰黎化
生境 山谷阴处潮湿地 灌木丛下
高度 0.30 m
花 黄色
科名 兰科
84年4月21日
004275
Tainia dunnii Rolfe
鉴定人 1984年9月10日

采集者 陈谦海 号数 2045
产地 荔波茂兰黎化
生境 山谷阴处潮湿地 灌木丛下
高度 0.30 m
花 黄色
科名 兰科
84年4月21日
004276
标本室专用章
带唇兰
Tainia dunnii Rolfe
鉴定人 1984年9月10日

50 金佛山兰属

50.1 金佛山兰 *Tangtsinia nanchuanica* S. C. Chen

【别　　名】进兰。

【形态特征】植株高 15～35cm。根状茎粗短，有多数肉质纤维根。叶 4～6 枚，椭圆形、椭圆状披针形或披针形，纸质，长 6～9cm，宽 1.2～3cm，先端渐尖或急尖，基部抱茎，具 5～7 条脉。总状花序长 3～6cm，具 3～6 朵花，罕为 1～2 朵花；花苞片三角状披针形，最下面 1 枚近镰刀状；花梗连子房长 1.3～1.6cm；花黄色，基部稍带白色，直立，不开放或稍开张；萼片狭椭圆形或近椭圆形，基部收狭成短爪，先端钝，具 5 条脉；花瓣与唇瓣相似，均为倒卵状椭圆形，长 1.1～1.3cm，宽 4～4.5mm，基部具爪；蕊柱近三棱状圆柱形，黄绿色，连花药长 6～7mm；花丝阔；退化雄蕊 5 枚，较大的 3 枚近舌状，白色并具银色斑点，较小的 2 枚不甚明显，与蕊柱同色；花粉团白色。蒴果直立，近椭圆形，长约 2cm，宽约 6.5mm，具宿存蕊柱。花期 4～6 月。

【生长环境】生于海拔 1500m 的山坡草地上。

【地理分布】贵州产桐梓（柏枝山）；重庆（金佛山）有分布

【馆藏信息】第五标本馆，第 004277 号标本。

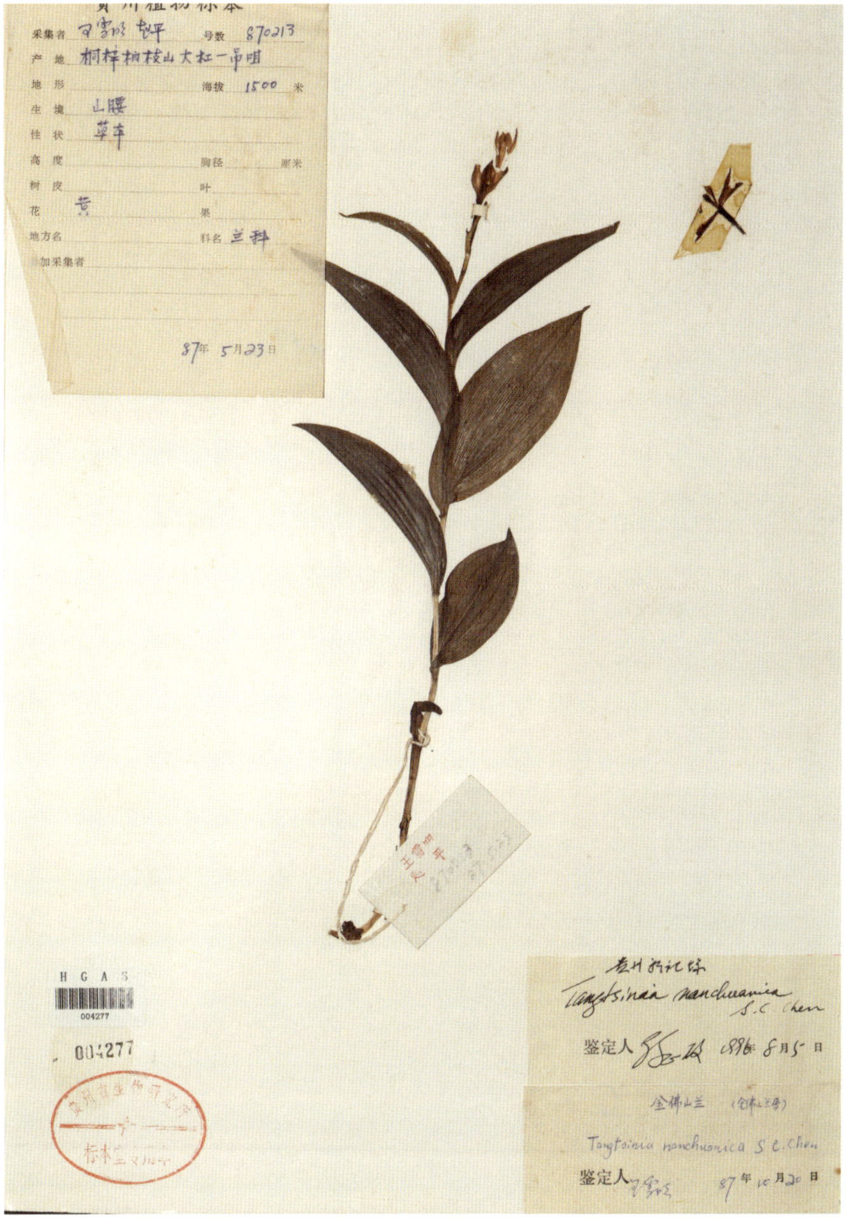

51 白点兰属

51.1 小叶白点兰 *Thrixspermum japonicum* (Mig) Rchb. f.

【形态特征】地生草本。茎纤细，长 3～13cm，具多数节，密生多数 2 叶。叶薄革质，长圆形或有时倒披针形，长 2～4cm，宽 5～7mm，先端微 2 裂，基部有 1 个关节和抱茎的鞘。花序 2 个至多个，与叶对生，约略等长于叶；花柄具 2 枚鞘；花序疏生少数花；花苞片 2 列，宽卵状三角形，长约 2.5mm；花梗连子房长约 5mm；花淡黄色；中萼片长圆形，长 5～7mm；侧萼片卵状披针形，与中萼片等长且均具 3 条脉；花瓣狭长圆形，长 5～6mm，具 1 条脉；唇瓣基部具爪，3 裂；侧裂片直立，狭卵状长圆形，长约 2.5mm；中裂片很小，半圆形；唇盘基部稍凹陷，被绒毛。花期 9～10 月。

【生长环境】生于海拔 900～1200m 的沟谷水旁树干上。

【地理分布】贵州产梵净山；台湾、广东、湖南、四川有分布。日本也有。

【馆藏信息】第五标本馆，第 004278 号标本。

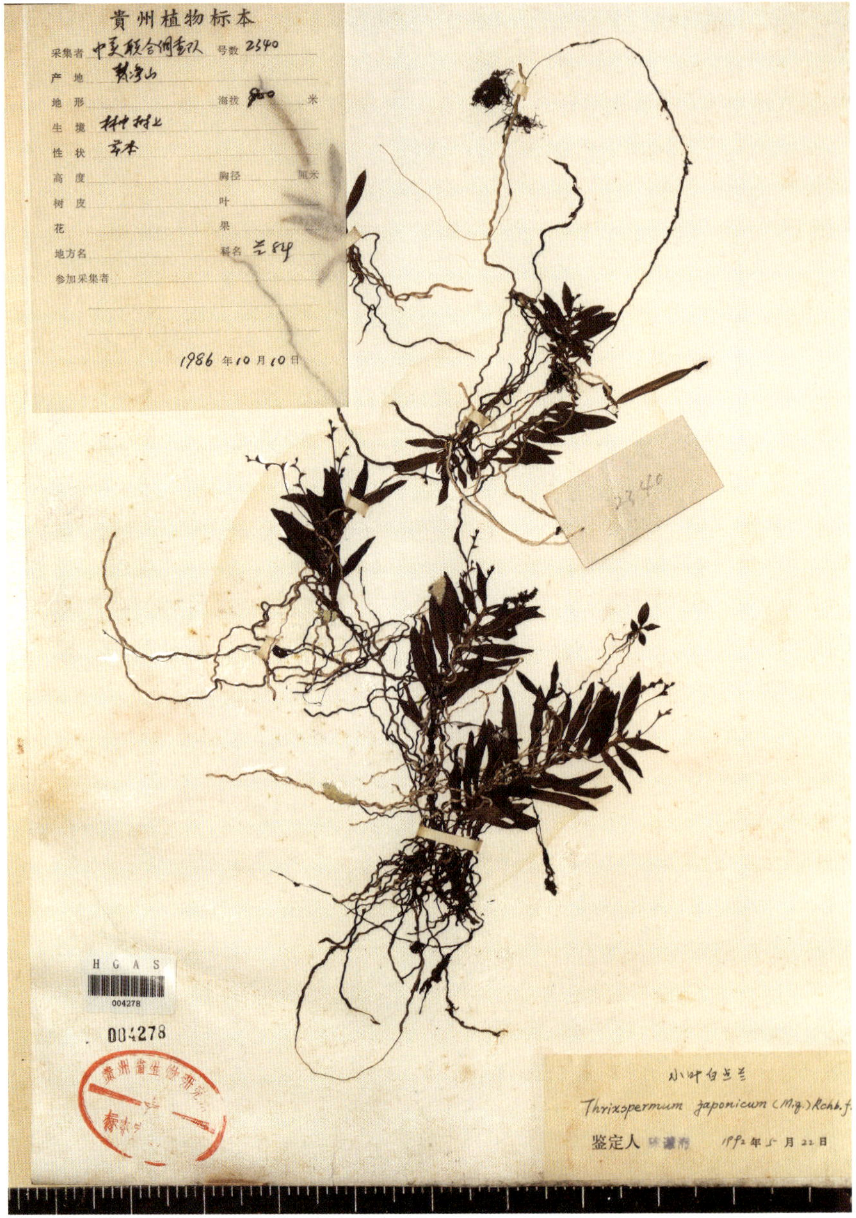

52 旗唇兰属

52.1 旗唇兰 *Vexillabium yakushimense* (Yamamoto) F. Maekawa

【别　　名】土白及、小旗唇兰、粉红颏萼兰、旗唇草。

【形态特征】地生草本，高 15cm，具匍匐根状茎。茎直立，基部有 1 根短的侧生茎，无毛，有 4 枚叶。叶卵形，长 2.5～3.5cm，宽 1.5～2cm，先端急尖，基部圆形，具 3 条脉；叶柄长 5～7mm，基部扩大为鞘抱茎。花茎伸长，被白色腺柔毛，带紫红色，近基部具 2 枚粉红色鞘状苞片；总状花序具 3 朵花，被腺柔毛；花苞片粉红色，卵状披针形，长约 10mm，先端渐尖，边缘具睫毛，背面被柔毛；子房圆柱状，扭转，被疏柔毛；花萼片粉红色，背面疏被腺柔毛；中萼片卵状长圆形，长约 7mm；侧萼片斜长圆形，长约 10mm，宽约 4mm，基部合生并包裹唇瓣基部的囊状距；花瓣白色，斜半卵形，顶部骤缩成 1 个凸尖头，基部与中萼片紧贴；唇瓣白色，呈“T”形，伸出萼片之外，前部扩大呈倒三角形的片，片的前端 2 裂，中部爪细长，基部具囊状距；距内具 2 枚胼胝体；蕊柱短；蕊喙叉状 2 裂；柱头 2 枚。花期 7～8 月。

【生长环境】生于海拔 700m 的林下。

【地理分布】贵州产梵净山；陕西、安徽、浙江、台湾、湖南、四川有分布。日本至菲律宾也有。

【馆藏信息】第五标本馆，第 004279、004280 号标本。

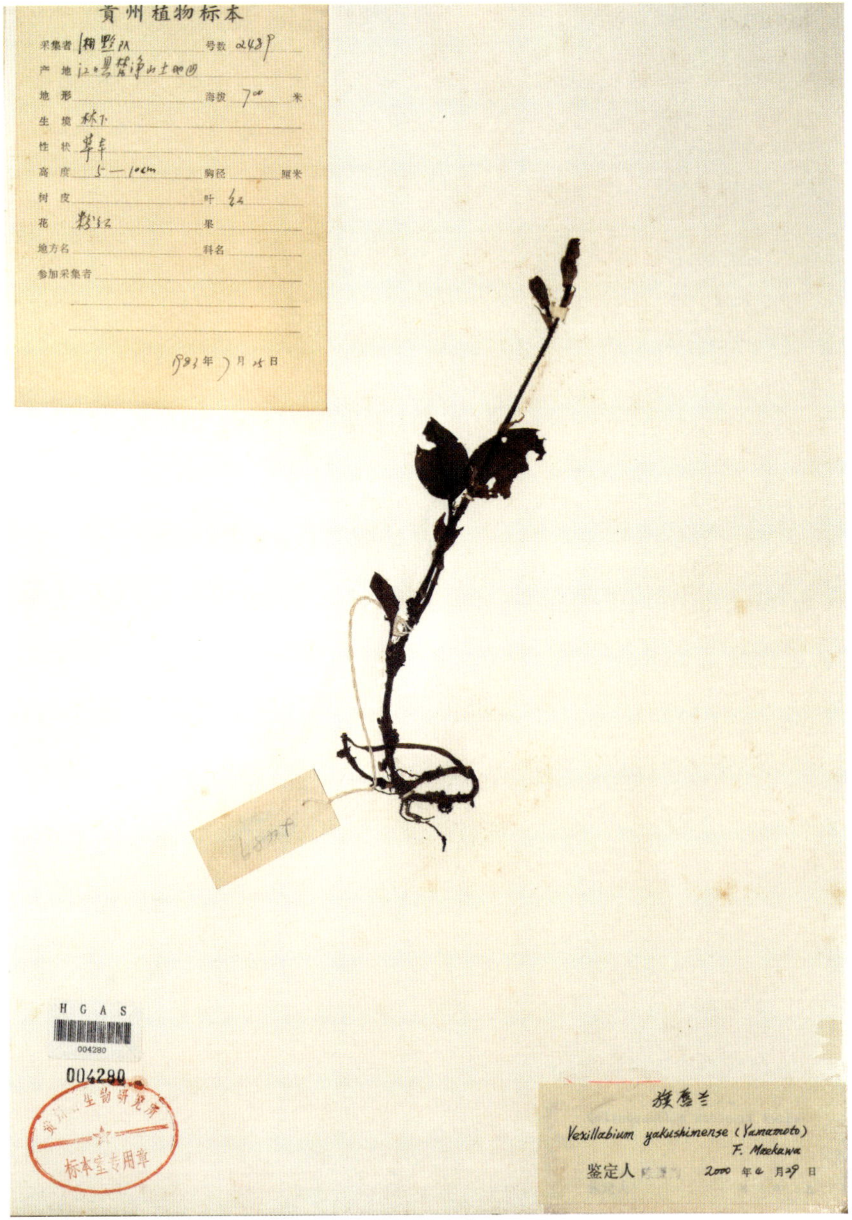
贵州植物标本
采集者
号数
产地
地形
海拔 700 米
生境 林下
性状 草本
高度 5—10cm
胸径
厘米
树皮
叶 红
花 粉红
果
地方名
科名
参加采集者
年 月 日
HGAS
004280
标本室专用章
旗唇兰
Vexillabium yakushimense (Yamamoto) F. Maekawa
鉴定人
2000 年 6 月 29 日

53 线柱兰属

53.1 白肋线柱兰 *Zeuxine goodyeroides* Lindl.

【形态特征】地生草本，高 20cm。根状茎茎状，匍匐，节上生根。茎直立，具 5～6 枚叶。叶卵状披针形，长 3.2～6cm，宽 1.4～2cm，先端渐尖，基部钝，上面沿中肋有 1 条明显的白色带；叶柄长 1～2cm，基部扩大成鞘并抱茎。花茎直立，被短柔毛，具 2 枚鞘状苞片；总状花序具 6～9 朵花；花苞片卵形，粉红色，长约 5mm；子房圆柱状纺锤形，扭转；花较小，粉红色；萼片近等长，无毛；中萼片卵形，长约 4mm；侧萼片狭长圆形；花瓣镰状；唇瓣白色，舟状，与萼片等长，基部扩大成囊状，中部收狭，前部扩大成肾形，前缘 2 浅裂。花期 9～10 月。

【生长环境】生于海拔 600m 的山谷林下阴湿处。

【地理分布】贵州产三都、平塘；云南、广西、喜马拉雅东部有分布。

【馆藏信息】第五标本馆，第 004281、004282 号标本。

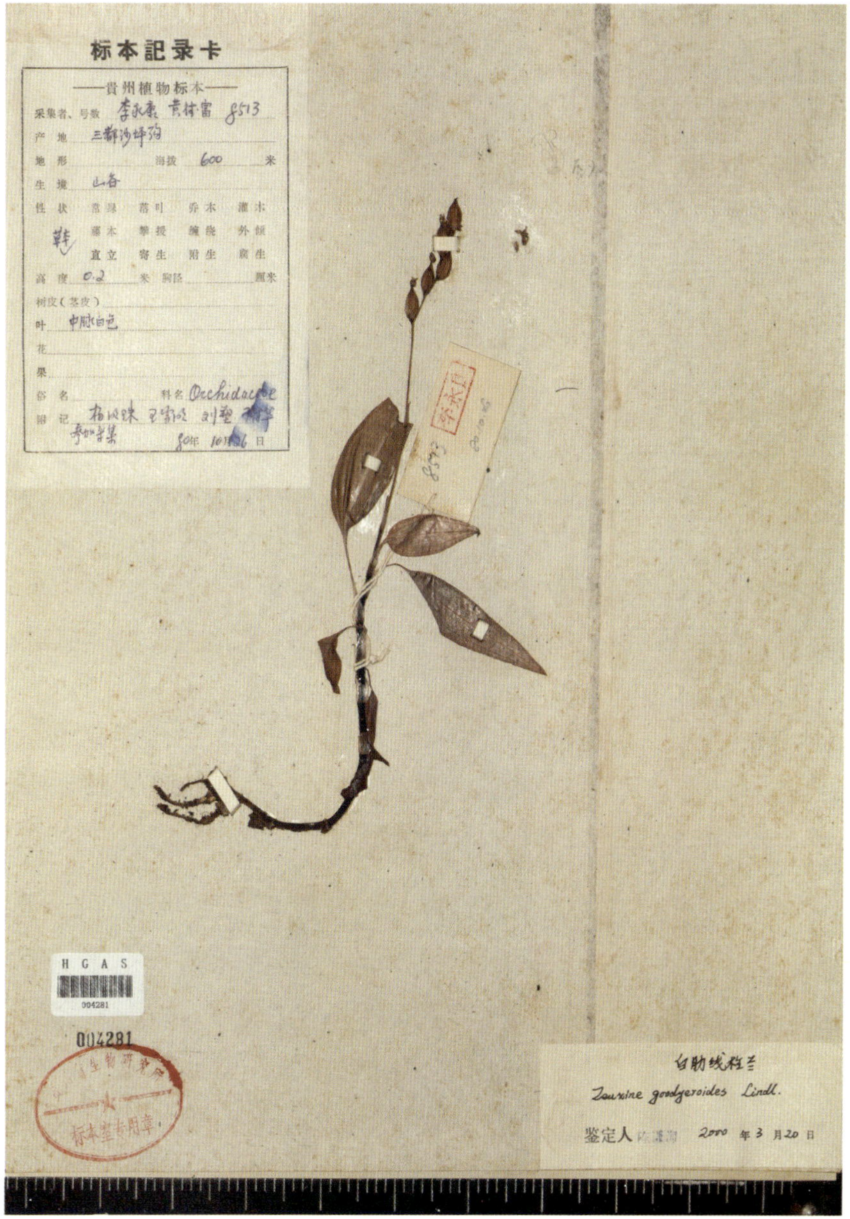

标本記录卡
——貴州植物标本——
采集者、号数 李永康 黄付富 8513
产地 三都沙坪沟
地形 海拔 600 米
生境 山谷
性状 常绿 落叶 乔木 灌木
藤本 攀援 缠绕 外倾
直立 寄生 附生 腐生
高度 0.2 米 胸径 厘米
树皮(茎皮)
叶 中脉白色
花
果
俗名 科名 Orchidaceae
附记
80年 10月26日
HGAS
004282
004282
标本室专用章
白肋线柱兰
Zeuxine goodyeroides Lindl.
鉴定人
2000 年 3 月 20 日

二

兰科植物栽培技术总结

一、兰科植物按生态习性分类

（1）地生兰：根生于土中，通常有块茎或根茎，部分有假鳞茎，花序通常直立或斜上生长。亚热带和温带地区原产的兰花多为此类，中国兰和热带兰中的兜兰属花卉属于此类。

（2）附生兰及石生兰：附着于树干、树枝、枯木或岩石表面生长，花序弯曲或下垂，通常具假鳞茎，储存水分与养料适应短期干旱，以特殊的吸收根从湿润空气中吸收水分维持生活。热带地区原产的一些兰花属于此类。

（3）腐生兰：不含叶绿素，营腐生生活，常有块茎或粗短的根茎，叶退化为鳞片状，如中药材天麻（*Gastrodia elata*）。园艺中没有栽培。

二、兰科植物的营养繁殖方法

1. 组培繁殖

可用茎尖、侧芽、幼叶尖、休眠芽或花序等作为外植体进行组织培养，最常用茎尖，目的是取得无病毒植株。

2. 扦插繁殖

（1）顶枝扦插　适用于具有长地上茎的单轴分枝种类。取一定长度带有2～3条气生根的顶枝作为插条，插于大盆或地上，注意防雨、遮荫并保持足够空气湿度。

（2）分蘖繁殖　适用于单轴分枝及不具假鳞茎的种类。当顶端优势被破坏后，从母株基部会产生分蘖，分蘖具有2～3条气生根时，从基部带根割下作为插条繁殖。

（3）假鳞茎扦插　适用于具假鳞茎的种类。剪取叶已脱落的后鳞茎作为插条，插于盛有水藓基质的浅箱中，注意保湿，或包埋于湿润水藓中，用聚乙烯袋密封，悬室内温暖处，几周后即出芽生根。

（4）花茎扦插　有些兰科植物的花枝可作为插条来繁殖。将花枝从基部剪下，去顶端有花部分，将其横放在浅箱内的水藓基质上，把两端埋入水藓中以防干燥，2～3周后每节上能生出小植株，当根长出后移栽盆内。

3. 分株繁殖

适用于合轴分枝的种类，具假鳞茎的种类普遍采用。由于假鳞茎的增加、分蘖的产生或一株多苗，便可分株。

三、兰科植物对栽培基质的要求

基质是盆栽兰花的首要条件，它的组成在很大程度上影响了根部的水、气的平衡。大部分兰花，特别是附生种类，在自然环境中根均处于通气良好或空气中决不渍水条件下，陆生类型的种类根也多数处于质地疏松、排水通气良好、有机质丰富的土壤中。传统的栽培基质有壤土、水藓、木炭、蕨类的根茎、叶柄、树皮、椰糠、碎砖屑等。

四、兰科植物对环境的要求

（1）对温度的要求

热带兰依原产地不同有很大差异，生长期对温度要求较高。原产热带的种类，白天要保持在25～30℃，夜间18～21℃；原产亚热带的种类，白天保持在18～20℃，夜间12～15℃；原产亚热带和温暖地区的地生兰，白天保持在10～15℃，夜间5～10℃。

中国兰对温度要求比较低的温度，生长期白天保持在20℃左右，越冬温度夜间5～10℃，其中春兰和蕙兰最耐寒，可耐夜间5℃的低温，建兰和寒兰要求温度高。地生兰不能耐30℃以上高温，要在兰棚中越夏。

（2）对光照的要求

因种类不同、生长季不同，所以对光的要求不同。冬季要求充足光照，夏季要遮荫。中国兰要求50%～60%遮荫，墨兰最耐荫，建兰、寒兰次之，春兰、蕙兰需光较多。热带兰种类不同，差异较大，有的喜光，有的要求半荫。

（3）对水分的要求

喜湿忌涝，有一定耐旱性。盆栽兰花要求一定的空气湿度，生长槛要求在60%～70%，冬季休眠期要求50%。热带兰对空气湿度的要求更高，因种类而定。

（4）对土壤的要求

地生兰要求疏松、通气排水良好富含腐殖质的中性或微酸性（pH 5.5～7.0）土壤。热带兰对基质的通气性要求更高，常用水苔、蕨根类作栽培基质。

五、兰科植物的上盆要点

（1）盆底垫足一层瓦片、骨片、粗块木炭或碎砖块，保证排水良好。
（2）严格小苗小盆、大苗大盆的原则。
（3）操作要细心，不伤根和叶，小苗更重要。
（4）幼苗移栽后可喷一次菌剂。
（5）浅栽，茎或假鳞茎需露出土面。
（6）上盆后不宜浇水过多。
（7）上盆后宜放在无直射光及直接雨淋处一段时间。

五、兰科植物的施肥要点

（1）肥宜稀不宜浓，盐分总浓度不高于 500mg/L 最好。
（2）夏季生长旺季，一般浓度肥料可 10～15 天施一次，低浓度肥料 5 天施一次或每次浇水时作叶面喷洒。
（3）化肥使用前必须完全溶解。
（4）缓释性肥料与速效肥料配合使用，化肥和有机肥交替使用，效果比单用好。

六、兰科植物病虫害防治要点

兰花病虫害不多，常见的有褐斑病、白绢病、炭疽病等，多是雨季和温室养护阶段通风不良、盆土过湿又长期见不到阳光，以及洒水不慎，洒在叶片上所致。在发病严重的地区，除应栽培抗病品种外，室内养护时应把盆距拉开，发病后减少弥雾，注意通风，同时喷布多菌灵 800～1000 倍液，3 天喷一次，连喷 3～4 次，最好把发病严重的叶片剪下来烧掉，平时如发现蚧壳虫，可用 0.2%～0.3% 的石硫合剂喷洒。

主要参考文献

陈锋，张虹，邓洪平. 2011. 重庆兰科羊耳蒜属一新记录种——圆唇羊耳蒜. 西南师范大学学报（自然科学版），36（3）：86-90.

陈谦海. 2004. 贵州植物志第十卷. 贵阳：贵州科技出版社.

陈晓梅，郭顺星. 2001. 石斛属植物化学成分和药理作用的研究进展. 天然产物研究与开发，13（1）：20-24.

陈心启. 1999. 中国植物志第十八卷. 北京：科学出版社.

陈心启，吉占合，罗毅波. 1999. 中国野生兰科植物彩色图鉴（中英对照）. 北京：科学出版社.

陈业高，刘双花，金永. 2006. 毛兰属植物化学成分及药理活性研究进展. 西北植物学报，26（4）：0854-0857.

陈业高，王红艳. 2005. 金石斛属植物化学成分及药理活性研究进展. 时珍国医国药，16（8）：725-727.

陈业高，徐桃苹，武荷云. 2006. 贝母兰属植物化学成分及药理活性研究进展. 时珍国医国药，17（3）：71-75.

寸宇智. 2005. 缘毛鸟足兰的生殖生态学研究. 中国科学院植物研究所硕士研究生论文.

邓绍勇，钱萍，黄萌，季春峰. 2011. 江西兰科一新记录种——线柱兰. 江西科学，29（4）：491-492.

董艳芳，李伟阳，叶睿超，王丽. 2010. 见血青总生物碱的抑菌活性和抗氧化性研究. 四川大学学报（自然科学版），47（3）：48-50.

何春年，王春兰，郭顺星，肖培根. 2004. 兰科开唇兰属植物的化学成分和药理活性研究进展. 中国药学杂志，39（2）：284-285.

黄宝华. 2009. 虾脊兰属植物引种栽培研究. 漳州职业技术学院学报，11（2）：68-69.

吉占合. 1999. 中国植物志第十九卷. 北京：科学出版社.

郎楷永. 1999. 中国植物志第十七卷. 北京：科学出版社.

李建晨，冯丽，野原稔弘. 2008. 细叶石仙桃的化学成分. 中国中药杂志，33（14）：61-65.

李医明 . 1992. 珊瑚兰化学成分研究 . 第二军医大学硕士研究生论文 .
李泳锋 , 刘杰书 , 刘金龙 . 2009. 大花斑叶兰中化学成分的气相色谱 - 质谱联用分析 . 内蒙古中医药 , 28（8）: 43-45.
刘虹 , 吴瑞云 , 陈雁 . 2010. 独蒜兰 . 生物学通报 , 45（12）: 21-24.
刘美凤 . 2004. 傣药竹叶兰化学成分研究与抗抑郁新药 YL102 的药学研究 . 清华大学博士研究生论文 .
罗毅波 . 1999. 兰科舌喙兰属的研究 . 中国科学院植物研究所博士研究生论文 .
牛玉璐 , 曹永胜 . 2009. 绶草的组织培养与快速繁殖研究 . 畜牧与饲料科学 , 30（10）: 183-184.
石丹 . 2009. 贵州产双肾草药材的生药学与药理学研究 . 贵阳中医学院硕士研究生论文 .
王松岳 . 2005. 兔耳兰——色艺双绝的兰庭尤草 . 中国花卉报 , 第 7 版 .
徐晓薇 , 林绍生 , 姚丽娟 , 曾爱平 . 2008. 短茎萼脊兰生境与特性初步研究 . 浙江农业科学 ,（3）: 19-22.
杨超 , 吕紫媛 , 伍瑞云 . 2012. 天麻的化学成分与药理机制研究进展 . 中国现代医生 , 17: 56-64.
易绮斐 , 邢福武 , 黄向旭 , 陈红锋 , 王发国 . 2005. 我国石豆兰属药用植物资源及其保护 . 热带亚热带植物学报 , 13（1）: 65-69.
詹敏 , 张水利 , 熊耀康 , 杨淑贞 , 赵明水 . 2011. 浙江天目山自然保护区旗唇兰的分布和生境群落学初步研究 . 浙江林业科技 , 31（1）: 73-75.
张燕 , 李思锋 , 黎斌 . 2010. 独蒜兰属植物研究现状 . 北方园艺 ,（10）: 232-234.
中国药材公司 . 1994. 中国中药资源志要 . 北京：科学出版社 .
周丽 . 2009. 多花指甲兰非共生萌发技术研究 . 北方园艺 ,（5）: 12-15.

中文名索引

T

W

X

Y

Z

拉丁名索引

L

M

N

O

P

S

T

V

Z